零基础学智能手机APP

全程图解手册

孟　辉◎编著

北京时代华文书局

图书在版编目（CIP）数据

零基础学智能手机APP全程图解手册 / 孟辉编著. --
北京 ： 北京时代华文书局，2021.9
ISBN 978-7-5699-4216-3

Ⅰ. ①零… Ⅱ. ①孟… Ⅲ. ①移动电话机－使用方法
－图解 Ⅳ. ①TN929.53-64

中国版本图书馆 CIP 数据核字（2021）第 106806 号

零基础学智能手机APP全程图解手册

LING JICHU XUE ZHINENG SHOUJI APP QUANCHENG TUJIE SHOUCE

编　　著 | 孟　辉

出 版 人 | 陈　涛
选题策划 | 王　生
责任编辑 | 周连杰
封面设计 | 乔景香
责任印制 | 刘　银

出版发行 | 北京时代华文书局 http://www.bjsdsj.com.cn
北京市东城区安定门外大街136号皇城国际大厦A座8楼
邮编：100011　电话：010－64267955　64267677
印　　刷 | 三河市祥达印刷包装有限公司　电话：0316-3656589
（如发现印装质量问题，请与印刷厂联系调换）
开　　本 | 710mm×1000mm　1/16　印　　张 | 14　字　　数 | 110千字
版　　次 | 2021 年 9 月第 1 版　印　　次 | 2021 年 9 月第 1 次印刷
书　　号 | ISBN 978-7-5699-4216-3
定　　价 | 98.00元

前言

如果将网络比作一条高速公路，将智能手机比作一辆汽车，那么APP则是这辆汽车的系统配置，如导航系统、通风加热、无线充电、定速巡航等。

可以说，APP弥补了智能手机原始系统的不足，同时也让智能手机更加个性化、实用化，为用户提供了更加丰富的使用体验。

APP已经、正在，甚至在未来很长一段时间，都会深入影响人们的日常生活和工作。例如，有些APP的吸引程度已经让很多人不能自已，以致有些APP用户说出这样的话“即使没有饭吃也不能没有APP”。

诚然，这是一种夸张的说法，但背后预示着人们对于APP的依赖程度越来越高。在所有的用户中，每天使用APP数量超过10个的用户已经超过50%甚至更多。

试想，如果没有微信，将有多少人无法维持社交关系？如果没有美团外卖，将有多少人会利用更多的时间解决吃饭问题？如果没有闹钟，将有多少人上班迟到？如果没有高德地图，将有多少人成为“路痴”……

然而，在现实生活中，依然有很多人不了解APP，没有接触过APP，不会使用APP，无法获得APP的帮助。

基于此，笔者整理了人们日常生活与工作中使用频率较高、实用性较大、操作较为简单的数十款APP，并将其结集成册。

本书特色

由浅入深，自学自用

本书以初学者为主要阅读群体，并充分结合初学者的现实情况，对内容讲解采用了由浅入深的方式，力求让每一位初学者快速入门，在学到操作方法的同时，也能够成功应用于实际生活与工作中。

◆图文并茂，通俗易懂

本书针对每一款APP都采用了图文结合讲解的方式，并且分步骤、分流程进行实际案例操作，提供了大量的使用过程以及具体的图示，可帮助每一位读者充分理解并掌握每一款APP的使用技巧。

◆内容全面，实用性高

本书所讲述的APP涵盖了人们日常生活与工作的方方面面，从吃、住、用、行到游、娱、玩、购，让读者通过对本书的学习可以及时获得APP的帮助，降低时间成本，提高工作效率，提高生活质量。

当然，本书能够顺利与读者见面，也离不开所有编校人员的共同努力，在此对每一位为本书的出版做出帮助的同事、朋友、亲人表示由衷的感谢。同时，祝愿每一位读者在学习与使用APP的道路上畅通无阻，并因此可以收获更多的幸福与快乐。

目录

第1章 工欲善其事，必先利其“机”

1.1 智能手机好在哪里

智能手机是指通过移动通信网络从而可以实现无线网络接入的所有手机类型。每一部智能手机犹如一台“迷你型”计算机，而且由于其操作系统与运行空间都是独立设置，所以对于第三方服务商提供的程序，如微信、抖音、淘宝、京东、地图、斗地主等软件、游戏、导航都可以自行安装与卸载。

而且，相对于普通手机而言，智能手机的屏幕分辨率、电池、处理器等都更为优越。

1.1.1 查看屏幕分辨率

什么是屏幕分辨率呢？

手机屏幕画面通常是由一个一个的小点组成，这些小点就是像素，而横向的像素点数乘以纵向的像素点数，则表示为分辨率。

每个手机屏幕不同对应的分辨率也不同，720p（720×1280）、1080p（1080×1920）、2k（2560×1440）是目前主要的几种手机屏幕分辨率。

相对来说，手机屏幕的分辨率越高给人的视觉感受越清晰，而且手机显示的影像、图片等都会更逼真。

查看手机屏幕分辨率也很简单，在手机桌面上找到“设置”，点击进入“设置”界面后向上滑动，找到“关于手机”选项并点击，“屏幕”选项后面对应的数据便是该手机的屏幕分辨率。如图1-1、图1-2、图1-3所示。

图1－1 “设置”选项

图1－2 “关于手机”选项

图1－3 屏幕分辨率

其实，除了在“关于手机”界面可以查看手机屏幕分辨率之外，还有一种简单的方法也可以查看手机屏幕分辨率。我们可以通过手机截取一张手机全屏图片，点击“图库”找到截图，点击放大后再点击右上角的“ⓘ”符号，弹出的信息中所显示的图片尺寸便是手机屏幕分辨率。如图1－4、图1－5所示。

图1－4 “图库”选项

图1－5 显示的屏幕分辨率

当然，我们也可以通过对屏幕分辨率进行设置，从而达到最好的效果。

第一步，在手机桌面上找到“设置”选项并点击。进入“设置”界面后，上下滑动屏幕找到“显示与亮度”选项并点击。如图1－6所示。

第二步，进入“显示与亮度”界面后，点击“屏幕分辨率”。如图1－7所示。

第三步，在“屏幕分辨率”界面中有“智能”“高”和“低”三种选项，我们可以根据自己的需求点击选项后面对应的按钮即可。如图1－8所示。

图1－6　“显示与亮度”选项

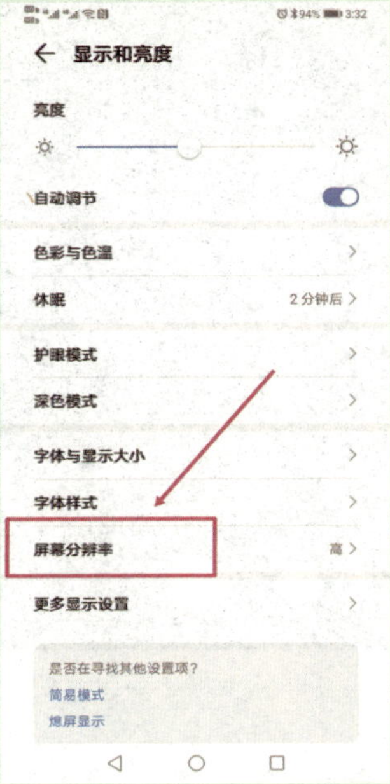

图1－7　“屏幕分辨率”选项

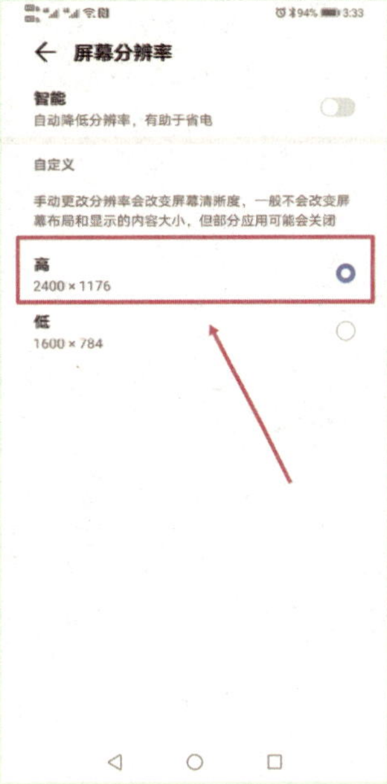

图1－8　选择高分辨率

1.1.2 想要照片/视频拍得好，手机像素很重要

手机拍摄的照片或者视频是否清晰取决于什么呢？

众所周知，照片或者视频是由多个像素点数构成的，也就是说，手机像素越高，点密度越大，拍摄出来的照片或者视频才能够越逼真。通常，手机的像素配置包括800 W，1200 W，2000 W，4000 W，4800 W，甚至1亿。我们根据自己的需求选择合适的手机像素配置即可。

当然，我们也可以通过对手机像素进行设置，以更贴近我们的需求。

第一步，在手机桌面上找到“照相机”选项，并点击。如图1-9所示。

第二步，进入“照相机”界面后点击右上角的“设置”选项。如图1-10所示。

第三步，在弹出的选项中不仅可以针对视频分辨率、视频帧率进行设置，也可以对拍摄方式等进行设置，只需要开启对应选项后面的按钮即可。如图1-11所示。

图1-9 “照相机”选项

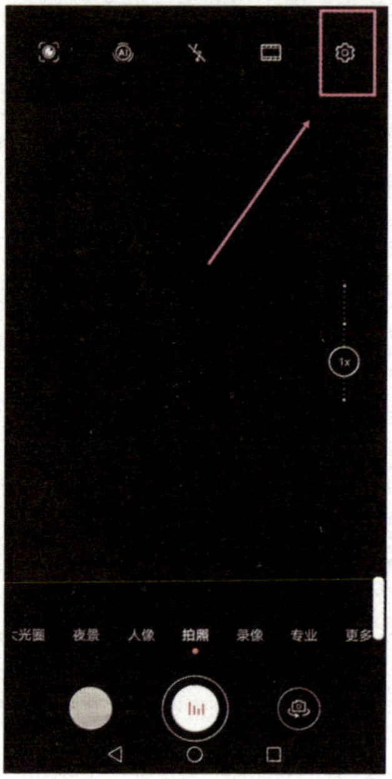

图1-10 “设置”选项

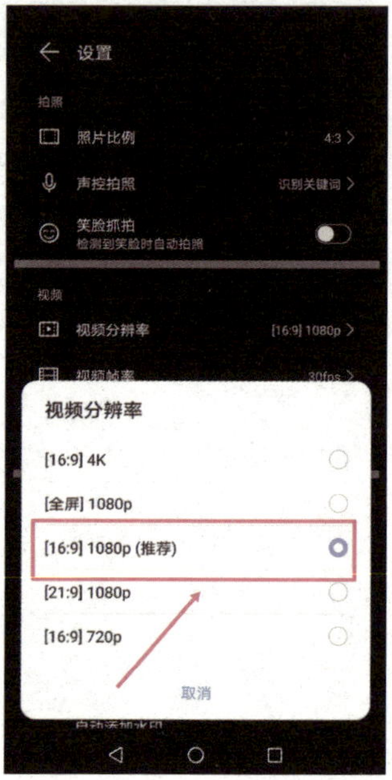

图1-11 设置视频分辨率

1.1.3 其他配置也很关键

点击“设置”界面最下方的“关于手机”选项，即可看到该手机的所有配置，包括设备名称、型号、版本号、处理器、运行内存等。如图1-12所示。

图1－12 “关于手机”界面

其实，在所有的配置中，我们需要重点关注的包括处理器、运行内存、手机存储、屏幕（关于手机屏幕分辨率在上面内容中已经讲述）、基带版本、内核版本。

1.处理器。处理器之于手机的重要性，堪比心脏之于人体的重要性。处理器也被称为“CPU”“芯片”，是决定手机性能强弱的核心配置。一般来说，手机配置的处理器越强大，手机的反应速度越快。如果以安卓平台使用最多的高通骁龙处理器来说，处理器后面对应的数字越大代表处理器的性能越强大。

2.运行内存。手机的运行内存相当于电脑的内存条。如果更形象点来说的话，运行内存就犹如一个水桶，我们在手机上每下载安装一个APP，就相当于往这个水桶里面注入了一杯水，水桶的大小决定了我们能够注入多少杯水。所以，运行内存的大小决定我们可以安装多少个APP，并同时运行。

3.手机存储。手机存储相当于电脑的硬盘。如果将手机存储比作一间房子，将手机接收的信息、图片、文件、视频等比作人，那么房子越大，所能容纳的人就越多。

4.基带版本。基带版本是一个驱动程序的版本号，而基带是指对移动网络信号进行相关处理的一块电路，主要负责手机的通信功能，比如接打电话、收发短信等。

通俗点来说，基带决定着手机信号的强弱。

5.内核版本。手机内核版本是指手机底层系统的版本号，而内核是对手机系统性能和稳定性的保障，负责对手机系统的进程、内存、网络等进行协调与管理，使各程序可以有序运行，互不干扰。一般说来，内核版本后面对应的数字在“4”以上，则表示内核版本是比较强大的。

1.1.4 综合考虑性价比

性价比是指什么？简单点说就是性能除以价格，比值越高说明该物品的可购买程度越高。

那么，对于智能手机来说，如何综合考虑其性价比呢？要知道，目前市面上的手机品牌已经让人眼花缭乱，比如华为、小米、荣耀、苹果、三星等。除此之外，按照价格来说，从几百元到万元更是类型众多；以不同网络信号来区分，又可以分为4G智能手机和5G智能手机。

其实，针对不同品牌、不同类型的智能手机，我们可以相同价格情况下对其性能进行对比。

表1-1 综合考虑性价比

条件	选择
价格相同	优先选择处理器更出色的机型
价格相同、处理器相同	优先选择运行内存与手机存储较大的机型
价格相同、处理器相同、运行内存相同、手机存储相同	优先选择屏幕分辨率较高的机型
价格相同、处理器相同、运行内存相同、手机存储相同、屏幕分辨率相同	优先选择内核版本较高的机型

1.2 关于手机网络

如果智能手机没有网络，就如同一块砖头。所以，网络对于智能手机来说，是人们通过其进行社交等与外界联通的基础保障。

1.2.1 手机连接Wi-Fi网络

Wi-Fi网络是指通过无线通信技术的应用互联各种智能手机、电脑等设备，使彼此之间可以实现通信和资源共享的网络体系。

其实，只要我们的手机支持连接Wi-Fi网络，就可以开启无线上网体验。

第一步，点击手机桌面上的“设置”选项，在“设置”界面点击“WLAN”。如图1-13所示。

第二步，进入“WLAN”界面后点击“WLAN”后面的按钮将其开启，便会自动搜索到附近的Wi-Fi网络。如图1-14所示。

图1-13　“WLAN”选项

图1-14　开启WLAN

第三步，点击需要连接的Wi-Fi网络，在跳转的界面中输入正确密码，再点击下方的“连接”，在手机屏幕上方出现Wi-Fi网络标识后，代表连接成功。如图1-15、图1-16所示。

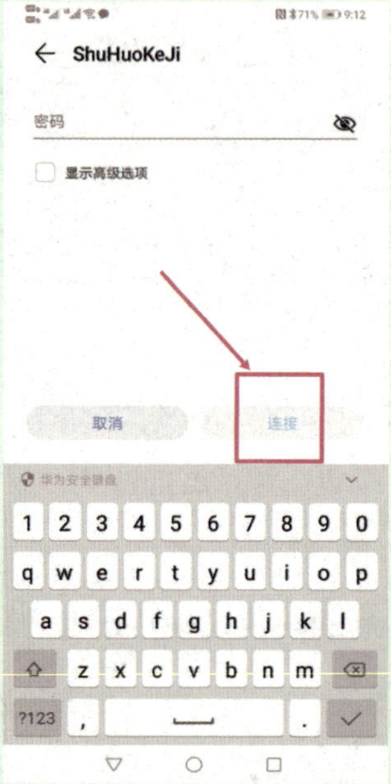

图1-15　输入正确密码并连接

图1-16　成功连接Wi-Fi网络

1.2.2 手机连接移动数据网络

移动网络相对于Wi-Fi网络来说，不受距离和固定设备的限制，使用起来更加方便。

第一步，点击手机桌面上的“设置”选项，在“设置”界面找到“移动网络”选项并点击。如图1-17所示。

第二步，进入“移动网络”界面后，点击“移动数据”。如图1-18所示。

第三步，在“移动数据”界面将“移动数据”后面的按钮开启即可。如图1-19所示。

图1－17　“移动网络”选项

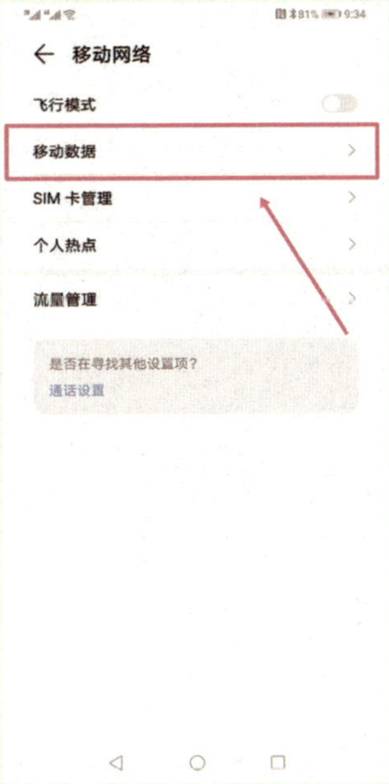

图1－18　“移动数据”选项

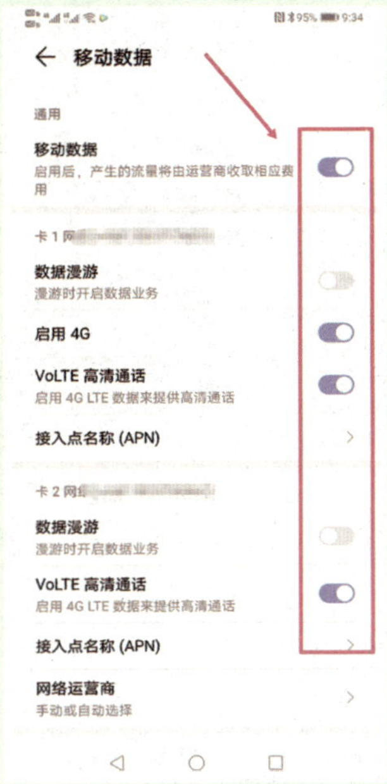

图1－19　开启移动数据

需要注意的是，移动数据网络相对于Wi-Fi网络需要支付额外的费用，即当我们使用的移动数据流量超出所办理的套餐服务后，服务商就会按照一定的标准进行收费。

同时，我们在“移动数据”界面也可以看到还有其他选项，根据自己的需求开启对应选项后面的按钮即可。当然，开启每个选项后都会产生相应的移动数据流量，所以需要我们慎重选择。

1.2.3 双卡手机如何切换数据卡

同时安装两个电话卡已经是智能手机普遍的功能了，同时也会涉及一个使用哪个电话卡的数据流量的问题，如果设置不当，可能会造成不必要的损失。

第一步，在手机桌面上找到“设置”选项并点击，进入“设置”界面后点击“移动网络”，然后再点击“SIM卡管理”。如图1－20所示。

第二步，进入“SIM卡管理”界面后，选择想要使用移动数据的SIM卡，并点击其下面对应的小圆圈即可。如图1－21所示。

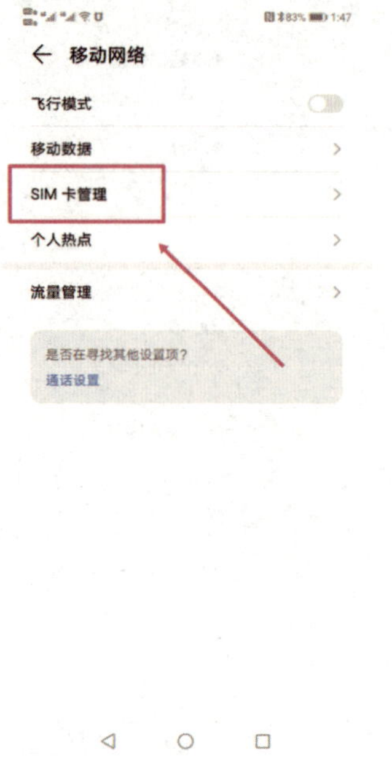

图1-20 “SIM卡管理”选项

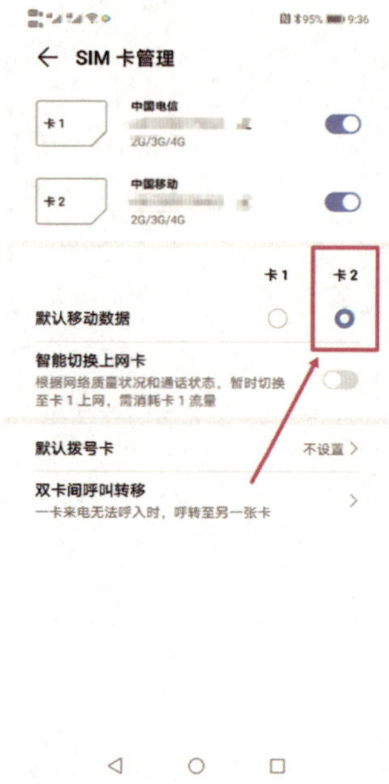

图1-21 选择使用卡2的数据流量

1.2.4 连接公共网络的注意事项

不知从何时起，大部分人只要一进餐厅、商场等公共场合，第一时间便是寻找并连接公共网络，目的就是为了节省点移动数据流量。殊不知，连接公共网络也存在诸多风险。

尤其是连接到不法分子设置的公共网络后，我们的私人信息便会在不法分子眼前展露无遗，甚至手机绑定的银行账号也会遭到严重威胁，致使账户里面的钱被窃取等。

所以，我们在需要连接公共网络的时候，一定要确定网络的安全性，对不安全的公共网络应该避而远之，并及时关掉手机自动连接Wi-Fi网络功能。

1.3 应用程序的下载和安装

智能手机的最大便利之处就是可以自行下载与安装需要的小程序。然而，如果下载的途径或者方式不正确，也会带来潜在风险，比如病毒等，使手机死机或者个人信息泄露。

1.3.1 害怕病毒干扰，通过应用市场更安全

如果我们担心通过其他途径，比如别人推荐的应用程序或者通过扫描二维码等方式下载的应用程序带有病毒，可以通过智能手机自带的应用市场进行下载与安装，不仅安全而且更加方便。

我们以下载与安装“斗地主”为例，具体操作流程如下：

第一步，在手机桌面上找到“应用市场”并点击。如图1－22所示。

第二步，进入“应用市场”界面后在上方的搜索栏中输入“斗地主”，在弹出的选项中选择一个想要安装的程序，并点击其后面对应的“安装”，等待安装进度达到100%后，点击“打开”即可进入所安装的程序界面。如图1－23、图1－24、图1－25所示。

图1－22 “应用市场”选项

图1－23　输入“斗地主”

图1－24　下载进度

图1－25　安装完成

1.3.2 不会区分软件质量？根据评价去分辨

适用于智能手机下载与安装的软件可谓五花八门，仍以我们上面举例下载与安装的“斗地主”来说，大家可以看到在弹出的选项中就有三种不同的“斗地主”软件版本。那么，我们应该如何区分哪个软件的质量更高呢？

我们可以依次点击搜索框下方弹出的三种不同软件版本的“斗地主”，需要注意的是一定不要点击其后面对应的“安装”。点击进入每款软件的介绍界面后，都会有一个评分，对比不同软件的评分，得分最高者往往是质量最高的一款软件。如图1－26所示。

图1－26　软件评分

1.3.3 应用市场搜不到？通过浏览器下载

如果我们通过“应用市场”搜索不到想要下载与安装的软件，也可以通过浏览器进行搜索，并下载与安装。

我们依然以下载与安装“斗地主”为例，具体操作流程如下：

第一步，在手机桌面上找到“浏览器”选项并点击。如图1-27所示。

图1-27　“浏览器”选项

第二步，进入“浏览器”界面后，在搜索框中输入“斗地主”。这时，在搜索框下方会弹出几个对应选项，但是不要点击“安装”，而是点击搜索框后面的“搜索”。如图1-28所示。

第三步，在搜索到选项中，一定要找到官方版，并点击其对应的“下载”。如图1-29所示。

图1-28　点击搜索框后面的“搜索”

图1-29　下载官方版“斗地主”

第四步，当界面跳转后继续点击下方的“下载”，同时可以点击界面右下角的四个小圆点查看下载进度。如图1－30、图1－31、图1－32所示。

图1－30　点击“下载”

图1－31　点击四个小圆点

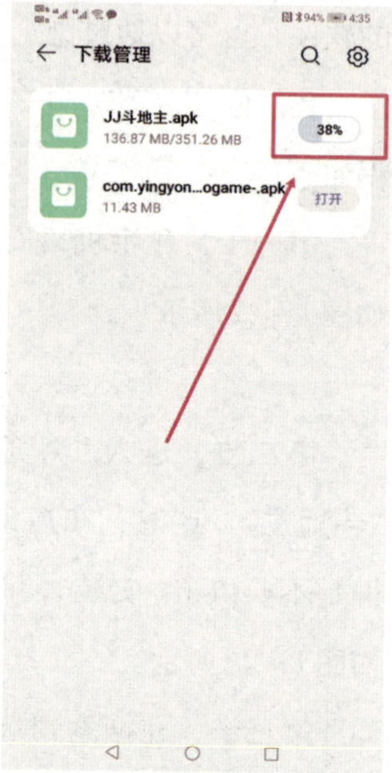

图1－32　查看下载进度

第五步，等待下载进度完成后，点击“打开”，并在弹出的提示选项中点击“允许”（当然，如果我们认为存在风险，可以选择禁止，则会终止下载与安装），然后再点击“继续安装”即可。如图1－33、图1－34所示。

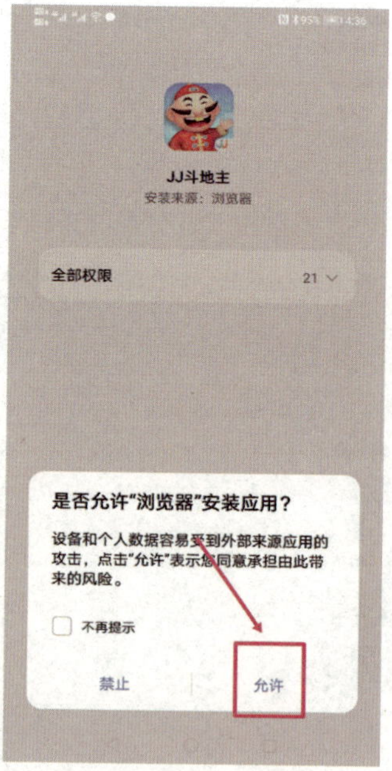

图1－33　点击“允许”

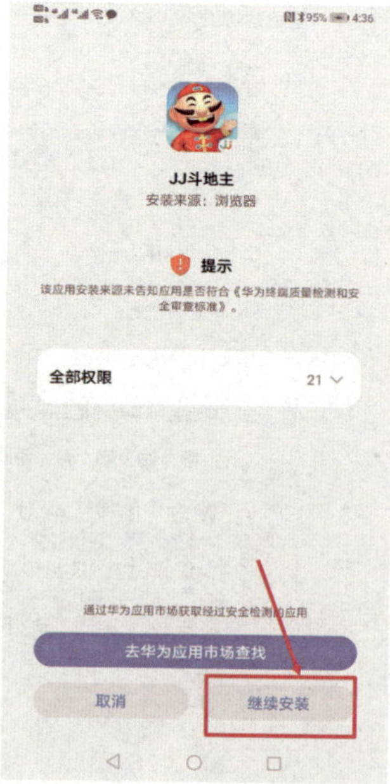

图1－34　点击“继续安装”

第2章 了解输入法，还有小工具

2.1 了解手机常见输入法

输入法是每一部智能手机必备的一款APP。智能手机中通常会自带一些输入法，比如拼音9键、拼音26键、手写、五笔、笔画、仓颉、注音等。但很多人在使用这些输入法的过程中不是很习惯，所以下载并安装一款得心应手的输入法，才能更有效地提高打字效率。

在用户常用的输入法中，搜狗输入法和百度输入法是常见的两种实用APP。可以毫不夸张地说，搜狗输入法和百度输入法几乎占据了输入法市场的半壁江山。因为搜狗输入法和百度输入法都富有趣味性，比如拥有高颜值的皮肤界面，用户可以设置各种各样的风格。另外，这两种输入法的AI功能也很强大，不仅支持普通话输入，同时支持方言自由输入与中英自由输入，具有更广泛的应用场景。

接下来，我们以百度输入法为例讲解如何在智能手机上进行应用。

第一步，在手机桌面上找到"百度输入法"选项并点击(由于我们在第一章内容中讲述过如何下载与安装APP，所以下面的内容中，均以成功下载与安装进行讲述)。如图2-1所示。

图2-1 "百度输入法"选项

第二步，进入“百度输入法”界面后，点击“第一步 勾选百度输入法”。如图2-2所示。

第三步，界面跳转至“可用虚拟键盘”界面后，开启“百度输入法”后面对应的按钮。如图2-3所示。

图2-2 点击“第一步 勾选百度输入法”

图2-3 开启“百度输入法”后面对应的按钮

第四步，阅读界面下方弹出的提示，如果无异议，点击提示界面中的“确定”。需要注意的是，点击第一次提示界面中的确定后，还会弹出一个提示，如果同样无异议，依然点击“确定”即可。如图2-4、图2-5所示。

第五步，当我们按照提示重启手机后，需要再次在手机桌面上找到“百度输入法”选项并点击。重新进入“百度输入法”界面后，点击“第二步 切换到百度输入法”。如图2-6所示。

图2-4　点击“确定”

图2-5　点击“确定”

图2-6　点击“第二步切换到百度输入法”

第六步，随着界面的跳转，会弹出一个“温馨提示”。如果阅读后无异议，点击提示界面右下方的“同意”。如图2-7所示。

第七步，提示界面消失后，我们即可根据自己的喜好选择不同风格的皮肤和表情，依次点击界面下方的“皮肤”和“表情”选项进入对应界面进行选择即可。如图2-8所示。

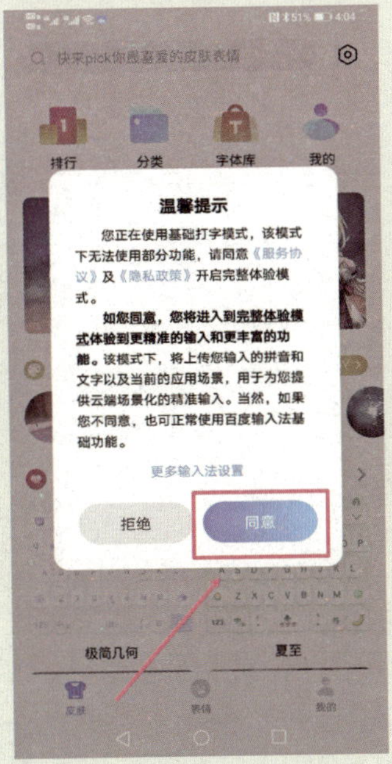

图2-7　点击“同意”

图2-8　“皮肤”与“表情”选项

第八步，选定喜欢的皮肤和表情后，界面会再次弹出一个提示，阅读后无异议，点击“下一步”。然后，界面中会弹出另外一个提示，依然需要在阅读无异议后，点击“始终允许”。如图2-9、图2-10所示。

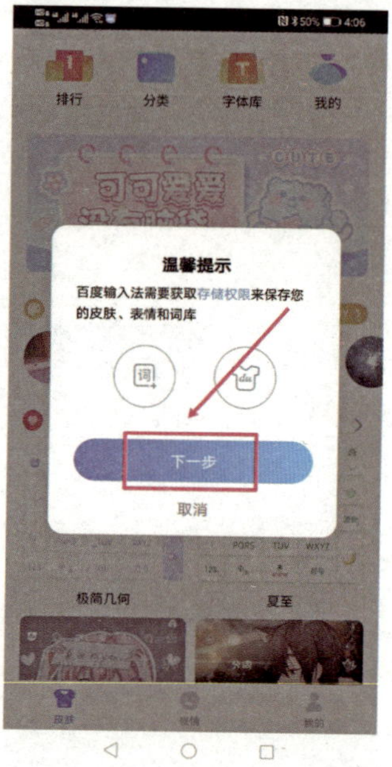

图2-9　点击“下一步”

图2-10　点击“始终允许”

至此，百度输入法已经成功应用。我们可以点开一个需要输入信息的聊天工具，比如微信、QQ等，进行查看。如图2-11所示。

图2-11　百度输入法的拼音26键

2.2 输入法的其他“花样”

无论是搜狗输入法还是百度输入法，都在力争与时俱进，满足各类用户群体的不同需求。例如，百度输入法就拥有多种高级的输入玩法，可以让用户根据自己的心情与喜好选择不同的输入方式，设置不同的字体，还可以加入文案、动效等。

2.2.1 拼音九宫格输入

拼音九宫格输入方式是将26个字母按照从“A”至“Z”的顺序分布在从“2”至“9”的8个数字按键上。

我们可以打开一个聊天框，点击信息输入框下面的“拼”，在弹出的菜单选项中点击“拼音9键”，即可切换为拼音九宫格输入方式。如图2－12、图2－13、图2－14所示。

图2－12 “拼”选项

图2－13 “拼音9键”选项

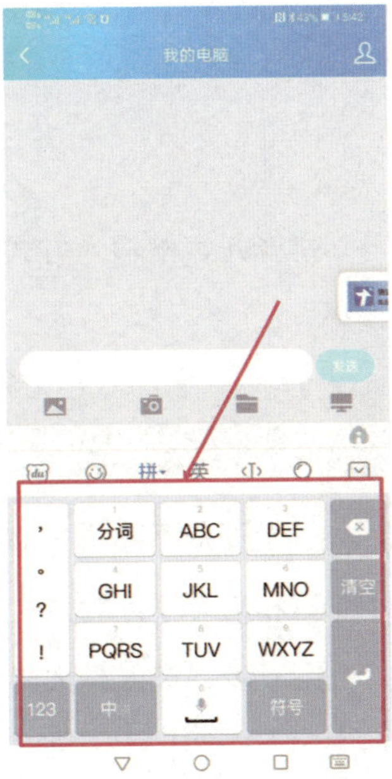

图2－14 拼音九宫格输入界面

如果我们想输入某个字，就可以查看哪个数字按键上有我们需要的字母，然后点击该数字键即可。比如输入“手”，对应字母是“SHOU”，就可以点击数字键7、4、6、8，在弹出的汉字中点击“手”即可。如图2-15所示。

图2-15　输入“手”字

拼音九宫格输入方式相比拼音26键输入方式，按键更大，可以有效降低输入错误率。

2.2.2 手写、语音也能输

对于那些不熟悉拼音的用户来说，无论是搜狗输入法还是百度输入法，都提供了手写和语音输入的方式。

第一步，进入聊天界面后，点击信息输入框下面的“拼”，然后在弹出的菜单选项中，点击“手写”。如图2-16所示。

第二步，当输入方式切换为手写模式后，点击左上方的“自由写”，会弹出一个菜单选项，可以选择“单字”或者“自由写”，选定后点击“确定”即可。“单字”即每次只能手写输入一个汉字，而“自由写”则可以同时输入一个以上的汉字。如图

2-17、图2-18所示。

图2-16　“手写”选项

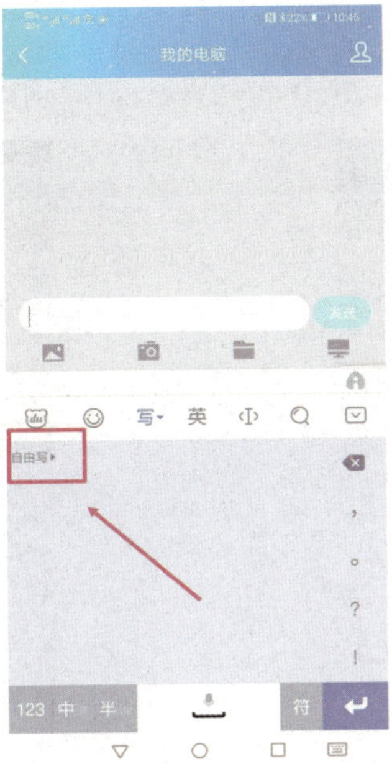

图2-17　“自由写”选项

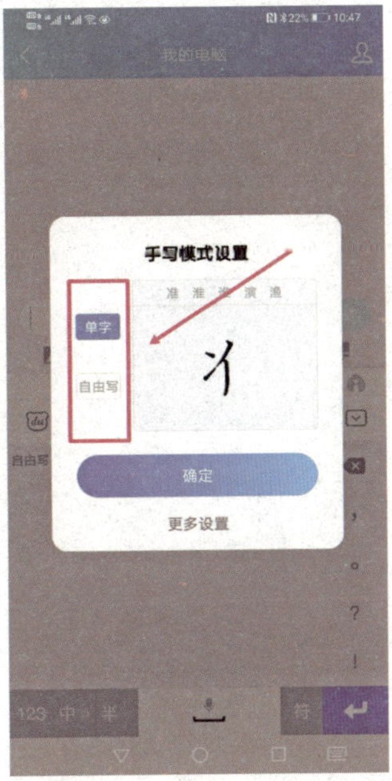

图2-18　选择“单字”输入

第三步，点击“更多设置”进入“常规设置”界面后，可以根据不同选项设置手写模式、识别速度、笔刷颜色以及粗细等。如图2-19、图2-20所示。

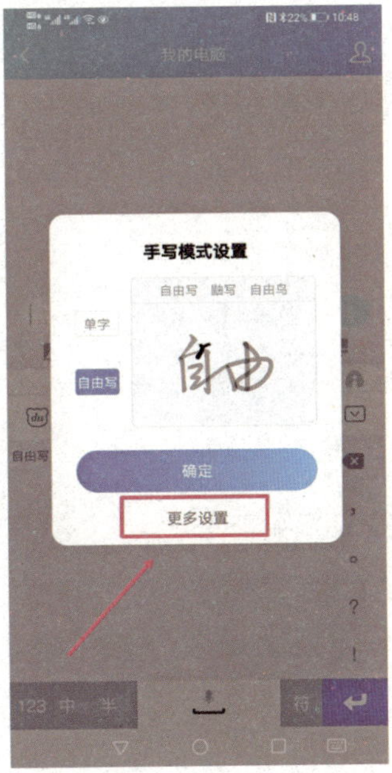

图2-19　“更多设置”选项

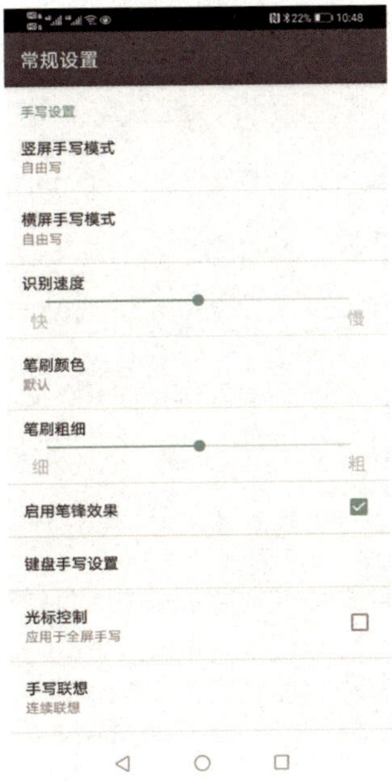

图2-20　“常规设置”界面

第四步，点击输入框下面的“写”，在弹出的菜单选项中点击“语音”。如图2-21所示。

第五步，阅读弹出的提示，如果无异议，点击“始终允许”。如图2-22所示。

图2-21 “语音”选项

图2-22 点击“始终允许”

第五步，进入语音输入界面后，在语音输入界面的左上方有三个选项，依次为语音设置、斗图模式、输入语种选择。我们可以根据自己的实际情况进行语音设置并选择合适的语种，然后按住界面下方麦克风的图标即可进行语音输入。值得一提的是斗图模式，当我们开启斗图模式后，输入的语音将不再转成文字上屏，而是转换为表情，进一步提高了输入乐趣。如图2-23、图2-24、图2-25、图2-26、图2-27所示。

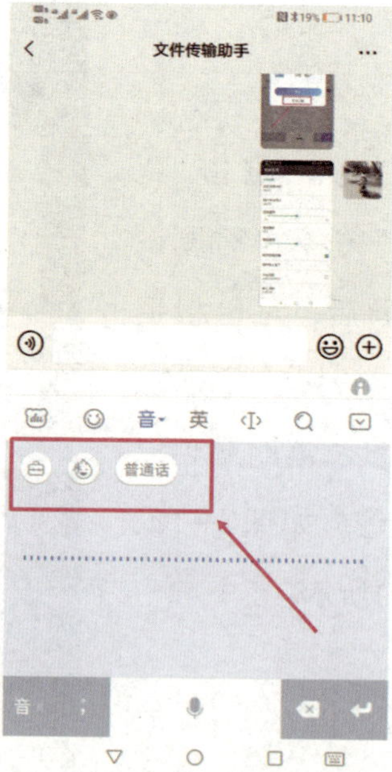

图2-23 语音输入模式选项

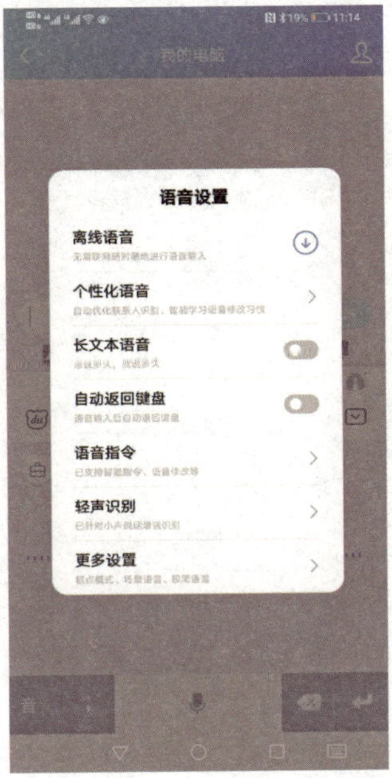

图2－24　语音设置

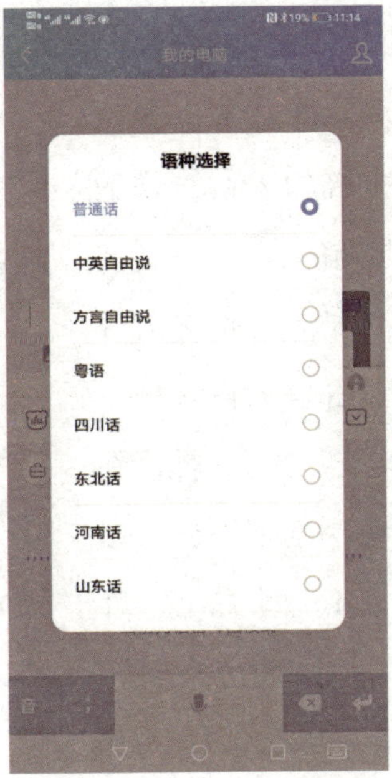

图2－25　语种选择

图2－26　输入语音

图2－27　输入“你好”的斗图

2.2.3 表情、符号更有趣

表情、符号等也是搜狗、百度等输入法自带的一些有趣功能。

第一步，进入聊天界面后，点击信息输入框下面的“笑脸”图标，然后在弹出的菜单选项中，可以选择Emoji、颜文字、斗图、我的（收藏的表情或符号）等表情或者符号。如图2－28、图2－29、图2－30、图2－31所示。

图2－28 “笑脸”图标

图2－29 “Emoji”界面

图2－30 “颜文字”界面

图2－31 “斗图”界面

第二步，如果在这些选项中没有我们喜欢或者需要的表情、符号，我们也可以点击“我的”选项后面的“搜索”图标，在搜索框中输入关键词，然后点击右下角的“搜索”即可。如图2－32、图2－33、图2－34所示。

图2－32　“搜索”选项

图2－33　点击“搜索”

图2－34　搜索到的“蓝天白云”表情、符号

2.3 实用小工具

其实，很多智能手机都会预下载与安装一些APP，不仅让用户节省了很多下载与安装的时间，而且很多APP对于用户来说也很实用，可以很好地辅助我们的工作、生活、学习等。

2.3.1 日历提醒：不忘记每个重要的日子

假如你下周五需要参加一个会议，但距离得到通知的时间还有8天，而仅靠大脑记忆，很可能会因为在这段时间内需要处理的事情太多，最终忘记要参加这个会议。

智能手机预下载与安装的日历提醒，就是为了防止我们忘记每个重要的日子。那么，具体应该如何设置呢？

第一步，在手机桌面上找到“日历”选项并点击。如图2－35所示。

第二步，进入“日历”界面后，点击界面右下角的“+”符号。如图2－36所示。

图2－35 “日历”选项

图2－36 “+”符号

第三步，进入“新建日程”界面后，在“标题栏”输入“参加会议”，在“地点栏”确定地址，并依次点击“开始时间”与“结束时间”，根据实际时间规定进行设置，完成后点击“确定”即可。如图2－37所示。

第四步，点击“添加提醒”，会自动设置为10分钟前，如果感觉不合适，可以点击“10分钟前”在弹出的菜单选项中重新选择提醒时间。如图2－38、图2－39所示。

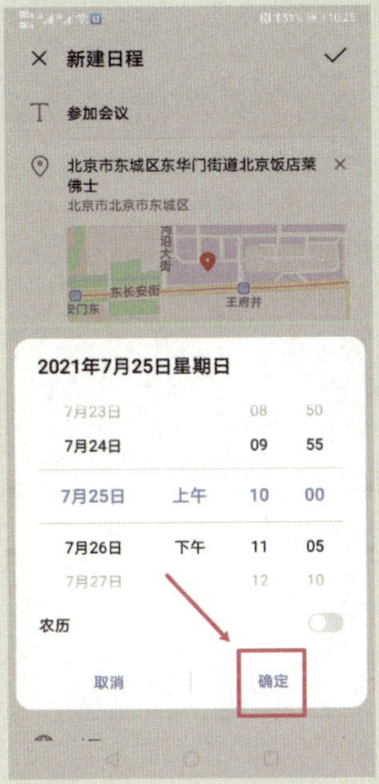

图2－37 点击“确定”

图2－38 默认提醒时间

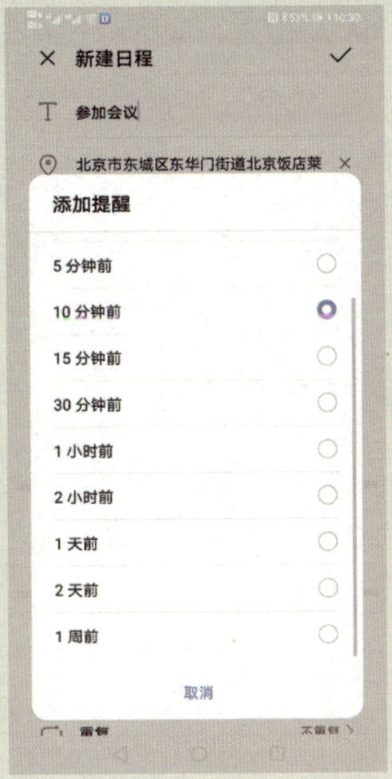

图2－39 可选择提醒时间

第五步，界面下方的“账户”就是默认的“我的日历”。“说明”可以添加对于参加这次会议的具体事项等。“重复”选项可以根据自己的实际情况选择，因为是参加会议，不是每天都会发生的事项，所以选择不重复即可。“时区”选择中国标准时间即可。所有选项设置完成后，单击界面右上角的“√”即可。如图2－40所示。

第六步，返回“日历”界面，点击日期下面带有小圆点的数字，界面下方便会弹出提醒事项，表示“日历提醒”设置成功。如图2－41所示。

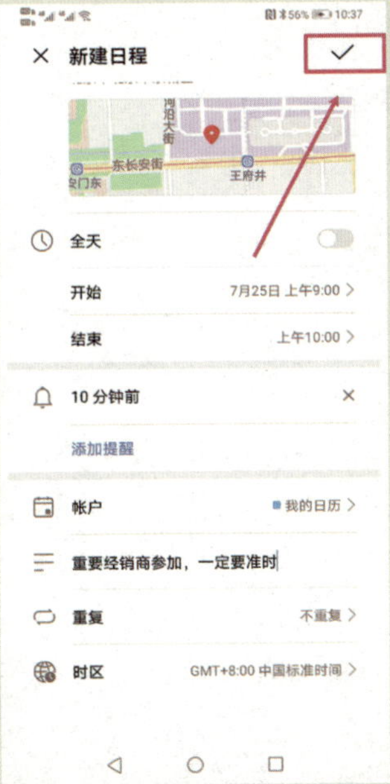

图2－40 点击“√”

图2－41 成功设置日历提醒

2.3.2 闹钟：告别迟到的利器

闹钟几乎是很多上班族都会用到的一款智能手机APP，相对于实体闹钟设置起来更加方便，再也不用担心因为迟到而与全勤奖擦肩而过。

第一步，在手机桌面上找到“时钟”选项并点击。如图2-42所示。

第二步，进入“闹钟”界面后，点击左下角的“闹钟”选项，再点击“+”符号。如图2-43所示。

图2-42 “时钟”选项

图2-43 “+”符号

第三步，进入“新建闹钟”界面后，首先需要上下滑动“上午”“下午”，以及其后面对应的数字进行时间设置，然后点击“重复”选项，在弹出的菜单选项中确定需要重复的时间（周一至周日之间自由选择），一般可以设定为工作日重复，最后点击“确定”即可。同时，我们也可以开启“法定工作日”后面的按钮，则在法定节假日不会受到闹钟的影响。如图2-44、图2-45所示。

第四步，根据自己的喜好以及实际情况设置“闹钟铃声”“闹钟名”“响铃时长”“再响间隔”，设置完成后点击右上角的“√”，则表示成功设置闹钟。如图2-46所示。

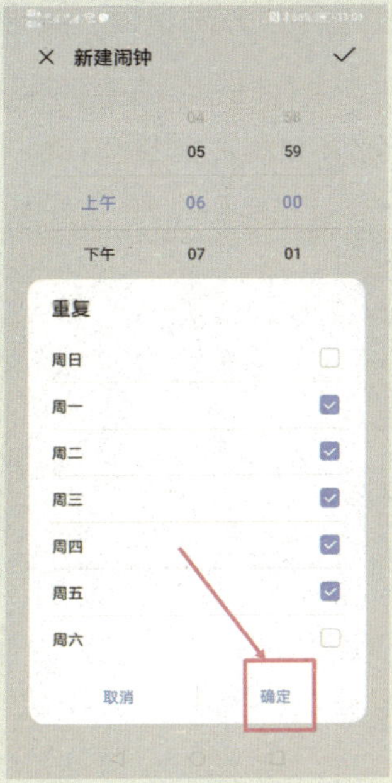

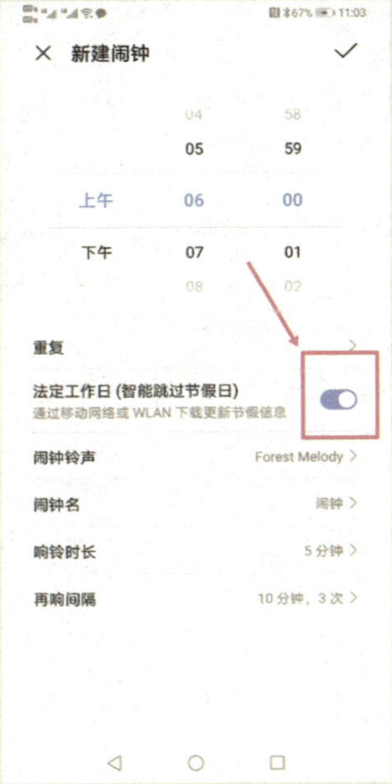

图2-44 选择工作日　图2-45 开启“法定工作日”提醒　图2-46 点击“√”

2.3.3 录音机：快速记录重要信息

在工作中，尤其是在参加工作会议的时候，单纯依靠手写记录往往会遗漏很多重要信息，这时应该怎么办呢？

第一步，在手机桌面上找到“录音机”选项并点击。如图2-47所示。

图2-47 “录音机”选项

第二步，进入“录音机”界面后，点击界面下方的小红圆点即可开始录音。如图2-48所示。

第三步，在“录音”界面点击右上角的“人头”图标，可以开启人声增强功能，提高录音质量。如图2-49所示。

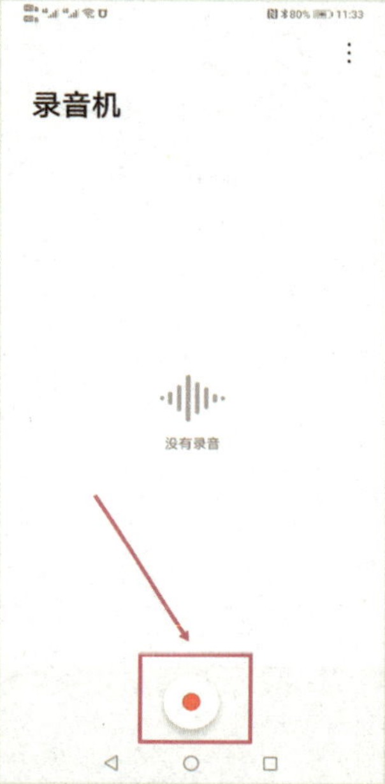

图2-48 开始录音按键

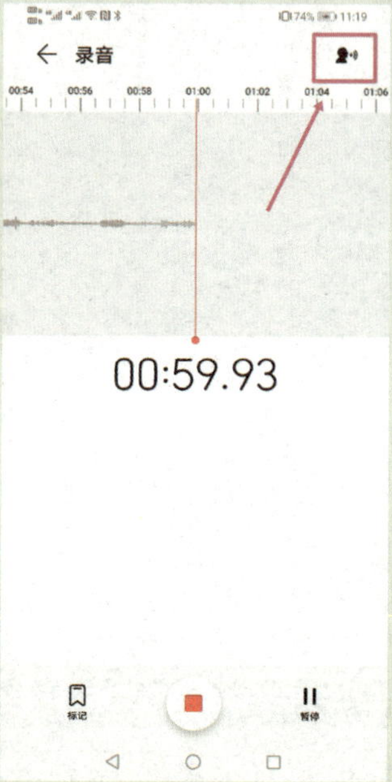

图2-49 开启“人声增强”

第四步，如果某个时间段的录音内容非常重要，可以点击界面左下角的“标记”，再点击界面中出现的“标签”，即可对该时间段的内容添加注释等。如图2-50、图2-51所示。

第五步，如果是一些不重要的信息，不需要收录，可以点击界面右下角的“暂停”，跳过某个时间段，再次点击“继续”，则可以重新录音。如图2-52、图2-53所示。

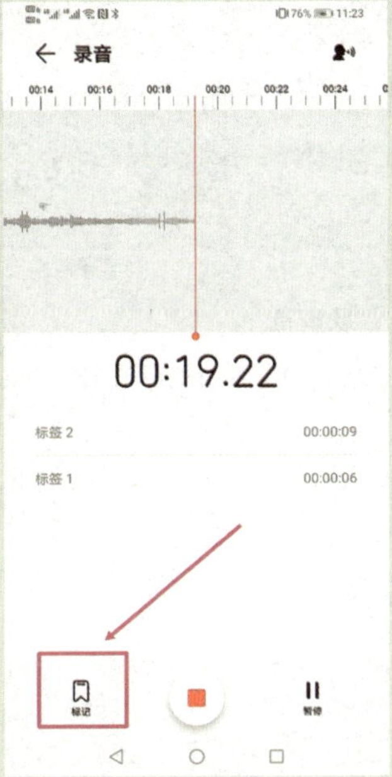

图2－50　“标记”选项

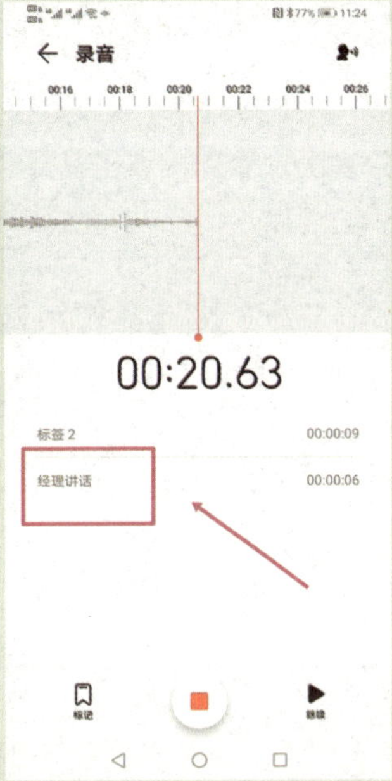

图2－51　6秒时间段的标记

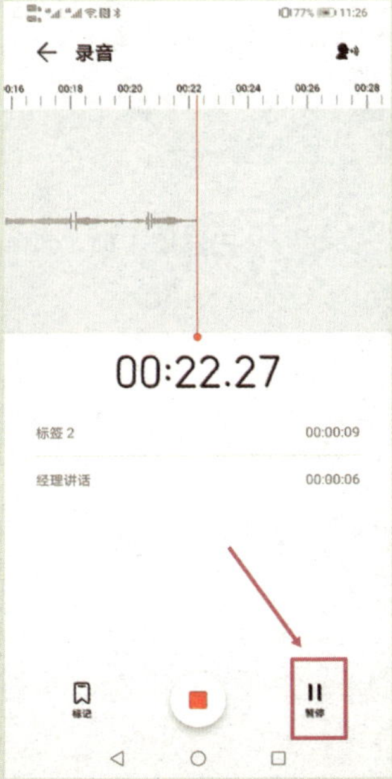

图2－52　暂停录音

图2－53　继续录音

第六步，点击界面最下方的红色方块，则可以停止录音。如图2－54所示。

第七步，需要播放录音的时候，点击手机桌面上的“录音机”，在“录音机”界面找到需要播放的录音，点击其后面对应的黑色小三角即可。如图2－55所示。

图2－54　停止录音

图2－55　播放录音

第八步，如果录音太多需要删除，或者需要命名以有效区分，可以用手指长按该录音，在下方弹出的菜单选项中选择对应功能即可。如图2－56所示。

图2－56　录音设置选项

2.3.4 计算器：数字速算就靠它

当我们遇到一些需要计算数字的情况时，往往可以通过智能手机预下载与安装的计算器APP快速解决，比如计算工资、房贷、车贷等。这对于那些口算或者计算能力比较弱的用户来说，无疑是一大福音。

在手机桌面上找到“计算器”选项并点击，进入“标准计算器”界面后，输入相关数字进行计算即可。如图2－57、图2－58所示。

如果想要扩大运算范围，可以点击“计算器”界面右上角的“⋮”符号，在弹出的菜单选项中点击“科学计算器”即可。如图2－59、图2－60所示。

图2－57 “计算器”选项

图2－58 “标准计算器”界面

图2－59 “科学计算器”选项

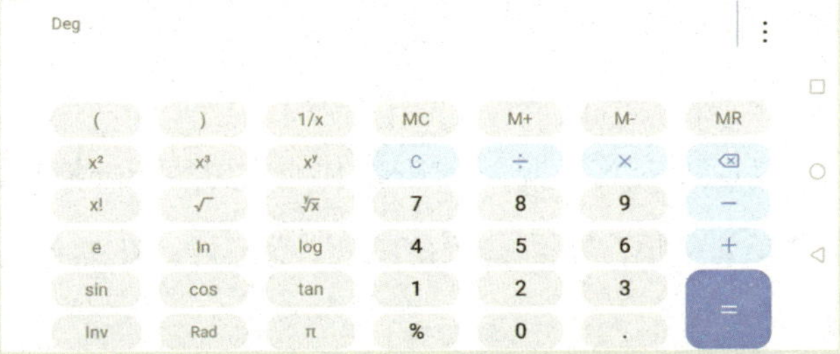

图2－60 “科学计算器”界面

2.3.5 手电筒：轻轻一按，照亮整个黑夜

手电筒APP一般不在智能手机的主界面上，需要我们下拉手机屏幕，在弹出的菜单选项中可以找到“手电筒”。如图2-61所示。

点击“手电筒”图标，即可开启手电筒，可以帮助我们在黑夜查找东西等。如图2-62所示。

图2-61 “手电筒”选项

图2-62 开启手电筒

2.3.6 天气预报：出门它说了算

天气预报APP一般位于智能手机的主界面，点击即可查看当前以及未来几天的天气情况、温度、空气质量等。如图2-63、图2-64所示。

当然，我们也可以通过天气预报APP查看其他城市的天气情况。

第一步，点击“天气预报”界面右上角的“⁝”符号，在弹出的菜单选项中点击“管理城市”。如图2-65所示。

第二步，进入“管理城市”界面后点击下方的“+”符号。如图2-66所示。

图2－63　“天气预报”选项

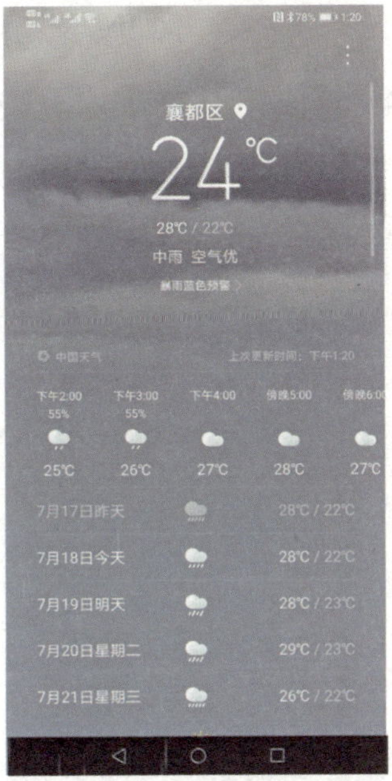

图2－64　“天气预报”界面

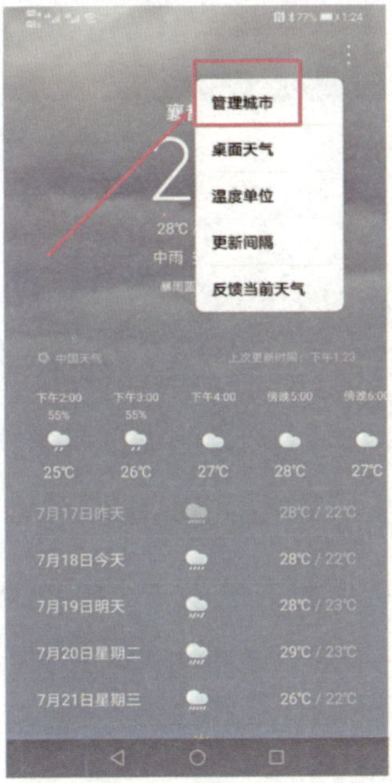

图2－65　“管理城市”选项

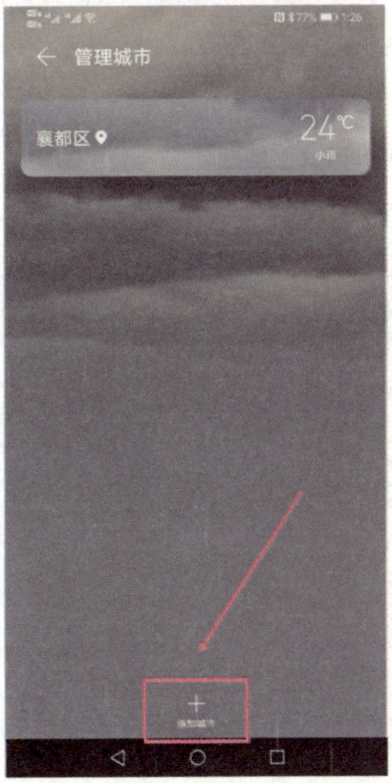

图2－66　“添加城市”选项

第三步，进入“添加城市”界面后，可以在搜索框中输入想要添加的城市名称进行搜索，也可以在推荐城市选项中进行选择。如图2－67所示。

第四步，以添加北京为例，点击“北京”后，界面会自动跳转至北京的天气情况。如图2－68所示。

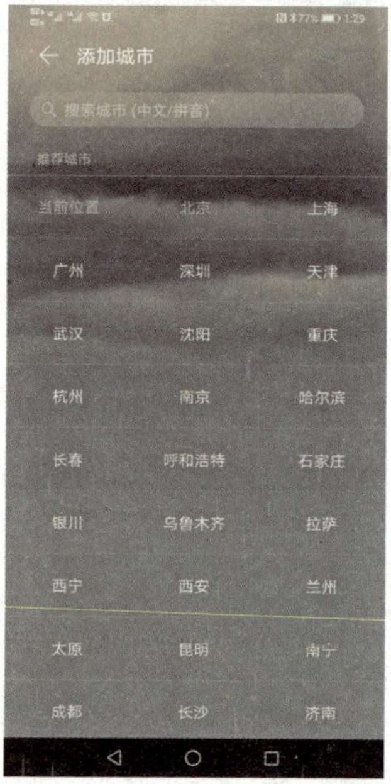

图2－67 “添加城市”界面

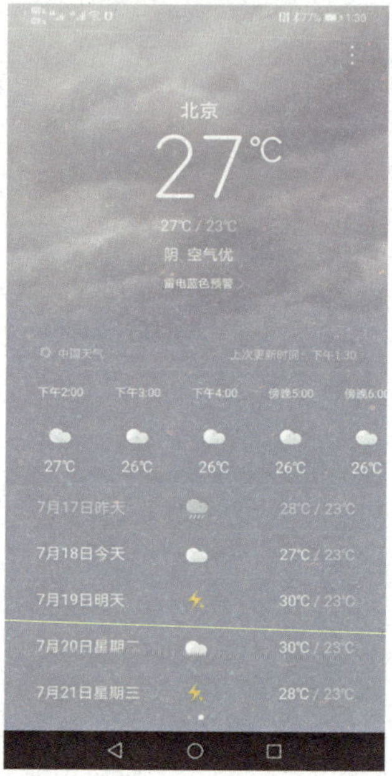

图2－68 北京天气情况

2.3.7 备忘录：好记性不如烂笔头

备忘录APP可以让我们记录一些突发灵感，或者记录一些重要事件等，形式包括文字、图片、语音等多种记事方式。

第一步，在手机桌面上找到“备忘录”选项并点击。如图2－69所示。

第二步，第一次使用的时候，点击“备忘录”选项后会进入一个简单介绍的界面，左右滑动界面即可对“备忘录”的相关功能进行了解。需要注意的是，如果需要将该手机的备忘录数据同步到云端，那么就在界面下方“开启备忘录云同步”前面的小方框中打“√”，然后点击“开始使用”即可。

当界面跳转至更细致的功能介绍界面后，依然可以通过左右滑动界面进行了解，然后再次点击界面下方的“开始使用”。如图2－70所示。

图2－69　“备忘录”选项

图2－70　点击“开始使用”

第三步，进入“云空间”界面后，点击右上角的“∷”符号，在弹出的选项中点击“添加到桌面”，有助于我们后期快速查找。如图2－71所示。

第四步，点击“云空间”界面左上角的“←”符号，即可进入“全部笔记”界面。如图2－72所示。

图2－71　“添加到桌面”选项

图2－72　“全部笔记”界面

第五步，点击“全部笔记”界面中的“+”符号，进入输入界面后，按照相关提示输入标题、内容等，也可以在界面下方的选项中选择输入样式，或者输入图片、语音等。如图2－73、图2－74所示。

图2－73　“+”符号

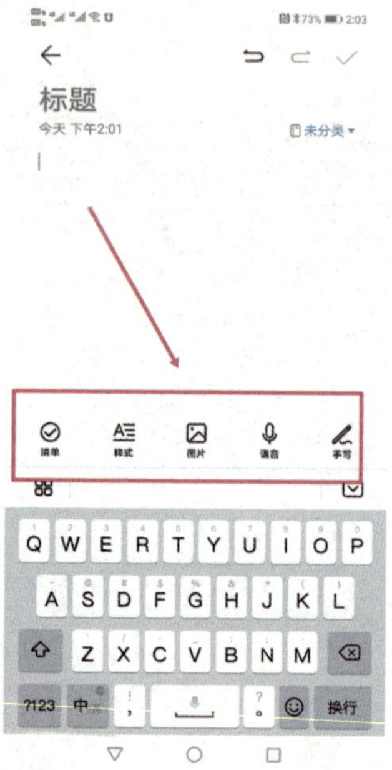

图2－74　不同输入选项

第六步，点击界面右上角的“未分类”可以将备忘录内容进行分类。确定类别后，点击界面右上角的“√”即可完成备忘录的保存。如图2－75、图2－76所示。

图2－75　分类选项

图2－76　保存

第3章 手机怎么玩，安全是第一

3.1 安全软件必不可少

当智能手机的普及率不断提高的同时，更多的用户体会到了因此带来的便利生活，无论是交友聊天，还是工作交易，甚至是购物娱乐都可以通过一部智能手机操作完成。

然而，在这种便利生活的背后也隐藏着一些安全问题，比如一旦遭到病毒或者木马的侵扰，很可能造成用户的财产损失、个人信息泄露等。

所以，智能手机的安全问题也得到了用户的高度重视。这就需要通过一些安全软件提高智能手机的安全性。

3.1.1 手机管家

手机管家是很多智能手机预下载与安装的一款安全软件，集清理加速、流量管理、骚扰拦截、病毒查杀等于一体，而且使用起来也比较方便。

第一步，在手机桌面上找到“手机管家”选项并点击。如图3-1所示。

图3-1 “手机管家”选项

第二步，进入“手机管家”界面后，点击“一键优化”即可自动清理加速、病毒查杀等。如图3－2、图3－3所示。

图3－2　点击“一键优化”

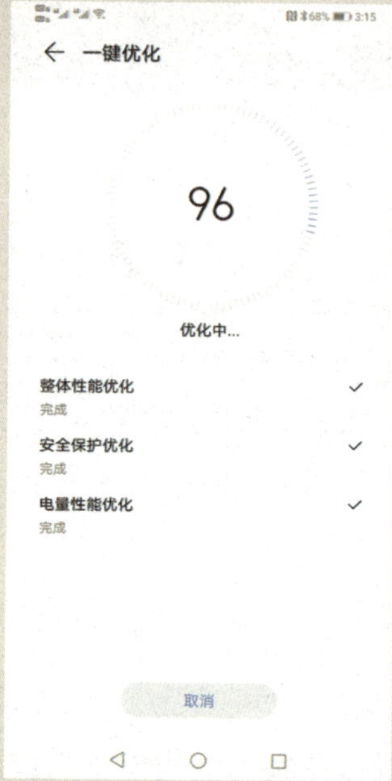

图3－3　优化中

第三步，在“一键优化”界面可以根据提示，以及个人实际情况与需求选择进一步优化，或者点击界面下方的“完成”即可。如图3－4所示。

第四步，点击“手机管家”界面右上角的齿轮符号，进入“设置”界面后也可以根据自己的需求和实际情况选择是否开启“智能维护”和“自动清理垃圾文件”。如果需要开启，点击其后面对应的按钮即可。如图3－5、图3－6所示。

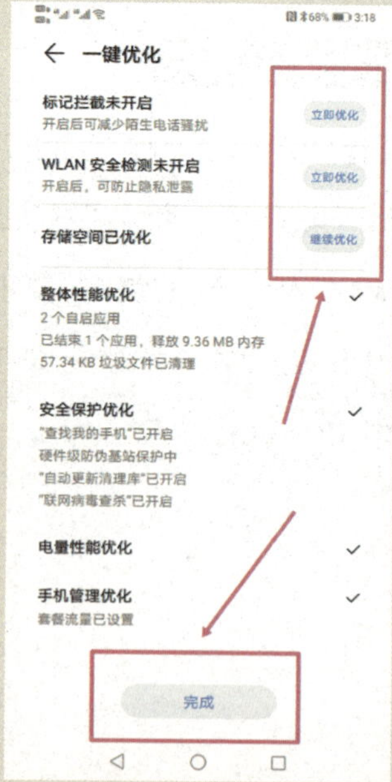

图3－4　选择继续优化或者完成

图3-5　齿轮符号

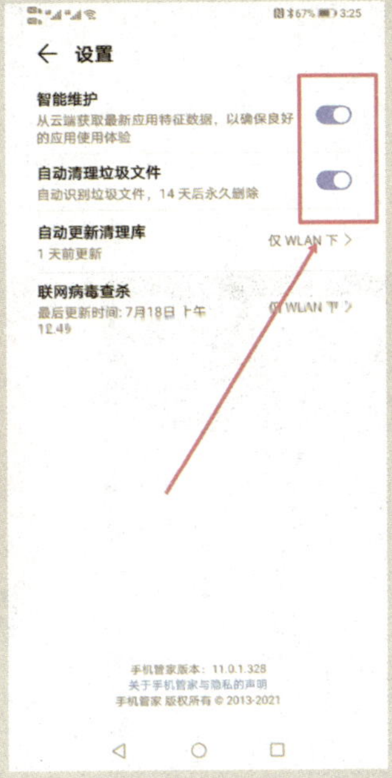

图3-6　开启“智能维护”与“自动清理垃圾文件”

3.1.2 360手机卫士

如果我们的智能手机上没有预下载与安装“手机管家”，我们也可以自行下载与安装“360手机卫士”。这也是一款智能手机安全软件，与“手机管家”一样，不仅免费，而且同样具有强大的功能，比如防垃圾短信，防骚扰电话，防隐私泄露等。

第一步，当我们成功下载与安装“360手机卫士”后，在手机桌面上找到“360手机卫士”选项并点击。如图3-7所示。

图3-7　“360手机卫士”选项

第二步，阅读弹出的“温馨提示”，如果没有异议，点击提示右下方的“同意”。如图3－8所示。

第三步，进入“360手机卫士”界面后，点击“即刻修复”。如图3－9、图3－10所示。

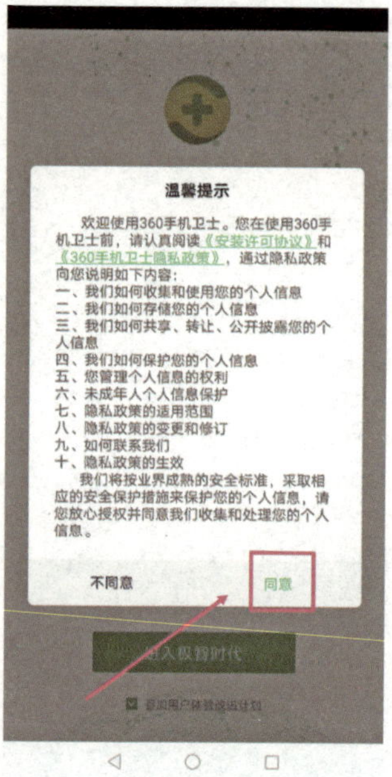

图3－8　点击“同意”

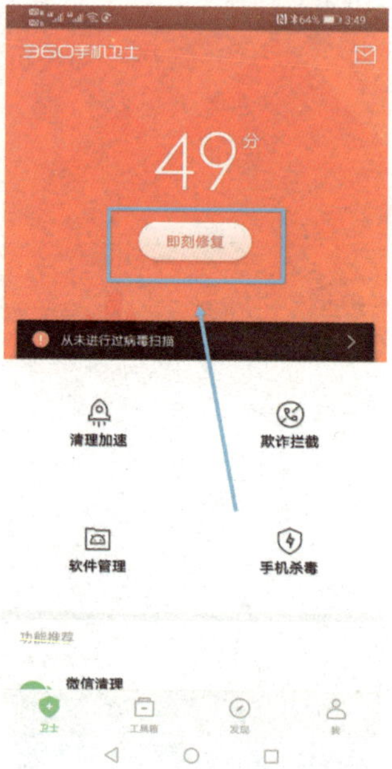

图3－9　点击“即刻修复”

图3－10　修复中

第四步，修复结束后，界面中会弹出几个选项，我们可以选择继续深入优化，也可以选择点击界面下方的“完成”，根据个人情况自行决定即可。如图3－11所示。

第五步，返回“360手机卫士”界面后，点击界面下方的“工具箱”，在“我的工具”界面可以选择更多安全防护功能，比如流量监控、手机降温等。如图3－12、图3－13所示。

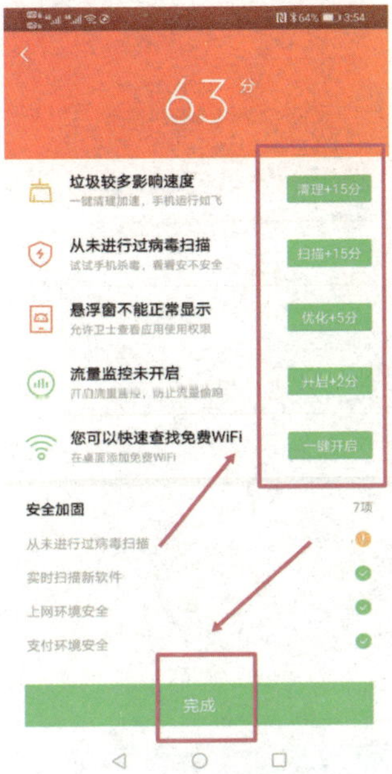

图3-11 选择继续修复或完成

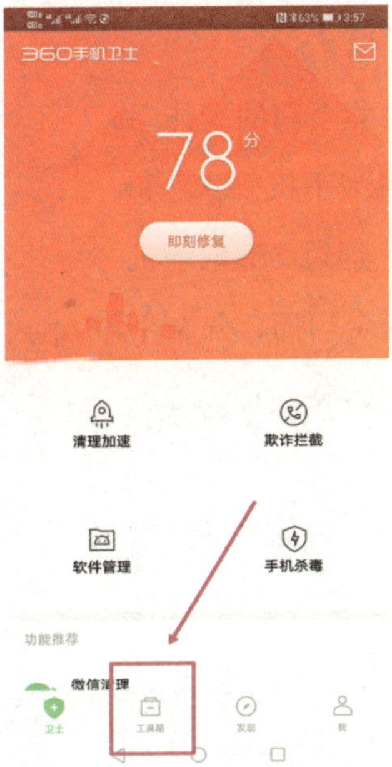

图3-12 “工具箱”选项

图3-13 “工具箱”界面

第六步，点击“360手机卫士”界面下方的“发现”和“我”，则可以查看最新的安全防护功能，以及对“360手机卫士”进行相关设置。如图3-14、图3-15所示。

图3-14 发现的新功能

图3-15 基本设置界面

3.1.3 腾讯手机管家

腾讯手机管家也是一款功能全面的智能手机安全软件。对于不习惯使用“手机管家”和“360手机卫士”的用户来说，通过“腾讯手机管家”依然可以对手机进行安全扫描，并在下载与安装其他软件时进行实时检测，防止恶意软件带来安全风险。

第一步，当我们成功下载与安装“腾讯手机管家”后，在手机桌面上找到该选项并点击。如图3－16所示。

图3－16 “腾讯手机管家”选项

第二步，在弹出的提示界面下方点击“马上体验”，并点击再次弹出的提示界面下方的“同意”。如图3－17、图3－18所示。

图3－17 点击“马上体验”

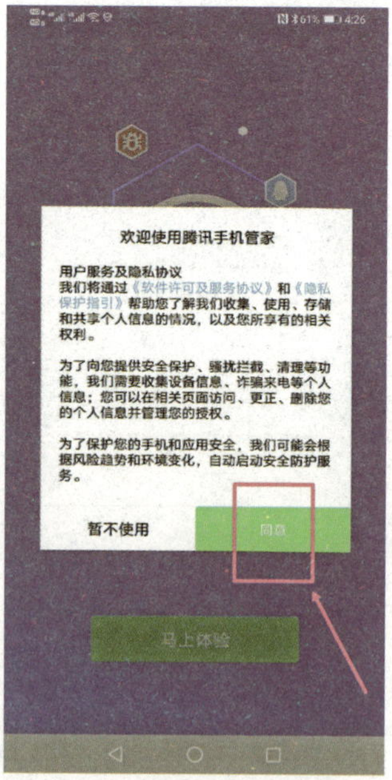

图3－18 点击“同意”

第三步，点击“开启手机管家”提示界面下方的“去授权”，并点击界面下方弹出的提示中的“始终允许”。应该注意的是，需要点击两次“始终允许”。如图3-19、图3-20、图3-21所示。

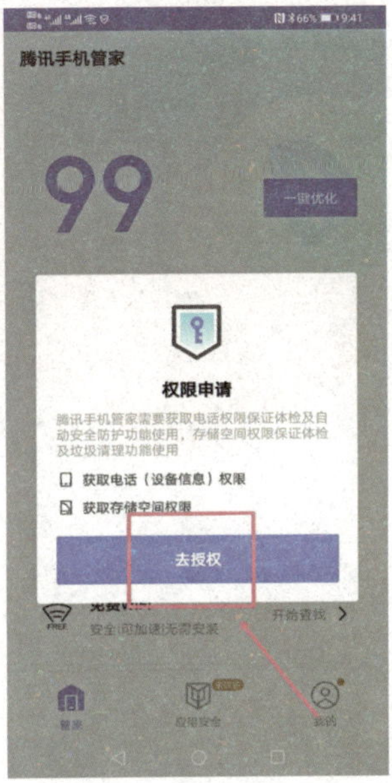

图3-19　点击“去授权”

图3-20　点击“始终允许”

图3-21　再次点击“始终允许”

第四步，正式进入“腾讯手机管家”界面后，点击“立即修复”。如图3－22、图3－23所示。

图3－22　点击“立即修复”

图3－23　一键优化中

第五步，修复结束后，界面中会弹出几个选项，我们可以选择继续深入优化，也可以选择点击界面下方的“完成”，根据个人情况自行决定即可。如图3－24所示。

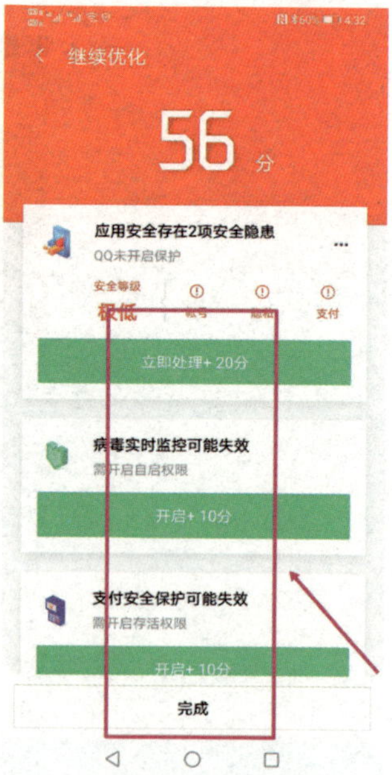

图3－24　选择继续优化或者完成

第六步，返回“腾讯手机管家”界面后，点击界面下方的“应用安全”。进入“应用安全中心”后点击“安全隐患待处理”可以查看存在风险的软件。如图3－25、图3－26所示。

第七步，进入“检测结果”界面后，可以根据需求以及个人情况选择是否保护或者开启等。如图3－27所示。

图3－25　“应用安全”选项

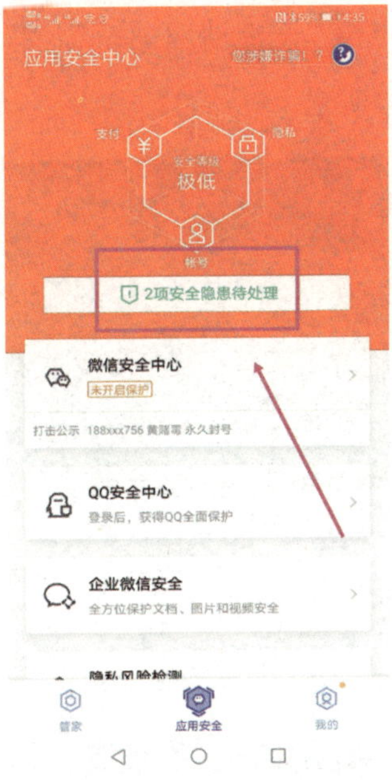

图3－26　存在的安全隐患

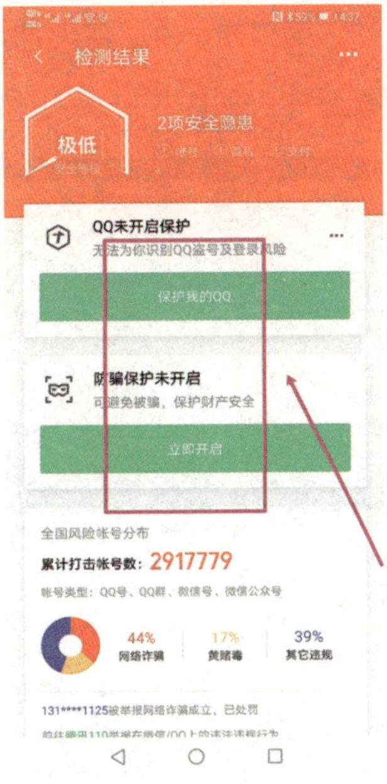

图3－27　检测结果

3.2 各项监控保障手机安全

在上面的内容中，我们大概讲述了一下几款安全软件的一键优化功能，下面我们将以“360手机卫士”为例，针对一些功能细节进行阐述。

3.2.1 文件多运行卡？一键清理留内存

智能手机出现运行卡顿的现象时，其中一个就是因为存储的文件过多，导致内存不足。那么，我们应该如何有针对性地进行清理呢？

第一步，在手机桌面上找到“360手机卫士”选项并点击。进入“360手机卫士”界面后，点击“清理加速”。如图3－28所示。

第二步，在“清理加速”点击“一键清理加速”。清理完成后，会显示清理的垃圾数量等。如图3－29、图3－30所示。

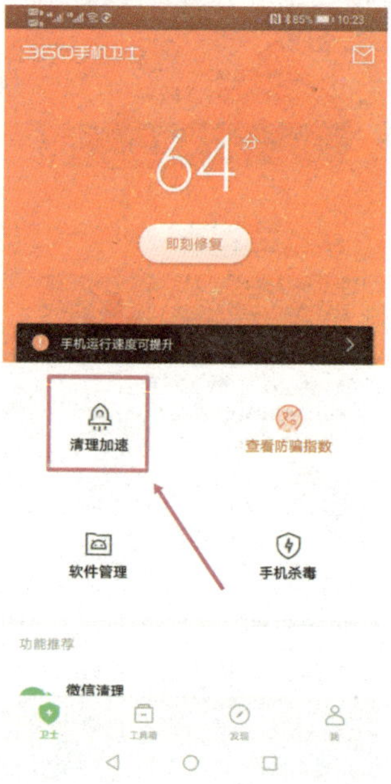

图3－28　点击“清理加速”

图3－29　点击“一键清理加速”

图3－30　清理结果

3.2.2 担心流量超额？流量统计免烦恼

在没有连接Wi-Fi网络的情况下，使用智能手机正常上网消耗的是数据流量。然而，每个用户所办理的套餐服务是不一样的，或者说运营商提供的数据流量是有限的，一旦超出套餐服务的范围，运营商就会按照一定的比例收取费用，而且费用很高。所以，为了避免超额使用，我们可以定期统计一下流量的使用情况。

第一步，点击“360手机卫士”界面下方的“工具箱”。如图3－31所示。

第二步，在“我的工具”界面的菜单选项中点击“流量监控”。如图3－32所示。

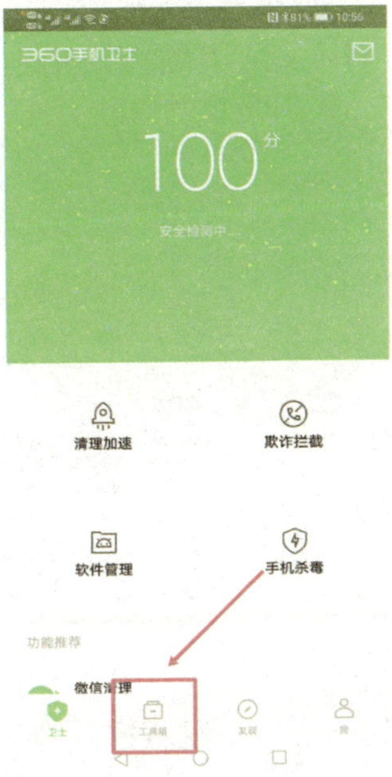

图3－31　“工具箱”选项

图3－32　点击“流量监控”

第三步，进入“流量监控”界面后，点击界面下方提示中的“始终允许”。如图3－33所示。

图3－33　点击“始终允许”

第四步，点击“流量监控”界面右上角的齿轮符号。进入“流量监控设置”界面后，开启“流量监控”后面对应的按钮，并根据提示对“运营商信息”“流量套餐”“流量超额提醒”等进行设置。同时，在设置的过程中会弹出一个“风险提示”，可以根据个人情况选择。如图3－34、图3－35、图3－36所示。

图3－34　设置选项

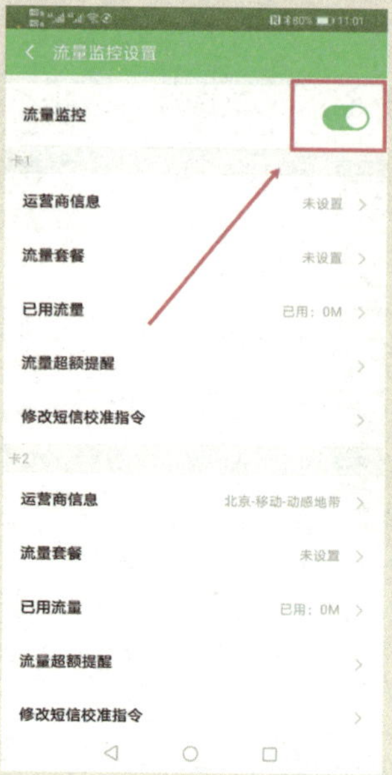

图3－35　开启流量监控按钮

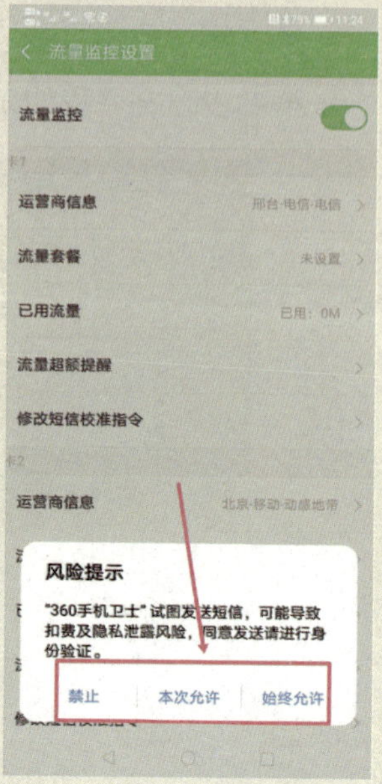

图3－36　提示界面选项

第五步，设置完成后，返回到“流量监控”界面，点击“一键校准”。如图3－37所示。

第六步，校准完成后，在“流量监控”界面会显示剩余流量。如图3－38所示。

图3－37　点击“一键校准”

图3－38　校准结果

3.2.3 陌生号码骚扰？智能拦截享清净

你是不是隔三岔五就会接到一些推销电话或者短信？其实，不管我们接不接这种陌生号码，都会被其频繁骚扰。那么，遇到这种情况应该怎么办呢？

第一步，点击“360手机卫士”界面中的“欺诈拦截”。如图3－39所示。

第二步，在“欺诈拦截”界面会自动检测防骗指数。然后，点击“欺诈拦截”界面右上角的“⋮”符号。如图3－40所示。

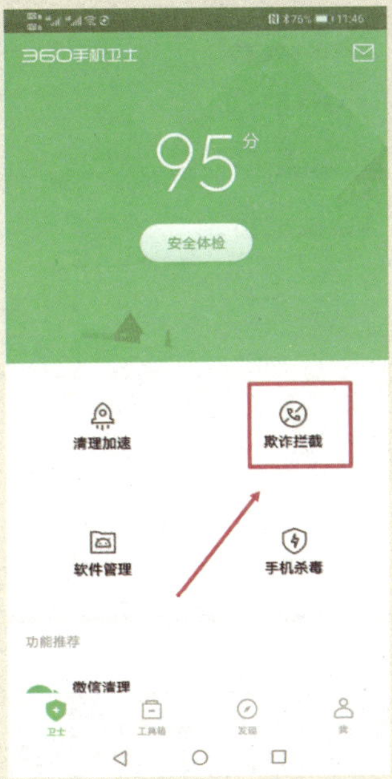

图3－39　“欺诈拦截”选项

图3－40　“⋮”符号

第三步，点击“欺诈拦截设置”界面右上角的“双卡统一设置”，在弹出的菜单选项中也可以选择“双卡分别设置”，根据个人情况自行决定即可。如图3－41所示。

第四步，根据“欺诈拦截设置”界面下方各选项的提示，并结合个人情况，分别进行设置即可。如图3－42所示。

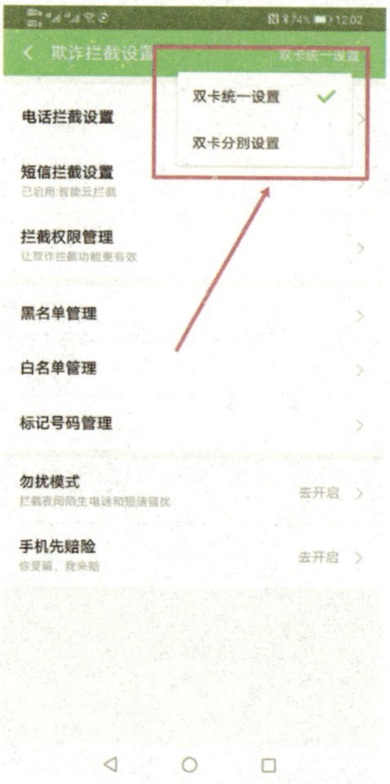

图3-41　双卡设置选项

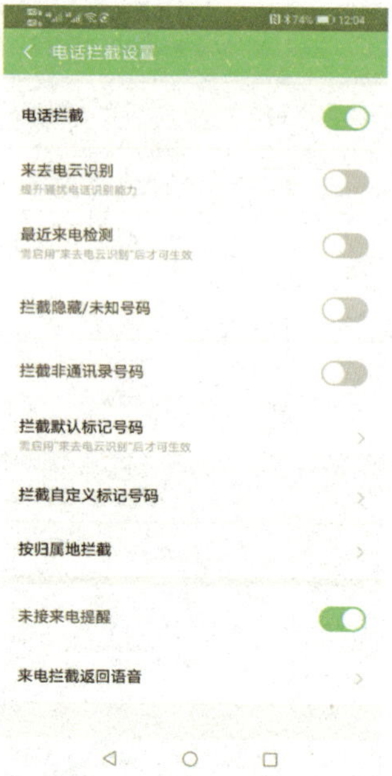

图3-42　“电话拦截设置”界面

第4章 开心时拍照，修图有必要

4.1 记录每个美好瞬间

智能手机预下载与安装的相机APP，让很多用户记录了生活中的美好瞬间，既可以用作回忆，也可以与亲朋好友相互分享。

然而，为什么有的用户拍摄的照片很美，而有的用户拍摄的照片却总感觉存在一些缺陷呢？这是因为后者对于相机APP的一些功能还不是很了解。例如，相机APP自带的美颜功能、视频美拍功能等，都可以为拍摄的照片或视频加分。

4.1.1 自带美颜功能

美颜功能主要适用于人像拍摄，可以通过美白、磨皮、大眼、瘦脸等功能，让面容更加精致，掩饰面部存在的一些缺陷等。

第一步，在手机桌面上找到“相机”选项并点击。如图4-1所示。

第二步，进入“相机”界面后，点击界面下方菜单选项中的“人像”。如图4-2所示。

第三步，在“人像”上方弹出的菜单选项中点击“美颜”。如图4-3所示。

图4-1 “相机”选项

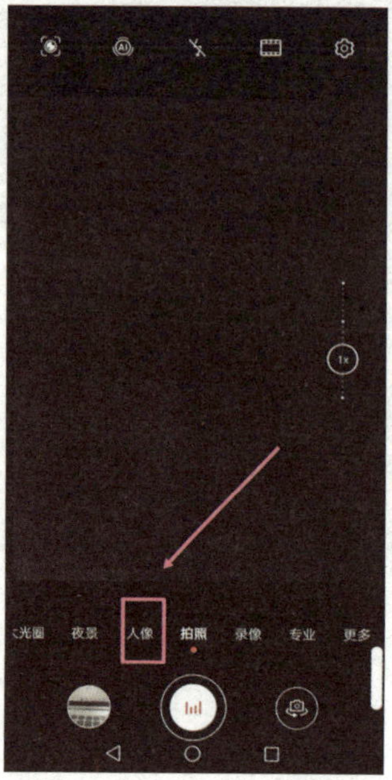

图 4－2　点击“人像”

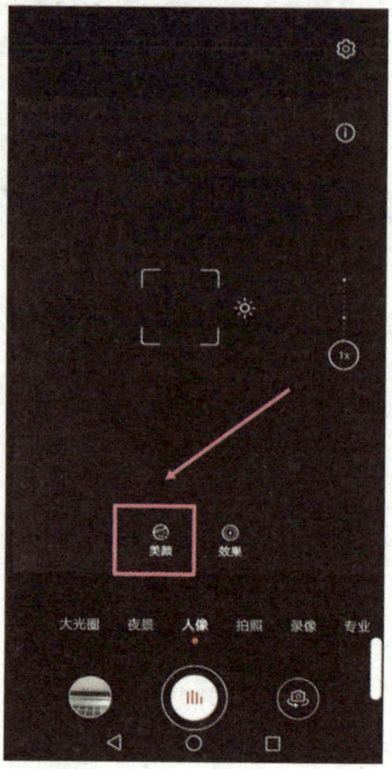

图 4－3　点击“美颜”

第四步，界面上出现“美肤”之后，可以滑动下方的白色小圆圈进行美颜级别的选择，最高可以设置为10级。如图4－4所示。

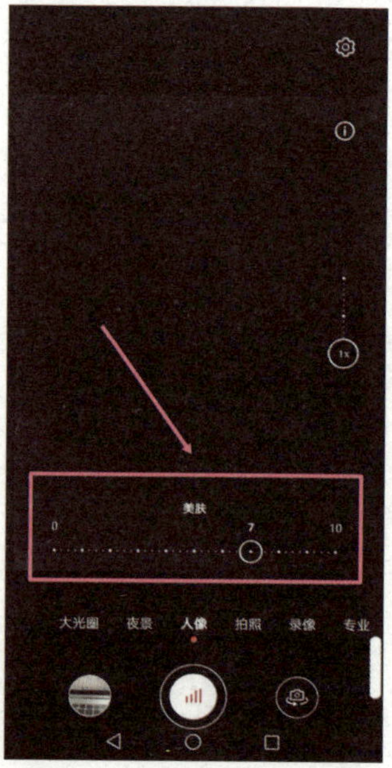

图 4－4　选择美颜级别

第五步，设置完成后，点击界面下方的拍照按钮即可。如图4－5、图4－6所示。

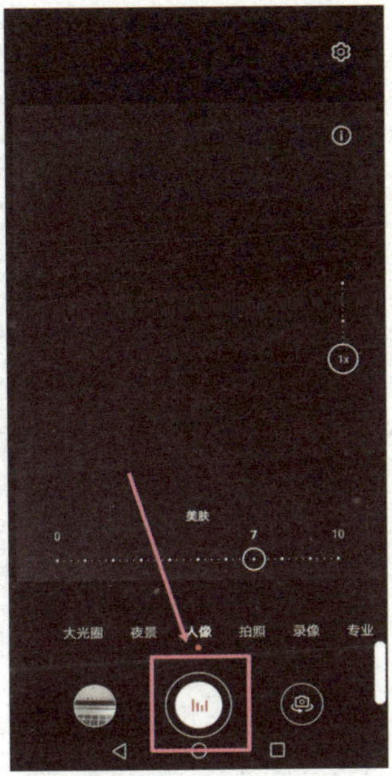

图4－5　拍照按钮

图4－6　美颜前后对比

4.1.2 自带视频美拍功能

相机APP除了可以在拍摄照片时进行美颜之外，在拍摄视频时也可以使用美颜功能。

第一步，进入“相机”界面后，点击界面下方菜单选项中的“录像”。如图4－7所示。

第二步，点击“录像”选项上方的“美颜”。如图4－8所示。

第三步，界面上出现“美肤”之后，可以滑动下方的白色小圆圈进行美颜级别的选择，最高可以设置为10级。如图4－9所示。

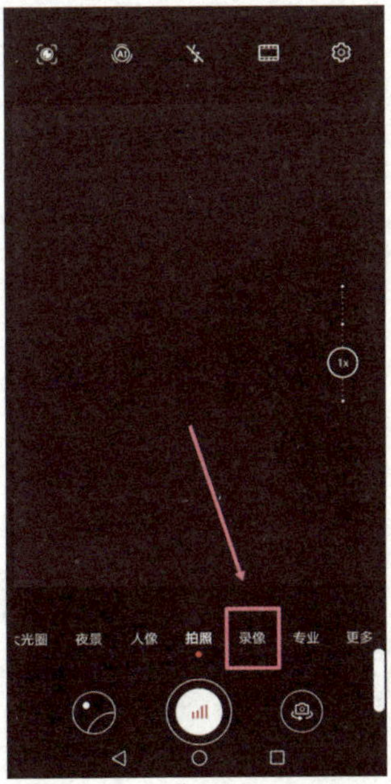

图4－7　点击“录像”

第四步，设置完成后，点击界面下方的开始录像按钮即可。如图4－10所示。

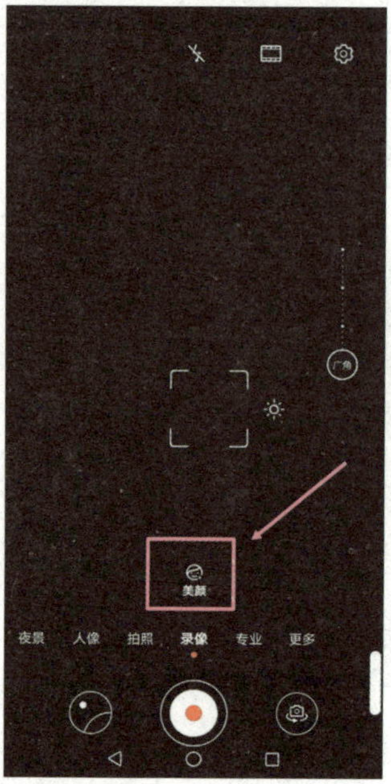

图4－8　点击“美颜”

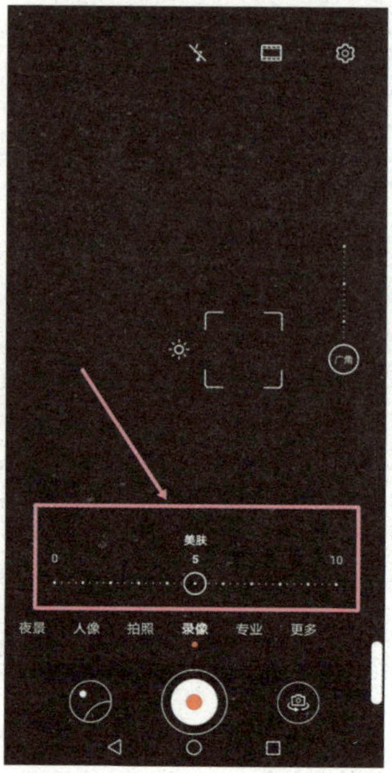

图4－9　选择美颜级别

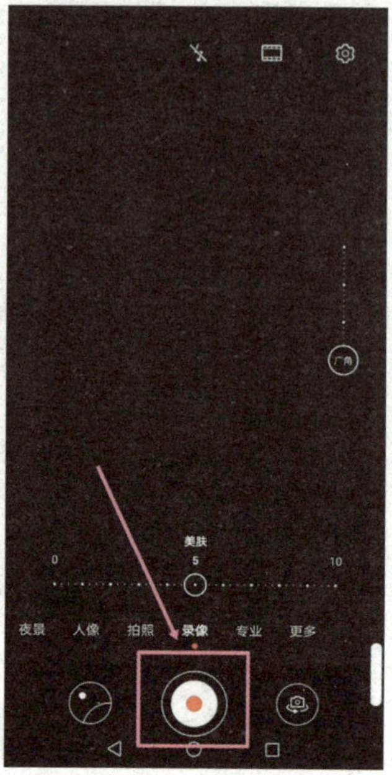

图4－10　开始录像按钮

4.2 随手一拍也能成大片

我们在日常生活中经常可以看见很多人手举一部智能手机，随手一拍就能拍摄一张非常漂亮的照片。究其原因，除了美颜功能外，焦距、滤镜、贴图等功能，也是拍摄一张漂亮照片的必备因素。

4.2.1 焦距让物体更亲近

焦距的学术含义是指镜头光学后主点到焦点的距离，是镜头的重要性能指标。通俗来说，焦距是指我们通过镜头可以看到的取景范围。

在拍摄距离相同的情况下，焦距越小，我们通过镜头所能看到的取景范围越宽泛，所能拍摄的对象越多，但会缩小拍摄对象在画面中的比例。相反，焦距越大，我们通过镜头所能看到的取景范围越受限，所能拍摄的对象越少，但会放大拍摄对象在画面中的比例。

具体操作方法如下：

第一步，在“相机”界面下方的菜单选项中点击“拍照”，或其他选项。如图4－11所示。

第二步，点击界面右方的白色小圆圈，向上拖动为放大焦距，向下拖动为缩小焦距。如图4－12所示。

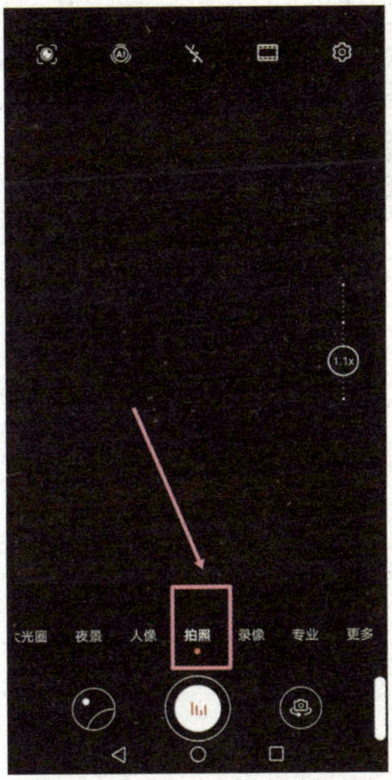

图4－11　点击“拍照”

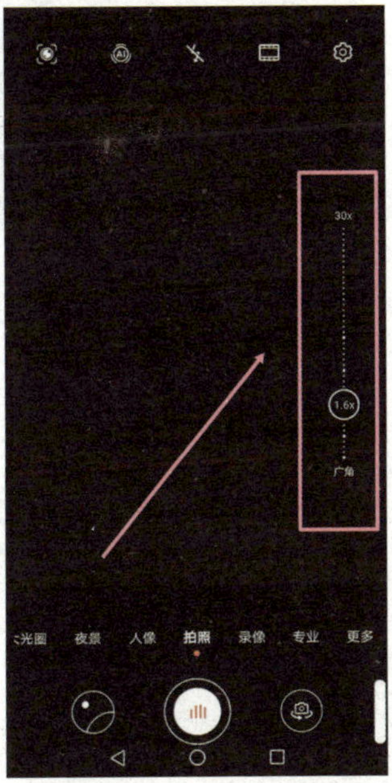

图4－12　调整焦距

4.2.2 滤镜让画面更美丽

滤镜主要是将鲜艳、柔和、青涩、中灰等特殊效果作用于图像，使图像呈现出另一种意境。

一般来说，我们可以点击“相机”界面下方的“拍照”，并点击界面上方菜单选项中的胶片符号，在下方弹出的滤镜模式中选择自己喜欢的并点击即可。如图4－13所示。

图4－13　滤镜模式

4.3 技术不够，APP来凑

对于一些缺乏专业拍摄技术，而又想拍出看起来比较专业的照片的用户来说，其实也不难。

因为市面上早已出现了很多关于修图以及增加特效的APP，经过这些APP的处理，可以让我们照片轻松达到专业水准。

4.3.1 美图秀秀：修图、修视频，不在话下

美图秀秀是2008年10月8日由厦门美图科技有限公司研发、推出的一款免费影像处理软件。用户通过下载与安装美图秀秀，可以实现图片、人像的美化、美容，同时也可以抠图、拼图，甚至可以设计证件照等。

第一步，在手机桌面上找到“美图秀秀”选项并点击。如图4－14所示。

第二步，阅读界面上弹出的“温馨提示”，如果无异议，点击提示界面下方的“同意并继续”。如图4－15所示。

图4－14　“美图秀秀”选项

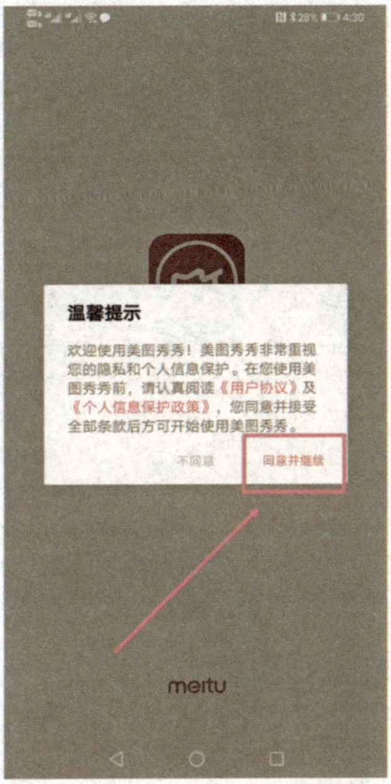

图4－15　点击“同意并继续”

第三步，点击界面下方弹出的提示界面中的“始终允许”。如图4－16所示。

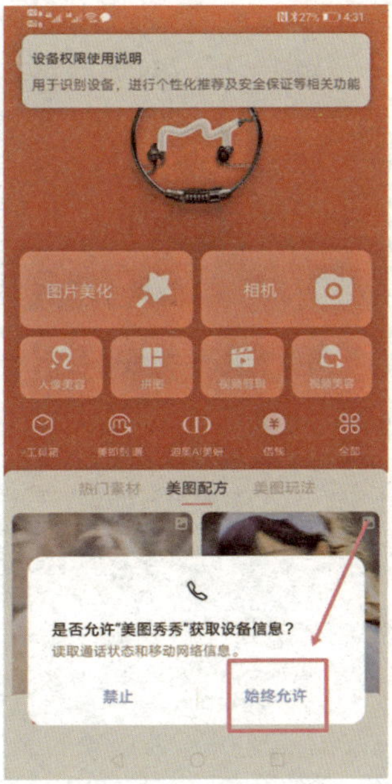

图4－16　点击“始终允许”

第四步，进入“美图秀秀”后，很多实用功能一目了然，包括图片美化、人像美容、拼图、视频剪辑等。如图4－17所示。

第五步，根据自己的需求，点击对应功能选项即可。以“视频剪辑”为例，点击该选项即可进入视频剪辑界面。如图4－18所示。

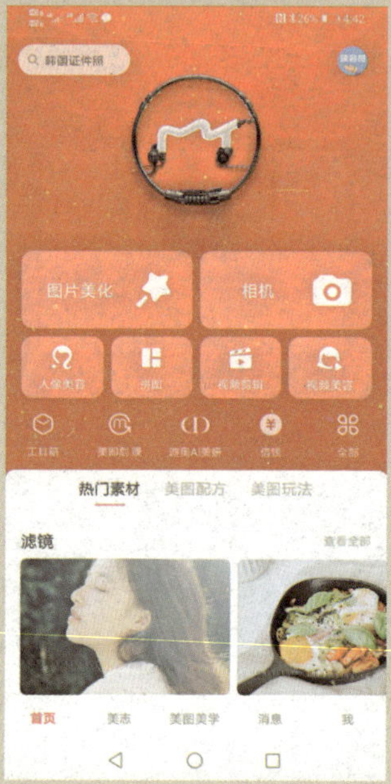

图4－17　功能选项

图4－18　“视频剪辑”界面

第六步，点击界面上方的“图片视频”即可从手机相册中选择需要剪辑的视频，点击“视频配方”则是该软件提供的视频模板，而且风格种类众多，包括热门、玩法、卡点、电影风等。我们以“视频配方”为例，随意选择一个视频进行剪辑。如图4－19所示。

第七步，选中某个视频配方并点击进入该视频界面。然后，点击视频界面右下角的“使用配方”。如图4－20所示。

图4-19　点击“视频配方”

图4-20　点击“使用配方”

第八步，在界面下方弹出的提示界面中选择登录方式，可以使用本机号码登录，也可以选择微信、QQ等登录方式，根据个人情况自行决定即可。如图4-21所示。

图4-21　选择登录方式

第九步，成功登录后，界面会自动跳转至手机相册界面，我们可以选择需要的视频或者图片并点击（最多可以导入4段视频或图片）。确定选择的视频或图片后，点击界面右下角的“选好了”。如图4－22所示。

图4－22　点击“选好了”

第十步，选择的视频或图片会自动按照选择的视频模板生成一段视频。如果我们还需要剪辑，可以点击界面下方的“完整编辑”。在弹出的菜单选项中，“视频剪辑”选项又包括编辑、滤镜、调色、边框、文字等，“视频美容”也包括一键美颜、美颜、精致五官、美妆、白牙。我们根据自己的需求分别进行设置即可。如图4－23、图4－24、图4－25所示。

图4－23　点击“完整编辑”

图4－24　“视频剪辑”选项

图4－25　“视频美容”选项

第十一步，点击右上角的“⋮”符号，在弹出的菜单选项中可以通过向左或向右拖动两个小白圆点调整视频的分辨率和帧率，向左拖动为变小，向右拖动为变大（一般来说，分辨率越高，画质越细腻；帧率越高，视频也越流畅，但视频需要的内存也越大）。如图4－26所示。

第十二步，所有设置完成后，点击右上角的“保存”即可将视频保存至手机相册。同时，我们也可以在“视频已保存”界面进一步进行设置，比如添加标题、想法，或者也可以进行分享至微信、朋友圈、QQ、美图秀秀等。如图4－27、图4－28所示。

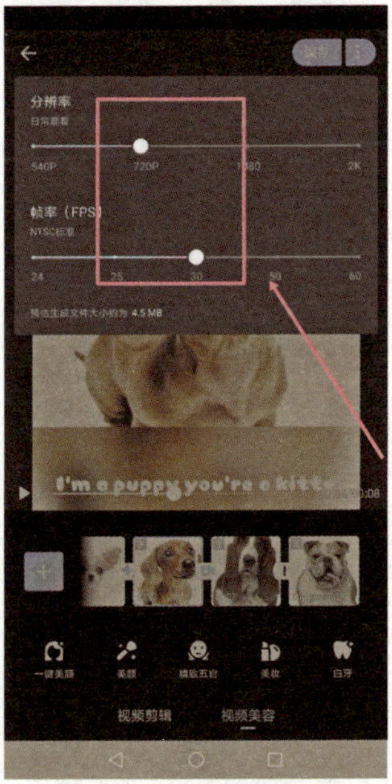

图4－26　设置分辨率和帧率

图4－27　点击“保存”

图4－28　“视频已保存”界面

4.3.2 美颜相机：让人爱上自拍

美颜相机是由美图秀秀团队打造的一款自拍APP，主要服务于那些有自动美肌、智能美型等需求的喜欢自拍的用户，它可以让自拍照自动美颜，完美保留脸部细节。

第一步，在手机桌面上找到“美颜相机”选项并点击。如图4－29所示。

第二步，阅读弹出的提示，如果无异议，点击“同意”，并随着界面的调整，再次点击提示界面下方的“始终允许”。如图4－30、图4－31所示。

图4－29 “美颜相机”选项

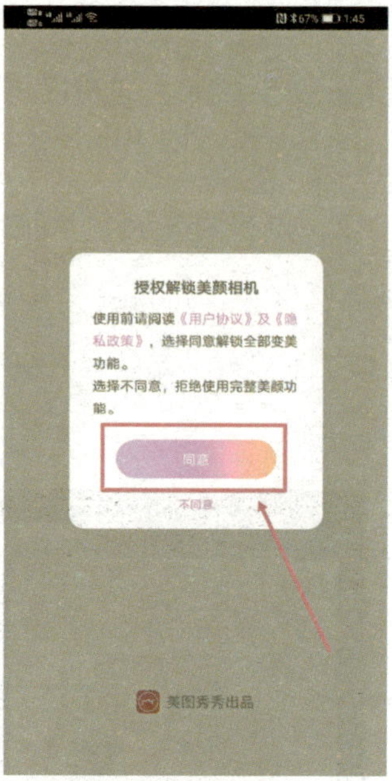

图4－30 点击“同意”

图4－31 点击“始终允许”

第三步，进入“美颜相机”界面的“首页”后，可以看到有很多实用功能，包括图片精修、超清人像、原生模式、全身模式、拍视频、百宝箱。同时，我们点击界面左下角的“潮拍”可以看到有很多用户自拍的精美照片案例以及教程。如图4－32、图4－33所示。

图4－32 功能选项

图4－33 点击“潮拍”

第四步，进入“潮拍”界面后，上下滑动界面便可查看不同的自拍案例和教程。同时，点击界面右上角的“发布”也可以将自己的优秀作品分享到“潮拍”中。如图4－34所示。

第五步，回到“美颜相机”界面后，点击界面中的“相机”，再点击提示界面下方的“始终允许”，即可进入拍摄界面。如图4－35、图4－36所示。

图4－34　“发布”选项

图4－35　点击“相机”

图4－36　点击“始终允许”

第六步，在拍摄界面我们也可以看到有很多功能选项，比如界面上方是相机设置功能，包括帮拍、比例、摄像头转换等；界面中间是拍摄模式，包括经典、原生、MEN；界面下方是拍摄风格以及更多模式。而且，每点击一个功能选项都会再次弹出一个菜单选项，根据个人的喜好和需求进行设置和选择即可。如图4－37、图4－38所示。

第七步，设置完成后，点击拍摄界面中的拍照按钮即可。如图4－39所示。

图4－37　拍摄界面

图4－38　“更多模式”界面

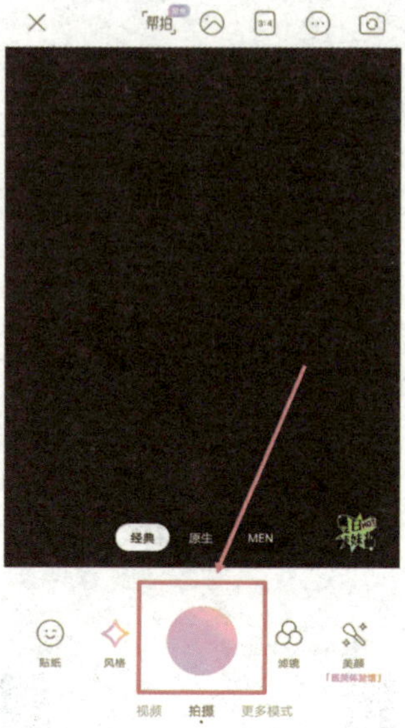

图4－39　拍照按钮

第八步，拍照后，可以继续进行相关设置，比如变视频、精修、发布、景深虚化等。完成后，点击“√”即可保存至手机相册。如图4－40所示。

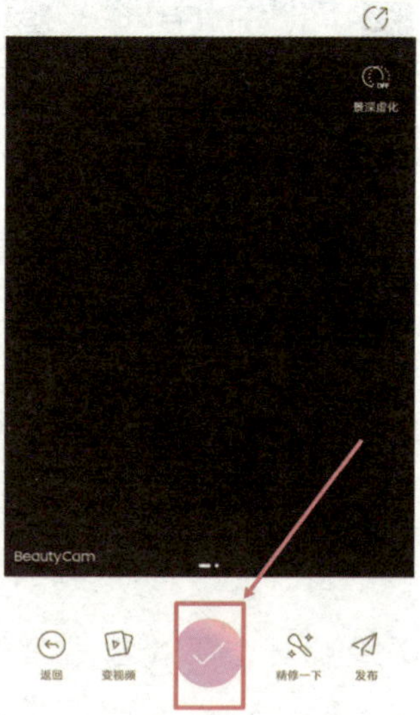

图4－40　点击“√”保存

其实，除了上述内容中讲到的几款手机拍照APP之外，还有百度魔拍、美拍、微拍等，都是手机拍照常用的APP，具体使用哪种APP，根据自己的需求自行下载与安装即可。

第5章 智能化社交，用软件认识

5.1 认识同样有趣的灵魂

可以说，大部分智能手机用户都会下载与安装一些社交APP，而其中QQ、微信等几乎是必备的社交APP。这些社交软件让人们不再受限于距离，即便是相隔千里的两个人，只要有共同语言，或者有合作项目，都可以通过这些社交软件进行沟通与交流。

社交软件不仅拉近了人与人之间的距离，让彼此陌生的两个人可以从相识到相知，而且也有效提高了沟通效率，大大节省了交流成本。

5.1.1 QQ：乐在沟通

一提到QQ，相信很多人的脑海中都会浮现出一只戴着红色围巾的小企鹅，即QQ的标志。

其实，QQ是对腾讯QQ的一种简称，是腾讯研发的一款基于互联网的即时通信APP，具有在线聊天、视频通话、传输文件等功能，不仅适用于工作，也适用于生活，使用比较方便。

第一步，在手机桌面上找到“QQ”选项并点击。如图5－1所示。

图5－1 “QQ”选项

第二步，进入“QQ登录”界面后，输入QQ账号和密码并点击界面中的“→”符号（如果已有QQ账号）即可。如果没有QQ账号，则点击界面右下角的“新用户注册”。如图5-2、图5-3所示。

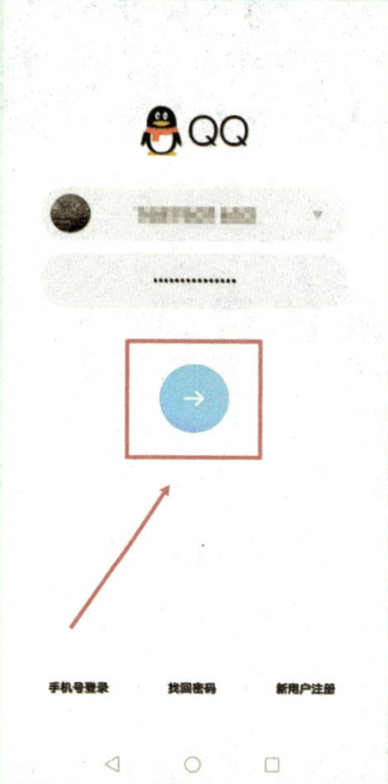

图5-2　点击“→”

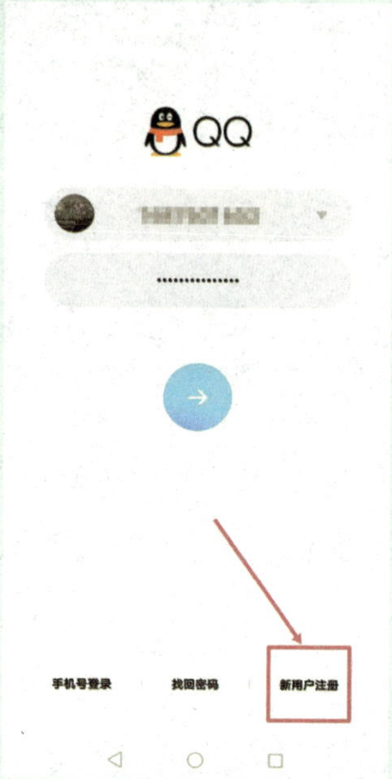

图5-3　“新用户注册”选项

第三步，进入“用手机号码注册”界面后，阅读“服务协议”和“QQ隐私指引”，如果无异议，点击“已阅读并同意服务协议和QQ隐私指引”前面的小圆圈，并在“+86”后面输入手机号码后，点击“下一步”。如图5-4所示。

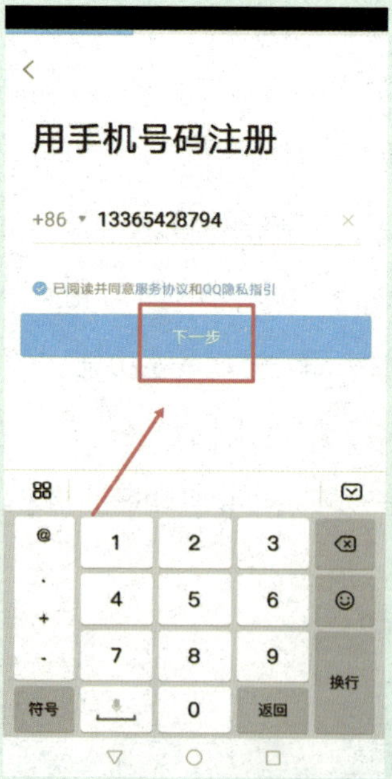

图5-4　点击“下一步”

第四步，再次阅读弹出的提示，无异议后点击“同意”。界面跳转至“安全验证”界面后，拖动界面下方的蓝色滑块完成拼图。如图5-5、图5-6所示。

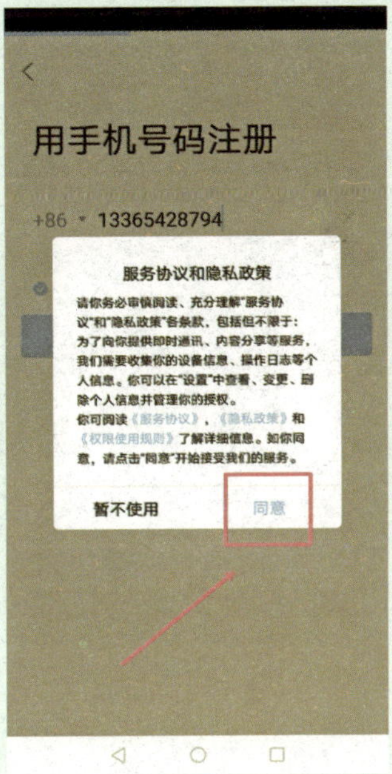

图5-5　点击“同意”

图5-6　完成拼图

第五步，在“输入短信验证码”界面正确输入收到的验证码后，便会跳转至“设置昵称与密码”界面，在对应选项中填写昵称与密码。昵称可以是汉字、数字、符号、字母等，也可以是汉字、数字、符号、字母等的组合，但密码必须是由8-16位数字、字母或符号组成，而且至少含有两种及以上字符。设置完成后，点击“注册并登录”。如图5-7所示。

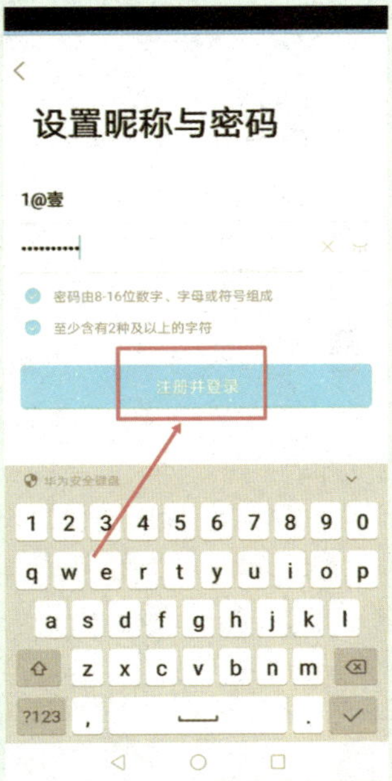

图5-7　点击“注册并登录”

第六步，在弹出的提示中，根据自己的情况可以选择保存密码或者不保存密码，点击对应选项即可。如图5-8所示。

图5-8　选择保存或不保存密码

第七步，进入QQ“消息”界面后，点击界面右上角的“+”符号，在弹出的菜单选项中点击“加好友/群”。界面跳转后点击界面上方的“找人”，并点击下方的搜索框输入想要查找的QQ号/QQID/手机号/群，然后点击“搜索”。如图5-9、图5-10、图5-11、图5-12所示。

图5-9　点击“+”

图5-10　点击“加好友/群”

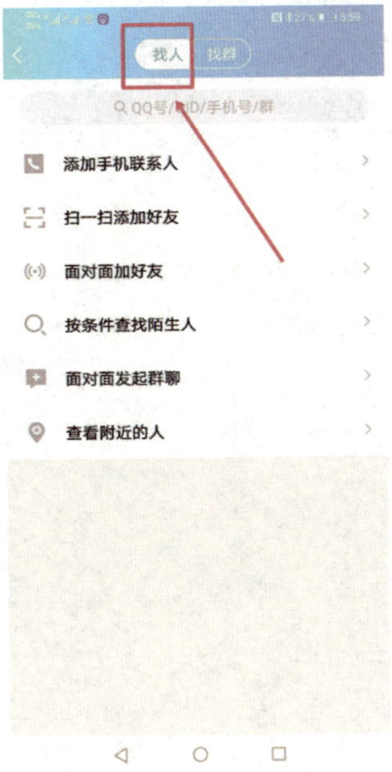

图5－11　点击“找人”

图5－12　点击“搜索”

第八步，点击搜索到的QQ朋友后面对应的“添加”，并在“添加好友”界面根据提示填写验证信息、设置备注和分组（填写验证信息是为了让对方知道我们是谁，更方便让对方通过添加请求；设置备注和分组，是为了后期我们可以更方便地找到这个人）。设置完成后，点击界面右上角的“发送”。界面跳转后，拖动下方的蓝色滑块完成拼图。如图5－13、图5－14、图5－15所示。

第九步，等待对方通过添加请求后，返回QQ“消息”界面，即可开始与对方进行沟通交流。点击对方的QQ头像，便可进入QQ聊天界面，点击信息输入框即可输入文字消息。输入完成后，点击“发送”即可。如图5－16所示。

第十步，分别点击聊天界面下方的麦克风图标、图片图标、相机图标、红包图标、表情图标，即可发送语音消息、手机相册图片、红包、各种表情等。点击“＋”符号，在弹出的菜单选项中则可以选择进行语音通话、视频通话、一起派对、发送文件等。如图5－17、图5－18所示。

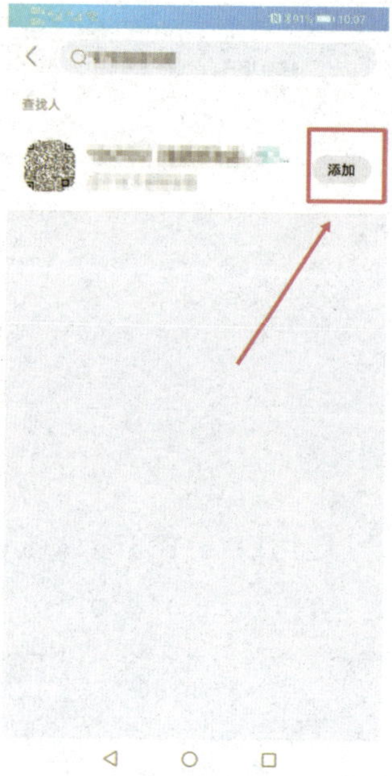

图 5－13　点击“添加”

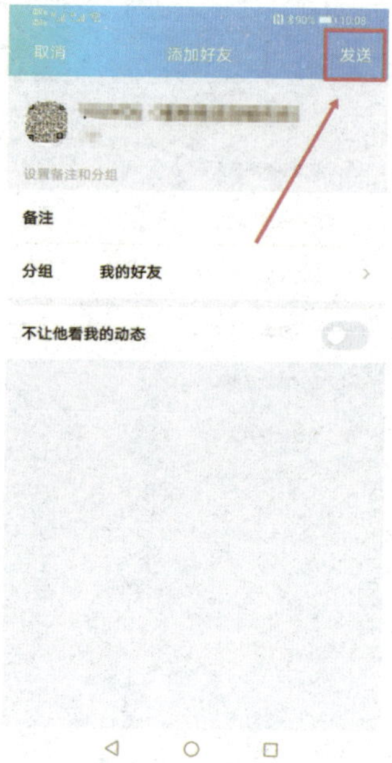

图 5－14　点击“发送”

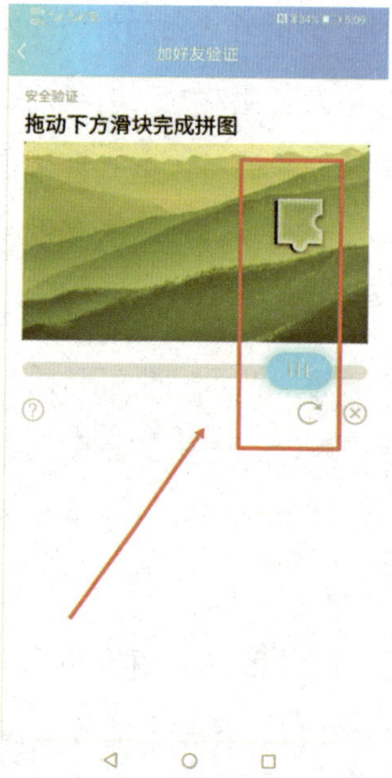

图 5－15　完成拼图

图 5－16　开始聊天

图5－17　点击“+”

图5－18　“+”对应的功能选项

QQ找群的方法与找人的方法基本一样，只需要将找人换成找群即可。同时，随着时代的进步，QQ的功能也在不断升级和完善，比如使用QQ也可以实现收付款等。

5.1.2 微信：随时随地交流

微信是一款新型的社交APP，但随着其功能的完善，已经不再局限于诞生时的社交，而是渗透到了生活与工作的各个方面，不仅让用户可以实现随时随地交流，而且从吃穿住用行到游玩娱乐，从信息的获取与收集到信息的加工与再利用，从服务于个体到服务于群体，其实际功效早已远远超出预期。

微信的功能已经非常丰富和全面，这里我们仅以如何注册微信账号和添加好友为例进行讲述。因为只有注册一个属于自己的微信号，才能体验微信的各种便捷。

第一步，在手机桌面上点击打开成功下载与安装的微信，界面的右上角有一个“语言”选项，点进去之后，会出现不同的语种，选择合适自己的点击“保存”即可（我们以简体中文为例）。如图5－19、图5－20所示。

图5-19　微信注册界面的“语言”选项

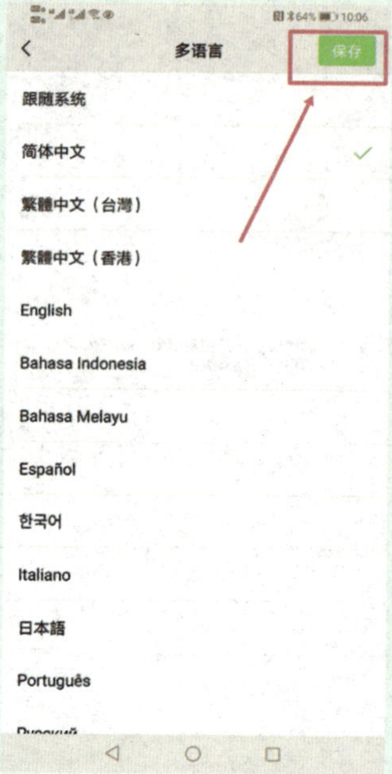

图5-20　不同语种

第二步，点击“注册”，会出现一个“手机号注册”的界面，根据提示填写相关信息即可，包括昵称、手机号、密码。如图5-21所示。

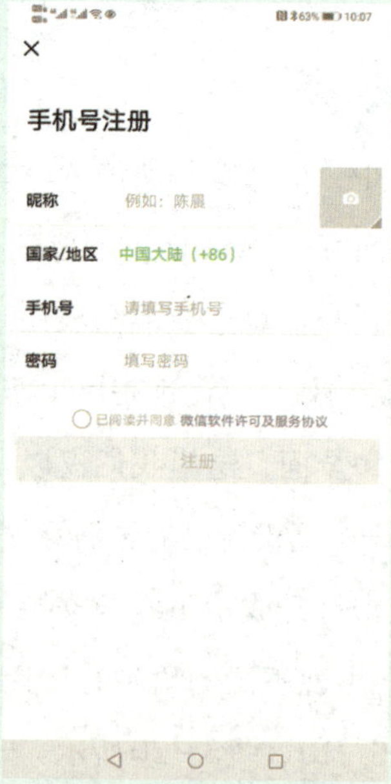

图5-21　填写信息界面

第三步，将所有信息填写完成后，需要勾选下面的“已阅读并同意 微信软件许可及服务协议”前面的小圆圈（勾选后会变成带有对勾的绿色），然后点击“注册”。需要注意的是，右上角有一个相机的图标，点击后会弹出一个选项，即微信会访问手机上的所有照片等，有“始终允许”“禁止”等选项，可依据个人情况自行选择。如图5－22所示。

第四步，点击“注册”后便会跳转到“微信隐私保护指引”界面，包含一些我们需要了解的关于微信的基础信息，比如“我们收集的信息”“信息的存储”“信息安全”“我们如何使用信息”“对外提供”“你的权利”等。阅读完以后，如果无异议，点击“我已阅读并同意上述条款”前面的小圆圈，并点击“下一步”。如图5－23所示。

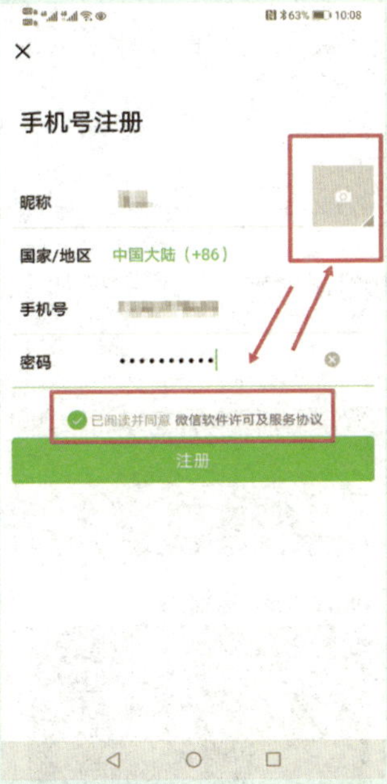

图5－22　填写信息

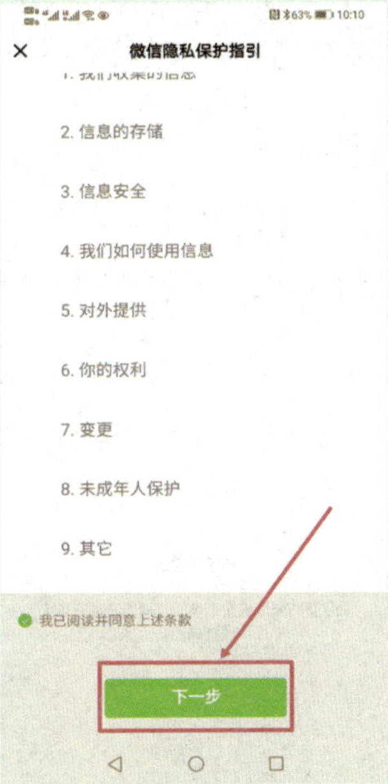

图5－23　阅读相关信息

第五步，点击“下一步”后会出现“权限申请”的提示界面，阅读后点击“我知道了”，随后便会跳转到“是否允许‘微信’获取设备信息？”的界面，包括“始终允许”“禁止”“禁止后不再提示”，可根据个人情况自行决定。如图5－24、图5－25所示。

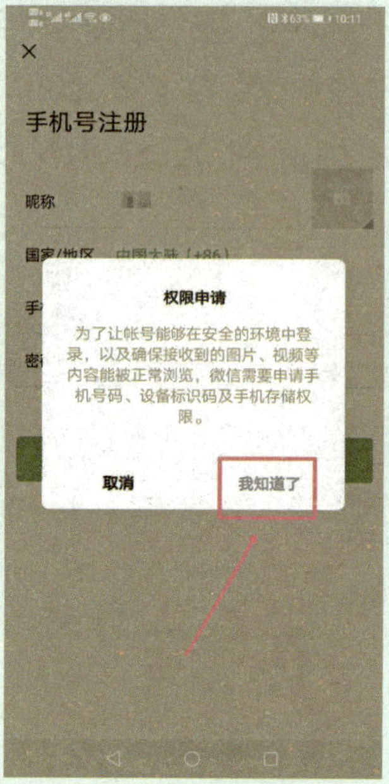

图 5－24　权限申请

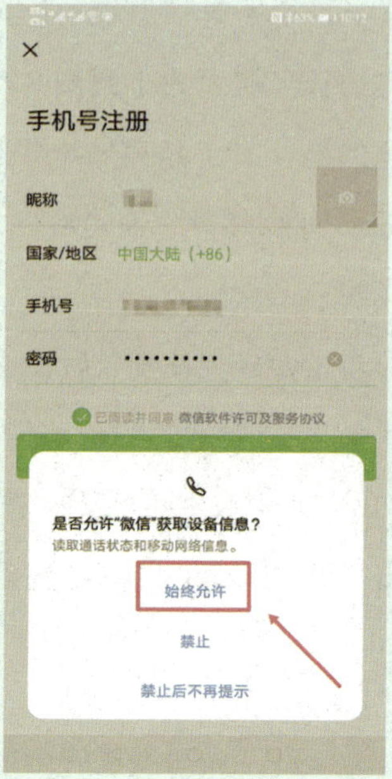

图 5－25　允许获取设备信息

第六步，选择允许或者禁止后，界面会跳转到“安全验证”界面，点击“开始”，根据出现的拼图，拖动下面的滑块完成拼图即可。如图5－26、图5－27所示。

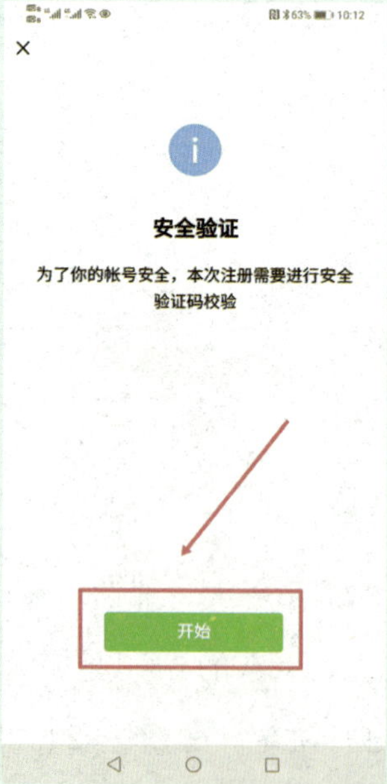

图 5－26　安全验证界面

图 5－27　完成拼图

第七步，拼图验证完成后，便会跳转到“发送短信验证”界面，根据提示，将需要发送的信息发送至指定号码即可。点击“发送短信”，界面会自动跳转到“新建信息”界面，而且信息已经自动编辑完成，只需要点击右下角的绿色“纸飞机”图标即可完成信息发送。如图5-28、图5-29、图5-30所示。

图5-28 发送短信验证界面

图5-29 发送信息

图5-30 信息发送完成

第八步，退出新信息编辑界面，重新点击手机界面上的“微信”选项，点击“已发送短信，下一步”，等待验证成功后，便可正式进入微信操作界面。如图5-31所示。

第九步，微信账号注册成功后，登录账号进入微信主界面，点击右上角的“+”符号会弹出一个选项框，找到“添加朋友”选项并点击，即可进入“添加朋友”界面。如图5-32所示。

第十步，进入“添加朋友”界面后，我们可以发现在界面的上方有一个搜索框，将我们需要添加的微信朋友的微信账号输入上去，点击下面弹出的“搜索”选项便会找到需要添加的微信朋友。如图5-33、图5-34所示。

图5－31　微信注册成功

图5－32　“添加朋友”选项

图5－33　搜索框

图5－34　输入微信账号

第十一步，在搜索到的微信朋友界面，我们可以先点击“设置备注和标签”，将朋友的昵称备注为自己容易找到的名称即可，同时可以将朋友按照不同的标签进行分类，或者也可以进行简单的描述。备注和标签设置完成后，点击右上角的“保存”。如图5－35所示。

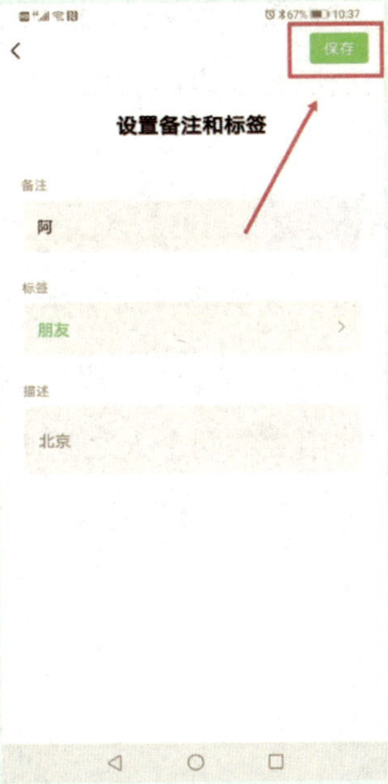

图5－35　设置备注和标签

第十二步，回到搜索到的微信朋友界面后，点击“添加到通讯录”便会进入“申请添加朋友”界面。这时需要我们注意的是，在“发送添加朋友申请”下面需要填写添加对方的理由，从而提高添加朋友的成功率。而下面的几个选项，我们可以根据自己的需求设置朋友权限、朋友圈和动态。所有选项设置完成后，点击“发送”。等待朋友验证通过后，则表示添加朋友成功。如图5－36、图5－37所示。

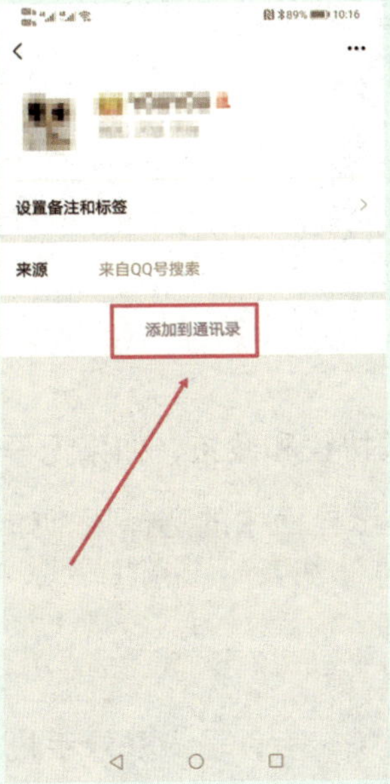

图5－36　“添加到通讯录”选项

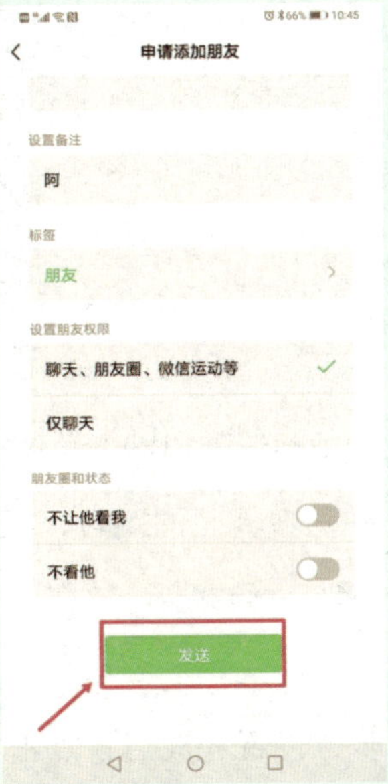

图5－37　发送添加朋友申请

成功添加微信朋友后，既可以进行沟通交流，也可以通过微信发送图片、文件等。当然，微信还有发表朋友圈、收付款、购物等功能，大大便利了用户的工作与生活。

5.1.3 Soul：治愈内心孤独

Soul是一款主要针对陌生人之间进行社交的APP，根据每个用户在注册Soul账号时做的测试，评估每个用户的兴趣爱好等，并将拥有相同兴趣爱好的Soul用户相匹配，彼此陌生的两个人之间便可以进行沟通。

第一步，点击手机桌面上的“Soul”选项。如图5－38所示。

图5－38 “Soul”选项

第二步，阅读弹出的“温馨提示”界面中的相关协议和政策，如果无异议，点击“同意”，并随着界面的跳转，根据个人情况点击提示界面中的选择项。如图5－39、图5－40、图5－41所示。

第三步，设置完成后，点击“进入星球”。界面跳转后，输入登录手机号码，点击“我已阅读并同意 Soul用户协议和隐私政策”前面的小圆圈，然后再点击“确定”。

如图5－42、图5－43所示。

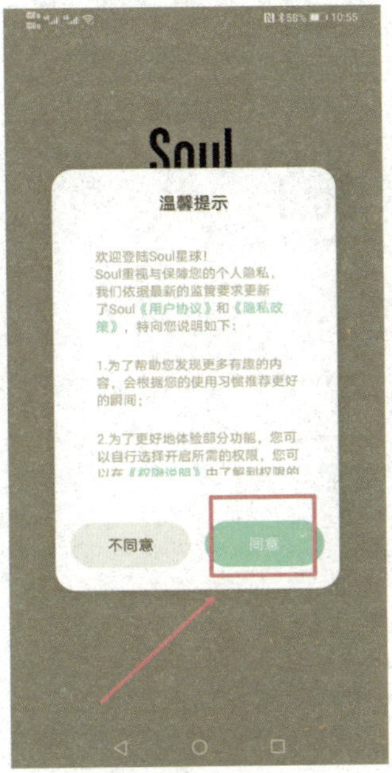

图5－39　点击“同意”

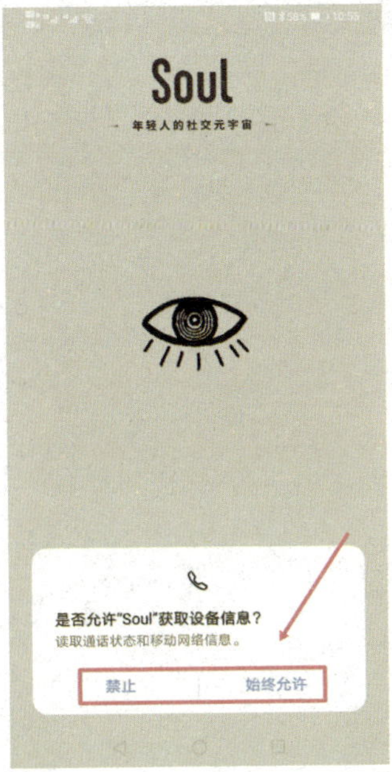

图5－40　提示选项

图5－41　权限申请提示

图5－42　点击“进入星球”

图5－43　点击“确定”

第四步，随着界面的跳转，输入收到的短信验证码，并设置新密码后，点击“确定”。如图5-44、图5-45所示。

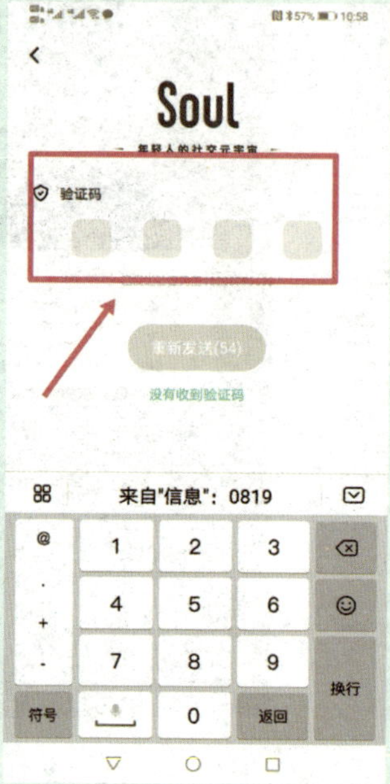

图5-44　输入验证码

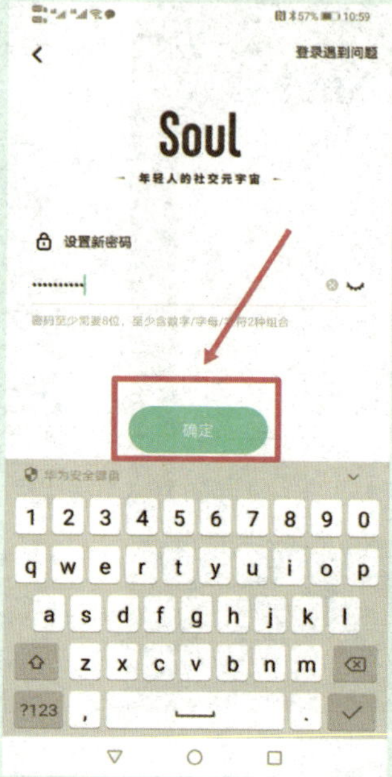

图5-45　点击“确定”

第五步，进入性别选择界面后，点击“男生”或“女生”，并在生日界面确定自己的出生年月日后，点击“下一步”。如图5-46、图5-47所示。

图5-46　选择性别

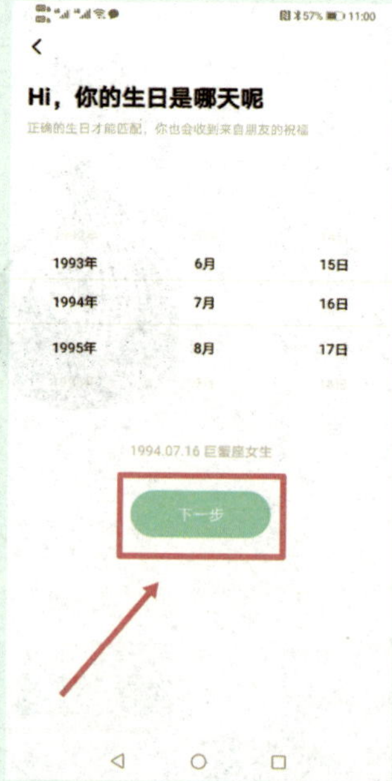

图5-47　点击“下一步”

第六步，在头像选择界面可以点击自己喜欢的头像，也可以点击“定制头像”进行个性化设置。确定后，点击“下一步”。如图5－48所示。

第七步，在昵称设置界面可以填写2－15个中英文字符作为昵称，并点击“完成”。如图5－49所示。

图5－48　选择头像

图5－49　设置昵称

第八步，进入测试界面后，点击“开始鉴定”便会开始6道测试题的测试。完成后，会针对每个用户的答案给出一个测试结果，点击“进入星球”即可。如图5－50、图5－51所示。

第九步，进入“Soul”界面后，点击右上角的“筛选”，在界面下方弹出的菜单选项中选择想要匹配的Soul用户性别，并点击“确定”。如图5－52所示。

第十步，在“Soul”界面点击右下角的“星球”，并在弹出的菜单选项中点击一种“匹配”方式，即可自动匹配Soul用户。如图5－53所示。

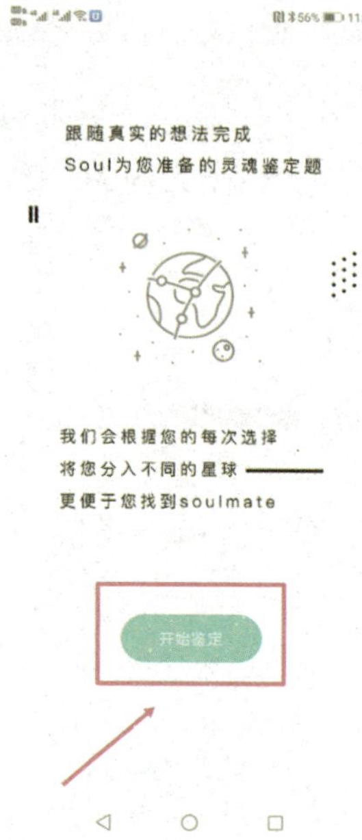

图 5－50　点击“开始鉴定”

图 5－51　点击“进入星球”

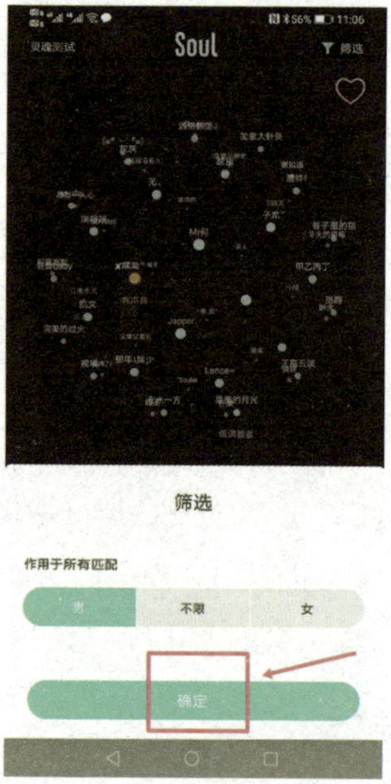

图 5－52　选择匹配用户性别

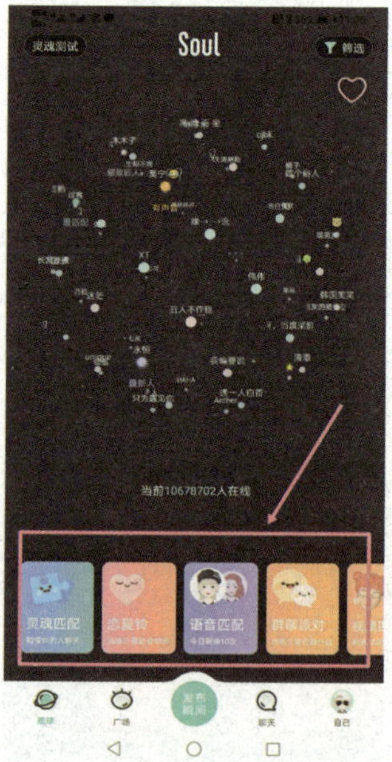

图 5－53　选择匹配方式

第十一步，在匹配的Soul用户界面，可以查看匹配到的Soul用户，同时可以开始聊天。如图5－54所示。

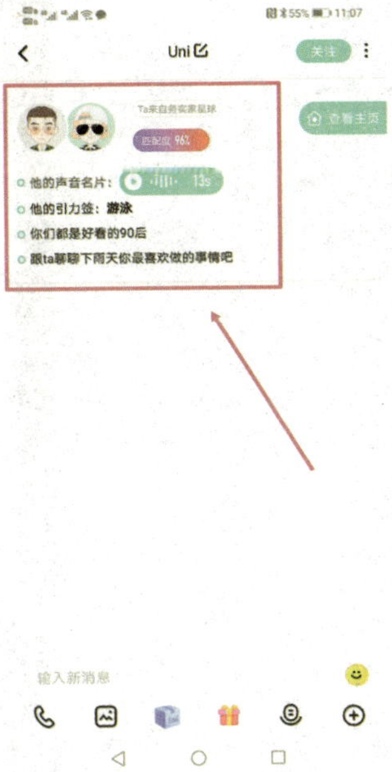

图5－54　匹配到的Soul用户

5.2 结识生命中的另一半

在漫长的人生中，谁也不想随便过一生，结识生命中合适的另一半，不仅有助于自己的未来发展，也会让自己的孩子过上幸福的生活。

那么，该如何选择生命中的另一半呢？

5.2.1 伊对：更真实的恋爱社区

伊对是北京米连科技有限公司开发的一款视频恋爱相亲APP，产品提供实时视频互动和相亲场景，用户可以通过伊对认识喜欢的人，发送文字消息、语音、照片以及视频实时互动进行恋爱相亲。

第一步，点击手机桌面上的“伊对”，并阅读弹出的提示及相关内容，如果无异议，点击“同意并继续”。如图5-55、图5-56所示。

图5-55 “伊对”选项

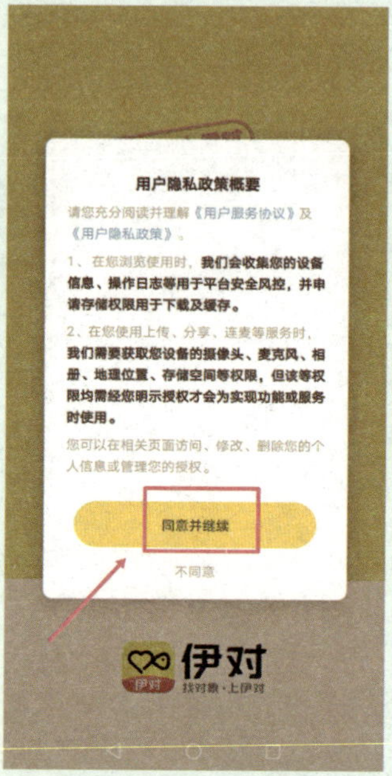

图5-56 点击“同意并继续”

图5-57 选择登录方式

第二步，选择登录方式，可以使用手机号码登录，也可以选择其他登录方式，如微信等。确定后，点击“我已同意《用户服务协议》和《用户隐私政策》《中国移动认证服务条款》”前面的小圆圈即可。如图5-57所示。

第三步，进入“登录注册”界面后，输入注册的手机号码，点击“下一步”，并在界面跳转后输入收到的验证码。如图5-58、图

5-59所示。

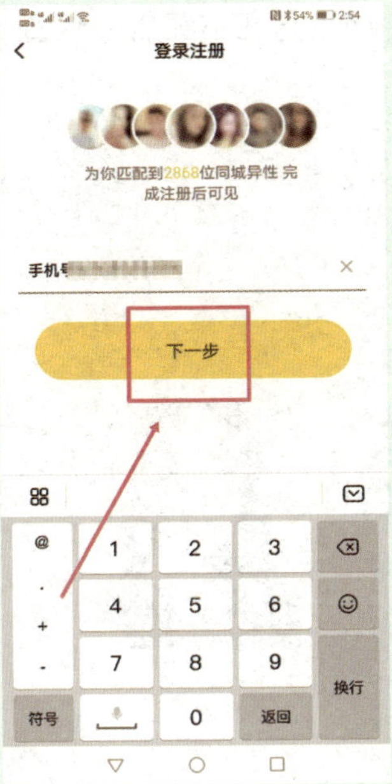

图5-58　点击“下一步”

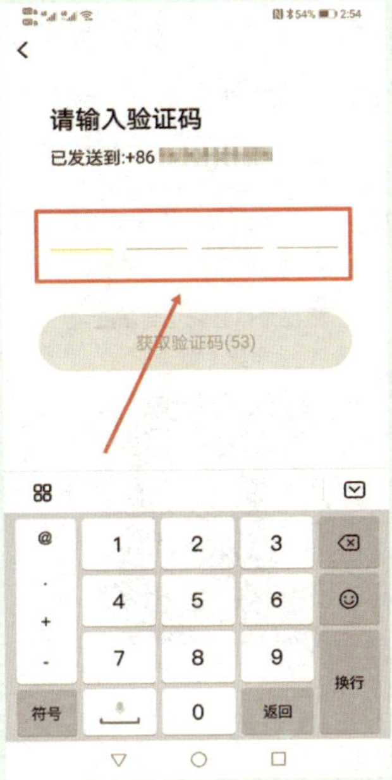

图5-59　输入验证码

第四步，随着注册界面的跳转，选择性别，并填写昵称、年龄、学历，点击“下一步”。同时，需要上传头像，可以选择本地上传，也可以选择拍照上传。如图5-60、图5-61所示。

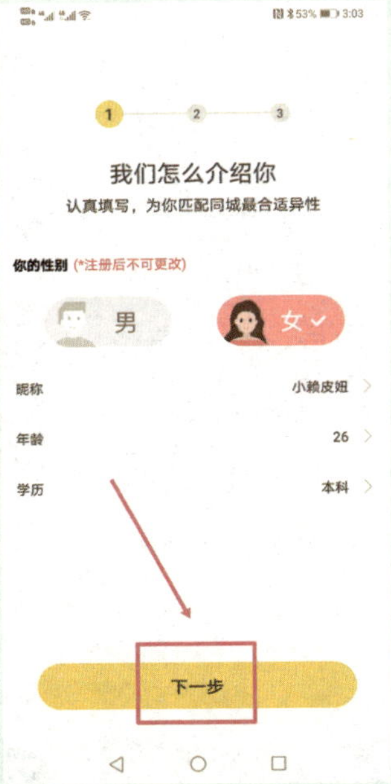

图5-60　点击“下一步”

图5-61　点击“本地上传”

第五步，系统会自动为用户分配专属红娘，可以帮助用户寻找对象，点击下方的“红娘连线”，并点击提示选项中的“始终允许”，即可与红娘开启视频通话。如图5－62、图5－63所示。

图5－62　点击“红娘连线”

图5－63　点击“始终允许”

第六步，返回“伊对”主界面后，点击左下角的“伊对”，再点击左上角的“推荐”或者“同城”即可查看在线伊对用户的一些基本信息。如果想要和谁沟通，点击其头像后面对应的“Hi”即可。如图5－64所示。

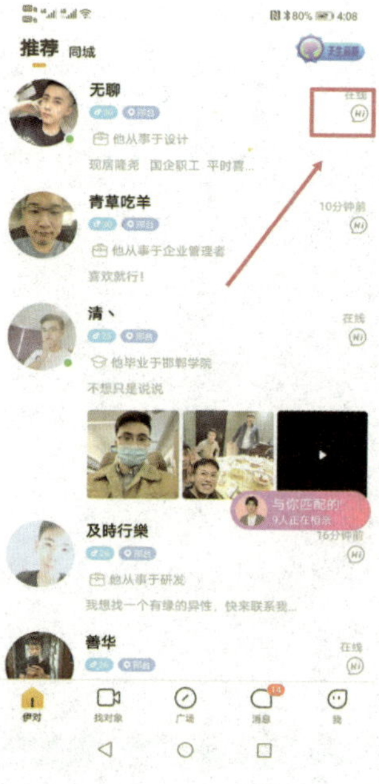

图5－64　点击“Hi”

第七步，点击“伊对”主界面下方的“找对象”，进入该界面后再点击左上角的“找对象”，即可弹出“与你匹配”的正在相亲的伊对用户。如图5－65、图5－66所示。

图5－65 “找对象”选项

图5－66 左上角的“找对象”选项

第八步，点击想要沟通的正在相亲的伊对用户的头像，可以看到其相亲情况，也可以点击其头像右下角的“加好友”或者界面下方的“申请相亲”与其沟通交流。如图5－67所示。

其实，伊对中还有很多有趣的功能，我们在此不做一一介绍了，大家可以自行选择需要的功能。例如，点击“找对象”界面上方的专属，即可进入专属相亲界面，是由红娘主持的二人房间，具有一定的私密性，提高了成功牵手的概率。如图5－68所示。

图5-67　点击“加好友”或者“申请相亲”

图5-68　专属相亲界面

5.2.2 珍爱网：成就天下姻缘

珍爱网创始于2005年，以网络征选+人工红娘的高效婚配服务模式，为同城单身男女，尤其是为城市白领创造了一个征婚交友相亲平台。由于其拥有庞大的红娘团队，所以可以更高效地帮助珍爱网用户找到心中的理想对象。

第一步，点击手机桌面上的“珍爱网”。阅读弹出的提示信息，如果无异议，点击“同意”。如图5-69、图5-70所示。

图5-69　点击“珍爱网”

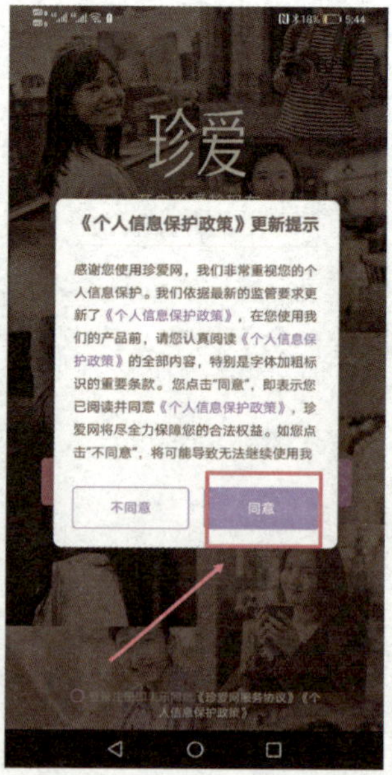

图5-70　点击“同意”

第二步，选择登录方式，可点击“本机号码一键登录”，也可以点击“已有账号密码登录”或者“其他手机号登录”。确定登录方式后，点击“登录注册即表示同意《中国移动服务与隐私协议条款》和《珍爱网服务协议》《个人信息保护政策》，并使用本机号码登录”前面的小圆圈。如图5－71所示。

第三步，进入“手机号注册登录”界面后，依次输入手机号和相应的验证码，点击“登录”。如图5－72所示。

图5－71　选择登录方式

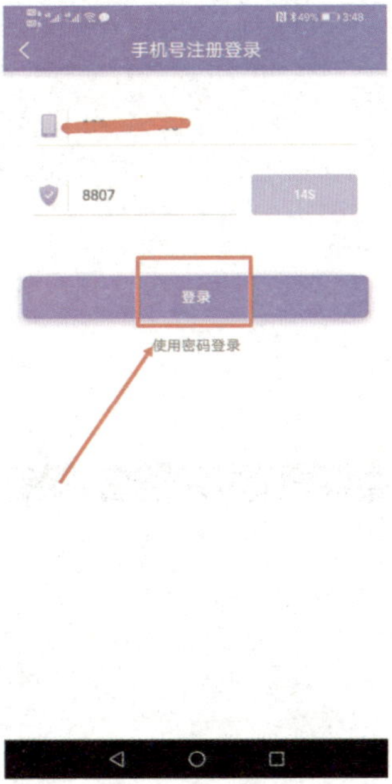

图5－72　点击“登录”

第四步，进入“完善资料”界面后，根据提示，需要一步一步进行个人资料的完善，共包括7份资料，分别是：选择性别、工作地区、出生年月、身高、学历、婚姻状况、月收入。需要注意的是，在某些完善资料界面的上方如果显示有“跳过”选项，点击即可忽略该界面资料的完善。如图5－73、图5－74所示。

第五步，进入“珍爱网”主界面后，点击右下角的“推荐”，界面中便会弹出与我们的资料相匹配的珍爱网用户，上下滑动界面可以查看相关珍爱网用户的资料信息。同时，可以点击界面中的“人头”选项，选择是否联系红娘申请VIP服务；点击“信息”选项，即可进入聊天界面，与相应的珍爱网用户进行交流；点击“Hi”选项，则可以切换推荐的珍爱网用户。如图5-75所示。

图5-73 “完善资料”界面

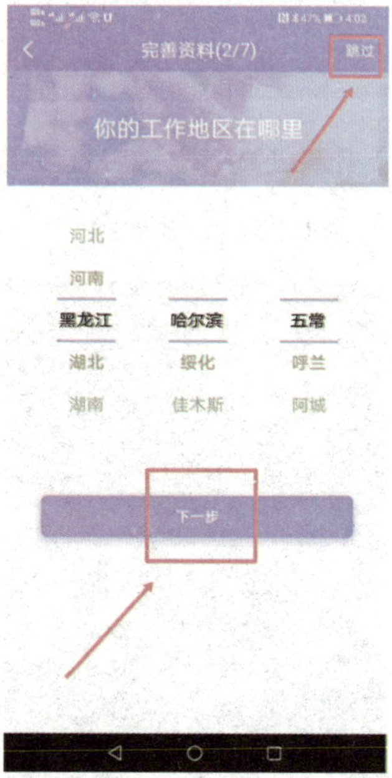

图5-74 点击“下一步”或者“跳过”

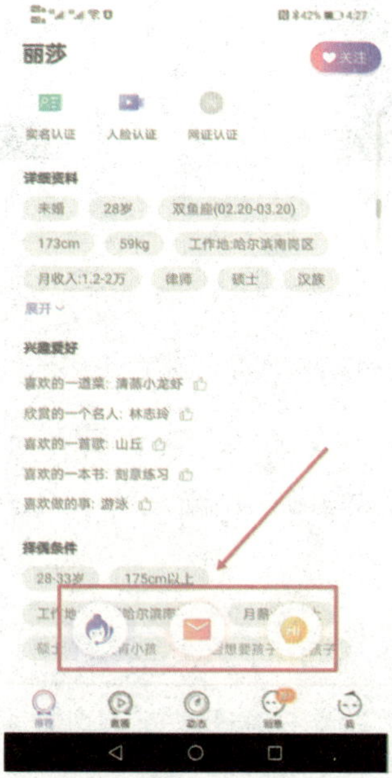

图5-75 相关选项

第六步，点击“推荐”界面右上角的“搜索”，再点击“条件搜索”或者“精准搜索”，选择或者输入相关珍爱ID、昵称等，最后点击“开始搜索”，便可以更有针对性地查找珍爱网用户。在弹出的搜索结果中，点击相应的珍爱网用户，便可以查看其相关资料信息，并与其进行沟通。如图5－76、图5－77所示。

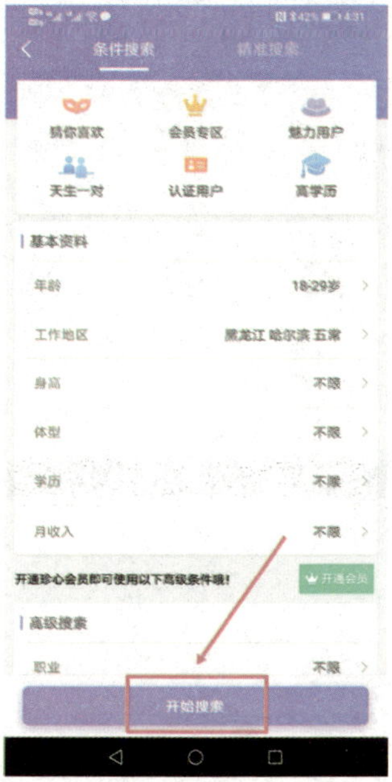

图5－76　点击“开始搜索”

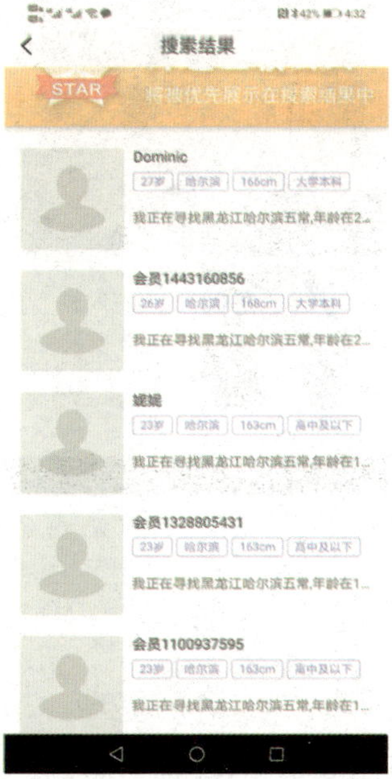

图5－77　搜索结果

第七步，返回“珍爱网”主界面，点击下方的“直播”，再根据自己的需要点击界面上方的“关注”或者“推荐”“热门”“语音”，会弹出对应的直播界面。根据界面中各珍爱网用户头像上显示的信息，选择想要查看的珍爱网用户并点击，即可进入其直播间。如图5－78所示。

第八步，点击“直播”界面右上角的奖杯图标，即可查看相关榜单，包括日榜（今日魅力榜、今日真诚榜、同城魅力榜）、周榜（本周魅力榜、本周真诚榜）。然后，可以根据个人情况选择相应的打榜珍爱网用户并点击其头像，或者点击其后面对应的“关注”，查看其具体资料，同时可以开始聊天。如图5－79所示。

图5－78　相关选项

图5－79　珍爱榜单

第九步，返回“珍爱网”主界面，点击下方的“动态”，再依次点击“动态”界面上方的“附近”“关注”“热门”“小组”“情侣”，即可查看对应界面中珍爱网用户发布的动态信息，类似于微信的朋友圈。点击界面中的“+”符号，也可以进入“发布动态”界面，再点击“文字”等选项，输入相关信息以及图片等，发布自己的动态消息。如图5－80、5－81所示。

图5－80　“+”符号

图5－81　“发布动态”界面

需要注意的是，珍爱网的有些功能是需要付费后才能使用的，比如点击“珍爱网”主界面下方的“消息”，如果想要查看自己的收件箱，则需要充值会员。如图5-82所示。

其实，除了伊对、珍爱网等APP外，还有小恩爱APP等，也是比较受欢迎的一款专为恋爱打造的应用软件，大家可以根据自己的实际情况进行选择、下载、安装与应用。

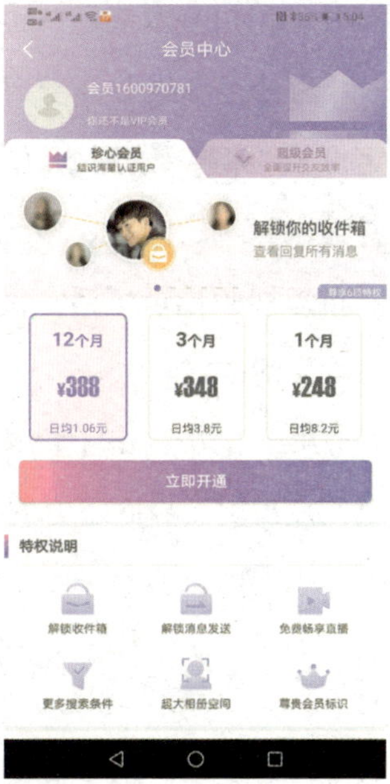

图5-82　开通会员

5.3 分享生活中的小故事

每个人在日常生活中都会有一些小故事，或者是一些感悟，或者是某个观点，或者是与他人之间的某些经历等。当这些小故事发生后，有些人便想分享给他人，或共勉、或警醒。

于是，一些专为大家分享生活中的小故事而打造的APP应运而生，比如小红书、知乎等，既可以标记年轻人的生活，也可以分享生活中的美好，潜移默化中影响甚至改变着人们的生活方式。

5.3.1 小红书：标记年轻人的生活

为什么说小红书是一款标记年轻人生活的APP呢？

其实，我们可以通过一组数据一探究竟：在小红书超过3亿的用户中，新增的

70%的用户基本都是90后。

为什么小红书会受到年轻人的追捧呢？原来，小红书自2013年在上海创立，就定位于“年轻人的生活方式平台”，而且小红书也确实为年轻人打造了一种可以发现并追求真实、向上、多元、潮流的生活方式。通过小红书，任何一个用户不仅可以发布短视频记录生活点滴，也可以通过图文形式分享穿搭教程、旅游攻略、美食健身等生活方式。

第一步，点击手机桌面上的“小红书”，并阅读弹出的“温馨提示”，如果无异议，点击提示界面下方的“同意”。如图5-83、图5-84所示。

图5-83 “小红书”选项

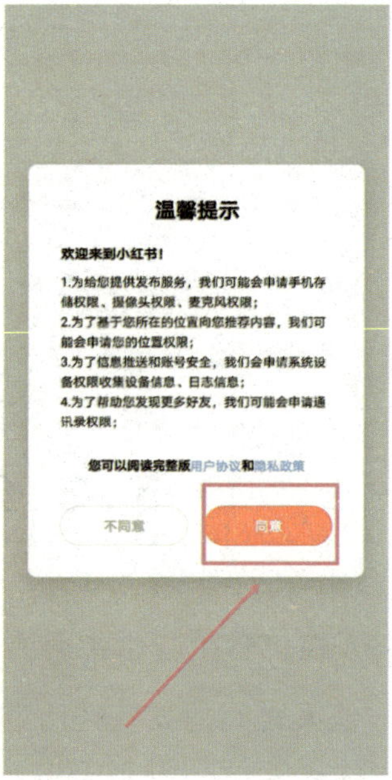

图5-84 点击“同意”

第二步，选择登录方式，可以点击“一键登录”，即使用本机号码直接登录，也可以选择“微信登录”或者“其他登录方式”。确定后，点击“我已阅读并同意《用户协议》《隐私政策》《儿童/青少年个人信息保护规则》《中国移动认证服务条款》”前面的小圆圈。如图5-85所示。

第三步，进入完善信息界面，需要完善自己的性别、年龄信息，并点击“下一步”。如图5-86所示。

图5-85　选择登录方式

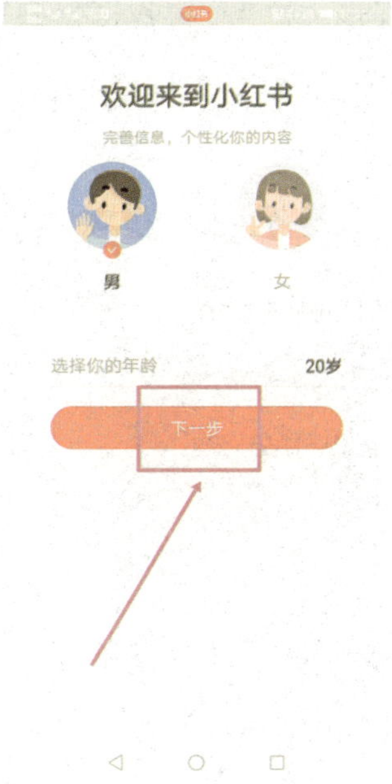

图5-86　点击“下一步”

第四步，在感兴趣的内容界面，需要至少选择4个兴趣，并点击“下一步”。如图5-87所示。

图5-87　点击“下一步”

第五步，进入“寻找通讯录中的好友”界面后，可以根据个人情况选择“禁止”或“始终允许”。如果选择“始终允许”，将会弹出通讯录中使用小红书的好友，然后点击“下一步”。如图5-88、图5-89所示。

第六步，填写昵称以及上传头像，或者点击界面右上角的“跳过”。如果选择填写昵称以及上传头像，完成后点击“完成”。如图5-90所示。

图5-88　点击“始终允许”

图5-89　点击“下一步”

图5-90　点击“完成”

第七步，点击提示界面中的“授权”，可以获取设备识别码，提升账号安全，降低盗号风险，同时点击“始终允许”。如图5-91、图5-92所示。

第八步，进入“小红书”界面后，首先可以看到小红书根据每个用户选择的兴趣推荐的相关视频。同时，可以点击界面中不同的选项，查看对应选项相关的视频等，也可以通过点击界面右上角的搜索选项，更有针对性地查找相关信息。如图5-93、图5-94所示。

图5－91　点击“授权”

图5－92　点击“始终允许”

图5－93　“小红书首页”界面

图5－94　“搜索”界面

第九步，点击“小红书”界面左上角的黄色小圆点，便可进入“记录我的日常”界面，记录日常的方式包括语音、日签、打卡、文字、拍摄。以文字记录日常的方式为例，点击“文字”，输入想要发表的内容，并点击界面下方的几个不同颜色的小圆点切换为自己喜欢的背景颜色，再点击“下一步”。界面跳转后，可以点击下方的“签到”“音乐”“贴纸”，进一步完善瞬间内容。完成后，点击“发布瞬间”即可。当我们返回小红书界面后，点击右下角的“我”，即可看到发布的瞬间，点击某个瞬间，可以查看看过的人数等，同时点击界面上方的“…”符号，可以分享至微信朋友圈等。如图5－95、图5－96、图5－97、图5－98、图5－99、图5－100所示。

图5－95 “记录我的日常”界面

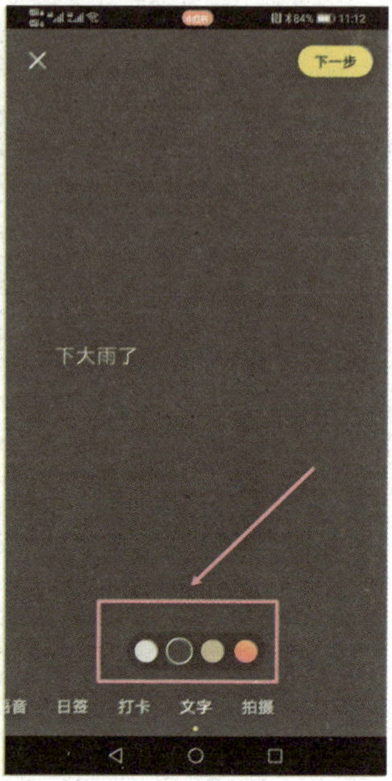

图5－96 选择背景颜色

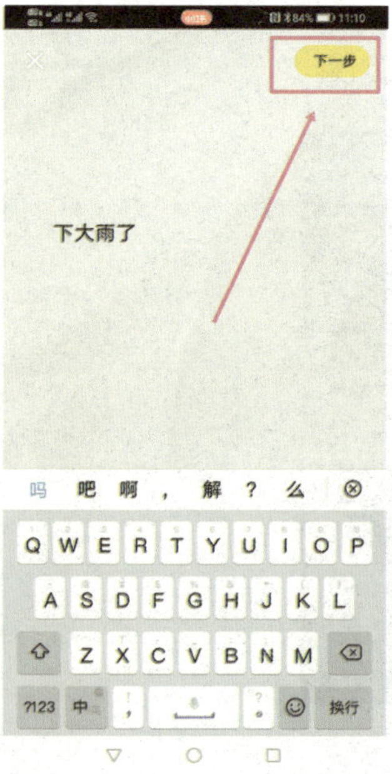

图5－97 点击“下一步”

图5－98 点击“发布瞬间”

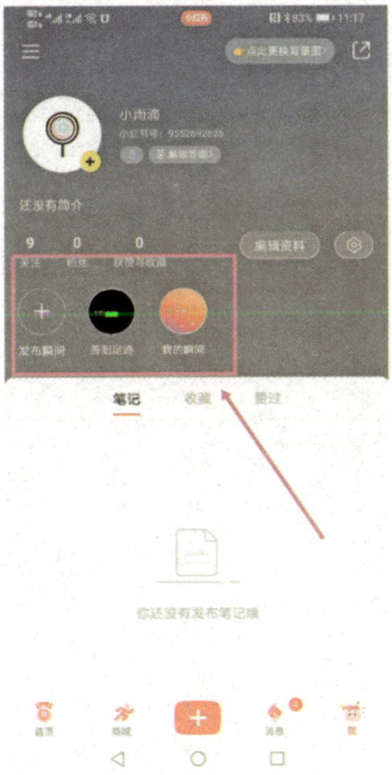

图5－99　成功发布的日常瞬间

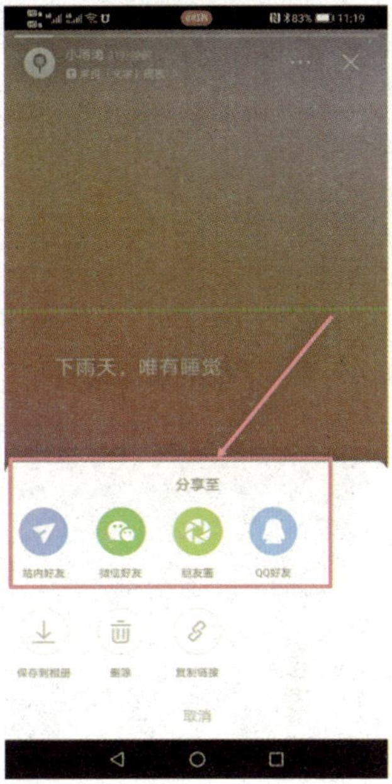

图5－100　分享选项

小红书还有很多有趣、实用的功能，大家在使用的过程中，根据自己的需要点击对应选项进行设置即可。

5.3.2 知乎：有问题就会有答案

知乎是一款于2011年1月正式上线的以打造原创内容为主的应用APP，并经过多年的发展，已经成为一个具有一定影响力的知识分享社区。

知乎的分享范围涵盖了互联网科技、商业、影视、时尚、文化等诸多领域。人们不仅可以通过知乎分享知识、经验和见解，也可以提出问题得到相关解答。

第一步，点击手机桌面上的“知乎”，阅读提示界面中的相关信息，如果无异议，点击“同意并继续”。如图5－101、图5－102所示。

第二步，选择登录方式，并点击“我已阅读并同意《知乎协议》《个人信息保护指引》”前面的小圆圈。如图5－103所示。

图 5－101 “知乎”选项

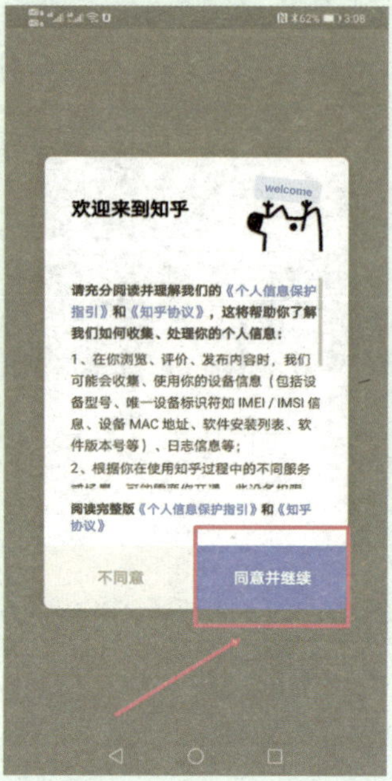

图 5－102 点击“同意并继续”

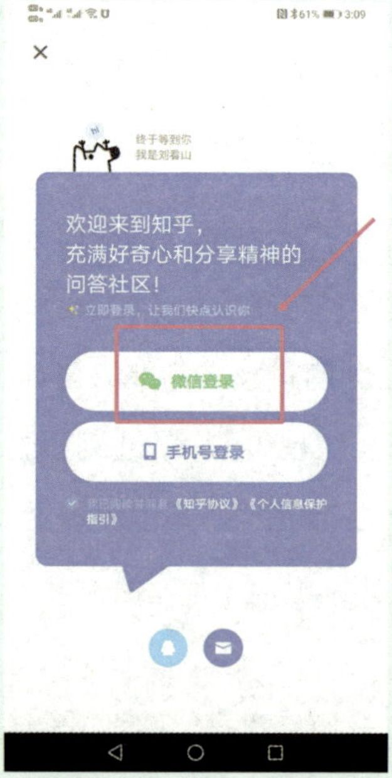

图 5－103 选择“微信登录”

第三步，点击知乎申请使用微信头像、昵称等信息界面中的“同意”。然后，在“绑定手机号”界面输入需要绑定的手机号码，点击“发送验证码”，并将收到的验证码正确输入。如图5－104、图5－105所示。

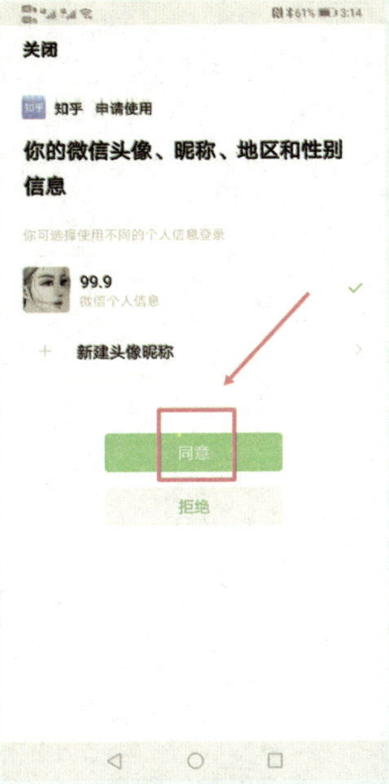

图5－104　点击“同意”

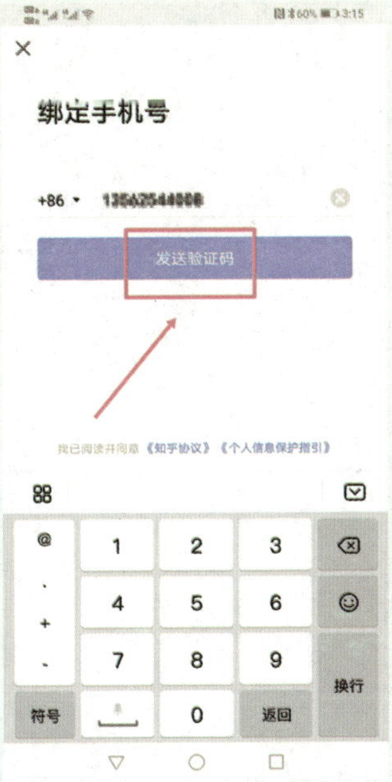

图5－105　点击“发送验证码”

图5－106　点击“进入”

第四步，进入“设置个人信息”界面后，一般会默认为微信头像和昵称，如果想要替换，重新上传头像并输入昵称即可；如果不想替换，可以点击“进入”。如图5－106所示。

第五步，进入“知乎”界面后，点击界面左下角的“首页”。在“首页”界面中可以看到很多知乎用户发表的见解，点击即可看到对应的详细内容。如图5－107所示。

图5－107　点击“首页”

第六步，点击界面右上角的“+”符号，即可进入提问题和答问题的界面。点击“提个问题”，并在问题输入框中输入信息以问号结尾。同时，我们也可以在问题下方进行补充说明，往往可以更快获得解答。如图5－108、图5－109、图5－110所示。

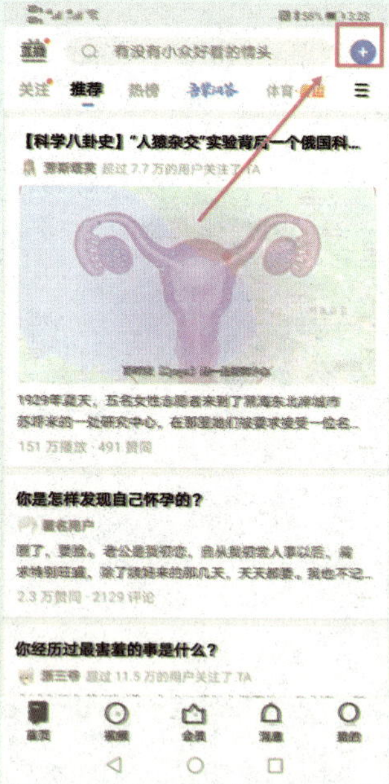

图5－108　点击“+”符号

第七步，问题设置完成后，点击界面下方的“+话题”，在弹出的话题选项中需要至少添加一个话题。添加话题后，点击右上角的“完成”。如图5－111、图5－112所示。

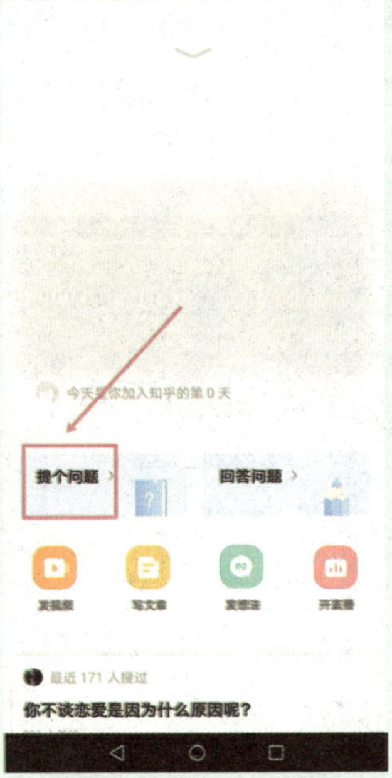

图5－109　点击“提个问题”

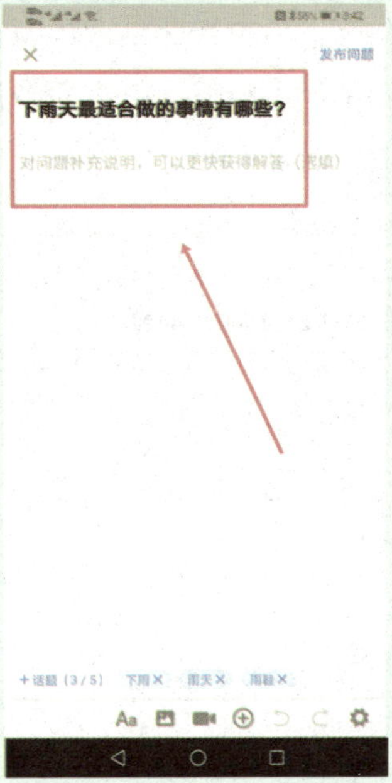

图5－110　设置问题

图5－111　点击“＋话题”

图5－112　选择话题

第八步，点击界面右上角的“发布问题”。如果我们发布的问题与其他知乎用户曾经发布的问题相似，那么便会弹出一个提示，我们可以直接查看相似问题的解答，也可以点击“继续提问”。如图5－113、图5－114所示。

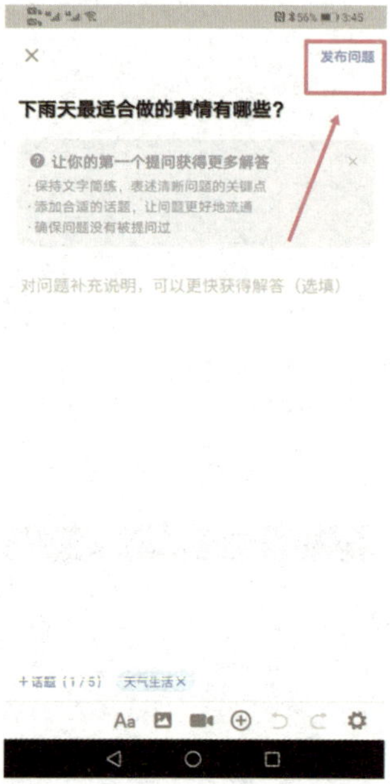

图5－113　点击“发布问题”

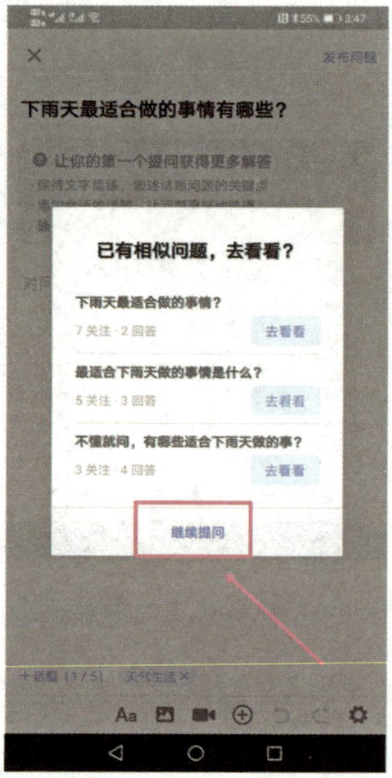

图5－114　点击“继续提问”

第九步，成功发表问题后，可以点击界面中的“邀请回答”，界面会自动跳转至精选的优质回答者，可以选择性邀请，也可以点击“一键邀请”。同时，可以点击界面上方的“好友”，在弹出的界面中点击对应的微信、QQ等图标，邀请对应的微信好友、QQ好友等来回答。如图5－115、图5－116、图5－117所示。

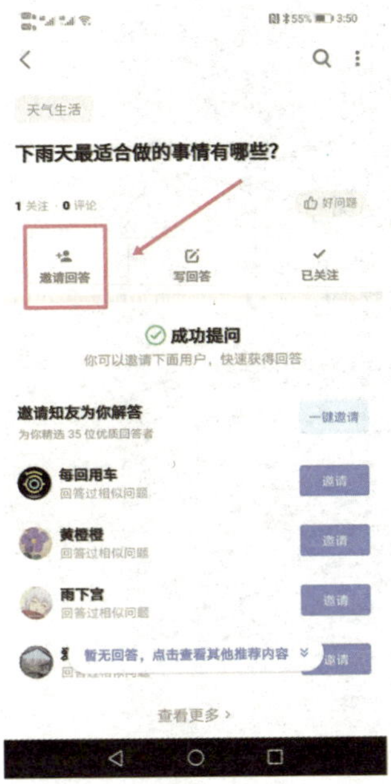

图5－115　点击“邀请回答”

图5－116　点击“一键邀请”

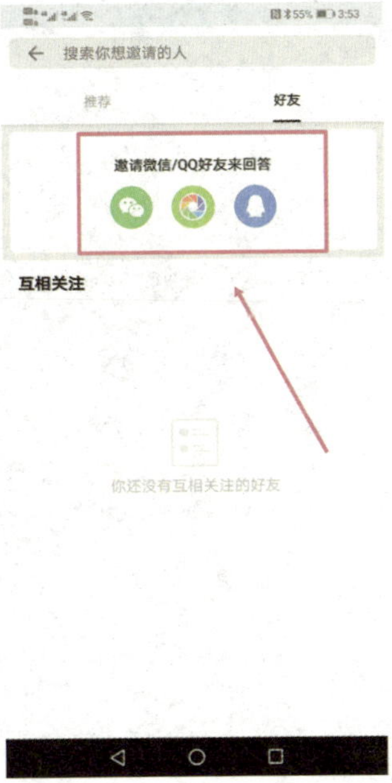

图5－117　邀请微信、QQ好友回答

总之，我们通过知乎不仅可以提问题，也可以回答问题，甚至可以发表自己的其他见解，包括发视频、写文章、发想法、开直播等。

5.3.3 微博：随时随地分享新鲜事

微博包括腾讯微博、网易微博、新浪微博。一般情况下，如果没有特别说明，微博指的是新浪微博，它是用户最多的分享简短视讯信息的广播式社交媒体、网络平台。

用户通过微博可以分享、传播文字、图片、视频等形式的信息，并与其他用户形成互动。

第一步，点击手机桌面上的“微博”，并阅读提示界面中的相关信息，如果无异议，点击“同意并继续”。如图5－118、图5－119所示。

图5－118 “微博”选项

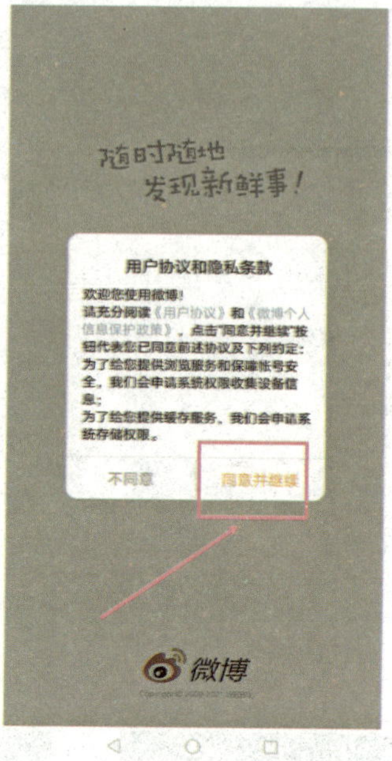

图5－119 点击“同意并继续”

第二步，进入“微博”界面后，即可上下滑动查看微博用户发布的热门信息。如果想要发布信息，需要点击左上角的“登录”，选择登录方式，并点击“登录注册即表示同意用户协议、隐私条款和中国移动认证服务条款”前面的小正方形。如图5－120、图5－121所示。

图5－120 点击“登录”

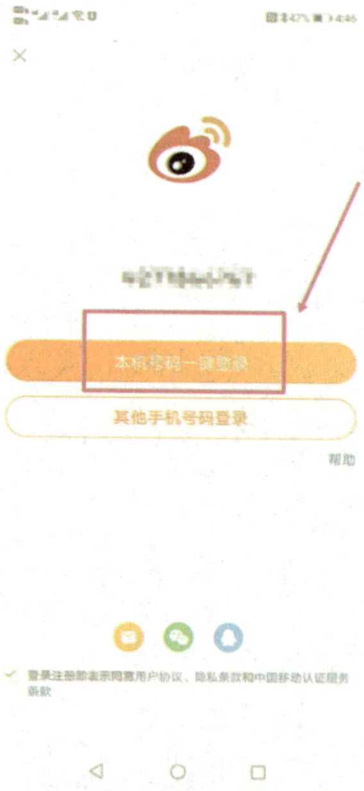

图5－121 选择“本机号码一键登录”

第三步，成功登录后，可以选择兴趣，从而可以获得更精准的内容推荐，并点击界面下方的“我选好了”。如果不想选择自己的兴趣，也可以点击界面右上角的“跳过”。如图5－122所示。

第四步，微博将推荐一些精选的博主，如果需要关注，点击其后面对应的“√”，使其变成橙色；如果不想关注，则点击其后面对应的“√”，使其变成灰色。如果推荐的博主中没有合适的，我们也可以在界面上方的搜索框中输入关键词进行搜索。确定所关注的博主后，点击“进入微博”。如图5－123所示。

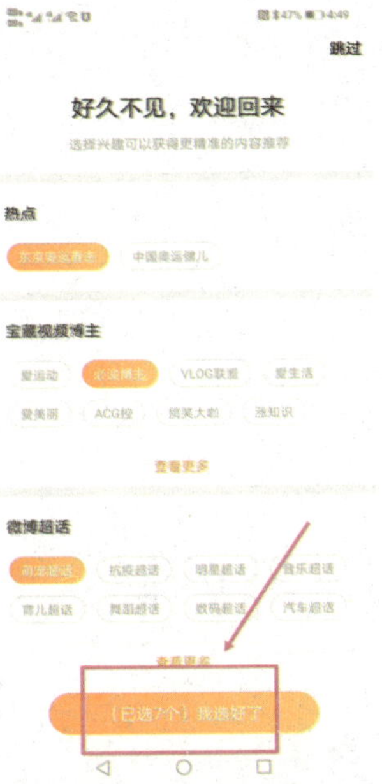

图5－122　点击“我选好了”

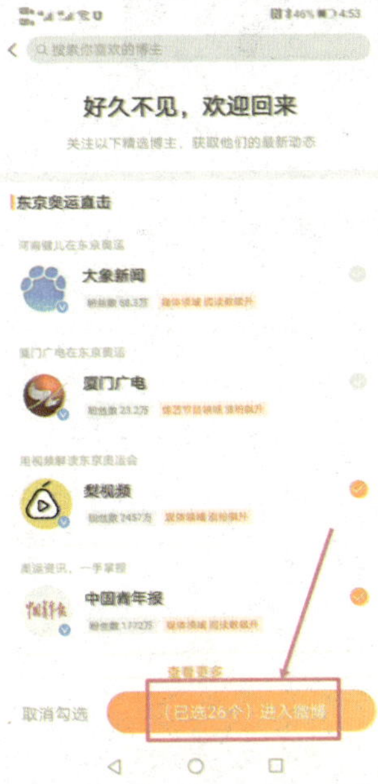

图5－123　点击“进入微博”

第五步，点击微博界面下方的“首页”，并点击“首页”界面右上角的“+”符号，在弹出的菜单选项中点击需要的功能，以点击“写微博”为例。如图5－124所示。

第六步，进入“发微博”界面后，可在界面中输入相关信息。同时，点击界面左下方的“你在哪里？”可以添加自己的位置信息，点击下面的图片等图标选项，可以添加图片、话题、表情等，而且点击右下方的“公开”，可以选择自己发布的信息给谁看、不给谁看。最后，点击界面右上角的“发送”即可。如图5－125、图5－126、图5－127、图5－128所示。

图5-124　点击“写微博”

图5-125　不同功能选项

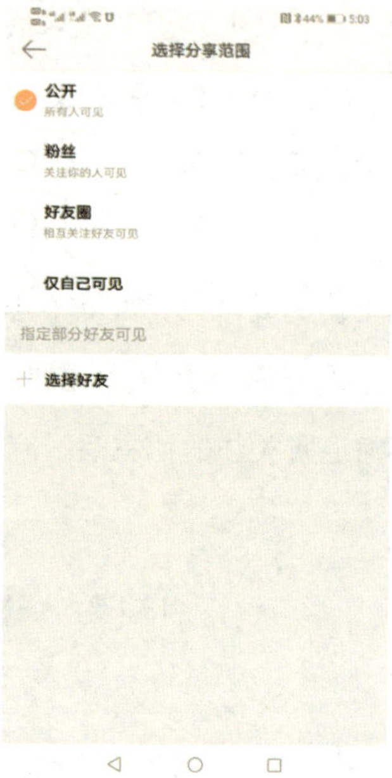

图5-126　选择分享范围

图5-127　点击“发送”

图5-128　成功发布微博

第6章 一键能支付，理财别含糊

6.1 使用支付宝支付

支付宝是国内的第三方支付平台，具有购物消费、提现、缴纳话费、水电煤气缴费、信用卡还款、捐款、AA收款、转账（一定额度以内免费）等功能，在很大程度上为个人以及企业用户提供了“简单、安全、快速、便捷”的支付解决方案。

6.1.1 绑定银行卡

支付宝在人们生活与工作中的出现，使人们实现了出门不带现金就能购物消费的梦想。然而，支付宝并不是金融机构，而是银行等金融机构的战略合作伙伴，所以在使用支付宝收付款之前，需要绑定银行卡。

图6－1 “支付宝”选项

图6－2 点击“我的”

第一步，点击手机桌面上的“支付宝”。进入支付宝APP界面后，可以看到下有“首页”“理财”“口碑”“消息”“我的”功能，然后点击“我的”。如图6－1、图6－2所示。

第二步，进入“我的”界面后，上下滑动界面可以看见账单、总资产、银行卡等功能，点击“银行卡”。如图6－3所示。

第三步，在“银行卡”界面，点击“添加银行卡”。如图6－4所示。

图6－3　点击“银行卡”

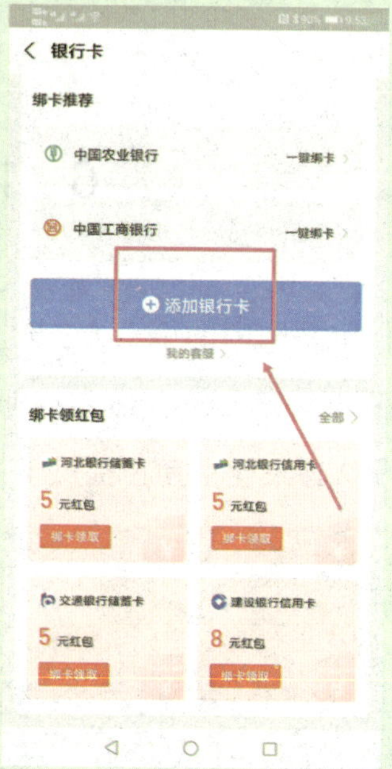

图6－4　点击“添加银行卡”

第四步，输入添加银行卡的卡号，然后查看《服务协议》，如果无异议，点击“同意协议并绑卡”。如图6－5所示。

第五步，在输入验证码界面，填写在银行预留手机号收到的短信数字，点击“下一步”。如图6－6所示。

第六步，收到添加成功的提示后，点击上方的“完成”即可。如图6－7所示。

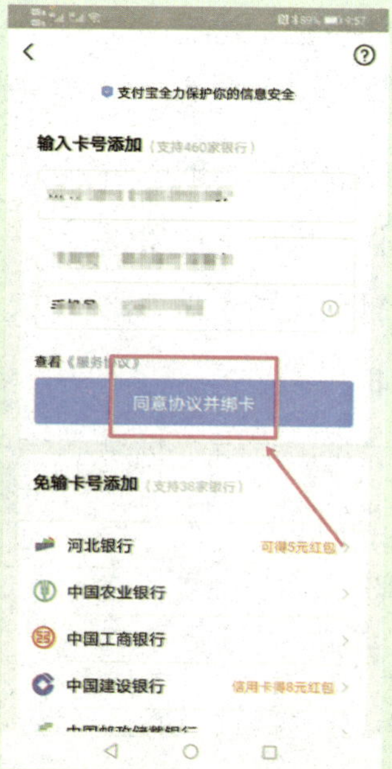

图6－5　点击“同意协议并绑卡”

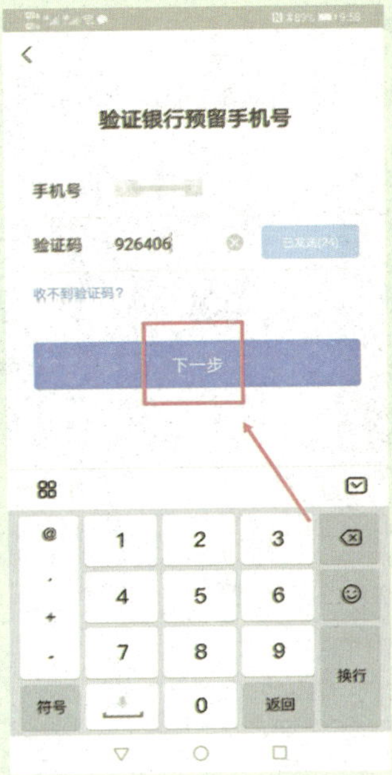

图6－6　点击“下一步”

图6－7　点击“完成”

6.1.2 使用扫码付款

银行卡绑定成功后，意味着支付宝拥有了充足的“弹药”，而且支付宝的很多支付功能可以开始使用了，如扫码付款。

第一步，点击“支付宝”界面下方的“首页”，再点击“首页”界面上方的“扫一扫”。如图6－8所示。

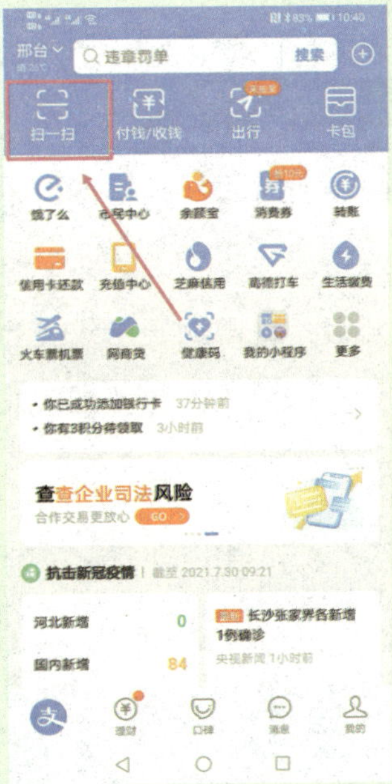

图6－8　点击“扫一扫”

第二步，扫描对方出示的支付宝收款二维码，在弹出的“付款”界面中输入相应金额，点击界面右下角的“付款”。如图6－9所示。

第三步，选择付款方式，即在弹出的提示中点击“付款方式”，确定后点击“立即付款”，并输入支付密码即可完成扫码付款。如图6-10所示。

第四步，支付成功后，点击界面右上角的"完成"即可。如图6-11所示。

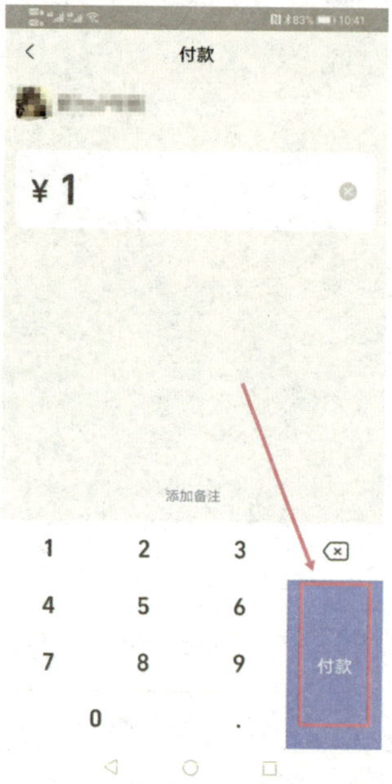

图6-9　点击"付款"

图6-10　点击"立即付款"

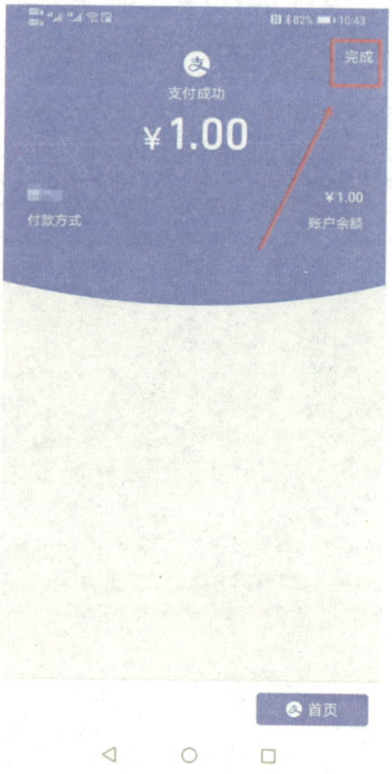

图6-11　点击"完成"

6.1.3 指纹支付

在讲述上面的扫码付款时，我们可以发现使用的是输入密码支付的方式。其实，随着支付宝功能的不断升级，也增加了指纹支付功能。相对于密码支付容易忘记支付密码的情况来说，指纹支付功能更便捷也更安全。

第一步，点击"支付宝"界面右下角的"我的"，并点击"我的"界面右上角的齿轮符号。如图6-12所示。

图6-12　设置选项

第二步，进入“设置”界面后点击“支付设置”。如图6－13所示。

第三步，在“支付设置”界面点击“生物支付”。如图6－14所示。

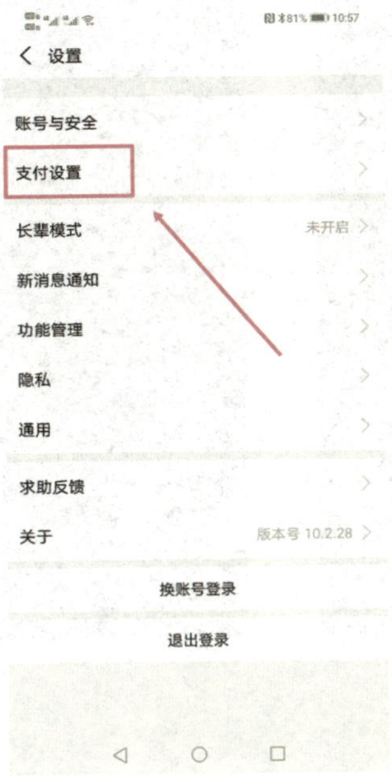

图6－13　点击“支付设置”

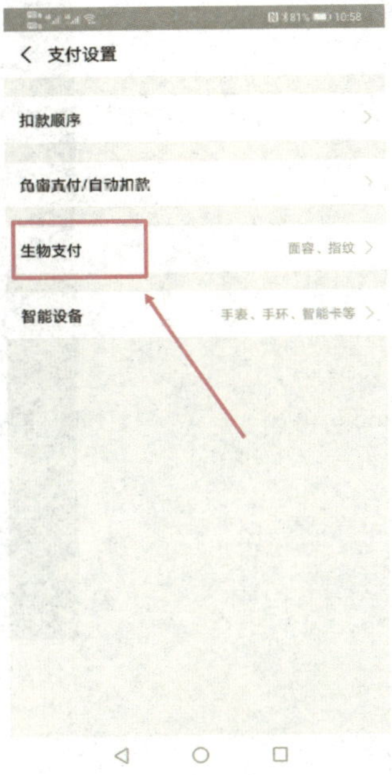

图6－14　点击“生物支付”

第四步，进入“生物支付”界面后，先查看界面下方的《生物识别服务通用规则》，如果无异议，开启“指纹支付”选项后面对应的按钮，并点击提示界面中的“去录入”。如图6－15所示。

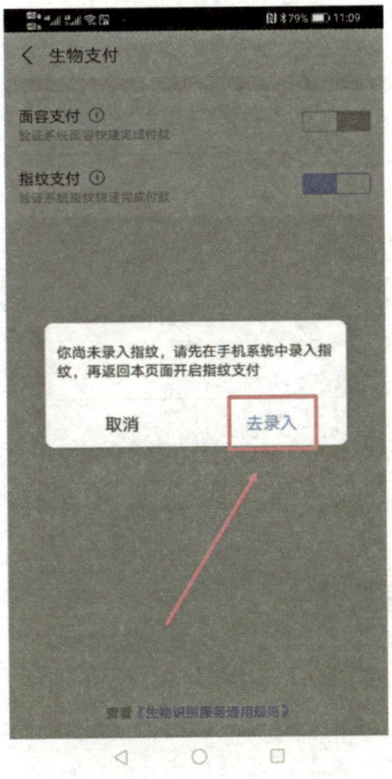

图6－15　点击“去录入”

第五步，在开通指纹支付前，先要输入锁屏密码。进入“指纹”界面后，确定指纹用于的相关功能，并开启对应功能后面的按钮，然后点击“新建指纹”，并点击该界面下方的“开始录入”，根据提示一步一步完成操作即可。如图6－16、图6－17、图6－18所示。

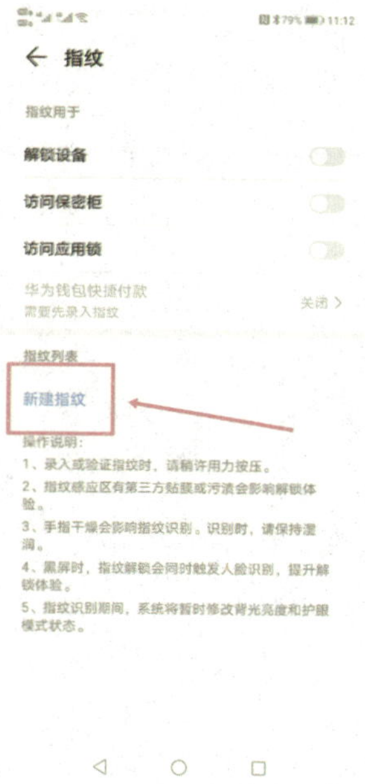

图6-16　点击“新建指纹”

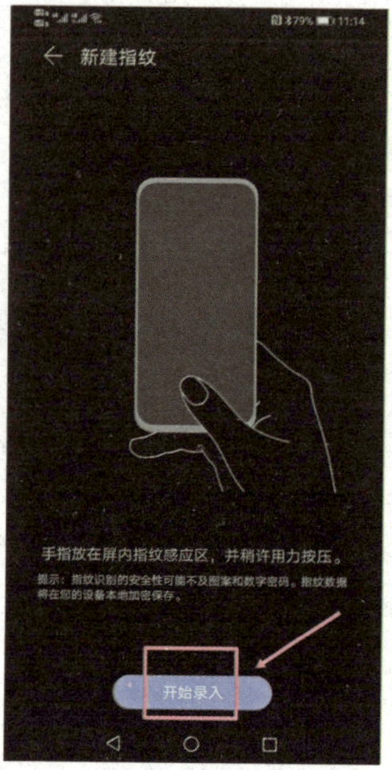

图6-17　点击“开始录入”

图6-18　录入提示

第六步，“新建指纹”界面中提示“录入成功”后，点击界面下方的“重命名”为录入指纹起一个名字，或者点击“确定”即可。当我们再次使用支付宝付款的时候，便可以使用指纹支付功能了。如图6-19、图6-20所示。

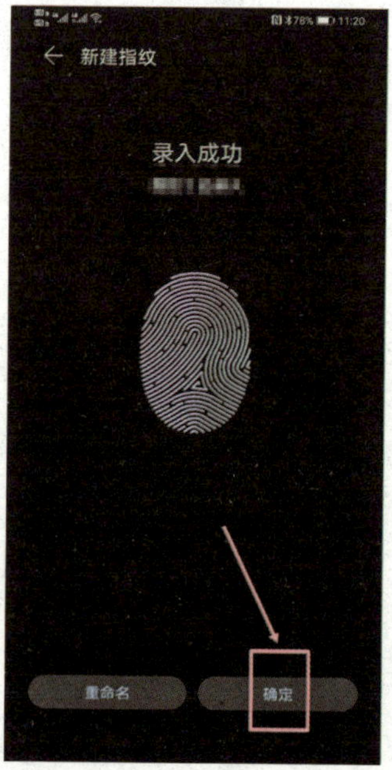

图6-19　点击“确定”

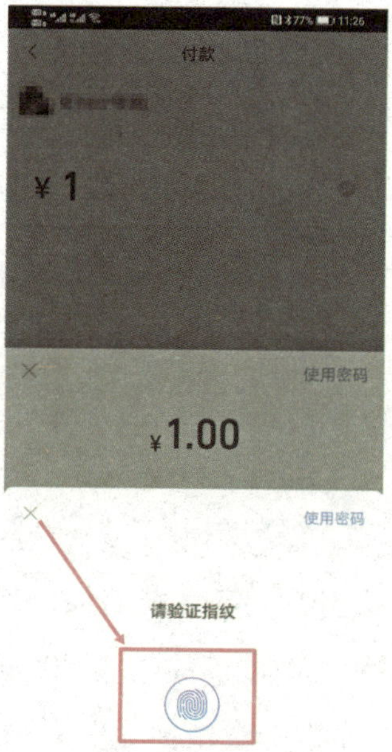

图6-20　指纹支付

6.1.4 解绑银行卡

当我们遇到不再使用支付宝，或者需要换银行卡的时候，可以通过解绑银行卡功能，将之前绑定的银行卡删除。

第一步，进入“支付宝”界面后点击右下角的“我的”，找到“银行卡”选项并点击。如图6－21所示。

第二步，进入“银行卡”界面后，点击右上角的“全部”查看所有绑定的银行卡。如图6－22所示。

图6－21　点击“银行卡”

图6－22　点击“全部”

第三步，找到需要解绑的银行卡并点击，界面跳转后，点击“卡管理”。如图6－23、图6－24所示。

第四步，进入“银行卡管理”界面后，点击“解除绑定”。界面跳转后，点击“仍要解绑”，在提示页面中输入验证密码或者指纹，则可以成功解绑。如图6－25、图6－26、图6－27所示。

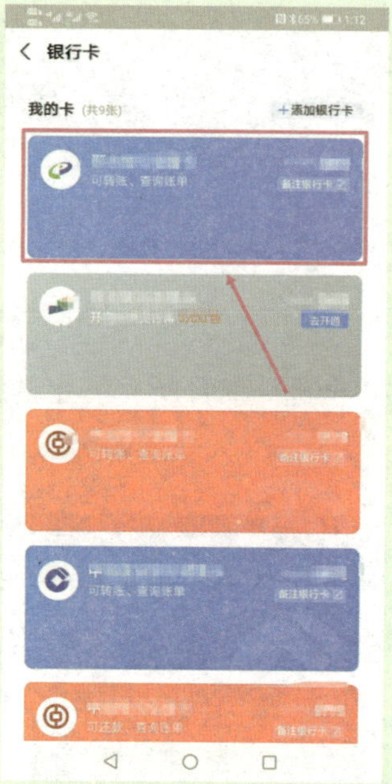

图6－23　点击需要解绑的银行卡

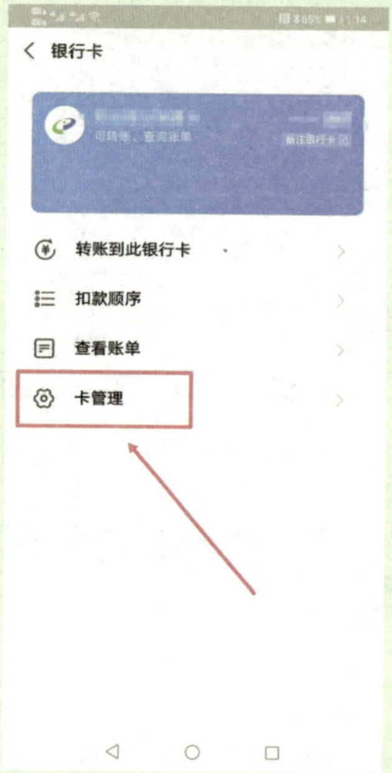

图6－24　点击“卡管理”

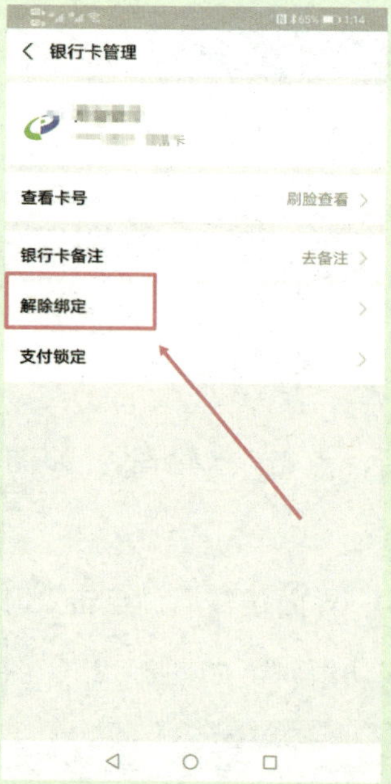

图6－25　点击“解除绑定”

图6－26　点击“仍要解绑”

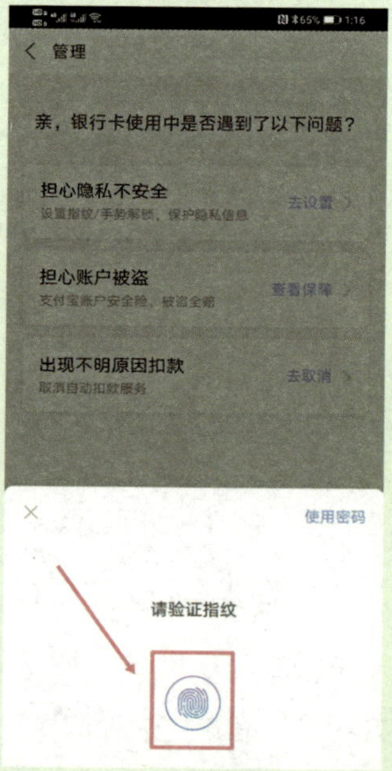

图6－27　验证指纹

6.2 使用微信支付

微信支付是腾讯公司推出的便捷支付业务，全面打通了O2O生活消费领域，支持线下场所、公众号、小程序、PC网站、APP、企业微信等多种经营场景的快速接入。

6.2.1 绑定银行卡

使用微信支付与使用支付宝支付一样，首先需要绑定银行卡，为微信支付功能“储值”，才能享受微信支付带来的便利。

第一步，点击手机桌面上的“微信”，进入“微信”界面后，点击界面右下角的“我”。如图6－28所示。

第二步，在“我”界面中点击“支付”。进入“支付”界面后，点击“钱包”。如图6－29、图6－30所示。

图6－28　点击“我”

图6－29　点击“支付”

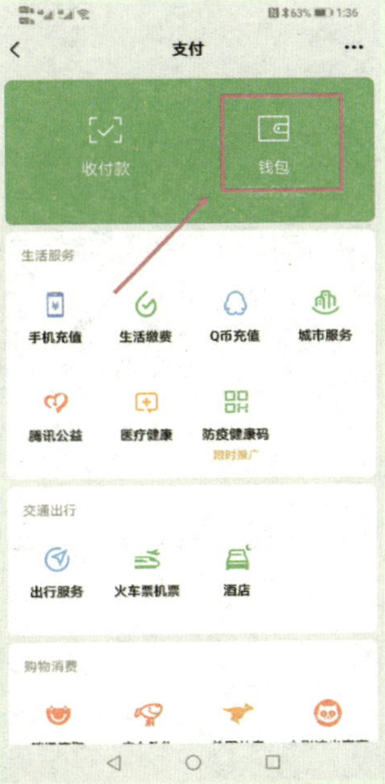

图6－30　点击“钱包”

第三步，在“钱包”界面中点击“银行卡”，并随着界面的跳转点击“添加银行卡”。如图6－31、图6－32所示。

第四步，在“添加银行卡”界面输入微信号本人的银行卡号，点击“下一步”。如图6－33所示。

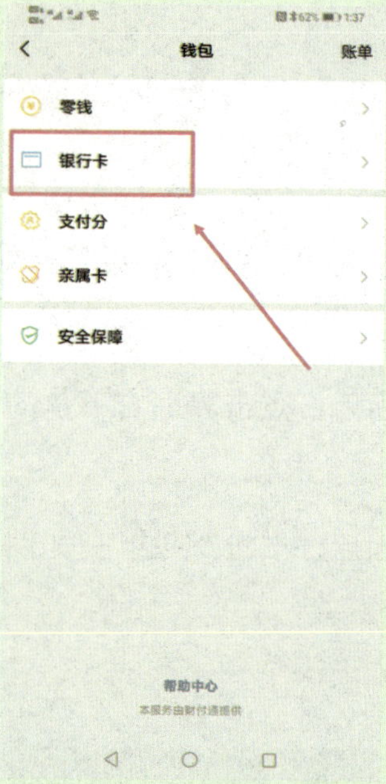

图6－31　点击“银行卡”

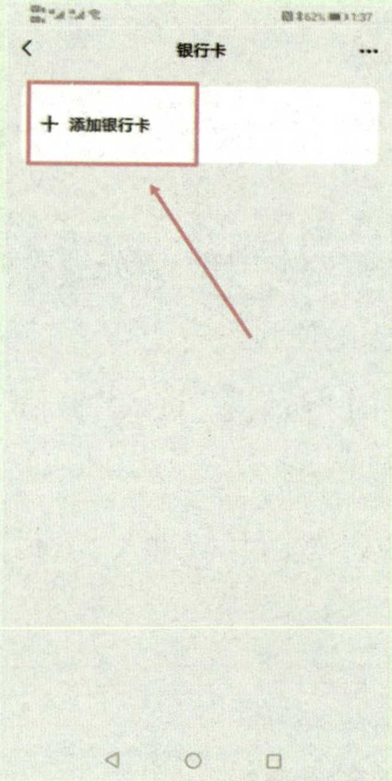

图6－32　点击“添加银行卡”

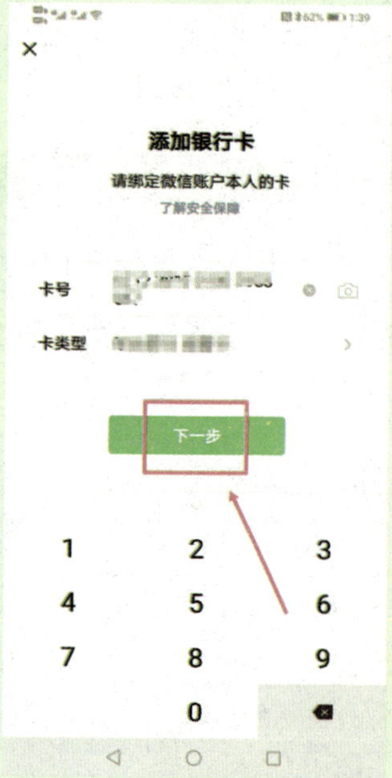

图6－33　点击“下一步”

第四步，填写完持卡人信息后，点击“下一步”。如图6－34所示。

第五步，输入银行预留手机号收到的短信验证码，点击“下一步”。如图6－35所示。

第六步，在“设置支付密码”界面输入6位数字密码，并再次填写以确认，即可添加成功，最后点击“完成”。如图6－36所示。

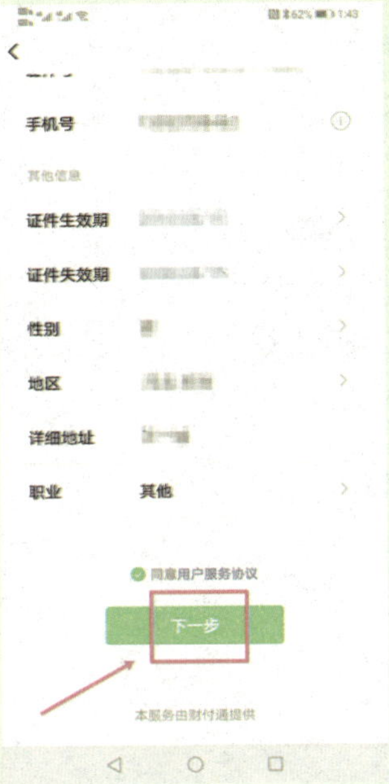

图6－34　点击“下一步”

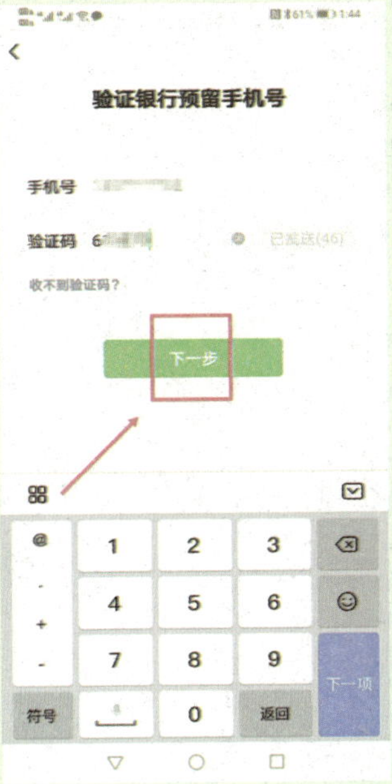

图6－35　点击“下一步”

图6－36　点击“完成”

6.2.2 使用扫码付款

银行卡绑定成功后，当我们在日常生活中购物、吃饭、娱乐时，便可以通过扫描商家出示的微信收款二维码进行付款。

第一步，进入“微信”界面后，点击界面右上角的“+”符号，在弹出的菜单选项中点击“扫一扫”。如图6－37所示。

图6－37　点击“扫一扫”

第二步，扫描商家出示的微信收款二维码，在弹出的“付款”界面中输入相应金额，点击界面右下角的“付款”。如图6－38所示。

第三步，选择付款方式，即在弹出的提示中点击“支付方式”，确定后输入支付密码即可完成扫码付款。支付成功后，点击“完成”。如图6－39所示。

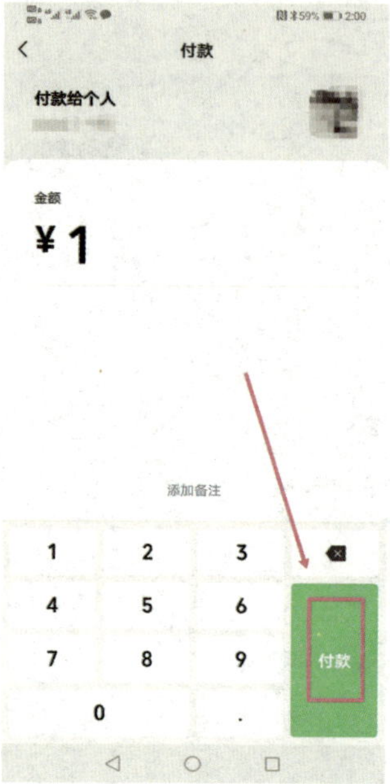

图6－38　点击“付款”

图6－39　点击“完成”

6.2.3 指纹支付

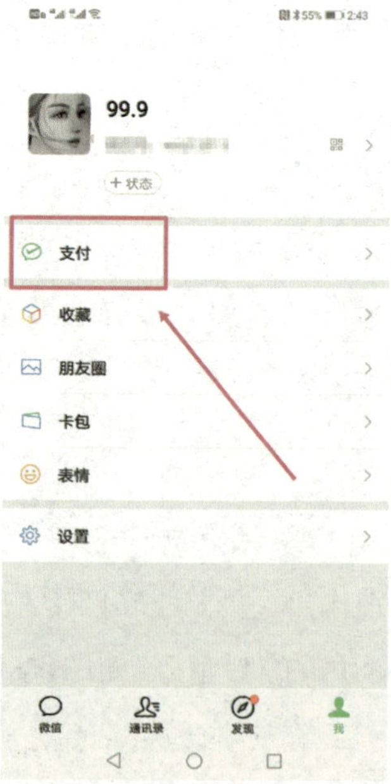

图6－40　点击“支付”

指纹支付是微信推出的一种便捷支付功能，即微信用户可以采用已成熟的指纹系统进行消费认证。

第一步，点击“微信”界面右下角的“我”，再点击“我”界面中的“支付”。如图6－40所示。

第二步，进入“支付”界面后，点击右上角的“…”符号。如图6－41所示。

第三步，进入“支付管理”界面后，点击“面容/指纹支付”。如图6－42所示。

第四步，在“面容/支付”页面点击“开启指纹”后面的小圆圈，并在弹出的“身份验证”界面中输入支付密码以验证身份。如图6－43所示。

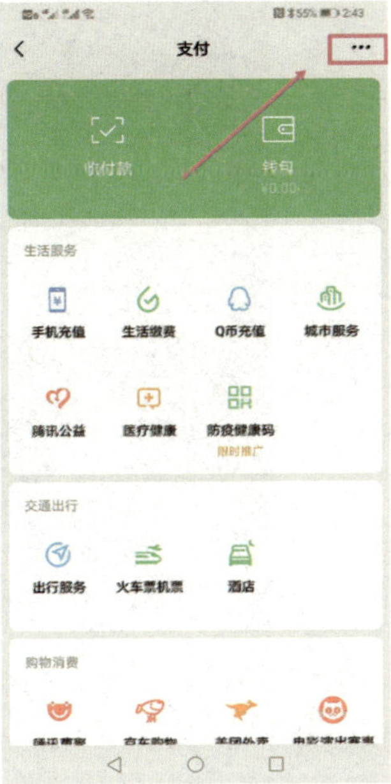

图6－41　点击“…”

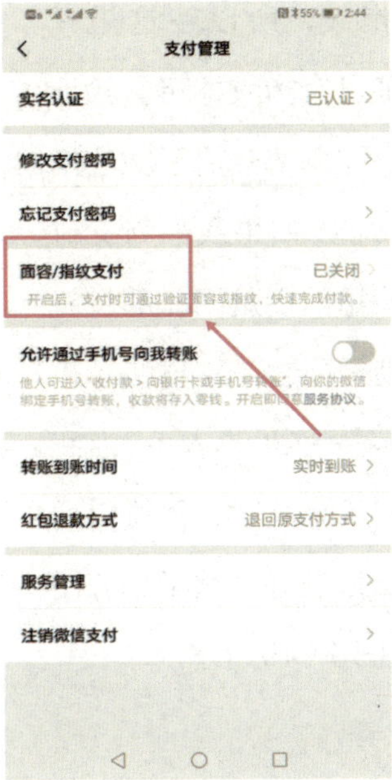

图6－42　点击“面容/指纹支付”

图6－43　“开启指纹”选项

第五步，因为我们在之前使用支付宝支付的时候已经成功录入指纹，所以在这里只需要验证已有指纹即可。验证完成后，即成功开启了微信指纹支付功能（如果我们与支付宝支付使用的不是同一部智能手机，则需要参考支付宝录入指纹的步骤重新录入）。当我们使用扫码付款时，便可以通过指纹支付进行付款了。如图6－44、图6－45所示。

图6－44　验证已有指纹

图6－45　使用指纹支付

6.2.4 解绑银行卡

与使用支付宝支付一样，如果需要替换银行卡，或者不再使用微信支付，可以通过解绑银行卡将绑定的银行卡删除。

第一步，在“支付”界面点击“钱包”，并在“钱包”界面点击“银行卡”。如图6－46所示。

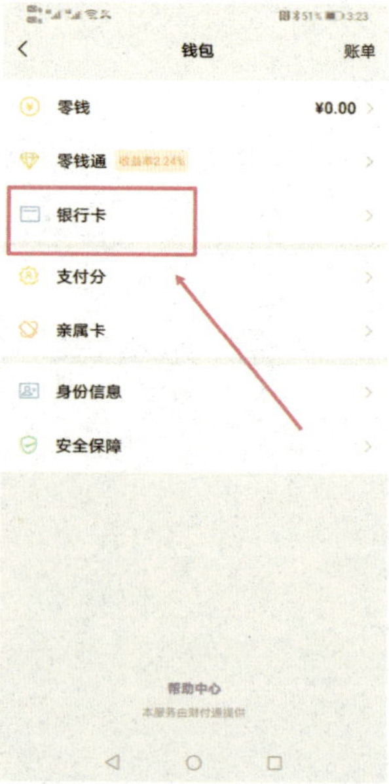

图6－46　点击“银行卡”

第二步，进入“银行卡”界面后点击需要解绑的银行卡。界面跳转后，点击右上角的“…”符号，在弹出的菜单选项中点击“解除绑定”。如图6－47、图6－48、图6－49所示。

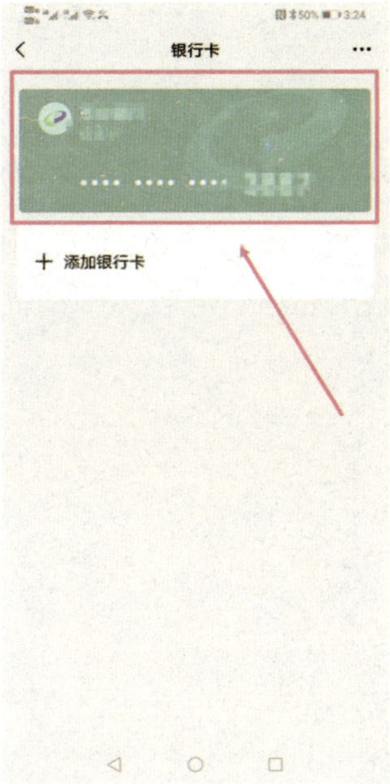

图6－47　选择银行卡

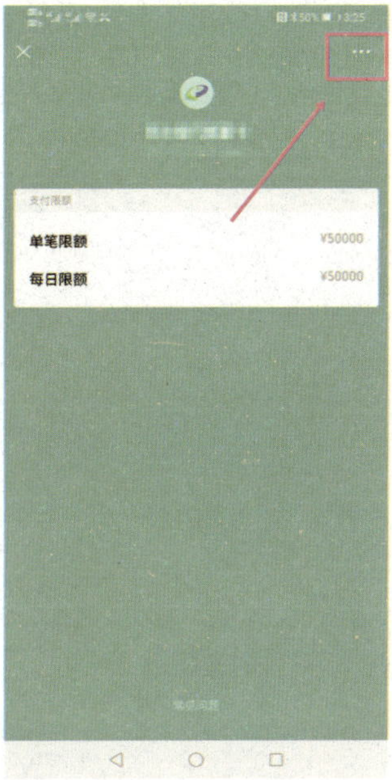

图6－48　点击“…”

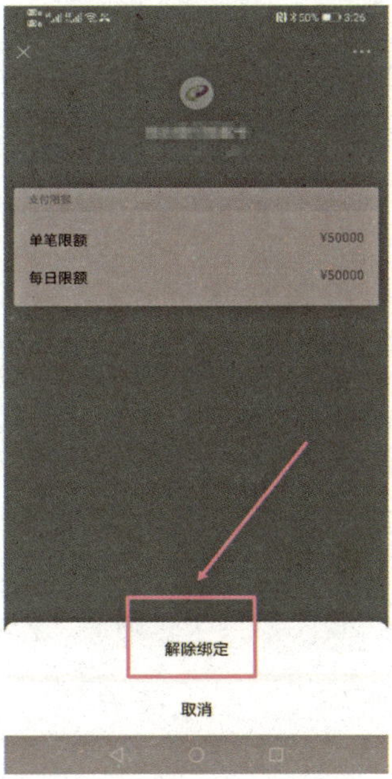

图6－49　点击“解除绑定”

第三步，在弹出的界面中输入支付密码以验证身份。返回“银行卡”界面后，我们可以看到之前的银行卡已经解绑。如图6－50所示。

图6－50　成功解绑后的“银行卡”界面

第7章 新闻很重要，娱乐不能少

7.1 新闻随时看

如今看新闻还是只能通过报纸或者新闻联播吗？当然不是。

澎湃新闻、今日头条、腾讯新闻等各种APP，早已让人们随时随地、想看就看新闻的愿望得到了实现。

7.1.1 澎湃新闻：足不出户了然天下事

澎湃新闻创办于2014年，是一个综合运用图文、视频、VR、动画等全媒体新型传播方式，全天为中国互联网用户生产、聚合优质原创内容的全媒体新闻资讯平台。

澎湃新闻是全网全发，每个用户都可以看到具有社会公信力、传播力、影响力的国内外新闻信息。

第一步，点击手机桌面上的“澎湃新闻”，阅读提示界面中的相关内容，如果无异议，点击“同意”。如图7-1、图7-2所示。

图7-1 “澎湃新闻”选项

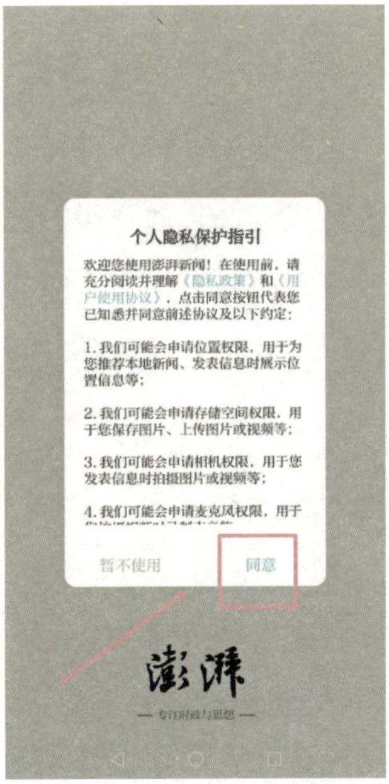

图7-2 点击“同意”

第二步，进入“澎湃新闻”界面后，点击界面右下角的“我的”。界面跳转后，点击“我的”界面上方的“一键登录注册”。如图7－3、图7－4所示。

图7－3　点击“我的”

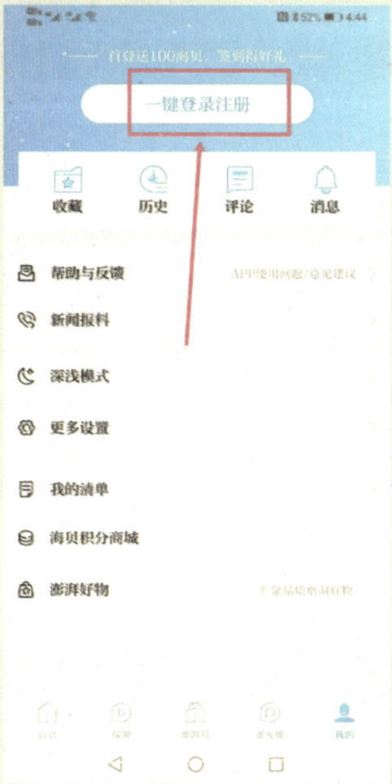

图7－4　点击“一键登录注册”

第三步，可以选择本机号码一键登录，也可以选择其他登录方式。我们以点击“本机号码一键登录”为例，需要同时点击“阅读并同意《中国移动认证服务条款》和《用户协议》《隐私政策》”前面的小正方形。如图7－5所示。

图7－5　单击“本机号码一键登录”

第四步，在“设置昵称”界面可以设置一个喜欢的名字，也可以选择跳过。如图7－6所示。

第五步，成功登录后，依次点击“澎湃新闻”界面下方的选项，也可以依次点击对应选项界面上方的选项，查看各种新闻信息，甚至可以在搜索框中输入关键词有针对性地查找想要查看的新闻信息。如图7－7所示。

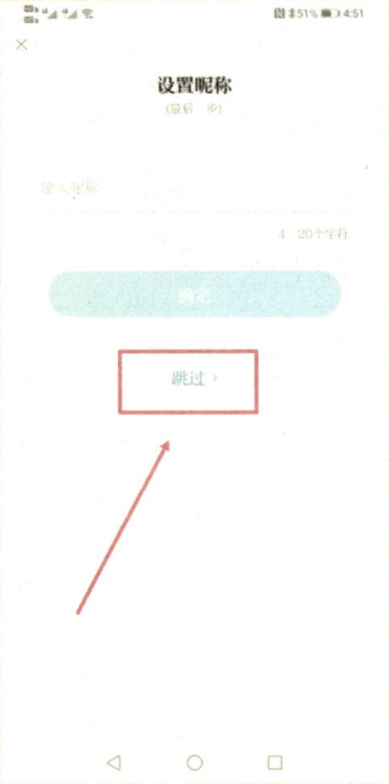

图7－6　点击“跳过”

图7－7　功能选项

第六步，点击“澎湃新闻”界面下方的“澎友圈”，再点击“澎友圈”界面中的“+”符号，便会进入发表界面。它与微信的朋友圈十分类似，可以输入文字信息，同时可以插入图片或者视频。完成信息输入后，点击界面右上角的“发表”，即可与其他的澎湃新闻用户进行互动。如图7－8、图7－9所示。

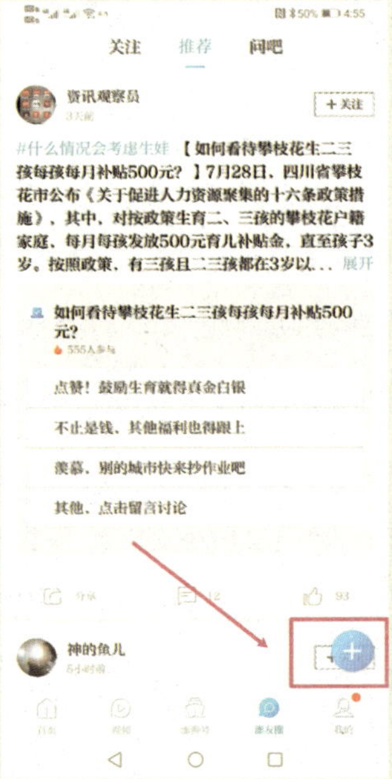

图7－8　点击“+”符号　　图7－9　点击“发表”

7.1.2 今日头条：热点资讯应有尽有

2012年3月，北京字节跳动科技有限公司基于数据挖掘推荐引擎，开了一款可以为用户推荐信息、提供连接人与信息的服务APP，它就是“今日头条”。

今日头条得益于个性化推荐引擎技术，不仅可以根据每个用户的地理位置，为用户推荐当地的热点新闻，而且可以根据用户的特征、兴趣、职业、年龄等，为其推荐匹配度高的热点资讯，甚至包括音乐、电影、游戏、购物等资讯。

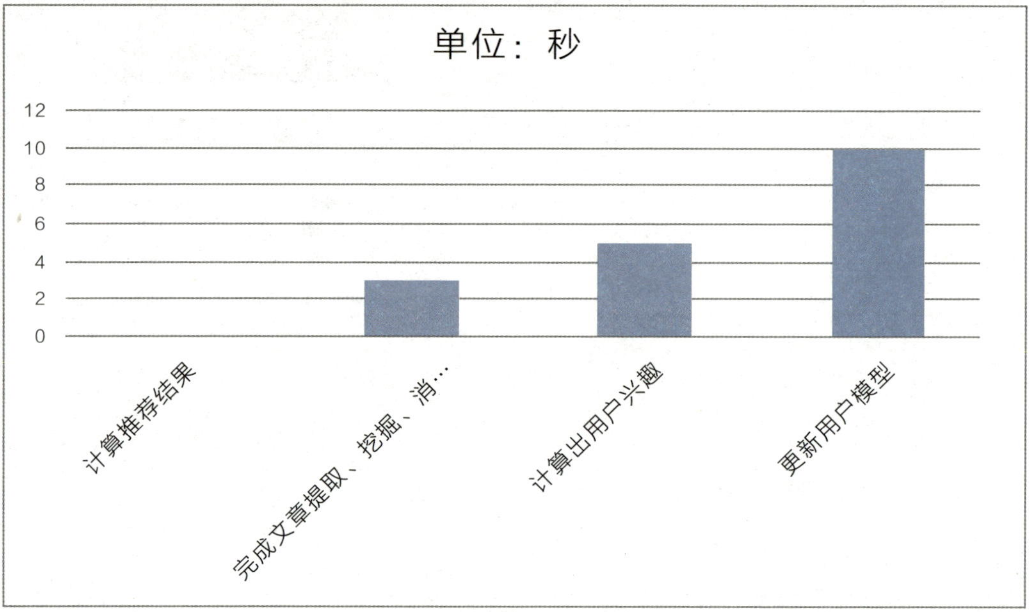

图7-10　今日头条计算能力

与此同时，今日头条的各项功能也在不断升级，例如上线“账号内搜索”功能，并推出了“圈子”功能，收到邀请的创作者可创建免费或付费粉丝社群，与用户直接交流互动。

第一步，点击手机桌面上的“今日头条”，阅读提示界面中的相关内容，如果无异议，点击“同意”（因为每款APP都会出现提示界面，而且操作方法基本相同，所以对于其他APP讲述时，不再做提示步骤的讲解）。如图7-11、图7-12所示。

第二步，进入“今日头条”界面后点击“首页”“西瓜视频”“放映厅”，并依次点击界面上方的选项，可以弹出对应的新闻资讯以及视频，上下滑动界面即可翻页查找想要查看的新闻资讯和视频，或者可以在搜索框中输入关键词，更有针对性地查找相关资讯和视频。如图7－13所示。

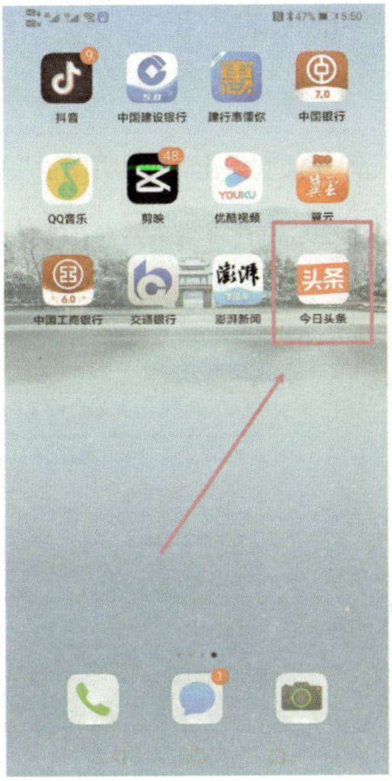

图7－11　“今日头条”选项

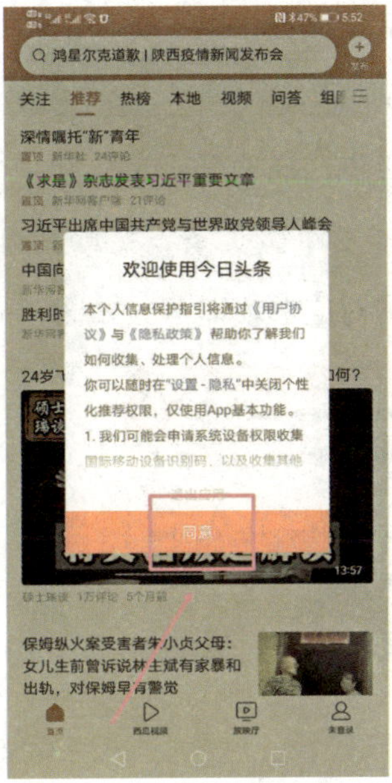

图7－12　点击“同意”

图7－13　相关功能选项

第三步，点击“今日头条”界面右下角的“未登录”。进入“登录”界面后选择登录方式，包括抖音号、手机号、微信号、QQ号等，确定后，点击“已阅读并同意《中国移动认证服务条款》及‘用户协议’和‘隐私政策’”前面的小正方形。如图7-14、图7-15所示。

第四步，成功登录后，回到今日头条的“首页”界面，点击右上角的“+”符号，即可选择发布微头条、文章、问答，或者视频、直播等。我们以发布“微头条”为例，点击对应选项即可。如图7-16所示。

图7-14　点击“未登录”

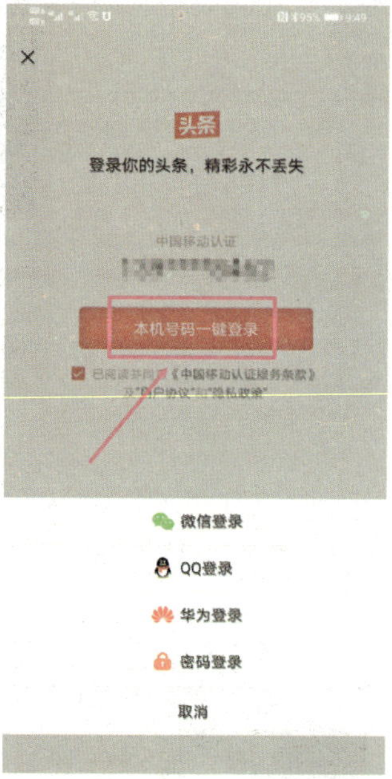

图7-15　选择“本机号码一键登录”

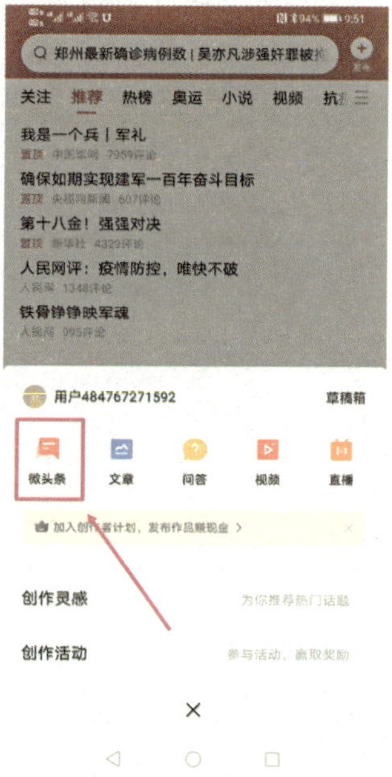

图7-16　点击“微头条”

第五步，在“发布”界面中输入自己想要发表的信息，同时可以点击界面下方的相关选项，包括图片、表情、主题等，为文字信息添加图片、表情或者主题，使“微头条”图文并茂。编辑完成后，点击界面右上角的“发布”。如图7-17所示。

第六步，再次进入“我的”界面后，点击界面上方的“头条”，即可看到自己发布的头条信息，以及展现次数、被分享次数、评论和点赞，从而可以与其他今日头条用户进行互动。如图7-18、图7-19所示。

图7－17　点击“发布”

图7－18　点击“头条”

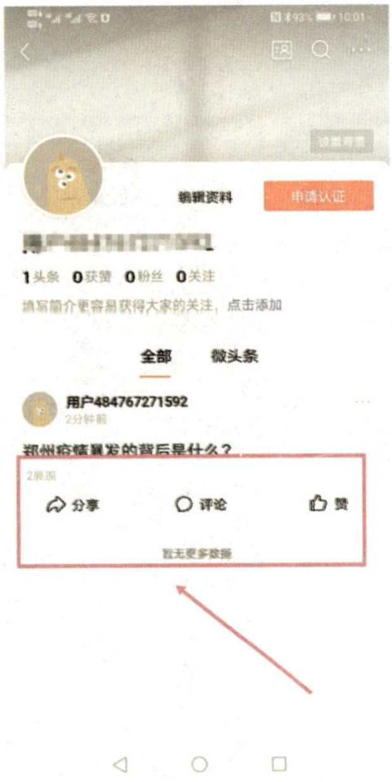

图7－19　头条发布成功后的互动情况

7.1.3 腾讯新闻：随时掌握热点

腾讯新闻是一款快速、客观、公正地提供新闻资讯的中文免费APP，可以为用户提供高效、优质的阅读体验。例如，其瞬间推送、媒体订阅、云收藏等功能都得到了用户普遍认可。

除此之外，腾讯新闻APP不仅可以将每日新闻及时报道，让用户随时随地掌握天下事，还可以让用户体验到其他应用软件所不具备的一项功能——将腾讯新闻分享到微信中。

第一步，在手机桌面上点击“腾讯新闻”，即可进入“新闻”界面，点击界面上方的不同选项，可以查看不同的新闻信息，包括要闻、视频、推荐等。而点击界面下方的“视频”“社区”，再点击对应界面上方的不同选项，也可以分别查看不同的信息。如图7－20、图7－21所示。

图7－20　“腾讯新闻”选项

图7－21　相关功能选项

第二步，点击“腾讯新闻”界面右下角的“我的”。界面跳转后，选择登录方式（包括微信、QQ等），点击对应图标即可。如图7－22、图7－23所示。

图7－22　点击“我的”

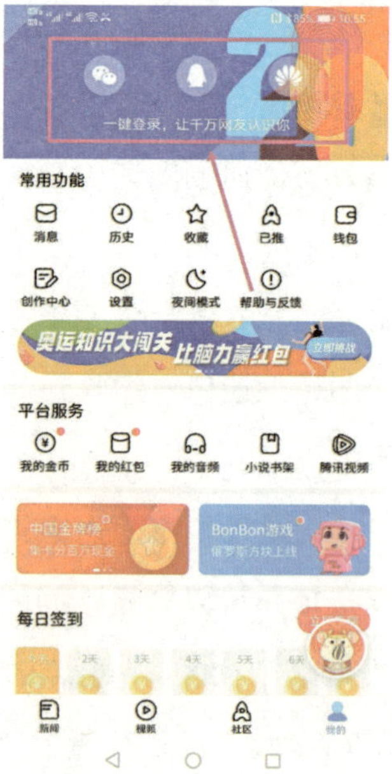

图7－23　选择登录方式

第三步，登录成功后，可以点击“社区”界面右上角的“发布”。在“发布”界面中输入想要发表的文字信息，同时可以点击界面中的“+”符号添加图片或者视频。编辑完成后，点击界面右上角的“发布”。如图7－24、图7－25所示。

图7－24　点击“发布”

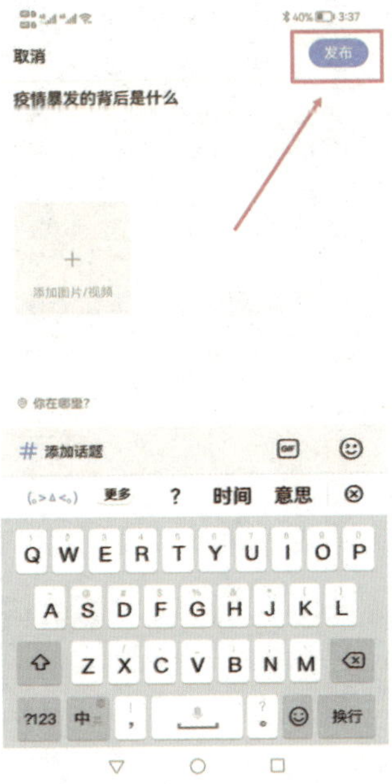

图7－25　点击“发布”

第四步，点击“腾讯新闻”界面右下角的“我的”，再点击“我的”界面上方的“发表”，即可看到自己成功发表的信息。然后，点击界面右上角的“…”，在弹出的菜单选项中点击“微信好友”等选项，即可将成功发表的信息分享给对应的朋友。如图7－26、图7－27所示。

第五步，随意点击“新闻”界面中的任何一条新闻信息，进入详细的新闻内容界面后，点击界面右上角的“…”符号，在弹出的菜单选项中点击“微信好友”。如图7－28、图7－29所示。

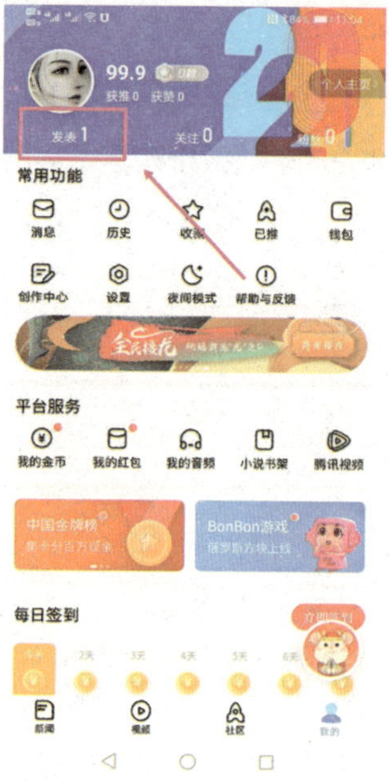

图 7－26　点击“发表”

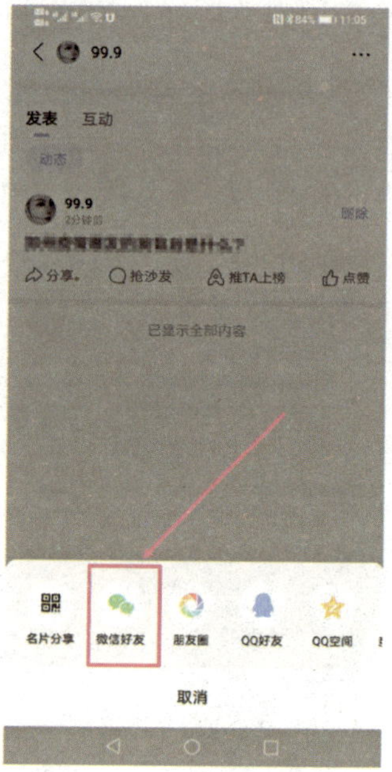

图 7－27　点击“微信好友”

图 7－28　选择某条新闻信息

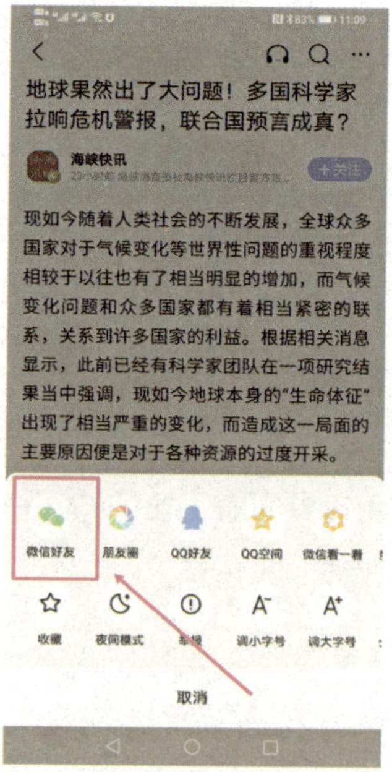

图 7－29　点击“微信好友”

第六步，进入微信“选择”界面后，可以点击某个微信好友，或者微信群，也可以点击界面右上角的“多选”，将该条新闻分享给更多的微信好友。确定分享对象后，点击提示界面中的“分享”即可。如图7－30所示。

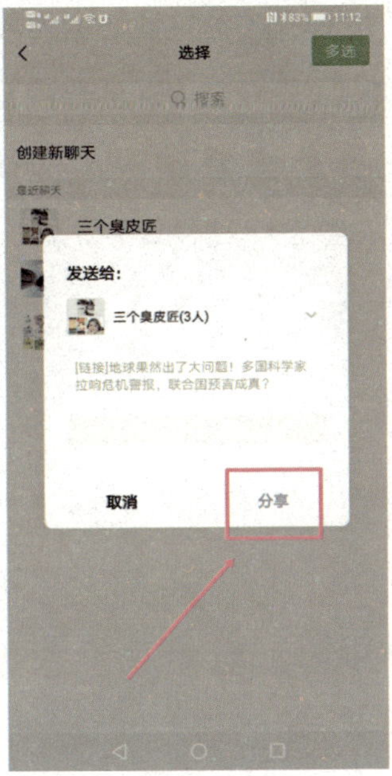

图7－30 点击“分享”

7.2 工作这里找

通过网络投递简历并寻找适合自己的工作岗位，已经成为很多人赢在起跑线上的“跳板”。例如，58同城APP、BOSS直聘APP等，都集合了很多公司的招聘信息，为寻找工作的人提供了极大的便利。

7.2.1 58同城：掌握本地第一手招聘信息

58同城是一款定位于本地社区及免费分类信息服务APP，拥有宠物、车辆买卖与服务、房屋信息、交友征婚、黄页、票务、招聘等多个信息版块，有效帮助人们解决了生活与工作中的众多难题。

尤其是58同城的招聘版块，汇集几百万名企，为求职者提供了几千万个优质职位，不仅放大了企业快速招聘优秀人才的机会，也为求职者带来了丰富的就业机遇，达到了一举两得的效果——实现了企业与人才的双赢。

第一步，点击手机桌面上的“58同城”。进入“58同城”界面后，点击界面右下角的“立即登录”。如图7-31、图7-32所示。

图7-31 “58同城”选项

图7-32 点击“立即登录”

第二步，选择登录方式，可以点击界面下方的微信、QQ等图标，使用微信号或者QQ号登录，也可以点击“本机号码一键登录”等。如图7-33所示。

第三步，进入验证码登录界面后，输入手机号码，点击“获取验证码”。界面跳转后，输入收到的短信数字。如图7-34所示。

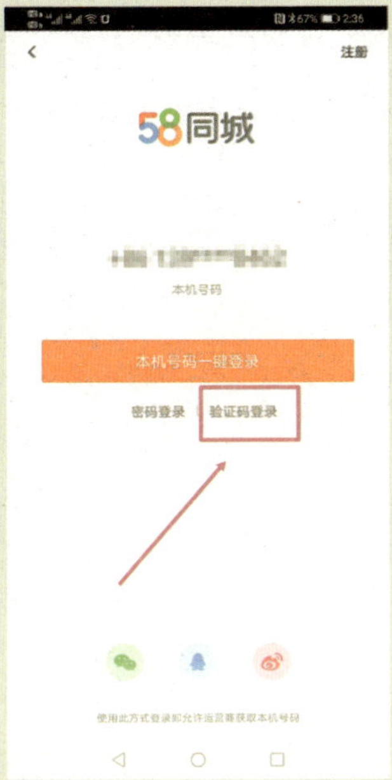

图7－33　点击“验证码登录”

图7－34　点击“获取验证码”

第四步，成功登录后，点击界面中的“找工作”，在弹出的提示界面中选择自己的身份，点击“我要找工作”。如图7－35、图7－36所示。

图7－35　点击“找工作”

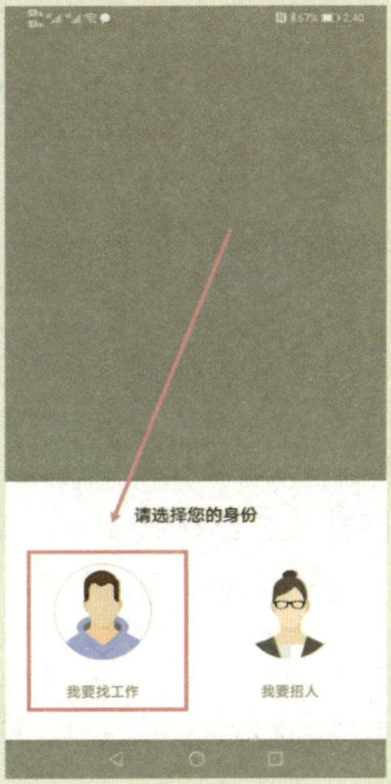

图7－36　点击“我要找工作”

第五步，进入“填写基本信息”界面后，按照提示输入自己的姓名、选择性别、出生日期等，点击“下一步”。如图7－37所示。

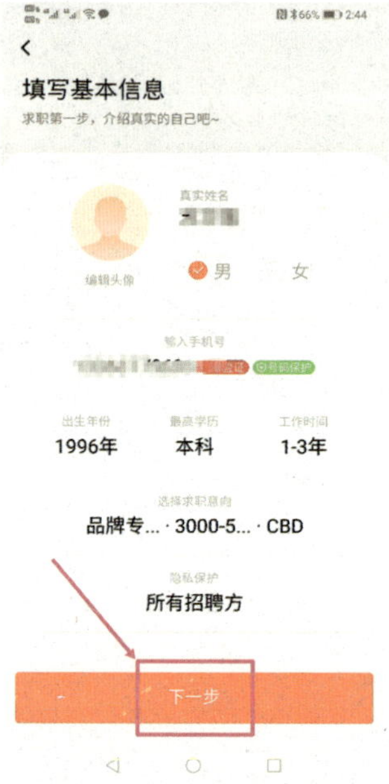

图7－37　点击“下一步”

第六步，根据提示界面的跳转进行选择，完成后点击“下一步”，也可以点击界面右上角的跳过（一般来说，对提示信息填写得越完善，越容易放大就业机会）。如图7－38、图7－39所示。

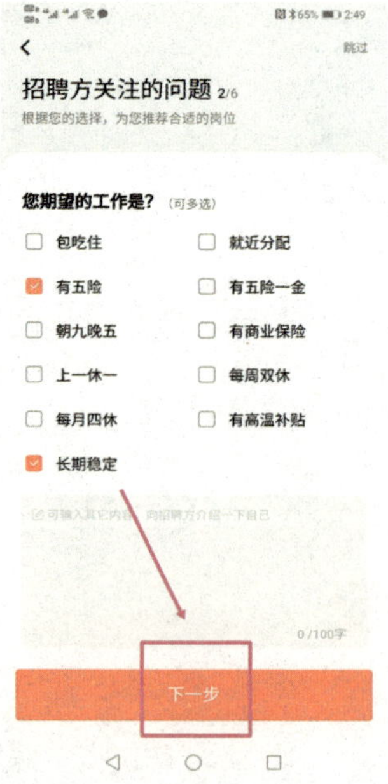

图7－38　点击“下一步”

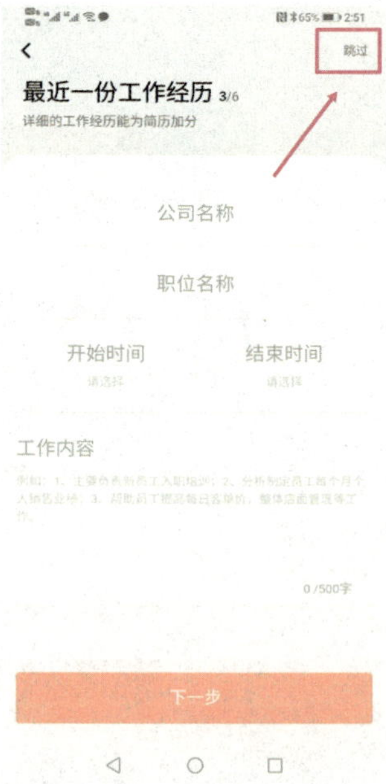

图7－39　点击“跳过”

第七步，进行实名认证，将同步简历信息，同时会提升简历排名，也将获得更多求职机会，点击“人脸实名认证”或者“银行卡认证”后面对应的“去认证”即可。当然，也可以选择点击界面右上角的“跳过”。如图7－40所示。

第八步，填写自己的教育经历（这是很好的加分项），完成后点击“下一步”，同时也可以点击界面右上角的“跳过”。如图7－41所示。

第九步，选择自己的优势，点击“完成”。如图7－42所示。

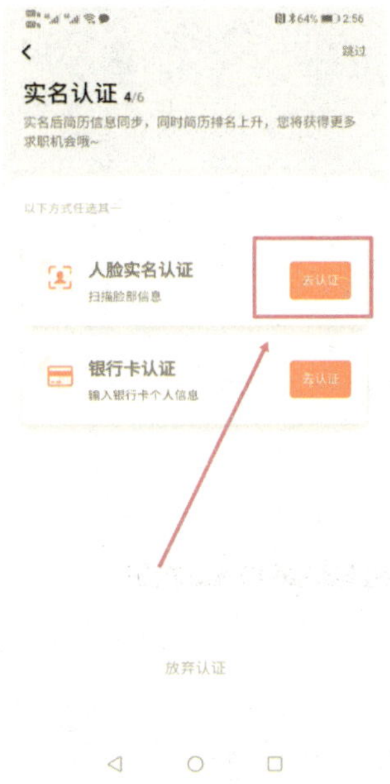

图7－40　点击“去认证”

图7－41　点击“下一步”

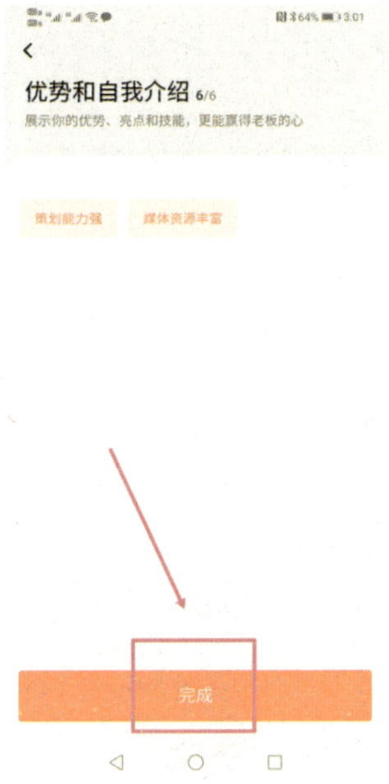

图7－42　点击“完成”

第十步，简历创建完成后，界面会自动跳转至“职位”界面，而且会根据每个人创建简历时填写的信息匹配相关职位。点击界面上方的不同选项，可以查看对应的不同职位。如图7－43所示。

第十一步，确定选择某个职位后，可以点击进入职位介绍界面，查看更详细的职位描述，如果感觉适合自己，点击右下角的“申请职位”即可向对方公司成功投递简历，接下来等待对方的回复即可。或者，也可以点击界面中人事经理后面的消息图标，可以向其直接发简历、打电话或者发送文字信息进行交流。如图7－44、图7－45所示。

图7－43　功能选项

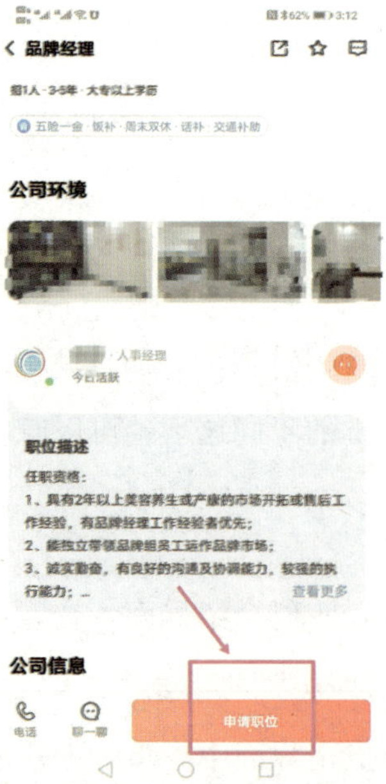

图7－44　点击“申请职位”

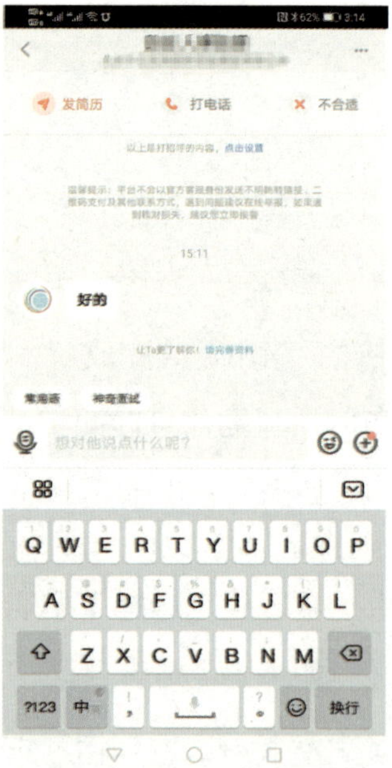

图7－45　直接沟通界面

7.2.2 BOSS直聘：用聊天的方式找工作

BOSS直聘是一款覆盖互联网、金融、文化传媒、汽车等多行业的招聘APP，为不同的人才提供了丰富的就业职位。

尤其值得一提的是，BOSS直聘APP并没有中间环节，甚至不需要投递简历，求职者便可以与招聘公司的负责人进行直接沟通，同步提高了招聘与求职的效率和质量。

第一步，点击手机桌面上的“BOSS直聘”。进入“BOSS直聘”界面后，点击“我要应聘”。如图7-46、图7-47所示。

第二步，进入“手机号登录/注册”界面，输入手机号码，点击“下一步”。或者可以点击界面下方的微信图标，使用微信号登录。如图7-48所示。

图7-46　“BOSS直聘”选项

图7-47　点击“我要应聘”

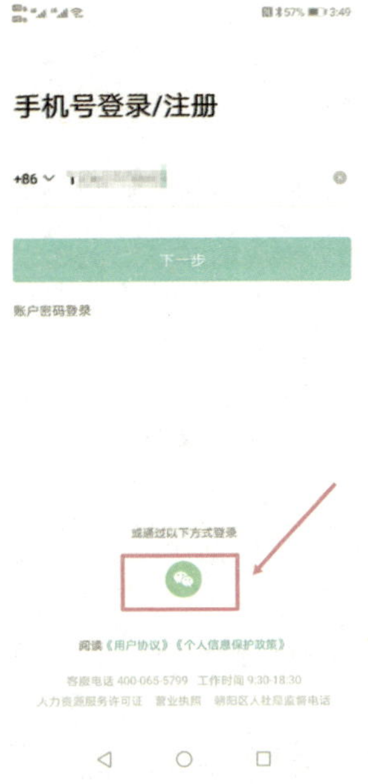

图7-48　选择登录方式

第三步，在“填写基本信息”界面按照提示输入相关信息，点击“下一步”。如图7-49所示。

第四步，根据界面提示继续填写工作经历，点击“下一步”。如图7-50所示。

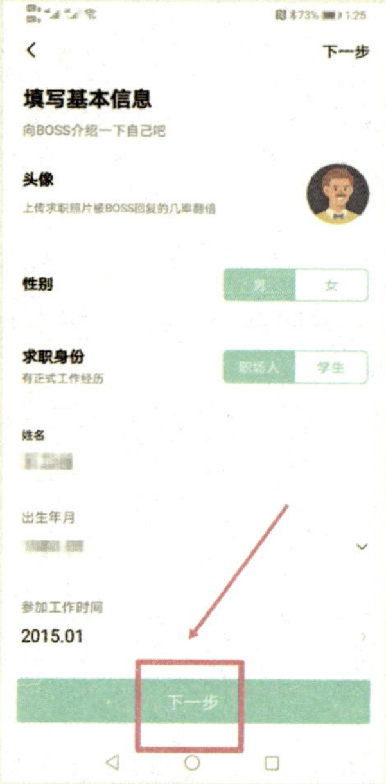

图7－49　点击“下一步”

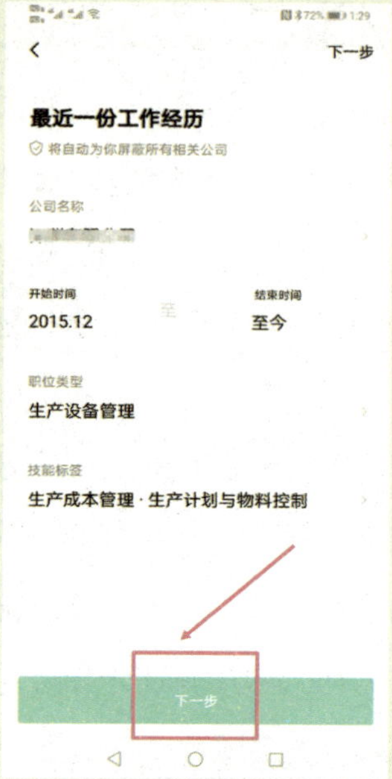

图7－50　点击“下一步”

第五步，填写教育经历，包括学历、学校、时间段，完成后点击“下一步”。如图7－51所示。

图7－51　点击“下一步”

第六步，从性格、技能、亮点经历等方面简单介绍一下自己，点击“下一步”。如图7－52所示。

第七步，在“求职意向”界面中根据提示填写求职的城市、状态、行业、职位等信息，点击“完成”。如图7－53所示。

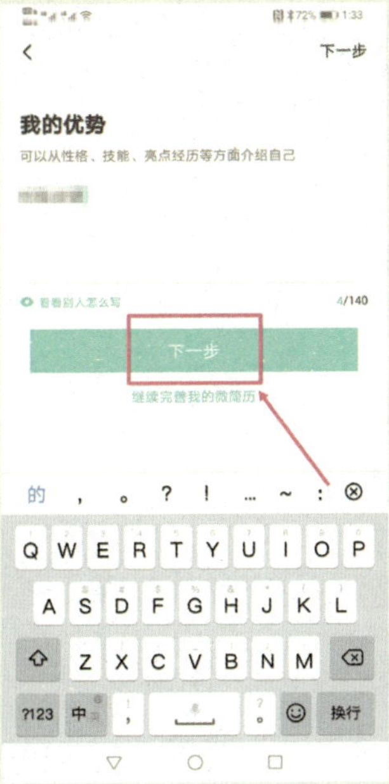

图7－52　点击“下一步”

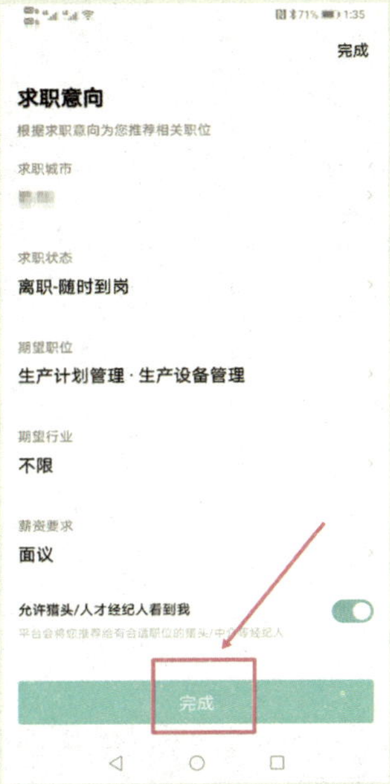

图7－53　点击“完成”

第八步，系统将根据每个用户的求职意向匹配相关职位，上下滑动界面可查看并选择。确定后，点击该职位即可。如图7－54所示。

第九步，进入职位信息界面后，可以查看具体的职位要求等，同时点击界面下方的“立即沟通”即可与相关负责人进行交流，进一步了解该职位的具体要求等，从而可以评判该职位是否适合自己。如图7－55、图7－56所示。

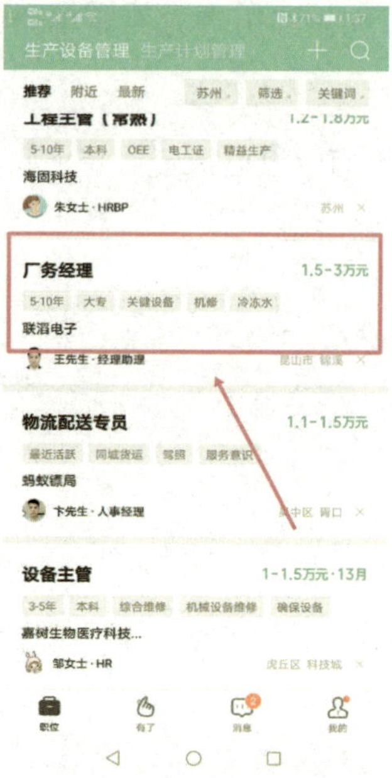

图7－54　选择职位

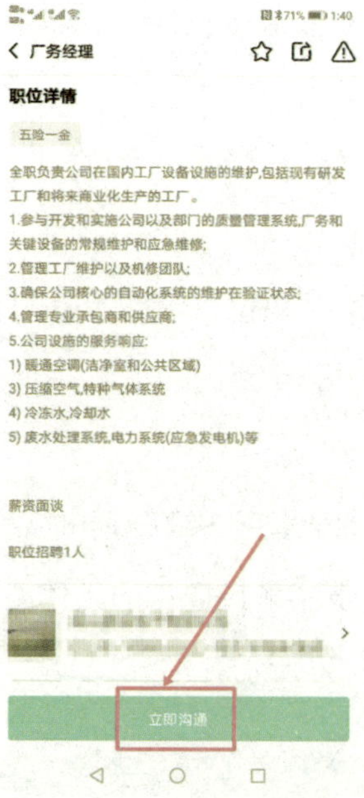

图7－55　点击“立即沟通”

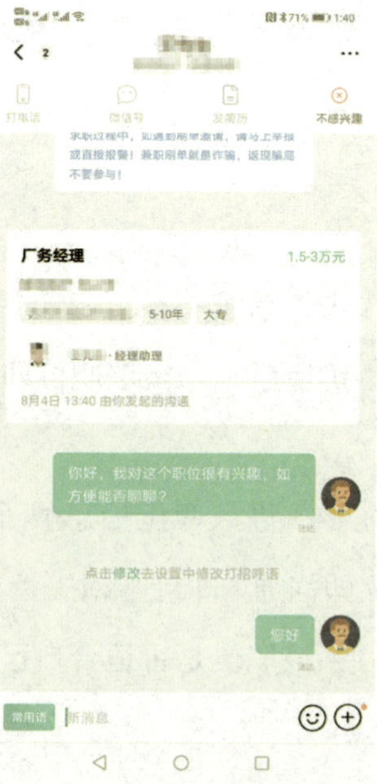

图7－56　沟通界面

7.3 追剧不停歇

如果说智能手机的出现让电视机变成了一个摆设，相信没有人会反对。因为在电视机上能看到的节目，在手机上几乎都能看到；而在电视机上看不到的节目，尤其是电视机实现不了的追剧愿望，在智能手机上都实现了。

例如，优酷视频、爱奇艺、腾讯视频等APP，让人们可以想什么时候追剧便什么时候追剧，想在哪里追剧就在哪里追剧，地铁、公交车都可以成为追剧地点。

7.3.1 优酷视频：精彩新剧轮番上映

优酷视频作为一个数字娱乐平台，经过“易主”风波后已经成为阿里巴巴集团数字媒体及娱乐业务的核心业务之一。

可以说，优酷视频拥有国内最大的内容库，内容体系涵盖了从剧集、综艺、电影、动漫，到时尚生活、音乐、体育、游戏等多个方面，甚至覆盖了80%的院线新片，让人们可以尽享精品内容。

第一步，点击手机桌面上的“优酷视频”。如图7－57所示。

第二步，进入优酷视频“首页”界面后，点击界面上方的分类选项，包括热门、精选、电视剧、电影、综艺等，查看其对应界面中的视频，点击想要观看的视频节目即可。如图7－58所示。

图7－57　“优酷视频”选项

图7－58　选择视频节目

7.3.2 爱奇艺：想看的应有尽有

爱奇艺更多的是针对全球广大的年轻用户群体，以涵盖电影、电视剧、综艺、动漫在内的十余种类型的丰富的正版视频内容库，为用户提供丰富、高清、流畅的专业视频体验，让人们可以平等、便捷地获得更多、更好的视频。

第一步，点击手机桌面上的“爱奇艺”。如图7－59所示。

第二步，进入爱奇艺“首页”界面后，可以点击界面上方的分类选项，包括直播、推荐、热点、电视剧、电影等，在其对应的界面中选择想要观看的视频节目并点击即可。如图7－60所示。

图7－59 “爱奇艺”选项

图7－60 选择视频节目

需要注意的是，无论是优酷视频、腾讯视频，还是爱奇艺，能看到的免费视频节目已经越来越少，大部分都是需要购买会员之后才可以观看。

7.4 娱乐不能少

智能手机已经成为人们日常生活中不可缺少的一部分，尤其是使用智能手机随时随地娱乐成了一种普遍现象。

例如，快手、抖音等很多短视频APP，几乎收割了很多人的碎片化时间，但也让很多人找到了快乐。

7.4.1 快手：发现有趣的世界

快手起初只是一款用来制作、分享GIF图片的手机应用软件，并没有开发短视频社区。直到2012年11月，快手才开始向短视频转型，并随着移动流量成本的不断下降，迅速开发了用户通过短视频可以记录和分享生产、生活的平台，并从此受到用户的追捧。

第一步，点击手机桌面上的“快手”，进入“首页”界面后再点击界面上方的分类选项，包括关注、发现、精选等，可以查看对应界面中的各种短视频。如图7-61、图7-62所示。

图7-61　“快手”选项

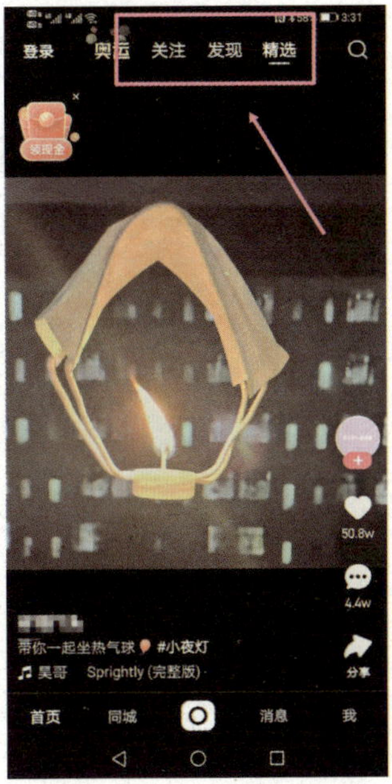

图7-62　不同菜单选项

第二步，点击视频界面右方的心形图标或者消息图标，可以为其他用户分享的视频点赞或者发表自己的评论。如果想要关注该用户，则可以点击视频右方的"+"符号。如果想要分享给朋友，可以点击视频右方的分享图标。如图7－63所示。

第三步，如果自己想要发布短视频，可以点击界面下方的拍照选项。如图7－64所示。

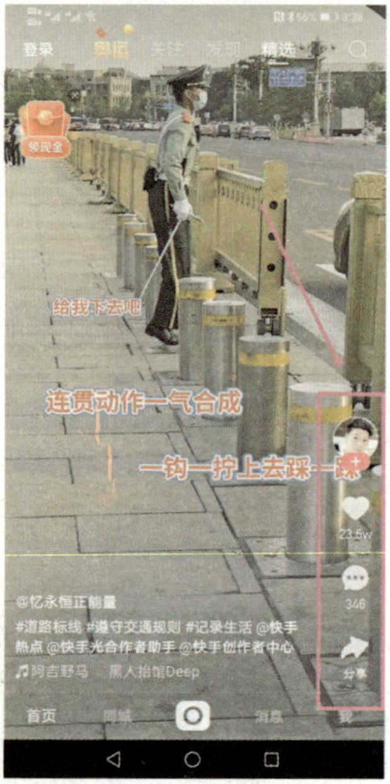

图7－63　点赞、评论等选项

图7－64　拍摄选项

第四步，进入"登录"界面后，选择登录方式，确定后，点击"我已阅读并同意用户协议、隐私政策、儿童守护协议、儿童个人信息保护规则和中国移动认证服务条款并授权快手获得本机号码"前面的小圆圈。如图7－65所示。

第五步，成功登录后便会直接进入拍摄界面，可以点击界面下方的菜单选项，包括长视频、随手拍等，选择自己需要拍摄的选项并点击。同时，我们也可以点击拍摄界面中的不同选项，包括翻转、变速、魔法、美化、音乐等，根据自己的需求开启对应功能。设置完成后，点击界面下方的"拍摄"按钮。拍摄完成后再次点击该按钮。如图7－66所示。

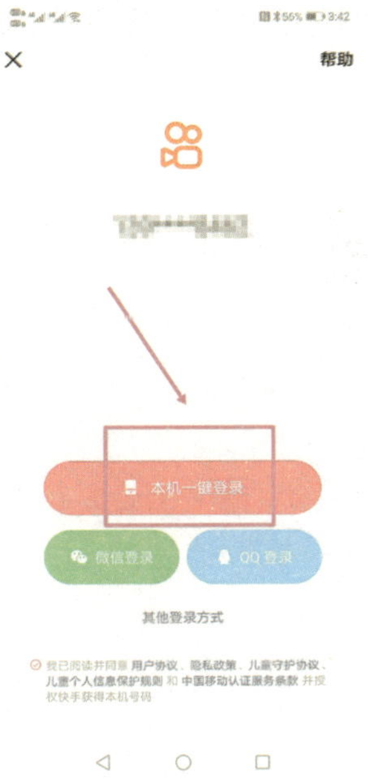

图7－65 选择登录方式

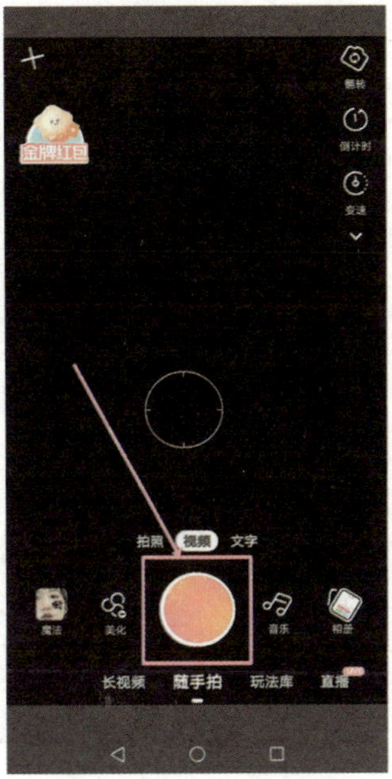

图7－66 拍摄按钮

第六步，进入拍摄作品界面后，可以点击界面下方的不同菜单选项，对拍摄作品进一步优化。完成后，可以直接点击“发布”，也可以点击“下一步”为拍摄作品添加主题和描述等信息，再点击“发布”。如图7－67、图7－68所示。

图7－67 点击“下一步”

图7－68 点击“发布”

第七步，返回快手“首页”界面后，点击界面右下角的“我”，即可看到发布的作品。如图7－69所示。

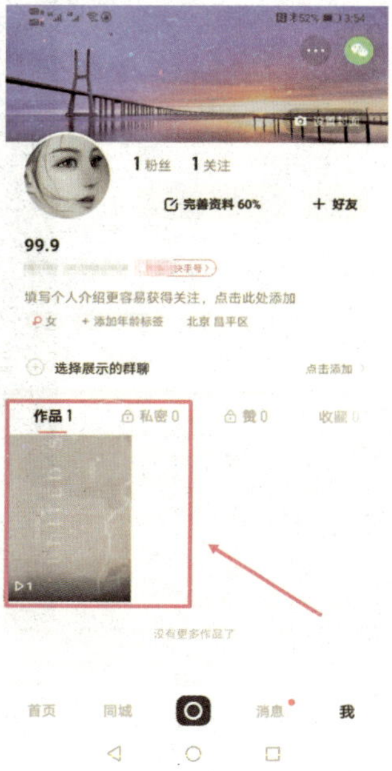

图7－69　查看发布的作品

7.4.2 抖音：全民记录自我

抖音APP相比快手APP的诞生虽然晚了近4年时间，但这并不妨碍它成为全年龄的短视频社区平台。

同时，抖音APP也是一款社交类的软件。因为通过抖音短视频APP，用户不仅可以分享自己的生活与工作，也可以通过相互关注、私信等方式结识更多朋友，了解各种奇闻趣事。

归根结底，抖音为用户提供了两种模式：一种是提供娱乐，一种是自娱自乐。

第一步，点击手机桌面上的“抖音”，进入“首页”界面后，点击界面上方的不同选项，可以查看对应界面的短视频。如图7－70、图7－71所示。

图7－70　“抖音”选项

图7－71　不同菜单选项

第二步，与快手一样，点击某个视频界面右方的心形图标、消息图标、分享图标以及“+”符号，可以对该视频点赞、评论、分享以及关注。如图7－72所示。

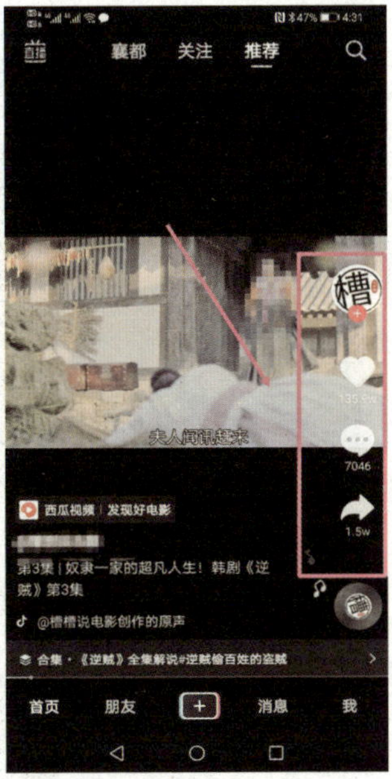

图7－72　点赞、评论等选项

第三步，如果想要发布短视频，点击界面下方的“+”符号。如图7-73所示。

第四步，进入登录界面后，选择登录方式，确定后点击“已阅读并同意用户协议和隐私政策以及《中国移动认证服务条款》”前面的小圆圈。如图7-74所示。

图7-73　点击“+”符号

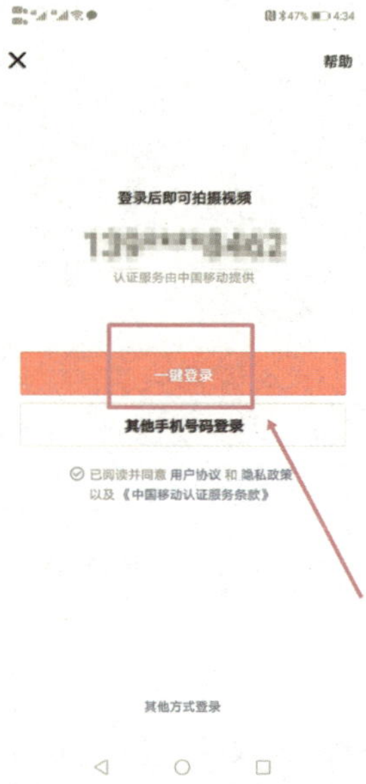

图7-74　选择登录方式

第五步，成功登录后便会直接进入拍摄界面，点击界面中的各菜单选项可以进行拍摄设置。完成后点击界面中的拍摄按钮，再次点击即可停止完成拍摄。如图7-75所示。

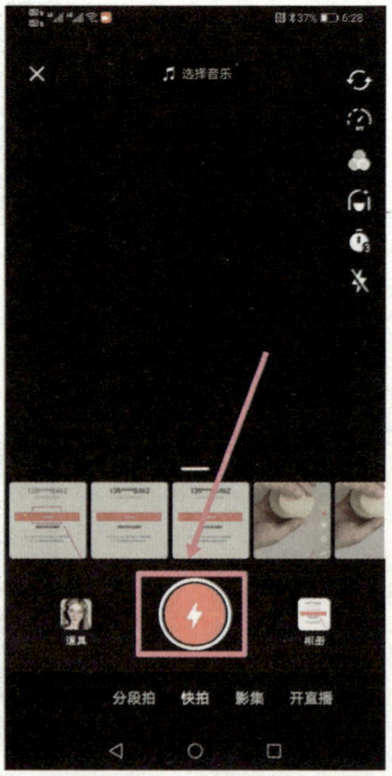

图7-75　点击“拍摄”按钮

第六步，在拍摄的视频界面点击“发日常”便可以发布视频，或者点击“下一步”，为拍摄的视频添加主题、选择谁可见等，然后点击“发布”即可。如图7-76、图7-77所示。

图7-76　点击“下一步”

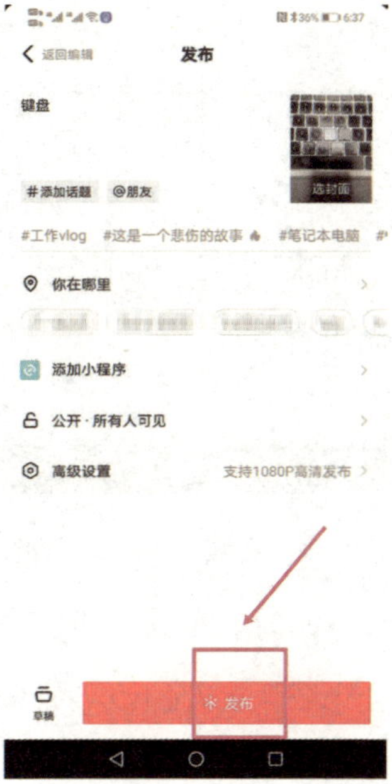

图7-77　点击“发布”

第七步，返回抖音“首页”界面后，点击界面右下角的“我”，便可以看到发布的短视频。如图7-78所示。

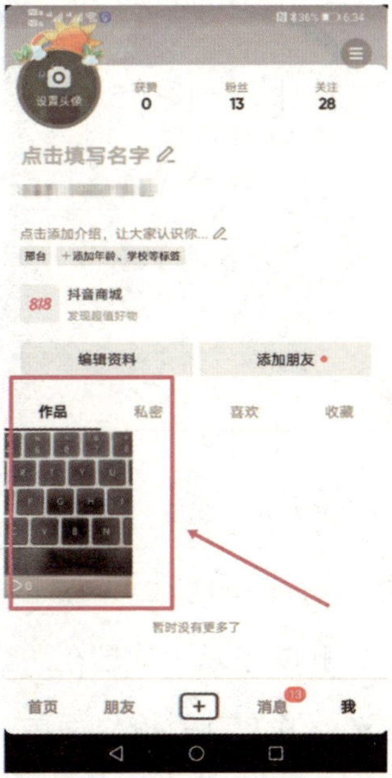

图7-78　成功发布的短视频

7.5 音乐、小说都要有

以智能手机作为载体，不仅可以让人们看新闻、找工作、追剧等，还可以为人们带来更多的应用场景，比如听歌、看小说、玩游戏，总之让人们的生活变得越来越丰富多彩。

7.5.1 QQ音乐：让生活充满音乐

QQ音乐是腾讯公司推出的一款免费音乐服务APP，属于音乐流媒体平台。

始创于2005年的QQ音乐通过多种形式，比如在线试听、在线首发、歌词翻译、音乐下载等方式不仅积累了高达8亿注册用户，而且为用户提供了多元化的音乐生活体验。

第一步，点击手机桌面上的“QQ音乐”。如图7-79所示。

图7-79 “QQ音乐”选项

第二步，进入QQ音乐“首页”界面后，点击界面上方的推荐、音乐馆，并上下滑动对应界面均可查看不同的音乐、歌曲等，尤其是在“音乐馆”界面又可以分为歌手、排行、分类歌单等，点击对应选项并在其对应界面中点击想要听的音乐或歌曲即可播放。如图7-80、图7-81、图7-82、图7-83所示。

图7－80　点击“歌手”

图7－81　点击想要听的歌手

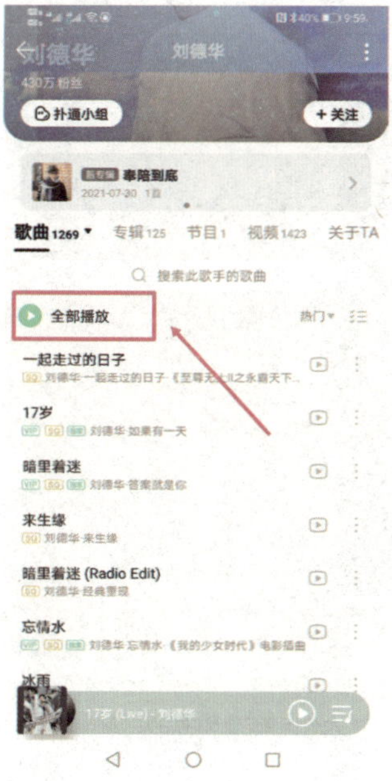

图7－82　点击“全部播放”

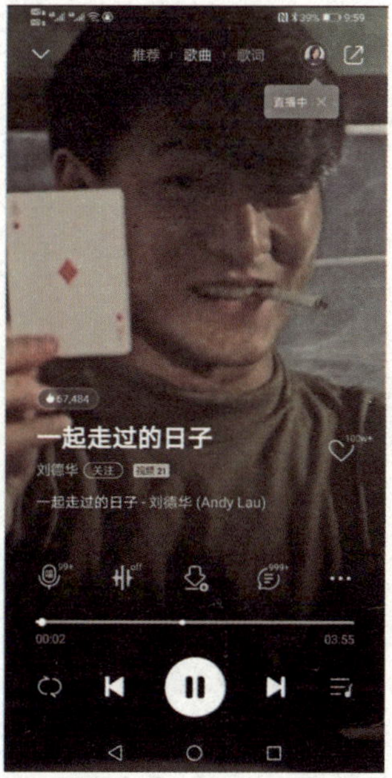

图7－83　播放界面

当然，QQ音乐也并不仅限于听歌，还开发了直播、交友等功能，让用户在音乐氛围中放松心情的同时，实现了社交的愿望。

7.5.2 番茄免费小说：看小说，不要钱

由于番茄免费小说是今日头条旗下的免费网文阅读APP，所以很多智能技术都来源于今日头条，比如智能推荐技术，可以根据用户的兴趣、爱好等特征，为用户精准推荐相关内容。

除此之外，番茄免费小说也通过在线阅读、离线下载、兴趣推荐、视频推书、有声书、阅读换金币等多项功能，并采用“广告+免费”的模式，让商家提供资金支持，从而为用户打造了真正的不花钱的极致阅读体验。

第一步，点击手机桌面上的“番茄免费小说”。如图7-84所示。

图7-84 “番茄免费小说”选项

第二步，完善自己的信息，根据提示界面选择或者填写对应选项。完成后点击界面下方的“选好了”，或者也可以点击界面右上角的“跳过”。如图7-85所示。

第三步，进入番茄免费小说的“书城”界面后，可以点击界面上方的不同菜单选项

查看对应界面中的不同类型的小说，并选择点击自己想要看的小说。如图7-86所示。

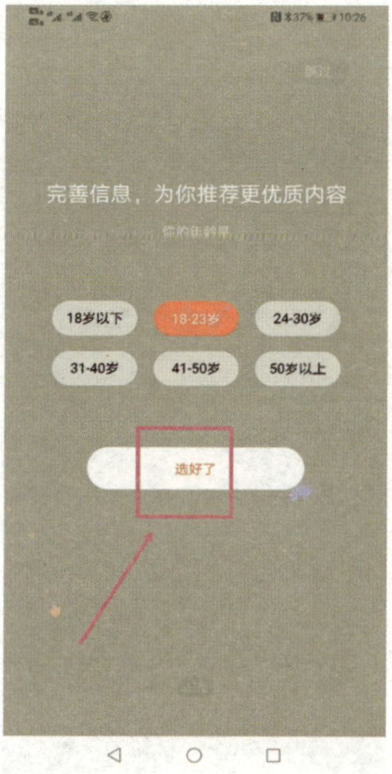

图7-85 点击“选好了”

图7-86 选择小说

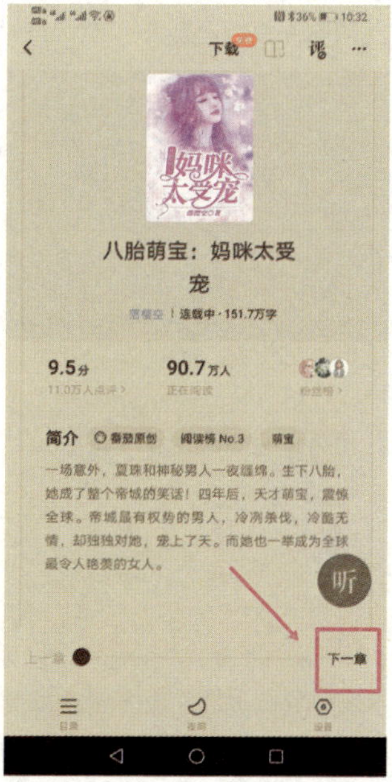

图7-87 点击“下一章”

第四步，进入小说内容简介界面后，点击“下一章”，即可进入小说内容的正文并翻页。如图7-87所示。

第五步，点击小说内容界面中的“听”，就会变成有声书。如图7-88、图7-89所示。

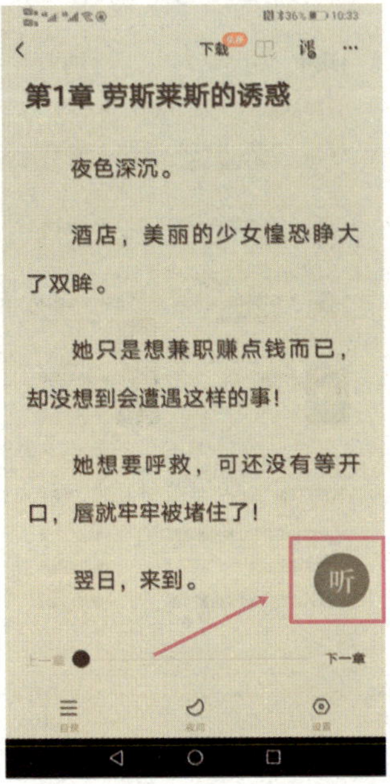

图7-88　点击“听”

图7-89　有声阅读界面

第8章 出行有保障，出国也不慌

8.1 有手机做向导，路痴也不怕

有多少人经常会遇到这样的情况：来时走过的路记不住，回去的时候找不到路，而且没有方向感，不得不原地打转。

这些经常迷路的人，就是所谓的“路痴”。虽然“路痴”不是一种“病”，不需要药物治疗，但长此以往会严重浪费时间，影响出行质量。

于是，有人研发了高德地图、车来了等应用软件，为“路痴”带来了一剂良药。

8.1.1 高德地图：轻松辨认东西南北

高德地图是一款可提供全国地图查询，地点搜索，驾车、公交、步行等多种导航方式，一键全网打车，景区语音导览，景区门票酒店预订等服务APP，为人们的出行与生活提供了很大的帮助。

第一步，点击手机桌面上的“高德地图”。进入“定义专属地图首页”界面后，选择搜索框的位置，并点击“进入地图”。如图8－1、图8－2所示。

图8－1 “高德地图”选项

图8-2　点击"进入地图"

第二步，进入高德地图"首页"界面后，在搜索框中输入出行最终到达的目的地名称(以"北京八达岭长城登城入口"为例)，点击"搜索"。如图8-3所示。

图8-3　点击"搜索"

第三步，在搜索结果界面上方的出行方式中选择一种方式并点击（以驾车为例），然后点击界面下方的“路线”，在弹出的多个备选路线中确定一个路线，并点击“开始导航”。如图8－4、图8－5所示。

第四步，进入“导航”界面后，按照导航路线行驶即可。如图8－6所示。

图8－4　点击“路线”

图8－5　点击“开始导航”

图8－6　导航界面

8.1.2 车来了：实时公交情况，一手掌握

车来了是一款查询公交车实时位置的服务APP，不仅可以为人们提供公交到站时间、到站距离、停靠站点等信息，而且拥有到站语音提醒服务，既让人们告别了等车焦虑，又有效解决了人们担心错过车、坐过站的问题，甚至在异地的陌生场景下，也会为人们提供多种换乘方案对比，使人们的出行真正做到简单、从容。

第一步，点击手机桌面上的“车来了”。进入“车来了”界面后，系统会自动根据我们所在的地理位置（候车站）显示相关的公交车信息。如图8－7、图8－8所示。

图8－7 “车来了”选项

图8－8 公交车信息

第二步，选择需要乘坐的公交车并点击。进入该公交车线路界面后，向上滑动界面，找到“选择下车站”并点击。如图8－9所示。

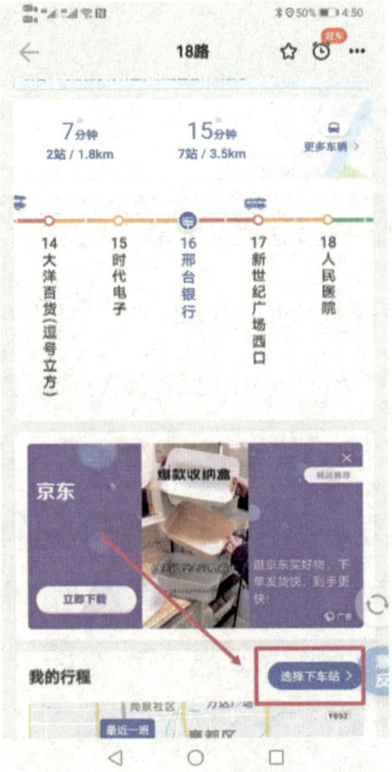

图8－9 点击“选择下车站”

第三步，在弹出的菜单选项中，选择下车的站点，并点击。到达下车站点后，系统会自动发出语音消息提醒。如图8－10所示。

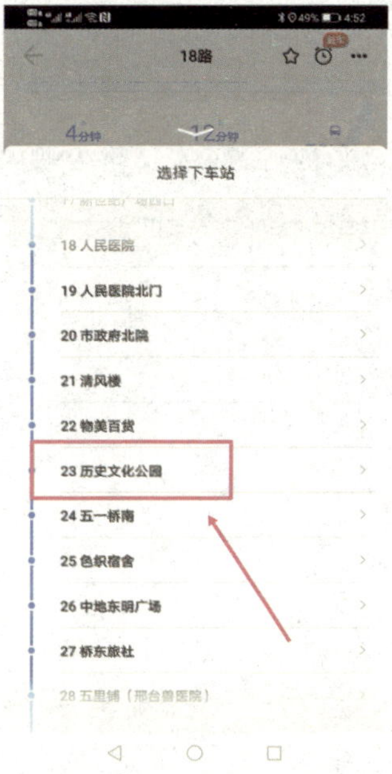

图8－10　选择下车站

8.2 出门旅游一条龙服务

相信很多人喜欢旅游的一大原因，莫过于只需要一部智能手机以及几款APP就可以解决很多旅游前期、中途会遇到的烦恼。

可以毫不夸张地说，只需要几款APP就可以为人们提供一条龙式的出门旅游服务。

8.2.1 携程旅行：旅游订票一条龙

携程旅行是一款一站式旅行服务APP，为人们提供了涵盖度假村、住宅、酒店、汽车旅馆等各种形式的全球性住宿服务产品。

其实，随着旅行的人越来越多，携程旅行APP开发的功能也越来越多，而且有个性化、便捷等特性，让旅行者可以随时随地查询并订购机票、火车票、汽车票、景点门票等。

第一步，点击手机桌面上的“携程旅行”。进入携程旅行的“首页”界面后，可以看到界面上方有很多功能选项，点击自己需要查询、订购的选项即可（以查询、订购北京飞往上海的单程机票为例）。如图8－11、图8－12所示。

图8－11 “携程旅行”选项

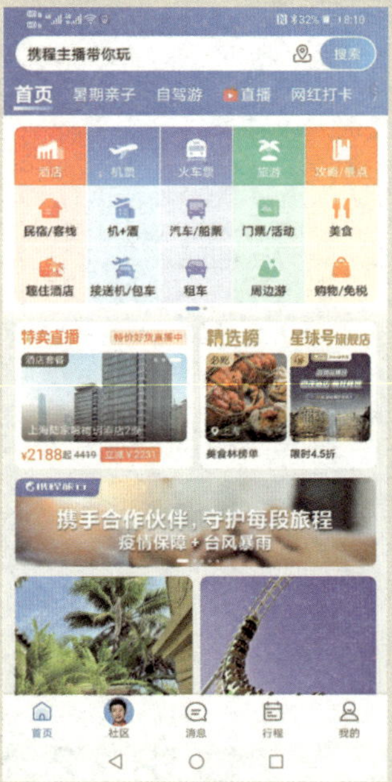

图8－12 各种功能选项

第二步，点击“首页”界面上方的“机票”。进入查询、订购机票界面后，点击“单程”，再点击“北京”“上海”“8月7日”，选择出发地、目的地、出行日期（选择出行日期的时候，会显示不同时间的机票价格，也可以作为选择出行日期的参考）。确定后，点击“查询”。如图8－13、图8－14所示。

第三步，在查询结果中根据不同航班的出发地机场、目的地的机场，以及出发时间、到达时间，还有价格进行选择，确定后点击即可。如图8－15所示。

图8－13　点击“机票”

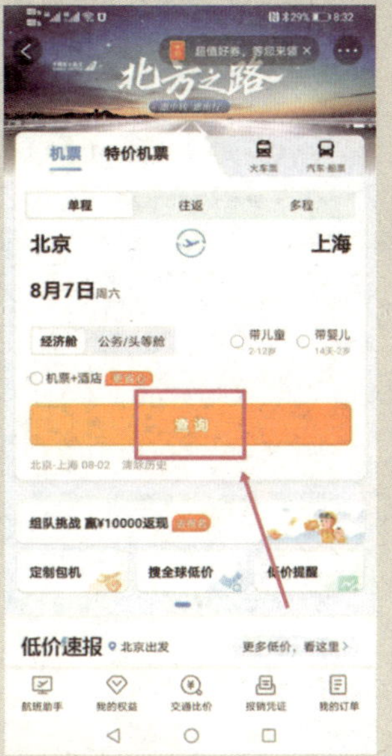

图8－14　点击“查询”

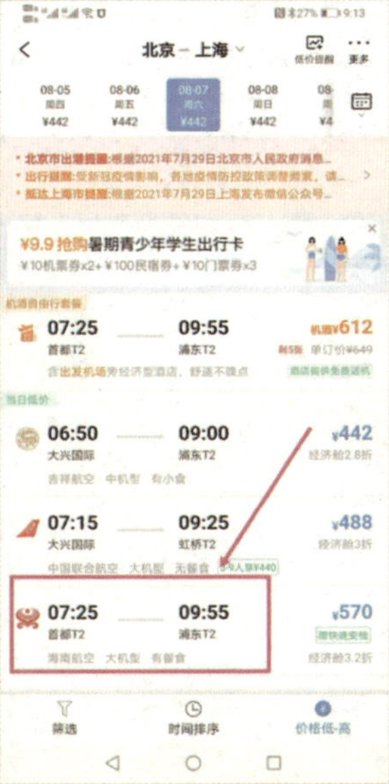

图8－15　选择航班

第四步，进入“订购”界面后，还可以选择经济舱或者公务/头等舱，确定后再根据不同的价格进行选择，然后点击票价后面对应的“订”。如图8－16所示。

第五步，选择登录方式，包括手机号、微信号、QQ号，确定后点击即可。如图

8－17所示。

图8－16　点击“订”

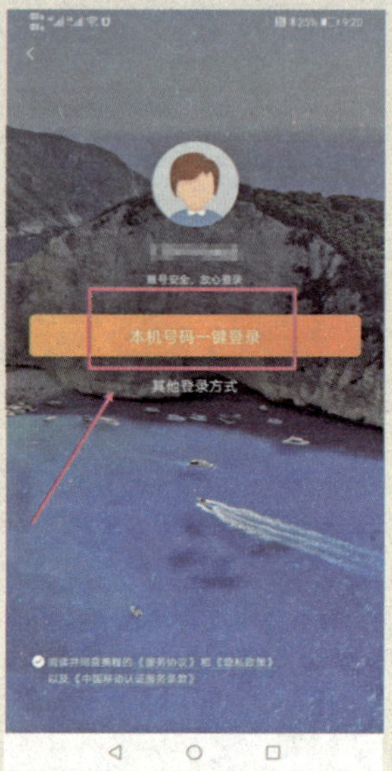

图8－17　选择登录方式

第六步，成功登录后，点击“填订单”界面中的“新增乘机人”，并根据提示填写身份信息，最后点击界面右上角的“完成”。界面跳转后，再点击“下一步”（其中，可以选择投保方式）。如图8－18、图8－19、图8－20所示。

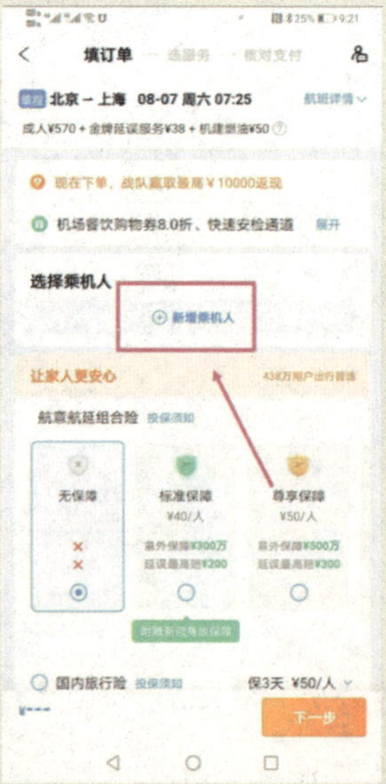

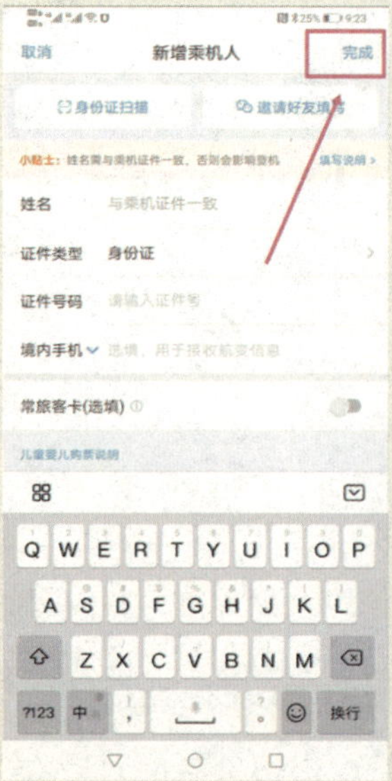

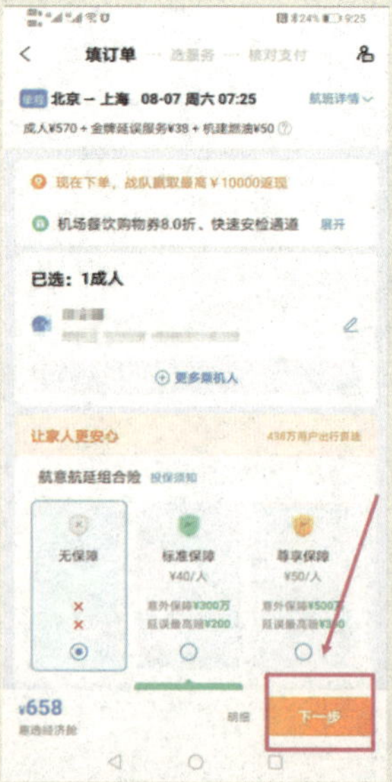

图8－18　点击“新增乘机人”　图8－19　点击“完成”　图8－20　点击“下一步”

第七步，进入“选服务”界面后，可以选择送机或者接机服务，确定后点击“去支付”。如图8－21所示。

第八步，进入“安全支付”界面后，选择支付方式，确定后点击界面下方的支付即可。如图8－22所示。

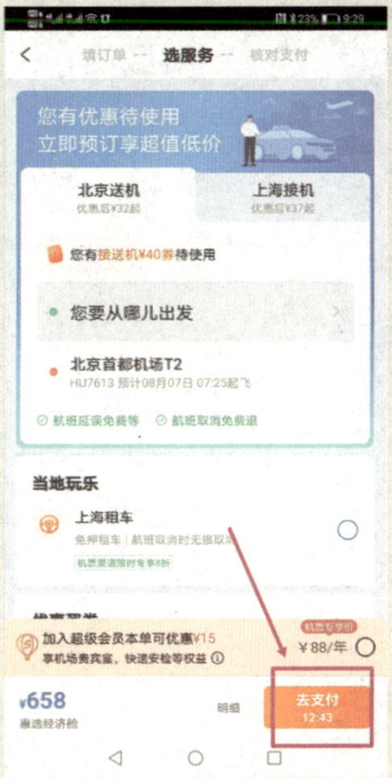

图8－21　点击“去支付”

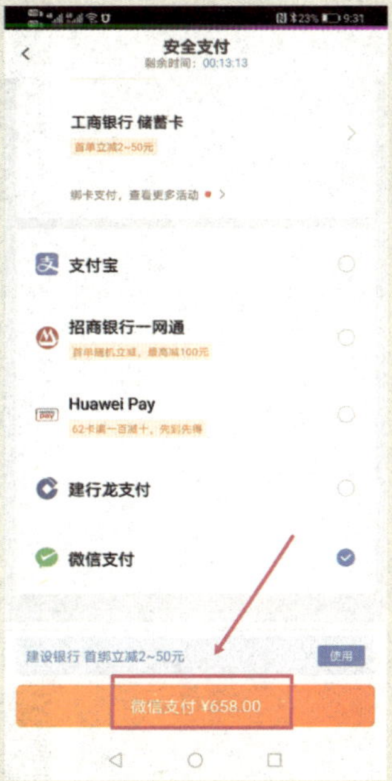

图8－22　点击“微信支付”

8.2.2 去哪儿旅行：旅游攻略轻松找

去哪儿旅行APP与携程旅行APP的功能基本相似，但去哪儿旅行APP除了可以查询、订购各种机票、火车票、酒店等之外，还有一个很实用的特色，即可以为人们推荐各种旅游攻略，将其他旅行者游玩娱乐的经历进行整理以供其他用户参考。

第一步，点击手机桌面上的“去哪儿旅行”。如图8－23所示。

第二步，进入“去哪儿旅行”界面后，点击界面下方的“攻略社区”。如图8－24所示。

图 8－23　“去哪儿旅行”选项

图 8－24　点击“攻略社区”

第三步，进入“攻略社区”界面后可以看到有很多分类选项，包括城市、季节等，也可以在界面上方的搜索框中输入想要查找攻略的关键词进行搜索。同时，向上滑动界面，可以看到很多视频攻略。如图8－25所示。

图8－25　各种视频攻略

第四步，以点击城市选项为例，点击城市选项中的“南京”。进入“南京”界面后，点击“攻略”。如图8－26、图8－27所示。

图8－26　点击“南京”

图8－27　点击“攻略”

第五步，进入“南京攻略”界面后，上下滑动界面，可以看到有很多攻略，包括交通攻略、景点攻略、美食攻略等，点击需要查看的攻略选项即可。如图8－28所示。

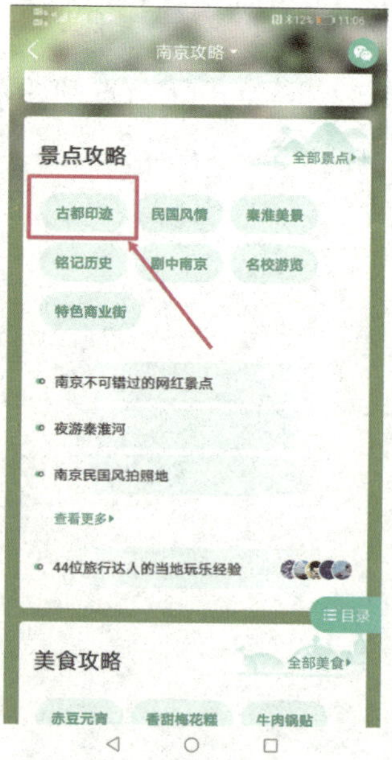

图8－28　点击“古都印迹”

第9章 缴费不用等，购物不用拎

9.1 手机就是营业厅

如果说有越来越多的人离不开网络，那么连接两者之间的桥梁便是“智能手机”。人们通过一部智能手机下载与安装各种APP，不仅丰富了人们的生活、提高了人们的工作效率，也为人们节省了大量时间。

例如，人们之前为手机充值、缴水电费等，都必须跑到营业厅排队，一等往往就是半天时间。而通过相关的APP，足不出户就可以轻松缴纳很多费用。

9.1.1 手机充值

在我们上文讲到的一些APP中，如微信、支付宝等，都可以为手机快速充值，而且操作非常简单。

以通过微信APP为手机充值为例。

第一步，点击手机桌面上的“微信”。进入“微信”界面后，点击界面右下角的“我”。如图9-1、图9-2所示。

图9-1 “微信”选项

图9-2 点击“我”

第二步，在“我”界面中点击“支付”。进入“支付”界面后，单击“手机充值”。如图9-3、图9-4所示。

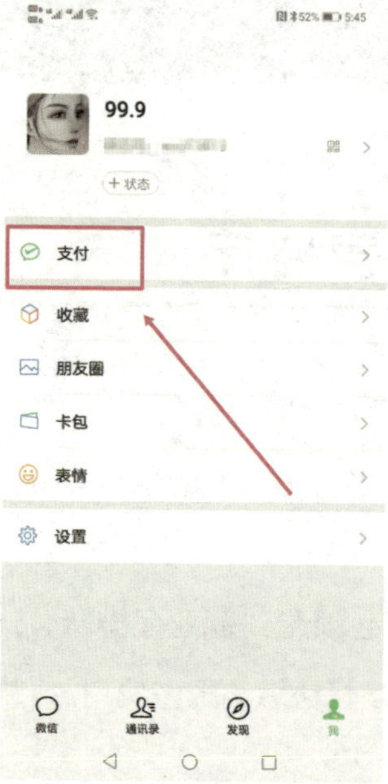

图9-3　点击“支付”

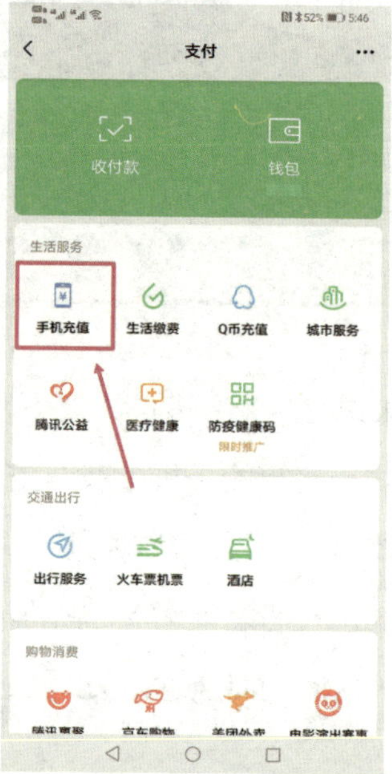

图9-4　点击“手机充值”

第三步，进入“手机充值”界面后，一般会默认弹出微信绑定的手机号，如果想要充值的手机号码不是默认号码，可以点击改号码后面对应的“人头”图标进入“选择联系人界面”，点击需要充值的联系人即可。如果想要充值的号码不在联系人界面，也可以删除默认号码，重新输入。如图9-5、图9-6所示。

第四步，确定需要充值的手机号码后，选择界面中需要充值的金额并点击。弹出支付界面后，选择支付方式，并输入支付密码即可。如图9-7所示。

图9-5　“人头”图标

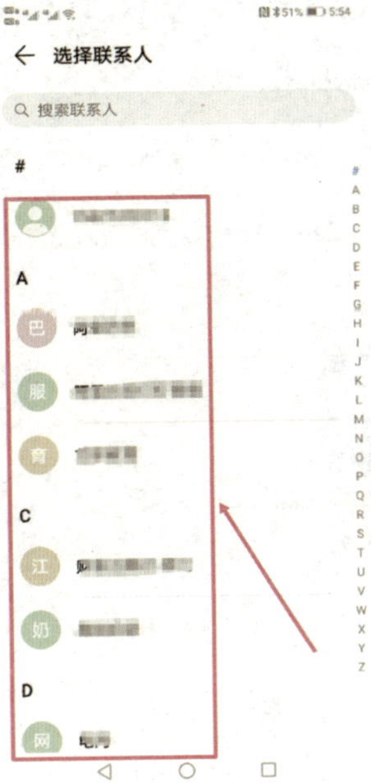

图9-6　“选择联系人”界面

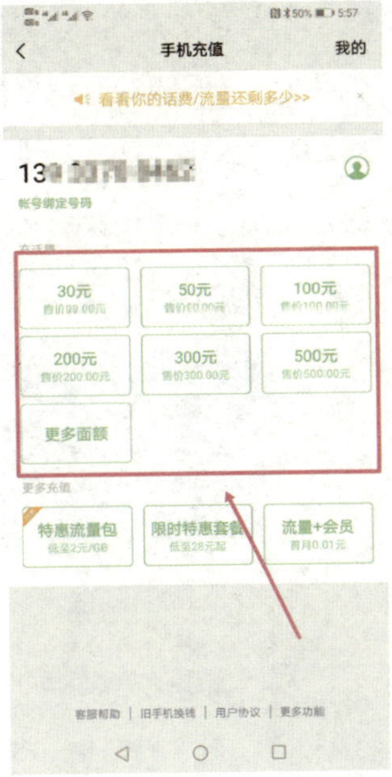

图9-7　选择充值金额

9.1.2 生活缴费

的确，智能手机让人们的生活得到了很多便利，只要在有网络的情况下，也可以轻松实现水电费、燃气费、暖气费等的缴纳。

以通过支付宝进行生活缴费为例。

第一步，点击手机桌面上的“支付宝”。进入支付宝“首页”界面后，点击界面中的“生活缴费”。如图9－8、图9－9所示。

图9－8　“支付宝”选项

图9－9　点击“生活缴费”

第二步，进入“生活缴费”界面后点击需要缴纳费用的选项（以缴纳电费为例）下面的“立即缴费”。如图9－10所示。

第三步，进入“缴费单位”界面后，输入用户编号（一般在用户的电卡上面有显示），点击界面下方“同意《支付宝生活缴费协议》”前面的小圆圈，然后再点击“下一步”。如图9－11所示。

图9－10　点击“立即缴费”

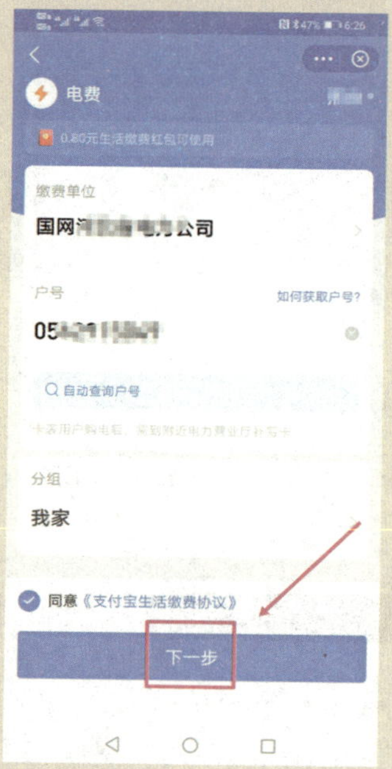

图9－11　点击“下一步”

第四步，在缴费界面核对相关信息，确认无误后，输入充值金额，并点击“立即缴费”。如图9－12所示。

第五步，在付款界面选择付款方式，确定后点击“立即付款”，输入支付密码即可。如图9－13所示。

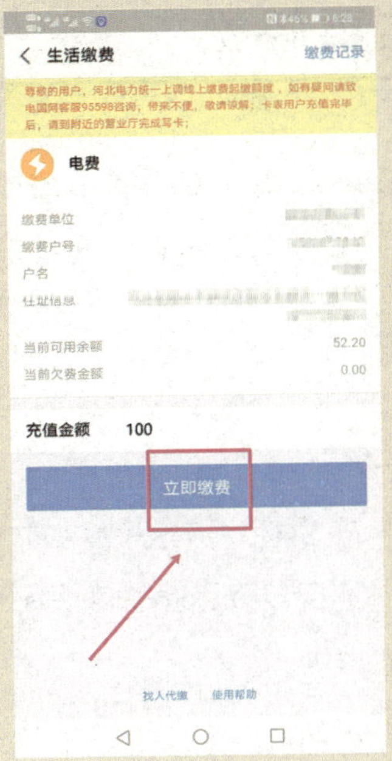

图9－12　点击“立即缴费”

图9－13　点击“立即付款”

其实，无论是支付宝还是微信，都可以帮助人们实现生活缴费，而且缴纳范围涵盖了水费、电费、燃气费、固话费、宽带费、有线电视、油卡充值、供暖费、社保医保等，只要点击对应选项，根据提示输入相关信息即可。如图7－14所示。

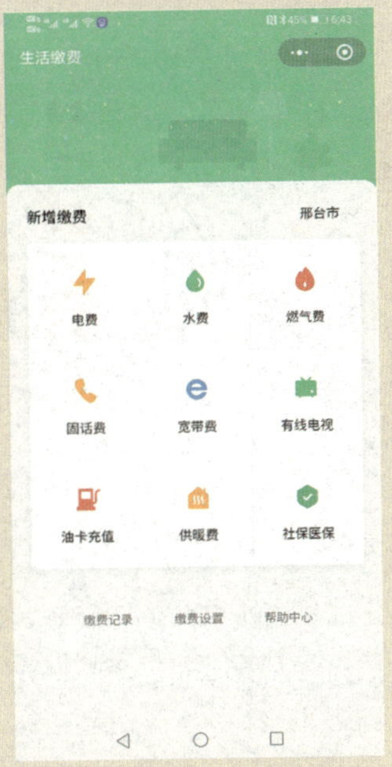

图9－14　微信生活缴费界面

9.2 网上购物更轻松

网上购物模式是对传统购物模式的颠覆，也是虚拟网络对实体商业的冲击，使人们不需要再浪费时间和精力逛商场，只需动动手指就可以买到自己需要的各种物品。

9.2.1 淘宝：随时随地，想淘就淘

提到淘宝，大家第一时间想到的应该都是“马云”。诚然，淘宝是马云于2003年5月创立的网络购物平台，为用户提供在线零售购物买卖服务，商品包括各类服饰、美容、家居、数码等，可谓应有尽有，深受消费者青睐。

通过淘宝APP，人们几乎可以购买到全部的生活用品。

第一步，点击手机桌面上的“淘宝”。进入淘宝“首页”界面后，可以在界面上方的搜索框中输入想要购买的物品的关键词（以购买男鞋为例），在弹出的菜单选项中点击合适的选项。如图9－15、图9－16所示。

图9－15 “淘宝”选项

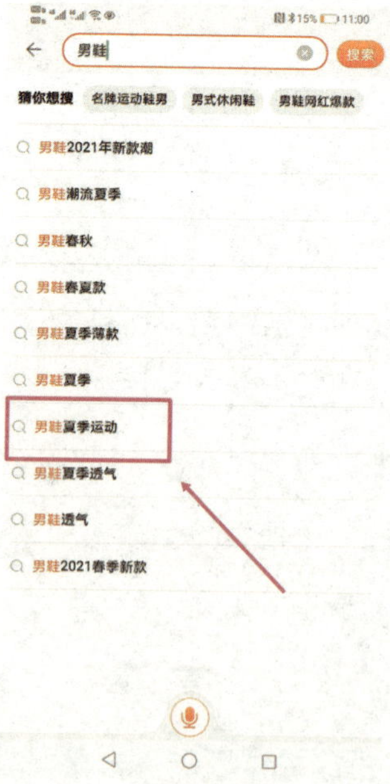

图9－16 选择合适的选项

第二步，在弹出的“全部”商品界面中，可以选择自己喜欢的商品。如果没有合适的商品，可以点击界面上方的“天猫”“特卖”“店铺”“经验”，依次在对应界面中进行选择。确定合适的商品后，点击其图片即可。如图9－17所示。

第三步，进入商品详情页后，可以向上滑动界面，依次查看客户评价、商品详情等。如图9－18、图9－19所示。

图9－17　点击需要购买的商品

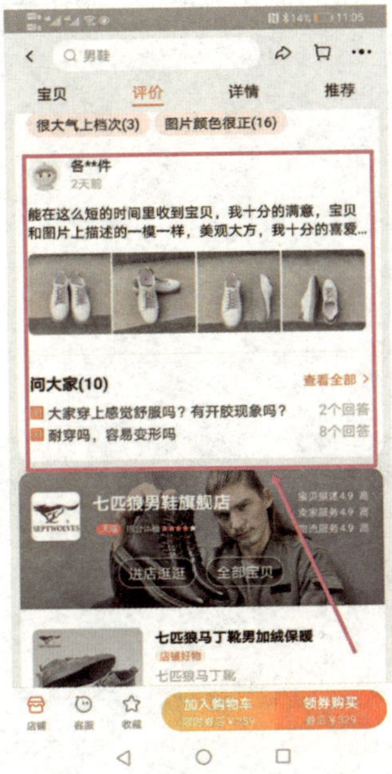

图9－18　商品评价

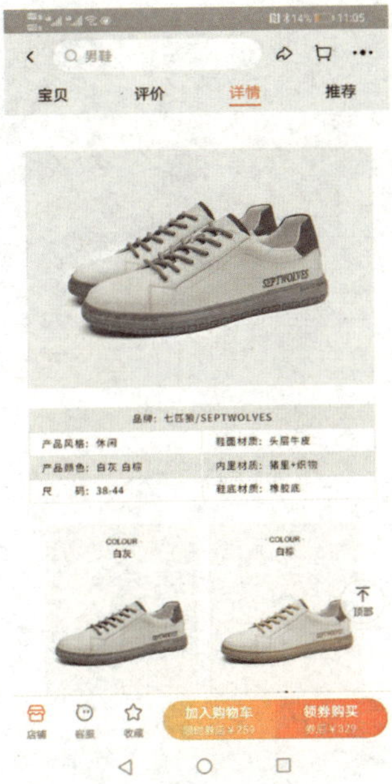

图9－19　商品详情

第四步，确定需要购买后，先不要点击购买，或者感觉对商品还需要进一步了解，又或者是感觉价格过高，都可以点击界面下方的“客服”询问商品详情或者讨价还价。如图9－20所示。

第五步，想要进入与客服沟通界面，则需要先登录/注册，可以选择本机号码一键注册，也可以选择其他手机号注册，根据界面提示进行操作即可（涉及隐私，无法截图）。注册完成后，即可进入与客服沟通界面。如图9－21所示。

图9－20　点击“客服”

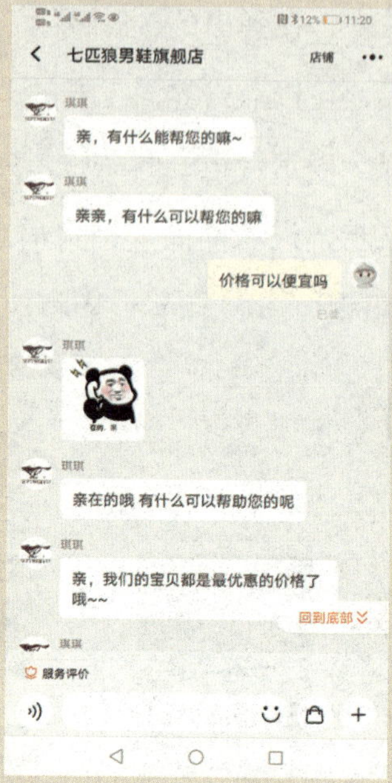

图9－21　与客服沟通界面

第六步，通过沟通确定依然需要购买后，返回商品详情界面，点击右下角的“立即购买”。如图9－22所示。

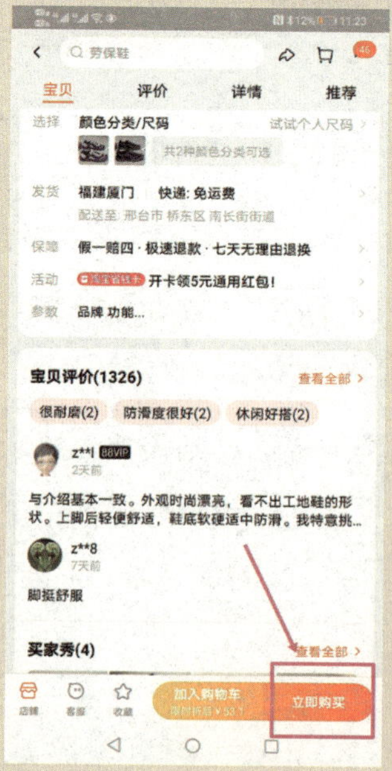

图9－22　点击“立即购买”

第七步，在弹出的菜单选项中选择尺码和颜色，确定后点击“确认”。如图9－23所示。

第八步，进入“确认订单”界面后，输入收货地址（如果是常用地址，可以开启“设为默认地址”后面对应的按钮），点击“保存”。如图9－24、图9－25所示。

图9－23 点击“确认”

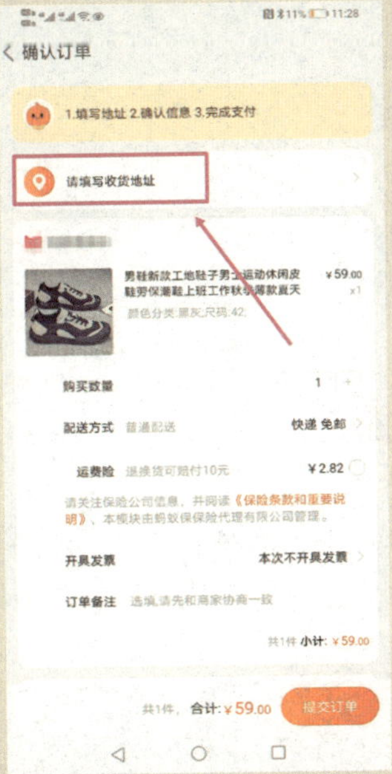

图9－24 填写收货地址

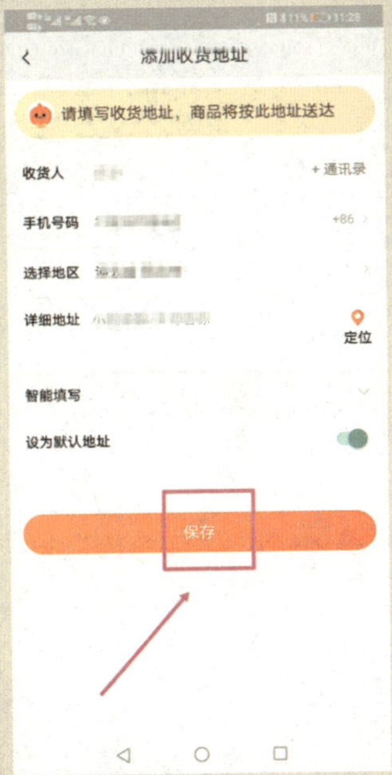

图9－25 点击“保存”

第九步，如果需要运费险以及开具发票，可以点击对应选项，输入开票信息即可。如图9－26所示。

第十步，所有信息都确认后，点击“确认订单”界面右下角的“提交订单”。如图9－27所示。

第十一步，在弹出的支付界面中，选择支付方式后，点击“立即付款”即可。如图9－28所示。

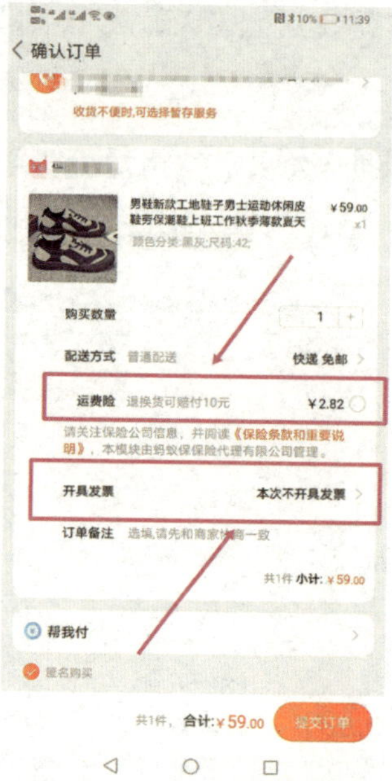

图9－26　“运费险”与“开具发票”选项

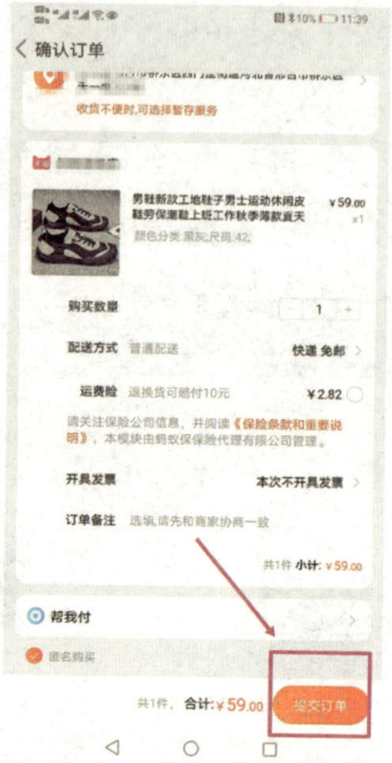

图9－27　点击“提交订单”

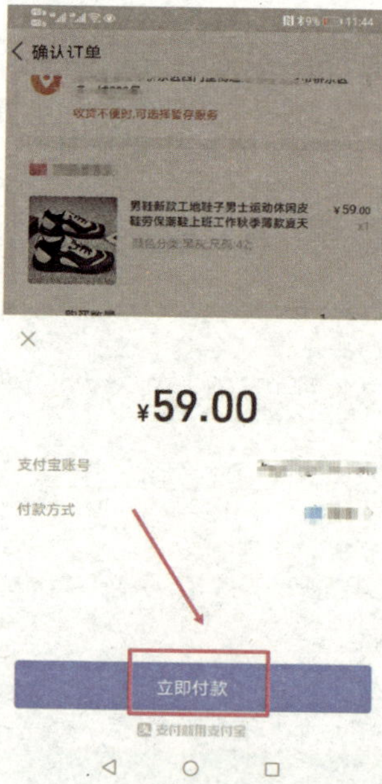

图9－28　点击“立即付款”

9.2.2 京东：购物多快好省

京东作为专业的网上购物商城，销售商品数量高达4000多万种，从服装服饰、母婴、图书、食品，到家电、数码通信、电脑、家居百货等，并且拥有自己的物流配送体系，为人们开启了多快好省的购物体验。

第一步，点击手机桌面上的“京东”。进入京东“首页”界面后，点击界面右下方的“立即登录”。如图9-29、图9-30所示。

图9-29 “京东”选项

图9-30 点击“立即登录”

第二步，选择登录方式，可以点击“本机号码一键登录”，也可以点击界面下方的“其他方式登录”。确定登录方式后，点击“使用手机号码登录并同意《京东隐私政策》《中国移动认证服务条款》”前面的小圆圈。如图9-31所示。

第三步，成功登录后，上下滑动京东“首页”界面可以查看相关商品，或者点击界面下方的分类进行有针对性的选择（以购买手机为例），点击对应商品分类选项“手机”即可。如图9-32所示。

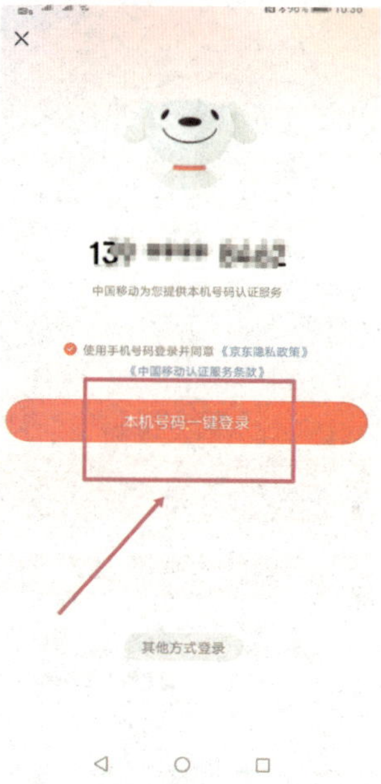

图9－31　选择登录方式

图9－32　点击“手机”

第四步，点击“手机”选项后，在弹出的菜单选项中可以根据品牌分类、手机分类、运营商分类进行更细致的选择。以选择华为品牌为例，点击华为品牌logo即可。如图9－33所示。

第五步，进入“华为京东自营官方旗舰店”后，上下滑动界面选择自己需要的手机类型。确定后，点击商品图片即可进入商品详情页。如图9－34所示。

第六步，在商品详情页中可以查看商品评价以及商品的具体信息。如图9－35、图9－36所示。

图9－33　选择商品品牌

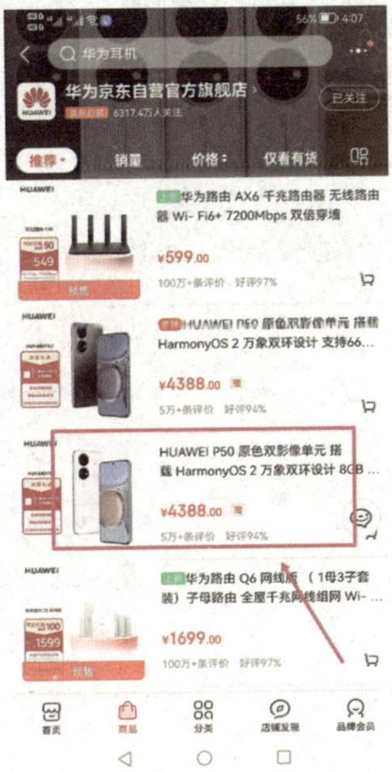

图9－34　选择商品

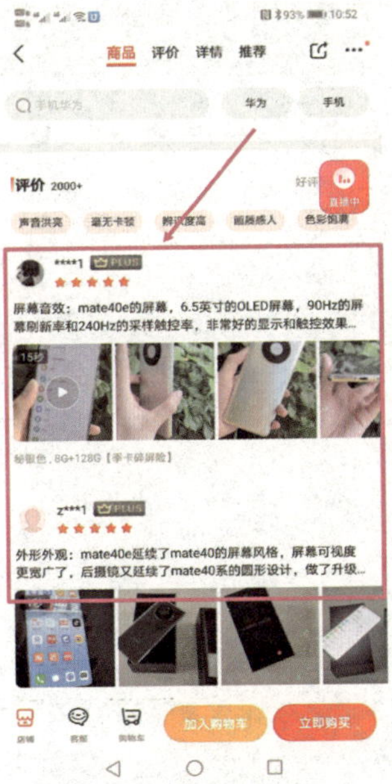

图9－35　商品评价

图9－36　商品详情

第七步，如果对于想要购买的商品存在其他疑问，可以点击商品详情页左下方的“客服”进行咨询。如图9－37、9－38所示。

图9－37　点击“客服”

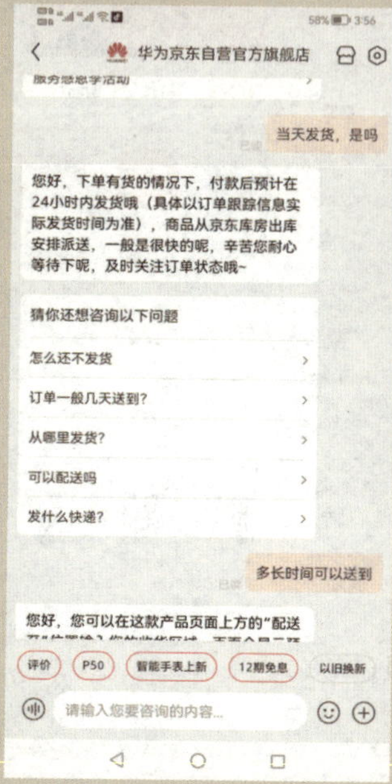

图9－38　与客服沟通界面

第八步，疑问得到解决后，如果确定购买，返回商品详情页，点击界面右下角的“立即购买”。如图9－39所示。

第九步，在弹出的菜单选项中选择颜色、版本、数量、保障服务等。选择完成后，点击界面下方的“确定”。如图9－40所示。

第十步，进入“填写订单”界面后，输入自己的收货地址，并向上滑动界面核对订单信息，无误后选择是否需要开具发票，并选择支付方式，然后点击“提交订单”。如图

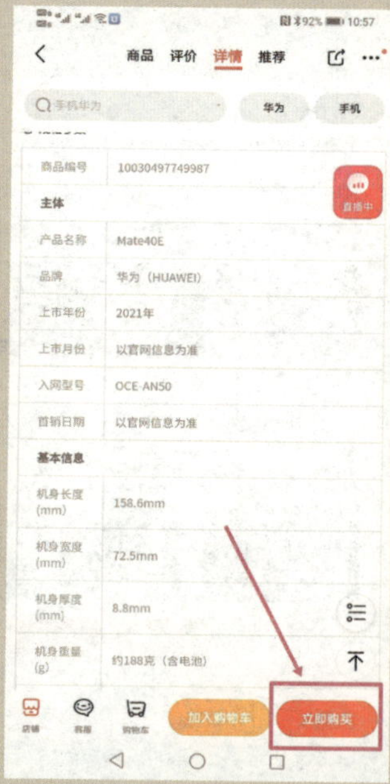

图9－39　点击“立即购买”

9-41、图9-42所示。

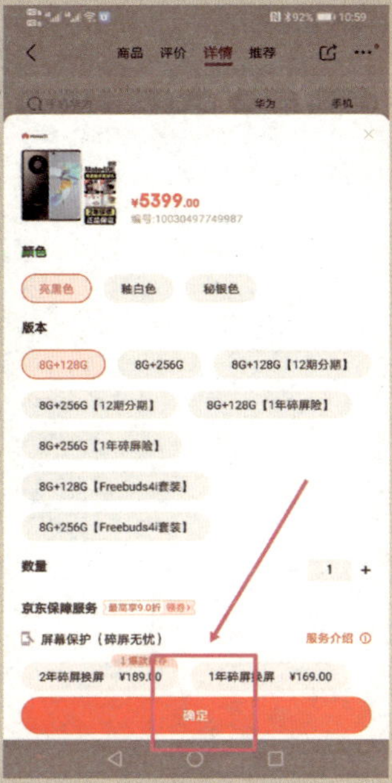

图9-40 点击“确定”

图9-41 填写收货地址

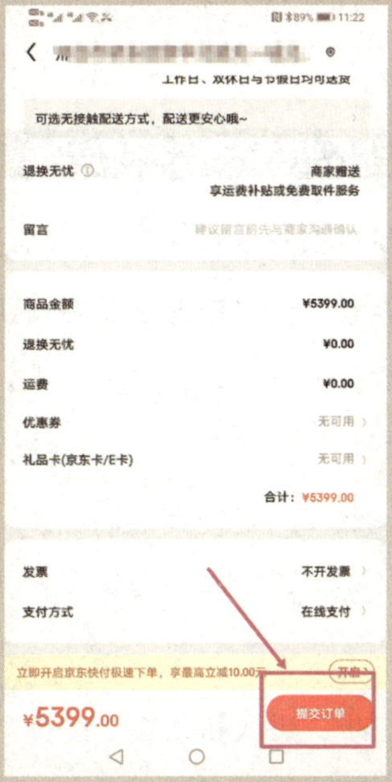

图9-42 点击“提交订单”

第十一步，确定支付方式后，点击界面下方的“支付”，并在生成订单编号后，点击“立即支付”即可。如图9-43、图9-44所示。

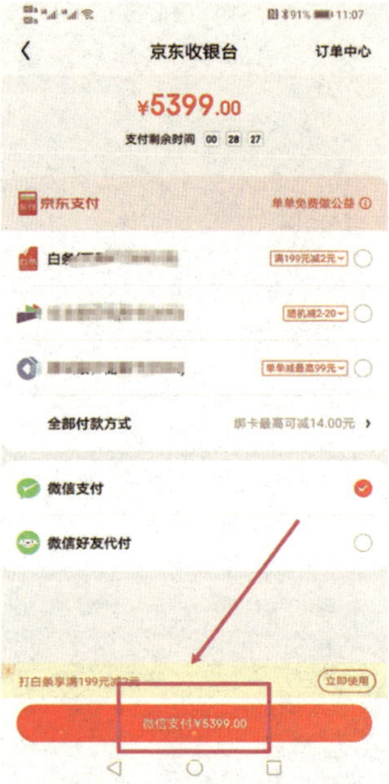

图9-43　点击“支付”

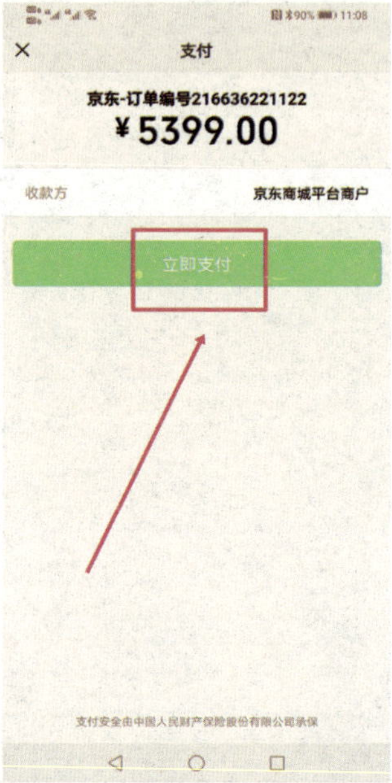

图9-44　点击“立即支付”

9.2.3 拼多多：拼着买，更便宜

拼多多相对于淘宝和京东来说，在打造网上购物平台的同时，融入了更多的娱乐社交因素，让用户即便是在网上购物也不会感到枯燥与孤独。

这得益于拼多多开发的“社交+电商”的模式，类似于人们所熟知的“团购”，就是更多的用户拼着购买同一件商品，实现商家薄利多销的效果，从而为用户带来更多利益，购买到更便宜的商品。

第一步，点击手机桌面上的“拼多多”，并选择登录方式。如图9-45、图9-46所示。

第二步，进入拼多多“首页”界面后，可以依次点击界面上方的选项查看对应界面中的商品分类，点击想要购买的商品分类即可。如图9-47所示。

图9－45　“拼多多”选项　　图9－46　点击“微信登录”　　图9－47　选择分类选项

第三步，在“商品分类”界面可以查看并选择自己喜欢的商品，确定后点击商品图片即可。如图9－48所示。

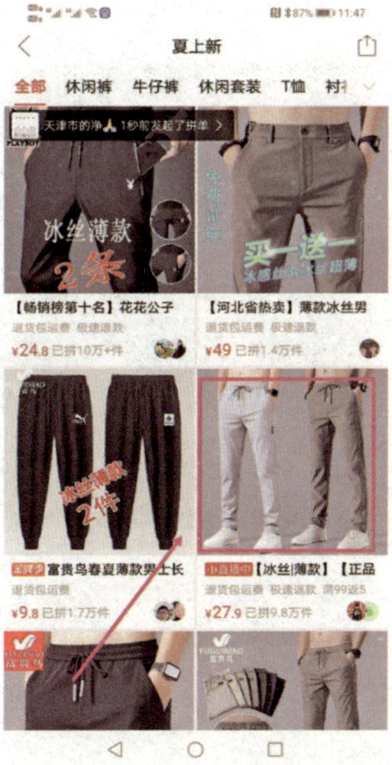

图9－48　点击需要购买的商品

第四步，进入商品详情页后，向上滑动界面可以查看商品评价以及商品具体信息。如图9－49、图9－50所示。

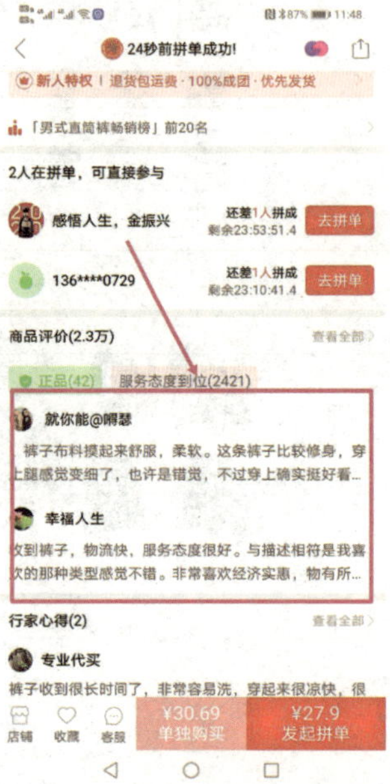

图9－49　商品评价

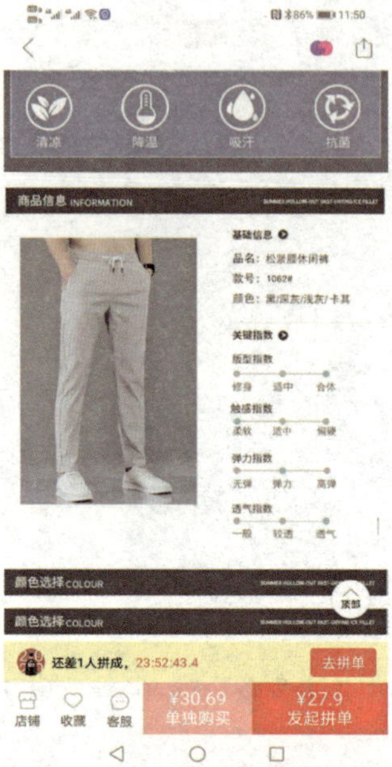

图9－50　商品详情

第五步，如果对想要购买的商品存在疑问，可以点击商品详情页界面左下方的“客服”进行咨询。如图9－51、图9－52所示。

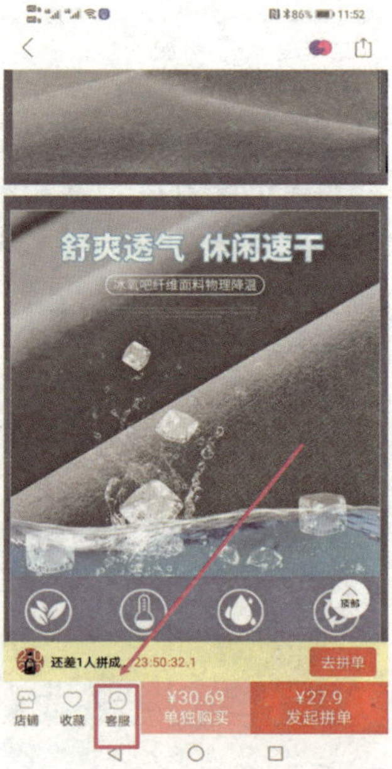

图9－51　点击“客服”

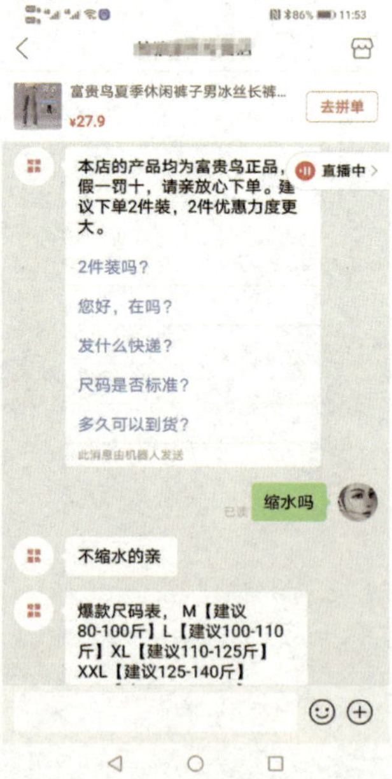

图9－52　与客服沟通界面

第六步，对于商品没有疑问并确定购买后，可以点击商品详情页界面右下角的“发起拼单”（我们可以看到发起拼单相比单独购买要更便宜）。如图9－53所示。

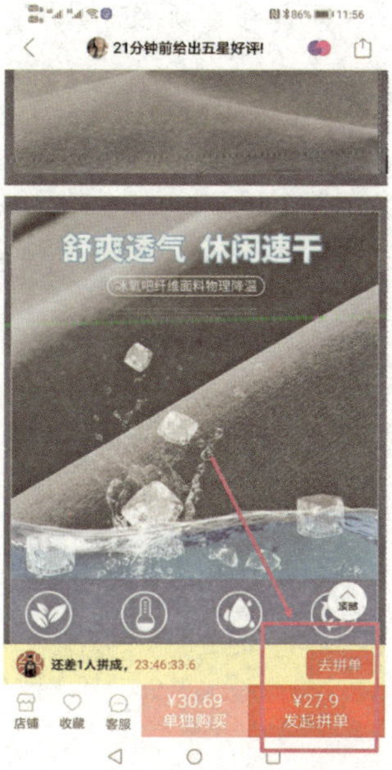

图9－53　点击“发起拼单”

第七步，在弹出的提示选择界面中，选择颜色、尺码、数量等，确定后点击界面下方的“确定”。如图9－54所示。

第八步，界面跳转后，输入收货地址，并选择支付方式，然后点击界面右下角的“立即支付”。如图9－55所示。

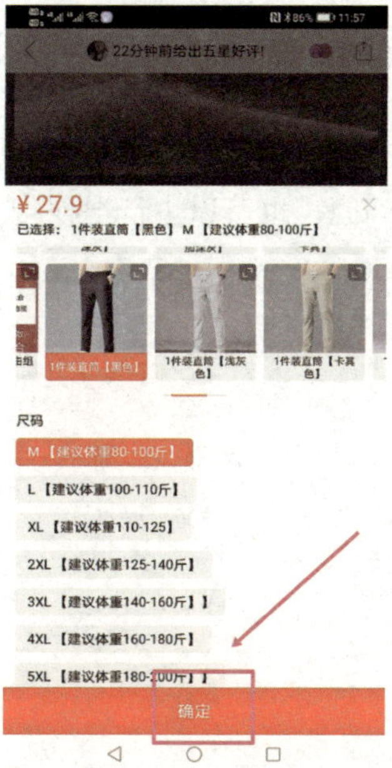

图9－54　点击“确定”

图9－55　点击“立即支付”

第九步，系统自动生成商户单号后，再次点击“立即支付”即可。如图9-56所示。

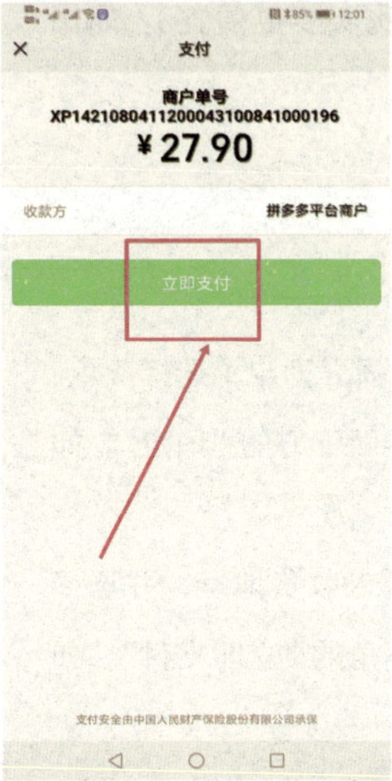

图9-56 点击“立即支付”

无论是通过淘宝、京东，还是通过拼多多购买商品，支付成功后，都可以查看物流信息。而且在收到商品后，如果商品存在质量问题，也可以进行退换货。同时，我们需要注意的一点是，由于网络平台存在“刷单”现象，所以我们在通过网络购买商品的时候，尽量做到货比三家。

第10章 健康与养生，美食不能停

10.1 科学管理身体

每天忙碌的生活和巨大的工作压力，导致很多人根本没有太多时间去关注自己的身体。不知不觉间，肥胖、高血糖、亚健康等状况让人们陷入了健康和疾病之间的一种临界状态。虽然这种状态没有明显的病理特征，但是使人的心理和身体都开始走“下坡路”。

生活作息不规律、饮食习惯不健康等看似微不足道的问题，都在酝酿着巨大隐患，影响着身体健康。

对于很多人来说，需要做的就是防微杜渐，但并不需要隔三岔五就去医院做一次体检，通过一些APP就能判断身体健康情况，以及身体的哪个部位出了问题等。

10.1.1 平安健康：专属私人医生

平安健康是平安健康医疗科技有限公司开发的一款以医生资源为核心，提供实时咨询和健康管理服务的APP。其最大的特色就是为用户提供一条龙式健康咨询和管理服务，从家庭医生、名医问诊、健康社区到健康评测、健康习惯、健康档案，实现了医患之间的实时沟通。

例如，一对一的专属私人家庭医生服务功能，可以实时解答疾病、用药、营养及运动等问题。

第一步，点击手机桌面上的“平安健康”。如图10－1所示。

图10－1　“平安健康”选项

第二步，选择登录方式，确定后并点击“我已阅读并同意中国移动认证服务条款和用户协议”前面的小圆圈。如图10－2所示。

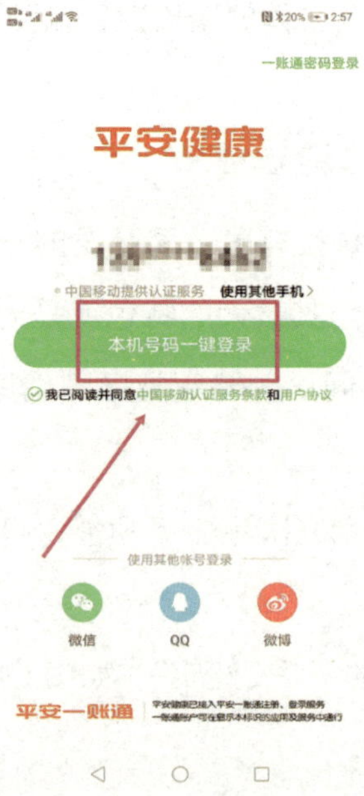

图10－2　选择登录方式

第三步，成功登录并进入平安健康“首页”界面后，可以点击界面上方的不同功能选项进行健康咨询、健康测评等（以快速问诊为例）。如图10－3所示。

图10－3　点击“快速问诊”

第四步，点击“快速问诊”便会进入“病情信息”界面，可以点击输入框阐述自己的病情，也可以点击病情标签快速咨询。然后，根据弹出的各项菜单选项进行选择。如图10－4、图10－5所示。

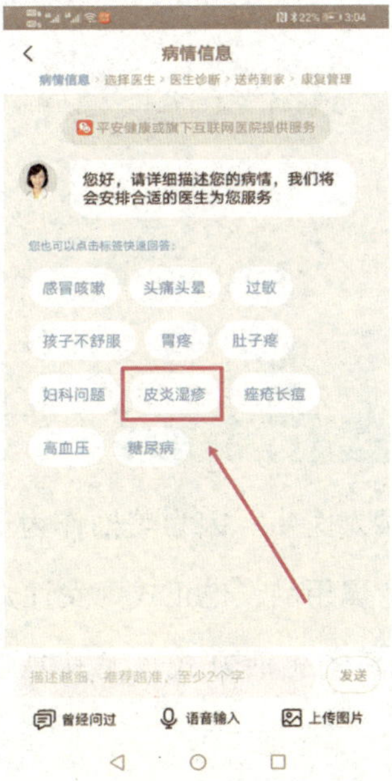

图10－4　点击相应标签

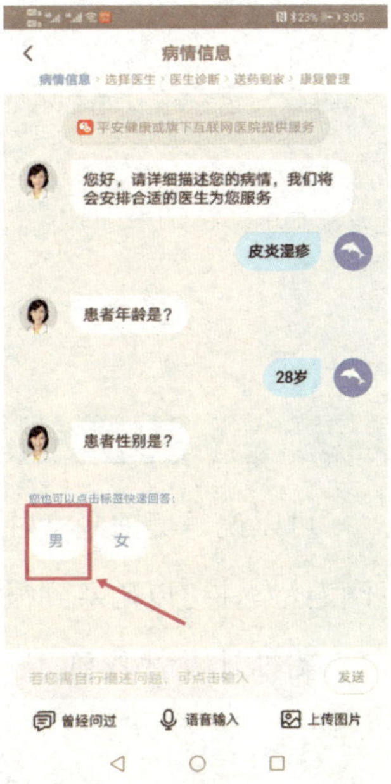

图10－5　选择提示选项

第五步，系统会根据病情描述自动匹配相关医生，同时可以开始进一步咨询。如图10－6所示。

第六步，医生会依据每个用户的病情提出用药建议、开具电子处方等。如图10－7所示。

第七步，点击“电子处方”便会弹出付费领取界面，点击“支付诊察费”支付成功后，即可查看处方并购买药品。如图10－8所示。

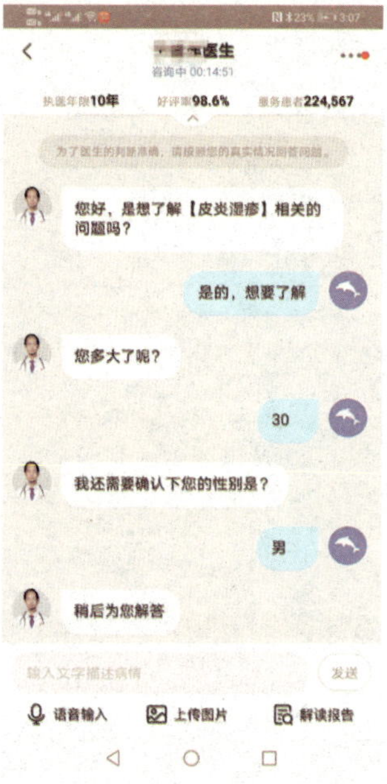

图10－6　与医生沟通界面

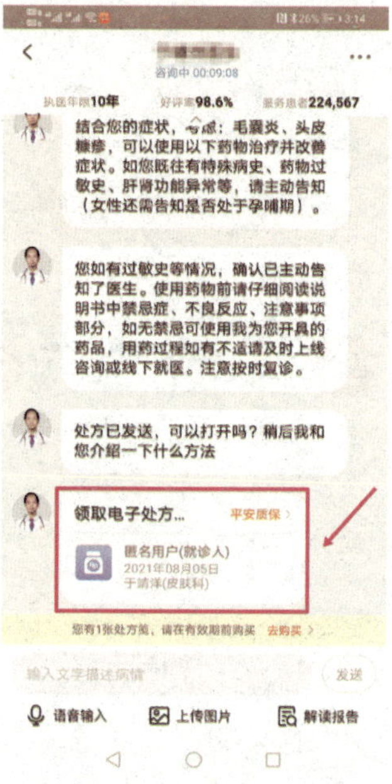

图10－7　医生建议及电子处方

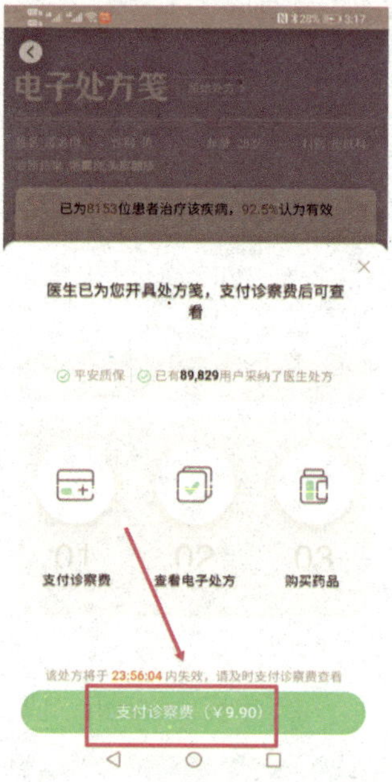

图10－8　点击“支付诊察费”

10.1.2 美柚：记录每个“特殊日子”

可以说，美柚是女性的私人医生。因为美柚作为一款专门记录女性经期的APP，不仅让女性可以购买到很多专属用品，也正式为女性开启了健康生活的正确入口。

美柚让女性找到了一种新的生活方式，尤其是让女性的经期健康情况得到了管理。

第一步，点击手机桌面上的“美柚”。如图10－9所示。

图10－9　“美柚”选项

第二步，选择登录方式，确定后并点击“我已阅读并同意美柚用户服务协议、隐私政策以及中国移动认证服务条款”前面的小圆圈。如图10－10所示。

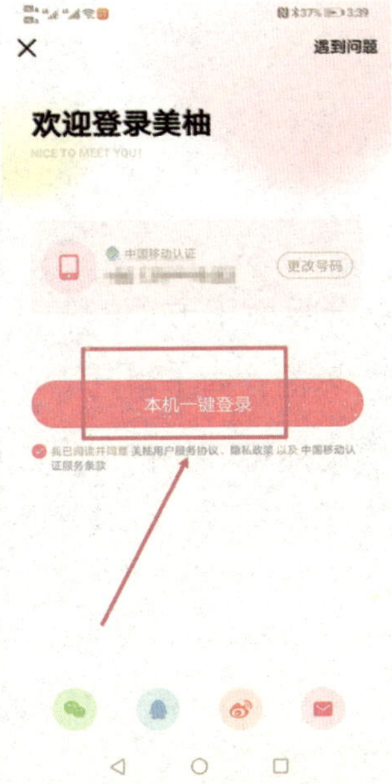

图10－10　选择登录方式

第三步，选择自己想要使用的模式（以只记经期为例）。如图10－11所示。

第四步，完善资料，根据相关提示界面选择并点击最近一次大姨妈开始日，然后点击“开始体验”。如图10－12所示。

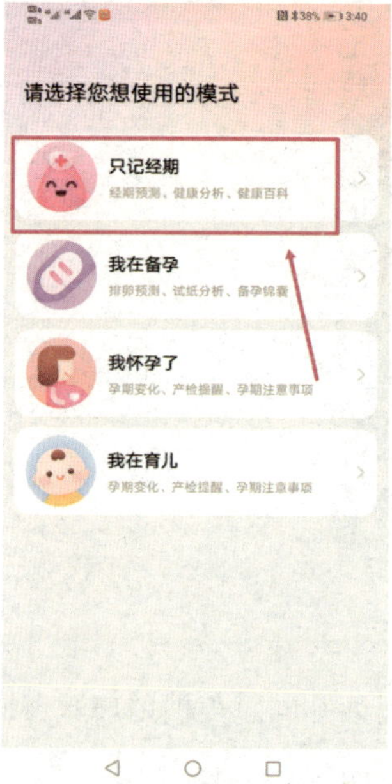

图10－11　选择使用模式

图10－12　点击“开始体验”

第五步，界面跳转后，点击界面下方的“记录”，便可以进入“记经期”界面，向上滑动界面，根据提示记录经期情况即可。如图10－13所示。

图10－13　点击“记录”

第六步，记录完成后，点击界面右上角的“分析”，可以查看经期异常情况。如图10－14、图10－15所示。

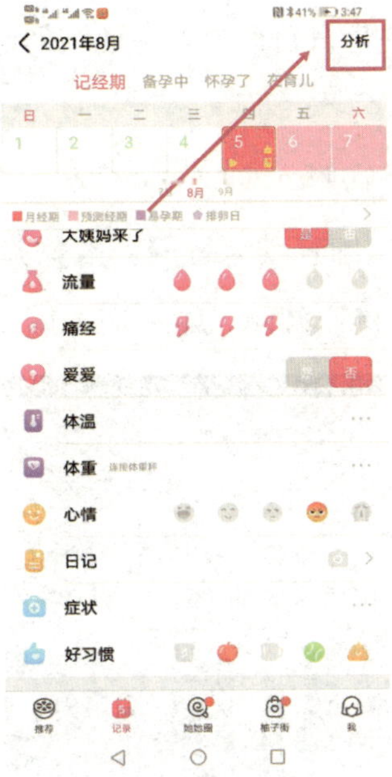

图10－14　点击“分析”

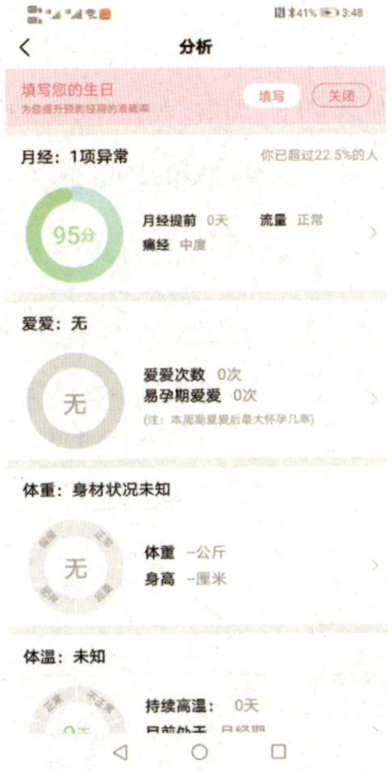

图10－15　分析结果

10.2 适当锻炼更健康

生命在于运动。然而，如果超负荷运动，不但无法强身健体，甚至会对身体和精神产生不良影响。

换句话说，只有适当锻炼，才能让人们在快节奏的生活与竞争激烈的工作中保障心理和身体上的健康，并有效应对亚健康和慢性疾病等。

但是，怎样的锻炼才是适当的呢？下面就为大家介绍几款APP，可以帮助大家走向健康运动。

10.2.1 keep：陪伴每个居家健身的日子

Keep是一款运动解决方案APP，包含多种健身训练课程，如跑步、骑行、瑜伽等。也就是说，用户通过Keep不仅可以设定自己的每日目标或者是训练的课程，也可以获得运动、饮食等指导，从而做到合理健身。

第一步，点击手机桌面上的“Keep”。如图10－16所示。

第二步，选择登录方式，确定后点击“同意《中国移动认证服务条款》和Keep《用户协议》《隐私政策》并使用本机号码登录”前面的小圆圈。如图10－17所示。

图10－16 “Keep”选项

图10－17 选择登录方式

第三步，进入“完善个人信息”界面后，点击界面下方的“添加信息”或者“下次再说”。如图10－18所示。

第四步，随着界面的跳转，选择性别以及生日，点击界面下方的“继续”或者界面右上角的“跳过”。如图10－19所示。

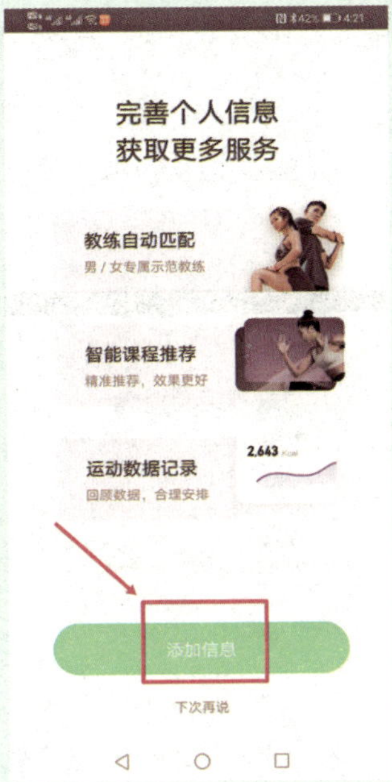

图10-18　点击“添加信息”

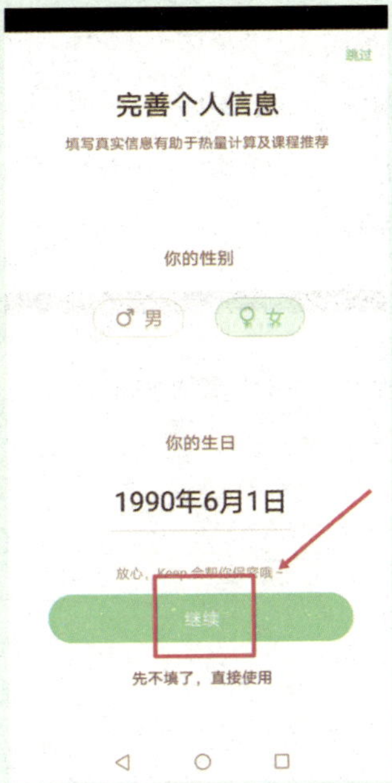

图10-19　点击“继续”

第五步，选择身高以及体重，点击界面下方的“继续”或者界面右上角的“跳过”。如图10-20所示。

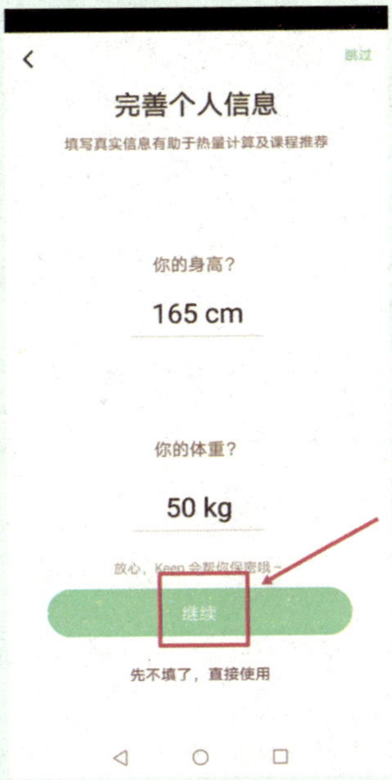

图10-20　点击“继续”

第六步，选择运动目标以及运动水平，点击界面下方的“下一步”或者界面右上角的“跳过”。如图10－21所示。

第七步，设置运动提醒，完成后点击界面下方的“提醒我运动”或者界面右上角的“跳过”。如图10－22所示。

图10－21　点击“下一步”

图10－22　点击“提醒我运动”

第八步，界面跳转后，点击界面下方的“立即开始定制”或者界面右上角的“跳过”。如图10－23所示。

第九步，开始定制自己的每日目标，根据界面提示进行选择即可。如图10－24、图10－25、图10－26所示。

图 10－23　点击“立即开始定制”

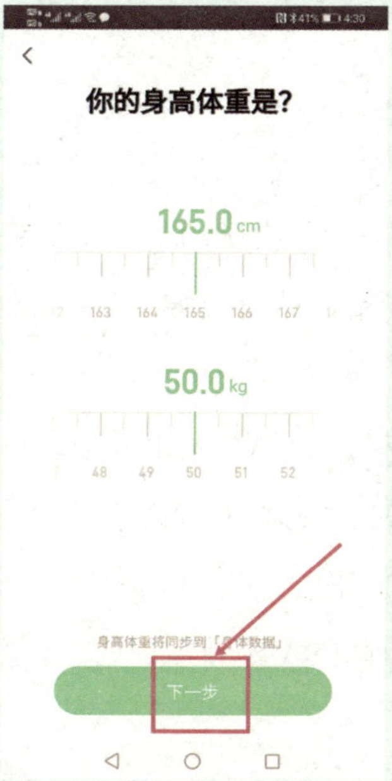

图 10－24　点击“下一步”

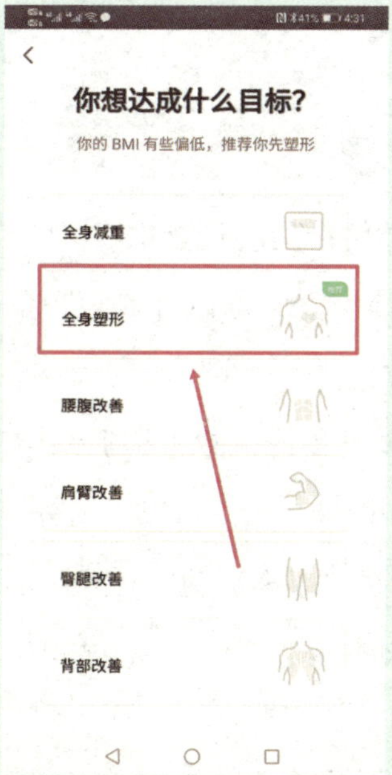

图 10－25　选择目标

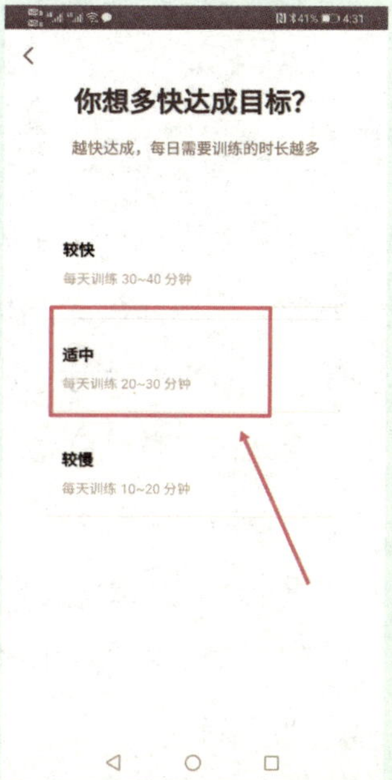

图 10－26　选择每日训练时长

第十步，系统生成每日目标后，点击界面下方的“开通会员立即使用”，即可对每天的运动进行提醒等。如图10－27所示。

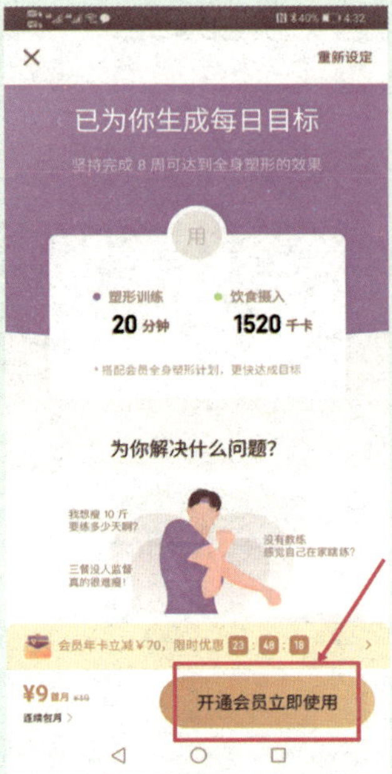

图10－27　点击“开通会员立即使用”

10.2.2 小米运动：精准记录身体各项指征

小米运动是一款可以提供精准运动记录的APP，包含记录每次运动、贴心的睡眠管家、全面评测身体状态等功能，可以针对用户的睡眠和运动质量等进行分析，为用户开启积极健康的生活方式。

例如，每当用户完成跑步、骑行、健走等训练后，小米运动都会做出专业、科学、有效的运动姿态和心率分析等，用户可以根据分析结果进行改善和提升。

第一步，点击手机桌面上的“小米运动”。如图10－28所示。

第二步，进入“小米运动”界面后，点击提示选项中的“登录或注册”。如图10－29所示。

图10－28 “小米运动”选项

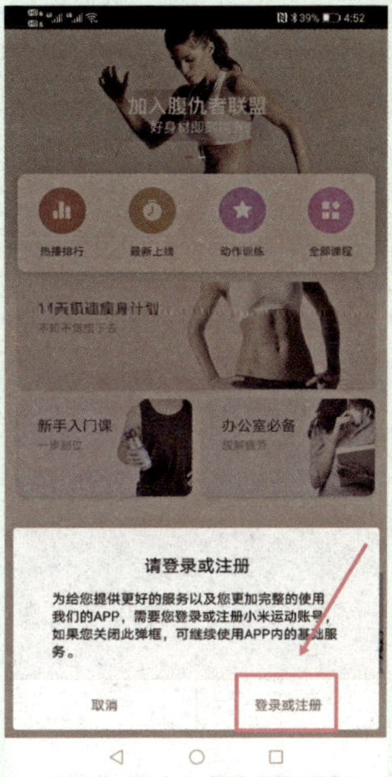

图10－29 点击“登录或注册”

第三步，进入登录/注册界面后，可以点击“没有账号？立即注册”，也可以点击界面下方的第三方账号授权登录。如图10－30所示。

图10－30 选择登录方式

第四步，点击提示选项中的“立即注册”。如图10－31所示。

第五步，选择所处地区，点击界面下方的“下一步”。如图10－32所示。

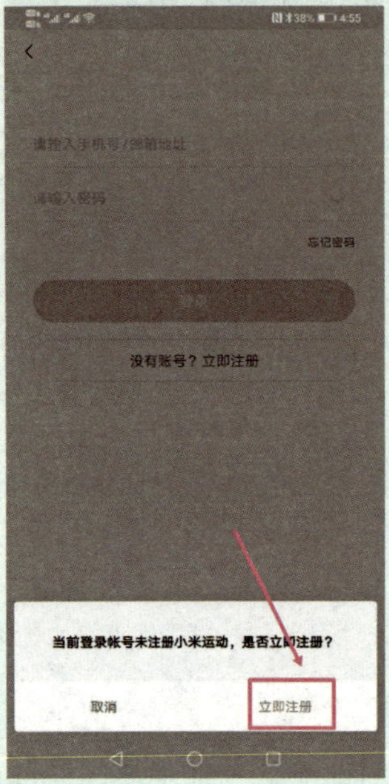

图10－31　点击“立即注册”

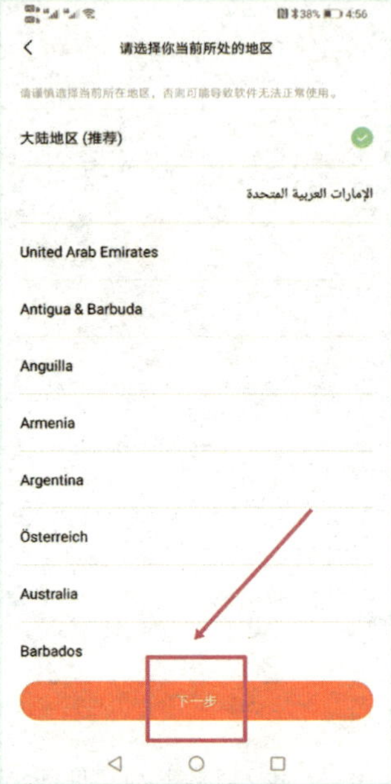

图10－32　点击“下一步”

第六步，进入“绑定手机号”界面后，输入手机号码，并输入两次密码，以及收到的短信验证码，点击“下一步”。如图10－33所示。

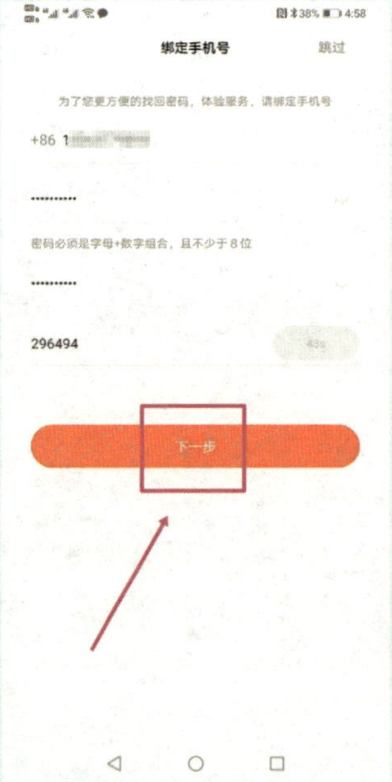

图10－33　点击“下一步”

第七步，完善个人信息，包括昵称、性别、出生年月、身高、体重等。完成后，点击“下一步”。如图10－34所示。

图10－34 点击“下一步”

第八步，选择偏好，包括喜爱的运动、运动的目的、运动强度等。完成后，点击“完成”。如图10－35所示。

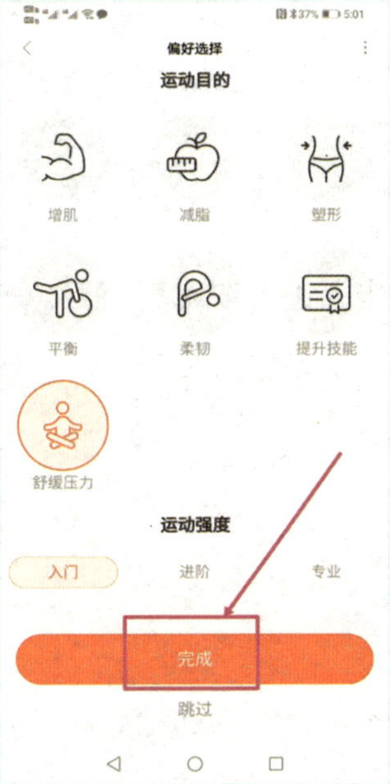

图10－35 点击“完成”

第九步，成功登录，进入小米运动的“运动”界面后，点击界面上方的健走、跑步、骑行、健身，都会弹出对应的训练课程，点击界面中的“GO”即可开始训练。如图10－36所示。

图10－36　点击“GO”

第十步，进入训练界面后，长按停止按钮可以结束此次训练。如图10－37所示。

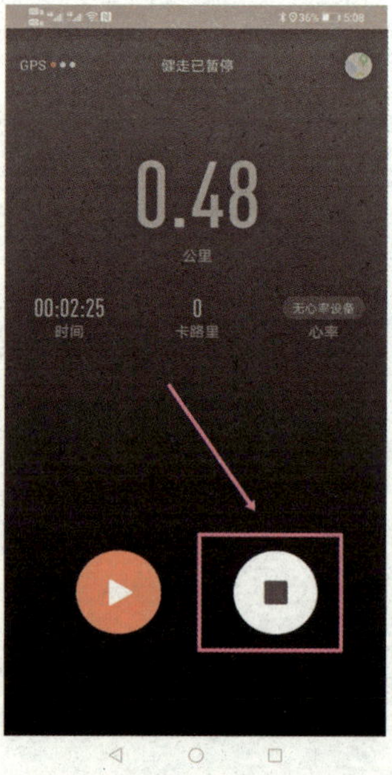

图10－37　点击停止按钮

第十一步，结束训练后，可以查看自己的运动轨迹、里程、时间等信息，然后点击界面下方的“完成”即可。如图10－38所示。

图10－38　点击“完成”

10.3 “从天而降”的美食

一些美食APP也受到了很多人的青睐。归其原因，一是解决了“懒人”一族不愿做饭洗碗的问题，二是解决了“吃货”一族不会做美食的问题。

10.3.1 大众点评：餐馆好不好，大家说了算

大众点评APP是一个提供本地生活信息和交易服务的平台，除了可以为用户提供商家信息，让消费者后期进行点评外，还可以让用户通过其平台订外卖、订餐厅、参加团购以及享受消费优惠等服务。

以通过大众点评APP预订餐厅为例。

第一步，点击手机桌面上的“大众点评”。如图10－39所示。

图10－39　“大众点评”选项

第二步，选择登录方式，点击“我已阅读并同意《美团用户服务协议》《隐私政策》和《中国移动认证服务条款》，接受免除或者限制责任、诉讼管辖约定等粗体标示条款。”前面的小圆圈。如图10－40所示。

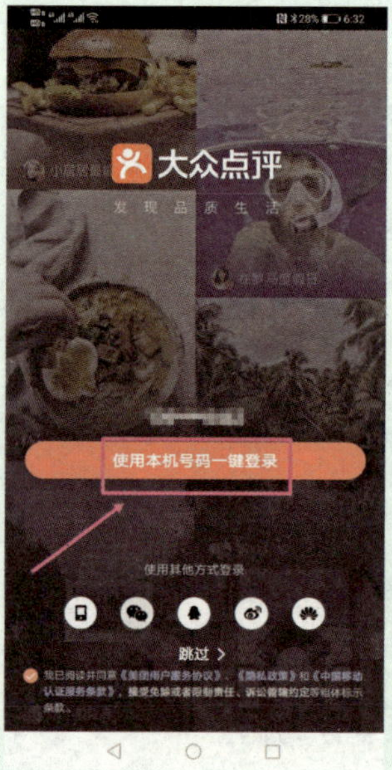

图10－40　选择登录方式

第三步，进入“身份核验”界面后，点击“不是我的账号”（为安全起见最好是重新注册）。如图10－41所示。

图10－41 点击“不是我的账号”

第四步，在弹出的提示选项中，点击“立即生成”。如图10－42所示。

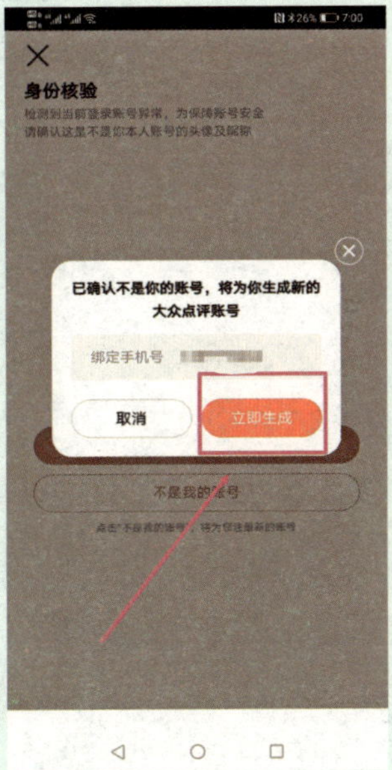

图10－42 点击“立即生成”

第五步，成功登录后，进入大众点评的“首页”界面，再点击界面上方的“美食”。如图10－43所示。

图10－43　点击“美食”

第六步，进入“美食”界面后点击“订座”，在弹出的菜单选项中对应预订信息，然后点击“确定”。如图10－44、图10－45所示。

图10－44　点击“订座”

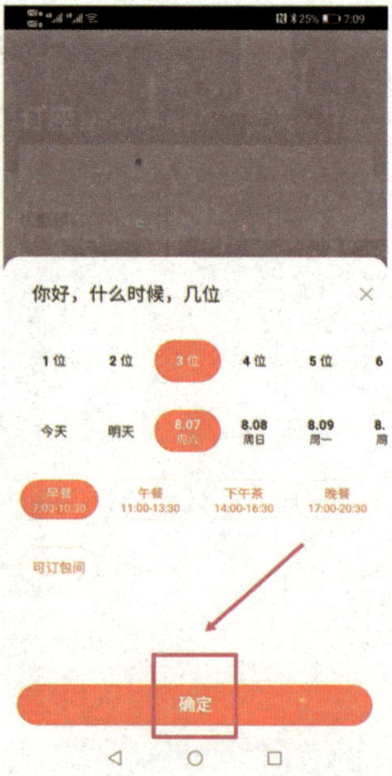

图10－45　点击“确定”

第七步，在“订座”界面选择合适的餐厅，点击其后面对应的“订座”，并在弹出的预订选项中重新点击对应选项，最后点击界面下方的“立即订座”即可。如图10－46、图10－47所示。

图10－46　点击“订座”

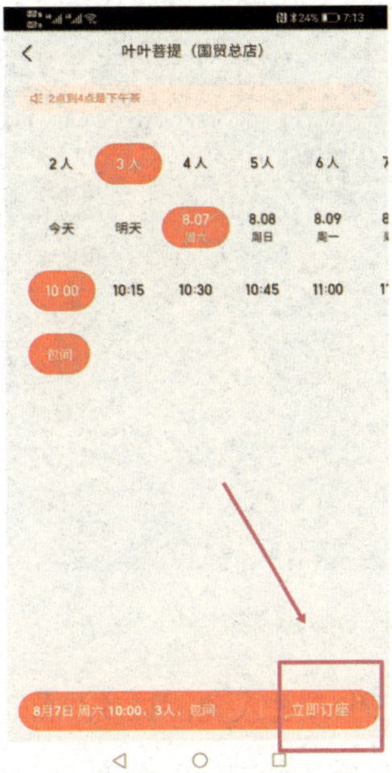

图10－47　点击“立即订座”

10.3.2 美团外卖：想吃什么送什么

美团外卖APP是美团旗下的网上订餐平台，但经过数年发展，已经从单纯地送餐服务升级到了送超市百货、蔬菜水果、药品等。

由于美团外卖已与200多万家商户达成合作，并且拥有50多万名活跃配送骑手，所以在其包含的服务范围内，只要客户下单，便可以实现送货上门。

以通过美团外卖订餐为例。

第一步，点击手机桌面上的“美团外卖”。如图10－48所示。

第二步，选择登录方式，可以输入手机号码登录，也可以使用微信或者QQ登录。然后，点击“获取短信验证码”，并输入收到的短信数字。如图10－49所示。

图10－48 “美团外卖”选项

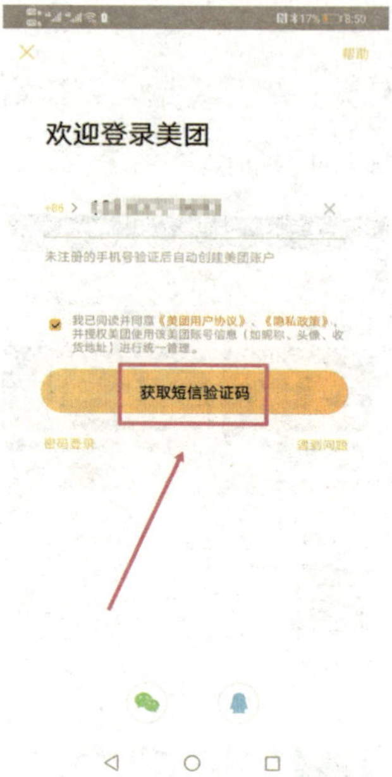

图10－49 选择登录方式

第三步，进入美团外卖“首页”界面后，在界面上方的菜单选项中选择需要的服务并点击（以夜宵为例）。如图10－50所示。

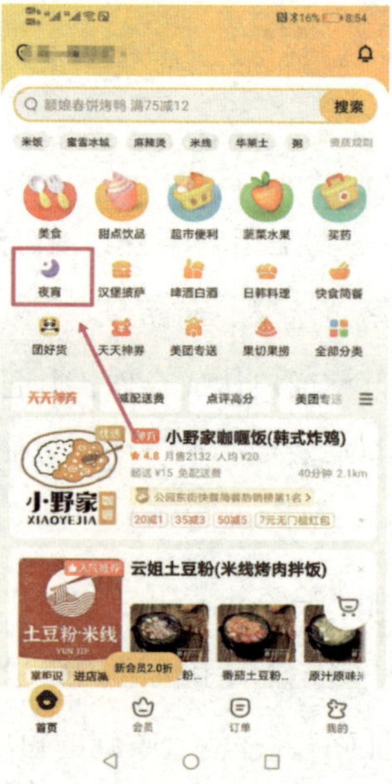

图10－50 点击“夜宵”

第四步，进入“夜宵”界面后，点击界面上方的分类选项进行选择，进入对应界面后上下滑动界面选择商家并点击。如图10－51所示。

第五步，进入商家界面后，上下滑动界面选择需要的美食并点击后面对应的“＋”符号。如图10－52所示。

第六步，选定所有的美食后，点击界面下方的“去结算”。如图10－53所示。

图10－51　选择商家

图10－52　点击“＋”符号

图10－53　点击“去结算”

第七步，在“提交订单”界面输入收货地址，并核对订单信息，确定无误后，点击界面下方的“提交订单”。如图10－54所示。

第八步，选择支付方式，确定后点击“确认支付”并输入支付密码即可。如图10－55所示。

图10－54　点击“提交订单”

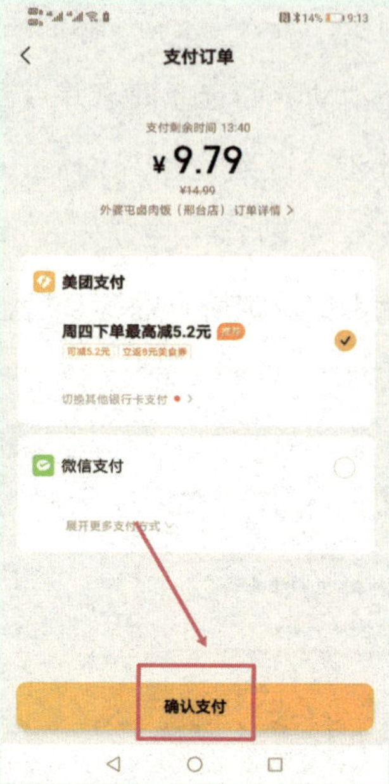

图10－55　点击“确认支付”

10.3.3 豆果美食：新一代食谱手册

豆果美食是一款为用户提供美食教学服务的APP，是美食小白的一大福音，让小白们再也不用为吃喝忧虑发愁。

与此同时，豆果美食也收录了很多精湛的厨艺展示，让拥有美食技艺的用户也找到了分享之地，从而也建立了厨艺交流平台，在一定程度上也达到了社交的效果。

以通过豆果美食查找“鱼头泡饼”菜谱为例。

第一步，点击手机桌面上的“豆果美食”。如图10－56所示。

图10－56　“豆果美食”选项

第二步，进入豆果美食“首页”界面后，在搜索框中输入“鱼头泡饼”并点击搜索。如图10－57所示。

第三步，在弹出的菜单选项中可以看到有很多种“鱼头泡饼”的做法，选择一种自己喜欢的并点击，即可进入具体做法界面。如图10－58、图10－59所示。

图10－57 搜索

图10－58 选择做法

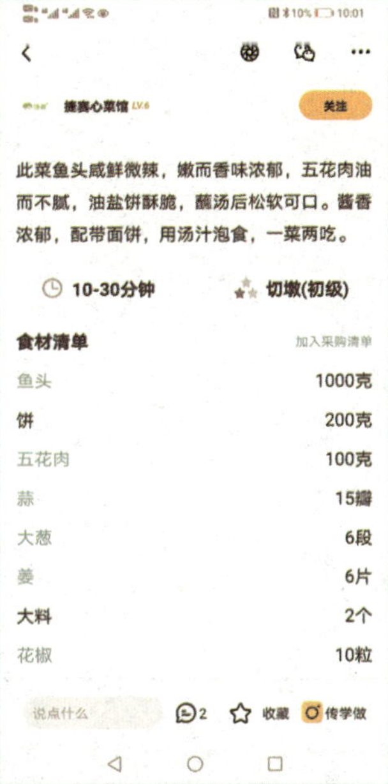

图10－59 具体做法界面

康熙大帝

关河五十州 作品

中国出版集团 现代出版社

目录

件事务，这使得他虽然足不出京城，但对前方战况变化以及将士勇怯与否均了如指掌。据说吴三桂在得知康熙驿报神速，机谋深远后也自叹弗如，唯有仰天长叹，说：“难以和他争锋啊！”

楚汉战争时，韩信曾说过“驱市人而战”，赶着街市上的百姓去打仗，不过那只是打个比方，而由图海一手组建的这支部队倒真的符合这一特征。尽管他们都是挑选出来的勇健之士，平时为了看家护院也会使枪弄棒，但打仗毕竟不同于普通的街头斗殴，而且对于这些早已看惯各种世象的八旗家奴而言，突然要求他们像职业军人一样在战场上出生入死，也是一件极难办到的事，绝不是一个命令或一通激情澎湃的宣传鼓动就能搞定。

图海采用的办法很简单，就四个字：以利相诱。

相对于严苛地对待参战皇族，康熙为普通八旗官兵（也包括绿营）制定了较为优厚的恩赏和抚恤制度，从赐恤致祭到为之代偿债务，都有明文规定。他还要求将领们在攻城野战时，只要条件许可，就必须收取官兵骸骨，如果做不到，将官将降二级调用，领战大臣也要罚俸一年，岳乐后来被罚俸一年，罪名就是在长沙会战时没有能够及时收取阵亡官兵的骸骨。

儒家学说在具体的政治实践中，除个别君主在大乱后将这些方案作为临时措施予以实行外，多数君主都只是摘其枝叶，其基本内容和精神反而遭到忽略，与他们不同，康熙真正把儒术与施政结合

第一章

什么叫悲剧

中医称天花为“痘疮”。在公元16至17世纪，它曾经肆虐于全世界的各个角落，下自黎民百姓，上至王公贵族，无数人被这个可怕的疾病夺去了生命。公元1655年冬，顺治帝令两岁的皇子玄烨与其保姆迁出紫禁城，居住于北京西郊的一座寺庙中，借以躲避天花的袭击，同时也防止他万一中招后再传染给其他皇室成员。

天花有一个特点，凡是被感染后安然无恙者，就对天花有了免疫力，以后便不会再次被感染，当然也不会将天花传染给别人，此谓“出痘”。当时民间流传着一种强行“出痘”的办法，即从天花病人身上取下脓液，或是将患者的脓痘痂磨成粉末，然后把它们作为疫苗吹进种痘者的鼻孔，使其轻微染上天花症状。

种痘的成功率全看运气，运气好的话，种痘者将在初期发烧，还会伴发轻微的水痘，但之后就可以出痘了。玄烨也接受了种痘，可惜的是他的运气很不好，仅仅两年后，便被天花击中了，而疫苗并没有生效……

一条金灿灿的龙

“一个人的一生扮演着好几个角色”，莎士比亚在他的著名喜剧《皆大欢喜》中写道，“最初是婴孩，在保姆的怀中啼哭呕吐”。

按照清廷制度，皇子一生下来就要被保姆抱走，交给乳母抚养，也就是从那时候起，玄烨便与生母佟佳氏分离，仅仅满月时见过一面。以后他们每隔累月方得一见，即便这样难得的相聚机会，佟佳氏都不能任意逗儿子开心。等到玄烨渐渐长大学会说话，母子可以交流了，见面后却又不允许他们多说话。

在母爱被基本剥夺的同时，玄烨也缺乏父爱。他长大后才知道，皇父顺治帝之所以将他迁出紫禁城，防病只是一个理由或者说借口，最主要的原因却是父亲其实并不怎么想看到他！

顺治是个年轻皇帝，思想敏锐，热衷新生事物，对汉族文化比较向往，反映在爱情和婚姻观上，就是比较喜欢汉人姑娘或汉化程度高的满洲姑娘。他的母亲、蒙古籍的皇太后博尔济吉特氏（即孝庄太后，本书统称孝庄）出于满蒙联姻的需要，做主为他遴选了五位蒙古籍后妃，但全都遭到他的冷遇，没有一个能生下儿女。

顺治一面抵制蒙古后妃，一面按照自己的标准收纳满洲和汉军女子入宫，玄烨的生母佟佳氏就在这个时候被选为了庶妃。

佟佳氏乃汉军旗人，佟佳氏家族在汉军中任职者甚多，堪称汉军的骨干和中坚。由于娘家有这样的背景，佟佳氏受到了孝庄的格外关照，而玄烨的降生也似乎为她的光明处境增添了新的筹码。

可是就在玄烨出生不久，顺治竟爱上了弟弟襄亲王的妻子董鄂妃，并且在襄亲王死后，将董鄂妃接入了宫中。对于这位弟媳，顺治确实可称得上是“三千宠爱在一身”，等董鄂妃一进宫就将其册封为贤妃，而他与佟佳氏的关系则日益疏远。

古代皇宫中母子地位相互关联，一方面母以子贵，另一方面子亦以母贵，顺治对佟佳氏冷淡，对玄烨的关爱也越来越少，有时甚至显得冷酷无情。就在玄烨被迁出紫禁城的第二年，顺治将董鄂妃晋封为皇贵妃，使其地位超越了包括佟佳氏在内的所有庶妃，佟佳氏、玄烨母子被远远地抛到了一边。

又过了一年，董鄂妃生下四皇子。在此之前，顺治共有三个儿子，长子两岁时就死了，次子福全和三子玄烨均为庶妃所生，他们的生母也都不受顺治宠爱。四皇子由于母亲是董鄂妃的缘故，一出生就身价百倍，被顺治认定为“朕之第一子”，并为其告祭天地、太庙，予以隆重庆贺。从此以后，玄烨和二哥福全在父亲心目中的位置更被挤至小小的角落，处境可谓冷到极致。

这一年，四岁的玄烨染上了天花，病痛折磨再加上缺少父母的关爱，无疑会让他比很多同龄孩子“啼哭呕吐”得更加厉害，不过幸好他还有祖母孝庄，正是后者把玄烨最需要，同时也最为缺失的亲情带给了他。

那还是佟佳氏怀着玄烨的时候，有一天她到慈宁宫请安，孝庄看到她的衣服大襟上仿佛有龙盘旋，感到非常惊异，问了佟佳氏才知道她已有孕在身，不由得喜出望外。原来孝庄在怀顺治时，侍奉她的人也曾看到她的衣服大襟上盘着一条金灿灿的龙，后来顺治做了皇帝，便被认为是应了这一吉兆。

孝庄认为金龙再次在佟佳氏的大襟上盘旋，预示着佟佳氏会生下儿子，而且这个儿子将继承帝位。她告诉近侍，说佟佳氏“异日生子，必膺大福”。

大白天见到盘旋的金龙，就和大白天看到鬼一样，难免让人觉得不可思议。很有可能，孝庄衣服上的那条“龙”只是左右之人为了恭维她所杜撰的，孝庄偏爱佟佳氏，有意让佟佳氏之子继承帝位，便顺势借“祥征”制造舆论。

孝庄在皇宫乃至朝廷中都拥有很高权威和声望，她这么一说，人家心领神会，全都随声附和。及至佟佳氏生下玄烨，在宫人们的演绎下，更多“祥征”也随皇子一同降临人间，比如说玄烨出世时“异香盈室，经日不散，五色光华，与日俱耀”。孝庄听了更加高兴，将玄烨视同心肝，钟爱无比，为了保证玄烨的健康成长，甚至亲自为其挑选乳母和保姆。

以天下为己任

玄烨迁出紫禁城后，孝庄既不能随同住到城外，又不能每天往返奔波，便让苏麻喇姑代其予以照看。

苏麻喇姑是自幼随侍孝庄的亲信侍女，仅比孝庄小五六岁，孝庄出嫁时把她带到了婆家。苏麻喇姑聪明伶俐，凡宫中后妃衣冠式样都由她手制，深得宫人们的推崇和孝庄的信赖。按照孝庄的嘱咐，当时已年过四十的苏麻喇姑每天都要骑马往返于皇宫和玄烨的住处，风雨无阻地前去看望玄烨。

孝庄、苏麻喇姑的特殊关照，保姆、乳母以及其他宫人的精心护理，终于帮助玄烨闯过了鬼门关。只是像所有出痘者一样，他的脸上也留下了麻点——玄烨幼年时就长得五官端正，双目炯炯有神，脸上那些不太显眼的痘痕应该算是相貌上唯一的缺憾了。

玄烨从此再也不会感染天花了。正因如此，麻点也被解释为一种吉相，很多满人认为，小皇子是天赋神佑，在庙中得到了天花女神或诸如此类的神明佑护，否则没法解释他为什么能够侥幸存活下来。

对于玄烨能够顺利出痘，孝庄自然极为高兴。她只有顺治这一个儿子，因此从小到大，对顺治都有些溺爱，用顺治自己的话来说，“皇太后生朕一身，又极娇养”。

可是顺治长大亲政后，母子关系并不和谐，这让孝庄认为自己在教子上是失败的，为免重蹈覆辙，她虽疼爱玄烨，但绝不再予以娇惯和放纵。

自玄烨逐渐懂事起，孝庄便从饮食、言语、举止等方面进行严格规范，要求他就算是一个人独处，也不能依着性子想怎样就怎样，其间一旦发现玄烨不肯做或做不到，就会立即加以批评和纠正。

以“俨然端坐”为例，孝庄时刻告诫玄烨，说你在行立坐卧时千万不能回头看或者斜视，因为这样不但影响个人形象，而且容易犯忌讳。玄烨以后不管是在公开场合与人议事，还是私底下与亲属闲聊家常，也不管当时的情绪状态如何，都始终能给人一种庄重严肃、稳若泰山的感觉。他自己说，这些习惯都是“自幼习成，素日涵养之所致”。

实际上，孝庄是在以未来帝王的标准对玄烨进行培养，诸如“俨然端坐”之类，都是皇帝举止修行的基本功。除此之外，她还经常结合自己的亲身经历，给玄烨讲述祖父皇太极当年披坚执锐，征战四方，以及顺治等父辈进关统一天下的故事。这极大地增强了玄烨的使命感，以天下为己任，做一个祖父辈那样的英雄豪杰，从此成了他的人生理想和目标。

大清政权出自满洲，要继承祖业，首先要学习满文。玄烨后来告诉别人，他四岁的时候就已经知道怎么读书了，实际上就是指他那时候已经学会了读满文。

玄烨的辅导老师是苏麻喇姑，在他避痘期间，苏麻喇姑一面奉孝庄之命，继续对他的言行举止、生活习惯进行规范，一面教他读写满文。苏麻喇姑和孝庄一样都是蒙人，本来并不会满文，孝庄出嫁后开始学习满文，她陪伴在侧，耳濡目染，竟也熟练掌握了满语和满文。在苏麻喇姑的悉心教导下，成年后的玄烨满文功底深厚。不仅能写一手漂亮的满文，而且可以随时指出臣下满文奏折中出现的文辞错误。

按照清制，皇子五岁必须入书房读书，主要通过阅读童话故事、启蒙读物之类书籍来学习汉文。这是玄烨正式入学的开始，莎士比亚把学童时期作为人生第二阶段，描照他的描述，这个人成了“背着书包、满脸红光的学童”，而且常常都是“像蜗牛一样慢腾腾地拖着脚步，不情愿地呜咽着上学堂”。玄烨与之不同，他不仅对上学不抵触，而且很爱学习，读起书来非常认真，经常为此废寝忘食，以至于保姆不得不经常把他的书藏起来，以便可以让他稍事休息。

除了依制入学外，皇子们还要练习随众上朝，站班当差。由于玄烨个子太小，跨不过门槛，他只能由宦官抱入门内，但他非常懂事，无论言行举止都很像一个稳重的大孩子。

借助于上朝的机会，玄烨才得以长时间地站在皇父面前并且看到他。此时后宫情形早已发生变化，董鄂妃所生的皇四子仅仅三个月后便不幸去世，而玄烨在皇祖母的极力维护下，处境逐渐好转，顺治终于开始用一个父亲应有的态度来对待他和其余皇子。

六岁时玄烨重新回到宫中。回宫后他和母亲佟佳氏的接触多了起来，双方感情融洽，这使母子都大感安慰。与此同时，他与父亲的距离也拉近了一些，有一次他和哥哥福全、弟弟常宁一道去宫中向顺治请安。顺治问起每个人的志向，三岁的常宁自然说不出什么，福全表示愿为贤王，只有玄烨果断地回答："等我长大了就效法皇父，凡事都要尽力而为。"

显然，玄烨的志向和抱负就是要继承皇位。原本四皇子出生时，顺治的意图是要定他为嫡子，让他继承帝位，四皇子一死，这个念头便只好断掉了。之后，董鄂妃因忧伤过度，身体欠佳，未再生育，顺治也没有心情再考虑皇嗣问题，他与儿子们的问答并无太多深意，所以当场除对福全、玄烨予以口头嘉勉外，未再有任何其他的举措。

通玄教师

1660 年年底，顺治毫无预兆地染上了天花。与玄烨当初尚能化险为夷不同，此番他已无任何被挽救的余地，而直到这个时候为止，皇位继承人仍未能够确定，经孝庄一再敦促，病榻上的他不得不开始紧急斟酌人选。

最初可能是担心皇子们年幼，难当重任，顺治想立自己的堂兄弟、康亲王杰书继位，但这一设想刚提出，就遭到了孝庄和上三旗大臣的一致反对。孝庄反对的原因自然不难想见，上三旗是天子也就是顺治所自掌的旗，其地位高于另外五旗，若按照顺治的继任办法，现有三旗就难免会换成别的旗帜，所以大臣们也都希望皇帝在皇子中选择继承者。

于是，顺治的择储范围又被缩小到了皇子。他先后一共有八个儿子，四个早夭，玄烨以下的两个弟弟太小，只有玄烨和福全年龄较大一些，玄烨八岁，福全九岁。

后来的《清帝实录》中说，玄烨六岁时那次关于志向的答对在顺治的选择中起到了关键作用，让他认准玄烨可继大统，“世祖皇帝（顺治）于是遂属意焉”。事实或许与此大相径庭，就像在婚姻问题上一样，顺治对母后往往有一种意见上的逆反心理，即你想要我这样，我偏不照办。他明知玄烨的回答都是孝庄教导的结果，也就等于母后在向他举荐玄烨，但唯其如此，他内心深处反而不会特别倾向于玄烨，况且作为哥哥的福全毕竟大上一岁，同为幼帝，至少可以缩短从辅政到亲政的交替期。

如果顺治仍然健健康康，他或许就会我行我素地选择福全为太子了，问题是他现在已经危在旦夕，日后的幼帝必然离不开母后的辅助，岂能将她的意见轻易掷于一旁？

在福全和玄烨之间，顺治一时难以决断，犹豫良久，他决定派人向钦天监监正、德国传教士汤若望进行征询。

汤若望在清初宫廷中是个神一般的存在。当初摄政王多尔衮“代天摄政，赏罚等于朝廷”，被顺治母子视为心腹大患，汤若望对这对孤儿寡母预言说：“放心，我观摄政王来日无多。”果不其然，在不久以后的一次游猎中，多尔衮射箭时因开弓过猛，伤及内脏而导致猝然死去（也有说是坠马跌伤）。

又有一次，皇后突然染病，御医束手无策，孝庄派侍女向汤若望求医，求医时特意隐瞒了皇后的身份，只说是某亲王的郡主病了。汤若望将一面圣牌交付使者，嘱咐只要将圣牌挂在病人胸前，即可除病消灾。侍女回去后向孝庄报告，孝庄下令照办，结果没用任何药物，皇后就奇迹般地痊愈了。

这件事发生后，孝庄大为感激和叹服，除给予汤若望许多赏赐外，还认他为“义父”。既然母后都尊其为“义父”，顺治也就顺理成章地成了汤若望的“义孙”，平时也都尊称他为“玛法”（满语，意为尊重的长者、父辈或爷爷）。

细观汤若望的各种“神迹”，很多其实只是巧合而已，并不说明他真的有什么过人的神通。比如皇后不治而愈的事例，应该是她的病情本身就不是很严重，只是中医没有诊断出来，而汤若望却通过心理疗法，歪打正着地把皇后的病给治好了。

当然汤若望也绝非一个欺世盗名之徒，他拥有让当时的中国人为之瞠目的各种绝技：什么机械都能制造，从钢琴到自鸣钟，从大炮到天文望远镜；什么天象都能预测，不管是星辰变化，还是日食月食。

在朝廷看来，汤若望的所有神迹和技能都来自他那深厚玄妙的“玄学”功底。就在玄烨出生的前一年，汤若望被赐予“通玄教师”的封号，此后顺治又亲自为汤若望的教堂撰写碑记，并赐“通玄佳境”匾额。所谓“通玄教师”，即通达玄学的教师，所谓“通玄佳境”，即玄学最为精深之所在，有人甚至认为顺治给玄烨取名时用“玄”字，本身也寄托着想让玄学在清帝国发扬光大之意。

汤若望除了以自己的知识和技能服务于宫廷外，也在国事方面积极向顺治建言献策。至1658年，玄烨五岁的时候，汤若望被诰封为一品光禄大夫，正式成为皇帝的御用顾问。在中国历史上，一个西方人能进入官阶制度森严的朝廷为官，还能做到一品大员，是从来没有过的，实属传奇，足以说明顺治对他的敬重和信任。

在顺治派去的人向汤若望陈述来由后，汤若望分析说玄烨虽然年龄比福全略小，但好在已经出痘，有免疫能力，相比之下，福全却未曾出痘，也就是说，很可能像眼下顺治一样，盛年即死于天花。

顺治曾对大臣们感慨，说汤若望不仅学识渊博，而且品行高洁，其他人都是为了功名利禄而做官，唯有汤若望不为功名利禄，只求能够帮助到他，“此所谓不爱利禄而爱君亲者矣”。自顺治染病以来，尽管从后宫嫔妃到文武百官都被天花吓得瑟瑟发抖，但没有人敢把天花和立嗣联系到一起，因为都怕犯忌讳，只有汤若望选择了不计得失，斗胆直言，而他的进谏也再次引起了顺治的重视。

天人相隔

按照清代官制，每年农历十二月中旬，钦天监（即汤若望主持的那个被认为通天通神的部门）都要挑选特定日子，让各衙门封印，不办公事，等到次年正月再开印重新办理政务。

1661年2月6日，农历是正月初八，这一天是钦天监选好的开印之日，京官张宸一早洗漱完毕，正准备穿着朝服入署办公，随从却跑来告诉他：“今天衙门的大门开了但马上又关上了，朝廷只传中堂（大学士）及礼部三堂上朝，而且他们都摘掉了帽缨。现在百官皆已散去，大人您不用去衙门了！”

张宸一听大为错愕。“摘缨”是满人的丧礼习惯，说明有帝后去世，他虽然知道顺治皇帝生了病，可是顺治毕竟还那么年轻，才二十几岁，不太可能吧？

张宸疑惧重重，吃完早饭后便亲自出门探听，但同僚们都和他一样茫然，无法得到确凿消息。此时北京的外城城门已被全部关闭，城防部队实施戒严，大街上寂寥无人，这让大家更加惶恐不安。

中午宫里传诏，让百官穿朝服到户部领帛，然后至太和殿待命，众人这才知道顺治已经驾崩。张宸看到同僚魏思齐，忙向他打听嗣君是谁，回答是：“吾君之子。”

先前顺治提出传位于堂兄弟，廷臣中已有所耳闻，当然也听说了由此产生的争执。有争执，就可能产生政治动荡，包括张宸在内，无不对此感到担心和疑虑，如今听魏思齐一说，张宸松了口气，说：“我的心安定了。”

顺治是在前一天，也就是 2 月 5 日凌晨去世的。死前他听从了孝庄和汤若望等人的建议，决定舍去福全，以玄烨为储君。这其中，汤若望的直抒己见起到了关键作用，时人对此倍加称赞，认为汤氏“最后则直陈万世之大计，更为举朝所难言”。

二更天后，朝廷向百官发布顺治遗诏，遗诏中明确宣布玄烨为皇太子。接着宣诏官又让百官勿退，等候新天子登基。

整个紫禁城都被笼罩在一片幽暗哀戚，但又让人有所期待和希冀的氛围当中，宣诏的时候，还颇有呜咽失声者，如今官员们全都擦干眼泪，集体露坐于午门之外，在漫漫冬夜和凛冽寒风中等待着新君的到来。

除了继承祖父和父亲的基业外，身为新君的玄烨必须同时接受父亲去世的现实。按照皇帝丧仪的要求，宫人们剪去他的发辫，给他穿上全白的缟服，带着他前往乾清宫。顺治的灵柩就停放在那里，隔着上绣九龙的黄色帐幔，父子已然是天人永隔。

玄烨在顺治的灵前行礼受命，刹那间，丧钟齐鸣，无数低沉的声音在冬月的京城上空进行穿越，仿佛都在做着最后的告别。

在得以返回皇宫前，玄烨没有多少关于父亲的印象，等到回宫，与父亲近距离接触的机会也不多，大多数时候都是站在人群中默默注视，如今连这种默默注视也变得不可能了。从此以后，他只能在童年的零星片断记忆中竭力搜寻父亲的身影，其中也包括那段被迫与父母长期分离的避痘岁月。

直到晚年，玄烨还无限感慨地对身边人说起："朕幼年时，未经出痘，令保姆护视于紫禁城外，父母膝下，未得一日承欢，此朕六十年来抱歉之处。"尽管话语中仍不胜凄凉之感，但显然并没有对父母亲的任何抱怨，有的只是歉疚和遗憾。

怀念父亲最好的办法，莫过于遵其所嘱。2 月 7 日寅时（凌晨三至五点），八岁的玄烨登上了俗称金銮殿的太和殿，"即皇帝位"。百官向他叩头行礼，随后新君颁诏大赦天下，改明年为康熙元年，玄烨成了康熙皇帝。

登基典礼由其祖母孝庄皇太后亲自主持。孝庄是个很节约的人，顺治遗诏十二款，有两款都是关于生活浪费的自我批评，"无益之地，靡费甚多"，它们其实都出自孝庄的意思，是孝庄借顺治的口气在责备儿子。不过孝庄为康熙登基所安排的卤簿仪仗，却没有一件是顺治用过的旧物，看上去焕然一新，于哀戚中尽显皇家之富丽。显然，孝庄一方面要以喜气来冲淡丧子的悲痛，另一方面也对康熙这个自己最疼爱的孙子寄予厚望，所以在他的登基大典问题上绝不肯草率。

命运

失去父亲，让康熙更加珍视与母亲、祖母相聚相处的日子。1662 年 10 月，康熙遵祖母孝庄为太皇太后，尊生母佟佳氏为皇太后。佟佳氏从前在宫中受尽丈夫的冷落，如今因为儿子做了皇帝，地位得以大大提高。只可惜她并没有享福的命，仅仅几个月后就染上了重病，而且日见恶化。

佟佳氏生病期间，康熙早晚陪伴在母亲身边，"目不交睫，衣不解带"，凡是煎制好的汤药，都要自己先尝一口，觉得不烫了才用汤匙送到母亲嘴边。一个尚不满十周岁的孩子反过来服侍大人，未免让人觉得心疼，但对康熙而言，却可能是他人生中最幸福的时光之一，因为从小到大，唯有在这段时光中，他才真正找回了失去已久的母爱。

不光是要照料母亲，康熙每天还要数次到慈宁宫去向孝庄请安。见自己最疼爱的儿媳病情严重，已年过五十的孝庄同样忧心如焚，为了不让祖母过分担心，康熙在她面前总是“强敛戚容”，装出言行自若的样子，可是一出慈宁宫，便忍不住泪如雨下。

1663 年 3 月 20 日，农历的春分，“春分者，阴阳相半也”，佟佳氏就在这一天撒手人寰，她和顺治死的时候都只有二十四岁。

什么叫悲剧，就是上天假装把你最珍视的东西还给你，然后又当着你的面把它们统统揉烂撕碎！在佟佳氏的丧礼上，康熙捶胸顿足，哭得肝肠寸断，根本停不下来，其间连水都不肯喝上一口，近侍见了无不为之感动落泪。

佟佳氏去世后，孝庄将康熙收养在了慈宁宫，她对康熙的保护非常周全，不允许孙儿再出现任何一点闪失。当年夏天，康熙将佟佳氏附葬于顺治所在的孝陵，本来他要亲自护送母亲的灵柩，但孝庄因担心发生意外，再三加以劝阻，康熙这才没有出京。

康熙登基时，安徽桐城县有个叫周南的秀才跑到京城，上条奏提出十款建议，其中一款是按宋代太后临朝称制的先例，请孝庄垂帘听政，但遭到了孝庄的严词拒绝。

孝庄屡经政治变更，具备极高的政治手腕，然而并无政治野心。当初顺治也是六岁即位，如果孝庄愿意，早就可以垂帘听政了，归根结底，做女皇从来都不是她的人生目标。

顺治突然病逝，是孝庄难以接受，但又不得不接受的一个结局。青年时代，她失去了丈夫，人到中年，又失去了唯一的儿子，人生之伤心事莫甚于此。顺治遗诏中写道“子道未终，永违太后膝下”，这既可以看作年轻皇帝临终自道的追悔和遗憾，也可以被视为孝庄的痛心之词。顺治大丧的那天，她穿着黑色素袍，一个人孤零零地走到乾清门的台基上，当“遥闻宫中哭声，沸天而出”时，这位一向非常善于掩藏自己情感的女人终于再也控制不住，“扶石栏立，哭极哀”。

命运从此把孝庄和康熙这对祖孙牢牢绑在了一起。事实上，从顺治病危起，孝庄就已经开始扶持康熙，只是她很少直接发布谕旨，更多地还是像当年扶持顺治那样，对幼帝进行教诲和训诫，以帮助他尽快度过辅政期，学会亲自执政。

在孝庄乃至苏麻喇姑的影响下，康熙平时不饮酒、不抽烟、不登墙、不看无聊书籍，可以说没有任何不良嗜好。1663 年，某将领率部在外，于某地得一罕见的黄鹦鹉，为讨幼帝喜欢，便以黄金作笼，献给康熙。康熙不但予以拒绝，而且对将领此举进行了责备。其实以他那样的年纪，正是喜欢活泼可爱的小动物的时候，之所以“却其献，严饬之”，就是因为祖母曾经给他讲过祖父皇太极拒收进贡铁雀的事，使他在潜移默化中懂得了玩物丧志的道理。

辅政初期，康熙的主要任务仍是学习。四书五经是中原帝王的必修课，也是满人入关后学习汉文化的重点，原本汉人臣一再建议为小皇帝配备学问高深的老师甚至是大儒，为他做系统讲授辅导，但因为辅政大臣们都不太支持，迟迟未予实行。

无奈之下，康熙只好拜身边的宦官为师。当时的宫廷宦官主要收容自前明，明朝自万历以后，宦官即有“多学能书”及“宛然有儒风”的传统，比如教康熙句读的张姓、林姓两名宦官就都具备一定的文化素养。这也使得康熙在不影响公事的前提下，与身边的亲近宦官一直保持着比较好的关系，几百年后清朝覆亡，清宫里发现了数百封康熙的书信，其中有一些就是他写给宦官的私人信件。

康熙对自己要求很高，“日所读书，必使字字成诵，从来不肯自欺”。有一段时间因学习过于刻苦，影响了健康，甚至不得不进行针灸治疗，医生在针灸时，常会用点燃的艾条来温灼皮肤表面，这导致后来他最怕针灸，一闻到艾味，就会条件反射地感到头痛。

刻苦学习为康熙打下了扎实的基础，他晚年提到，“朕七八岁所读之经书，至今五六十岁犹不遗忘”。有一次，他接见一名总兵，得知这名总兵学过儒家经典《大学》，便让对方背诵一遍，总兵背了一半就背不下去了，康熙当着他的面从头背起，且一字不误地背到结束，把个总兵佩服得五体投地，连连说：“皇上乃天纵英才，非小臣所能及。”

辅政四大臣

满人有着尚武的传统，入关后亦不懈怠，尤其注重骑射技能的训练。他们认为，骑射必须小时候就练，不然难以成为高手，以骑马为例，只有十余岁时学会纵马驰骋，成年后才能自如地控制坐骑。康熙自入书房读书起，就一边读书一边向身边的侍卫学习骑射，并且与读书一样认真严谨。

康熙起初学习射箭，周围几乎每个人都夸他射得好，只有年纪较大的侍卫阿舒默尔根实话实说，认为康熙射得并不好，于是康熙就以他为师。阿舒默尔根在教习时对康熙毫不迁就，动作上稍有一点不正确的地方，就会直言不讳地加以指出，也正是在这种严苛的教习下，康熙才拥有了高超的骑射技术，可以做到弓马娴熟，箭无虚发。与此同时，长期不间断的骑射训练还锻炼了康熙的体魄，让他迅速成长为一个强健勇武的少年——纵马驰骋自然不在话下，他还能拉开只有力士才能拉动的强弓，连续不断地把十三把箭全部射完！

依清朝祖制，皇帝年幼，国家政务应由宗室诸王协理，顺治幼年即由睿亲王多尔衮和郑亲王济尔哈朗两位皇叔共同摄政。可也正是在亲王摄政期间，逐渐形成了多尔衮大权独揽的局面，“不遵上命，概称诏旨，擅作威福”，小皇帝完全成了傀儡。不仅如此，由于按照传统，宗室成员本身就有争夺皇嗣的资格，所以顺治的帝位亦岌岌可危，朝不保夕。

这些都是顺治和孝庄母子的亲身经历，可谓痛入肺腑，刻骨铭心。为此，在顺治临终时，他们决定改变旧制，从直属天子的上三旗（正黄、镶黄、正白）中选择四位亲信重臣，令其辅助康熙，佐理政务。

四辅臣都曾披甲上阵，为清帝国开创基业立下过汗马功劳。在皇太极时期，天子仅直掌两黄旗，即正黄旗和镶黄旗，辅臣中的索尼属正黄旗，遏必隆、鳌拜属镶黄旗，在皇太极逝世后，三人因拥立皇子继位，遭到多尔衮的打压，不是被降职就是被罢官，鳌拜还差点被处死。那时正白旗尚未直属天子，旗主是多尔衮，同属辅臣的苏克萨哈属正白旗，为多尔衮的亲信。多尔衮死后，苏克萨哈看清形势，首先反戈一击，揭发多尔衮谋篡帝位，因而受到了顺治的信任和重用。

摄政诸王皆为近支宗室，既是皇帝的长辈，本身又是一旗之主，他们往往容易藐视幼帝而专权。以多尔衮为例，他是皇太极的弟弟，顺治的叔叔，正白旗旗主，连顺治见了他都得恭恭敬敬地喊上一声“皇叔父摄政王”，久而久之，又岂能不发展到凌驾于小皇帝的地步？辅政四大臣则不同，他们是皇帝的臣子，上三旗属员，与身为上三旗旗主的皇帝之间，是君臣加主奴的关系，这就保证了幼帝的至尊地位，减少了皇位被篡夺的可能性。

自追罪和清算多尔衮起，顺治母子就有意识地在皇族和八旗内部进行整顿，目的是加强皇权，削减旗主权势。至顺治逝世前，诸王贝勒已没有像皇太极和多尔衮摄政时期那样的实力，这才使得他们能够一反传统，在没有同宗室商量的情况下，就决定让异姓四大臣辅政。

对于让谁辅佐幼君，孝庄和辅臣们早有定论，但为了进一步试探诸王贝勒的态度，在宣读顺治遗诏后，四辅臣仍假作惶恐状，由索尼带头跪告诸王贝勒："现在大行皇帝（顺治）留下遗诏，命令我们四人辅佐冲主（幼君）。可是历来国家政务都是由宗室协理，索尼等人都是异姓臣子，怎么能够综理呢？还是和诸王贝勒等一同负责为好。"

诸王贝勒不傻，自然知道对方这么说的用意，于是急忙答复道："大行皇帝深知你们四大臣之心，所以才委以国家重务，这一点遗诏上已经说得非常清楚明白，谁敢干预？四大臣你们就不要再谦让了。"

索尼等人听后，即将诸王贝勒拥护辅政的态度奏知孝庄。在孝庄的授意下，四辅臣和王以下大臣先后宣誓，对辅政期间不受诸王贝勒干预，不单独同诸王贝勒等私相往来等加以特别强调。

由于皇帝尚处于童年，还没有能力处理国家事务，孝庄又不垂帘听政，所以四辅臣名为辅政，实际可以用"辅臣称旨"（即辅臣传达皇帝谕旨）的名义代行皇权。一般情况下，对诸王贝勒大臣而言，"辅臣称旨"就如同皇帝的诏令一样，不能违抗。

当然，四辅臣充其量也只是皇权的执行者，真正把持政权的仍是孝庄。此外，与四大臣辅佐政务并存的还有议政王大臣会议。后者是清初特设的权力机构，其成员"半皆贵胄世爵"，即多系诸王贝勒组成，它的权力很大，别说"四辅臣"，就算是孝庄本人出面，都不能轻易改变其决定。

以太后为中心，以四异姓大臣为辅佐，以诸王贝勒为监督，这是一个经过精心设计的权力架构，为的是不让任何一方越出界限，以免侵犯皇权，只是这样做究竟能不能达到预期效果，还得由现实博弈给出答案。

汤若望案

以往的中原王朝，包括明朝在内，都会使用大量宦官。清初则未建立相应的宦官制度和机构，虽有专门管理皇室事务的内务府，但内务府成员除一些接收的前明宦官外，主要都是上三旗包衣。

包衣为满语，是家奴之意，在身份上他们属于皇帝的家仆，而传统宦官则多数出自社会下层的普通家庭甚至是罪犯，二者自然区别很大。顺治亲政后，在前明宦官同时也是他的贴身宦官吴良辅的建议下，裁撤内务府，仿照明朝体制，建立了专门的宦官机构，名为十三衙门。

随着十三衙门的建立，宫中宦官的数量越来越多，权势也越来越大，至顺治末年，已俨然成为京城的一大势力，宦官干政和犯法事件时有发生。其间，吴良辅仗着顺治的宠幸，暗地里勾结官员，索贿受贿，事发后却被顺治袒护而未受到任何处罚。

在孝庄和辅臣们看来，宦官专权祸乱乃明朝亡国的一个重要原因。在他们所改定的顺治遗诏中，借用顺治的口气对任用宦官进行了反省："祖宗创业，未曾任用中官（宦官），且明朝亡国，亦因委用宦寺（宦官）。朕明知其弊，不以为戒，设立内十三街门（十三衙门），委用任使，与明朝没有什么不同，以致营私作弊，更超过以往。"

四辅臣执政后，即以"变易祖宗制度"之罪将吴良辅处以死刑，同时裁撤十三衙门，重新恢复内务府。原有宦官五千人，淘汰了四千，仅留下一千"执下等役务"。

与顺治生前的开放激进不同，四辅臣在一定程度上代表着清廷的守旧势力，即便像清除宦官这样的得民心之举，他们所打的旗号也还是所谓的恢复祖宗旧制，而这样落后的政治理念，又必然会给他们的执政蒙上阴影。

鲁迅曾在他的著作中写道："清顺治中，时宪书上印有'依西洋新法'五个字，（杨）痛哭流涕地来劾洋人汤若望。"这里面的"杨"是指清初守旧派官员杨光先，顺治朝时他曾上疏反对汤若望所编的新历书"时宪历"，当时由于顺治尚在，汤若望如日中天，礼部对其奏疏未予受理。

到了辅政时期就不一样了。四名辅臣与杨光先的政见基本相同，他们也一向都不喜欢西方传教士，只是在顺治面前不敢轻举妄动罢了，所以顺治一死，汤若望及其他传教士的处境便开始急转直下。

1664 年，已年过古稀的汤若望突患脑出血致半身不遂，不能正常行走，连说话也含混不清。杨光先趁此机会再度发难，以“历法错误”“传播邪教”“大逆谋反”等罪名，上疏参劾汤若望，要求将汤若望等人“依律正法”。礼部在收到杨光先奏疏的当天，即上呈四辅臣大臣，辅臣们立即下令，将汤若望、南怀仁等传教士以及几名信奉天主教的钦天监官员逮捕审讯，这就是汤若望案，因杨光先把发难重点集中于汤若望的“历法错误”，所以也称康熙历狱。

在审讯过程中，虽然汤若望等人想尽办法为自己辩护，在又一次预测口食时，也证明了他们的无辜和能力，但是由于整个案件被辅臣实际操控，导致对汤若望的判决反而由原来的绞刑改为斩首，后又由斩首改为凌迟。

眼看汤若望在劫难逃，就在这时，北京发生了一场大地震。在中国古代，地震属于灾异的一种，按照传统解释，发生地震乃臣下叛异或女主当国之兆。这时并不存在女主当国的问题，于是只能归结到辅臣身上，舆论认为，这次地震是上天的示警，是对汤若望被处以极刑的愤怒与惩罚。紧接着皇宫中突然起火，也同样被视为上天在继续示警。四位辅臣进退维谷，只得一起去面见孝庄，口称：“汤若望罪案，须奏请太皇太后懿旨定夺。”

尽管孝庄在一些守旧观念上与辅臣趋同，但她尊汤若望为“义父”，曾经捐资修建天主堂，据说还受过洗，表明她在对待天主教和传教士的态度上与儿子相接近。看过辅臣们的奏折后，孝庄当即面露愠色，颇为恼火地嗔怪道：“先帝当初十分信任汤若望，你们难道都忘得一干二净？先帝称汤公为玛法，你们如此胆大包天，想处汤公死刑。先帝在天之灵能容忍吗？”

见太皇太后动了怒，四个辅臣吓得一声不敢吭，只能连连叩头称是。回去后他们就对汤若望下达了“着免死”的决定，将其和南怀仁等其他传教士陆续予以释放，但仍将五名信仰天主教的钦天监官员处斩，而原居内地的传教士则被一律驱至澳门。

选后

孝庄在未垂帘听政的情况下，犹能起到一言九鼎的作用，毫无疑问，依赖的是她在朝中积累的声望及其高超的政治手腕。

过去，用联姻的方式来促进满蒙联盟一直是清廷国策，皇太极的正宫皇后和孝庄本人都出自蒙古科尔沁博尔济吉特氏，而清廷亦以皇室之女下嫁于蒙古王公。至顺治时期，孝庄仍然遵循这一传统，从博尔济吉特氏家族中为顺治选择皇后。1665年，当她准备为康熙举行大婚时，却一改习惯做法，决定从辅臣的女儿中册立皇后——虽然仍是政治联姻，但要联姻的对象已经变成了辅臣及其家族。

除了苏克萨哈，索尼的孙女赫舍里氏和遏必隆、鳌拜的女儿都进入了选后名单。究竟选择这些女孩儿中的哪一位，其实并不主要取决于女孩儿本身或是康熙的态度，关键还是她们的家族背景怎样，以及其家族能否在康熙迈入亲政的过程中起到重要作用。

索尼是起自努尔哈赤时代的四朝元老，又是顺治、康熙两朝的顾命大臣，所以在辅臣中被列于首位。他不仅地位高、阅历深，而且能文能武，足智多谋，朝中“商议大事，无出索尼右者”，平时就连诸王贝勒都对他尊敬有加。

与索尼相比，位列第四的鳌拜和位列第三的遏必隆皆各有缺陷。鳌拜勇谋有余，战功卓著，但睚眦必报，专横擅杀。他与内大臣飞扬古有私怨，飞扬古之子、侍卫倭赫擅骑御马，用皇上的弓箭射鹿，被他告发，结果问斩。飞扬古此时正在守陵，不免口出怨言，鳌拜又将其问成死罪，导致飞扬古和其子尼侃萨哈萨均被绞死，而房产却被籍入了鳌拜弟弟穆尔玛家。

虽然孝庄并不能过多干政，但她对于鳌拜这种飞扬跋扈的劲头定然难以认同，于是在首轮挑选时，就将鳌拜的女儿从名单中给剔除了出去。

遏必隆出自名门，性格也不像鳌拜那样嚣张，但庸懦无主见，遇到争执时通常都是随风倒，即哪一方强大，他就倒向哪一方。在孝庄看来，遏必隆这种人不能完全依靠，当然拉住了有时也能起到一些作用，最终，她决定将索尼的孙女赫舍里氏册立为皇后，而遏必隆的女儿则进宫为妃。

谁家的女儿能够成为皇后，也必然将同时导致皇后所在家族力量的壮大，这是人所共知的事，不过当消息传出后，首先跳起来的却不是遏必隆或鳌拜，而是苏克萨哈。

相比于一般大臣，苏克萨哈与皇室有着更为密切的裙带关系。他的父亲苏纳早年随努尔哈赤创业，深得努尔哈赤喜爱，被招为驸马，这样算起来，皇太极是苏克萨哈的舅父，孝庄是他的舅母，因此虽然遏必隆、鳌拜都以公爵比他先列为内大臣，但苏克萨哈在辅臣中的班行却列于遏必隆、鳌拜之前，仅次于索尼。

多尔衮既是苏克萨哈曾经的上司，也是他的舅父。多尔衮死后，苏克萨哈第一个揭发多尔衮，对于顺治而言，他自然是功臣，但也因为做了“叛徒”，其人品亦遭到指摘，索尼就很看不起苏克萨哈。苏克萨哈对此耿耿于怀，遂力阻册立赫舍里氏为后，遏必隆、鳌拜各怀心思，便也随其一同前往慈宁宫面见孝庄。

孝庄虽是苏克萨哈的舅母，但平时两人意见并不一致，比如苏克萨哈对汤若望等传教士就抱有敌视态度，是一个“基督教仇视者”，在汤若望案中亦对汤若望喊打喊杀，让孝庄极为不快。这次也一样，苏克萨哈先是说赫舍里氏与康熙年庚不对，继而又在赫舍里氏的父亲，也就是索尼的长子噶布喇身上做文章。噶布喇任宫廷侍卫，政治地位不高，苏克萨哈对孝庄说：“欲立噶布喇之女为皇后，必动刀枪。满洲下人之女（‘下’为满语，意为侍卫），岂有立为皇后之理？”

尽管苏克萨哈言辞激烈，几乎已与孝庄形成正面冲突，但孝庄的意志并非他所能撼动，苏克萨哈的奏章落了个无果而终的结果。经历此事，索尼及其家族对皇室更加忠心耿耿，倒是苏克萨哈自己棋错一着，引起索尼的反感，直至在辅臣中陷入孤立境地。

圈换土地

按照莎士比亚的说法，情人是人生的第三个阶段，这时候他“像炉灶一样叹着气，写了一首悲哀的诗歌，咏着他恋人的眉毛”。

1665 年 10 月 16 日，康熙举行大婚，当年他只有十二岁，被选为皇后的赫舍里氏和他同岁，只是生辰比他大上几个月。西方的莎翁恐怕不会想到，东方的恋人们会在这么早的年龄就缔结良缘，相携走入婚姻的殿堂——他们其实都还只是两个小朋友啊！

与顺治在婚姻问题上对孝庄的逆反和抗拒不同，康熙唯孝庄之命是从，而且他也没有父亲那种近乎偏执的择偶观，对祖母的安排能够心甘情愿地予以接受。另一方面，赫舍里氏出身书香世家，受过良好教育，有大家闺秀的风范，入宫后她除了对丈夫温柔体贴，进言“恳挚”外，还能孝敬太皇太后和皇太后，治理后宫也严谨谦和，宽容大度，可以说是个无可挑剔的好皇后、好妻子，也因此，她和康熙虽然是包办婚姻兼政治婚姻，但两人从一开始就非常恩爱。

包括操办皇帝大婚在内，孝庄处心积虑地为康熙亲政创造着各种条件，但再高明的政治家也不可能事事料及，比如圈换土地事件的出现及其对政局的影响，就是她原先根本设想不到的。

早在皇太极时期，皇帝自将的“两黄旗”（正黄、镶黄）与亲王分管的“两白旗”（正白、镶白）之间就存在着矛盾。皇太极死后，两黄旗大臣坚决拥立皇太极之子，并以不惜兵戎相见的架势，迫使多尔衮放弃觊觎帝位的企图，接受了摄政的折中方案，自此，双方的矛盾和成见不断加深。

多尔衮在摄政期间，不仅对反对他的两黄旗大臣进行肆意报复，而且还在对北京附近圈占的土地分配时，利用摄政的便利，将本应分给镶黄旗的肥沃土地给了自己的正白旗，却把本该属于白旗的较差土地拨给了镶黄旗。多尔衮这种明显歧视和压制黄旗的做法，曾引起黄旗上下官兵的不满，只是在当时的形势下，大家敢怒不敢言，只能低头认栽。

风水轮流转，等到多尔衮一死，政局大变，正白旗被皇帝收归自将，与两黄旗合为上三旗。到康熙初年为止，旗民均已各安生业，由此引起的不愉快印象也逐渐淡薄，但镶黄旗中仍有人议论当年分地偏袒不均。听到这些议论后，辅臣们的态度截然相反：隶镶黄旗的鳌拜立意将早已分定的黄、白两旗土地再行调换分配；隶正白旗的苏克萨哈默不作声，实际就是表示反对；索尼因为苏克萨哈反对册封自己孙女为皇后，对苏克萨哈有意见，本身就持与“苏克萨哈反对的，我就赞成”相似的态度，加上正黄、镶黄一家，于是很自然地投了鳌拜的赞成票；遏必隆与鳌拜同属镶黄旗，而且他向来没什么主见，既然索尼、鳌拜都说要调换，也就随声附和。

得到索、遏的支持，鳌拜便暗中唆使旗人向户部呈文，要求镶黄旗与正白旗互换土地，如果所换的土地不足，就再圈占民地予以补充。

大学士兼户部尚书苏纳海看完旗人的诉讼后，上疏称土地分拨已久，况且前两年朝廷已经有不许再圈民地的谕旨，因此请求将八旗移文驳回，立罢换地之议。

苏纳海的反对意见被鳌拜等人弃之一旁，他们继续我行我素，打着“凡事俱遵太祖太宗例行”的旗号，以“辅臣称旨”的名义发布拨换令，强行让镶黄旗与正白旗进行大范围的土地圈换。

消息一出，无论旗人还是附近的汉民均人心惶惶，正白旗人固然不愿把好地换走，就是镶黄旗人也认为时间过去了这么久，“今换给新地，未必尽胜于旧”，而汉民面对自家土地即将被圈占的残酷现实，更有一种绝望无助之感。拨换令颁布之日，正值秋耕季节，可是“旗地待换，民地待圈，皆抛弃不耕，荒凉极目”。

转眼到了隆冬，一方面土地圈换依旧难以推行，另一方面原有家园又不让居住，各旗官员只能暂时住进庙宇草棚，穷苦百姓则连草棚子都不能住，被迫在冰天雪地中辗转流离，“号泣之声，闻于数里”。

相关的社会舆论很快流入宫中，康熙听到后极为不安，于是便借问安之机向祖母奏报。此时孝庄也从宫中的包衣、宦官以及和她一起在教堂做弥撒的女教民口中，了解到了这方面的情况。

自正白旗归入上三旗后，服务于皇室的正白旗包衣便一律被分配给太后，所以至少在理论上，正白旗包衣都是为孝庄服役的家奴，孝庄对正白旗包衣也更为信任一些，她为康熙挑选的几个乳母都出自正白旗。站在孝庄的立场，她就算不偏袒正白旗，也不能允许别人故意损害正白旗的利益，更何况圈换土地事件还在社会上引起了这么大的动荡和不安，于是她当即严责四辅臣扰民，要求他们改弦更张。

恰在这时，直隶、山东、河南三省总督朱昌祚和直隶巡抚王登联相继上疏，奏请皇上停止圈换土地，朱昌祚更在奏疏中直截了当地指出，拨换令并非出自皇上本意，暗示是鳌拜背主所搞的非法活动。同一时间，苏纳海以拨换令执行困难为由，决定将派出去负责圈换的官员全部撤回。

就像汤若望案中一样，如果太皇太后表了态，发了话，一般情况下，四辅臣是不敢不接受的，但这次例外，因为鳌拜不干！

鳌拜巴图鲁

满族民间艺人有一种特有的表演形式，类似于汉族的说书，名为“满族说部”。满族说部擅长记录本民族英雄的前世今生，但流传下来的英雄史诗并不多，以鳌拜为主人公的《鳌拜巴图鲁》乃其中之一，足见鳌拜在满人心目中的影响和地位。

鳌拜自青年时期就驰骋疆场，立大小战功无数，并在战场上救过皇太极的命，被皇太极赐号“巴图鲁”（满语，英雄或勇士之意）。孝庄喜欢回忆往事，曾多次向宫人和康熙讲述当年鳌拜身中利箭，被射得像个刺猬一样，但仍杀敌如虎，拼死保护丈夫的事迹。鳌拜的英雄形象也因此给康熙留下了极为深刻的印象，后来当他回顾大清艰辛的立国史时，仍不忘提及鳌拜，说“太皇太后常念其勇耳”。

“国初勋旧，无不知有鳌拜者。”清军入关后，鳌拜奉命率部追击农民军，李自成、张献忠这两位明末农民军的领袖都先后死于其追击。与此同时，他对继位的幼帝顺治表现得忠心耿耿，为此在多尔衮摄政期间屡遭打击，不是有功无赏就是无罪受罚，甚至还曾三次被判处死刑。

顺治亲政后，视鳌拜为心腹重臣，君臣之间极为相得。鳌拜旧伤复发，卧床不起，顺治便亲临鳌拜府邸看望慰问。孝庄病重，顺治朝夕侍候，鳌拜也没闲着，昼夜于宫中服侍，连休息和吃饭都顾不上。

在顺治朝时，鳌拜深得顺治和孝庄的信任，未料到了康熙朝却判若两人：平时骄横跋扈，气势夺人，以至于别人看到他都得绕着走；忤己者动辄置之死地，因为私人恩怨，就假公济私，擅杀飞扬古父子。

变化这么大，其实也没什么特殊原因，就是他自以为战功显赫，不知不觉地飘了起来！一开始，鳌拜是不把辅臣外的百官和亲王贝勒放在眼里，后来就盯住了苏克萨哈。

在辅臣之中，鳌拜最能打仗不假，军功也最高，但却不识汉字，或许是因为这个原因，他在辅臣中被排在了末尾。后来鳌拜事败，有人便说顺治临终前其实根本未召见他，遗诏中也没有把他列为辅臣，是鳌拜“自称顾命大臣”，厚着脸皮占了别人的位置。这种说法虽无任何事实根据，但也在某种程度上表明了其处于最末位的尴尬——如果像索尼一样排在首位，恐怕就没人会这么说了吧？

鳌拜可不甘心当“老末”，就算班行上他可以暂排末位，但话语权上却一定要争做第一。

索尼的资历、声望和议政能力都超出鳌拜远甚，鳌拜不敢与之明争，不过索尼年老多病，一者确实精力不济，二者也存在明哲保身和畏事避祸的想法，在很多事情上都往往疏于过问。遏必隆和鳌拜同属一旗，且每议军事大政，常常附和于鳌拜，即便有时觉得鳌拜的意见不对，也不敢说半个不字，等于是鳌拜的应声虫，故被评价为:“有一专横之鳌拜，即有一缄口不语之遏必隆。”

索尼不太管事，遏必隆不敢管事，唯有居于辅臣次席的苏克萨哈既想管事又敢管事。

同为满臣，四辅臣均有保守和排斥汉文化的倾向，不过苏克萨哈善于结交，凡有杰出才干的汉官，他都会虚心结纳和收为门下，所结纳的汉官被他一一记述于文札，收藏起来，竟“积之盈箱”。能够这么做，说明苏克萨哈有着与普通满臣不一样的眼光，他处理事务也确实颇有主见，平时经常和鳌拜争吵不休，两人更因此“积以成仇”。

鳌拜与苏克萨哈本是姻亲，可是在权力争斗面前，什么亲情友情都轻于鸿毛。圈换土地事件也绝非偶然，他实际上是鳌拜蓄意制造的一起阴谋，为的就是利用自己在辅臣中所处的绝对优势，达到扳倒苏克萨哈的目的——苏克萨哈出自正白旗，其主要势力也集中于正白旗，打击正白旗就等于打击苏克萨哈！

孝庄的干涉和苏纳海等人的抵制，犹如把鳌拜逼入了一个十字路口。他深感圈换土地有被迫中断的危险，中断尚是小事，最让他担心的还是苏克萨哈与苏纳海等人结党，然后直通宫掖，令他一败涂地。

如何才能反败为胜？鳌拜一咬牙，把心一横，决定冒着可能得罪太皇太后的风险，向苏纳海等人下手。他认为苏纳海等人不但阻挠圈换，而且其中的苏纳海隶满洲正白旗，朱昌祚隶汉军镶白旗，二者与正白旗的苏克萨哈“系一体之人”，如果将他俩先行杀掉，就等于坏了苏克萨哈的一手一足，以后再向苏克萨哈开刀，则事必有成。

主意一定，鳌拜即以“辅臣称旨”的名义下令逮捕苏纳海、朱昌祚、王登联，革职交刑部论罪，其他抗命官员亦分别予以处罚。

大冤案

苏纳海等人都是重臣，康熙闻讯，知道他们并没有什么大罪，只不过是惹怒了鳌拜而被妄加罪名而已，于是急忙召集辅臣赐座询问，意图出面进行调停。席间，鳌拜坚决要求处死苏纳海等人，索尼、遏必隆附和，苏克萨哈深知鳌拜挑起圈换事端和严惩苏纳海等人，实际矛头都是指向自己，可他又怕出语反对导致惹祸上身，只好继续选择终席沉默不语。

四辅臣中出现了三比一的局面。“索尼、遏必隆、鳌拜三人均奏称当斩（苏纳海等），逼迫朕杀之”，康熙此时年仅十三岁，虽然平时也经常参加辅臣议政，以从中学习执政经验，但毕竟还缺乏在这种特定情况下的历练，鳌拜等三名辅臣的态度令他一筹莫展，一时也找不出适当的言辞来为苏纳海等人缓解困境。

这时鳌拜不断催促康熙：“臣等所见皆同，请皇上发落！”康熙犹在迟疑，鳌拜干脆走向御前，拿起御用朱笔，写下“苏纳海、朱昌祚、王登联，不遵上命，立即处斩”十七个大字，然后昂首出宫而去。

尽管康熙从始至终“未允所请”，不同意对苏纳海等人重处，只同意了刑部所拟定的处罚，即将三人各鞭一百，没收家产。可是鳌拜事后仍然倚仗在辅臣中的优势，矫诏将苏纳海等三人处以了绞刑。矫诏下达时，苏纳海正被关押在刑部，两名八旗兵突然闯进牢房，凶神恶煞地站到了他的身旁。见对方虎视眈眈地逼视着自己，苏纳海轻蔑地拿眼睛瞟了瞟他们，说：“我是大臣，本有礼仪，快取酒来！”一番痛饮饱餐后，他吩咐家仆把布垫在地上，然后脱衣躺下，盖上被单，拿起弓弦自勒而死。

苏纳海、朱昌祚、王登联为国计民生而抗疏力争，深得民心，直隶百姓认为他们“死非其罪”，在他们死后以地方名宦的身份予以祭祀和悼念。这件事也给年幼的康熙造成了极大的刺激和伤害，直到四十年后提起，仍痛心地说：“至于巴图鲁公鳌拜、遏必隆，为圈地事杀尚书苏纳海、总督朱昌祚、巡抚王登联，是件大冤案……朱昌祚等人不但不应该被杀，也不应该被治罪。”

鳌拜将圈换土地的事宜转交拨地侍郎巴格执行。据巴格奏报，此次圈换共骚扰近京十个州县，这还不包括刚开始时已经圈换完毕的四县之地，旗民及汉人深受其害，失业者达数十万人。

在圈换土地事件中，鳌拜把白黄旗矛盾、辅臣之间的个人恩怨和所谓祖制、“辅臣称旨”交错利用起来，既不理睬太皇太后停换土地的旨意，也无视康熙对严惩苏纳海等人所持的反对态度，唯以打击和制裁正白旗为其目的，其处事之专横，手段之毒辣，皆为时人所瞪目。

康熙开始对鳌拜予以戒备，并在听理政事过程中，多次对鳌拜及其党羽进行抵制。苏纳海等人被害的当年，吏部尚书阿思哈、侍郎泰必图按照鳌拜的意图，提议每省派两名大臣设衙于总督、巡抚衙门旁，以对督抚进行稽查和监视。吏部右侍郎冯溥坚决反对，认为督抚皆国家重臣，派人监视是不信任和不尊重的表现。泰必图听后大怒，“瞋目起立，张拳向冯”，竟试图对冯溥动武。冯溥毫不畏惧，从容驳道：“既然是公议，为什么不容许我再议呢？而且我说得对不对，自有皇上裁断，岂是你们能够擅自做主的！”

冯溥冒着得罪鳌拜集团，可能步苏纳海等人后尘的危险，毅然向康熙递呈奏疏。经过苏纳海案，康熙也提高了观察和分析问题的能力，他知道在与鳌拜集团打交道时，不但不能模棱两可，就是稍一犹豫，都会被对方找到空隙，因此看完奏疏后立即对冯溥表示支持。见康熙态度坚决，泰必图大为沮丧，“反交好于冯”。

孝庄同样受到很大触动，而她所受到的触动，又绝不止于鳌拜不睬其旨意这么简单。当初她和顺治在决定以辅政体制取代摄政体制时，为了对辅臣进行制约，以避免他们逾矩，曾制定协商一致原则，即要求辅臣个人不得单独谒见皇帝或太皇太后，亦不得擅自处理政务，凡事必须四人共同协商，一致同意。辅政期间，只要四位辅政大臣恪守协商一致原则，便没有超出规范，比如在汤若望案中，虽然孝庄对辅臣们的处理方式并不满意，但她也只是抓住机会保全汤若望等传教士而已，未对此案作更多干涉。

可是自圈换土地事件起，协商一致原则便在无形中被打破了，辅臣们已默认只要多数同意，就可启奏并决定重大问题，而再不必一致同意。这意味着辅臣间的权力平衡关系不复存在，而且以后随着辅臣各自权势、能量和地位的变动，势必还会继续形成相互结合或对立，直至出现个人操纵政局的擅权局面。

孝庄最为担心的就是这一点。不过她对此早有筹谋，康熙大婚，为什么独独选中赫舍里氏为皇后？就是相信赫舍里氏的爷爷索尼的实力和智慧，相信他可以让康熙在前进途中得到最大助力，如今辅臣体制出现危机，索尼不会看不出来，也绝不会置若罔闻，无动于衷。

御门听政

正如孝庄所预料的那样，作为康熙的岳祖父，索尼虽然因各种原因在苏纳海案中与鳌拜保持了一致，但事后也感到十分忧虑：鳌拜权势日张，与苏克萨哈水火不容，而遏必隆又一味附和于鳌拜。自己年老多病，时日无多，如果有一天不在人世，还有谁能遏制鳌拜的势力？辅政机制岂不成了鳌拜的一言堂？

1667 年，康熙十四岁，索尼策动“三辅臣”与他共同上书康熙，请其按照顺治十四岁亲政的先例实行亲政。归政虽不是鳌拜的本意，但迫于舆论和索尼的压力，却不能公开表示反对，只能跟着一道上书，至于苏克萨哈、遏必隆，则更无理由不参与奏请了。

康熙收到奏疏后，担心时机还不成熟，怕自己“年尚幼冲，天下事务殷繁，未能料理”，同时考虑索尼在辅臣中尚能起到牵制鳌拜的作用，因此提出要“四大臣”继续辅政数年。此后尽管索尼等人仍屡行陈奏，但康熙只将奏疏“留中不发”。

索尼确实可以牵制鳌拜，有他在，鳌拜再能蹦跶也很难跳到天上去。可惜的是仅仅几个月后，索尼就不幸病逝了，索尼一死，鳌拜更加张狂，他甚至自我提升，以首席辅臣自诩。内弘文院侍读熊赐履遵旨上条奏，指出有人急功近利，“趋目前尺寸之利以便其私，而不知无穷之弊已潜倚暗伏于其中”。鳌拜见疏后像被打到七寸的蛇一样跳起来，大叫着说：“这是在参劾我！”他要求对熊赐履予以治罪，同时让康熙下旨禁止言官上书。康熙立即毫不客气地驳斥道：“他（指熊赐履）自陈国家事，与你何干？”

眼看辅臣机制的负面作用越来越大，康熙遂以辅臣多次奏请为由，率辅臣一同去向孝庄请示亲政事宜。

实事求是地说，在辅政期内，包括鳌拜在内的几位辅臣作用还是很大的，没有他们，在幼帝登基的情况下，政局不可能保持基本稳定。孝庄很清楚这一点，所以她既希望康熙能够早日亲政，但又觉得康熙终究还是太小，怕欲速而不达，于是对三位辅臣说：“皇帝尚年幼，如果你们都谢政，把天下事交给皇帝，皇帝恐怕不能独自料理，是否缓一两年再说？”

鳌拜并不肯轻易放弃既得权力，只是康熙亲政已是大势所趋，他无法逆潮流而动罢了，现在发现孝庄对康熙亲政不大放心，就赶紧抓住机会表态："皇上躬亲万机，臣等仍行佐理。"也就是请求在康熙亲政后，继续保留辅政体制。

一方面是感到康熙年幼，仍需鳌拜等人辅佐，另一方面，鳌拜以往所为，也尚在孝庄可以宽恕和容忍的限度之内，其貌似诚恳的态度更给孝庄制造出一种假象，让她认为鳌拜在康熙亲政后会改弦更张，不至于再像辅政期内那样肆意妄为。在这种情况下，她表示鳌拜提出的方案两全其美，作为过渡未尝不可，于是当即表示赞成，命礼部择吉日为康熙举行亲政大典。

1667年8月25日，农历七月初七，亲政大典如期举行。这一天，康熙头戴皇冠，身着龙袍，至太和殿接受王以下的庆贺礼，同时"布告天下，咸使闻知"。

当年顺治在亲政时，定于初五、十五、二十五日三天在太和殿视朝，平时则不定期到乾清门（乾清宫的正门，离皇帝所居内廷最近的正门）听理政务。大典一结束，康熙便立即前往乾清门听政，直接与政府官员见面，嗣后他打破父亲上朝的规矩，"每日听政，必御正门"，且寒暑无间，风雨无阻，这就是"御门听政"。

辅政时期，奏章总要拖到次日才能处理，汉大学士又均不入值，只有辅臣等少数几个人在内廷议定朝政。康熙如此热衷于御门听政，就是要改变这些弊病，以便尽可能及时发现和制止鳌拜等人的专权越轨行为。

亲政后的康熙经过前期的磨炼，在观察问题或处理政务方面，都有了一定的主见和能力。盛京缺一个兵部侍郎，朝廷一再更换人选，不到十天已奉旨三易其人。冯溥上疏称："朝廷处理国事，在没有正式下旨前就应当慎重，不应该在下旨之后再随便改动。"鳌拜党羽、大学士班布尔善把冯溥的奏章压下不发，康熙知道后专门把冯溥的奏疏要过去仔细阅读，看后认为他说得很对，遂命相关部门予以采纳。

对于鳌拜本人，康熙在加以戒备的同时也毫不迁就。鳌拜企图主持起草皇帝亲政大赦诏书，借以捞取政治资本，康熙未予理睬，而是另用他人，密拟赦诏，"临期颁行"。又有一次，朝廷明令冯溥调任左都御史，内阁已有康熙批示的红本，调令的文件也已抄发，可是鳌拜仍力图取回改批。冯溥不同意，理直气壮地阻止说："本章既批发，不便更改。"鳌拜大怒，欲加罪于冯溥，康熙连忙出面对冯溥表示支持，并且严肃地告诫鳌拜："辅臣待人处事，理应详尽慎重。"

教导主子

亲政就意味着要收回辅臣代理国政之权，辅臣的政治地位则应由主导降至附从，康熙亲政后的一系列施政举动，也表明辅臣的权势确实已经出现动摇和下降。不过由于辅臣“仍行佐理”，所以他们的朝班班次仍然排在亲王之上，更重要的是，鳌拜并不想如孝庄所期待的那样，逐步向康熙交权以及体面退出。

在现实生活中，权力像是一根毁人不倦的魔杖，很少有人能在它的蛊惑下独善其身，如果一个人已被权力欲冲昏头脑，你要他马上停下来，几乎就等于要他的命。与此同时，依附于鳌拜的党羽都不愿失去自己的靠山，一直在旁边不停地煽风点火，这些因素都促使鳌拜不但不愿交权，反而擅权野心进一步膨胀。

康熙亲政之初，各地频频发生自然灾害。自然灾害就是所谓的灾异，汤若望案时北京发生大地震，尚可以怪到辅臣头上，如今皇帝已经亲政，便会被解释成是皇帝可能德行有失，所以上天才会给予惩罚。康熙为此忧心忡忡，左右之人尽知，鳌拜在宫中的耳目众多，探听到这一情况后，便以“商议启奏应行事宜”为名，直接对康熙进行施压。

索尼死后，苏克萨哈依次递补，排名第一。鳌拜为了利用他，假惺惺地对他进行拉拢，鼓动对方在自己的奏疏上署名，并且耸人听闻地说：“恐御前有奸恶之人暗害忠良，我等应将太祖、太宗所行事例敷陈。”

鳌苏之争早非一日，苏克萨哈知道鳌拜突然拉他“教导主子”绝非善意，所以不愿署名，即便鳌拜、遏必隆数次相邀，仍遭到他的坚决拒绝：“教导主子之处，谁有意见，各行陈奏，何必会同列名？”

在苏克萨哈死活不肯署名的情况下，鳌拜只好与遏必隆单独上疏。在奏疏中，他用强硬而又骄横的口吻，“教导”康熙应像太宗（皇太极）那样，凡有谕旨，不只给一人，而且必须让众臣同奏，不能允许某人单独秘密入奏。因为担心苏克萨哈密行启奏，他还特地提醒康熙，说若苏克萨哈真有此举，应指出查明，予以根绝。

辅政时期，辅臣固然可以自行决策，但皇帝亲政后，就必须变成辅助决策，也就是说，遇到任何事，辅臣都只能是奉召商议，最后决定权掌握在皇帝手中，鳌拜自己也知道，“皇上若召在何处，（我等）遵旨就在何处”。据此而言，康熙把谕旨交给谁，以及大臣是同奏还是单独秘奏，都是皇帝该考虑的事，岂是他们辅臣所能干预的？

鳌拜对康熙的“教导”，表明他根本不愿改变原有辅政方式，不肯交出代行皇权的权力。实际情况也是这样，本来康熙亲政后，辅臣不应再有批阅奏疏之权，但平日里鳌拜仍与遏必隆商议：“皇上亲政后，所奏事件在何处批理？”

除了不愿交权，鳌拜还“教导”康熙要听得进劝谏之言，近善远恶。当然，他所说的劝谏之言绝不是熊赐履、冯溥等的言官之词，说穿了，其实就是要给康熙设置条条框框，以便进行控制。所谓“近善远恶”更是企图限制康熙与朝官们的广泛接触，把他变成没有独立思想的傀儡，以便达到其干预朝政，架空小皇帝的目的。

看完鳌拜、遏必隆共同署名的这份奏疏后，康熙未在上面加任何朱批，这表明他对鳌拜的言辞不仅不以为然，而且产生了厌恶和反感的情绪，之所以未加申斥，只是为了保证亲政初期的政局稳定罢了。

鳌拜碰了一鼻子灰，又羞又恼，便将一肚子邪火都集中到了苏克萨哈身上。在他看来，苏克萨哈拒绝在奏疏上署名，无异于将他们的矛盾暴露在了康熙面前，使他陷于被动，否则的话，康熙的态度也不至于如此强硬。

“教导主子”未遂事件成为鳌苏关系进一步恶化的显著标志，此后鳌拜便联合遏必隆和其余同党，不断对苏克萨哈进行排斥和打击。苏克萨哈的力量本来就不强，苏纳海案后，镶黄旗被鳌拜完全控制，正黄旗对鳌拜随声附和，而正白旗则遭到了严重削弱，在这种情况下，苏克萨哈根本无法与鳌拜进行正面抗衡，即便他在辅臣中的排名上升到第一，亦无济于事。

苏克萨哈的四个儿子都是内大臣，据说有相士看到他们，曾私下告诉别人：“苏公的这些儿子没有一个能够善终，苏公恐怕会有不测之祸啊！”其实就算不当面听相士这么说，苏克萨哈也已经有了朝不保夕之感，为免像苏纳海等人那样死于非命，他逐渐产生了隐退的想法，早在康熙亲政前便多次启奏孝庄，表示“夕归政于皇上，朝即具疏”辞去辅臣之职。

就在康熙亲政的第六天，苏克萨哈以身染重病为由，正式上疏恳请解职，并请求去遵化为顺治守陵。在给康熙的辞呈中，他一吐心中积郁，说如果能够如愿解职守陵，则“如线余生，得以生全”，暗示正是因为鳌拜过于专横，自己才不得不隐退，以避风险。

苏克萨哈辞职的更深一层用意，是试图以退为进，迫使鳌拜、遏必隆也相应辞职和交权，从而归政于康熙。这显然是争权失败后的一种“同归于尽”，因为索尼已死，如果苏克萨哈再隐退，四大臣只剩两大臣，辅政体制势必也需要取消。

一不做，二不休

苏克萨哈以为自己用心良苦，其实是干了一件愚蠢的事。

在政治权斗的领域，必要时缺乏勇气，不够坚决果断，一味想着后路，都是大忌，而这些在苏克萨哈身上都有着不同程度的体现。比如在苏纳海案中，他明明支持苏纳海等人，却因害怕引火烧身而只以沉默了事，倘若当康熙为苏纳海等人调解时，他能够勇敢地站出来，与鳌拜等人进行据理力争的辩论，则康熙就不致那么困窘，而苏纳海等人的结局也可能要好得多。

如今的“以退为进”也一样。康熙亲政后，孝庄让辅臣“仍行佐理”，自然是不希望辅臣们马上辞职不干，如果你苏克萨哈真的感到自己濒临绝境，想保护自己或是要倒逼鳌拜、遏必隆归政，就完全没必要把话说得那么隐晦，或者至少也应该在私底下跟孝庄和康熙提前交个底，通个气，让对方心里有数才行。

冒冒失失地弄个哑谜出来，效果往往只会适得其反。果然，康熙对苏克萨哈的处境及其用心并不十分清楚，见他突然奏请守陵，顿有措手不及之感，既不理解也很不满意，于是不但没有批准，还派了礼部侍郎米斯翰等人前去责问。

感到措手不及的还有鳌拜。苏克萨哈的辞呈触动了他的痛处，使其极为愤怒，而康熙对苏克萨哈的误会正好给他创造了机会，他立刻以“辅臣称旨”的名义，用皇帝的口气斥问苏克萨哈：“你奏请守陵，还说‘如线余生，得以生全’，不知道朕有什么地方逼迫了你？你在什么地方不得安生？为什么守陵就能得以安生呢？朕十分不解！”

鳌拜素来痛恨苏克萨哈不买他的账，早有陷害报复之心，他一不做，二不休，借康熙的权威，宣布捉拿苏克萨哈及其家属，交议政王大臣会议审理，同时被逮捕的还有苏克萨哈的族人、前锋统领白尔赫图以及侍卫额尔等。本来还有更多的人可能被牵连，幸亏苏克萨哈的妻子不像她丈夫，做事非常果断，一听到即将大难临头的消息，首先想到的就是“无遗祸举朝也”，将苏克萨哈平时和与别人来往的书信全部焚之一炬。

紧接着，鳌拜又召集遏必隆及大学士班布尔善、图海等人，连夜在遏必隆家的马圈内进行密谋，给苏克萨哈拼凑编造了二十四款大罪，颠倒黑白地说他辞职是“不念先帝遗诏，终其所守”，“不愿皇上亲政”，甚至苏克萨哈阅读过《洪武实录》，也被定为“欲效法洪武之罪”。

根据捏造的罪名，鳌拜向议政王大臣会议提议，拟将苏克萨哈一家及白尔赫图、额尔等全部予以处决，这一提议很快便在会议上得以顺利通过。后来有人认为天道好还，苏克萨哈被害乃是他背叛多尔衮的报应，虽是无稽之谈，但苏克萨哈当年的这一举动确实让他在宗室中名声扫地，以至于关键时候无人肯站出来替他说话。

通过决议后，众人前去向康熙奏报。康熙这才清醒过来，认识到鳌拜与苏克萨哈有私怨，他与同党借机对苏克萨哈罗织罪名，是要置其于死地。

议政王大臣会议也称“国议”，它决定的事，通常连亲政的皇帝都不能不予以正视，所谓“诸王会议既定，虽至尊无如之何”。这对康熙造成了非常大的压力，他一边派近臣前去宽慰苏克萨哈，一边前往慈宁宫，将此事经过以及自己有意保护苏克萨哈的想法向孝庄进行报告，征求她的意见。

苏克萨哈在辅臣中多少能对鳌拜起到牵制作用，孝庄既不希望他辞职，当然也不愿意他被鳌拜杀掉，因此赞同康熙对苏克萨哈予以保护。在祖母的支持下，当鳌拜和诸王大臣集体上奏苏克萨哈案及其判断书时，康熙便“坚执不允所请”。

康熙到底还是年纪太小，经验不足，由于事发突然，情况紧急，他又再次犯下了与苏纳海案时一样的错误，即只是“未允所请”，不同意对苏克萨哈的拟罪，却没有坚决、明确地表示不应对其治罪。

康熙模棱两可的回答，助长了鳌拜的气焰，他竟然不顾君臣礼仪，捋起袖子，露出胳膊，气势汹汹地冲到康熙面前与之进行辩论，而且一连数日不肯罢休。

鳌拜的猛攻强逼使得事态急转直下。鳌拜党羽、安亲王岳乐跟着领衔启奏，继续把苏克萨哈往死里整，并当场揭发苏克萨哈曾对康熙有轻蔑之语。在他的推波助澜下，畏惧鳌拜的诸王大臣全都脱下帽子，“免冠叩头”，意思是宁冒着被摘乌纱帽之险，也坚决奏请杀掉苏克萨哈全家。

面对诸臣的跪请，少年天子惊慌失措，他从来没有见到过这么大的阵势，毫无心理准备，一时之间，整个人都变得恍惚起来。万不得已，他被迫做出让步，同意按原议处置，只将苏克萨哈的凌迟改为处斩。

相士的预言不幸得到了印证，苏克萨哈终于还是没能逃脱被杀身灭族的噩运。除他自己被害外，共被诛四子十二孙，他的儿媳因怀孕免死而被系丁狱中，尔后分娩生下一个婴儿，可怜就连这个婴儿都未能幸免，仍旧被斩首于市！

隐忍

苏克萨哈案是继苏纳海案后，康熙朝的第二个大冤案，也是康熙亲政后的首个大冤案，被害人身份之高、人员受株连之广、结果之悲惨均令人震惊。

康熙即便一开始对苏克萨哈的请辞有误解，但也从不认为他该杀，问题就在于他作为皇帝，却根本无力保护苏克萨哈及其家族，即便他已经亲政。更让康熙感到痛心和难过的是，尽管他极不情愿，可还是被逼着下达了处决令，也就是说鳌拜实际是借他的手杀了苏克萨哈。此后，苏纳海案、苏克萨哈案便成了康熙的一块心病，虽逾数十载，但依然对此难以释怀，他在多个场合谈话时，都对“杀皇考章皇帝所遗一大臣全家”，表示“后悔莫及，殊甚愤恨”。

毫无疑问，康熙在苏克萨哈案中所受到的打击之大，刺激与伤害之深，还要远远超过苏纳海案，但这也成为他人生的一个重要分水岭。他开始明白，要做成一件事或者保护一个人，光凭良好愿望是不行的，还得更多地依赖自己的能力。

如果能力不够怎么办？祖母告诉他：隐忍！

孝庄在辅佐两代幼君的过程中，一共经历过三次大的危机。第一次是摄政期间的多尔衮随着其权势和地位的不断扩大提高，渐渐对摄政失去耐心，那时的情形看上去就算他不篡位，也会拥兵割据，从而引起清廷内部的大乱。第二次是董鄂妃去世后，顺治因伤心过度而看破红尘，打算传位于康亲王杰书。如果顺治当时真的这么做的话，也极可能引发内乱，甚而造成南方抗清力量与三藩的联合。

在这两次危机中，孝庄都采取了隐忍不发的态度：当她发现多尔衮的思想有所异动后，仍然只是限于扼制他的篡位或割据企图，此外不管多尔衮自称“叔父摄政王”还是“皇父摄政王”，都睁一只眼闭一只眼；对于一心想剃发出家的顺治，她虽然也恨铁不成钢，但未采取任何过激措施，除了对顺治严厉训斥，就是把顺治所信赖的高僧都发动起来，百般设法对其进行阻拦。

隐忍最终都换来了报偿，前者以多尔衮猝死而告终，后者以顺治放弃出家念头而结束。孝庄长袖善舞，弭大患于无形，不能不让人佩服她的老谋深算，应变得法。

鳌拜的专擅是第三次大危机。与苏纳海案后的形势相似，苏克萨哈案后，鳌拜再度成为最大的胜利者和获利者。在索尼已故，苏克萨哈被杀的情况下，四大辅臣中只剩下一个无足轻重、唯唯诺诺的遏必隆。遏必隆在辅臣中的排名本在鳌拜之前，为讨鳌拜欢心，遏必隆某日上朝时故意后退数步，俯首对鳌拜说：“我怎好上座。”鳌拜闻言微笑，随即大摇大摆地昂首走到了他的前面。鳌拜的党羽在列名启奏时，也索性将鳌拜的名字放到了遏必隆之前。

遏必隆畏惧鳌拜，甘居其后，事事听其摆布，其他王公大臣也大多不敢得罪鳌拜，凡事皆附和其意。鳌拜趁势在朝廷内外广植党羽，“文武百官，尽出伊门”，其中仅分据军政要职，把持要津的鳌拜集团成员即不下二十余人，连敬谨亲王兰布、安亲王岳乐、镇国公哈布萨等王公都唯其马首是瞻。

鳌拜的个人势力达到顶峰，基本上把持了朝政，“一切政事先于私家议定，然后施行，又将部院启奏官员带往私门商酌”，甚至“红本已发科抄，辅政大臣鳌拜取回改批”。法国传教士白晋记载道，“在他（康熙）十五六岁时，四位摄政王中最有势力的宰相（鳌拜），把持了议政王大臣会议和六部的实权，任意行使康熙皇帝的权威，因此任何人都没有勇气对他提出异议。”后来的史学家们往往将这一时期称为“鳌拜辅政时期”，究其原因，就是鳌拜已实质性独掌朝中大权。

当初孝庄和顺治用鳌拜等异姓大臣辅政，本意是要吸取顺治幼年时期多尔衮专权的教训，用来帮助和保护康熙，但谁也没有料到，“亲王多尔衮”虽然没有了，鳌拜却成了“权臣多尔衮”。解决这一危机最便捷的办法是让辅臣归政，然而苏克萨哈已以他全家人的鲜血表明，鳌拜短期内根本不可能自觉自愿地归政，而倘若在条件不允可的情况下强行这么做，轻者功败垂成，重者将“激生事端”，打蛇不成反被蛇咬，危及康熙的帝位乃至人身安全。

隐忍，只有继续隐忍，才能像在遭遇前两次危机时那样渡过难关。孝庄自己这么做，也同时把她的经验和策略传授给了小皇帝。苏克萨哈被害后，尽管康熙内心极度愤懑，但却授鳌拜为一等公，原有的二等公由其子那摩佛袭替。当年康熙只有十四岁，很难设想他一开始就能够拥有如此度量和政治智慧，清史研究者认为，这种做法必出自孝庄的授意。

第二章

历史性的时刻

小时候，康熙很少能够见到父亲，即便出痘重返皇宫，有了与顺治不多的几次见面机会，双方的谈话内容和范畴也仅止于“谈人生谈理想”。除了皇父这个身份外，顺治在康熙心目中一直都比较陌生，直到后来随着年岁渐长，他才得以了解到关于父亲的较完整的信息。

原来顺治的形象并不完美。他脾气暴躁，火气十足，动辄鞭打左右，连他所信任的一位高僧都对人说：“圣上脾气暴烈，左右近侍常遭鞭笞。”顺治在处理政事时也经常纵情任性，不按常理出牌，“章皇帝（顺治）每大怒，必笑，每大笑不止，则必有大处分”，据说他有一次大发雷霆，竟然当场拔出宝剑，劈开了御座！

即便对于孝庄本人，顺治也谈不上恭顺。就在他刚刚亲政的那年秋天，孝庄为他举行大婚，所选皇后乃孝庄的侄女，结果顺治在两年中一直将皇后“隐嫡冷宫”。到了第三年又擅自提出废后，废后是朝中大事，满朝文武都被惊动了，十四五个大臣出来劝谏，可是顺治充耳不闻，谁的话都听不进去。

后来孝庄又把自己的侄孙女聘给顺治做皇后，但顺治对新皇后依旧疏远，与此同时，他却爱上了自己的弟媳董鄂妃。董鄂妃的丈夫博穆博果尔亲王是顺治最年幼的一个弟弟，由于不堪忍受羞辱，不久就愤而自杀了。顺治依旧显得没羞没臊，博穆博果尔死了不到一个月，他就把董鄂妃接进了皇宫……

小巫见大巫

满人旧风俗中虽可纳弟媳为妻，但也应该是在弟弟死后，才可以把未亡人娶进家门。在弟弟健在的情况下就爱恋其配偶，并因此置弟弟于死地，毫无疑问属于违背人伦之举，也不符合满人的风俗习惯，可想而知，孝庄作为母亲心里会有多么别扭和难堪。更不用说顺治还“不爱江山爱美人”，因为董鄂妃辞世，竟然置江山社稷于不顾，要削发受戒。

孝庄曾经非常爱他的儿子，即便母子一次次形成尖锐冲突，她仍尽可能给予包容，只有在实在看不下去的时候才会进行指斥。不过自从在顺治丧礼的那天大哭后，她似乎就忘记了自己曾经有过这么一个儿子，既往所有对顺治的关切和感情投入，也都被她一股脑儿地转移给了康熙。据说在顺治死后的十年时间里，孝庄从没有去顺治的陵园看过一眼，谁劝都不听，几乎和顺治当年废后时一样固执决绝。或许，她是真的被顺治伤透了心，所谓“爱之深，痛之切”。

康熙受孝庄抚育长大，一言一行都按照孝庄的要求和标准进行塑造，不管是性格、人品还是对事业、爱情的看法，都与顺治大相径庭，但隐忍期间的个人经历，却让他对父亲有了更深一层的理解。

鳌拜不但专擅，而且桀骜不驯、目无君上，对康熙相当不尊重。他常常在朝堂上对康熙进行顶撞，与康熙说话总是扯着嗓门“高声喝问”，而且稍不如意，就当着康熙的面对部院大臣进行呵斥。朝贺新年时，他也不顾忌讳，身着黄袍，仅帽结与康熙不同而已。

有一次，康熙要外出狩猎，命鳌拜报知孝庄，他竟然说：“皇上自己去吧！”康熙未经辅臣传旨意，命人选鹰，鳌拜、遏必隆又对此不满，厉声斥责近侍说：“这成何朝廷？”言辞间俨然已以朝廷自居。三等侍卫飞瑶色在康熙身边办事，亲眼看到鳌拜等人对康熙的傲慢态度，常常衔恨于心，后来仅他就揭发了鳌拜三条罪状。

康熙对此自然积怨在胸，然而在看过关于顺治的经历后，他才知道，自己所遭遇的这一切只不过是“小巫见大巫”。

康熙是由异姓大臣辅政，顺治当初则是由多尔衮摄政。摄政和辅政有着本质的区别，辅政尚需向皇帝请示，摄政根本不需要，摄政王一人就能自主处理国家大事。多尔衮摄政时期，朝廷上下，包括百姓，“唯知有摄政王，不知有皇帝”，顺治被完全冷落在一边，只能听人摆布，参加一些仪式活动。他自己回忆：“睿王（多尔衮）摄政，朕只有拱手承接祭祀的份，凡天下国家之事，朕既无法参与，也没有人向朕详细陈述。”

不光多尔衮，其他有权势的亲王也不把顺治放在眼里，多尔衮的胞兄、亲王阿济格甚至把顺治当成幼儿，私下称呼他为“孺子”。就连多尔衮的手下都敢于公然捉弄顺治，他们在陪顺治狩猎时，故意把顺治带上艰险陡峭的小路。顺治没办法，只得下马步行，他们又冷言冷语地加以挖苦，说："年少不习骑射，像这样的路径，也需要下马步行吗？"

如果仅仅只是这些，顺治恐怕还不会变成后来的顺治。"太后下嫁"是发生在多尔衮摄政时的一桩著名疑案，即传说孝庄曾下嫁给多尔衮。其实就算孝庄下嫁多尔衮是事实，也并无过多可指摘之处，一者，当时清室受汉文化影响还不深，满人习俗允许"兄死妻嫂，父死妻后母"；二者，在孤儿寡母，力量薄弱的情况下，孝庄的初衷必然是要用这种方式来制约多尔衮，以稳固儿子时时受到威胁的皇位。

只是这种联姻注定会给顺治幼小的心灵带来莫大伤害，因为这样他就成了地地道道的"儿皇帝"，多尔衮强加给他的所有侮辱都得到了伦理制度的某种承认。退一步说，就算"太后下嫁"不存在，孝庄为了应付多尔衮，两人之间也可能存在一些不可为外人道的关系。乾隆年间的史书《东华录》上记载："多尔衮自称皇父摄政王，又亲到皇宫内院。"这句话的后半句很值得斟酌，皇宫内院指皇宫内妃嫔所住的宫室，当时无人敢随便涉足，多尔衮动不动就在那里现身，他想干什么？他能干什么？

就像孝庄无法理解顺治一样，孝庄忍辱负重的一片苦心也难以被顺治所接受。顺治不仅对所谓的"皇叔父摄政王"恨之入骨，对自己的母亲同样多有怨恨，可是他又没办法向别人排解这种愤恨和痛苦的情绪，于是只能深藏于心中，任其发酵。

自 1667 年 10 月起，康熙下令编纂《世祖实录》，世祖就是顺治，《世祖实录》相当于顺治朝的史料汇编。在这过程中，康熙当然也能接触到与顺治相关的各种文字资料，一段段看过去，一个与自己年纪相仿，但神色悲苦、内心忧郁的少年跃然纸上。顺治亲政后暴躁的脾气、与孝庄的隔阂、对于爱情的依赖，乃至失去爱人后万念俱灰的悲观颓丧，种种看起来让人无法理解的举动，如今也都有了可以一一对照的源头。

成功之道

在公布的顺治遗诏中，他痛自苛责，历数当政期间的十四条错误（"十四罪"），其中对纪纲法度、用人行政等均有涉及，一眼看过去，顺治几如昏君，而顺治朝似乎也乏善可陈。墓前立碑，中国自古有之，明清帝陵前的石碑一般称为神功圣德碑，照例都是为大行皇帝歌功颂德的庙堂之作，但直到顺治已死去七年后，他的陵园内仍未建碑，显然这与顺治遗诏中的自责不无关系。

问题是，顺治施政真有这么糟糕吗？

顺治是满人入主中原，定鼎京师后的第一位皇帝，虽非第一代君主，但也相当于开国之君。一般来说，开国之君都是成年人中的卓越者，然而顺治与康熙一样，十四岁就亲政，尚未成年就开始独立治国。正如清史学家萧一山所言："开创之主，类皆英明权变，豁达大度，故能崛起一方，手定大业。独满朝之顺治，乃以童稚得之……"

顺治亲政前，基本处于失学状态，他自述"无人教训，坐此失学"，直到亲政后，才发现送上来的奏疏尤其是汉文奏疏，自己根本看不懂，"阅诸臣章奏，茫然不解"，他深以为耻，从此发奋读书。

古人读书，多为先苦读背诵以稳其根基，顺治亦取此法，每读一本书都要求自己能够背诵。顺治不是那种过目不忘的神童，一般情况下，即便一篇五百字的文章，也需要读上六七遍才能予以强记，然而十天半个月后又都忘记了，于是又要再读再背。他涉猎极广，所看的书既有四书五经、《贞观治要》《资治通鉴》，也有"左史庄骚先秦两汉唐宋八大家以及元明撰著"，甚至还包括明朝时的科举范文集，其中仅科举范文集里就包括几百篇文章，要把它们统统背下来，谈何容易。因为学习过于刻苦，顺治曾经呕血，但从未放弃，他每天五更起读，一天中除了吃饭和料理军事大事外，会一直读到深夜，而且天天如此，月月如此，年年如此。

顺治的全部学识和理政能力，都是通过边干边学，在亲政后慢慢积累所至，仅此一点，即非常人所能及。他在实际理政中也表现称奇，在他亲政的那些年，国事纷繁，政局很不安稳，他通过"亲宗万几，孜孜求治"，最终使新朝基业得到了初步巩固。萧一山评价顺治"年少有为，能粗立开国规模"，史学大家陈垣对汤若望和顺治的关系有一个比喻，说他们"犹魏徵之于唐太宗"，换言之，顺治亦如"清代的唐太宗"。

康熙亲政，很自然地会想到向父亲寻求经验，在感佩于父亲之伟大的同时，他也发现了父亲真正的成功之道，那就是“好华语，慕华制”。

和康熙学汉文时一样，由于身边充斥着鳌拜等对汉文化持排斥态度的大臣，一时难以找到合适的大儒求教，顺治也只能以近侍为师。教他读书的是前明宦官曹化淳，曹化淳原籍河北武清，属京畿里八府。清初民间把山东、北京的汉人称为“侉子”，说他们经常讲“侉话”（意思是不上路的话），顺治跟着曹化淳读书，时间长了，连说话都染上了曹化淳的乡音，他于是便戏称自己跟着曹化淳学会了“侉话”。

曹化淳不仅在经史、诗文及书法等方面均造诣不俗，而且督学有方。顺治能够长年如一日地刻苦攻读，以天子那种养尊处优的生活环境来说，恐怕初期并非他所自愿，或者就是刚开始发发狠，后期也不一定能够坚持下来，在这方面，曹化淳功不可没。顺治后来直言不讳地告诉别人：“朕向来读底书，多亏了曹化淳。”

事实上，曹化淳并非一个普通的前明宦官，他在崇祯朝任司礼监头目，司礼监乃明朝内府十二监（即十二个宦官衙门）之首，可见曹化淳当年在内府中地位之高，权力之大。由于深得崇祯皇帝的宠信，曹化淳在崇祯朝除负责批阅外廷诸臣所上章奏，以备皇帝御览外，甚至有资格代皇帝复审案件。这样一来，他能够教授和传递给顺治的，就不会仅仅只是书面知识，必然还包括处理政事的经验、办法以及与明朝有关的汉人政治制度、理念等。顺治之所以对汉文化情有独钟，固然与他长期阅读汉文典籍，接受汉文化的熏陶有关，但亦不能忽视曹化淳对他的影响。

大文章

满族并不是第一个在北京建立政权的少数民族，在他们之前，蒙古人早就建立过元朝。满族与蒙古族一样，其原先的经济文化发展水平都远远落后于汉族，满族的人口亦极少，一份资料表明，清初的满族人口仅占中国总人口的百分之二，但清朝比元朝显然要成功得多，稳固得多。历史学家们认为，一个重要的原因是蒙古人不修政治，拒绝接受在当时来说更为先进的汉文化，而满人则非常注重承袭汉人的道德标准、政治观念以及机构体制，并在政府中大量起用了汉臣。

当然这并不是一蹴而就的过程。尽管皇太极当政时，已初步移植了汉民族政治制度的某些成分，但真正在政治领域内实施汉化政策的还是顺治，他在亲政期间

“斟酌往制”，下令除去皇太极时的内三院，仿明制改称内阁，又另设了翰林院，同时对汉臣亦加以重用。

康熙攻读汉文典籍的勤勉程度和受其影响之深，绝不让于乃父，甚至他的汉文老师也以前明宦官为主，再加上政治理念的接近，使得父子俩在对待汉文化的态度上达到了高度契合，只是他们的这种思想却很难得到辅臣们的认同。

辅臣们的意志最早就显示在顺治的遗诏之中。想想看，既然顺治并非一个浑浑噩噩、无所作为的国君，为什么非要在遗诏中把自己描得一团黑？最值得怀疑之处在于，顺治临终前已经是一个处于弥留之际，危在旦夕的重病人，仅能用断断续续的口述方式，对遗诏的书写提出指导性意见，即便偶有反省，其精神状态也不会允许他把一生政治得失清清楚楚，一条一条地都交代出来。

清史学家孟森推断，“此遗诏颇由世祖、太后主持，以辅政大臣同意发布”。遗诏虽然带着孝庄的烙印，同时孝庄对顺治推行汉化政策也不是很赞同，但她绝不可能对顺治的各项施政都事无巨细地一一加以指斥。遗诏实际体现的是辅臣们的施政纲领，他们用“十四罪”对顺治的政策和业绩进行彻底否定，把顺治的遗诏变成“罪己诏”乃至“问罪檄”，为的是给他们的守旧路线规范道路。

从辅政时期开始，一直到鳌拜专擅，包括鳌拜在内的辅臣们以遗诏中的“十四罪”为由，将顺治朝实行的开明政策完全抛在了一边，他们罢除内阁、翰林院，重新恢复内三院，同时又废止顺治重用汉臣的举措，降低汉官职级。在辅政体制下，满官完全把持了各职司大权，许多满洲贵族在上朝时都对汉族的文人学士爱搭不理，嗤之以鼻，包括汤若望案也是这一时期开历史倒车的一个标志，因为从那以后，顺治朝所采用的“时宪历”便被明初的“大统历”所替代，尽管后者错误百出。

康熙看透了这一点，1668 年 2 月，亲政仅仅五个月后，他就下令为顺治建“孝陵神功圣德碑”。此碑碑文以康熙的口气，对顺治进行了高度评价，称“我皇考无一日自遐逸”“以精明理政务，以仁厚结人心”，褒扬顺治“虽尧舜之德，汤武之功，何以尚兹”“中国有圣主出焉”。

引人注目之处还在于，“孝陵神功圣德碑”并非像一般“神功圣德碑”那样泛泛颂扬，或只停留于颂扬，而是针对顺治遗诏中的“十四罪”进行了逐一驳斥。比如“十四罪”中说顺治信任汉官，以致满官无心任事，有违“首崇满洲”的国策，碑文则强调，清王朝是大一统的全国政权，清帝是“天下人民之主”，自然应该“视满汉如一体，遇文武无轻重”，所以顺治如此为政，不但不违背“首崇满洲”，而且还是“大清受命”的正确施政。

既然是对顺治的重新评价和褒扬，孝庄事先不可能不知道。应该指出的是，孝庄和康熙的关系不同于她和顺治，祖孙间已形成一种良性循环，即在思想上不光是孝庄影响康熙，康熙反过来也影响孝庄。从康熙亲政后孝庄的言行来看，她实际已没有顺治朝时那么保守，已逐渐能够理解和接受“首崇满洲”原则下的“满汉一体”。最重要的是，她很清楚康熙立碑是项庄舞剑，意在沛公，矛头是冲着迟迟不肯归政的鳌拜、遏必隆去的。

相比于当年顺治还未亲政之时，康熙的处境要有利得多，毕竟他已经亲政，鳌拜等人不过“仍行佐理”，当隐忍到一定时候，就可以利用手中的皇权来做一做文章，而建“孝陵神功圣德碑”，正是康熙亲政后所做的第一篇大文章。

看到康熙在政治态度上与鳌拜等人划清了界限，支持者们迅速向他聚拢过来。这里面，汉臣占了很大一部分，包括户部尚书王弘祚、兵部左侍郎黄锡衮、左都御史冯溥、侍读学士熊赐履等，其中除王弘祚原为前明官吏外，其余三人均直接入仕于清廷，他们的共同特点是受到鳌拜及其同党的排斥和打压，对鳌拜非常不满。

旁敲侧击

与汉臣相比，站在康熙一边的满臣要少得多。一个很重要的原因是，八旗内部争斗激烈，苏纳海案、苏克萨哈案都带有这种背景，此后敢于反对鳌拜的人已经很少。冯溥、熊赐履等皆为汉臣，汉臣没有资格参与八旗争斗，也触犯不到鳌拜在八旗里面的切身利益，所以尽管鳌拜对他们很不爽，但并没有像对苏纳海、苏克萨哈那样赶尽杀绝，他们也才有可能幸存下来。

在康熙最需要的时候，又是索尼家族向他伸出了援手。索额图，索尼的第三子，初为一等御前侍卫，后任吏部右侍郎。由于赫舍里氏的关系，索额图成了康熙的叔岳父，对于鳌拜的专擅，他也十分不满。由于索额图是皇亲国戚，鳌拜若想予以加害，必须多出不少忌讳，同时康熙找他密谋也比较方便，所以被康熙引为心腹和奥援，作为主要谋臣和策士使用。

常在权斗场中厮杀，鳌拜的政治嗅觉不可能不灵敏。尽管康熙在建碑的当月，即封他为太师，其子那摩佛被封为太子少师，但不论是建碑这件事本身还是康熙的言行，都可能会让他感觉到有哪里已经不太对劲。

清代笔记中记载，有一次鳌拜前去上奏，见康熙正在阅读儒家经典，便很不高兴地对康熙说："我盛清自有制度，皇上应该读喇嘛经（佛经），而不应该读儒生的歪理邪说。先帝不嫌臣不才，让臣训诲皇上，臣愚以为，皇上应该体察先帝圣意，屏儒进释（即屏弃儒学，信仰佛教），这样才不致辱没祖先的功业。"

鳌拜口口声声地把"先帝"放在嘴边，其实是挂羊头卖狗肉，根本就不理解也不愿执行顺治的政治理念。康熙笑道："彼一时，此一时，如今我盛清已据有中原，却还说不读孔子书，没有这个道理。据朕想来，三教九流都可不分高低，卿为什么见解如此狭隘呢？"

康熙的话把鳌拜给惹怒了，他气呼呼地说："皇上初政，就不接受微臣的忠谏，臣以后再不过问国事了！"说完拂袖欲退，康熙赶紧叫住他，耐心劝导："卿傅（对鳌拜的尊称）不要这样，朕不是一个听不进劝谏的君主，但读儒书确实不是什么坏事，卿傅您冷静地推敲一下，想想我这么说是不是有道理？"

鳌拜听了面有惭色，但却心有不甘，本来都要转身离开了，又回过头对康熙说："皇上请将臣的话拿去让大臣们共同讨论，如果他们都认为臣说的是错的，臣甘愿受刑，以谢皇上。"康熙听了仅一笑置之，尽管鳌拜仍摆出一副纠缠不休的样子，但见康熙已闭口不言，只得悻悻然退了出去。

相对于处理苏纳海案时的一筹莫展，处理苏克萨哈案时的矛盾纠结，以及面对诸王大臣集体免冠跪请时的精神恍惚，这一阶段的康熙开始显得稳健而老练。御门听政时，有人提出恩诏中误赦一人，大学士李霨认为"既已误赦，那就算了"，康熙不同意，说："不小心把人放掉可以说算就算，那么如果杀了人，还可以说算就算吗？"

康熙与辅臣共听读本，鳌拜却私下闲谈，心不在焉，康熙立即斥责道："这里面关系到民命，不能不慎重。你们都曾经在军队效力，披甲打仗，所以对杀人不在乎，朕则一定会倍加慎重。"

康熙两次谈到“杀人”的问题，实际是在对鳌拜旁敲侧击，表明他对于鳌拜抗旨冤杀苏克萨哈等人的事绝不会善罢甘休。这也是康熙自亲政以来，首次对鳌拜进行针锋相对的直接批驳。朝中正直之士为此大受鼓舞，李霨虽然挨了康熙的批评，但知道皇上是意有所指，所以仍非常高兴地称赞说：“皇上此谕，诚可昭垂万世。”

1668年9月，侍读学士熊赐履上疏称“朝廷积习未除，国计隐忧可虑”，并引用宋朝大儒程颐“天下治乱系宰相”一语，点明关键在于鳌拜。显然这是在康熙的鼓舞下，支持者们所发出的共同心声。康熙看完奏疏后暗中高兴，但为了不打草惊蛇，同时也为了保护熊赐履等人，他故意对熊赐履加以申斥，说他“妄行冒奏，以沽虚名”，还故弄玄虚地声称要给以处分，但过后就不了了之了。

康熙的敲打和熊赐履等人的明嘲暗讽，毫无疑问给鳌拜带来了很大的精神压力。鳌拜不是多尔衮，无论从其所处地位还是拥有的实力来说，都缺乏策划政变乃至篡夺皇位的主观愿望及其可能性，他折腾来折腾去，目的还是仅限于以相权排斥君权，以便做一个“真正的宰相”。

至于鳌拜为什么历事三朝，对皇太极、顺治都能做到忠贞不贰，却唯独与康熙形成了势不两立的紧张关系，有人分析，其中不能排除感情因素：皇太极是鳌拜的故主，鳌拜跟着皇太极南征北战，出生入死，也见识了皇太极的雄才大略，自然对他忠心耿耿，一片赤诚；鳌拜辅佐顺治时，皇太极对他的余威、余恩犹存，顺治又是他力争所立，为此还遭到了多尔衮的迫害，他对顺治自然也能做到忠心耿耿，坚守臣节；可是到康熙就不一样了，此时鳌拜已是三朝老臣，且掌握辅政大权，对年幼的小皇帝就左看右看，无论怎么看都不顺眼了。

别无选择

不过无论有多么看不顺眼，鳌拜也明白，随着小皇帝年岁渐长，被逐渐证明能够独立处理政事，他作为辅臣的价值已大打折扣。古人云“鸟尽弓藏，功成身退”，这种时候请辞归政或许是最好的选择，只是他哪里舍得自动放弃已到手的权力呢！

一天，鳌拜请求康熙封授其族人中的一位长者。这位长者曾奉皇太极之命征战朝鲜，并立下过战功，但在康熙登基前，朝廷早就按最高规格对他进行了表彰，鳌拜只是将他的事迹和战功加以夸大，重新申请一次而已。康熙当然不能同意，给鳌拜解释一番后对他说："朕不敢打破祖宗朝的定例，望卿自爱。"

不料鳌拜却不接受，还大肆申辩，说什么我受顾命重托，可是却不能替长辈拿到一个本该属于他们的荣誉，太丢脸了，如果今天皇上真的不答应我的要求，那么我就将痛哭于文帝之陵（文帝指皇太极），不能再在皇上你的左右侍奉了。

康熙心里倒真希望鳌拜马上辞职去守陵，那样他做梦都可能笑醒，但鳌拜明摆着只是嘴上说说，目的是借以要挟，他对此既厌恶又无奈，只好说："朕另外有旨，卿傅（指鳌拜）不用着急。"

康熙不过是敷衍之词，鳌拜却以为康熙已经批准对鳌拜的族人进行封赏，当即谢恩，显得十分受用。

这是清代掌故中关于鳌拜的一则逸事，细节尚待考证，让人感兴趣的是，鳌拜为什么明知他的族人不合要求，还硬要替他向康熙讨要封赏？要知道，就算最后讨到这个所谓的封赏，于鳌拜而言也没有太大的实际利益。

或许，这则逸事所透露出的，正是鳌拜那个时期的一种微妙心理，即他对于自己所处的"相位"既惴惴不安，但又心存幻想，不肯舍弃。替族人讨要封赏看似胡搅蛮缠，实际是鳌拜减轻自己精神压力的一种方式，因为大家都知道这件事不合规矩，但经过争取还是通过了，说明小皇帝仍然离不开他，他对小皇帝也仍具有控制力，这样一想，岂不是觉得安全多了？

鳌拜也不是没写过辞呈。他总共写了四次，前两次都自己改变主意，把已经写好的辞呈给收了起来。第三次写辞呈的时候，他将草稿送给遏必隆看，遏必隆向来都是鳌拜干什么，他跟着干什么，遂也写了一个辞呈交给鳌拜，好让鳌拜一并上呈。

就要交上去了，鳌拜却又说不行不行，这次辞呈里的有些话，在前两次辞呈中也有，好像不太妥当，还是删掉为好，于是他把辞呈做了删节，重新送给遏必隆看。遏必隆见状，只好依葫芦画瓢地也对自己的辞呈进行修改，然后再送给鳌拜。

鳌拜平日里粗犷不拘，他不识汉文，即便对于满文，也很少字斟句酌，像这样为辞呈内容大费心思，与遏必隆反复琢磨修改的例子甚为少见，从中不难想见其在归政压力下犹豫瞻顾的矛盾心理。

最终，鳌拜还是没有把反复修改的辞呈送上去，因为贪恋权位，不愿迈此一步，他失去了体面下台和让皇帝予以宽恕的最后机会。

康熙别无选择，只能加快清除鳌拜的步伐。如果说在此前的宫廷权斗中，孝庄一直是幕后编剧和导演，而康熙一直是主要演员的话，从这时候起，就轮到他独立展示自己的政治才华了。

自古擒贼先擒王，如果能首先将鳌拜拿下，不仅可以对其集团起到瓦解作用，而且可以把惊动面降到最小范围，但要捉拿鳌拜绝非易事。鳌拜武艺精湛，年轻时孔武有力，久经战阵，号称"满洲第一巴图鲁"，其时尽管已经七十岁，然而依旧精力旺盛，行动敏捷。更重要的是，鳌拜集团的势力已深入负责皇帝安全的侍卫处内部。侍卫处共设领侍卫大臣六人，内大臣六人，鳌拜家族占了三分之一，其中鳌拜及其子那摩佛是领侍卫大臣，其弟巴哈、侄子塞本得是内大臣。清宫侍卫主要由上三旗的子弟充任，不少侍卫见鳌拜位高权重，且已在上三旗中居于绝对优势，都对他惧怕几分，一等侍卫阿南达因此沦为鳌拜党羽，每次进奏时为吹捧主子，都称鳌拜为"神人"，对之赞不绝口。

既然侍卫不能被普遍信任和依赖，康熙决定从侍卫和拜唐阿（满语，皇宫无品级的管事人员）中挑选忠实可靠、强壮有力者，以"扑击之戏"为名，另外组织一支亲信卫队，用以完成擒拿鳌拜的使命。

第一场大仗

1669年春暖花开之季，在紫禁城太和门内的广场上，出现了一群与康熙同龄的少年（康熙当年十六岁），这些少年就是康熙精心挑选出的卫队成员，他们还有着另外一个听上去颇为亲切的名字——"小布库"！

布库即所谓的"扑击之戏"，也称撩脚。这是满人的一种角力游戏，方式是两人徒手相搏，以角力决胜负，直至将对方摔倒为止。清王室提倡布库向有传统，究其缘由，首先是为了训练士兵，所谓"布库诸戏，以习武事"，其次，因为蒙古人也很喜欢布库，所以它又成为清廷与蒙古诸王团结交好的工具，满、蒙跤手经常相互进行切磋和联欢。

康熙将新成立的卫队命名为善扑营，天天将小布库集合在一起练习摔跤技术，有时甚至他自己也会参加进去。鳌拜是八旗老军人，八旗军中经常开展布库比赛，军中“分左右翼，令其角胜负，负者罚牛羊”。鳌拜以前在军中见多了，他只以为康熙年少幼稚，新近爱上了这种新游戏，所以丝毫不觉得奇怪，即便上朝奏事时看到，也从不加以戒备。

清人笔记中记载，某次鳌拜托病不上朝，康熙亲自到其府邸问候。当康熙走进鳌拜寝室时，御前侍卫和托见鳌拜神色可疑，于是急步上前，揭开床榻上的席子，赫然发现席子底下竟藏着一把刀！

场面立刻变得极度尴尬和紧张，所幸康熙从容镇静，不仅不慌不怒，反而笑着说：“刀不离身乃满洲故俗，没什么可大惊小怪的。”说完便起驾回宫了，回宫后即以下棋为名，急召索额图商量对策，同时派亲信控制了京师的卫戍权。

有人认为此事表明鳌拜欲对皇帝图谋不轨。其实这是一种夸大附会的说法，正如康熙所言，刀不离身乃满人的传统习俗，鳌拜并不是带刀进宫，在他自己的寝室内，就算身边有刀，亦不足以证明他有行刺康熙的企图。不过在这则故事中，鳌拜的跋扈、康熙的机智应变以及两人之间外松内紧的关系却被表现得淋漓尽致，而康熙召索额图入谋也被史实所佐证——1669 年 5 月，索额图自请解除吏部右侍郎之职，重新担任一等御前侍卫，效力于康熙左右。

索额图过去一直担任侍卫，其威望足以慑服上三旗的许多其他侍卫，他自愿从二品的侍郎降至三品的御前侍卫，显然负有双重职责，即保护康熙和就近统率善扑营，这也意味着剪除鳌拜的时机已经成熟。

这是康熙生平的第一场大仗，只能胜不能败。实施行动前，他将鳌拜的重要党羽以各种名义先后派出，以削其势，如将鳌拜胞弟巴哈派往察哈尔审理案件，将鳌拜侄子、侍卫苏尔马派往科尔沁，将鳌拜党羽、工部尚书济世差往福建“巡海”。

根据专家考证，康熙下令擒拿鳌拜及其主要同党的准确时间，是 1669 年的 6 月 8 日。当天，康熙亲自对善扑营及部分宫廷侍卫作动员部署，他面向众人，严肃地发问：“你们都是朕得力的老部下，现在到了需要你们效力的时候，你们是害怕朕呢？还是害怕鳌拜？”众人齐声回答：“只畏惧皇上一人。”于是康熙当众宣布鳌拜的罪行，同时召鳌拜进宫，“立命擒之”。

南书房位于乾清门内西侧，乃康熙平时读书学习的场所。当鳌拜入内觐见时，宦官将一把椅子端来给他坐，鳌拜也就像往常一样大模大样地坐了上去，他不知道，这把椅子的后腿事先已被弄折，是重新安上去的。

接着，康熙命人给鳌拜献茶，这只茶碗事先用开水煮过，很烫，鳌拜拿不住，茶碗一下子便掉在了地上。摔碗即是信号，侍立在鳌拜身边的宦官趁机拉了一把椅子，椅子腿再次折断，鳌拜猝不及防，当即摔倒在地。还没等他爬起来，康熙就大声呵斥道："鳌拜你好大胆子，敢对朕无理！"早已埋伏在书房周围的小布库们应声而出，一拥而上，将鳌拜擒住。

"南书房擒鳌"主要见于清人笔记。按正史所载，鳌拜在跨进宫殿门槛的一刹那间，就遭到了小布库的突然围攻。鳌拜武功高强，尤其是膂力惊人，据说他曾一箭射在正阳门上，十来个侍卫一起拔都拔不出来。不过那说的应该是鳌拜正值壮年的时候，此时的他已是古稀之年，不可能还有那么大的力量。小布库相比鳌拜虽然人小力微，但他们都经过训练，可以用布库特有的灵活步法和多变攻法减少自身劣势，加上人多势众，鳌拜自然只能束手就擒。

布库小儿擒拿鳌拜，是清代最具戏剧性和传奇色彩的故事之一，它被编成剧目，以后每年宫中过年过节，都要上演，以纪念这一历史性的时刻。善扑营则一举成名，发展成为具有正规建制，且只听命于皇帝的宫廷内卫部队，其保留技能"北平跤"（也称"满人摔跤"）即源于布库。

善扑营奉命擒拿鳌拜成功的同时，还逮捕了遏必隆和一等侍卫阿南达，随即，鳌拜死党、兵部尚书噶褚哈和大学士班布尔善也应声落网。在拔掉这些钉子后，考虑到兵部势位重要而满汉尚书均已出缺，康熙任命支持王弘祚为兵部尚书，用以稳定大局。王弘祚本已被鳌拜集团罢免官职，排挤出朝廷，但由于鳌拜、班布尔善等人已经就擒，此项任命未遇任何阻滞，当天即发科抄，成为康熙清除鳌拜集团后的首次人事任命。

一败涂地

鳌拜虽已就擒，然而在其多年经营下，同党早已遍及宫禁及中枢要津，因此智擒鳌拜之初的首要工作，尚非颁布谕旨，向臣民公布其罪状，而是捕拿鳌拜同党。

经过整整两天的紧急抓捕，鳌拜在京任职的不下二三十名同党被缉拿归案。鳌拜集团一度势力惊人，但自康熙下令擒拿鳌拜及其同党的那天起，抓捕行动未曾遇到任何武装抵抗，更没有发生流血事件，说明准备工作确实非常周密细致。作为组织者和指挥者，年仅十六岁的康熙“声色不动而除巨慝”，尽显其冷静沉着、敢作敢为的一面，在有清一代受到高度称颂：“非神武天授，其孰能与于斯？”

鳌拜案中的涉案人员皆为满洲世家，社会关系广泛，为了防止他们之间互相串联，生出不虞之变，康熙做出了将人犯宗族家属“尽行监禁”的决定。与此同时，他亲自拟就了鳌拜罪状初稿，交议政王大臣及索额图等人讨论修改，准备作为正式谕旨予以公布。谁料由于事变突然，议政王大臣们被吓得噤若寒蝉，当着康熙的面全都嗫嚅不言。康熙见状，只得和索额图等亲近人员对罪状初稿进行修改。初稿中原定鳌拜十二款罪，经过反复推敲，多方斟酌，其中的六款罪被删除，主要包括：强令黄、白两旗换地；圈占民地；诛杀苏纳海、朱昌祚、王登联以及苏克萨哈全家。

不是因为这些内容不重要，恰恰相反，它们正是鳌拜的主要罪状，之所以予以删除，乃是它们牵涉面过广，过早宣布易引起八旗内部乃至京畿一带的激烈动荡，不利于政局稳定。

1669 年 6 月 14 日，康熙向议政王大臣正式公布了鳌拜罪状，包括初稿所定罪行在内，一共有七款，讲的都是鳌拜如何结党擅权以及眼里没有皇上，没有提到圈换土地和苏纳海案、苏克萨哈案等重大事件。

这时议政诸王都已清醒过来，康熙的伯父、康亲王杰书带头表示支持康熙拿问鳌拜，并与其他亲王贝勒一起遵旨勘问，列鳌拜三十大罪，康熙已经删去的那些罪状也被重新罗列了进去。

议政王大臣会议认为，鳌拜及其主要骨干情罪重大，皆应正法。决议上奏康熙，康熙又奏报孝庄，祖孙共同商量出了一个仁至义尽、合情合理的处分决定。

在宣布处分决定前，康熙再召鳌拜亲自审问。鳌拜在一败涂地的情况下，早已没了往日那种嚣张跋扈的气焰，他承认情罪俱实，无可抵赖，只求康熙能念在往日功勋的分儿上免其一死。

为了能够打动皇帝，当康熙问他还有什么话说时，鳌拜突然揭开自己的衣服，露出了当年为救皇太极而留下的累累伤痕。鳌拜曾是康熙年幼时心目中的英雄，孝庄给他讲的鳌拜舍身搭救祖父的故事，更给予了他难以磨灭的印象。如今看到这些袒露出来的伤痕，康熙不由大为动容，遂下令赦免鳌拜死罪，改为终身监禁（后死在了狱中）。

当然，康熙赦鳌不会真的只是他的临时决定，而更可能是事先与孝庄共商的结果。辅政期间，鳌拜于政治、经济诸方面并不是全然没有作为，除此之外，他既无严重的违法乱纪情况，也没有恶性的贪污受贿，更无图谋不轨的篡逆野心，据此以功抵过，所以尚可以保住性命。

6 月 23 日，康熙在历数鳌拜“结党专权、紊乱朝政”等诸般罪行之后，当廷宣布处分决定。除圈禁鳌拜及其一兄、一子，处死班布尔善等九名死党外，其他概予从宽，或减罪，或免职留任，或免于查处，就连遏必隆也被“免其重罪”，得到宽宥。

在鳌拜擅权期间，凡受其迫害致死、革职、降级者，均分别情况一一予以平反昭雪。康熙亲自批示：恢复苏克萨哈世职，由其唯一幸存下来的小儿子苏常淑承袭；苏克萨哈族人白尔赫图在冤案中一同被害，亦恢复世职，由其子白尔肯承袭；为苏纳海、朱昌祚、王登联追赐谥号，按法定礼仪祭葬，又送三大臣的儿子入监读书，并分别给以官缺。

对鳌拜集团的处理，涉及权力更迭，人事关系甚为复杂，但康熙仅用十天时间就干净利落地处理完毕，而且法外施仁，颇得民心，这些都表明年轻的皇帝确实已日趋成熟。

康熙时代

对于十六岁的康熙来说，1669 年这一年具有特殊的意义，随着辅政体制的彻底终结，属于他的、真正意义上的“康熙时代”开始了。

在清除鳌拜集团前，康熙建“孝陵神功圣德碑”，即预示他下定了与以辅臣为代表的守旧势力分道扬镳，重新恢复顺治朝开明政治的决心。1669 年 8 月，南怀仁等三名传教士为汤若望等人鸣冤叫屈，礼部接到诉讼后予以驳回，康熙对礼部的这种做法很不满意，于是命议政王大臣会议进行重审，并要求将“是非议明”。

汤若望案本来就是欲加之罪，何患无辞，就连首告杨光先都从未能够提供任何确凿证据。最为可笑的是，杨光先并不懂治历，当朝廷要他去钦天监任职时，这位老兄只能以“但知推步之理，不知推步之数”加以推托。朝廷不准，硬让他当上了钦天监监正，结果他在推算时错误百出，连闰月都能算错。杨光先曾经大言不惭地狂言“宁可使中夏（中国）无好历法，不可使中夏有西洋人”，鲁迅幽默地评论道：“他大约以为好历法专属西洋人，中夏人自己是学不得的，也学不好的。”

“汤案”以前碰不得，系因它为鳌拜等人所定，如今鳌拜已经倒台，皇帝又下达了要求将“是非议明”的旨意，自然不难查清。康亲王杰书很快就领衔奏复，报告汤若望案确属冤案，汤若望等人“并无结党乱行之处”，乃杨光先依附鳌拜，“捏词诬告”。

汤案终于得以昭雪，案中的所有受害者都“照原官恩恤，其流徙子弟取回，有职者各复原职”。议政王大臣会议原拟将杨光先即行处斩，康熙念其年老，才加以宽免，此人后来也病死于被遣回籍的途中。

此时汤若望已经去世，康熙下旨恢复其原官衔，重赐“通微教师”称号（原为“通玄教师”，因避康熙御讳而改）。12 月 8 日，他赐地厚葬汤若望并为之撰写祭文，下葬之日，还亲自随同孝庄莅临墓前致祭。

1670 年 10 月，康熙“命改三院为内阁”，接着又重新设立了翰林院，至此，由顺治朝开始的内阁和翰林院都成了定制。与此同时，对于父亲的施政，康熙也不是无条件地予以认同和继承。顺治生前对太监过于放任，康熙则始终对宦官干政保持着足够警惕，康熙一朝，宫中太监不仅数量少，而且管理十分严格。太监们平时不允许随意出宫，如果有事请假出宫，白天出去，晚上一定要回来。

在康熙看来，太监不过是宫中的奴婢仆从，和洒洒水扫扫地的用人无异，根本没有资格也不能让他们干预政事。他和身边的一些御前近侍太监关系很好，但也只会让他们干些跑腿打杂的事务，平常大家说的都是“家常闲谈笑语”，而从不涉及国家政事。

太监会干政，其他近侍也会。辅政期间，辅臣们借顺治遗诏对太监势力进行清除，上三旗包衣趁势而起，特别是鳌拜擅权时，不少官员往往勾结宫中包衣，形成了“或潜为援引，或畏威趋奉”的歪风。康熙严禁近侍干政，并郑重宣布以后如果谁再不遵禁例，“定行从重治罪，决不饶恕”，这里面当然也包括了孝庄身边的近侍——尽管康熙十分尊重祖母，但他绝不允许别人通过这一特殊渠道来干预政务。

鳌拜擅权给康熙留下了深刻的启示，让他知道，权力只有抓在自己手里，才能做到指挥如意，得心应手。一俟擒拿鳌拜，康熙就立即收回了辅臣原有的代为批红权，此后，各处奏折所批朱笔谕旨全都出自他一人之手，从无代书之人，直至晚年，在右手因患病不能写字的情况下，他宁可用左手执笔批旨，亦“不假手于人”。

康熙从鳌拜事件中吸取的另一个经验教训，是不能坐视大臣们怀挟私仇，互相陷害。自鳌拜倒台后的三四十年间，再没有发生过大臣相互攻讦的事，更不用说苏纳海案、苏克萨哈案那样的惨剧了，康熙后来很是欣慰地说：“此一端，朕心颇以为善！”

宦官、近侍不能干政，又无大臣互讦，这就让内阁大学士的职能得到了正常发挥。康熙废除辅政体制后，首先对内阁中的满人大学士进行了调整，索额图因功由一等侍卫迁升内三院大学士，恢复内阁后，他被授予保和殿大学士，像其父索尼生前一样，成为了内阁直至朝廷中最有权势和声望的大臣。

顺治时期的内三院大学士已逐渐形成“三满三汉”对等制度。一般来说，汉人比满人的学问要好，而在汉人中，南方人比北方人的学问又要更好一些。康熙比较重视推动南人入阁参政，他的办法是先从翰林院中选拔南人担任日讲起居注官，后者主要帮助皇帝学习汉文化，也用来咨询时政，虽然官职并不显要，但升迁较快。以熊赐履为例，他是湖北孝感人，首任翰林院汉掌院学士，在康熙亲政初期，他因一再上言针砭鳌拜而受到康熙的器重。鳌拜倒台后，熊赐履充日讲官，每日在殿上为康熙“上陈道德，下达民隐”，康熙也“每虚己以听”，几年后，终被超授为武英殿大学士。

至康熙朝中期，内阁共有大学士六人，其中两名满人，四名汉人，四名汉人中，南北汉人各半。这是康熙精心设计和安排的结果，体现的是满汉联合，南北汉人共同参政的政治理念。在全新的体制下，大学士们以不致重蹈辅臣覆辙，侵犯皇权为前提，应皇帝要求积极赞襄机务，使内阁真正起到了中枢机构的作用。

三藩

满人在入主中原之前，整个民族只有数万人口，加上蒙古、汉军也不过十几万，而明朝却拥有亿万人口和上百万军队。退一步来说，就算八旗军能够以寡敌众，取得军事上的彻底顺利，面对明朝总计一千多个县的广大地域以及满汉完全不同的语言习俗，他们也无力施以统治。明乎于此，皇太极在以大清皇帝的身份登基时，便打破“本朝罕有以异姓封王者”的惯例，按照“招徕汉人、以汉治汉”的国策，将3名明朝降将孔有德、耿仲明、尚可喜全部封王，时称“三顺王”。

史载，清朝“开国时，明之降将，封王者四”。除三顺王外，第四个降清并被封王的明朝将领就是大名鼎鼎的吴三桂。吴三桂降清最晚，但实力最强，加上有献关之功，清廷不仅封他为平西王，而且让他凌驾于其余降将之上，“位望出诸降将孔有德、耿仲明、尚可喜辈右”。

“三顺王”名义上隶属八旗，但实际上是独立部队，平西王吴三桂也是独自成军。清军在清初时主要还是靠自己人打天下，征战主力为宗室王，异姓王不过是起了一个向导和帮手的作用，凡有征战，“四汉王”皆隶属宗室王之下。等到清军大举南下，向南明政权和农民军发起进攻，正如皇太极当初所预计的那样，八旗军本身的兵力终于不敷分配，同时八旗主要是骑兵，也不习惯在南方的山林沼泽地区作战，于是四汉王便成了朝廷所必须依赖的武力。

顺治末年，“世祖（顺治）令三桂及定南王孔有德、平南王尚可喜、嗣靖南王耿继茂（耿仲明之子）统兵南下，以清宇内”。南方的战争打得相当激烈残酷，孔有德首先阵亡，其子也被杀，由于无子袭爵，汉人“四王”变成了“三王”。顺治十六年即1659年，吴三桂等统兵攻占云南省城昆明，从此，两广、云贵基本平定，中原大部得到统一。

朝廷要的自然是“四方平静干戈息”，可对于靠沙场征战来获取勋绩的开国功臣而言，这却未必是件好事。别说三王终究是汉人，满汉之间的鸿沟实难逾越，就是在过去的中原王朝内部，“飞鸟尽，良弓藏，狡兔死，走狗烹”也几乎是个普通现象。“三汉王”中，吴三桂最早有“藏弓烹狗”式的焦虑，攻克昆明后，经略西南的洪承畴将北还回京复命，他特地向洪承畴请教“自固之策”。洪承畴老谋深算，是一个张良式的智囊人物，同时也是降臣，和吴三桂等人可谓同病相怜，当吴三桂倾心向他就教时，他当即告之，若想永固，便“不可使滇中一日无事”。吴三桂听罢幡然领悟，“顿首谢”。

洪承畴回到北京，即以南方边陲难以平定为由，建议朝廷援引明朝封黔国公沐英世世代代镇守云南的先例，移封藩王到云南长久坐镇。当时全国虽然已经基本统一，但所攻占地区尚未稳定，从西南的云贵边陲到东南沿海的福建广东，都有抗清武装在活动和待机反攻，“三汉王”也已实际担负起当地的藩卫任务，顺治认为洪承畴言之有理，遂接受他的建议，命吴三桂驻镇云南，尚可喜驻镇广东，耿继茂驻镇四川（次年改驻福建），由此形成了“三藩”分镇南疆的局面。

借助于统一战争，三藩获得了扩张和壮大自己实力的机会。一直到统一战争结束的次年，即 1660 年，三藩军队仍在不断扩充，增兵必然添饷，朝廷建议吴三桂裁撤驻云南的军兵，吴三桂不干，他按照洪承畴的点拨，主动找“事”做，请求发兵入缅甸擒拿南明永历皇帝，如此一来，不仅不用再裁兵减饷，还从朝廷额外要到了一笔入缅所需的饷银。

吴三桂心狠手辣，如果说擒拿永历只是为了免于裁军，在永历被俘后，为了进一步取得清廷的信任，达到自固自保的目的，他又决定将永历就地斩首于昆明。反倒是随征的两名满洲大臣看不过去，说：“永历也是一个国君，保他全尸为好。”在他们的坚持下，吴三桂才下令缢杀永历，好歹给这位南明最后一个皇帝留了个全尸。

因剿灭南明和擒杀永历之功，吴三桂被晋封为平西亲王。过去亲王的爵位只有满洲皇室亲贵才能受封，这是清廷于册封汉王之后的再一次破例，在清朝历史中称得上是绝无仅有、空前绝后。接着，他又得以在云南之外兼管贵州，后经其疏请，更获准在云贵两省总督、巡抚的敕书中撰入“听王节制”四字。

至此，吴三桂真正成了云贵两省的主宰，一个名副其实的西南王。当时云南盛传一句俗谚，“滇中有三好，吴三桂好为人主，士大夫好为人奴，胡国柱好为人师”，乍听起来，颇让人觉得既疑惑又好笑，实际却是吴三桂结党营私，培植地方集团势力的最形象比喻——云贵凡知县以上官员上任，循例必定要拜谒平西王府，吴三桂只要看到才望素著及仪表伟岸者，就会让他的女婿胡国柱出面，诱其签字画押，卖身至藩下，并视其才能给以身价银，多者数万，少者亦有百余两。

不仅如此，吴三桂还委任部下亲信到他省任职，凡有官缺之地，他所选官员往往先吏部所选之官上任，朝廷也只能任其自由，莫可奈何，外界称之为“西选”。在吴三桂权势达到顶峰时，这种“西选”的官越来越多，云贵川黔的武将尽为吴三桂所选派，他一度还想遥控陕甘，将势力伸展到全国各地，因此又有“西选之官半天下”一说。

不可不撤

清代用兵，辄授王公大臣为大将军，让他们作为一方主帅出征，因大将军权势颇重，所以仅系临时性派遣，事毕即须解除职务，将印交还。吴三桂于顺治末年挂大将军印出征云贵，攻打南明永历政权，可是在占领云贵，擒杀永历后，他却没有照规矩归还大将军印。

康熙二年即 1663 年，主持朝政的辅臣们商量一定得把印收缴回来。吴三桂长子吴应熊先前已被顺治召为额驸，娶顺治的堂妹建宁长公主为妻，其时正陪伴公主住在紫禁城内，于是他们便派内大臣对吴应熊说：“以前永历在缅甸，边疆多事，所以朝廷才把大将军印交给你父亲，为的是重其事权。如今天下大定，你父亲仍据大将军印不还，这是为什么？”

吴应熊心里明白内大臣说的这番话并非其私见，而是代表着朝廷的意图，同时看似规劝，其实话里话外已带着明显的警告意味，这无疑比收印本身更让人感到不安。他立刻向吴三桂进行转达，吴三桂也从中意识到自己非但已失宠于朝廷，而且已见疑于朝廷，如果再顶着压力置若罔闻，绝不会有好果子吃，至此他才怏怏不乐地奏还大将军印。

还印事件既是朝廷和吴三桂关系的转折点，同时也是双方斗法的起点。1666 年，朝廷开始限制“西选”，凡吴三桂题补各官，多不准行。吴三桂的亲信谋士们据此认为：“朝廷疑王矣，王当为自全之计。”吴三桂自己心里也惊疑不定，便采取了具疏试探的方法，上疏说：“今天下大定，文官仍听吏部诠选，臣不敢题请。”殊不料朝廷来了个顺水推舟，正好将吴三桂的用人题补之权裁了个干干净净，之后凡云贵、广东、福建文武官吏的升降、调动，一概收归吏、兵两部管理。对此吴三桂虽“具疏佯谢，中实怨望”，以致将所有到云南任职的部选官员都“指为外人”。

1667年，康熙亲政。在此之前，“三藩问题”就已经给他留下了深刻印象。那还是在顺治去世的时候，吴三桂入朝哭临，随行人马浩浩荡荡，当他们到达京城附近时，把道路都给堵塞了，沿途居民纷纷躲避。朝廷恐怕发生意外，只好在京城外临时张幕设奠，让他完成哭临仪式。

此情此景都被康熙看在眼里，他由此认识到三藩久握兵权，早已到了心生骄妄，不知敬畏的程度，若不及时加以扼制，必生事端，他后来回忆道：“朕从小就认为三藩气焰嚣张，不可不撤！”

康熙即位特别是亲政后，对于三藩的割据独立状态越加注意和警惕。吴三桂以云贵为独立王国，与之相比，其余两个藩王虽然只能独领军职，“官评、民事、诉讼、钱粮仍归地方官各循职掌料理”，但也都各自拥有重兵，广东、福建亦等同于他们的私人地盘。

除此以外，三藩为了能够长期保持割据状态，在把持驻地财源的同时，还不约而同地借机制造战乱，使得地方上始终不得安宁，由此又使得庞大的军费开支居高不下。在军事最为紧张的时期，三藩一年耗饷曾达到惊人的两千余万两，而当时清廷全年税收也只有三千余万两，遂惹得举朝惊呼：“天下财赋半耗于三藩。”

有人预言，要都像这样，耗天下财力物力之半来供养三藩，长此以往，国家终将被弄到民穷财尽的地步，因此称三藩“毒痡天下”。事实上，在康熙初年，这一迹象已有所显示，其时社会经济凋敝，百姓生业无着，日陷贫困。明遗民吕留良称：“今日之穷，为羲皇以来所仅见。”另一位清初学者唐甄也说：“数十年以来，富室空虚，中产沦亡，穷民无所为赖。”尽管他们的评论多少都带有一些个人情绪和主观倾向，但对当时社会现状的描述大抵不差。

康熙一词的汉文意思是安定太平，让百姓安居乐业。康熙即位不久，有一次孝庄在百官面前问他有何愿望，他的答复也是：“臣没有别的奢望，只愿天下治安，民生乐业，共享太平之福而已。”

三藩割据独立，加剧了社会的混乱状况和经济危势，已成为康熙实现自己政治理想的一大障碍，势必要进行处理，为此，他把三藩与河务、漕运并列，作为朝廷首先要解决的三件大事，并将其计划纲要写成条幅，悬挂在寝宫的柱子上，以便早早晚晚随时都能看到。

削藩

在“为政三大事”中，三藩被康熙列为治国安邦的头等大事。要想解决三藩问题，撤藩似乎是最干脆和最便捷的，但却又显得最不现实。康熙熟读史籍，他一针见血地指出：“吴三桂等非宋功臣可比，乃唐藩镇之流。”

吴三桂等人学的是唐朝的藩镇割据，他们可不像宋朝的开国功臣那么好打发，很难指望通过“杯酒释兵权”的方式，让他们知情识趣地主动把兵权交出来，然后告老还乡，弄得不好，还可能激而生变，出现各种难以预测的后果。怎么办？首先康熙只能采纳大臣们的建议，继续削减三藩的权势，限制其不法行为。

吴三桂乃最强之藩，也是康熙削藩的主要目标。1667 年，康熙令吴三桂与云贵督抚、提镇酌情裁兵，共节省额饷百余万两。接着，在继裁夺“西选”后，又决定收回吴三桂“总管滇黔”的权力，并将此意明示吴三桂。吴三桂在不得已的情况下，只好以“目疾”为名，具疏请求解除其云贵两省事务。他的奏疏中带有明显的试探和要挟意味，可是这一伎俩并未奏效，康熙立即降旨，在说着“王久镇严疆，总理两省，勋劳茂著”之类客气话的同时，毫不客气地收回了吴三桂总管滇黔两省的特权。

虽然一样是弄巧成拙，但与“西选”之权被裁夺相比，此番给予吴三桂的打击更加非同一般。吴三桂气急败坏，一边煽动部下在边境制造事端，一边让其同党出面为之鸣不平。一时间，云贵总督、云南提督、贵州提督纷纷上疏，强调吴三桂的功劳如何如何大，而“苗蛮叵测”，固守云南也非他不可，总之，众口一词，都是“请平西王吴三桂仍总管滇黔事务”。在这其中，云贵总督卞三元的奏疏尤其言辞激烈，甚至以边疆不靖为由，威胁朝廷“收回成命”。

面对来自西南地方的压力，康熙毫不退让，他降旨答复说，西南地区已经平定，如果让“王”（指吴三桂）再料理云贵事务，将使“王”过于操劳，于其身体健康不利，再者，解除云贵事务本身也是“王”自己提出来的，朝廷只是予以批准罢了。

至于督抚们所担忧的“苗蛮叵测”“边疆不靖”，康熙说你们不要低估了吴三桂的觉悟，“如边疆地方遇有军机，王自应料理”。他不但坚决不同意吴三桂留任云贵总管，随即还做出了藩王下属人员不得任督抚的规定。

卞三元等人的集体上疏，让康熙意识到吴三桂对云贵督抚的控制和影响力，仅仅几个月之后，他就将云贵两省的巡抚双双进行撤换。被撤换的两名巡抚分别执掌云贵抚院已达七八年之久，他们的下台引起了卞三元的不安，次年他便托言归养老母，请求引退，康熙当即命准，另派汉军正蓝旗人甘文昆任云贵总督，试图牵制并逐步取代吴三桂。

虽然康熙以吴三桂为重点，对三藩势力逐步进行了削弱，但三藩问题的核心即军权始终没有受到真正触动。有一次，康熙给广西将领马承荫下了一份诏书，马承荫顺从地跪下来接旨，但他的下属却惊讶地说：“难道我们的将军还要对其他人下跪吗？”

马承荫是孔有德旧部、广西提督马雄之子，这件事因此给康熙造成了不小的震动：马承荫之辈的势力尚远不及三藩，其下属居然也只知统辖之主，而不知国家法度和皇帝，则三藩的实际情形就更不难想见了。

只要三藩仍掌握着军权，藩区就还是他们的独立王国，还是会对中央政权构成威胁，在此前提下，什么裁兵节饷，什么解除两省总管，什么调整督抚，所有绞尽脑汁想出来的削弱措施都不过是小手术和毛毛雨！

康熙认为，“藩镇久握重兵，恐滋漫生变，非治安之计”，单纯削藩见效太慢，又不能治本，要想根本解决三藩，还是得重新回到撤藩这条路上来。1669 年，在清除鳌拜集团，取消四大臣辅政体制以后，撤除三藩计划终于被他提上了议事日程。

一方面，三藩皆开国元勋，尤其是在清王朝入主中原、定鼎天下的过程中，他们披肝沥胆、西征南讨，即便说大半个中国都是他们替清廷打下来的也毫不为过，若拿其功绩与开国的宗室王相比，亦有过之而无不及。另一方面，清廷分封三藩，也是当初的一种承诺，比如早在吴三桂降清献关时，多尔衮在给他的信函中就答应：“今伯若率众来归，必封以故王，晋为藩王。”

现在要撤藩，如果这句话从朝廷的嘴里说出来，不免让人感觉有鸟尽弓藏、卸磨杀驴的意味，同时也等于违背了诺言，所以最好是能够让三藩自已提出撤藩，而要达成这个目的，就必须在“诱”和“逼”中做出一个选择——正如康熙曾经分析过的，三藩“乃唐藩镇之流”，不是宋朝功臣，对他们使用“杯酒释兵权”很难行得通，换句话说，光“诱”没有用，唯有靠“逼”！

挖墙脚

顺治年间，江苏巡抚朱国治残酷镇压当地缙绅士人，苏州才子金圣叹即惨死其刀下。康熙元年，朱国治因“丁父忧，不候代，归”，也就是以奔父丧为名，不等代理人员到达，即匆匆北归。朱是汉军正黄旗，旗人当父母之丧时，于服制方面并不如汉人那么重视，他之所以仓皇而遁，其实是怕遭到三吴士民的报复，但吏部仍然公事公办，以擅离职守罪将其予以革职。

朱国治在家闲废了数年，至康熙亲政被重新起用，但未能得到实任补缺，一直到 1671 年，才被简放云南巡抚。

康熙对于政治讲究实用，用人亦是如此。朱国治固然是个人见人厌的酷吏，但他忠于朝廷，在此前提下，对周围的下级同僚乃至上司都可以严苛到无情无义的程度，这样的人不易被吴三桂所收买和挟制，乃是用来监视吴三桂的最佳人选。

康熙不但往吴三桂身边“掺沙子”，还“挖墙脚”。王辅臣是吴三桂手下第一人才，绰号“马鹞子”（鹞是一种类似于鹰的猛禽），因其勇冠三军，势不可当，且与世上流传的吕布肖像十分相像，所以又得了一个“活吕布”的名号。吴三桂原本对王辅臣极力笼络，但王辅臣有一次与吴三桂的侄子吴应麒发生了误会，本来双方已经和解，可是吴三桂却有意偏袒吴应麒，王辅臣从中看出了吴三桂外宽内忌的一面，遂派心腹入京，托人打听能不能将自己调离云南。这时恰巧平凉提督的位置空缺，康熙早就听说过王辅臣的大名，便特点王辅臣应缺，并且高兴地说：“如果朕有这样的武臣，以后还怕什么呢？”

王辅臣进京陛见时，康熙不仅屡加赏赐，而且“无日不诏入，语必移时”，每天召见，一谈就要谈很久。王辅臣在京城的名头并不响亮，他的绰号“马鹞子”还被人误叫成了“马儿头”，所以大臣们都感到很惊讶，不知道为什么康熙要对他如此礼遇，大家都在穿凿附会地进行猜测，有人还怀疑是平西王吴三桂有密语要让王辅臣捎给皇帝。

实际上，康熙与王辅臣密谈的内容，很可能都与吴三桂有关。事后来看，吴三桂虽有儿子吴应熊在京城为他充当“坐探”，但其了解朝廷之深，远不如朝廷了解他之深，康熙所得到的情报资料，有一部分应该就来源于王辅臣。

康熙对王辅臣很器重。王辅臣在旗人中的地位为辛者库，仅相当于包衣一样的奴仆，康熙知道后很是吃惊，立即命令将王辅臣由辛者库迁出，说：“如此人物，怎么能隶属身者库（即辛者库）呢？”

按照康熙的意思，他本来是想将王辅臣留在朝中，以便可以朝夕相处，只是考虑到西北边陲更需要出色武将前去镇守，才不得不忍痛割爱，为此，他还专门安排钦天监给王辅臣挑选离京赴任的吉日。

待到岁暮，眼看王辅臣将行，康熙又命钦天监将王辅臣离京的日子选在了上元节（即元宵节）之后，然后对王辅臣说：“行期将近，朕实在舍不得和你分开，这样，上元节将近，你就先陪朕看完花灯后再走吧。”

康熙的御座前有一对蟠龙豹尾枪，此枪乃顺治的遗物，康熙每次外出都要把这对豹尾枪列于马前，以示不忘先父。当王辅臣起行前去拜见康熙时，鉴于王辅臣曾做过顺治的御前侍卫，康熙便将其中一支豹尾枪赐给他，说：“你是先帝之臣，朕是先帝之子，其他物品都不见得有多珍稀，唯有这对枪不同于一般，现在朕分出一支来赐给你。你拿着枪去镇守平凉，见到它就好像见到朕，而朕看到留下来的这支枪，也就好像见到你一样。”

康熙年轻时曾自誓，待大臣当如手足，这一点他大致是做到了。王辅臣极为感动，当场拜伏于地，流着眼泪说：“圣恩深重，臣即便肝脑涂地，也不能稍报万一，今后怎么敢不竭尽股肱之力，以报答陛下的大恩？”

与三藩开始较量时，康熙年未弱冠（没到二十岁），但眼光、魄力、手腕，均非常人可及：朱国治到云南当巡抚，犹如在吴三桂身边埋下了一颗钉子，朱国治也是历任云南巡抚中，最为吴三桂所痛恨和厌恶之人；王辅臣被康熙收为己用，令吴三桂后悔莫及，如失左右手。

康熙当然知道自己做的这些事，会给吴三桂造成多大的刺激，他的目的也正是要使吴三桂寝食难安，最终实在熬不下去，自己举手要求撤藩。

三藩中果然有人举起了手，不过首先举手的不是吴三桂，而是平南王尚可喜。

鹬蚌相争，渔翁得利

除了吴三桂之子吴应熊外，另外两汉王也都有子嗣入质北京，其中尚可喜派遣的是长子尚之信。

在后世所传的尚可喜肖像上，尚可喜“面貌狰狞，两颧高耸……叉手而坐，犹觉其杀气勃勃也”，武夫形象跃然而出。由于是靠武力在马上得的功名，所以尚可喜自认为读书受教无用，始终也没有延师教子，结果导致儿子们多骄纵不法，糜奢成性，尚之信尤为如此。

本来就不知道如何约束自己，长期充当人质的特殊处境又使其心理逐渐趋向扭曲变形，史载，尚之信酗酒嗜杀，“坐则辄饮，饮醉则必杀人”，不是拿刀朝人乱砍，就是把人绑起来以射箭为戏。尚可喜听说后“虑其触冒法网”，怕他因此在京城犯法，从而影响整个尚氏家族的利益，遂以年老多病为由，疏请康熙同意，让尚之信回粤代理军务。

不料尚之信返回广东后，不仅没有改变，而且肆无忌惮，愈加骄横，干脆连老父也不放在眼里了。尚可喜的部属中但凡同他有宿怨的，“小则鞭，大则杀”，每逢须亲自向父亲汇报重要事务时，他也总是表现出一种很不耐烦甚至讨厌的样子。尚可喜对此一方面恼怒不已，整天忧闷不乐，另一方面因为尚之信是嫡长子，且自幼随自己征战沙场，有着一身好功夫，又“不忍有他意”，舍不得拿这个忤逆的儿子怎样。

尚可喜的幕僚金光见状，向其献计，说朝廷正猜忌着各位藩王，在这种情况下，你不如率小儿子及左右亲信归耕辽东，“朝廷必大喜，则君臣父子之好，可两全无祸”。年迈的尚可喜正处于焦头烂额、左右为难之际，于是便听从了金光的建议，上疏说“臣已年七十，精力已衰，愿归老辽东”，同时请求由尚之信袭封王爵，带官兵家口继续镇守广东。

正所谓“鹬蚌相争，渔翁得利”，康熙不惜一切代价要撤藩，愁的就是逼来诱去，仍然没人接这个茬儿，尚可喜的奏疏不请自来，令他喜不自胜。虽然尚可喜实际上并没有撤藩的意图，话里话外也没有流露出一点要主动撤藩的意图，但只要能拿来做文章就可以，康熙立即批复，先将尚可喜夸了一番，说他“情词恳切”“能知大体”，随后便以广东已经被尚可喜平定，藩镇没有必要继续存在下去的必要为由，令议政王大臣会同户、兵两部进行商议，看究竟应该如何迁移安插藩下的官兵。

康熙的撤藩意图已经十分明了了，与会众人都很拎得清，他们经过商议，认为应该同意尚可喜的奏请，准其复归辽东，但如果让尚之信仍带领官兵居住广东，便会造成父子分离，藩下官兵也一样，父子兄弟宗族有的去辽东，有的留广东，将天各一方，为了防止骨肉分离，似应将藩下官兵和家属全部迁往辽东。

会议结论完全符合康熙的心意，他马上“诏从之”，借机偷梁换柱，撤除了平南藩镇。1673 年 6 月 17 日，全藩撤离的诏书由钦差专程送达广东。

尚可喜本打算个人引退，将藩地和王爵留给长子，但朝廷的诏书让他的计划成了泡影，这是他原先根本未曾想到的。不过，作为一个暮气沉沉的老者，急流勇退、解甲归田，以避免长子的不法行为给自己带来不测之祸，本为尚可喜的真实意愿，他也从无与朝廷对着干的野心和打算，所以对于朝廷的旨意，他并没有表现出任何惊愕和生气的神情，反而一直态度恭顺，“拜命之后，即缮书称谢”，并陆续题报“起程日期、家口马匹数目”。

尚可喜归老辽东和康熙撤藩的决定甫一传出，就在朝廷内外引起了极大震动。平西王吴三桂、靖南王耿精忠（耿仲明之孙、耿继茂的长子）获悉后，均惶惶不可终日，他们并不愿意像尚可喜那样功成身退，可是若不主动表态的话，又怕过不了关。最终耿精忠硬着头皮，抱着走一步看一步的想法，首先上疏奏请效仿尚可喜，将其及藩下官兵“撤回安插”。

吴应熊在朝中见耿精忠已自请撤藩，连忙疾书催促吴三桂，说朝廷对“王”（指吴三桂）久存疑虑，如今尚、耿二藩都上了辞职疏，而“王”却没有，这只会继续增加朝廷的疑虑，现在请“王”急速拜疏使人来京，或许可以解除朝廷的怀疑。

吴三桂早已受困于康熙的“掺沙子”“挖墙脚”，深知朝廷对自己有多么疑忌，收到吴应熊的书信后，他斟酌再三，认为儿子说得有道理，不妨一试，探探深浅。

过去针对“西选”和“总管滇黔”之权，吴三桂曾两次通过上疏欲擒故纵，窥探朝旨，结果都事与愿违，以惨败收场，这次会怎么样，会不会再次弄假成真？前两次毕竟是小赌，输了固然心痛，但还不至于伤筋动骨，此番如果输了，就意味着权力丧尽，再无后退的余地，然而也正因如此，吴三桂料定朝廷不敢踏出这一步——他平西王是最强之藩，云贵边防的“长城”，非尚可喜之辈可比，朝廷一定会在最后时候对他进行挽留，“如明沐英世守云南故事”。

撤藩

打定主意后，吴三桂请幕僚刘玄初为他具疏撤藩。刘玄初劝阻道：“皇上早就预谋将“王”（指吴三桂）调离云南，只是很难开口而已，王若上奏疏，估计奏疏早上到京城，晚上就会下令调王了。他们那两个王要辞就辞，王只管永镇云南，干吗要去效仿他们呢？”

吴三桂不是要效仿尚、耿，他是要赌自己在朝廷心目中的位置，赌朝廷就算是撤尚、耿二藩，也不会动他，但他对此其实也没有十足的把握。刘玄初的一番警示，让他那本已相当复杂的情绪变得更加焦躁不安，当下不但不肯听从刘玄初的劝告，反而怪对方多事，斥责说：“我可以断言，我上这份奏疏，皇上必定不敢将我调离云南，具疏的作用不过是消除皇上的疑虑罢了。”

不顾幕僚们的反对，吴三桂抱着试探和侥幸的心理，给康熙上了一道自请撤藩的奏疏，其主题和耿精忠的奏疏如出一辙，一面“请撤安插”，一面又委婉曲折地透露出疏请撤藩并非自愿的隐衷，用心可谓良苦。

吴三桂、耿精忠显然都不知道康熙撤藩的决心有多大，心情有多么迫切，他盼了那么久，岂肯放过这样一个一揽子解决三藩问题的绝佳契机和途径？接到吴、耿的奏疏后，康熙照搬对待尚可喜的那一套，首先降谕称赞二王“恭谨可嘉”，随即以福建、云南已被平定为由，同意将两藩撤除，并令大臣们进行合议。

吴三桂、耿精忠的自请撤藩只是一种姿态，其实并不希望他们的请求被认真对待，这是众人都知道的。对于撤耿藩，大家意见一致，分歧主要集中在要不要撤吴藩上面，而且争论一开始就非常激烈。多数大臣对于撤吴藩均持反对态度，强调云贵“苗蛮”经常造反生事，若迁移吴藩，必然还要再派军队前去驻防，与其这样折腾来折腾去，不如“仍令吴三桂镇守云南”。

除了多数派，剩下的是少数派。户部尚书米思翰首先提出吴藩可撤，兵部尚书明珠、刑部尚书莫洛附议，他们认为“苗蛮”已平，不足为虑，吴三桂不宜仍镇云南，应顺水推舟，接受他的撤藩请求。

两派各执一词，难分高下，于是康熙又命议政王、贝勒与大臣们共议，但与会众人仍分成对立的两种意见。少数派以明珠为代表，依旧主张将吴三桂本人及其藩下官兵、家属“均行迁移，在山海关外酌量安插”。他们一方面修正自己的观点，声明云南“土司苗蛮”的威胁确实应该正视，另一方面又表示，只要做好中间的衔接工作，就能保证没有问题：云南移交满洲八旗官兵戍守，等戍守官兵到达云南的那一天，吴藩再启程离开。

多数派逐渐聚拢到大学士索额图周围。索额图肯定吴三桂镇守云南以来，“地方平定，总无乱萌”，换句话说，并没有足够理由对他进行撤藩，如果换成其他部队戍守，必然要给沿途驿站和百姓造成很大的负担，而且这些兵丁都是暂时戍守云南，没有长居的打算，很难保证他们不会骚扰地方。

两派的理由千千万，然而归结到一处，不过还是怕不怕吴三桂造反，这也是大家对撤尚、耿两藩无异议，却对撤吴藩争持不下的主要原因所在。多数派担心吴三桂造反，少数派则说就算吴三桂真的造反，也不用过虑，明珠为此举出的理由是吴应熊现居京城，等于被朝廷扣在手里的人质，吴三桂投鼠忌器，不会不顾及儿子的性命安危，同时户部在尚书米思翰的主持下，政府已设法将各省府积银运存京城，如果需要的话，足供十年战争之用，言外之意，足以镇压吴三桂的任何不轨之举。

争论多日，廷议仍未统一，议政王只得合并两议，请求康熙“圣裁”。康熙在撤藩问题上的态度一向鲜明而又强硬，他很清楚，藩镇割据向为国家统一的大敌，自唐代中期开始的藩镇割据延续至五代十国，曾形成前后长达两百余年的大分裂局面，直到宋代才得以再度统一。如今的三藩走的还是藩镇割据的路子，既不利国也不利民，无论是为划一地方建制，还是为铲除割据势力，都必须抓住一切机会，尽快将其撤销。

这一年，康熙已满二十岁，正是年轻气盛，敢作敢为的年龄，做事也颇有一种初生牛犊，一往无前的气概。当然，对于如此举足轻重的国家事务，他也不能不持慎重态度，据说为此专门征询孝庄的意见，而孝庄支持了明珠一派。

考虑再三，康熙终于做出裁决："朕以为三藩全都手握兵权，时间长了，恐怕会发生令人料想不到的事情，到时再要予以控制就很困难了，所以朕决意将藩镇撤回。"

很多朝臣都顾虑吴三桂造反，康熙并没有排除这种可能性，但他说："吴三桂、耿精忠等蓄谋已久，若不及早除之，将养痈成患，如何善后？况且，他们势力已成，现在的情况是，撤亦反，不撤亦反，不如先发制人。"随即宣布接受吴、耿的撤藩申请，并于当日颁布上谕："吴三桂请撤安插，所奏情词恳切，着王率领官兵家属，一起搬移前来。"

赌输了

换个角度来看，其实大家都在赌，康熙赌吴三桂不敢轻举妄动，吴三桂赌皇帝不敢动他，结果是吴三桂第一个赌输了。

撤藩令下，吴三桂傻了眼，"愕然气阻"，呆若木鸡。他原本"自以为功高，朝廷终不夺我滇"，且在云南经营多年，"益固根蒂为不可拔"，没想到皇帝根本就不买这个账，你"自请迁移"，他那边正好"允王所请"。

就后代所见史料来看，至少在康熙下达撤藩令之前，吴三桂尚无反清叛逆的迹象。史书上所谓"三桂阴怀异志""三桂蓄异志久"的记载，都是在吴三桂叛清后，人们的推测甚至是主观臆断，不过有一点是肯定的，那就是吴三桂早已视云南为己土，而撤藩则意味着要在解除其兵权的同时，剥夺他原先在藩地上所拥有的一切，纵使在迁移后，朝廷仍然保证他可以继续得到锦衣玉食的生活，但要想像昔日那样称霸一方是再也不能够了。

吴三桂追悔莫及，同时又恨恨不已。绝望之中，他只能上疏请求增扩安插之地，实际上是借故拖延，幻想朝廷能够一改前旨，所谓"故难前说，以阻其行"。谁知康熙看到奏疏后，眉头都没有皱一下：不就是多要一些土地吗？没问题，"令有司如数拨给"。

吴三桂终于明白，他寄望于朝廷收回成命的想法只是一厢情愿，这使他最初产生的造反念头变得强烈起来，"异志遂坚"。

清代从努尔哈赤起家建国，一直到入关迁都，八旗军的主帅多为“开国诸王”，也就是宗室贵族中统兵打仗的王爷，这些人以多尔衮、阿济格等人为代表，个个能征善战，连吴三桂都畏惧三分。不过到顺治末年为止，这些人或死于疾病，或殁于权力之争，别说能不能继续在战场上蹦跶了，就是存活下来的都没有几个。这样一来，吴三桂便自以为已经天下无敌，“谅中朝诸将无足当己者”，至于年轻的康熙皇帝，在他眼中“乳臭未脱”，说得难听一点，想到“好汉榜”里挤个位置都没资格，又岂是他的对手？

真正难住吴三桂的，是长子吴应熊及三个孙子尚在京师为质，吴三桂本人毕竟也已年逾花甲，舐犊之情令他难以骤下决断，只得“与其党聚谋”。

吴三桂的属下及亲信同样难以接受撤藩，他们大多倚仗吴三桂的权势而显贵，自然也不甘心因吴三桂的失势而断送前程，撤藩令下，“无不愁哭”。知道吴三桂“恨应熊在京”，婿侄们一边怂恿其举事，嚷嚷着“去滇则俱就闲，无兵权，图必反”，一边围着他一通分析，说你若乖乖地照朝廷的话南藩北迁，到时没了军权，朝廷随便找个借口，就能让你父子人头落地，反之，“王威望兵势甲海内，戎衣一举，天下震动”，才有资本和条件与朝廷讨价还价。

当年刘邦、项羽争夺天下，刘邦的父亲刘太公、妻子吕雉被项羽俘作人质。两军阵前，项羽将刘太公按在一个高高的砧板上面，威胁刘邦，说你要是不投降的话，我就煮了太公。没料到刘邦竟嬉皮笑脸地回答他：“我和你一起接受楚怀王的命令，结拜为兄弟，我父亲就是你父亲，你真的要煮你父亲，也分我一碗汤吧！”最终项羽还是没有烹杀刘太公，而且不久因为形势不利，他又把太公与吕雉送还刘邦，以换取双方以鸿沟为界。

刘邦不怕项羽真煮了自己的父亲，杀了自己的妻子，是因为手里掌控着强大的军队。吴三桂的婿侄们建议他向汉高祖刘邦学习，凭借兵威军势和朝廷进行谈判，“索世子世孙于北，画地讲和，此汉高分羹之计也”。女婿胡国柱为宽其心，还专门派侍卫潜往京城，准备接回吴应熊及其子。

吴三桂心里有了些底气，继而觉得吴应熊娶的是建宁长公主，后者在辈分上为康熙的姑母，康熙再怎么狠，总还是要手下留情，他应该只会以此为筹码对自己进行劝降，即“朝廷必不杀，以之为招”。

吴三桂虽听信婿侄们的话，减少了一些对人质问题的顾虑（“三桂惑于婿侄”），但到了最后临门一脚的时候，仍有些犹豫不决。胡国柱等人见状，便劝他再与军师方光琛商量一下。

方光琛与刘玄初并称平西王府的两大智囊，此人自比管仲、诸葛，很有谋略。他自关外便隶吴三桂幕下，而且其父在明朝时为吴三桂的老上司，两家是世交，他平时也常与吴三桂议文讲武，评论时务，因此相比于刘玄初，他更为吴三桂所信任和器重。

从降清开始，吴三桂所行的重大决策便大多出自方光琛的谋划和定夺，如今受婿侄们启发，他决定就反清再次向这位第一谋士征求意见。不过贼人胆虚，当他第一天上门去见方光琛时，只是稍稍透露了一点准备谋反的意思，方光琛何等精明，便也装聋作哑，横竖不搭他的茬儿。

次日，吴三桂再次登门，终于明示了谋反的意向，但方光琛依然王顾左右而言他。第三天，吴三桂按捺不住，天色朦胧时就去拜访，其时方光琛尚未起床，吴三桂就坐在他的床沿，低声细气而又分外焦虑地向他征求意见。方光琛确定吴三桂反意已决，这才起身为其纵论形势，指出“闽、粤、楚、豫、秦、蜀，传檄可定”，其余地方“战胜攻取”，也易如反掌。吴三桂听后兴奋不已，疑虑全消，遂加紧谋反部署，并请方光琛为其运筹帷幄。

第三章

吴三桂反了

1673年9月，康熙所委派的撤藩使臣分别奔往云南、广东、福建，前往云南的是折尔肯、傅达礼、王新命三人。康熙深知云南之行可能存在的风险，因此于折尔肯等人启程之日，特遣侍卫各赐御用佩刀一口、良马两匹，以示关怀，并壮其声势。

10月，折尔肯等人到达云南。在云南的归化寺，突然有一群庄园的农民跑出来迎接使臣，并请求皇帝不要撤藩。折尔肯急忙声明："吴王（指吴三桂）自请移家，你们这些人谁敢说不让他走？"随即下令逮捕了为首者。

这些庄民其实都是吴三桂所唆使，为的是对迁移进行拖延。见使臣不为所动，吴三桂表面装作听命于诏旨，一面向折尔肯等人佯示启程日期，一面令人置办迁移所需的粮草车马，暗地里却派亲信扼守云南各关口，凡来往车马行人，一律只许进，不许出，同时"禁遏邮传"，对消息进行严密封锁。

岂有此理

时间一天天过去，行期在即，可是却迟迟不见吴三桂搬迁。云贵总督甘文焜提出："寒冬将至，恐怕有雨雪，还是要赶快搬才好。"于是，折尔肯和云南巡抚朱国治等人便依言前去催促，"三日一问，五日一询"，然而都被吴三桂以"缓商"为由加以推托。大家都是明白人，这使双方的关系骤然间变得异常紧张，为了防备万一，朱国治在昆明设"六门城守"，又于四处建立卡栅秘密巡视。

吴三桂在云南经营多年，可以说整个云南都在他的掌控之中，朱国治设守一事根本就瞒不了他，闻讯后他恶人先告状，斥责朱国治："功成名就，奉命北移本来就是我的志愿，你现在居然四处设防，这是想干什么？"他还说："古今由于汝辈激成者正不少也。"言外之意，朱国治等人节外生枝，是在逼迫他铤而走险。

为了缓和冲突，众人只得将搬迁事宜予以暂时搁置。一转眼，启程日期就要到了，再也没法拖延，朱国治只得偕折尔肯等人拜访平西王府。当天，吴三桂循例备下酒宴，席间他待客谦和，却一个字都不肯涉及搬迁。

朱国治一行来王府可不是为了吃饭，朱国治找到机会直言相告："三大人等候已久，王若无意迁移，三大人自去回旨。"你究竟搬不搬了，不搬的话，就别拿我们消遣，使臣们也好去向朝廷复命。

此言一出，等于撕下了吴三桂的假面，刚刚还笑容可掬的吴三桂腾地就红了脸，他再也掩饰不住满腔怒火，当场便指着对方厉声大骂："朱国治，你欺人太甚！我可以把天下都送予人，但云南是我用血汗挣来的，现在你这个贪污小奴竟然不容住于此地，真是岂有此理！"

朱国治为政干练，但一直都有贪污劣迹，到云南亦是如此，所以吴三桂很看不起他，才以"贪污小奴"相称。当然，包括折尔肯等人在内，在场的人都能看出，吴三桂迁怒于朱国治只是表象，其实是借机发泄对朝廷撤藩的极端不满和怨恨。

吴三桂不怕把积郁已久的心里话说出来，因为他已经做好了举兵反清的初步准备。此前，他召集幕僚问计，看究竟应该打什么旗号才足以号令天下。刘玄初建议："明亡没有多久，人心思旧，在这种情况下，如果我们拥立明朝后裔，以他的名义实施东征，那么老臣宿将，无不愿当前驱。"

方光琛不同意，他提醒吴三桂说，以前你因为兵力不足，才献山海关和引清军入关，人们对此尚可谅解，也勉强支吾得过去，可是后来南明永历皇帝逃往缅甸，你还奋力穷追，擒而杀之，这就无法释疑于天下，让人原谅了。

方光琛的话击中了吴三桂的痛处，特别是当他接着说道"篦子坡之事可一行之，又再行之乎"的时候，更是令其无言以对。篦子坡是永历帝的殉难地，也称"逼死坡"，方光琛称吴三桂在篦子坡杀永历的事，只可做一次，不可能再做一次，意思是你自己不留后路，把明朝的皇帝都杀了，如今又想立明朝的后人，打复明的旗号，怎么可能取信于人呢？

"三桂听之悚然"，也许到这个时候，他才后悔当初不该把事情做得太绝，但既是出兵造反，总得师出有名啊。方光琛让他自立名号，吴三桂接受下来，不过为了应付时局，他暂时还不敢这么做，“复明”仍是他需要借用的一个重要幌子。

在吴三桂事后发布的反清檄文中，他先为自己辩解，诡称当初降清只是“借兵复仇，兴复明室”，继而又编造了一个周田二皇亲抱先皇三太子“寄命托孤”的故事，用以证明他三十年来为清效命，不过是为了“养晦待时”“密图恢复”。他宣布，“伐暴救民”的时机到了，除了声称要推奉那位子虚乌有的三太子恭登大宝外，他又给自己封了个“天下都招讨兵马大元帅”的头衔，并派人私铸印鉴。

负责铸造印鉴的是一个清军官员的儿子，他把此事告诉了当时的云南府同知刘昆，刘昆闻听后连忙密告朱国治，并且对他说：“大事不好，请你赶快和折尔肯商议，上疏延期撤藩，以缓冲吴藩造反。趁此机会，朝廷可速调重兵，扼守川西、镇远、常德等处，将吴兵封锁于云贵山区，使其不得出谷。关押猛虎纵可能带来不测之祸，但也容易将其制服。”

朱国治回去后与撤藩诸臣商议。得知吴三桂居然想要谋反，多数人撤藩的决心都动摇了，纷纷道：“朝廷封疆，关系百万生灵的安危，应该赶快上疏朝廷，请求暂停搬家。”只有折尔肯认为不能因此卸责：“我们奉旨搬家，难道就这样向朝廷复命？”他认为应采纳刘昆的建议，一边应付吴三桂，一边向朝廷奏报，请求采取相应对策。

最后众人决定按照折尔肯所说的去办，由傅达礼先回京师奏明圣上，折尔肯与王新命暂留云南待命，朱国治负责上疏朝廷。

像折尔肯一样，朱国治也感觉若是在奏疏上写延期撤藩，难以向朝廷交代，犹豫了两天后，终究还是没有动笔。实际上，就算他动笔，奏疏也送不出去，因为吴三桂已将云南予以完全封锁——傅达礼东行未及百里，就被守口藩将给挡了回来。

我还不老

1673 年 12 月 28 日，距离吴三桂答应撤藩启程的前两天，天色尚在朦胧之际，吴三桂将藩下官兵集合于大殿，众人脱掉帽子，剪掉脑后的辫发，以显示与清廷的决裂。接着，吴三桂召文武百官到王府开会，接到通知，官员们虽然疑虑重重，忐忑不安，却又不敢违抗他的命令，只好如约前往，不料刚刚迈进王府的大门，事先埋伏好的刀斧手们便蜂拥而上，将他们抓了起来。

吴三桂本意对官员们留有余地，即便对于他最痛恨的朱国治，也想留下活口，因此曾让人飞骑传令“不得轻杀”。可是朱国治在云南的官声很差，人人都恨他，刀斧手们等不及指示，已经三刀将朱国治给砍了，飞骑传令到达时，只保住了其余官员的性命。

朱国治实在称不上是一个好官，他任江苏巡抚时杀苏州才子金圣叹，惹得天怒人怨。当时苏州有民谣唱道：“天呀天，圣叹杀头真是冤！今日圣叹国治杀，他年国治定被国贼歼！”如今他被吴三桂所杀，恰应了民谣所言，不过一事归一事，朱国治最后的表现还是恪守了臣节，算是他一生中不多的亮点。

朱国治被杀后，吴三桂胁令诸官从叛，刘昆等抗拒不从者以及使臣折尔肯、傅达礼均被予以囚禁。

在部将的拥戴下，吴三桂举起了叛旗。为鼓动人心，他在郊外大阅三军，鼓角齐鸣声中，已经六十二岁的吴三桂披甲上马，扬鞭疾驰，其间他连发三箭，三箭皆中靶心！这还不算，阅兵的时候，长枪、大剑、画戟、雕戈等兵器皆罗列于吴三桂之左右，他骑马奔驰，每跑一个来回，就在马上接过一件兵器舞弄一番，好一副“风驰雨骤，英武绝人”之势。

吴三桂如此卖力地当众炫耀其武功，毫无疑问是“欲以力诎众心”，也就是要告诉众将士，我还不老，我还是那个勇冠三军，无人能敌的吴三桂！

1674 年 1 月 7 日，吴三桂亲率二十余万人马自昆明出发，向贵州逼近。云贵总督甘文焜与朱国治同为康熙安插在云贵地区的钉子，其时他正在贵阳，闻听吴三桂反叛，急欲统兵抵御，可是却发现无人从命。督标兵丁给他的答复竟是：“大人若从吴王（吴三桂），唯命是从，若助大清，某等不能。”原来甘文昆有一段时间因母亲去世而回京治丧，吴三桂遂借训练为名，乘虚而入，对督标兵丁进行了收买，兵丁们受到吴三桂的煽惑，都说：“吴王恤我贫乏，赏我功劳，重我才勇，吴王于我辈恩甚厚。”

这时兵部郎中党务礼等人也在贵阳，他们本来是受朝廷委派，给吴三桂搬迁备办所需夫役、粮草和船只的，眼见兵丁不听调遣，甘文昆便将吴三桂叛乱的消息告诉他们，催促他们速去北京告变。

党务礼等人赶紧偷偷地离开贵阳，谁知当他们行至镇远时，却发现镇远守将已奉吴三桂密令，严禁任何人出入，且不提供驿马。无奈之下，一行人只好化整为零，分头设法突围。党务礼和户部员外郎萨穆哈率先弄到了两匹马，两人急驰至湖南境内，在脱离吴三桂的控制区后，这才得以乘驿马急往京师。

1 月 27 日，经过十一个昼夜的连续奔驰，党务礼、萨穆哈终于到达北京。他俩直奔兵部衙门，一到衙门前，便双双抱着柱子晕了过去。营吏们急忙上前将他们扶住，有人端来两大碗水，拨开他们的嘴巴，将水灌了下去，过了好久，两人才缓缓苏醒，然后便竭尽全力，拼命大喊："吴三桂反了！""吴三桂反了！"……

党务礼等一行原本共有五人，除党务礼、萨穆哈外，户部郎中席兰泰因没有马匹，自镇远乘小船至常德，后来也得以换乘驿马到京，但兵部主事辛珠、笔帖式（一种官名）萨尔图却因来不及逃脱，不幸被吴军所杀害。

有人说吴三桂之所以造反，乃是康熙有意刺激所致，理由是康熙认为以吴三桂为首的三藩"毒痛天下"，存在的时间越长，对国家危害越大，不如逼着他们起而造反，再以此为由予以剿灭。类似的说法其实站不住脚，相应理由也很牵强，三藩特别是吴三桂一旦造反，其可能造成的后果有多么严重，只要是头脑清醒的当国者，都可以想象得出和估计得到。康熙此前诱逼吴三桂，也绝不会是要逼他造反，而至多不过是指望他知难而退，自己呈请撤藩罢了。

道咸年间的史家魏源在评论此事时，提出过一个设想："稍迟数载，或召入朝覲而杯酒释兵权，未必不更操万全之策。"沿着魏源的思路拓展一下，或许还可以借用帝王心术：自古以来，帝王们为防止封疆大吏坐大，往往都会采用明升暗降的手段，在高高捧起之中，使之"龙离大泽""虎出深山"。

吴三桂时年六十二岁，就政治家来说并不算老，当初索尼担任首席辅臣时，比他的年纪还要大得多。按照吴三桂的功绩以及他身为亲王的地位来说，康熙完全可以把他调入京城当议政王大臣——你让一个执掌云贵两省大权的西南王，马上转变身份成为闭门养老的寓公，确实是不太容易接受，但让他当议政王大臣，就等于给了他一个大面子，当事人的心理要平衡许多。

可是这样能不能解决问题？难！

典守者不得辞其责

正如康熙所分析的，“三藩”不是可以杯酒释兵权的北宋功臣，而是清代版的“唐朝藩镇”，他们与朝廷之间的猜忌和隔阂已深。对吴三桂而言，无论是突然召之入京还是明升暗降，都很容易令他生疑，他也必然会找出种种借口拒不从命。

康熙遍览史书且聪明绝顶，他和谋臣们未尝不知道魏源的那些点子，之所以弃之不用，是因为根据当时的实际情况和条件，不可能遂其所愿。

真正的问题到底出在哪里？不是不应该削藩乃至撤藩，而是当事人在实际操作中太急于求成。这当然不难理解，彼时的康熙年少，尚无积威足以慑服三藩，相反，“三藩”（主要是吴三桂、耿精忠）则对他存有轻视之心，他对此是能感觉得到的，所以生怕拖延下去，听其滋蔓，最后会更加难以收拾。

急于求成的最大弊端，是只想着尽快毕其功于一役，却对困难严重估计不足。比如，康熙在撤藩之议时曾称三藩之反，势在必行，撤与不撤都改变不了这种局面，不如先发制人。其实他在说这番话的时候，心里并不认为三藩反叛在即，只不过是为了说服反对撤藩的大臣，才有意对三藩反叛的危势加以强调而已。他所谓的“先发制人”，也不过是说即便吴三桂、耿精忠心有不满，但在朝廷已先行裁制，下令撤藩的情况下，他们也只能像尚可喜那样无可奈何地接受事实。

事实上，从下达撤藩令开始，康熙就没有接受廷臣的建议，分批撤藩或派遣满兵换防，也没有在军事上就防备三藩反叛制定任何措施，他向兵、吏、户部下达指令的重点，从头到尾都是如何做好迁藩的撤迁、安置和善后。或许在他看来，只要朝廷在撤藩过程中对三藩实现忧恤政策，不惜以最大的人力、物力付出，来满足他们在生活中的要求，就可以消减他们的怨气，做到“君臣皆乐，永保无疆之休”了。

吴三桂的反叛打破了康熙的幻想。接到奏报时，他正在南苑行围（打猎），那种游猎的开心愉快瞬间便被坏消息冲得烟消云散，过了好一会儿，他才叹息道：“这就是所谓的‘虎兕出于柙，龟玉毁于椟中’吧！”

春秋时，鲁国大夫季氏（季康子）把持朝政，他担心鲁国的附庸国颛臾会帮助鲁国国君，便计划攻打颛臾。孔子对此表示不满和反对，他将季氏比作老虎与犀牛，将颛臾比作龟甲与玉石，说你季康子攻打颛臾，就好比是老虎与犀牛跑出笼子伤人，而颛臾如被攻灭，就好比是龟甲、玉石被毁于盒中。此时此刻，康熙有感而发，当然是因为在他眼中，吴三桂就是已跑出笼子，随时要伤人的“虎兕”，他的百姓和江山则随时面临着被“毁于椟中”的危险。

康熙身边的侍从大多弄不懂康熙这句话的意思，这本来也在康熙的意料之中，但没有想到他们在窃窃私语一番之后，其中一个侍卫却突然冒出一句：“佛爷（宫廷里私下对皇帝的称呼）说的是‘典守者不得辞其责’！”

“典守者不得辞其责”，是朱熹针对孔子“虎兕”的名言，在“四书”所加的批注。康熙闻听大喜，对这名侍卫说：“你能读四书批注，真是太好了。”当下便予以重赏。

康熙转忧为喜，当然不仅仅是出于对御前侍卫的赏识，更主要还是对方在有意无意中为他提供了解决现实问题的答案：吴三桂造反，他作为皇帝，不能推脱自身监管和守卫的责任，现在不管高兴还是不高兴，都要赶快行动起来，把“虎兕”重新锁入笼中！

如何平叛

吴三桂反叛的消息早已使得“举朝震动”。尽管反叛并非一时一事所酿成，但撤藩是导火线，人们也就不可避免地把视线都重新集中在了撤藩之议上。大学士索额图乘多数大臣情绪激烈之机，竟然提议杀掉当初主张撤藩的大臣明珠等人，“谓因撤藩激变，请诛撤藩之人”。

西汉时期汉景帝接受御史大夫晁错的建议，着手进行削藩，结果引起吴、楚等七国诸侯的不满，酿成了“七国之乱”。七国起兵造反，打出来的旗号是“清君侧，诛晁错”，正好大臣袁盎与晁错不睦，便劝汉景帝答应七国的要求，汉景帝被吓破了胆，真的下令将晁错处以了极刑。如今同样面对由削藩（撤藩）引出来的祸端，康熙似乎也可以采纳索额图之议，向汉景帝学习，一者可以卸掉自己的责任，二者还可以向吴三桂示好，让对方罢兵。

然而康熙断然否决了索额图的意见：“此（撤藩）出自朕意，他们（指明珠等人）有什么罪呢？”索额图在皇帝面前碰了个钉子，立刻陷入惶恐不安之中，一时间张口结舌，不知该如何对答。

康熙素来不喜欢大臣们互相攻击和陷害，认为是明代沿袭下来的官场流习，“此等恶风断不可长”，以这种视角来看，索额图借吴三桂叛乱要杀明珠等人，与袁盎借七国之敌除掉晁错，显见得并没有太大区别。与此同时，康熙强调撤藩乃是自己的亲定决策，不能因为撤藩诱发出吴三桂叛乱，就诿罪于建议撤藩的大臣，更何况在王大臣会议上，明珠等人只是力主同意吴三桂的迁移请求，而并不知道这样做就必然会导致吴三桂反叛。

康熙说，索额图曾反对迁移吴藩不假，不过他当时所举出的理由也无非是可能影响云南地方安定，并没有预料到吴三桂因此必反。不仅是索额图，为了讨论撤藩问题，他还召集了很多人参加王大臣会议，“议事之人至今尚多”，可是试问有谁说过吴三桂必反的话呢？

吴三桂反叛，确实需要有人为之承担责任，然而和康熙对其他所有政事的看法一样，“倘有失误，君臣共之”。他后来回顾说：“朕的一生，曾经有过一事推给臣下负责吗？此等事朕从来不忍心做。”

汉景帝以为弃车保帅，牺牲一个晁错就能使七国退兵，没想到七国以为他软弱可欺，丝毫没有放慢进攻的步伐。在这一点上，康熙比汉景帝要有担当得多，也明智得多，他的及时表态不仅保护了明珠等人，使他们“莫不感激涕零，心悦诚服”，同时也增强了诸臣的勇气和信心，自此大家全都抛开顾虑，竭尽全力地帮助皇帝运筹划策。

首先要商量的事就是如何平叛。在廷议时，以御史魏象枢为代表的汉官担心“军需浩繁”，不胜负担，因而建议“就近调兵御守”，以逸待劳，等叛军打来时再即行剿灭。与之相反，满官虽然在撤藩问题有着意见分歧，但却一致认为应派八旗劲旅出京平叛，魏象枢的建议被笑话为书生之见：“贼（指叛军）逼城下，到那时候才出兵御敌，有这样的道理吗？”米思翰直言：“贼势猖獗，已不是绿旗兵（即绿营）所能控制了，必须派八旗劲旅会剿。”他以户部尚书的身份保证，只要中央、地方协济军饷，足以支持军队与吴三桂打上十年。

面对严峻的形势，康熙决定采纳满官们的意见，将八旗劲旅派往南方前线，并将其布防于临时构建的防御体系之中。

按照古代军事地理学的观点，荆州位居天下之中，“乃咽喉要地，关系最重”，因此康熙将其作为征剿吴军的大本营和前哨阵地。1674 年 1 月 30 日，他任命顺承郡王勒尔锦为宁南靖寇大将军，率诸将及一万余军队前往荆州，据江固守，以遏制吴军北进之路。

荆州是中心，川湖（湖广和四川）是防御重点，其中四川与云南接壤，吴军必然要予以进犯。三天后，都统赫业被任命为安西将军，率京城所发官兵，同西安将军瓦尔喀一起由汉中入蜀。康熙的这一战略意图也非常明显，即进可乘机向云南征讨，退可阻抑吴军由四川向陕西进军。

康熙一面向前线调兵，一面妥善布置后方。平叛大军进征川湖后，自京城出发的援兵难以及时赶到，缓不救急，而且路途遥远，兵马也极易疲劳，所谓“千里持粮，士有饥色”，要解决这些问题，势必还要在京城和川湖之间建立中转站。

山东兖州地近江南、江西、湖广，山西太原地近陕西、四川，均属东西孔道，在这两个地点发兵驻防，可以源源不断地支援前线，康熙遂将兖州、太原作为中转站。譬如从京师、直隶及山东征调来的军队，都是先集中于兖州待命，然后随时向前方递进，“无鞭长不及之虑，无远征劳顿之苦”。

后来发现从兖州支援湖广还是有些远，相比之下，“河南乃四达之地，距潼关、郧（郧阳）、襄（襄阳）皆近”，于是康熙又在河南府（府治洛阳）设立新的中转站，“所在有警，俱可策应”。

康熙对出征的八旗劲旅寄予厚望，他力图通过八旗军的努力，在平叛之初，就将这场战事控制在云南、贵州、湖广（今湖南、湖北）三省境内，但是很快他的这一愿望就落空了。

长驱直入

在将回京告变的党务礼等人送走后，由于“督标兵皆不为用”，云贵总督甘文焜前往镇远，欲凭镇远之兵固守，结果却被早已投靠吴三桂的镇远守将包围起来。甘文焜走投无路，被迫自刎，贵州旋踵即下。

其实即便甘文焜能够指挥如意，他能不能守住贵州也还是个问题。吴军由“四镇”“十营”组成，基干为随吴三桂降清的“关宁铁骑”以及李自成、张献忠的农民军余部，其中“关宁铁骑”是明末最精锐的骑兵部队之一，甚至能与八旗劲旅正面对抗，而那些农民军余部也都是身经百战的勇悍之士。虽然朝廷曾多次裁减吴藩的兵员数量，但吴三桂一边利用裁兵尽裁老弱，一边用“按地征粮、按粮征兵”的办法自行募兵，广收精锐，这使得吴军在出征时仍保持着相当的规模和颇强的战斗力。

相对于吴军的兵强马壮，气势汹汹，沿途各地却普遍抵抗乏力。这也并不奇怪，自康熙即位到吴三桂反叛前，大规模的攻战征伐已停止十余年之久，所谓“承平日久，民不知兵”，无论官民，都对战争缺乏思想准备。即便是京城，也存在武备松弛的现象，倒是孝庄对此深有远见，告诫康熙说，现在虽然天下太平、四方安宁，但安不忘危，闲暇时仍应训练武备。也因此，康熙才在吴三桂反叛前，亲率诸王大臣去南苑行围，借以检阅八旗劲旅，训练士卒。

京城因为皇帝重视，武备开始得到加强，西南地方的情况就差远了，以致面对强敌，官员们甚至连招架之力都没有。贵州巡抚曹申吉自剪发辫，当了吴三桂的官，但在吴军未到之前，他曾将吴三桂反叛的情况写成奏本，派人送给湖广总督蔡毓荣，请其转奏，表明其本意并不是要跟着吴三桂造反，只是无力抵御吴军而已。

吴三桂占领贵阳后，兵分两路，一路由其亲率主力东出入湘，一路由他的大将吴屏藩率领北上入蜀。1674 年 3 月，吴军攻入湖南。此时别说两路平叛大军，就是康熙提前派出的八旗应急先遣部队都尚未能够到达前线，本地的绿营兵将独木难支，只能或逃或降，否则别无生路。史载，吴三桂率部长驱直入，“五千里无只骑拦截”，仅仅一个月时间，湖南全境便告沦陷。

四川一路同样如此，凡吴军所到之处，清军几乎是望风披靡，四川巡抚、提督、总兵等高级将官先后或从叛或投降。四川巡抚罗森素来“有能吏声”，即便得到吴三桂反讯，还能够将川省军情逐一上奏朝廷，但当吴军大兵压境，还是走了曹申吉的老路。

湖南、四川沦陷，必然危及陕西、湖北。吴军前锋在进入湖北境内后，直抵长江南岸的松滋，与清军大本营荆州隔江相望，形势岌岌可危。

前线战况牵连着后方的敏感神经，京城内风声鹤唳、人心惶惶。大学士、兵部尚书王熙注意到，“汉官多移妻子回家”，这说明相当一部分官员已对战争失去了信心。与此同时，潜藏在京城内的反清之士则受到激励，一个叫杨起隆的人自称“朱三太子”，趁机组织一些汉人和八旗家奴举火起事，起义者“皆披甲露刃”“四处纵火”，受到惊吓的百姓纷纷逃往城外的西山避难。

杨起隆起义组织得不是很成功，“同谋者人数众多，彼此却并不相识”，所以很快就被镇压了下去，京城秩序也重新趋于平稳，但那种紧张和恐怖的气氛却没有能够完全散去。有一天晚上，京城内突然再次起火，有人怀疑是吴应熊的党羽所为，吴应熊因此成为众矢之的。

吴三桂反叛前，女婿胡国柱为了促其下定反叛决心，曾答应派侍卫入京接回吴应熊及其子，事实上，由云南出发的入京密使李恕、张镳确实找到了吴应熊，但吴应熊却拒绝了他们的安排。

与吴三桂最初轻视康熙，以为康熙年轻，无能力理军不同，吴应熊长居京城，深知康熙的才能，他对吴三桂反叛的前途一直都持悲观态度，为保全自己的地位和家庭，一有机会就对父亲进行规劝，让父亲不要轻举妄动，铤而走险。

“三桂父子异趋，父蓄异谋而应熊则欲守臣节，保全禄位，所以规谏无不止。”可是入京密使带来的却是父亲决定反叛的消息，这让吴应熊顿有五雷轰顶之感，他“徘徊不果，日饮泣不止”，最终还是只让李恕、张镳带走了他与侧室所生的大儿子吴世璠，自己与另外两个儿子则仍然留在了京城。

吴应熊的妻子建宁公主是康熙的亲姑姑，吴应熊就是康熙的亲姑父，建宁比康熙大十三岁，康熙小时候常和她在一起，彼此关系较为亲密。人这一生最难割舍的就是亲情，即便身为皇帝亦是如此，与吴应熊夫妻的这种亲情关系，使得康熙虽然对吴三桂的反叛倍感愤怒和惊愕，但他最初仍对吴应熊及其随从网开一面，给予了宽宥。

只是局势的变化和舆论压力并非皇帝一人所能随意左右。京城火起以及传出“熊党为之”的流言后，议政王大臣等纷纷上疏，指出吴应熊的随从官员与外官不同，“不便从宽，应请拿问”，康熙难以否决，遂下旨将吴应熊的随从“暂行拘禁”。

之后就轮到了吴应熊。中国古语道“罪不及父母，祸不及妻儿”，然而在古代社会，涉及谋反等大罪，“罪及父母，祸及妻儿”才是常态，吴应熊尽管反对父亲谋反，但一样要面临大清律例的追究和惩罚。诸王大臣众口一词，认为“吴应熊系反逆子孙，理应诛戮，以彰国法”。康熙犹豫再三，终究下不去手，“未忍加诛”，他答复诸王大臣说，暂且留吴应熊一命，让他“束身待罪”，可促使吴三桂有朝一日“悔祸自新”。

女真万人不可敌

在湖广战场，康熙派出的四支先遣部队终于陆续抵达荆州，不久，大将军勒尔锦亦率兵到达。康熙的本意是要八旗军主动出击，进驻常德、长沙乃至争取整个湖南，但将领们对情势的估计过于乐观，所带的兵力太少而且全是轻骑兵，同时他们也没有充分考虑到如果需要渡江击敌的话，船只和粮草够不够用。

等到各部到达荆州，才发现严重缺乏船只，喂养战马的草料不足，武昌、荆州的官府虽然调集附近驻防官兵来援，然而也未预备足额的船只和草料。此时恰逢连日暴雨，江面水涨，清军就算手里有船都没法渡江，好不容易等到大雨停歇，渡江的船只也备齐了，吴三桂已经占领长沙等要地，“沿江列戍，壁垒相望”，勒尔锦只能一面隔江与其对峙，一面自荆州分兵襄阳、郧阳等地，组成荆襄防线。

也就从这时候起，吴军先前狂飙突进的势头突然停顿下来，其进至松滋的部队一连三个多月都没有取得任何进展。对于吴军的顿兵不前，吴三桂的一些将领、谋士深感诧异，他们不明白为什么已经打到长江边，举足即可渡江的时候却反而变成了软脚蟹。要知道，尽管八旗军已抵荆州，但江北已然是风声鹤唳、人心不固，如果吴军能迅速渡江，独占长江之险，不仅可以将军事主动权稳操于手，还能在政治上进一步扩大影响，动员江北乃至黄河流域的反清势力协同作战，到时朝廷无法收拾局面，势必还将后退至黄河北岸。

谋士刘玄初特地写信给吴三桂，催促他“直捣黄龙而痛饮”，不要阻兵不进，坐失机宜。可令刘玄初倍感失望的是，信件并没有得到满意的答复，吴三桂采取了置之不理的态度。

未几，刘玄初郁郁而死。一直到死，他都不知道，吴三桂其实不是不想渡江，而是他过不了江，即所谓“非不欲也，实不能也”。

作为一个靠军功起家的武将，吴三桂用兵几十年，老谋深算，岂能不知北渡之重要，但问题是要过得去才行啊！在这三个多月里，吴军已经发动了数次进攻，然而均未得逞，比如1674年4月初，吴三桂曾派万余人，乘七百艘船只逼犯彝陵，结果却在满汉官兵的水陆拦击下大败而归，“遁回宜都”。

从清初的统一之战起，清廷开始大量使用绿营并依赖于三藩，后人往往想当然地以为八旗军战斗力下滑，不堪使用所致。实际情况并非如此，八旗军依旧保持着惊人的战斗力，之所以不能大规模南下，只是受到了兵力和地形所限，如今与吴军隔江对峙，尽管并不占有数量上的优势，但却照样不落下风。

退一步说，即便吴军不惜代价，拼死拼活打过江去，要想在江北平原上与八旗军继续争胜也相当困难。吴三桂在明末献关前与八旗交过手，后来又与八旗将官共事，深知八旗军最大的特长乃是骑射，若与八旗比骑射，关宁铁骑也好，李自成、张献忠的起义军也罢，都非其对手。有的部将不知深浅，跃跃欲试地提出要到江北与八旗决战，吴三桂把他拉到一边，压低声音告诉他：“你等不知虚实，我与他（指八旗将官）共同用兵多年，其骑射是最不可当的。如今我们依山阻水还可以自守，若到平原地方，你们如何敌得过他？”

“女真万人不可敌”，对于八旗的骑射，吴三桂及原关宁铁骑的部属的确怀有深深的恐惧，别说过江到平原上去了，就是在湘北的山林沼泽地区，都害怕八旗的骑兵随时会冲过来。隔江对峙期间，他们在城外大量布置了鹿角，后者实际是形似鹿角的木头，也称鹿角木，埋于地下后，可以阻拦马足，遏制骑兵冲锋。

除了渡江北上外，吴军在进攻方向上当然还可以有别的选择，刘玄初外的其他谋士、将领献计献策，分别提出了“下九江，扼长淮，以绝南北运道”“出巴蜀，据汉中，塞崤函以自固”等主张。不过康熙对此也早已防范在先，并站在战略高度提前做出了部署。

明清时的东南向为财富之区，赋税重地，“军国之需，尽仰给于江南”。吴军若要“下九江”，目标就是要在占领东南后，切断京城及清军的物资补给，康熙对此看得非常清楚，他指示“江西水陆皆与楚、闽接壤，尤宜固守”，下令固守江西并加强长江上游各重镇的防务，以阻止吴军顺流东下。

“出巴蜀，据汉中，塞崤函”，无疑志在西北，而康熙对西北也极为重视，将它和江南摆在同等重要的地位，除以重兵防守四川外，还特别重托陕西总督哈占、甘肃提督张勇、陕西提督王辅臣，让他们严密防守西北边陲，切勿给敌军以可乘之机。

吴三桂反叛后，朝廷闻变仓促，最初不及布防，所谓“京兵未出，诸道兵未集，地方处处无备”，但等到康熙进行全面布局和调整后，情况就不一样了。此时吴军无论是长驱北上，还是顺流东下，抑或进兵西北，都无法再一蹴而就，吴三桂本人也有束手无策之感，只是其他人不知内情，才会觉得吴三桂愚蠢固执，横竖听不进别人的意见（“三桂皆拒弗从”）。

反叛浪潮

就在八旗劲旅将吴三桂堵在湖广，使其进退不得的时候，南方突然掀起了一股汉官汉将从叛的浪潮。

打头阵的是广西将军孙延龄。孙延龄原系定南王孔有德藩下标员，地位不高、权力不大而且“无大才略”，他能够出人头地乃至成为封疆大吏，靠的是妻子孔四贞。孔四贞系孔有德之女，孔有德死后，全家只有孔四贞逃到京城，孝庄将其收为养女，封和硕格格。孙延龄因妻而贵，被授以“和硕额驸”的称号，朝廷“命之掌管王旗”，直至出任广西将军。

广西是孔有德生前的南征区域，孙延龄在广西所节制的部队即为孔有德旧部，作为其部下的都统王永年、副都统孟一茂等人也都是孔有德的旧将。众所周知，明末官军的专横跋扈，在历史上是颇为少见的，“进止多不从节制”，三藩势力就来源于这些人，孔有德的旧部虽有别于三藩，但也有着“素不奉约束”的习气。孙延龄年轻，缺乏统兵经验，“不能弹压官兵”，王永年便不把他放在眼里，竭力架空他，导致“一军唯知有都统，不知有将军”。

孙延龄不甘大权旁落，乃以王永年克扣军饷为由对其进行参劾，王永年亦与孟一茂等人合疏，参劾孙延龄贪赃枉法及纵容属下为害百姓。两边内讧，互不相让，弄得桂林“城门昼闭，乡民不敢入城”。

康熙闻讯派人到广西进行调查，最终查出孙延龄的罪状属实，但因念及他与孔家的关系，康熙特命宽免其罪行，没有对他进行追究。谁知日渐骄纵的孙延龄不仅不感恩，反而埋怨朝廷没有治王永年的罪，乃至“恨永年刺骨”。吴三桂叛乱后，康熙特授他为抚蛮将军，令其统兵固守广西，然而孙延龄仍纠结于个人私怨，一心只想着如何对王永年等人进行报复。

吴军占领湖南后，能否在湖南站住脚跟，既取决于他们和八旗军的正面攻守，也与湖南相邻各省尤其广西的态度息息相关，甚至如果广西能够与广东携手出击，就可以直接威胁吴三桂的后方。吴三桂因此致书孙延龄，对他百般拉拢，孙延龄认为这是一个私仇得报的机会，于是便假借议事的名义，将王永年、孟一茂等召至府中杀害，继而"遣人纳款于三桂，蓄发易衣冠，举兵反"。

在这股反叛浪潮中，最大牌的汉籍叛将不是孙延龄，而是三藩之一、靖南王耿精忠。耿精忠"鸣剑之心，已非一日"，还在迁藩期间，就已与麾下诸将密谋反叛。获悉吴三桂叛乱后，康熙立即下令停撤平南、靖南二藩，召回派往广东、福建履行撤藩任务的使臣，但这依旧没有能够挽回耿藩之心。

当时福州街头巷尾流传着一句谶语，云："七星再拜真天子，分明火从耳边起，杀尽三山牛出血，身骑白马军中止。"耿精忠得知后大喜，自已的日夜图谋已天意相吻合：省城官方为防止火灾，在藩府所在地挖有七井，这就是"七星"，"七星再拜真天子"隐喻着福州要出皇帝；"分明火从耳边起"，火耳合并是个耿字，暗指皇帝就是耿精忠；福州境内三山鼎立，所以福州别称三山，"杀尽三山牛出血，身骑白马军中止"，当然是说耿精忠将在福州起兵，要杀他个人仰马翻了。

1674 年 4 月 20 日，耿精忠诈称海寇来犯，将福建总督范承谟诱至藩府并加以扣留幽禁。当天，他伪托其祖父耿仲明入山海关时与三桂有约，率部起事，分别派兵袭取浙江、江西，与吴三桂遥相呼应。

在三藩之中，唯有广东的平南王尚可喜一直坚定地站在朝廷一边，也因此为朝廷所特别倚重，康熙晋封他为亲王，使他成为继吴三桂之后得此最高爵位的第二个汉人。孙延龄叛变后，康熙又命尚可喜出兵进行招抚和剿灭，同时阻止吴三桂势力顺势进入广西，不料尚可喜尚未建功，曾为耿精忠旧部的潮州总兵刘进忠便密通耿藩，拥兵反叛，这使广东方面亦陷于腹背受敌，举步维艰的困境。

法国传教士白晋如此评论吴三桂叛乱："这一叛乱的危害性是如此之大，因为它为其他的叛乱提供了机会。"乾隆朝史家赵翼分析得更为透彻："三桂蓄力已久，天下皆震其威……兵锋甚锐，是以四方响应。"

吴三桂历仕两朝，戎马经年，所将官兵甚多，镇守云南期间，更借“西选”网罗党羽，亲信遍及各省，再加上吴军一开始那种摧城拔寨、气势如虹的劲头，以及相形之下清军望风披靡、形势甚危的窘境，都给予外界以强烈刺激和暗示，所以只要吴三桂稍一煽惑，与之有着各种各样联系的汉官汉将便很容易予以响应。在孙延龄、耿精忠反叛期间，他们也先后加入了叛乱阵营，其中仅提督就有六人，总兵及以下将官更是不计其数。

神龟

“东西南北，在在鼎沸”，新一轮反叛潮来势汹汹，本已有所缓和的局势又被拖回了波云诡谲的深水区。趁着朝廷焦头烂额，忙于四处扑火之际，吴三桂重新发起攻势，见八旗劲旅紧扼荆楚，他一边派兵袭击荆州清军驻地，“每声言渡江”，一边依照谋士、部将们“下九江”“出巴蜀”的建议，向东西两翼分兵，“一由长沙窥江西，一由四川窥陕西”。

江西处在湖南、福建的夹攻之中，叛军尚未杀到，已经是民心不稳，乱象环生。按照康熙的说法，“地方奸徒”（也称“土寇”）四处捣乱，他们或啸聚一处抗拒官兵，或给叛军运送粮草，或散布传单制造混乱，或窝藏叛军奸细和向叛军提供情报，“所在背叛，忠义全无”。江西如此，受叛军威胁的其他省份情况也好不了多少，此时云、贵、湘、川、黔五省被叛军占领，又有这么多周边省份内部不稳，至此，全国大乱，山河破碎的局面已昭然若揭，实非中央政府发两份安民告示所能遮掩。

形势发展增加了吴军将士对未来的期待。之前谋士刘玄初上书吴三桂，打了弱与强、贫与富的两种比方。在他看来，吴军的老根据地只有云南，云南一隅之地，论地方经济实力，尚不足东南一郡，而朝廷却地域广大，仅荆、襄、江、汉之间，便能云集“吴越之财货，山陕之武勇”，因此吴军是弱者、贫者，朝廷是强者、富者。弱者的长处是快捷灵活，强者的优势是力大威猛，弱者与强者斗，弱者利于速决，强者利于持久。同样的道理，如果贫者与富者打官司，贫者最好能及早了结官司，因为你耗不过富者。

刘玄初据此极力反对顿兵不进的做法，认为越僵持下去对吴军越不利，最后只会自取灭亡。其他吴军将领、谋士的看法也大同小异，无论是“下金陵”还是“出巴蜀”，尽管各有侧重，然而从战略上讲都有一个共同点，那就是全力向前推进，决不能停顿下来。如果说原先吴军不是不想推，是推不动的话，现在则不同了，他们已经有了这个条件和可能。

让众人感到不解和失望的是，他们的统帅吴三桂虽然已重新发动攻势，但却始终没有表现出“直捣黄龙而痛饮”的愿望和决心，即便渡江云云也只是停留在口头上而已。吴三桂的这一态度甚至引起了海外关注，朝鲜国王得到报告称：“（清国）变异迭出，兵连祸结，而姑无朝夕危急之势矣。三桂苟有大志，扫清中原，则必已深入，而尚据一隅而不进，其无大志可知也。”

报告对政治局势的观察不可谓不深刻犀利。说穿了，吴三桂原本就没有什么雄才伟略，他只是一个舍不得丢弃荣华富贵的王爷，所谓“恢复汉家天下”之类的政治理想都离他太远了，特别是在荆襄防线受挫后，他已基本丧失了推翻清廷的信心，剩下来的念头都是如何才能保住既有果实，争取与清廷“划江而国”。

吴三桂是个很迷信的人。当初吴军杀入湖南，原本气势如虹，但当他们到达湘北的澧州时，突然雷电交加，一声霹雳过后，吴三桂所乘坐的车子竟被闪电击中，连车夫的须眉衣帽都烧焦了。吴三桂作为从生死场中冲出来的武将，当然不会怕什么雷电暴雨，他所畏惧的是天意——是不是老天给我警示，让我止步于此，不要再前进啦？

嗣后吴三桂禁止人们谈论这件事，但他自己却对此耿耿于怀。后来他听说衡山有一座岳神庙，庙里藏着一只铜钱大小的白龟，寿命达百年以上，当地人奉为神灵，常向它占卜吉凶且十分灵验。言者无心，听者有意，吴三桂亲自前往岳神庙，去了之后他把一张全国地图铺放在神座前，将“神龟”置于地图上，接着便默默祝祷，观察“神龟”的走向。

只见“神龟”在地图上蹒跚而行，然而始终没有越出长沙、岳州、常德的范围，最后又回转到云南停止。吴三桂一连占卜三次，结果都是一样，这使他终于确信自己以云贵为根据地，割据长江南端的设想完全符合天意。

动物比人诚实，即便“神龟”，也不会为了骗一点香火钱就故意投人所好，而人却往往会按照自己的主观愿望，一厢情愿地去揣测所谓的“天意”。吴三桂似乎从来没有设想过，“神龟”的走向会不会寓示着另外一种可能？彼时的他一脑门子都是这种念头：形势对我有利，我既有军事实力，又占半壁江山，儿子还是皇帝懿亲，朝廷必肯与我讲和！

画地讲和

1674 年 5 月初，吴三桂用船只将被扣留的撤藩使臣折尔肯、傅达礼放还武昌，还让二人带去一封给康熙的信件。防守武昌的将军尼雅翰当即上报朝廷，并将二人及信件送往京城，康熙闻讯大喜，派侍卫迎至黄河，宣旨慰问，又命赏赐折尔肯等人衣帽鞋袜。

在没有看到吴三桂的信件前，康熙曾以为是乞降信，但他又不相信这种形势下吴三桂会投降，遂谕令勒尔锦：“朕考虑吴三桂向来狡诈，这里面（指写乞降信）可能藏有诡计。如果他服罪请降，王（勒尔锦）及将军等要商量对其进行招抚，同时要提高警惕，切勿上当。他若真的有心投诚，王等应以礼受降，但对其部属仍应严防，不可分散兵力，急于前进。”

直到折尔肯、傅达礼携信件抵达北京，康熙才知道吴三桂并不是要乞降，而且对其反叛亦无丝毫悔意。不久，达赖喇嘛五世上疏康熙，说：“若三桂力穷，乞免其死罪。万一鸱张（嚣张之意），莫若裂土罢兵。”吴三桂在反叛前与借与西藏互市之机，“岁遣人至藏熬茶”，双方关系相当密切，达赖的上疏表面是为康熙献计献策，实际是吴三桂的授意，要康熙承认既成事实，“裂土罢兵”，分国土给吴三桂。

吴三桂的信件没有保留下来，清宫实录也没有记载具体内容，但联系达赖的上疏以及吴三桂在长江南岸顿兵不进的情况，可知信件的内容很可能涉及吴三桂“划江而国”的图谋，以及遣还吴应熊等要求，也就是吴三桂在酝酿举兵谋反时，其婿侄们所建议的“索世子世孙于北，画地讲和”。

吴三桂及其婿侄还有达赖们，都太不了解康熙了。康熙从小接受严训，有着远大抱负，他连三藩这样的割据局面都不能接受，又怎么能够容忍“裂土罢兵”“划江而国”？达赖的建议因此遭到他的严词拒绝：“朕乃天下人民之主，岂容裂土罢兵，但（吴三桂）果悔罪来归，亦当待以不死。”

吴三桂起初轻视康熙，而康熙则打心眼里从头至尾都看不起吴三桂。同是降清的汉官汉将，除吴三桂外的另外两位藩王都是一开始就为清军效力，只有吴三桂是中途投诚，走投无路才被迫“摇尾乞降”，这不单是康熙的认识，也是整个清朝皇室对吴三桂的印象。吴三桂从献关到统一战争，为清廷立下汗马功劳，但到康熙当皇帝时，天下大定，他对此已经没有什么太深的感受，倒是吴三桂称霸西南乃至带头起兵反叛的种种行为就发生在眼前。

吴三桂反叛时发布了一个反清檄文，而清廷也有讨吴檄文，檄文痛骂吴三桂为人臣仆，“迭事两国，而未尝全忠于一主”，文字间对于吴三桂人格的蔑视可谓一览无余。继讨吴檄文之后，康熙又通过与达赖的对话，指出顺治封吴三桂为藩王，让他的儿子娶了公主，自己又加封他为亲王，其所受恩典，不但越过所有朝臣，自古以来都少见，“吴三桂负此殊恩，构衅残民，天人共愤”。

在康熙眼中，吴三桂就是这样一个不忠不义之徒，根本不配与自己平等对话，更不用说什么谈判平分疆土了。在给刑部、兵部的上谕中，他提道：“近览吴三桂奏章，语词乖戾，妄行乞请。”

吴三桂的婿侄们所效仿的是“汉高分羹之计”。这个故事中的项羽虽然优柔寡断，但并非心慈手软之人，死在他手上的仇家和无辜者不计其数。其实他在听了刘邦“也分我一碗汤”的话后，已经勃然大怒，准备杀了刘太公和吕雉，之所以改变主意，还得归功于那个在鸿门宴上吃里爬外的项伯，是他的一番迷魂汤，灌得项羽临时改变了主意。

吴三桂的谋士刘玄初对此心明眼亮，他在劝告信中给吴三桂提了两个建议：第一，不要放还撤藩使臣并企图让他们为你代言，他们被你抓了，已经是“辱国之臣”，回去后自己还害怕朝廷追责，又岂敢替你代言；第二，不要幻想世子（吴应熊）能够活着回来，因为“朝廷宁失四海，决不令世子返国也”。

果然，康熙的朝中没有项伯，多的是对吴三桂及其家族咬牙切齿的大臣。大学士王熙密奏康熙，请求将吴应熊正法，并将其首级传至湖南、四川，认为这样做不仅可以打击吴三桂，彻底粉碎吴三桂及其党羽的幻想，而且能够影响作战双方的士气，“以寒老贼之胆，以绝群奸之望，以激励三军之心”。诸王大臣也都认为“（吴三桂）怙恶不悛，其子孙即宜弃市，义难宽缓”，劝康熙大义灭亲。

康熙原先不杀吴应熊，部分原因是希望牵住吴三桂的心，有一天主动悔过投降，但吴三桂军事势力的持续扩张以及吴三桂“画地讲和”的实际举动，让他认识到已不可能再把对方拉回头，至此，剩下来也就只有能否“大义灭亲”，与吴应熊彻底决绝了。

大义灭亲

春秋时，卫国公子州吁弑君篡位，卫国大夫石碏设计除掉州吁，又派家臣杀掉了与州吁同流合污的儿子石厚。《左传》在记载这件事时，给予石碏极高褒扬，认为他是一位纯粹正直的臣子，尤其因痛恨弑君者而选择把儿子杀掉的行为，更是了不起，“大义灭亲，其是之谓乎”——所谓大义灭亲，大概说的就是这种事情吧！

石碏的故事是“大义灭亲”一词的最早起源，从那以后，大义灭亲便俨然成了中国古代伦理道德中的一项判断标准，无论是普通百姓还是贵族大臣甚至皇帝，都必须接受它的检验。康熙当然也必须过这一关，因为只有这样才能证明他是一个好皇帝，而不是相反。

在臣民们的注视下，康熙终于做出了选择。1674 年 5 月 18 日，他接受诸王大臣的建议，将吴应熊及其子吴世霖处绞，其余幼子免死入官（但三藩之乱平息后仍被处死），包括吴应熊的随从在内的应坐人犯分别正法。谕旨中说：“朕考虑乱臣贼子自己作孽，处罚他们的刑章分明，众人也都一致赞同进行处罚，朕不能再私下包庇。”

在吴应熊的在京亲属中，唯一没有受到株连的只有建宁公主。康熙深知她是政治婚姻下的牺牲品，且吴应熊父子皆已为朝廷所杀，虽然从康熙的角度来说，这么做乃是为祖宗社稷不得已而为之，然于情于理，他对自己的姑母终究不能不抱有歉疚之情。吴应熊获罪后，康熙仍对这位姑母恩礼备至，多次下谕表示：“公主被反叛所连累，多年来生活过得艰难窘迫，朕每每想到此处，未尝不感到难过。”

不管康熙如何予以关照，建宁悲惨的命运都早已注定，她的余生都只能在孤独和痛苦中慢慢度过了。建宁夫妻曾经共同生活的宅第名为公主府，亦称额驸府，此宅原来的主人是前明大学士周延儒，周延儒被崇祯赐死，而后吴应熊父子又被诛杀，所以人们都认为它的风水很不好。

公主府归宗人府所管，建宁死后，无子嗣可以继承，宅第自然由宗人府收回，另行分配给其他王公，但在很长一段时间内都无人敢住。一直到民国，由于有人自缢于此，凶宅之名遂不胫而走，民间将其列为北京“四大凶宅”之一。

生活从来都不会饶过任何人，失去爱人的魔咒很快也应验在了康熙自己身上。6 月 6 日，皇后赫舍里氏生下一名皇子（赫舍里氏所生的第二个皇子，第一个皇子已于四岁时夭折），康熙此前虽然已经做过几次父亲，但依然非常高兴，他当即给皇子取乳名保成，意为保证成功，平安成长。与此同时，皇后本人却因难产而昏迷不醒，当天她即抛下丈夫和孩子撒手人寰，死时年仅二十一岁。

康熙和赫舍里氏所经历的是青梅竹马一般的爱情，康熙一直对赫舍里氏抱有一种特殊情感，她的暴卒令康熙悲痛不已，喜得嫡子的欢快心情顿时烟消云散。

赫舍里氏死后，康熙亲自执笔，为她撰写了感情真挚、朴实无华的谥文（康熙后两任皇后去世，谥文均由大臣撰写）。清朝皇后的谥号一般都以“孝”字开头，但康熙别出心裁地给赫舍里氏多加了一个“仁”，使其谥号为“仁孝”，显示出赫舍里氏在康熙心目中独一无二的地位。

不仅如此，康熙还下令为赫舍里氏辍朝五日，以示悼念。明清虽然都有因丧辍朝制度，但在为皇室成员辍朝方面，主要限定于大行皇帝和皇太后，皇后嫔妃的例子很少，此时又正值平定三藩之乱的非常时期，康熙能够这么做，实为难得。

辍朝五日之后，除了国事不能丢开外，康熙仍旧沉浸在对亡妻的缅怀之中。他先将赫舍里氏的梓宫安放在紫禁城西，由于自己的陵寝尚未兴建（皇后照例需入葬皇帝主陵），他又亲自将梓宫送往巩华城（明行宫所在地，也称沙河店行宫），夜晚方归，而无论皇后梓宫是在紫禁城西还是在巩华城，他都经常前去举哀。海内外观察家均注意到了康熙这一异乎寻常的举动，朝鲜使臣回国后向其国王报告：“清皇不恤国事，淫嬉日甚，每往哭沙河宫殡后之所。”

朝鲜人把康熙对皇后的悼念理解成贪图享乐，荒疏国政，固然有着他们自己的主观偏见，但也说明，在这个世界上，谁都不能完全代替别人的感受。就好像康熙同情建宁的遭遇一样，说到底，也仅仅是同情而已，只有当不幸降临到自己身上的时候，他才会真正感受到那种可能随时被“大义”灭掉的“亲”有多么可贵，痛失爱妻的康熙正是如此。

更大的亏

距吴应熊父子被处死两个月后，吴三桂才得到消息，当时他正在吃饭，闻讯立即放下酒杯，流着眼泪说："今天是真的骑虎难下了！"又说："皇上不过是个少年，竟可以做到这一步？完了！"说完，他把面前的食物一推，一口也吃不下去了。

康熙的处变不惊和运筹帷幄早已令吴三桂刮目相看，但他仍然低估了这位少年皇帝，他没有想到康熙平叛的决心如此之大，对于双方谈判的桥梁能够说斩断就斩断，既不给别人留退路，也不给自己留后路。

除了武功足以鹤立鸡群外，吴三桂与大多数降清的明末将领没有什么不同，即无远见，无理想，无节操，为人处世"善持两端"，随时发生动摇。自举兵反叛以来，其实他就有些懊悔，觉得自己可能做了一件亏本生意，心里一直想着的都是如何才能少蚀点本钱。

吴应熊父子对吴三桂而言当然是相当重要的，占领湖南后，他借谈判"生得其子"的信心已经大增，然而正所谓"机关算尽，反误了卿卿性命"，转眼之间，这一线希望就被无情割断了。

一边是如意算盘的被彻底打破，一边是徒然沦为牺牲品的爱子幼孙，吴三桂百感交集，既愤恨失望，又痛心沮丧，其间因而发病，"竟以似死人"，但为了不致动摇军心，他又不敢在众人面前过于表露自己的悔恨情绪，只能暗地里老泪纵横，像崇祯临死前那样埋怨"诸臣误我"，说自己"吃这一伙（指他的婿侄、部将）了"。

吴三桂还不知道，他更大的亏吃在哪里。由于低估了康熙和对谈判存有不切实际的幻想，吴军没有借反叛潮涌起之机，发动孤注一掷的大举进攻（不管是往哪个方向），这是他在战略决策上的一个重大失误，且未来没有任何可以挽回和弥补的余地。吴军大将吴国贵后来承认，"（吴三桂）从前所为皆大误也"，他认为吴军当时最正确的做法应当是"宁进而死，不退而生"。

早在新一轮反叛潮掀起之际，康熙已经在动用他全部的资源，竭力抵消各路叛军进攻给己方所带来的压力。那一时期，受威胁最大的是江西，江西为广东门户，水陆皆与楚闽接壤，乃吴、耿两军必争之地，该省一旦有失，必然危及广东，如此长江以南将悉为叛军所有。康熙对此极其重视，认为“江右为粤东咽喉，江浙唇舌，所关綦重”，他一接到江西巡抚奏报，得知吴军“欲犯江西袁州、吉安”，便马上向袁州、吉安和江西其他地区派出重兵，以防止吴、耿会师江西。

等到吴三桂从梦中惊醒，最佳的出兵时机其实已经错过。在感觉谈判的退路已断，不得不与清军殊死一搏的情况下，吴三桂才命令所部向江西急进。尽管如此，夹攻江西的吴、耿两军仍保持着迅猛的势头，兵锋所指，“守兵或降或遁”，加上“土寇”的里应外合，致使江西形势十分吃紧。康熙急忙调整部署，相继派出定南将军希尔根等满人将领前往江西助剿，同时命增援广东的部队调转方向，先增援江西，原定去荆州的八旗援军也随之改赴江西。他还通过手书谕令要求将领们必须死保江西，尤其袁州、吉安、赣州等要地更不容失陷，因为这些地方若有闪失，“广东声息必至梗阻，广东梗阻则势益危急”。

经过将近一年的鏖战，清军终于打破了叛军对江西的夹攻，江西转危为安。在此过程中，康熙的反应之快以及调兵遣将的效率之高，均令人惊叹。事实上，从战争开始，他就命令兵部在原有的驿站之外，每四百里设置笔帖式、拨什库（二者均为办事官员的官名）各一，从而建立了一个专门的通信机构。这一新机构的差员每一昼夜可行千余里，由北京到荆州五天便可以往返，由北京到浙江则只需四天，在当时的条件下，可以说已将畜力交通的使用发挥到了极致。

康熙每天接到的各地奏章达三四百本，经他一个字一个字亲自批阅的有四五十本，包括军务在内，一天手批口谕，可处理五百余件事务，这使得他虽然足不出京城，但对前方战况变化以及将士勇怯与否均了如指掌，从而可以做到“指麾臂使于数千里之外”“上下畅达，事无稽迟”。据说吴三桂在得知康熙驿报神速，机谋深远后也自叹弗如，唯有仰天长叹，说：“难以和他争锋啊！”

正是因为对前线情况洞若观火，所以康熙对参战的八旗军并不满意。他原先曾抱着乐观想法，认为只要八旗劲旅一出，叛乱很快就能平定，南下荆州征剿的大将军勒尔锦也信誓旦旦地向他做出保证，说“进取云贵之期，不过八月”。实际情况却是相反，八旗军行进迟缓，不过六百里的路程，居然走了一个月，致使吴军乘虚猛进，迅速占领湖南，将其势力推进到了长江南岸。

问题到底出在哪里？康熙分析后得出结论，认为主要还是将领不行，由于将领不行，使得八旗士兵没能表现出他们应有的战斗力和进取心，即俗话说的“兵熊熊一个，将熊熊一窝”。

军威万里风雷疾

清初八旗军的统帅多为开国诸王，至三藩之乱爆发时，不仅开国诸王大多已不在人世，就是顺治朝有过战争经验的第二代宗室诸王，很多也早早就在青壮年时期夭折，而从顺治末年到康熙初年，国家渐渐安定，少有战事，宗室子弟难得再有上阵历练的机会，当然更不用说取得战功了。在这种情况下，康熙很难挑到高级爵位和显赫军功同时兼备的人选，为此只好先顾一头，将至少爵位能够威压众人的亲郡王派去前方压阵。

被选中的亲郡王多为开国诸王的后代，但他们上了战场之后，不是指挥不当，就是“耽于安乐，胆怯如鼠”。顺承郡王勒尔锦就是个典型例子，他是礼亲王代善的曾孙，代善被努尔哈赤赐号“古英巴图鲁”，是勇士之最的意思，即便到勒尔锦的爷爷、父亲，也是勇不可当，轮到勒尔锦则全无父辈们的风采。事实上，他在荆州防线之所以缺乏作为，既有天时地利的客观条件限制，也有主观因素，清代笔记中就记载了勒尔锦坐镇荆州期间，听说吴军杀到，竟至“踉跄而归”。

勒尔锦打仗缺乏勇气，从地方上攫取财物，“希图回家为富足之计”倒是不落人后，主帅的行为举止直接影响到普通官兵的心态，不少人也因而“逍遥河上，殊无斗志”。康熙对此非常不满，他严厉斥责勒尔锦等人，认为常德、澧州、岳州、长沙等湖南要地本来都是可以保住的，最终陷落，“皆是你等畏懦不前，坐失险要之故”。

三藩之乱初期，无良将可用的现实曾经深深困扰着康熙，也令朝廷在一段时间内陷入了疲于应对的被动局面。朝鲜人在中国收集情报，就从一个汉人口中听到这样的话：“皇帝年少性急，近因丧患兵乱，心气暴发，不能自定。诸王诸将亦无智虑之人，吾辈不知死所。”

既然没有现成的良将可用，那就只能把更多的人派到战场上去，比如除亲郡王之外的贝勒、贝子，一边让他们经受战争的磨炼，一边从中挑选和发掘可造之才，但勒尔锦的教训让康熙认识到，不能只派毫无经验的皇族嫡系上去单打独斗，还得为之配备经验相对丰富的参赞集团。正好此时南方前线只有荆州由大将军勒尔锦统辖，其余各地的将军都互不统属，康熙认为这样不便于协调作战，容易贻误战机，于是便决定增派大将军及其参赞集团。

1674 年 7 月 28 日，康熙授康亲王杰书、贝勒董额为定西大将军，命二人分别赶赴浙江、四川（实际仅至陕西），至 10 月 23 日，在不到三个月的时间里，他陆续增派了五名大将军。这些大将军多数位高权重同时也欠缺军事经验，但身边另有具备军事经验的底层宗族子弟作为参赞，以对其进行协助。

征剿阵容由此大为改观，包括勒尔锦内，已有六名大将军转战于前线，正如康熙自己在诗中所写："临轩重简轻藩出，军威万里风雷疾。"大将军们不仅在出征时带去归其指挥的八旗劲旅，而且到任后可统一指挥、相机调动所在辖区内的部队，因此大将军辖区实际就是作战区。在自己所在的作战区内，大将军通常拥有相当大的自主权，不必凡事都奏请皇帝批准，特殊情况下甚至允许改变皇帝的旨意，勒尔锦就曾得到康熙的指示："勿唯朕谕与议政大臣之议是非。"

康熙这一轮的战略部署是固守荆襄，对吴三桂占据的湖南、四川取守势，但对江西和东南区域取攻势，包括康亲王杰书在内，新派的六名大将军里有三名都被投入江浙，而且全是亲王。

相对于康熙清晰的作战思路，吴三桂却让谋士和部下们有些捉摸不透。在湖南境内，他命人砍伐树木，赶造楼船巨舰，做足了要渡江北上的架势，而已经造好的吴军战船也奉命日夜出没于长江和洞庭湖之上，似乎随时都会对北岸的清军驻地发起猛袭。可是数月过去了，吴三桂在渡江方面依然毫无动静，也无速下荆州之意，每逢部下请战，他用来推托的借口还是老一套，即八旗骑射厉害无比，吴军没法到平原上去和他们决战。

吴三桂向来都是个滑头的角色，很少肯干一锤子到底的事情，面对八旗军这样的强敌，保存实力，不轻易与之决战，的确符合他的一贯个性。另外，康熙的江上布防乃至整个平叛部署都布置得极其周密，从7月至10月，接连有三位大将军被派往川湖赣三省，按照各自使命，他们或主攻岳州，或由江西取长沙，或由陕西攻打四川，这也使得吴军四面受敌，难逞其志。

不过话又说回来，吴三桂如果决意要渡江也没太大问题：北渡并不是非和八旗军决战不可，八旗骑射固然厉害，可既然只能拼到底了，总得在战斗中领教和适应，而且越早越好；康熙在湖南、四川采取的是守势，三位大将军最初所策动的攻势均为牵制性质，为什么用他们进行牵制？就是要阻截吴军在正面的伸展。

吴三桂不是看不到这些，他之所以裹足不前，其实是因为他根本不想北渡。

一个人的格局和抱负决定了他到底能走多远。吴三桂叛乱的主要动因是抗拒撤藩，在发起叛乱，据有长江以南的数省之后，他便以为划江为国已成定局，即便吴应熊父子被杀，在他看来也只是与朝廷对等谈判已无可能，但他仍可以凭借军事实力割据一方，而康熙也莫奈他何。

在康熙加派大将军出征期间，吴三桂不断增兵防守湖南，除了派三员得力大将并守岳州外，又在醴陵造设木城，并增设总兵十余人，士兵七万，另外还有三千苗彝兵。相比于造舰，这才是吴三桂真正的军事部署，而造舰云云只是做做样子的障眼法。无怪乎魏源会以史家的眼光如此评论："三桂年老更事多，欲出完全，不肯弃滇黔根本，初得湖南，即下令诸将毋得过江，以为事纵不成，可以划江而国。"

这分明是在出卖我

三藩之乱期间，朝鲜驻华使臣向其国王报告，说："清人调兵，犹不用汉人，故汉人之于清人无怨无德矣。"其实这是一个带有主观臆断的虚假信息。当时全国的八旗军总共只有二十余万，不打仗时一半在京，一半散驻各地，虽然在战争中康熙已把八旗军的机动兵力都尽可能派上了前线，但在数量上仍远不及叛军。相比之下，由汉人组成的绿营约有六十余万，为八旗军的三倍，这是一个各方都不敢忽视的力量，因为他们在战争中支持哪一方，哪一方的力量和声势就会大增，即古语所谓的"助楚则楚兴，助汉则楚亡"，除非康熙不想赢得战争，否则他怎么可能忽视绿营（也包括八旗汉军）？

另一方面，绿营对朝廷的忠诚度在总体上不及八旗，却也是事实，仅在云、贵、湖广、四川，附逆从叛的绿营提督和总兵就不在少数，所以自平叛战争开始以来，康熙既注意提高绿营兵将的地位，发挥其作用，但也从未放松对他们的戒备和防范。

各省绿营中，康熙对陕西最为关注。陕西乃边陲要地，“素号严疆”，该省绿营向以骁勇善战驰名，而且兵力也超过他省，用康熙的话来说就是：“天下绿旗（即绿营）兵无如陕西强壮，而其数较各省倍重。”陕西的不少绿营将领在历史上与吴三桂有关系，在西北诸将中颇具威名的甘肃提督张勇、陕西提督王辅臣过去都是吴三桂的老部下，尤其王辅臣与吴三桂的关系更为密切，倘若他们串通一气，由侧面进攻北京，无疑将对清廷造成严重威胁。

还在吴三桂出兵湖南、四川，康熙调兵遣将最为繁忙的时候，他就特地降谕陕西总督哈占及张勇、王辅臣等人，让他们积极举报吴三桂用于招降的“伪札、伪书”，并表示：“你们都是朕擢拔的股肱之臣，捍御边境、绥辑军民就全依靠你们了！”

果然，吴三桂派人找到王辅臣的旧属汪士荣，命他间道潜入平凉，将自己的两封信和两道任命札送交王辅臣，同时托王辅臣将其中一封信和一道任命札转交给张勇，企图策动他俩随己叛乱。

吴三桂过去虽待王辅臣不薄，即便王辅臣负气离开云南，他仍亲自为之送行并赠送两万两银子作为路费，但康熙作为皇帝，对王辅臣更有莫大的知遇之恩，不但授予要职，而且在进京陛见时无微不至，仅仅共赏花灯、赐枪这些，就足以把王辅臣感动到不知说什么才好。如此一比较，孰轻孰重，一目了然，更何况吴三桂已经成了反叛者，要他走的也是一条叛逆之路，从个人利害得失的角度进行权衡，王辅臣也不可能再投向吴三桂。

按照康熙先前的指令，王辅臣立即拘捕汪士荣，随后便派义子王继贞将汪士荣连同“伪札、伪书”一并解送京城，交给朝廷处理。康熙对此非常高兴，嘉其“坚守臣节”，授王辅臣三等精奇尼哈番（清代爵名，意为三等子爵），授王继贞大理寺少卿，“加恩以彰激劝”。

王辅臣的做法却把张勇给激怒了。张勇与王辅臣一样系明末降将，但他的资历较深，在顺治朝时即出任云南提督，是当时军职最高的绿营武官，以后出镇西北的时间也比王辅臣要早。

张勇自认要论对清室的忠心程度，自己绝不亚于王辅臣，最重要的是，既然吴三桂托王辅臣向他转交“伪札、伪书”，事情已经涉及他，王辅臣在决定向朝廷检举前就理应和他打个招呼，或至少邀他密商一下，结果王辅臣什么都没做，使他陷入了尴尬处境。

张勇很担心因此遭到朝廷的怀疑和猜忌，他愤愤地对王辅臣说："我俩本来关系很好，不分彼此。你想做忠臣，也应该先让我知道，然后我俩共同派人向朝廷汇报，可是你却抛下我，一个人向朝廷表忠心，而令朝廷对我产生怀疑，这分明是在出卖我！哼，我倒要看看，你这个'忠臣'究竟能做到几时？"

不久，归附吴三桂的四川总兵吴之茂派人向张勇送劝降书，张勇总算逮着机会，赶紧将来使同劝降书一起解交给康熙处理，康熙也下令"从优议叙"，给予嘉奖。

虽然张勇为自己洗脱了嫌疑，但他也从此和王辅臣翻了脸，两人私下里势同水火。其实王辅臣并不见得有张勇想象的那么阴险，他是一个比较纯粹的武人，斗大的字一个不识，做起事来往往欠缺考虑，同时他又不像吴三桂等人那样设有幕府，紧要关头身边无人能够及时提醒，以便"得其一言为用"。也正是因为这个缺陷，当面临下一个人生选择时，王辅臣终于没能保持足够的理智，走向了一条不归之路。

是要置我于死地

这边王辅臣、张勇刚刚因检举"伪札、伪书"受到嘉奖，那边吴三桂已下川湖，陕甘应声告急。陕甘倘若沦陷，则吴三桂便能将西北、西南连成一气，足可自保，陕甘一路的军事也因此变得特别敏感和重要起来，急需派朝中重臣前去主持。

刑部尚书莫洛曾为鳌拜党羽，鳌拜被擒后，本来要被问罪，但由于他在任山陕总督时素得民心，建有惠政，遂得以免罪。康熙经过斟酌，认为他是主持西北军事的最佳人选，遂特授莫洛为经略大臣，并加武英殿大学士，命其率满兵进驻西安。

康熙派重臣经略陕西的另一个目的是监督绿营将领。在吴军进攻四川的过程中，从四川巡抚、提督、总兵起，汉官汉将纷纷从叛，致使吴三桂几乎未用吹灰之力就占领了四川全省，康熙对此无论如何放心不下。按照他的职权设定，莫洛到陕西后，"巡抚提镇以下悉听节制"，四川总督、巡抚都是满人，自然不用监督，莫洛受命监视和节制的对象主要还是王辅臣。

康熙虽然防范绿营将领，但不流露于表面，而且懂得如何通过抚慰和关怀等手段，拉近与这些将领的距离。莫洛却无此心计，也不能正确理解皇帝派他赴陕的意图，他时常把对绿营将领的怀疑和戒备直接写在脸上，结果铸成了大错。

当时安西将军赫业已率八旗军进抵四川，在克复七盘、朝天等险关后直抵重镇保宁。吴三桂的大将吴屏藩、从叛的原四川提督郑蛟麟等力拒固守，同时大量吴军盘踞于广元所属的百丈关诸处，两军相持不下。康熙认为，吴军主力正在荆襄一线与己方相持，不如乘此机会由四川“径袭其后”，即先克复四川，接着或取贵州或取云南，于是他诏令各部一面增兵保宁，一面增援汉中、广元一线，莫洛及其陕西官兵也接到了这一诏令。

王辅臣奉旨“听莫洛酌遣”，也就是听从莫洛安排，或者入川跟着赫业的八旗军打保宁，或继续留守原驻防区平凉。王辅臣接旨后主动要求进京密陈韬略，康熙考虑军事征剿任务繁重，来往不便，因而劝谕他不要进京，如有重要建议，可与莫洛面谈。王辅臣依令从其驻防地平凉骑马飞奔西安，向莫洛陈述了有关征剿的几点想法，谁知莫洛非但听不进去，反而认为“其意忤谬”。王辅臣个性倔强，为人傲气（否则当年也不会离吴三桂而去），莫洛的态度严重伤害了他的自尊，从此便对莫洛产生了怨恨和嫌猜。

为了摆脱莫洛的辖制，王辅臣再次上奏康熙，表示“愿往湖南随征立功”，因为他当年曾随洪承畴出师湖南，熟悉当地的风俗民情。可是康熙并不了解他的真意，更不知道他与莫洛的关系已经如此紧张，便答复说无论到湖南还是到四川，都可立功。王辅臣的请求被拒，只得继续随莫洛调遣，但内心一直怏怏不乐，保宁之战打了几个月仍无结果，陕西作为提供粮饷的后方压力很大，莫洛担心时间长了陕西百姓难以承受，便奏请亲赴汉中增援，以速下保守。康熙同意了他的请求，同时催促新任命的定西大将军董额也迅速进兵四川。

鉴于先期奉命入川的四千绿营兵已因缺饷而逃散，莫洛请准康熙，决定增募万余绿营兵用于征剿，并檄王辅臣随征。王辅臣长期统带绿营，对绿营的情况比莫洛更熟悉，他劝告莫洛说新招募的士兵还不能予以充分信任，带他们进征四川为时过早，莫洛置之不理，根本不把他的话当回事儿。

王辅臣应命随莫洛出征，觉得兵力不够，就向莫洛请求增兵，莫洛倒是给他添了两千骑兵，但却又抽走了王辅臣所部的两千匹好马，而易之以疲弱的劣马。

谁都知道战马对骑兵的重要性，勒尔锦在荆州错过战机，原因之一就是战马不得力，王辅臣怒不可遏，当众说："经略（指莫洛）尽调我良马，而以疲瘠者给我，是要置我于死地！"

王辅臣的部下多与吴三桂有旧，吴军在数月之间连下川湖的消息传至西北，令他们动摇不定，私下里纷纷向王辅臣进言，要求响应吴三桂。王辅臣虽然嘴上说"宁杀我，无负朝廷"，但内心其实也很犹豫，所以清代官书中多责其"怀叛志"。这样的心理加上王辅臣与吴三桂的特殊关系，以及他本人"信以处友"，颇重友情但又常常喜欢意气用事的个性和为人，成为王辅臣产生反叛念头的基础，而莫洛的怀疑和轻视则像催化剂一样，使他的念头很快变成了行动。

说反就反

得知莫洛仅率新招募的绿营兵出征，康熙也觉得不妥，紧急派人传谕说："断不可轻易率兵前进，进必有变。"莫洛固执已见，依旧率部启行，并由秦州入川。

这时因四川水陆粮道皆为吴军被阻，清军粮运不继，已自保宁撤兵，康熙命莫洛亲自殿后接应，同时他又考虑到莫洛所统军队都是新招募的绿营兵，战斗力薄弱，而巴蜀山路险恶，若不以八旗军继之其后，一旦遇上吴军首尾夹击，就难以策应，为此专门传谕董额，要他"兼程而进"，争取尽快与莫洛会合。

董额接到了指示，但所部仍然行动迟缓，未能及时赶到会合地点，更让人意想不到的是，前来夹击莫洛军的不是吴军，而是自己人——王辅臣军！

1674年12月30日，莫军行至宁羌州，其驻地与王辅臣的军营相距仅两里许。王辅臣趁其不备，一面暗地里截住各处险隘，一面率众喊着"马羸饷缺"的口号，向莫军军营实施了突袭。

随王辅臣入川部队的实力其实并不强，但莫军更弱，而且还猝不及防，处于完全被动的地位，幸亏莫洛的亲随满兵临危不惧，奋起抵抗，才拼力击退了王军的第一波攻势。

开弓没有回头箭，王辅臣亲自上阵督战，指挥部属对莫军枪炮齐发。莫军营地在弹雨中被摧毁，莫洛也在被一颗火绳枪流弹击中后当场身亡，官兵有的逃走，有的死于敌军之中，余下的两千余绿营士兵全部被王辅臣收降。

被收降的士兵并不愿参加叛乱，在王辅臣率部从宁羌州（今陕西省汉中市宁强县的旧称）撤至沔县（今陕西省汉中市勉县的旧称）的途中，他们纷纷逃亡，跟着王辅臣自平凉入川的部卒也因思乡而散去了数百人，这使王军的力量变得更加薄弱。本来董额的八旗军已到了沔县，如果立马扑上去弹压，王辅臣很可能吃不了兜着走，但董额和刚到荆州前线时的勒尔锦一样胆怯惧战，听说王辅臣发动兵变，吓得不敢动弹，不仅未就近对王军“相机剿定”，而且还以栈道被阻塞，部队无法前进为由，急速退回了汉中。

通过董额的奏报，康熙得知了宁羌兵变的消息，不过当时还不清楚莫洛的下落和变乱详情，为了防止事态扩大，他在采取应变措施，四处调兵增援西安的同时，传谕兵部和陕西总督哈占，要求在查证王辅臣反叛事实之前，不得加害其妻小。

康熙认为自己待王辅臣那么好，“谊则君臣，情同父子”，王辅臣此前也表示了对朝廷的忠心，怎么可能说反就反？在他看来，即便事情被证明是真的，王辅臣也极可能只是遭到了部下的挟持和胁迫，身不由己之故，“即王辅臣果反，或出一时胁迫，亦未可定”。

直到莫洛标下的一名军官自栈道逃回，向陕西方面报告他目睹的情况，哈占再据此上奏，康熙才知道王辅臣真的反叛了，而且并不是受到什么挟持或胁迫，因为有人看到他亲自督阵并打死了莫洛！

康熙“闻之，殊为骇异”，内心受到了很大的震动和冲击，但仍想不通这究竟是怎么一回事：王辅臣如果早就想着要反叛，又何苦要将吴三桂招降他的书札及来人送交朝廷处理？难道是和吴三桂唱双簧，故意在朝廷面前演一出苦肉计？

康熙下令召见王辅臣的义子、已被委任为大理寺少卿的王继贞。王继贞一进内廷，康熙就似告似问地对他说：“你父亲反了！”王继贞并不知道王辅臣反叛的事，王辅臣事先也没有和他通气，一时间被问得丈二和尚摸不着头脑，只好应声答道：“我不知道啊！”

康熙见状便把宁羌兵变的奏疏交给他看，王继贞不看犹可，看后吓得浑身战栗，连话都说不出来了。过了好一会儿，他才把王辅臣与莫洛之间的矛盾告诉康熙，康熙弄清原委后，安慰他说：“你不要害怕，我知道你父亲一向忠贞，决不至于做出谋叛的事。现在看来还是经略（莫洛）不善于调度指挥，所以才会发生平凉兵变（即宁羌兵变），以致逼得你父亲不得不从叛。”

康熙重新生出了招抚王辅臣的希望，他让王继贞立即前去平凉面见王辅臣，“你把我的命令告诉你父亲，就说你父亲无罪，杀经略（莫洛），罪在众人（指王辅臣的部众）。你父亲必须竭力约束部众，破贼立功，这样朕连众人的罪行也将一并赦免，决不食言”。

王继贞随身还带去了康熙的敕谕。在这份敕谕中，康熙没有因宁羌兵变责备王辅臣一个字，反而把责任都归咎于自己，表示如果王辅臣能够反正，将既往不咎，且官职不变，仍可继续担任陕西提督，“朕推心置腹，决不食言”。

第四章 炮口上的争夺

因为王辅臣反叛，康熙原定由四川出击云南的部署被完全打乱，但这还不是最严重的，最严重的是如果王辅臣与吴三桂结合起来，势将引起西北局势的大动荡，从而给京城造成严重威胁。康熙不想出现这种情况，所以他在处理时才可以对王辅臣及其所部给予充分的谅解和宽容，甚至不惜以皇帝之尊发誓自己决不食言。

清代笔记中载，当王继贞奉康熙之命回到平凉时，王辅臣尚在秦州。留守平凉的王军诸将得知宁羌兵变的消息，全都摩拳擦掌，“技痒正不可奈”，看到本以为会被扣作人质或被处死的王继贞突然归来，他们喜出望外，高声欢呼“大总爷来了！”随后便簇拥着王继贞进入平凉城，奉其为总兵，并自设官职，分兵把守，而王继贞亦将康熙交托他的使命置于了脑后。

笔记作者就此认定是王继贞坏了事，没能将康熙的信息及时传达给其父，这才导致王辅臣最终回不了头，所谓“自吉贞（王继贞）归平凉，而王氏之反势成”，然而正史所描述的情况却并非如此。

缓兵之计

事实上，王继贞不是一个人送敕谕，与其同往的还有原莫洛部属祝表正，王辅臣也以朝廷大臣的身份跪听了敕谕，之后，他留下王继贞，另派祝表正赴京上奏。

康熙在敕谕中从大局出发，宣布“往事一概不究”并做了具体规定，照理王辅臣要么拒绝，要么接受，但他对此却并无明确表示。他在奏疏中虽然也有悔罪一类的话，然而强调更多的还是莫洛的责任，说兵变系由莫洛“控驭失宜，军心不服”所致，他自己也是无可奈何，同时否认自己要对莫洛之死与己有关，为此还恳请朝廷派使臣前去抚慰。

康熙同意了王辅臣的请求，仍派祝表正持敕往抚并重申自己的宽容政策，可是他也不傻，非但不傻，还有着超越常人的睿智和精明，王辅臣留下王继贞，又如此矫情，闪烁其词，让他一眼就看出了对方的不真诚和不可靠。

“王辅臣虽具疏悔罪，但恐怕是在使缓兵之计”，康熙对董额和哈占下达谕令，“如果王辅臣确实听命待罪，我军只需守住疆界，可若他嘴上说投诚，实际却继续扰乱为害，你们要相机剿御，以防止其势头蔓延，战乱扩大。”

康熙顾虑的没错，王辅臣就是在使缓兵之计。宁羌兵变根本不是如他在奏疏中所表白的那样，非其本意，而恰恰就出自他的谋划和指挥。他心里非常清楚，对于莫洛之死，他难逃罪责，而仅仅因为双方有矛盾就发动叛乱，致使一个坐镇西北战场的朝廷重臣于死命，乃是一个实实足足的大罪，判什么刑都不过分。眼下康熙虽然一再自揽责任，赦其无罪，但这其中毕竟有形势所迫，不得不为之的成分，等到尘埃落定，朝廷的危机感消失，谁能保证皇帝一定能够如实兑现诺言？没准皇帝自己都不能保证，因为他也有身不由己的时候！

王辅臣从第一次收到敕谕起，就断绝了重归朝廷的想法，留下王继贞就是不想重蹈吴三桂覆辙，让自己的义子成为朝廷人质乃至白白牺牲掉。康熙的再次敕谕和往抚也毫无作用，王辅臣扣下祝表正，不再向朝廷奏报。祝表正履行使命，屡屡责备他，他听烦了，就干脆把祝表正也给杀了。

王辅臣是吴三桂竭力争取的对象，但那次王辅臣、张勇先后检举“伪札、伪书”，又将说客送交朝廷处理的事，曾令吴三桂及其部属大失所望，恨恨地撂下话来：“王辅臣可恨，不必说了，张勇这奴才也甚可恶。”他们万万没有想到王辅臣竟然会自动自发地响应叛乱，吴三桂兴奋异常，先前痛失爱子幼孙的悲戚也似乎减轻了许多，他立即封王辅臣为“镇西大将军”及“陕西东路总兵”，送犒师银二十万两，又令吴屏藩等由汉中出陇西，三路分进秦陇，与王辅臣会合。

王辅臣曾是吴三桂座下最能打仗的将领，吴屏藩是他现任诸将中最善用兵者，吴三桂依靠二人夺取整个西北的军事企图昭然若揭，而王、吴在战场上也确实能够起到相得益彰的作用，他们每出偏师断绝清军的粮道和驿站，清军数为其困。

反观清军方面的统帅就差远了。尽管康熙为大将军配备了相对可靠的参赞集团，但大事毕竟还得大将军自己拿主意。定西大将军董额是豫亲王多铎的第七个儿子，想那多铎就是在开国诸王中也是响当当的人物，董额却怯懦畏战，毫无勇气胆量。康熙明确指示他，沔县、秦州乃通往汉中的要隘，要想保障陕西，就必须固守秦州及其栈道，可他始终按兵不动，置若罔闻，结果导致秦州、汉中在王、吴两军的配合进攻下先后失守。

对清廷而言，这是一个极其糟糕的开始，自此，王辅臣便成为吴三桂在西北战场上的急先锋，他利用自己对当地地理和人脉的熟悉了解，一边攻城略地，一边代吴三桂散布策反信札。

就像吴三桂刚刚起兵便席卷西南，囊括川湖一样，仅数月之间，除甘肃提督张勇等少数人外，陕甘绝大多数地方将吏便都已叛附王辅臣，从陕西北部到甘肃东部，各府、州、县尽归王辅臣所有，最后陕西仅剩下包括西安在内的一府两州，甘肃仅保有河西走廊，但就是这些地方也已处于风雨飘摇之中。

御驾亲征

王辅臣的反叛给吴三桂带来了北上之机。他重新振奋起来，一面派云南土司率苗彝兵自湖南前往西北，帮助王辅臣防守平凉；一面在湘北组织兵力，准备直接打通湖南与西北叛军的联系，从而摆出了一副先据西北，然后挥师东下，直捣“黄龙府”的气势。与此同时，他本人也亲至松滋，布船设兵于虎渡口上游，同时声称将掘开大堤，水淹荆州，看样子好像就要亲自统兵北渡了。

吴三桂的嚣张劲头令朝野大为震撼，告急塘报如雪片一样飞向京城。康熙忧心如焚，他一向认为三藩之乱起自吴三桂，吴三桂乃祸乱之源、众叛之首，问题在于派了这么多皇亲贵胄上去，却无人能够战胜吴三桂，反令吴三桂越来越张狂，进而导致今天的局面。

“前各将军大臣，不遵指授，互相观望，迁延不进，以致逆贼得据大江之南。贼渠（吴三桂）未灭，故又有此变。”既然皇亲贵胄们都不中用，康熙决定亲自出马，“到荆州相机调遣，速灭贼渠吴三桂”。他告诉大臣们：“若吴三桂既灭，则所在贼党，不攻自息。”意思是擒贼先擒王，只要他通过亲征先歼灭吴三桂，王辅臣等附逆的汉兵汉将自然望风而溃，不攻自破。

康熙话一出口，立即遭到了议政王大臣们的反对：“皇上不宜轻出！”大臣们担心，康熙御驾亲征的消息传出去后，会引起流言，使得局势更加不稳，而且皇帝代表着一种无人可以代替的向心力，万一亲征时出了什么三长两短，皇子都尚年幼，太皇太后又已年迈，大清的江山社稷该交给谁来掌握？

看到皇帝和大臣都在相互发急，孝庄出面了。康熙执政期间，孝庄并不干政，但康熙遇到大事都会主动向她征求意见，而她也会给予积极的建议和鼓励支持。“太皇太后不预政，朝廷有黜陟，上（康熙）多告而后行”，在这方面，孝庄所起到的作用，满朝文武无人能及。

康熙力排众议，坚决撤藩，事先曾取得孝庄的同意，三藩之乱爆发后，她又与孙儿共担时艰，“吴三桂变乱以来，太皇太后心甚忧劳”。老太太在生活中非常节俭，从不讲究生活排场和个人享受，终其一生也不曾修造过一处园林，但为支持平叛战争，她却把平时节省的银两、缎匹都拿出来，慷慨地赏给八旗出征官兵，“特出宫中撙节银两为赏赐之用”。

如今这样危急的局面和形势，孝庄并不是第一次遇到。那年郑成功率军围攻南京，整个朝廷为之震恐，顺治一时冲动，也是大喊亲征，最后被她和汤若望劝止。康熙的性格不似乃父，但人被逼急了，同样也会生出一种豁出去不顾一切的想法，孝庄出面后，劝说康熙还是应以后方安定为重，留京坐镇才是最好的选择。

谁的话都可以不听，唯祖母的话康熙不能不听，拟议中的御驾亲征只能作罢，他自己也慢慢地清醒过来，认识到平叛战争将注定是一场艰苦的持久战，没法指望亲征荆州便能一劳永逸。

难题还是得耐着心一道道来解。首先要解决的是西北危机，西北的动荡不安直接威胁到京城的安危，正如朝鲜国王得到的一份报告中所说：“王辅臣在陕西，而只隔山西一省，此乃北京切急之忧也。”可是此时京师八旗已经全部遣发各地，没有多余兵力可调往西北，最重要的是，负责讨伐王辅臣的董额指挥不力，让他固守秦州和栈道，他躲在西安，结果秦州失陷，栈道断绝，后来又让他进驻甘肃省会兰州，可他还是一动不动，以致兰州失守，诸城陷落，造成一片混乱。康熙又气又急，若不是孝庄和大臣们反对，他都恨不得代替董额，亲征王辅臣。

就在康熙为“三边（西北号称三边）一摇，势难猝定”而焦虑不安的时候，甘肃提督张勇开始进入他的视野。先前或许是因为被王辅臣的光芒所遮掩，康熙并没有过多留意张勇，其实张勇的本事并不在王辅臣之下，顺治就曾有“当今良将如张勇者甚少”之语。更为难得的是，他虽与王辅臣同为吴三桂旧部，但始终效忠朝廷，不受煽惑，倒是信誓旦旦的王辅臣反而投靠了吴三桂，正应了张勇当初的愤疾之词：“我倒要看看，你这个‘忠臣’究竟能做到几时？”

甘肃提督驻镇甘州，即所谓河西走廊之地，王辅臣反叛后，与吴军吴之茂部联合向甘州发起进攻，“西番土回”（清代对西部少数民族的称呼）亦乘机屡犯，正是赖张勇之力，甘州才得以成为整个甘肃唯一免于沦陷的地区。甘肃巡抚华善疏言：“目前情势，非提臣（张勇）不能守，非提臣不能战，非提臣不能破贼恢复。”鉴于张勇事权不重，难免受到掣肘，他建议加大张勇的权力，“请赐敕便宜行事”。

庖丁解牛

清代奉行的国策，历来是“朝廷兵柄不轻假汉人”，绿营将领多作偏将随征，这种传统做法一直延续至三藩之乱，所以先前康熙派到各方面担任统帅的人选，不是皇族就是旗籍世勋，有人吟诗曰：“大将赐来黄带子，亲王自领绿旗兵。”

打仗立功是满人用以出人头地的主要途径之一。这些皇族贵胄的父祖几乎都是在马上发迹的，他们中的不少人在出征前也是跃跃欲试，以为自己一样可以马到成功。谁知率军出征不比于平日家居，有没有胆量和能力，只有真正上了战场才知道，同时战场还放大了他们原来就有的一些缺点错误，于是在平叛战争中，吓尿者有之，没头苍蝇者亦有之。康熙在三个月里先后派出六名大将军，但他失望地发现，其中只有极个别人“尽心王事，已著劳绩”，包括董额在内，绝大多数人都表现不好。这使他不得不接受这样一个现实，即不能完全依靠新一代的八旗王公来担负领兵挥戈疆场的重任，要想扭转战局，取得平叛战争的胜利，还是要打破陈规，大力提拔和重用优秀的绿营汉将，让他们来领衔挂帅。

华善的建议被迅速采纳，康熙授张勇为靖逆将军，赐侯爵，委以收复甘肃全省的重任，“仍兼管甘肃提督事务，总督不得节制，一切征剿事宜，听尔便宜行事，镇将各官悉听统辖调遣”。

康熙对张勇的拔擢和倚任，令张勇及其部下都深受鼓励。王辅臣派人带着吴三桂的“伪札、伪印”企图招降张勇，张勇拍案而起，当即将来使斩首，并将“伪札、伪印”上缴朝廷，康熙加封其为靖逆侯，不久又调他手下的甘肃总兵官孙思克增援秦州。

秦州包围战系由大将军董额发起。按康熙本意，是要将董额解职，让他滚蛋的，但大敌当前，也只能先将就着用。在康熙的严令督促下，董额终于打起精神，率八旗军向叛军发起反攻并包围了秦州。康熙认为围困秦州一战对于缓解西北危机关系最为重大，倘不拿下秦州，则西安亦难确保，因此从各方面积极抽调兵力应援。吴三桂、王辅臣也知道秦州的重要性，两人合遣万余人马，分别从四川、平凉出发，用于救援秦州守军。

就在双方杀得难分难解的时候，孙思克拍马赶到，他一到场，立即成为决定胜负天平的关键因素。叛军惊惧万分，守将有的出降，有的乘隙逃跑，从四川、平凉来援的吴王联军亦纷纷溃逃，清军遂进占秦州。

康熙在下令恢复秦州的同时，密檄张勇及属下的总兵官向陕甘发起全面进攻。张勇亲自领兵出南路，他其实是一个残疾将军，大腿曾经中箭，箭矢伤到骨头导致瘫痪，从此便只能坐理军务。张勇虽然一直乘着车而不是马指挥作战，但这并不妨碍他在战场上威风八面，所部出击后，连克洮州、河州二城，又迅速对巩昌实施围攻。在此期间，王辅臣为援救巩昌，派兵潜入城内，与城内守军联合起来，从四门出击，欲掀翻张军大营，不料张军能战的程度超乎想象，反过来将他们给杀了个落花流水，只得再次狼狈退入城内。之后，安西将军赫业和孙思克奉命加入巩昌会战，叛军守将眼见大势已去，被迫率众出降。

西路主将是西宁总兵官王进宝，他的任务是收复兰州。兰州“外控西垂，内接临巩，为秦中要区”，战略地位极其重要，吴三桂、王辅臣设置重兵进行防守，守军“沿河盘踞，势甚猖獗”，张勇在奏报时也认为清军“欲进兵恢复，其如河水已开”。

王进宝为张勇手下最得力的干将，此人出身行伍，不仅精于骑射，而且有着丰富的作战经验，面对如此艰难困苦的战役，他指挥起来却颇有一种庖丁解牛般的利落和洒脱：用革袋结筏，渡过黄河，在河口击败叛军，再设下埋伏，大破叛军于新城；挥师深入八十里，从兰州府首县皋兰起，逐一占领兰州外围各州县，切断兰州守军的外援；用连营环攻的方式对兰州城进行长围久困，同时绝其粮运，最终迫使守军献城归降。

兰州既复，甘肃形势乃变，实际上这也是西北形势由危返安的转折点。在兰州战役中，王进宝身先士卒，经常冲杀在最前沿，叛军见了纷纷躲避，无人敢当其锋。吴三桂、王辅臣深感震惊，王辅臣专门派人拿着吴三桂的书札对他进行劝诱，但王进宝不为所动，将书札上报朝廷，因此受到康熙嘉勉，特授阿思哈尼哈番（清代爵名，意为男爵）。

过去莫洛等人轻视和凌驾于绿营，作战时让他们担负最艰险的任务，一旦失利即予重惩，到了克捷立功的时候却常常把他们扔在一边，有时还随意征调绿营将领所属的士兵、马匹。从这次西北反击战开始，康熙便令绿营官兵自成一军，或以平等地位与八旗军联合作战，或独立作战，绿营官兵不再只充当八旗军的附庸，这使他们的智慧和力量得到了充分发挥，张勇及其部将更是各展其能。

清代有“将才随地脉为转移”的说法。在康熙以前，辽东最出将才，四藩（孔有德、耿仲明、尚可喜、吴三桂）全都是辽东籍，所谓“从龙诸佐，蔚起关外”，而在此战中，人们发现“汉臣名将，西北为多”——除张勇、王进宝、孙思克外，张勇麾下的另一员大将、宁夏总兵官陈福亦为陕甘籍，他们四人也就此被称为“河西四汉将”（河西泛指黄河以西之地），西北前线屡战屡胜，几乎全都依赖于“四汉将”，满将仅作配合。

经过前后五个月的征战，张勇自南路，王进宝自西路，陈福自北路，再加上东路的董额以及负责策应各路的孙思克，清军奋勇进击，将陕甘失地大部予以收复，剩下的只有王辅臣所占据的平凉及其附近的固原，而这两个地方也已被紧紧包围。看到西北渐趋稳定，康熙极为欣喜，“甚嘉悦”，他对绿营官兵的表现尤其感到满意，认为他们“效力过疆，劳绩可嘉”。

最艰难的时期

1675 年春，有五个自称汉人的中国人流落至图们江边，向朝鲜会宁府地方乞讨食物。会宁府地方官员乘机向其控听中国目前局势，对方语出惊人：“吴王军与蒙古军联合，屡次击败清兵，看来今年秋天以前必定能够恢复汉家天下。”

早在努尔哈赤和皇太极时代，清廷就已通过结盟、联姻、恩赏封爵等方式，使得蒙古各部相继归附，朝鲜官员对此很清楚，因此听后深感诧异：“蒙古属清国，怎么可能与吴三桂联合呢？”得到的回答是：“蒙古一开始确实追随清兵，但清军打败仗纷纷投降吴王，所以他们蒙古也就背清投吴王了。”

事后证明，朝鲜官员得到的是虚假信息，蒙古没有与吴三桂联合，但蒙古背叛清廷并非空穴来风，只不过背叛清廷的不是整个蒙古，而是一个叫布尔尼的蒙古王公。

布尔尼系漠南蒙古察哈尔部的亲王，布尔尼家族乃元太祖成吉思汗的后裔，皇太极时期，布尔尼的祖父林丹汗被清军击败，林丹汗的正妃与其子额哲悉众归清。清廷为笼络和稳定察哈尔，封额哲为亲王，额哲因病去世后，又让他的弟弟阿布奈承袭亲王之位。不料阿布奈却并不感恩朝廷，由于对其祖父当初蒙受的耻辱念念不忘，他始终对清廷抱有敌意，“所为多不法”“不修朝贡者八年”。

理藩院认为阿布奈“无藩臣礼，大不敬”，拟处以死刑。康熙下令从宽免死，革去亲王爵，将其囚禁于盛京，事后，出于安抚察哈尔的考虑，他封身为阿布奈长子的布尔尼为亲王，并安排布尔尼娶安亲王岳乐的女儿为妻，使其成为额驸。

可是朝廷的厚待在布尔尼身上同样没能得到回报。布尔尼的性情比他父亲还要凶顽，他和阿布奈一样记恨着父辈的仇，而阿布奈的被囚使这种仇恨更加深了一层。虽然鉴于阿布奈的教训，他曾两次进京朝贺，但在表面顺从的背后，时刻都在寻机报父祖之仇。

吴三桂起兵反叛后，康熙多次谕令布尔尼率兵南下协助平叛，布尔尼都拒不行动。等到京城八旗被抽调得差不多的时候，他派手下的几个官吏到北京探听消息，结果发现城里已几乎没有满兵，连守卫城门的士兵都换成了少年兵。这使布尔尼意识到时机已至，于是便在一些喇嘛和部属的鼓动下，欲“乘国家有事之际，王师四出，潜构逆谋”。

布尔尼的行径被从嫁公主的长史（官职，相当于秘书）辛柱发觉，后者派其弟奏报了朝廷。康熙获悉后考虑布尔尼的阴谋尚未暴露，朝廷不便立即出兵讨伐，先是打算先派人召布尔尼兄弟进京，以探其虚实。由于怕布尔尼生出疑心，不肯单独前来，经请示孝庄，他又决定以议事为名，将漠南蒙古的巴林部、翁牛特部首领也一并召来。

不出所料，其他奉召的首领都来了，唯有布尔尼兄弟缺席。原来布尔尼兄弟心中有鬼，不敢进京，在将前来相召的侍卫塞棱扣留后，已经公开举兵造反。此前布尔尼除“缮治甲兵”，准备好反叛武装外，曾派人奔赴漠南蒙古各地，对诸部进行联络，所以他起事后有一些蒙古贵族从叛，使得叛军更加气势汹汹。一时间，关外各处人心惶惶，一片混乱，长史辛柱见势不妙，立即率其弟亲自进京奏报。

“自古藩镇之乱未有甚于此时”“天下事几不可问矣”，康熙进入了他执政生涯中最艰难的时期，他倒反而平静下来，不仅生活起居一切照常，而且恢复了平叛期间因军务繁忙而暂停的“经筵日讲”制度，同时还每天到景山皇家御苑去练习骑射。有人不理解，认为皇帝终究太过年轻，外面形势都这样了，居然还贪恋山水，难道是虱多不痒，债多不愁？康熙曾在景山路旁看到一张非法张贴的纸条，上面写道：“今三孽及察哈尔叛乱，诸路征讨，当此危殆之时，何必每日出游景山？”

类似传言和质疑也流传到海外，朝鲜人收集到的不少情报都说康熙不问国事，只知享乐。康熙对此既不加以解释也不因此调整自己的活动日程，等到三藩之乱结束，他才说明自己这么做的用意：“当时朕如果稍微露出一丝疑惧的神色，则一定会出现人心摇动的后果，甚至还很有可能发生各种意外。”

康熙深知自己作为国君，所面对的局势越是严峻复杂，越要稳重沉着，“持心坚定”，王辅臣反叛后他喊出御驾亲征，那是他判断局势还没有恶化到他几乎将要控制不住的程度。布尔尼反叛就不同了，其时南方未平，西北的反击战也刚刚开始酝酿，尚未见到任何成效，到处都是天下大乱、人心摇动的景象，而这次新的反叛事件又雪上加霜，使清廷处于腹背受敌的困境。更重要的是，正如布尔尼事先派人侦察所得知的那样，京城里已没有足资平叛的兵力，甚至连守城都困难，“时诸禁旅皆南征，宿卫尽空”。

这个时候就像康熙自己所说的，他只能在公开场合佯装悠闲自得，否则人们将更加慌乱，也将引发更多莫测事件的发生。实际上康熙一直“忧之”，始终都处于极度焦虑之中，心情非常紧张，时时都害怕一着应对不慎，令王朝基业毁于一旦。

一支特殊的平叛大军

必须派一个人挂帅以挽危局，西北方面已寄望于张勇，察哈尔方面又可托付于谁？当康熙就此向孝庄问计时，孝庄一句话点醒了他："图海才略出众，可当其责，不妨重用。"

图海原任国史馆侍读，有一次顺治去南苑，图海背着史书随行，顺治观察其言行举止，"以为非常人"，认定图海绝非泛泛之辈，遂擢升他为内秘书院学士。因为顺治的赏识，不过数年，图海就跃升为朝中的股肱大臣，但后来他又因故被连连降职降级，特别是其侍卫与人斗殴一案牵连到了他，顺治下旨予以严办，图海不仅丢官败家，还差点丧命。

好在顺治临死时良心发现，觉得自己对图海处罚过重，同时深感人才难得，于是便在遗诏中嘱咐起用图海。康熙即位后遵从乃父意愿，授图海以正黄旗满洲都统一职，从而使他重新回到了政坛。

辅政时期，图海受知于鳌拜，他曾与大学士班布尔善一起，应鳌拜之召，议定苏克萨哈的死罪。当时能够参与这类密议的，都必须是平时对鳌拜言听计从的人，说他们是鳌拜的心腹亲信也不为过，但鳌拜案发后，班布尔善被处死，图海却没有被认定为鳌党，并因主动揭发鳌拜而得到了豁免，这一方面说明图海颇有自保之术，另一方面其实也受惠于康熙处理鳌拜一案时的宽大政策。

撤藩之议，图海属于多数派，也就是反对撤藩的那一派。不过按照康熙一贯"不拘一格用人才"的风格，在平叛战争中，他仍让图海以大学士的身份兼摄户部，负责料理粮运，统筹后勤事宜。

祖母的推荐提醒了康熙，因为图海不但这段时间后勤方面料理得不错，而且早在康熙初年，他还被授为定西将军，在湖广、四川一带击败过李自成余部郝摇旗，要知道那可都是实打实的硬仗，足以佐证图海文武全才，具备带兵作战的能力。

孝庄真可谓是一言兴邦，康熙立即召见图海，决定以郡王鄂扎为抚远大将军，图海为副将军，率师讨伐布尔尼，其中图海实际负指挥全责。

统帅虽命，奈何无兵可领，这本是令康熙自己都挠头苦恼的事，但图海一个提议，令难题迎刃而解："请选八旗家奴之骁健者！"

图海掌管户部，对于粮饷要到哪里筹措，兵源要到何方征集，皆了然于胸。康熙听后亦眼前为之一亮，对啊，虽然八旗劲旅全都派了出去，不还有八旗王公门下的包衣可用吗？他随即降旨，批准图海征用亲贵包衣中的勇健之士，结果还真征到了数万人，从而组成了一支特殊的平叛大军。

1675年4月30日，部队启程。按照明清惯例，凡自京师出兵，不论东西南北，概由德胜门出发，以取“得胜”的彩头。当天黎明时分，图海一身戎装，在德胜门校场对部队进行检阅，检阅完毕，即传令拔队急行军。

由于平叛官兵全部都是非职业军人，加之组成仓促，缺乏训练，要确保出征后有所建树具有相当大的难度，康熙为此提出的策略是乘敌不备，急驰突袭。

草原民族在生活和作战方面有其季度性规律。一般每年冬末到春季是母畜集中产仔的季节，同时刚刚经历严冬、变得瘦弱的牲畜需要吃新草，多数牧民必须在牧场劳作，这时候他们实际无法形成足够的战斗力。只有在秋天以后，产仔季节已过，马匹吃得肥壮有力，青壮年也能从劳作中脱身了，他们才会大规模侵袭中原，正如《汉书》中所说，“秋马肥，变必起”。

布尔尼反叛的时间恰在冬末到春季这段时间，这对他其实是不利的，为什么仍要举兵？无外乎两个原因，一是发现京城兵力空虚，认为有机可乘；二是意识到阴谋暴露，朝廷已经警觉，箭在弦上，不得不发。

满人在入关前从事游牧，即便已在中原建立政权，身上也依旧具备草原文化属性，对草原文化和生活习惯非常熟悉，康熙本人又熟读史书，当然知道布尔尼的软肋在哪里。他指示鄂扎、图海等人，说现在正值蒙古马瘦，你们要急速前进，“兼程驰赴，乘贼马未肥，党羽未合，即行扑灭”。

以利相诱

楚汉战争时，韩信曾说过“驱市人而战”，赶着街市上的百姓去打仗，不过那只是打个比方，而由图海一手组建的这支部队倒真的符合这一特征。尽管他们都是挑选出来的勇健之士，平时为了看家护院也会使枪弄棒，但打仗毕竟不同于普通的街头斗殴，而且对于这些早已看惯各种世象的八旗家奴而言，突然要求他们像职业军人一样在战场上出生入死，也是一件极难办到的事，绝不是一个命令或一通激情澎湃的宣传鼓动就能搞定。

图海采用的办法很简单，就四个字：以利相诱。大军出发后，他除遵照康熙旨意，督促部队快速行军并规定途中不许夜宿外，其他概不过问。这等于放松了军纪，士兵们如同脱缰野马，每至州县村堡，必大肆掳掠，“饱则远扬”，这使他们就像昔日长驱南下，破边墙而入的先祖一样，身上迅速有了一股野蛮剽悍之气。

布尔尼原以为京城八旗已全部抽空，连守城部队都不足，就算朝廷从外面调兵遣将也得大费周折，他有足够时间从容布兵，所以对平叛军猝临毫无防备。谁知平叛大军迅疾如风，呼啸而过，不几天便抵达了察哈尔，这令布尔尼措手不及，既无法凑集自己的全部兵力，更不能与盟军会合。

平叛大军到达目的地后的第一件事就是宣示康熙所定的招抚谕旨。康熙在谕旨中表示，只要布尔尼肯降，即予接纳，其他部众能擒献叛军首领最好，就是自行投降，也会得到好处，“朕赐以官爵，俱加恩养，断不食言”。招抚谕旨的作用立竿见影，原本就不牢固的反叛联盟顷刻分化瓦解，从叛者也纷纷离去。

抚远大将军鄂扎是董额的侄子，同为多铎系皇族，他在打仗方面的勇气比小叔叔要强得多。见布尔尼兄弟已陷入孤立，鄂扎立即留下辎重，亲自偕同图海等人轻骑向叛军发起进攻。布尔尼一边迎战，一边设伏于山谷，企图以逸待劳地打对手一个冷不防，然而鄂扎很警觉，在进攻的同时便派人对周围山涧进行搜索，叛军无法继续隐藏，只得提前发动伏击。

指挥作战的图海这时候开始演讲了，他毫不避讳部众们的沿途掳掠，但是他说：“你们一路上所掳掠的不过都是士庶之家，其实没什么可抢的。察哈尔汗（指布尔尼家族）就不一样了，他们本是元朝后裔，数百年基业，所蓄积的珠玉货宝不可胜计。”

难道朝廷钦赐的蒙古王公也能抢？图海给出了肯定的答案，他振振有词地说：“太宗（皇太极）当年征布尔尼的祖父林丹汗，意在招降，所以军纪严肃，秋毫无犯。如今情形不同了，你们有本事尽管敞开来动手，保证你们富贵终身，放心，一切由我负责。”

图海此言一出，官兵们欢呼雀跃，在欲望的驱使下，那眼睛瞪得不是红，而是血红！他们排山倒海般地向叛军猛冲过去，而且“无不一当百”，简直比长期训练的正规军队都更疯狂、更卖命。

锐猛异常的攻势很快戳破了叛军的阵形，叛军兵败如山倒，察哈尔都统晋津于阵前率军投降，布尔尼兄弟亡命溃逃，被科尔沁亲王沙津射杀。

仅仅两个月时间，差点导致大清王朝崩溃的布尔尼叛乱就被平定了。是役，图海立有大功，但他知道自己故意放纵军纪的事可能被人抓住把柄，为有所弥补，特地请准康熙将平叛大军所过之处的租税予以豁免。康熙听后，一边责备他不应该放纵士兵掠掳，一边出示了大臣弹劾他的奏章，原来康熙早就知道此事，只是一直压着那些弹劾奏章不说罢了。

图海知道想瞒也瞒不住了，赶紧请罪，同时也为自己开脱，解释说他这么做也实在是没有办法，所谓平叛大军原是一群乌合之众，却要用来抵御“万强之敌”，如果不以财物相诱，谁肯出死力呢？

皇上明明知道真相，却压着不说，讲穿了其实也是在纵容。至于他事后会不会追究，其实完全取决于战役的胜败：若是败了，这一板子必定还会敲到图海身上；若是胜了，皆大欢喜，一顶大局为重的帽子就可以把事情都给盖住。

图海多年经历宦海浮沉，自然深知其中奥妙，在为自己开脱完后他又打了转，说：“然上待臣奏绩而后责之，实上之明了。”虽然我做了错事，但皇上你等我大功告成才责备我，实在是太英明了。

此语虽短，却既强调了自己的功劳，又拍了皇上马屁，也给彼此都留了台阶可下。果然，康熙非常高兴地接过话，说：“朕也知道卿必定会有所作为。”

实际上，康熙的态度在平叛大军班师回朝的那一天就表现得很明朗了。当天他亲自到南苑大红门迎接，赏赐了御用衣帽、团龙补服、黄带、御乘名马、散马等一大堆东西给立功将士，而对士兵掠掳一事只字未提。

攻城战

平定布尔尼叛乱使京城转危为安，清廷在摆脱南北夹击的困境后，得以倾全力于西北。此时，西北失地大部都已被清军收复，唯有平凉、固原仍在王辅臣之手。

康熙认为:“秦州、巩昌、兰州诸处虽次第恢复，而底定全省，唯在速取平凉。”

为了减少双方的伤亡，康熙起初仍多次敕谕王辅臣，促其“自新”，王辅臣没有拒绝，却借口敕谕中没有讲清楚招抚的细节，要求康熙再颁明谕。康熙看出他表面奉诏，实际在行缓兵之计，于是立命董额率八旗、绿营会攻平凉。

西北平叛战争已经打了很长时间，但董额仍未能完全克服畏战情绪，而只寄望于通过和谈来解决平凉问题，所部也一直无法对平凉形成严密包围，导致平凉迟迟难下。王辅臣抓住董额的心理，一面假意谈判，一面伺机出击，不但使平凉、固原的叛军形成呼应，还乘隙攻陷了庆阳。与此同时，陕西兴安再次发生叛乱，叛军直指商州，吴三桂也派王屏藩、吴之茂自四川进犯秦、陇，以分散清军兵力，并力图与王辅臣军会合。

本来全面好转的形势再次出现逆转，然而康熙处变不惊，按照他的分析，兴安、四川之敌敢于分别进犯，都是因为王辅臣的势力未被扑灭，如果“平凉破，王辅臣灭”，那么这两股敌军增援的念头就会断绝，窥伺商州的计划亦将受阻，陕西可保无虞。在他的一再督促和严责下，董额督兵攻击，终于一举克服第一关厢，但随后因城下沟深地险，难以下垒，攻城战又进入了僵持状态。

平凉久攻不下，严重影响了西北战局和三藩之乱的平定。这时尚可喜发来奏报，告知广东方面岌岌可危，康熙考虑万一广东沦陷，势必加重江西战场的军事压力，因而更加急于尽快解决西北问题，以抽调兵力增援江西、湖广。

对董额这个扶不起的阿斗，康熙已经彻底失望了。至于接替董额的人选，他首先属意的是张勇，特向张勇传谕:“陕西重地，凡平定地方，扫除贼寇，唯尔是赖。”

因董额是西北军事统帅，康熙很担心他会发生像莫洛那样的问题，一再戒谕他要以大局为重，尊重张勇，不得轻视，但董额以满洲贵族自居，依旧看不起张勇。张勇敏感地意识到这一点，不愿与之合攻平凉，他在上疏中还指出，四川的吴军蠢蠢欲动，随时谋图秦州、巩昌等处和进入陕西，如果他去平凉，吴军很可能乘虚直犯。

康熙不是一个固执己见的人，也非常尊重前线将领的意见，既然张勇无法抽身，他便决定起用在平定布尔尼叛乱中充分展露军事才能的图海。

抚远大将军的名号就此由鄂扎移授图海。在三藩之乱中，康熙任命了一批大将军，但大将军亦有等级之分，“抚远”在这里面的分量最重也最尊贵，因为“远”则不偏于一方，“抚”则不限于军事，有文武兼辖，便宜行事之意。康熙一朝，自鄂扎开始，亲贵得授抚远大将军者，不过三人，异姓得授抚远大将军者，也仅两人，图海是其中之一。

康熙授命图海赴陕西统辖西北满汉军队，专讨平凉王辅臣，自贝勒董额以下悉须听其节制，实际也等于取消了董额的大将军职权，军事指挥权被完全集中于图海一人。图海临行前，康熙又亲登太和殿，赐之以敕印，并赠诗鼓励，诗中写道“威名万里作长城，壁垒旌旗壮远征”，显示出对图海此次挂帅出征的殷切期望。

在平定布尔尼叛乱时，图海虽有不抓军纪，甚至纵容官兵违纪之举，但正如他对康熙所解释的，纯粹是因为情况特殊，不得不如此。对于正常情况下的正规军队，图海绝不会这么做，他一到平凉，即“明赏罚，申约束”，尽管方法不同，然而效果一样明显，原在董额统领下相对涣散的军心被迅速凝聚起来，三军士气大振。

西北清军终于拥有了一个较有威望和能力的统帅，将领们勇气倍增，都纷纷请求乘势攻城。图海不同意，说“仁义之师，先招抚，后攻伐”，因为“城中生灵数十万，覆巢之下，杀戮必多”。

图海的说辞其实是康熙最初对于攻取平凉的态度，但在发现王辅臣施缓兵之计后，他已经在实质上改成了“剿抚并用”，不然也不会换图海上了。图海这么说，只是反对正面强攻，并不是要走董额的老路。

破敌之策

康熙用兵，非常重视前线部队的后勤保障，继建立中转站后，又决定“存留钱粮，尽裁充兵饷”。由此及彼，他也很注意观察敌方的补给情况。在他看来，叛军之所以能够久据平凉这样一座孤城，皆因有粮可恃，若断其粮饷通道（“饷道”），必然不攻自破。

康熙将“断贼饷道”作为破敌之策，在图海出京时交授给他，而图海遵旨行事，到平凉后首先做的就是攻取虎山墩。

虎山墩是平凉城北的一座山岗，高数十仞，登临其上，可俯视全城，乃通往西北饷道的咽喉。王辅臣部署万余精兵护守，以保障粮饷的安全运送，图海判断只要占领虎山墩，“则饷道绝，城不攻自下”。这场围绕虎山墩的争夺战从早上战至午时，打得异常激烈，叛军前为步兵，后为骑兵，布列火器迎战，图海则指挥部队仰攻，用逐层突破对方火力封锁的方法步步进击。最后叛军大败，清军成功进据虎山墩。

夺取虎山墩后，平凉全城尽在清军俯视之中。图海下令把红夷大炮运到冈上，居高临下地轰击王辅臣军营，城内军民顿时一片慌乱，同时由于饷道被切断，城内的粮食很快就吃完了，王辅臣趋于绝境，只能下令杀马为食。

要招抚王辅臣，现在才是最佳时机，图海即命幕僚周培公设法劝降。周培公“好奇计”，善设计谋，他和王辅臣标下总兵黄九畴是同乡，便通过黄九畴劝导王辅臣说：“城内粮食已经断绝，为什么不向敌人借粮呢？”

王辅臣听后一愣，没好气地说：“敌人恨不能马上消灭我们，岂肯借粮与我？”黄九畴依照周培公所授，答道：“未必，公（指王辅臣）当初陛见时不是认识图海吗？倘若能够与他见上一面，事情一定能成！”

王辅臣与图海确是旧相识，可他也明白借粮云云只是把话说得好听些，其实就是通过图海出面担保，请求向朝廷归降。一想到先前康熙曾多次示以诚意，给过种种机会，但都被自己拒之门外，现在山穷水尽才被迫重回“自新”之路，王辅臣就觉得这件事情实在难以启齿，沉思良久后才说：“那边要先派个人来才行！”

见王辅臣虽然仍有些举棋不定，但已经意有所动，黄九畴忙将这些情况写在纸条上，用蜡丸密封，通过周培公转呈图海。

既然王辅臣提出要求，图海就要考虑遣使入城。明知这趟差使的风险极大，随时可能面临生命危险，周培公仍当场表示自愿前往，并且说：“如果我前去说服了王辅臣，那是大学士（指图海）的福分，如果遭到不测，我死而无怨。”

图海即以许给米粮为条件，派周培公入城劝降。这次劝降果然相当成功，王辅臣终于放下顾虑，同意遣其副将随周培公至图海军前投降。

大功即将告成，图海十分高兴，昼夜赶写奏本送至京城。康熙马上颁布诏令，赦免王辅臣等人的罪行，并加封周培公为参议道台，派他携带诏令入城招抚。

周培公奉命入城，除宣读康熙诏令外，还拿出米粮和馈饷予以救济，城内军民幸免于战乱，“合城欢忻庆更生”。王辅臣也派人向图海献上了军民册籍和吴三桂所授敕印，但仍未能完全消除疑虑，而图海则放下胜利者的架子，再派侄儿、侍卫等一起入城，对王辅臣进行开导、抚慰。王辅臣大为感动，决定出城亲自向图海谢恩。

自京师相识，图海和王辅臣已经很多年没见了，物是人非事事休，出现在图海眼前的王辅臣面容消瘦，憔悴不堪，图海虽已有心理准备，但还是吃了一惊，当场便搂着王辅臣大哭起来，说："真想不到老朋友会憔悴成这种样子！"

王辅臣也瞬间泪流满面，他又愧悔又悲怆地对图海说："我已辜负国家到这种地步，朝廷决不会宽恕我的！"图海闻言，当场与王辅臣"钻刀设誓，保无其他"。

所谓"钻刀设誓"，是立誓人要从刀下钻过，以示一旦背弃誓言，日后必死于刀刃之下。图海通过发这种毒誓来向王辅臣证明，自己在劝降这件事上对他绝没有半点欺瞒，让他尽可放心。

图海的坦诚以待让王辅臣彻底放下了心理包袱，回城后就率众来降，固原、庆阳等地的叛军亦相继归附。康熙不食前言，以宽大为怀，让王辅臣官复原职，"加太子太保，擢靖寇将军"，令其随图海"立功赎罪"。法国传教士白晋据此评价康熙，"不仅使一些尚未公开表示支持吴三桂的人服从他的命令，而且还能使大部分曾经背离朝廷的人也重新站他一边来"。

在此期间，张勇、王进宝等绿营将领联合击溃了北犯的吴军，主帅吴之茂仅以十余骑得脱，这是王辅臣内无粮草、外无援兵，只能在平凉坐以待毙的另一个重要原因。至此，陕西全省平定，来自四川的十余万吴军被歼灭殆尽，以后即使平叛大军不下四川，四川之敌也不敢复出了。

牢牢占据着第一的位置

王辅臣反叛之初，吴三桂在命王屏藩、吴之茂等由巴蜀北上，袭击秦陇的同时，曾亲至松滋，且屡屡声称要渡江与清军决一死战。那个时候，吴军无论军心士气都呈高涨之势，而清廷却已无兵可以征发，直至蒙古布尔尼发动叛乱，连满洲家奴中的勇健者都几乎全被用于北征，若吴三桂果真拼死渡江作战的话，则后果不堪设想。

幸运的是，吴三桂的真正用意其实还是企图在西北暗度陈仓，渡江一如既往地只是停留在口头上，不管他在荆岳一线把动静折腾得有多大，都不过是虚张声势而已。

吴三桂要守住湖南，康熙则要力夺湖南。康熙一向都将湖南视为主战场，而把岳州、澧州作为战略进攻的重点，他在平叛战争刚刚打响时就指出，岳州、澧州乃荆楚咽喉，水陆要冲之地，平叛战争要想取得胜利，必须首取岳、澧，他后来增派五名大将军上前线，其中安远靖寇大将军、贝勒尚善的任务就是进攻岳州。

尚善是舒尔哈齐（努尔哈赤同母弟）之孙，顺治初年参加南征，曾与吴三桂共事，两人是老相识，因此他刚到岳州就写信对吴三桂进行了招降。招降没有产生什么效果，随后尚善便指挥清军与吴军展开激战，这是清军自进至湖南以来所进行的第一场大规模战役，吴军在战役中遭受重创，损失超过万人，其战舰被击沉十余艘，但尚善也没有能够如愿以偿地攻克岳州。

自岳州战役后，尚善方面便没有什么大动静了。客观上是因为岳州确实易守难攻，它三面皆临洞庭湖，水域宽阔，清军若没有足够力量的水师，很难从水路予以攻破。陆路的一面，吴军挖掘了三重深壕，陷坑、木桩、鹿角木、竹签、挨牌等各种防御工事周密环布，使满洲骑兵无法顺利地发起冲击。

尚善考虑要攻取岳州，水路乃是最大的突破口，但清军善陆战而不善水战，不习水性的满洲兵占多数，训练他们能够在水面上与敌军对战需要时间，磨合原有军队和新招募的水军也同样需要时间。另一方面，水军的装备尚不到位，尚善到岳州后才知道前线缺乏船只，为此只能请求朝廷从江南调船增援，同时从其他地方征发操控船只的舵手。

在尚善基本停顿下来以后，另一名大将军勒尔锦也一直未能从荆州渡江。康熙当时在战略上对湖南改取守势，固然是缘于耿精忠等接连反叛，必须在其他战场投入力量之故，但最主要还是因为勒尔锦、尚善等人所发起的攻势不够积极。

实际上，湖南战场在康熙心目中始终都牢牢占据着第一的位置，按他的说法，其他战场即便报捷都不能令他高兴，“唯破岳州、澧州，方可喜耳”。为切实有效地起到敦促作用，他派侍卫赴荆州交给勒尔锦一份手谕，上面是他亲自制定的三种打法，包括直接攻取岳州、渡江取澧州、令镇南将军尼雅翰往江西取长沙。他让勒尔锦会同尚善及诸将进行商议，看究竟选哪一种为好，但总之都必须赶快发动进攻，而不能长期按兵不动。

勒尔锦等人商量下来，决定仍由尚善直接进攻岳州，但尚善方面仍然是雷声大雨点小。实际上，在看到己方水战能力薄弱后，尚善就已经确定了稳扎稳打、徐徐图之的策略，他分析吴军老巢远在云贵，虽然对深入湖广事先有所预备，但时间一长，其粮饷、后勤供应必然短缺，相比之下，清军背后有朝廷源源不断的供给，因此尚善用不着拿自己的短处与对手硬碰硬，而只用耗时间，时间上他消耗得起，吴军消耗不起。

尚善懂的道理，康熙岂能不知，问题是尚善只需负责岳州一方战场，他则需要兼顾全国战局，攻不破岳州，就无法打开局面，这怎么行？况且军队供给也不是能天上掉下来，得他去设法筹措，而筹措的难度已是日甚一日。

尚善在奏折中多是请求派遣船只和发送军备援兵，进攻岳州的步伐却一直被迟延，康熙对此很是不满，多次予以斥责，之后恰逢王辅臣突然在西北举兵反叛，康熙一时急火攻心，这才想到了要亲征荆州。

放进一条鲇鱼

虽然因为孝庄和大臣的劝止，康熙未能亲征，但即便在紧急处置西北事变的过程中，他也没有把湖南战场置于一旁。先前他给勒尔锦等人参考的那三种打法中，最后一种是“令将军尼雅翰往江西取长沙”。这一打法的灵感来自尼雅翰本人，尼雅翰在尚善帐下参赞军务，他从投诚的吴军将领处获悉，吴军军营内缺粮，全赖长沙水路运送，同时长沙守兵也并不多。联系这一重要情报，康熙感到岳州之所以久攻不下，除了城防坚固外，还在于“恃有长沙、衡州之粟”，也就是在清军攻城期间，吴军水师可以将长沙、衡州的粮米由湘水经洞庭湖，源源不断地运进城来，这就像日后不管怎样进攻平凉，只要其饷道不绝，就总也攻不进去一样。

康熙下决心抛弃前两种打法，取最后一种打法，在他重新拟订的作战方案中，“侧翼袭击，迂回包围，攻占长沙，断敌饷道”取代了对岳、澧的正面突破。为此，他专门召集议政王大臣会议讨论相关事宜，准备密令尼雅翰由袁州进攻长沙，断绝吴军粮饷，夹攻岳州，但计划尚未正式实施，尼雅翰已死于军中。

1675 年 2 月，康熙再次提出由江西取长沙。正在江西助剿的定远平寇大将军、安亲王岳乐接到谕令，由他代替尼雅翰担任湖南战场的侧翼主攻，并亲统所部或由袁州，或由吉安进入湖南，攻取长沙。

岳乐乃努尔哈赤之孙，开国郡王阿巴泰之子，鳌拜擅权时期，他与鳌拜沆瀣一气，当初领衔启奏，逼着康熙将苏克萨哈往死里整的就是这位仁兄。虽然在政治上走过弯路，但康熙仍要重用他，这是因为岳乐在顺治初年，曾随豪格征讨张献忠，在参加平叛战争的所有大将军中，他不仅爵位和辈分最高、资历最深，而且具备丰富的军事经验，堪称现有皇族中的前辈和军事领袖。

岳乐久经战阵，处理兵事极其老练，在收到康熙的谕令后，他表现得颇为犹豫，倒不是不敢向湖南这个吴军的大本营突击，而是觉得后方不稳，易被叛军所乘——自吴三桂、耿精忠相约夹攻江西以来，叛军已在江西占据三十余城，与清军处于相持状态，如果岳乐前往湖南，留守江西的清军兵力将十分单薄。

岳乐一再上疏，建议应先平定江西寇乱，解除后顾之忧，然后再分防险要，进兵湖南。倘若仅仅着眼于江西战场，这一建议自然符合常理，但康熙更重视的是湖南战场，在他看来，湖南战场始终高于江西乃至国内任何一个其他战场，只有速灭吴三桂，平定湖南，各地叛军才会闻风自散。

康熙做梦都巴望湖南战场尽快传出捷报，可偏偏荆岳一线的八旗军没有任何进展，使得湖南战场犹如死水微澜，毫无生气。在这种情况下，若不放进一条鲇鱼，就无法搅活一池春水，而岳乐就是康熙理想中的那条“鲇鱼”。康熙认为只要岳乐入湖南，取长沙，荆岳大军即可乘机直进，湖南战局一定会发生有利于己的重大变化，到时不单可以断敌饷道，还能分敌兵势，不单能扼广西咽喉，还能固江西门户。

康熙让岳乐将江西要地“速行整理，稍有就绪，即进取湖南，勿得坐视，致误机会”，并且斩钉截铁地说：“在兵进湖南这件事上，朕主意已定，不用再讨论了！”

三藩之乱前，康熙从无直接上前线指挥作战的经历，但总揽全局的战略眼光却已非同一般。法国传教士白晋常在康熙左右，对他的军事才能非常钦佩：“这位皇帝虽然年轻，但在治理和决策方面所做的一切，却已经像一位老练的皇帝了。”

1675 年 10 月，湖广总督蔡毓荣在对康熙攻取长沙计划并不清楚的前提下，提出了一项类似的作战方案，认为如果湖广方面的清军由荆岳进兵，而江西方面的清军由袁州会攻，使吴军“三面受敌，首尾不能相顾”，则湖南战局可望一举成功。

其实在他上疏京城时，康熙的方案早已下达，而且论证得远比他具体充分。

就在蔡毓荣上疏的当月，康熙再次促令岳乐停剿江西，乘冬月速取长沙，并且强调说："吴三桂是贼首，如果不早点消灭他，就算江西、福建的贼军尽除，又于事何补？"知道岳乐仍担心自己背后起火，他特地将扬威大将军、简亲王喇布从江南调出，与定南将军希尔根等人偕同镇守江西，同时下达"平定湖南，俱赖安亲王""悉依安亲王所请"的旨意，对于岳乐的其他要求，也一律给予支持和满足。

岳乐没有什么话好说了，终于在两个月后进征湖南。就在此时，屯驻福建的多名耿藩总兵都向岳乐表示，若清军从江西入闽，他们愿为内应。岳乐觉得这是进攻福建的最佳时机，便向康熙奏请入闽，康熙立即答复说招抚叛军和进攻福建的事，他已经交给了喇布、希尔根等人去做，你岳乐不要想别的，就是给我赶快进攻长沙，剿灭吴三桂。

如果说康熙先拒绝的是诱惑，之后他感受到的是威胁：尚可喜奏报广东危急，要求岳乐暂停进征湖南，调赴广东。

尚可喜的请求没有得到同意，康熙分析说岳乐进征湖南本身就牵制了吴三桂的主力，有助于粤东局势的缓和，要是让岳乐增援粤东，然后再进兵湖南，则道路迂回，必将稽延时日。作为替补方案，他随后催促喇布派一名副都统为将军，尽快统率大军驰援广东。

剿抚并用

1676 年 2 月，岳乐遣奇兵出间道袭取袁州。鉴于满洲兵长于骑射，但到了山林和水多的地方，战斗力不如土生土长的绿营兵，因此这位沙场老将在大军出征前，特地向康熙提出"非绿旗兵无以搜其险阻，非红夷炮不能破其营垒"。按照他的请求，康熙拨出五千江西绿营兵随征，又将二十门新式红夷大炮转运至岳乐军前，这些都对成功袭取袁州以及随后的攻城略地起到了重要作用。

次月，岳乐进抵湘赣交界的重镇萍乡。驻守萍乡的吴军统帅夏国相是吴三桂的女婿，吴三桂在起兵前后，其军师方光琛曾忠告他，"夏国相轻浮浅露""庸鄙贪纵，必然会坏事"，那时吴三桂对方光琛尚言听计从，当即表示："婿侄在我，我立誓不用。”可是时间一长，吴三桂就食言而肥，又重新起用了夏国相。

夏国相正如方光琛所言，清军已经兵临城下，他还淫掠酗酒，营中充斥着歌童舞女，军队也因而士气萎靡不振。岳乐将满汉官兵编成四队，分道出击，连续攻破十二寨，斩杀万余人，夏国相仓皇之中弃印遁逃。

岳乐一鼓作气，在迅速进入湖南后，再克通往长沙的必经之城醴陵，直逼长沙。湖南战场上僵持的局面终于被打破，清军由防守转向进攻，消息传出，“湖南诸贼震动”。

长沙是吴三桂的前线根据地，闻知长沙告急，他连忙调集十八名将军、十余万兵力拒守长沙，他自己也由松滋回长沙布防。吴军在长沙周围掘重壕，打木桩，布铁蒺藜，列象阵，同时又集兵船于长沙城下，随时准备与清军进行水战，至此，长沙城外成为清、吴两军对峙的又一个主战场。

康熙估计吴三桂集兵守长沙，长沙难以速克，但洞庭湖口的吴军守备必然空虚，乃是荆岳大军夹攻湖南的好时机，于是通令荆州的勒尔锦、彝陵的察尼（多铎系皇族，封贝勒，时任荡寇将军，随勒尔锦南征）以及岳州的尚善，让将领们迅速发兵配合岳乐进攻长沙，如有机可乘，应趁机攻取岳州、澧州。他还拿勒尔锦示范，发出警告说你驻荆州将近两年，却尺寸未进，现在岳乐进攻长沙，如果再不及时发兵夹攻，让吴三桂察觉出荆岳清军其实按兵不动，从而下决心死守长沙，那你贻误军机的罪就更大了。

在康熙的高压下，荆岳战线的将领都行动起来，勒尔锦亲统大军自荆州渡江，将吴军击败于虎渡口，察尼在澧州的太平街取得胜绩，尚善所辖的岳州水师亦进入洞庭，攻取君山，吴军下游兵丁皆望风溃遁。

从当时的形势来看，如果勒尔锦等人能够乘胜长驱突进，不但澧州、常德、湘阴等处有望拿下，还可如康熙所期望的那样，进而配合岳乐夹攻长沙。问题是畏敌思想这东西不是光靠外部压力就能把它完全驱走的，勒尔锦、尚善在关键时候继续掉链子，致使水陆两军迁延停滞，无法形成有效配合。

勒尔锦虽然已占领虎渡口，但控制不力，吴三桂抓住他的这一疏漏，指挥松滋上游水师沿江而下，对清军发起反击。勒尔锦害怕损兵折将，立即放弃太平街，以夏季闷热潮湿，军队难以适应为由退回荆州。尚善的岳州水师所占的各处险隘也重新被吴军所夺，未能完成切断吴军饷道的任务。

失去荆岳方面的配合，岳乐即便对长沙形成围攻之势，要单独予以攻取暂时亦可望不可即。勒尔锦回到荆州后即具疏谢罪，康熙本拟对勒尔锦等人分别解职，严加治罪，只是考虑到他们身在行间，临敌对垒，才暂留原任，令其将功赎罪。

至命尚善兵进湖南止，康熙已先后向湖南战场投入三名大将军（岳乐、勒尔锦、尚善），决心不可谓不大，动用兵力不可谓不强，然而预想中的迂回包围计划却未能立即奏效，这令他既失望又惋惜，事后他将原因归结为诸王贝勒（其中也包括岳乐）行动迟缓，极为懊恼地说："如果大军数路并进，吴逆（吴三桂）肯定不可能在长沙部署这么多伪将贼兵，而且也来不及在我们的进军方向上随处挖深壕，树木桩，其灭亡可翘足而待！"

神兵天降

在平叛战争伊始，康熙就采取了招抚的策略。这一策略最早施用于王辅臣，但因初期在军事上不能对敌人造成压倒性优势，所以未能奏效。经过总结，康熙将单纯的招抚改成了"剿抚并用"，以打促谈，恩威并施，最后终于把王辅臣争取了过来。

王辅臣归降清廷，令吴三桂失去了一个有力的臂膀，同时也宣告了他的北上之梦完全破灭。自此以后，康熙便将"剿抚并用"策略迅速推广至各个战场，明令对于"有悔罪输诚之心"的"叛变之人"，都应予以容纳。

福建是继陕西之后的第二个剿抚重点。康熙认为与吴三桂系中途投诚不同，耿精忠自祖父耿仲明起，三代人主动效力清廷，已积四十余年，和清廷的历史关系较为深厚，而且吴三桂首倡变乱，耿精忠只是附从。基于这一认识，他宣布只要耿精忠能够投诚，即"释免前罪，视之如初"，对耿精忠家属也网开一面，其在京的几个弟弟均得到宽容，而没有如吴三桂的子孙一般被正法。

然而就像王辅臣在风头正劲的时候，无论怎么施恩都无济于事一样，清廷一开始对耿精忠的招抚也是落花有意，流水无情。康熙派耿精忠的弟弟到耿军军营传达招抚谕旨，耿精忠干脆连门都不让他进，反令部属扼守关隘，肆虐如故。

耿精忠反叛对清廷的威胁确实很大，尤其最初东南一带的官员对此没有防备，普遍表现得惊慌失措。据说反叛消息刚刚报至浙江时，浙江将军图赖“瘫软不起，时称抬不动将军”，巡抚田逢吉“顿足不止，称跌足巡抚”，总督李之芳“掀髯不已，称撚髯总督”。未几，耿精忠不仅得据全闽，而且攻陷了浙南与赣西，与此同时，台湾的郑经也应约“猖獗海上”。

针对耿精忠拒绝招降，恣意进攻的态势，康熙暂时放弃了对他的招抚，提出“海寇（郑经）宜用抚，耿进忠（耿精忠）宜用剿或用间”，令奉命大将军、康亲王杰书率八旗军前去征剿。

在闽浙战场上，浙江官员在度过一段时间的惶恐期后，逐渐开始正常乃至超常发挥。“抬不动将军”图赖不再瘫软，“跌足巡抚”田逢吉也不再只知道跺脚，最出色的是“撚髯总督”李之芳，他力主重点守住衢州，说：“衢踞上游，无衢，是无浙也。”——衢州居于钱塘江上游，没有衢州，就没有浙江。

确定目标后，李之芳与图赖率满汉兵勇进驻衢州，打响了衢州保卫战。其间他亲冒矢石，执刀督阵，部属请他稍避敌锋也被拒绝，他向三军大声疾呼：“我是全军司令，我怕死退避，就会为贼军所乘，所以今天的胜败就决定着我的生死！”

激战中，守备程龙临阵退缩，李之芳毫不犹豫，按军法将其立斩于军前。在他的激励和督促下，所部不仅越壕拔栅，击退耿军，还乘胜收复了周围多处州县。

衢州乃浙西重镇和浙闽赣三省要冲，一旦失守后果不堪设想，也正是李之芳、图赖等人的拼死坚守，才保全了浙西，并为后续赶来增援的八旗军赢得了时间。李之芳在任浙督前当的是京官，康熙原先有一定了解，知道这个文人出身的汉官武艺一般，如今击退敌军靠的完全是一腔热血和牺牲精神，他因此感慨地说：“（李之芳）虽不谙骑射，但执刀立船首，率众突击破敌，和他一同出征的人，返回京城没有人不称赞他的勇敢。”

除湖南战场外，在闽浙等其他战场，康熙基本都遵循步步为营的进兵路线，他指示杰书，应先剿灭浙江温州等处的叛军，平定地方，然后再进入福建。随杰书南征的宁海将军、贝子傅喇塔对此加以诠释，认为耿精忠甫叛就进犯浙江，显然是将浙江作为了藩篱，若先破其“藩篱”，不但耿精忠不敢出闽，就连吴三桂也不敢径下江南。

在“欲平闽，必先平浙”的基础上，傅喇塔建议首先平定台州，之后取温州，则“入闽如破竹”。杰书接受了他的建议，命傅喇塔取台州，自己去金华，而衢州仍由图赖与李之芳据守。

傅喇塔出击后按计划攻下了台州，耿军大将曾养性被迫退据黄岩。黄岩凭江带水，耿军水陆扼险，清军不能飞渡，于是傅喇塔便坐等宁波水师抵达，结果水师迟迟未至，康熙担心再等下去劳师糜饷，便传旨催促傅喇塔尽快进兵。

傅喇塔与岳乐属于一个类型，他曾在顺治初年征战湖广，立有军功，虽谋略方面可能不及岳乐，但在出征的皇族贵胄中也已算是佼佼者。他派人打探，发现有山路可达黄岩，于是组织士兵悄悄地伐木运石，开通栈道，在曾养性浑然不觉的情况下来了个神兵天降，将其部署在黄岩城外的二十五营兵力逐一击破，并飞速围困了黄岩城。

曾养性惊慌失措，乘夜突围，从水路逃往温州。傅喇塔追至温州，两人在温州城外连番大战，把看家本领都使了出来，曾养性偷袭清军营寨，傅喇塔则将计就计，一面故意让下营烧毁，移居上营，谨守要隘，一面亲督大军从山上往下冲杀。耿军溃乱大败，积首填溢，曾养性只身逃入温州城，之后便高挂免战牌，凭城固守。

你以为贼军会自生自灭吗

温州城三面环水，易守难攻，傅喇塔围城数月不下，与此同时，图赖、李之芳在衢州面临着敌人强大压力，整个浙江战场一度呈现出僵持局面。

转机来自叛军的内讧。原来耿精忠初叛时，怕力量不够，于是积极拉拢台湾的郑经，约他水陆并进，谁知起兵后不到一个月，联军即已席卷东南，这时候耿精忠便有些后悔邀请郑经了，觉得自己单干也能搞定的事，为什么要白白分一杯羹给别人？他的手下添油加醋，说郑经其实兵力很弱，“海上船不满百，兵不满万”，耿精忠听后更加不把郑经放在眼里，直接断绝了与郑经的来往，并按照清廷原来的禁令，“寸板不许入海”。

郑经闻讯大怒，发兵攻打耿精忠且连下漳州、泉州等地，耿精忠这才害怕起来，在吴三桂的居中调停下与郑经暂时讲和，但双方嫌隙已深，再不可能形成联盟。倒是吴三桂还存有不切实际的幻想，1676 年 4 月，他约郑经、耿精忠共同进兵江南。

这回耿精忠遵守了约定，翻脸背约的是郑经，后者趁机打福建的主意，又占据重镇汀州。耿精忠暴跳如雷，为集结与郑经兵戎相见的足够兵力，决定将原在赣西的部队撤回福建。

当年7月，进据江西的耿军突然焚毁营盘，越关宵遁。康熙根据前线的报告做出判断："其为海寇（郑经）所逼无疑。"他命令奉命大将军杰书等人立即撤除温州之围，直取福建，而且这次是大家全都要去福建，一个不能少，包括杰书。

浙江作战期间，虽然杰书捷报频频，但在外征战的均为傅喇塔、图赖、李之芳等人，他本人一直坐守金华。康熙明察秋毫，对此很不满意，责备杰书说："王（指杰书）守金华已经两年了，仅仅是靠文书往来进行指挥，却不亲自统兵征剿，你以为贼军会自生自灭吗？"

杰书被皇帝数落得无地自容，急忙亲自率部南下。当初傅喇塔曾认为只有在攻取温州后才能入福建，李之芳与之主张不同，他认为："入闽之路不在温州、处州，而在衢州。"由于温州难以速取，这一建议很快便被杰书所接受。

此时耿军大将马九玉正死守衢州河西，但其南面的江山和西面的常山，都可以从小路实施袭击，李之芳预计一旦清军从江山、常山发起进攻，耿军将首尾受敌，河西军营一定难以独立支撑。

杰书依计而行，组织部队抄小路夜袭耿军军营，巧的是，马九玉也正好派兵要劫清军的寨，两军相遇后，清军连发大炮攻击，耿军仓皇溃退。耿军军营扎于山顶，山下密布用来阻挡清军前进的梅花桩，正常情况下，梅花桩阵只开一个口子，让出击的士兵鱼贯而出，等到兵一出，随即闭关。见清军攻上前来，马九玉连忙下令闭关，结果却越忙越乱，败兵散处山下，进不能攻，退不能归，最后被清军全部歼灭。次日，清军乘胜而进，火烧耿军营垒，马九玉仅带三十骑逃遁，之后，"贼失其险，大兵得以长驱入闽"。

1676年9月，清军攻取福建浦城。浦城不仅是由浙入闽的要塞，而且还是闽省财赋要地，浦城既拔，建宁、延平等府旦夕可下，平闽大局已定。康熙抓住时机，通过杰书敦促耿精忠投降。

耿精忠面临着前有清军进攻，后有郑经攘夺的困境，已是诚惶诚恐，手足无措，但仍犹豫不决，回书说自己愿意投降，但就怕部下不从，所以要请康熙再赐一道准许赦罪立功的明诏。他的这一伎俩与王辅臣可以说如出一辙，都是想行缓兵之计，借以观望和拖延。

康熙当然不会给他这个机会，杰书遵旨继续发动进攻，连克建宁、延平，耿精忠无力再战，遂率文武官员归降，康熙仍保留其靖南王的王爵，命他随清军征剿，“图功赎罪”。包括温州在内的各地耿军也纷纷投诚，福建、浙江相继平定。

福建的形势直接影响广东。驻守广东的尚可喜一直忠于朝廷，无论最早的吴三桂反叛，还是后来的孙延龄、耿精忠反叛，都未能使其动摇，但他的长子尚之信的态度却与之迥然。

三藩之乱前，尚可喜疏请归辽，留尚之信嗣封，正遂了他的心愿，不料朝廷未准，反而下令撤藩，尚之信落了个一场空，遂对朝廷心生不满，因此常向乃翁“进邪说”。尚可喜听后大光其火，痛骂道：“痴儿，我吃的盐都比你吃的白米饭多！你不要再多说了，我老头子早已把天时人事都预定好了。”

尚可喜的幕僚金光与尚之信不睦，惧怕他日后掌握藩旗大权后将对自身不利，出于对自身利益的维护，便趁机向尚可喜进言：“俺答公（顺治对尚之信的封号，意为皇帝的朋友）刚而多虐，勇而寡仁，若以嗣位，必不利于社稷，请废而立次子固山（尚之孝）。”

尚可喜对尚之信平日里酗酒嗜杀等行为也很厌恶，又考虑到他“拥兵速祸”的问题，于是按其建议上疏朝廷，让尚之孝袭封其王爵。康熙依奏恩准，并命尚之孝赴潮州征讨叛将刘进忠。

胜利的曙光

继撤藩之后，尚之信再次与袭封王爵擦肩而过，同时还丧失了军权，这使他对父亲、弟弟、金光和朝廷都极为怨恨，背叛朝廷进而报复的心理也愈加强烈。

尚之孝征讨刘进忠原来胜券在握，没想到刘进忠引郑经入据潮州，致使尚军在潮州城外遭受重创，尚之孝不得不退守惠州，实施被动防御。接着，广西叛将马雄也攻入广东的高州，尚可喜接连向朝廷告急，康熙在已将岳乐调往湖南征剿的情况下，屡催扬威大将军喇布派兵由江西进援广东，但那时江西通往广东的通路已被耿、吴联军截断，清军无法进粤。

在极短的时间内，广东战局急剧恶化，广州城内“人情汹汹，无有固志”。已经七十多岁的尚可喜急得老病加重，卧床不起，无力再统筹全局，而此时尚之孝又正在惠州与敌军僵持，分身乏术，于是他不得不仍让尚之信代理军事。

尚可喜平时为人吝啬，尚之孝貌似儒雅，实质“贪吝过于老王”，父子二人有了钱都放在自己兜里，从不舍得犒赏军士。反倒是尚之信虽然酷虐，但出手大方，因此能得众心，再加上个人能力和长子身份的加持，使得他在代理军事后很快就控制了整个广州城。

广东内部政局的变化都被吴三桂看在眼里，在不断加强军事打击力度的同时，他抓住尚氏父子之间的矛盾，派人至广州，对尚之信进行策反，许诺事成之后封其为王，世守广东。

假吴三桂之手除去阻碍自己承袭王爵的父亲和弟弟，这一政治上的诱惑对于尚之信来说可谓正中下怀，他先逼迫尚可喜反叛，见父亲仍不为所动，又私自与吴三桂暗通款曲，并自称是吴三桂政权属下的“暂管辅德将军”。

1676 年 4 月 3 日，尚之信召集众将与尚可喜议事，实际是再次强迫老父向吴三桂投降，尚可喜不同意，但尚之信已暗中指使其母亲拿剪刀剪去了尚可喜的发辫，将领们亦齐声高呼：“老王爷已剪辫投降！”尚可喜大惊失色，委顿于地，而尚之信则将他的印绶夺过去，正式向吴三桂纳降。

当天，尚之信下令所部“易服改旗帜”，并用大炮向驻守广州、肇庆等地的清军进行轰击，迫使清军突围而去。随之而来，整个广东都被叛军控制，以致两广总督金光祖、广东巡抚佟养钜等一些行政官员也被裹挟从叛。

发动兵变后，尚之信为报私仇，杀死了与自己针锋相对的幕僚金光，又剥夺尚之孝兵权，使之闲居广州陪伴尚可喜。尚可喜痛心疾首，欲投环自尽，被左右发现得以急救过来，但自此病势日重，不久即忧愤而死。

在尚之信投降吴三桂之前，所谓三藩之乱实质是两藩之乱，之后才“诸藩之毒尽发”，真正形成了三藩并叛的局面。不过它对康熙造成的压力远不如其他两藩的叛乱，一者康熙已有一定的心理准备，二者他认为吴三桂不会信任尚之信，而且其内部矛盾重重，实力也不强，只要顺利解决福建问题，尚之信不难招降。

果不其然，鉴于尚之信“凶忍”的名声，吴三桂对他并无好感，虽在最初诱降时曾许诺封他为王，但当尚之信反叛清廷后，却仅仅封之为辅德公。等到发现尚之信愤愤不平，为防广东有变，进而直接影响湖南战局，吴三桂才封之为辅德亲王，然而也不过是草草了事，匆匆应付一下，所谓“封拜皆草草”。

吴三桂什么时候能够主动想到尚之信？需要他出钱出力的时候。岳乐率军围攻长沙，吴三桂屡次催促尚之信亲率所部越过大庾岭突击赣南，以达到牵制清军主力的目的。尚之信不愿出兵犯险，但又怕得罪吴三桂，只得掏出十万两白银用于“助饷”。

尚之信名义上降附吴三桂，实际仍坚持与吴三桂平等的地位，他既不听吴三桂调动，也不让吴军进入广州，更不愿意吴三桂过多地干涉粤地军政事务。吴三桂则完全把尚之信当作藩属对待，两广总督、广东巡抚等要职均被其派亲信取代，在军政布局上隐然有取尚之信代领粤地之意，这势必引起尚之信的强烈不满。尤其吴三桂的董重民被委任为两广总督后，狐假虎威，“欲夺尚盐利”，盐利是平南王府的经济命脉，夺取盐利等于断了尚氏的经济来盐，此举使得本就紧张的吴、尚关系更加剑拔弩张。

此外，台湾的郑经已经强占广东惠州及沿海一带，尚之信无意放弃，而吴三桂为了维系自身和郑经的联盟，则不惜牺牲尚之信一方的利益，强迫尚之信让出了惠州。这样一来，广东被分成了几块，尚之信实际控制的地盘变得极其有限。

简单来说，尚之信在起兵后，不但没有得到任何好处，反而为来自各方面的势力所钳制，其处境相比从前还有某种程度的不济。面对如此形势，尚之信大为悔恨，“颓然气沮”，开始另寻出路。

恰在这个时候，康熙诏命扬威大将军喇布由江西入粤，对广东进行征剿，耿精忠在反正后亦随大将军杰书进驻潮州，对喇布军予以配合。面对清军强大的军事威慑，本来已与吴三桂矛盾极深的尚之信很自然地生出效仿耿精忠，向清廷投诚的念头，遂派人携密疏至喇布军前乞降。康熙闻讯，为了孤立吴三桂，特降旨尚之信：“将尔以往之罪，并尔属下官兵，概行赦免。”

1677 年 6 月 3 日，尚之信率省城文武官员归降清廷。康熙遵守前诺，命尚之信袭封平南亲王，部将各复其职，这样广东继福建之后也被全部平定。

尚之信初叛广州时，包括他自己在内的官员均戴上了明朝样式的大帽，但身上的清朝官袍来不及换，还照旧穿在身上，当时就传出一首民谣："明朝头，清朝尾，过了三周年，依旧归康熙。"从 1676 年 4 月反叛到 1677 年 6 月投诚，实际不过一年，这一年也是康熙使用"剿抚并用"政策取得重大胜利的一年，随着陕西、福建、广东问题的相继顺利解决，虽然平叛战争依然是困难重重，但胜利的曙光已经出现在了眼前。

到对手碗里抢食吃

1677 年，平叛战争的第五个年头，康熙年满二十四岁。按照古代中国的观念，一个人到了这个年龄，不仅身体发育已至顶峰状态，心智上也已趋于稳定成熟。西方的莎士比亚则用骑士形象对这一人生阶段进行了描述："满口发着古怪的誓，胡须长得像豹子一样，爱惜着名誉，动不动就要打架，在炮口上寻求着泡沫一样的荣名。"

对康熙和他的对手而言，平叛战争也就是炮口上的争夺，谁都没有后退的余地。自定远平寇大将军、安亲王岳乐奉康熙之命入湘，直逼长沙城下后，震惊不已的吴三桂便使出浑身解数，拼死力进行反击。除了四处抽调军队增援固守长沙，他又派遣大将高得捷、韩大任进占吉安府，以断岳乐在江西的后路。

指挥江西战局的大将军、简亲王喇布此时正在南昌，康熙屡催他和定南将军希尔根亲统大军，迅速收复吉安，但喇布顾虑手下机动兵力全都分守江西各处，而南昌为江西省会，关系重大，如果将南昌部队全部调去吉安，恐南昌不保，因此仅派将军哈尔哈齐、额楚等收复吉安，同时请求朝廷增援江西。

吴军大将高得捷常年用兵，是一名有着"骁果善战"之名的勇将，所率四千兵卒为其亲选锋锐，打仗常能以少胜多，出奇制胜。哈尔哈齐、额楚包围吉安数月，仅得以攻克外城，而后便无法再前进一步，不但如此，清军还被高得捷乘隙攻占了醴陵。

在此期间，应喇布的请求，康熙不断从各地抽调精锐部队前往江西，他自信"以此破敌，定有成功"。之后果然减轻了江西方面所受的压力，失地亦依次恢复，然而吉安一役的失败令这些捷报都大为失色，尤其醴陵“前通长沙，系江楚门户”，乃岳乐大军的必经后路，“关系非轻”。康熙为此痛斥喇布：“简亲王喇布自至江西，无尺寸之功，深居会城，虚縻禀饷。”

由于“恢复长沙，平定湖南，全赖吉安大军接应”，所以速下吉安便成了保卫江西的关键一战。康熙命令喇布立即派兵克取醴陵，而收复吉安的事这次则不能再交给别人，必须喇布亲自去摆平，他以十分严厉的口吻告诫喇布等人说：“如果你们还像先前那样迁移观望，一旦安亲王大军有什么闪失，朕将对你们从重治罪，绝不宽贷。”

见皇帝撂下狠话，喇布忙亲自率部围攻吉安。其时福建已定，江西不再需要承受来自耿精忠方面的压力，喇布得以将尽可能多的机动兵力都调来参加吉安会战，一时间，十万之众环城扎营，吉安城外到处都是旌旗林立的景象。

清军的重围很快就使吉安叛军的粮饷出现危机。高得捷情急之下决定派兵突袭清军大觉寺军营，同时以此作为掩护，直冲清军位于螺子山的大营，到对手碗里抢食吃。

这是一个险招，用来对付喇布却正好。喇布与尚善同为舒尔哈齐系皇族，但他在出任大将军之前从未上过战场，缺乏军事经验的积累。在当时的情况下，破城或是迫使吉安叛军投降似乎已是早晚的事，这使得喇布对吴军出城偷袭估计不足，也没有预先布置兵力进行防范，结果此战就成了高得捷的个人秀——在大觉寺，仅百余名吴军骑兵就得以斩将搴旗；在螺子山，毫无防备的清军仓皇逃命，喇布、希尔根亦只得弃营而走。

饥肠辘辘的吴军闯入螺子山大营后，立即吃饱喝足，“纵酒大醉”，之后还将搜出的战利品“捆载而返”，但他们没想到逃走的清军并没有走远，而且也未溃散，一俟镇定下来，即向其尾追过来。等到吴军将要入城时才发现清军就在自己背后，于是拼命向城内仓皇逃窜，乃至互相践踏，无数人因堕壕而死。

自此以后，吴军再也不敢出城偷袭，不过高得捷勇冠三军的名头也因螺子山一战而变得更为响亮。另一名吴军将领韩大任对其心生妒意，便在吴军主帅胡国柱面前挑拨离间，说高得捷的坏话，高得捷因而受到压抑，怏怏不乐，不久即忧愤而死。韩大任取代了高得捷的位置，但却没有前任的能耐，从此深居城中，“日以诗酒自娱，口不言兵”，根本不敢与清军接仗。

吉安城内的粮食越加匮乏，韩大任无奈之下，只得写血书向吴三桂求救。吴三桂估计荆州的勒尔锦尚不敢进兵，决定从长江南岸的驻军中抽调援兵，命大将马宝为统帅，率部前往救急。

吴三桂反叛时，身边有一大批征战多年的武将追随，在外人看来可谓猛将如云，然而其中多有不堪大用者，马宝就是如此。吴三桂的军师方光琛曾告诉吴三桂，马宝是吕布一类反复无常的人物，以后一定会背叛吴三桂，他怕到时受其连累，所以不愿与之共事。

马宝是不是真的朝三暮四暂且不说他，但起码没有吕布的武功和胆略，对于为吉安解围，他在受命时就缺乏信心，怀有很深的畏惧情绪。前军将领王绪建议，救兵如救火，吴军应急趋萍乡，萍乡与吉安距离较近，援兵一到萍乡，清军听到风声，吉安之围可以立解。马宝不同意，理由是清军既围吉安，肯定会在萍乡一带设埋伏，吴军若误入伏击圈，将覆灭无疑。他倾向于由衡州渡江，认为这条路线既不会有清军埋伏，也不会遭到阻挡，万无一失。

马宝是统帅，一言九鼎，王绪等人只得勉强服从。结果，衡州路线如马宝所言，起初倒真是安全，但其实是绕了个大圈子，吴军经过半个月的行军，才得以进入吉安境内。

第五章 漫长征程

当吴军援兵抵达吉安时，他们距离吉安府城尚有四十里，而且中间还隔着一条江。部队欲渡无舟，马宝倒显得很镇定，也没有让人四处找船，他说没关系，反正我们援兵到此，清军必定要过江前来阻击，等他们半渡时，我们就发动攻击。

不久，清军果然前来渡江，王绪连忙让马宝指挥半渡而击，谁知马宝却来了个闷声不响，经再三催促，他又改了主意，说还是等清军渡过江再打吧，那时他们尚未立足扎营，王将军你击其前，我抄其后，打他个猝不及防，然后再乘势抢夺清军的船只。

按照马宝的说法，此乃一箭双雕的必胜之计，又消灭了渡江的清军，又能靠抢来的船只迅速渡江，同城中守军相呼应，内外夹击清军。听起来似乎也挺有道理，王绪只能默默无言。

等到清军渡毕登岸，王绪立即率自己的前军直扑过去，与之展开厮杀，清军立足不稳，“矢尽兵伤，又不取胜”。可就在这个时候，由马宝直接指挥的后军却按兵不动，战斗变成了一部分吴军与清军的单打独斗。

一退起来就没个完

王绪肺都气炸了，他只身赶往大营找马宝，发现马宝不在，问士兵，士兵告诉他，马宝在地坎里。王绪奔向地坎，一眼便看到了这位三军统帅果真正蜷缩着躲在地坎之中！

王绪上前催马宝起身督战，马宝居然颤抖着说：“火炮厉害，暂且躲藏。”王绪又急又气，当下不管三七二十一，飞身跳下地坎，愣是把马宝从里面给强拖了出来。

马宝回到大营时，天色已晚，两军各自鸣金收兵。马宝又找王绪商量说，敌我两营相通，晚上恐有不测，不如乘月明途清，让部队退五里下寨。

王绪白天看够了马宝的熊样，知道他其实还是怕死胆怯，自己有心留下来，但马宝的后军一走，前军就变成了孤军，于是只得附和。

马宝下令后军变前驱，往后急退。让王绪始料不及的是，说好只退五里，后军却一退起来就没个完，五里变成了十里、二十里、三十里，仍然不停步。王绪急忙大呼不要再退，就地停止扎营，马宝不予理睬，又一口气退了十里，才停退安营。

退得这么远，显然已没有与过江清军一决雌雄的打算。次日，王绪催促马宝出战，马宝继续推说官兵长途跋涉，身倦体乏，须休息两天再战。王绪不甘心，隔了一天又去促战，马宝仍不肯动弹，给出的解释是待清军过来，以逸待劳……

本来吴军援兵的抵达曾让清军感到紧张，喇布不惜分出围城的一半部队，由将军额楚率领渡江迎击，但渡江后依旧失利。就在额楚惴惴不安，担心吴军会乘胜一鼓作气将他的部队赶下江的时候，却发现吴军已经悄然后退扎营，而且数日不战，这不仅为他提供了喘息之机，也让他看出了对手的消极怯懦，于是十天后便主动发起了攻势。

在额楚的指挥下，清军出动万人直捣王绪位于大路的前军军营，另外两支部队则用于抵御屯于左右坡的其余吴军。面对清军的进攻，王绪军众寡悬殊，被杀伤过半，危急之中，王绪再三向马宝求援，马宝只是按兵不动，急得其属下总兵攘臂大呼："王将军被逼如此，怎能坐视？请率兵救援。"马宝见状，才令所部做出援救的姿态，把王绪军从几乎全军覆灭的噩运中拉了上来。

这一仗，王绪军伤亡惨重，但就因为其余部队没有损失，马宝就认为是打了大胜仗，并以此为由决定打道回府。他对王绪说："我等乘此一捷正好班师。吉安阻江，哪能飞渡？待以后再整大军来援吧。"

从马宝率部到达吉安，一直到其不攻自退，其间喇布只有一半的兵力可以用来围城，城外漏洞到处都是，然而吉安城内却始终一片寂然——守将韩大任开始是不知援军到来，后来马宝也派人去通报了，可他又听说马宝已经降清，怀疑马宝是来诈城的，所以既无一人一炮接应，也没有乘此机会突围。

及至马宝回师湖南，吉安已被围困达两百余日，但清军仍然没有能够攻下吉安。朝中上下坐立不安，议政王大臣鉴于"今吉安事势如此"，集体向康熙递交奏本，提出江西绿营及炮铳等火器不便急于发往湖南，还应用于收复吉安。

其实这时的吉安守军也已粮尽援绝，韩大任再也支持不下去了，遂用幕客兼好友孙旭之计，率部趁夜半偷偷出南门，从江中的白鹭州步行穿过，随即远遁而去。由于他们出城时又是发炮又是擂鼓，把声势造得挺大，清军以为是劫营，惊扰终夜，不敢轻易出战。直到第二天天亮，察知守军已经逃遁，清军才进据空城。

韩大任从吉安逃走后转袭江西各地，然已如丧家之犬，惶惶不可终日。其时，清军虽然尚未最终收复福建、广东，但在闽粤数路都已告捷，局势也越来越明朗。一天，韩大任与孙旭登上山峰，纵论天下形势，孙旭对他说，如果现在还是平凉犄角汉中，广东相连福建，天下局势或尚不能确定，但听说王辅臣已经倒戈，耿精忠、尚之信亦将相继投诚，这就不一样了：无平凉，则汉中摇动，四川坐以待毙；无广东，则湖南腹背受敌。

“安危存亡的危机，不可不明察啊！”孙旭的一番分析让韩大任醍醐灌顶，于是拔营至福建的杰书军前投诚。在此前后，清军按照康熙“剿抚并用”的政策，将江西境内的其余大小反清武装也一一予以解决，一度几乎被吴、耿联军完全攻陷的赣省终被平定。

孕育已久的大战

康熙每次对战争进行部署，都主张集中兵力，形成力量对比上的优势，所谓“满兵之势贵聚，聚则处处攻战，始克有力”。在陕西、福建、广东及江西被逐次平定的前后，他得以腾出越来越多的兵力，将其调集于湖南战场，用以对付吴三桂，但效果却远不能令人满意：岳乐围攻长沙逾年不下，勒尔锦、尚善踟蹰不前，既不能攻克岳州、澧州，在牵制吴军，支援长沙方面也不够得力。

战场堪称军人的试金石，武将们平日里不管包装得有多神气，进入战场之后，是骡子是马终究会现出原形。平叛战场已经持续多年，这种暴露就更加充分明显，吴三桂一方的将领固然有许多不堪大用，康熙一方良将涌现的速度其实也不令皇帝满意。在湖南战场上，以康熙的眼光来看，仅岳乐、尚善尚能出谋划策、执行军务，其余如勒尔锦等皆庸碌无能，只知装腔作势之辈。即便岳乐、尚善，康熙对他们也有不满意的地方，认为岳乐智谋有余，但显得过于谨慎，尚善则胆略不够，两人都无法推动战局取得突破性进展。

王室贵胄不再是任命大将的唯一标准，勇悍善战才是，康熙逐渐认识到，在岳州会战这样的牵动全局的硬仗中，己方只有拥有像吴军大将高得捷那样的角色，才足以鼓舞士气和军心，于是他断然决定起用穆占。

穆占是在西北平叛战争中涌现出的满洲骁将，他每战必身先士卒，勇往直前，并在多次重要战役中率先击败敌军，战功卓著。康熙破例任命他为实授都统，佩征南将军印出征湖南，同时从陕西、彝陵、荆州等地抽调八旗精锐归其统辖，使其兵额数与岳乐军相近。穆占在出征前，康熙又将其特召进京，面授机宜，足见期望之深，他后来说："穆占所领陕西、荆岳诸处将士，皆经简择，平定湖南，唯此精兵是赖。"

1677 年初，在康熙的统一部署下，尚善做水陆夹攻岳州之势，勒尔锦提兵临江，图海扼守汉中要路，下檄进兵四川。所有这些动作除了相机进剿外，都是为了一个目的，即迫使吴三桂从岳州分兵，"以分贼势"，然而吴三桂到底戎马一生，老奸巨猾，他识破了康熙的用意，轻易不肯分兵，一直都集中力量要先解长沙之围，以固其根本。

一场孕育已久的大战终究难以避免，3 月 6 日，穆占奉命率精兵抵达长沙，两军随即在长沙城外摆开了阵势。是时，清军在岳乐的指挥下，布阵于长沙东南的官山之后，吴三桂则陈兵于长沙西南的浏阳门外，与岳麓山连营。两军亘延数十里，对峙而阵。

4 月 2 日，激战首先在官山一带展开，岳乐兵发十九路，自城北铁佛寺后布阵，绵延至城西南，长达数十里。吴三桂见状也发十九路应之，吴军最先出阵的是在吉安会战中本有上佳表现，却被马宝拖了后腿的王绪，没想到刚刚交锋，王绪便陷入清军重围，一时间，王军"旗帜尽偃，金鼓无声"。

战场向来瞬息万变，成败与否，往往就在电光石火之间。就在城上观战的吴军尽皆失色，以为王军定当全没的时候，忽听火绳枪连发，声如急鼓，枪响处，清军骑兵纷纷从马上堕落。众人正在诧异，王绪已率军从清军的重围中杀出，"冲突无前，莫有撄其锋者"。

王军有惊无险，最终全胜而返，但吴应贵（吴三桂的侄子）、夏国相的运气就没这么好了，他们这一路遭遇的正是穆占及其八旗精锐。

吴三桂对八旗军的畏惧，其实来自明末双方在野战中的交锋。还在那个时候，八旗军的骑兵攻击技术就已经发展得十分纯熟，他们的骑兵分为两种，一种从头到脚包着重甲，甚至连战马都披着甲，称为重甲骑兵，还有一种仅着锁子甲，相对轻便灵活，称为轻骑兵。冲锋时，重甲骑兵持长矛及长柄大刀突前，居后的轻骑兵则手持弓箭，用箭雨迫使敌军阵脚散乱。除此之外，还有一支挑选出来的顶尖精兵，称为摆牙喇，他们起先并不直接参战，而只是骑马观阵，看到战局有利，便包抄敌阵追杀溃散之敌，战局不利，即立即相机助战。

与八旗军相比，明军“骑射、胆略素不精锐”，即便是吴三桂的关宁铁骑也不占上风，所以当时明军将领也包括吴三桂在内，都力避野战而更多地利用火力优势凭城坚守。

到了康熙朝，八旗军的基本战斗力仍在，缺的就是一个能把精锐骑兵重新捏合在一起，同时又能协调指挥，身先示范的勇悍之将。穆占做到了这一点，吴军根本就挡不住他所发起的骑兵冲锋，搏战中，吴应贵为流矢射中脸腮，堕马落地，差点当场为清军所杀，在夏国相的力战下才得以脱险。

吴三桂之所以敢破例与清军在城外展开野战，对类似状况的出现自然早已有备。在穆占乘胜率兵逼近长沙城池后，吴军火器部队立即出城列阵，他们以鹿角、挨牌在前阻遏战马，以持火绳枪的鸟铳手在后进行射击，但骑兵的速度实在太快，来如风雨，火器阵地转眼就被穆军前锋冲垮了，后者直抵城下，其他护军骁骑也紧紧跟进。

吴三桂准备的另一个秘密武器是象阵。经营云南期间，他特别驯养了四五十头战象，以往逢战必排为前队。大象主要产自中国的云南、缅甸等热带国家和地区，生长于中国东北部的满洲兵及其战马没有见过这种动物，见之辄战栗而退。

这次因为作战规模大且事关紧要，大象们被预先埋伏于冈下，待到火器阻击失效才驱之而出。吴三桂预计象阵一出，准保能把清军冲得稀里哗啦，大败亏输，但让人意想不到的是，大象进入战场后，见到穆军反而惊慌失措，争相退走。

马吓退了象

吴三桂的秘密武器全部失灵，倒是岳乐军帮了他的忙。见穆军取胜，岳军也上前助阵，但这些官兵大多未穿战甲，而且秩序混乱，往往十个或二十个人在一起，不成队列地穿插在穆军作战区域，对穆军攻城形成了严重干扰，加上象阵的突然出现，穆军阵脚大乱，皆“披靡而走”。

官山之战，清吴双方各出十九路兵马，实际交锋的是作为双方主力军的三路，即王绪、穆占、马宝三路。两军呼声震天动地，由早上杀到中午，杀得血浆飞溅，难解难分，至中午时分，天色忽然大变，暴雨倾盆，才各自敛军收兵。

当天交锋的三路，吴军方面王绪、马宝双双取胜，清军仅穆占一路得手，但“杀伤略相当”，总的伤亡都差不多，可以说是打了个平手。对这一结果，两边都不太满意，清军以八旗精锐参战，将领差不多也是最好的，其中岳乐在清军统帅中最懂兵事，穆占则是最骁勇的满将，然而仍不能战胜吴军，免不了让将领们感到沮丧不已。

吴军一方其实也高兴不起来。一直以来，吴三桂都不愿意主动与清军展开大规模野战，无外乎缘于他深知野战是对方所长，尤其八旗军骑射技术精湛，贸然与之开战，胜率不高。可既然如此，为什么还非要在官山打呢？皆因此时吴军外援尽失，已陷于孤立，只有取得一次公认的大捷，才能抑制军队中已经逐渐低落的士气。

对吴三桂而言，官山一战实有铤而走险、背水一战的意味，战前他憋足了劲，“初意气吞官山”，甚至“欲自与安亲王决战”。看到连花甲之年的老王都恨不得亲自上阵搏杀，其麾下将士自然也都被鼓动起来，吴军的参战部队系关宁铁骑和起义军余部的基干，他们久经战阵，又被多年蓄养，情绪被调动起来后确实能发挥最大潜力，此次与八旗精锐展开野战，非但未被压制，还取得了两胜一负的战绩，即为明证。

可是即便如此，吴三桂也未能得到他所要的那个结果，毕竟像这样众志成城的主动决战，他只能偶尔为之，若“一鼓作气”不成，再搞下去很可能“再而衰，三而竭”。尤其在穆占那一路，八旗发动骑兵冲锋时那种摧枯拉朽般的气势太令人震撼了，当看到吴应贵中箭受伤，接着又下起大雨，吴三桂已经大为泄气，一边说着

“天意不可测”，一边传令各部退守城中，不再与清军接战。

吴三桂一贯迷信，他不但觉得大雨不吉利，而且事后认为象阵也非常蹊跷——你想，以往都是象吓退马，这回怎么会变成马吓退了象呢？

其实若仔细分析，很可能是穆军骑兵冲得太猛，战象过去没有见过这种阵势，所以才临阵而逃，然而吴三桂不这么想，他断定这是不祥之兆，预示着自己将日薄西山，从此忧心忡忡，再也没有了与清军在长沙城下决一死战，必平之而后已的信心和勇气。

吴三桂的直觉其实也并没有错，尽管清军攻取长沙未果，但由于耿精忠、尚之信相继投降，福建、广东悉定，清军事实上已完成了对湖南的战略包围。吴三桂自度前景不妙，自己先由长沙退往湘潭，后又退往衡州，其间为摆脱吴军在湖南三面被围的困境，他派遣胡国柱、马宝等七名将军，率三万人马，对江粤咽喉之地广东韶州发起进攻。

吴军的这次出击既有图谋广东的念头，更有牵制湖南清军的打算，康熙对此了然于心，他指示已经入湘的诸将专注于湖南，无令不得分兵，“据今时势，剿灭吴三桂甚为紧要，大兵进取，务贵神速”，同时命江宁将军额楚赴援。

在额楚率兵到达之前，坚守韶州的重任落在了镇南将军莽依图身上。莽依图系子袭父职，和傅喇塔一样，他在顺治朝的征战中就积累了一定的军事经验，尤其值得一提的是，康熙初年，莽依图曾参与以图海为督师的茅麓山战役并立下战功。茅麓山当时由号称“小闯王”的李来亨固守，此山山高林密，易守难攻，加上起义军非常顽强，所以令清军损失惨重，大吃苦头，后来京城中的满人只要提到茅麓山就害怕，乃至于形成了一句谚语“又上茅麓山”，意思是接到了一件难于登天的险重苦活。

“上过茅麓山”的莽依图勇不可当，部属也多为打仗的好手。军官巴尔堪的父亲系开国诸王之一济尔哈朗，由于他是庶子，未能得授亲王贝勒等爵位，也因此无资格独自统领一军，但像当时的其他许多底层皇族一样，他们都有一种身为宗室的荣誉感和责任感，在战场上敢拼能拼。此前巴尔堪已经多次负伤，这次守城又负重伤，然而他拒绝后撤，将伤口包扎后依然在前线奋力搏击。

在莽军的死守下，胡国柱等人虽日夜攻城，志在必得，但却屡屡失利。吴军急切之下又是截断水运，又是占山发炮，此时额楚率军赶到，莽依图趁势自城内杀出，两相夹击，吴军死伤累累，被迫退出了广东。

分崩离析

争锋广东未能得逞，吴三桂便悉锐转攻广西，以确保湖南后方。广西的孙延龄在反叛初期由于很快控制了广西全境，所以甚为嚣张，与吴军也呼应得不错，但他和耿精忠、尚之信等人一样，都不把吴三桂放在眼里，与吴三桂书信往来，称名不称臣，也不用其印札，自己“铸印设官，变置州县”，吴三桂对此很是反感，嫌隙由此而生。

孙延龄不仅为吴三桂及其左右之人所厌恶，就是他自己的属下对他也多有不服之处。此人一向贪赃索贿，起兵后失去约束，更加肆无忌惮，他在自置州县中封拜文官，都是看谁给的贿赂多就把肥缺好缺给谁，在自己捞得盆满钵满的同时，广西官兵却不能按时从孙延龄那里得到军饷，于是军心思乱，士兵鼓噪哗变，吓得孙延龄夫妇被迫逃匿于小民之家。虽然变乱很快就被平息，但孙延龄已经威望大损，权力也受到了削弱。

更有甚者，孙延龄平日与另一位广西叛将马雄不睦。孙延龄以广西首领自居，想要马雄服从他，但马雄根本就不买他的账。有一次，孙延龄派人拿着高脚牌去召马雄来见，高脚牌是一种用以张贴告谕的长方形木牌，因下支柱脚，供人肩扛手举而得名，马雄认为这是对他的不尊重，大怒道：“竖子无礼！”当即将木牌砸得粉碎。

孙延龄在与人打交道方面从来不知变通，听说马雄砸他木牌，第一反应就是提兵来攻。马雄号称悍将，当然也不是吃素的，交手之后，孙延龄反被马雄击败，不过马雄也被流矢射中面颊。两人自此势同水火，吴三桂本来就疑忌孙延龄，在这场纷争中，他采取了轻孙重马的策略，这使孙延龄大失所望，于是逐渐萌发了反正之意。

在尚之信乞降后，康熙加紧了对广西叛军的招抚。当得知孙延龄之妻孔四贞“无刻不以太皇太后为念”，有归降之意时，他特派督捕理事官麻勒吉至大将军喇布军中，对孔四贞进行招抚，并让她劝丈夫反正。除此之外，原任庆阳知府傅弘烈正在孙延龄处，傅弘烈虽为形势所迫，不得不阳附吴三桂，但身在曹营心在汉，也极力劝孙延龄斩断与吴三桂的关系。

在孔四贞、傅弘烈的不断劝说下，孙延龄下决心反正归清。不料此事被马雄所侦知，马雄密告吴三桂，主张孙延龄既有异志，就应赶快杀掉以绝后患。1677 年 10 月，吴三桂派其侄孙吴世琮、大将马宝至桂林，以劝和孙马两家，进攻广东为名驻师城外。孙延龄不知道马雄去吴三桂那里打了他的小报告，稀里糊涂地跑到城外迎接吴世琮，结果被当场斩首。

天道好还，孙延龄被杀十多天后，告密的马雄也病故了，吴世琮、马宝遂以吴三桂的名义接管广西。然而他们太心急了，没有顾及广西的人心向背，孙延龄的部将们怨恨吴军跋扈，不愿让吴军待在广西，而孙延龄虽死，其妻尚在，孔四贞自小在军营长大，并不是个普通女子，她当即穿上戎衣，击鼓升堂，代夫理军，率部与吴军作战。

康熙得报，命麻勒吉、喇布晓谕招抚广西叛军，“以朕赦罪论功之意概行晓示”。孙延龄部将在擒斩吴军桂林守将后，即向朝廷投诚，孔四贞随即还京，清吴两军在广西呈现出胶着状态，这也意味着吴三桂将广西打造成为后方基地的计划化为泡影。

吴三桂起兵之初，势如鼎沸，咄咄逼人，似有取代清王朝之势，然而仅仅几年之后便形势日绌，不仅在军事上丧失了主动权，内部也是矛盾重重，分崩离析，其中最为突出的事件便是方光琛的被黜。

作为吴三桂帐下的第一谋士，吴三桂原本对方光琛言听计从，宠信有加，亲近程度甚至有过于婿侄。初起云南时，方光琛曾忠告吴三桂，认为吴应麒、夏国相不能大用，马宝应予提防，吴三桂都一一听从，对吴应麒、夏国相不予重用，对马宝则不予信任。可是自兵抵湖南，旗开得胜后，吴三桂一方面自我感觉良好，另一方面吴应麒、夏国相、马宝恨方光琛切齿，不断在其面前挑唆，攻击方光琛“为人不端”，把他比作春秋时吴国的大奸臣伯嚭，直接称方光琛是“吴太宰”（太宰为伯嚭的官职）。吴三桂经不住他们的挑唆，久而久之，对方光琛心生芥蒂，渐渐疏远，直至令方光琛出为巡抚，后又将其罢官解职。

方光琛为人狡诈，仅从其先后劝吴三桂降清又反清来看，政治品格和私德就上不了台面，但他毕竟足智多谋，尤其是在另一个谋士刘玄初死后，更已成为吴三桂身边中唯一的智囊，吴三桂罢黜方光琛，等于是自断臂膀，使其在军事上更显被动。

称帝

随着疆域的缩小，吴三桂在经济上也陷入了空前的绝境。滇黔是边地穷省，粮饷历来仰诸江南财富重地，而自吴三桂反叛以来，从未能够据有江南各省，川湖赋税又不足以供军饷，于是仅一年有余，吴军便出现了军饷告匮的情况。次年年底，在吴军控制区内，连官员的官俸、衙役的工食都被拿出来充作军饷，但仍旧不够用，前线催征急如星火，无奈之下，被迫提前征收第二年的钱粮，“官民俱困”。

后勤匮乏的问题日益对前线形成严重困扰。1676年，吴军屯聚湖南与清军作战，各部“馈饷不给，军士胥怨，民多远避”，据从彝陵附近逃出的吴军士兵说，那里的吴军整整三个月都没能得到一点钱粮。至1678年，三藩之乱的第六个年头，吴军已经只能靠“打粮”，也就是抢掠民间粮食来维持生计了。

吴三桂以垂暮之年重出江湖，枕戈执矛，征战沙场，本指望能打到清廷服气，至少实现划江而治的目标，然而五年过去了，吴军竟是越打越颓，“逼洞庭而不即渡，得剑南而不能守，仅徘徊衡湘间”。吴三桂自然极不甘心，他当年已经六十七岁，余生无几，不知不觉便动起了称帝的念头。

吴三桂想过皇帝瘾并不偶然。虽然他在起兵时以反清复明号召天下，还声称要立明太子，其实都不过是出于宣传的需要，他内心根本就没有这些信念——要有的话，当初又何必降清和残杀永历？

既然如此，在已无可能流芳百世的情况下，坐一坐龙椅，让自己风光一把，也就成了吴三桂必然会做出的选择。除此之外，称帝也是他借此蛊惑人心，以做最后挣扎的一个手段。

当年李自成在山海关兵败后，匆匆跑回北京城称帝，然后仅仅做了一天皇帝就离京退回了陕西。闯王这可不是在过家家，以做皇帝为无聊游戏，他是在做激励士气，重振雄风，卷土再来之想。同样，吴三桂虽战事不利，但尚未到自感末路，心灰意懒的时候，他对前途还没有完全失去信心，称帝对他而言，与起兵时公布反清檄文并无二致，都可以起到以皇威号令天下，重新振作，以图大举的作用。

在吴三桂的授意下，众人相率劝进，为了方便他可以顺理成章地当皇帝，又特地找人写了一篇辞藻华丽的劝进表。经过百官的“拥戴”，吴三桂决定正式称帝，在把自己及其政权提升到与清廷同等地位的同时，也借此为其叛清行为正名和涂彩：如果你清廷还把我称为“贼”，那么你们的老祖宗努尔哈赤也是“贼”，明朝的叛贼！自古成者为王败者为寇，如今我也是一国之君了，大家都是过来人，谁也没资格埋汰谁！

1678 年 3 月 23 日，是吴三桂命人卜定的吉日。登基之前，照例要先在衡山的雁峰寺旁筑坛设祭，时逢雨季，就在前一天半夜里，突然大雨倾盆，卤簿仪仗被淋得污秽不堪，众人用松叶铺地才得以走到大坛。这当然不是一个好兆头，不过当日凌晨即雨过天晴，彩虹当空，吴三桂闻之大喜，认为老天已应许他称帝，当即头戴皇冠，身着朱衣，以帝王装束乘马出宫，来到衡山祭天。祭天完毕，他乘辇返回宫中，在一片山呼万岁声中，宣布即皇帝位，国号为周。

吴三桂是把称帝当作正经大事来办的，他不仅大封文武，给大小头目加官晋爵，还建立了庞大的后廷机构，设有职掌不同的各级太监。不过在当时的局势下，他所能拥有的物质条件已非常有限，只能暂以衡州府署为行宫，殿瓦也来不及更换为黄色，只能涂上赤黑色的漆暂代，另外又临时搭了万间席棚以作朝贺。

就在吴三桂接受百官朝贺之际，天色陡变，狂风大作，竟把朝贺席棚卷入空中。俄顷骤雨如注，在大雨的冲刷下，刚刚涂上漆的殿瓦也露出了本色，现场一片狼藉，吴三桂只好草草结束了登基仪式。

尽管风雨来得让人扫兴，但吴三桂称帝仍然给其政权和军队打了一针强心剂。此前吴军在湖南前线再遭重创，定远平寇大将军、安亲王岳乐收复浏阳、平江，招降吴军水师于湘潭，征南将军穆占更是连下永兴等十三城，不仅彻底粉碎了吴三桂进犯广东的企图，而且已进逼衡州，致使吴三桂刚刚称帝就必须面对清军兵临城下的危险。

在无路可退的情况下，吴三桂挟称帝所短暂造成的人心士气，将云贵军队尽数调至湖南，摆出了倾巢而出，誓与清军决一死战的架势。随之而来，一场比官山之战更为艰险的战役开始了。

血流成河

1678 年 7 月，吴三桂集结马宝、王绪、胡国柱等所统的精锐部队，率先对永兴发起强攻。

永兴乃衡州门户，距衡州仅百余里，乃吴军必争之地，而且如果吴军能够重夺永兴，也能顺势缓解清军在岳州方面的攻势，因此吴军把刚刚蓄积起来的士气几乎全都倾注于此役，官兵“有必死之形”。相比之下，穆占军虽连战连捷，但因新收复之地增多，不得不分兵防守，穆占本人驻屯于郴州，守永兴的是都统宜里布，无论守将还是兵力都处于劣势。

永兴攻守战的激烈程度前所罕有，真可谓尸积如山，血流成河。清军打到了兵竭力穷的地步，宜理布及护军统领哈克三都相继战死沙场，幸亏前锋统领硕岱率兵来援，才得以夺路杀入城中继续死守。

硕岱是侍卫出身的将领，曾因救护顺治而在宫中赢得英雄的声名，以后又参加过顺治朝的南征，同时他也是平叛战争开始时，康熙向荆州所派出的八旗先遣部队指挥官之一。尽管硕岱能打敢打也有经验，但在这种兵微将寡、独守孤城的情况下，显然很难坚持多久。眼见永兴危急，康熙忙命正驻屯于茶陵的扬威大将军、简亲王喇布派兵增援。

在吉安会战中，喇布率重兵围城，却被吴军乘隙冲入螺子山大营，吃了拿了不说，还抢去了作为令旗的蜈蚣旗。之前清军中从未发生过这种事，康熙盛怒之下，将随喇布出征的参赞大臣全部解任，代之以一批新任命的官员。喇布身为坐镇指挥，调度一方的大将军，不能未雨绸缪，提前预防，自然更负有不可推卸的领导责任，加上吉安守将韩大任逃走时，他又没有亲自率兵追击，更被康熙认为罪责难逃，只是大敌当前，才让他在军中继续戴罪立功。

如果光看康熙的谕旨批示，很多人可能会想当然地以为喇布就是一个贪生怕死、庸碌无能的皇族纨绔子弟。实际情况远非如此简单，要知道，喇布在担任大将军时才不过二十一岁，而且从没有上过战场，但他的对手却是吴三桂藩下众多已拥有数十年征战史，或老谋深算或勇猛善战的强兵悍将。

自挂帅出征起，喇布等人就注定要承受常人难以想象的困苦和责难。在这一过程中，挫折和失败自然是难免的，但他们也在失败中得以迅速成长，以喇布为例，他已经渐渐熟谙军事，能够克服自己在战术指挥上的弊病和不足，在应急处置上也变得更为老练——接到康熙的旨意后，不仅遵照命令，立即派一名前锋统领驰援永兴，而且向定远平寇大将军、安亲王岳乐以及征南将军穆占告急，请他们派军前人员一同往援。

喇布之所以要向各方友军请援，是因为他根据所侦察到的情报，判断出吴军将包围永兴，仅靠自己一方难以解除永兴危机，只有发起会战才能扭转战局。首先响应这一请求的是岳乐，官山之战后，岳乐与吴军主力在长沙前线相持，兵员也很紧缺，然而仍在第一时间抽调人马驰往永兴。

让人想不到的是穆占。穆占是喇布的岳丈，女婿请兵，岳丈似乎没有坐而观之的道理，而且他所驻屯的郴州离永兴又特别近，可偏偏穆占不但没有应喇布所请，马上出兵永兴，反过来还推诿说增援永兴是喇布的责任，自己得集中兵力守郴州，没法顾及永兴。

客观上当时郴州的确正受到吴军威胁，不过最主要的原因还是穆占、喇布翁婿不和，换句话说，是穆占瞧这个女婿不爽，你让我派兵，我就不派！

穆占乃清军中难得的悍勇之将，但其大局观着实有些问题。喇布对此毫无办法，同时他自己也不敢离开所驻屯的茶陵去增援永兴，就怕兵力抽得过多，被吴军乘虚而入。

喇布身为大将军，却无法协调与前方将领的关系，这让康熙感到很是头疼，他一面下诏调和，让喇布、穆占一体商议，而非各行其是，一面调整部署，除从广东调兵协助穆占击退敌军，巩固郴州外，另外委任和硕额附华善为安南将军，令华善直接援救永兴。

在平叛战争中，掌军的皇室贵胄由于对军情不熟等原因，一开始大多行军缓慢，华善也没能逃脱这一规律，他原本可以成为永兴城的及时雨，但却迟迟不能现身，其间喇布多次传檄催促，康熙也数次下诏探问，皆未得到任何消息。

永兴之战的严峻性正如喇布所料，可以说是艰险至极。喇布、岳乐所派援兵根本不足以为永兴城解围，吴军从三面对永兴进行了昼夜不息的环攻，在二十多天的激烈厮杀中，永兴城墙曾被火炮击毁，守军用竹篓布囊盛土填补，且筑且战，“濒危者数矣”。

猛药

康熙与前线的信息沟通向来都非常及时紧密，但在那些天里突然就失去了与永兴方面的联系。这让康熙变得十分紧张，乃至于连平时强装的镇定都维持不住了，“忧虑现于词色”。

永兴得失固然关系匪浅，可若论严重性，总也超不过此前王辅臣在西北的反叛，那时康熙尚且能够做到闲庭信步，如今怎么就乱了方寸呢？说来说去，还是与康熙对未来形势的预判有关，他懂军事，知道打败仗不怕，怕的就是遇到这种前方消息不通，后方无能为力的情况，因为它意味着自己已经失去了对战局的把控能力，弄得不好，永兴失守只是一个起点，接下来清军在湖南战场上极可能出现雪崩一样的失败，那就全完了。

老臣、平逆将军毕力克图注意到了康熙的情绪变化。一天议政王大臣进宫商议军事，众人进奏完后全都退下了，只有毕力克图单独留下来，对康熙说：“为臣观察陛下近日的脸色，稍露忧虑之状。不过臣认为皇上不用着急，您不妨试想一下，我朝满洲兵将就算是一个五百人组成的编队，冲锋陷阵，谁能挡得住？相信过不了几天，永兴方面必定会送来捷报。”

毕力克图为四朝元老，开国诸王打过的仗他都打过，在他所处的那个时代，说五百人的满洲骑兵就可以纵横疆场，所向无敌，其实并不算吹牛。康熙本人对满洲兵当然也充满了自豪，可现实问题终究难以用完全理想化的方式解决，要知道时移世易，当年的五百满洲骑兵和现在的五百满洲骑兵早已不是一个概念，穆占算是胆识过人的勇士了吧，在需要他赴援永兴的时候还不是推三阻四？

毕力克图体貌魁梧，虽然已经年近古稀，但豪迈依旧，见康熙尚有些将信将疑，干脆上起了猛药：“难道陛下不了解太祖、太宗征战的往事吗？为臣从未见他们皱过一次眉头。皇上您如果这样怯懦心虚，就比不上祖宗了！”

毕力克图的话很不中听，然而良药苦口，一下子就把康熙给点醒了。他承认毕立克说得对，目下最重要的是要像父辈那样拿出勇气解决问题，而不是坐在家里愁眉苦脸，自乱阵脚。

在湖南战场上，穆占已成为解永兴之围的关键先生，要保住永兴，“盖倚穆占实甚”。康熙随即密谕穆占，将以往关于防守江西全省及湖南茶陵、永兴诸处的敕旨历数一遍，强调在这些敕旨中，总是将穆占的名字署于前，喇布的名字署于名，显见得朝廷对穆占是非常倚重的。说到这里，他话锋一转，指出穆占身负朝廷重托，却不但不以朝廷大事为念，反而徒为身计，独留精兵自护，乃至坐失驰援的良机，致使永兴深陷重围，实在是很不应该。

康熙给穆占的最新指示是“亲赴永兴，扑灭贼众”，在他的极力催促和诱导下，穆占终于放下与喇布不和的心结，先派精兵携火炮赴永兴解围，继而又亲自赶往永兴督战。

在派穆占火速驰援永兴的同时，康熙还决定乘虚进攻岳州。他认定岳州乃湖南咽喉要地，只有收复岳州，长沙、荆州方面才能取得进展。

岳州攻守的关键在于水师，负责进攻岳州的安远靖寇大将军尚善主张稳扎稳打，徐徐图之，原因之一就是清军水师较弱，短时间内难以在湖中与吴军水师抗衡。康熙也知道清军不习水战，船只匮乏，多次下令让尚善“增船破敌”，“倍造鸟船沙船”，他不能接受和满足的只是这种长久僵持对峙的状况。

直到吴军水师将领林兴珠投诚，才终于让康熙眼前为之一亮。林兴珠是福建人，谙熟水性，所督造的鸟船“出入洪波大浪如平地，大小铳炮布列左右”，以往作战时往往令清军水师“寸板不得入”。吴三桂称帝后，封侄子吴应麒为楚王，在岳州辖制各军。吴应麒为人骄横无礼，与林兴珠产生了矛盾，他却恶人先告状，到吴三桂面前进谗言，说林兴珠有反吴投清的念头。吴三桂听后二话不说就将林兴珠调往湘潭，林兴珠气愤不过，一咬牙一跺脚就真的降了清。

康熙对林兴珠十分重视，优封他为侯爵，授建义将军，将其留在岳乐帐下效力。林兴珠降清时不仅带走了一批战船，使吴军水师实力蒙受很大损失，而且他熟悉洞庭湖水道，掌握吴军水师机密，有他提供情报和帮助策划，清军在水战中不再表现得缩手缩脚。

在总兵万正色的率领下，清军水师乘夜潜入洞庭湖中，利用芦苇为掩护，拔掉吴军在湖中设置的大批木桩，打开了航道，随后又一鼓作气冲入洞庭湖，击败了吴军水师。

吴军不甘失败，组织两百艘战船进行反击，但在激战中，其战船多被清军水师发射的火器焚毁，残部退回岳州，守城待援。清军水师乘胜前进，直逼岳州城下。

林兴珠降清后，吴三桂进行报复，将他的两个儿子全都杀了。林兴珠愤恨不已，天天都想着要报此血海深仇，为此特献水陆联营困破岳州策。康熙欣然采纳，命尚善拨出一半战船驻防君山，伺机截击常德方向驶来的吴军船只，另一半战船进至香炉峡、扁山、布袋口等处袭击吴军粮船，并派陆师屯兵九贵山，用以切断长沙、衡州与岳州的联系。

围困岳州需要投入大量兵力，康熙深信“击破逆贼，规定湖南，在此一举”，于是不惜从荆州、安庆，陕西、河南等地大批大批地抽调军队参加围攻岳州的战役，其中勒尔锦所得到的诏令是，除酌量留兵以守荆州、彝陵等地外，其余兵卒要全部发往岳州。

吴宫曲

吴三桂重新发起攻势后，偏重于永兴、郴州，而忽略了岳州。发现清军对岳州进行有效围困，且各地兵力不断向岳州会集时，他已来不及做出相应调整，这在心理上对他造成了很大冲击，令其心力交瘁，苦不堪言。

吴三桂称帝固然短期内有些作用，但并没有得到百姓和知识分子阶层的认可。他以“昭武”为年号，“昭”字横竖皆由两笔编成，衡州民间因此传出民谣：“横也是二年，竖也是二年。”意思就是他的新王朝时日无多，维持不了多久。还有人把“昭”字的“日”解为“斜日”，“召”解为“刀口”，说日已过午，不可久照，而“斜日”又在“刀口”之侧，主凶兆，吴三桂恐怕不久必死。另一个“武”字，则被解为“止戈”，也就是这场由吴三桂本人发起的战争也就将很快被平息。

看到军事不利，民心也不向着自己，吴三桂极为沮丧，每每自叹自怨，说：“何苦！何苦！”在极度的忧虑惶恐之中，他染上了中风之症，“形容憔悴”。

一天，一只狗突然跳上坐案，朝着他狂吠起来，吴三桂素来迷信，受惊之后疑为不祥之兆，病情由是加剧，遂致口不能张，食不下咽。俗话说祸不单行，不久他又得了赤痢，终于一病不起，于 1678 年 10 月 2 日病死。

明末清初诗人吴伟业因不忿于吴三桂降清，曾以吴三桂及其妾陈圆圆的故事为素材，创作了一首长篇叙事诗《圆圆曲》。《圆圆曲》最末一句是“为君别唱吴宫曲，汉水东南日夜流”，所谓“吴宫曲”，乃春秋时吴国宫中的古曲，专用以咏叹盛衰兴亡，诗人实际在借此暗喻吴三桂的最终结局。

吴伟业并无未卜先知的能力，《圆圆曲》诗成于顺治朝，那时又正是吴三桂称心如意、气焰熏天的时候，而到吴三桂反叛的前一年，连吴伟业本人都已经去世，《圆圆曲》也就被人们想当然地认为只是一篇诗人发泄不满的感怀之作了。谁都没能料到，吴三桂的最终结局竟与诗人所预言的分毫不差，“吴宫”建成之日，就是他兵败身亡之时，笼统算来，他一共只做了五个月的“周朝”皇帝。

吴三桂的猝死令其臣下措手不及。为防止军心涣散，留守衡州的夏国相等人秘不发丧，仍像平时一样向吴三桂进衣进食，同时关闭衡州城门，并潜令正在永兴、郴州作战的吴军立即撤回，以争取时间、商讨对策。

10 月 6 日，胡国柱、马宝等奉命焚毁营垒，率部悄然退回衡州。随着吴军撤兵，永兴之围自解，紧闭的城门终于再次打开。

消息传来，康熙长长地松了一口气，尽管他做通了穆占的思想工作，穆占也已亲自驰援永兴，但若不是老天帮忙，永兴能不能解围也仍然是一个未知数，他后来回忆道：“吴三桂兵围永兴城，破在旦夕。吴三桂一死，其兵皆退。此亦天意也。”

康熙即席赋诗：“遥天今日捷书来，万里欢声动地开，从此黎民皆乐业，军威应振凯歌回。”随诗还有一个序，说明了他这么开心的原因：“大将军报吴逆暴死，其下贼众溃散无余。大兵指日进取，恢复封疆。”

事实上，从整个平叛战争的进程来看，永兴之役和吴三桂之死确实是一个重要的转折点，特别是后者，对吴氏政权造成了致命一击。吴军士气一落千丈，已成树倒猢狲散之势，衡州诸将在慌乱中一致推举吴国贵总理军务，同时继续匿丧不发，而派胡国柱入滇迎吴三桂的孙子吴世璠奔丧。

在吴三桂的侄婿中，吴国贵素以勇武著称，连眼高于顶，对马宝、吴应麒、夏国相等一干武将都嗤之以鼻的军师方光琛也对其另眼相看，曾忠告吴三桂：“吴国贵虽倔强，然勇略过人，至死不变。”吴国贵认为吴三桂生前最大的战略错误是没有深入中原腹心和切断东南漕运，他提出“勿畏难，勿惜身，宁进死，勿退生”，号召众人拼死北上决战，“即令不能混一，黄河以南，我当有之”。

吴国贵的倡议虽然已经迟了，但若坚决实施，仍然能够给清军造成很大麻烦。可惜的是吴三桂一死，吴氏政权便失去了足够的凝聚力，诸将各揣心事，皆无进取之意，马宝更是首先反对，其他人随声附和，致使吴国贵的倡议泡汤，能拖多久拖多久成为吴军在前线的主导思想。

速取岳州

这边军事上毫无头绪，那边入滇的胡国柱也碰了壁。胡国柱原指望通过迎吴世璠奔丧重振军心，但吴世璠的岳丈郭壮图却以云南是根本重地为由，力阻吴世璠出滇。胡国柱在东郊大哭数日，然而无济于事，只得返回衡州，和其他人一起将吴三桂尸体偷运至常德，又由方光琛送殡至云南安葬。

吴世璠出不出滇，其背后实际是权力之争，不久郭壮图便自挟立吴世璠在云南即位，改元“洪化”。胡国柱闻知再至云南，想请吴世璠出滇坐镇湖南，但遭到郭壮图的阻挠：“以弃湖南守险隘，犹可以作夜郎王。”

吴政权内部的钩心斗角，人心涣散是康熙早就预料到的，吴三桂死讯一传开，他就立即抓住这一有利时机，指令诸路大将军、将军“各统大兵，分路进剿”，同时诏令“水陆夹击，速取岳州”。

由于原岳州主帅尚善已经病故于军营，康熙命贝勒察尼代尚善为安远靖寇大将军，辖制岳州各部。察尼乃多铎系皇族，虽然也是平叛战争开始后才接触军事，但他此前在勒尔锦军前任参赞，后又佩靖寇将军印参战，在荆州前线多有战绩。尽管如此，考虑到统帅刚刚易人，康熙仍不放心，于是又一次提出要御驾亲征，他对议政王大臣们说：“今日之事，以岳州最为紧要，不可不速行攻取。乘此民心所向，朕欲亲统六师，躬行伐罪。”

与先前一样，在议政王大臣们的反对下，康熙亲征的愿望依旧没能变成现实，但他速取岳州的决心未变。1678 年 10 月，朝中就如何突破吴军在荆岳方面的防线，令湖南战场的各位大将军进行合议。岳乐、勒尔锦、察尼各自上疏，岳乐愿意亲赴岳州指挥，调大炮急攻吴军陆营，勒尔锦建议将防守兵力全部投入一线，增加鸟铳手，“五路渡江，齐力大举”，但他们的提议都没有能够让康熙满意：“安亲王、顺承郡王所奏俱不必行。”

只有察尼所奏得到了康熙的认可，察尼主张待洞庭湖水涸后破敌，并请以大队清军陆路立营。前者仍然来自林兴珠之策，康熙为之拍案叫绝：湖水干涸后，吴军水师难以出湖，破敌必能取得最大成效。

洞庭湖水干涸必须等待天时，在此之前，继续围困岳州，令其“不战而毙”仍是关键。虽然清军已经采取了水陆联营困破岳州的策略，但仍无法完全切断岳州的水上补给线。

林兴珠投清后，原效力于台湾郑氏家族的杜辉继任岳州水师主将。杜辉善于水战，他所督造的飞船有别于清军的鸟船、沙船，后者的船型当时都较小，而飞船船型庞大，且分上中下三层，上中两层左右各安大小铳炮三十六门，遇敌远则射击，近则可将敌船撞沉。

依靠强劲的飞船水师，吴军不断从衡州、湘阴等处运来粮米、器械，以供岳州驻兵所需。有一次，杜辉等人驾驶二十多艘飞船，自岳州赴湘阴运取粮米火药，清军出动一百三十多艘船只在扁山进行拦截，杜辉急命水兵两面放炮，趁清军躲避之际，飞船冲出重围，继续驶往湘阴。之后等杜辉一行载着军粮火药，从湘阴返回再次经过扁山时，还是边开船边向两面放炮，而清军水师不敢邀战，只能眼睁睁地目送吴军船队进入岳州。

随着冬季到来，湖水变浅，有的地方甚至已逐渐干涸，吴船出岳州就没原来那么容易了。当然清军大战船也很难进湖，但清军有办法，他们在湖北的新堤决堤，引江水通船，把这个难题给解决了。在清军水师的各种战船中，有一种叫作艨艟的船只，这种船只形状狭长，航速快，专用以突击敌方船只，清军把数十艘艨艟集中起来，上排铁钉，船外密布渔网，用以与飞船抗衡。当飞船疾驶过来时，一旦划桨被渔网缠住，船只即无法转动，整个飞船也就成了瓮中之鳖。

这时岳州已云集诸路清军共三万有余，鸟船百艘、沙船四百三十八艘，实力超过吴军，加上飞船被击破，吴军水师再无能力随意在湖面行动，岳州遂成孤城一座。吴应麒自出守岳州起，曾按方光琛之计，预备三年军粮，且平时不允许擅动，如果他一直坚持这么做，即便岳州的供给线被切断，也能勉强维持。只是后来荆岳长期对峙，两军不仅很少大动干戈，还互通贸易，各自设关抽税，以佐军需。由于湖北荆州粮贵盐贱，湖南这边反之，盐贵粮贱，吴应麒便下令停发军粮，将应发军粮折价缩值成银两发给官兵，军粮则被他拿去倒卖换盐。

吴应麒的愚蠢和贪鄙成性使得城内所贮备的粮食很快为之一空，待到岳州陷入重围，不再能从外地运进粮米时，城内立即陷入了粮荒，就算出高价都买不到米。吴应麒这才慌了神，他四处告急，结果却发现清军“水陆联营，绵亘百里，赴援者皆不敢进”。

一战定乾坤

在求援不得的情况下，吴应麒只得转守为攻，组织兵力向清军扼守的各处水陆要隘发起主动攻击。1679 年 1 月，他命令杜辉等人驾驶两百五十艘大船，乘风进犯清军驻地柳林嘴，企图打口缺口，疏通粮道，但遭到清军的火炮猛击。清军阵地上本来就配备有威力很强的红夷大炮，统帅察尼又从江南调来一千门子母炮，炮火中，半数吴船被击毁，许多吴军溺死于湖中。

水师突破不成，吴应麒再遣五千吴军急速渡江，对陆石口发起进攻，但也因清军防守严密而告失败。康熙得到报告后做出判断，认为在湖水渐涸，敌船难出的情况下，岳州城内一定已缺乏粮饷，不然不会在陆路上这样冒死进行突破。他指示察尼，吴军越穷迫，对岳州的围逼越不能松懈。

察尼谨奉圣旨，一面命令镇守诸要路的将军大臣，严缉奸细，务求做到风雨不透，彻底切断岳州的外援及其内外音信；一面派人混入岳州散发劝降书，对吴军施行心理战。

清军双管齐下的措施以及粮米的断绝，使得城内人心沸然，有民谣云：“吴应麒！吴应麒！杀了你献康熙。”杜辉首先发生动摇，派人向清军请降，不料事机不密，被吴应麒察觉，除其部将陈华、李超等得以潜逃投诚外，杜辉本人及多名同谋者皆人头落地。

到了这个地步，杜辉是死是活其实已不重要，重要的是吴军已经乱了，特别是陈华、李超等投诚后，康熙俱授以官职，把他们留在察尼军前招抚吴军，致使吴军内部进一步分化。1679 年 2 月，吴军总兵王度冲、将军陈珀等率舟师归降，吴应麒在内外交困中被迫弃城而逃，清军收复岳州。

消息传至京城，康熙喜不自胜，特赋诗庆祝。他在诗序中展望前景，认为在收复岳州后，吴军在湖南的其余势力已不足惧，将被清军迅速扫除，“解吾民之倒悬，行有日矣”。

在接下来的两个月内，湖南战场上出现了诸路并进的大好形势。顺承郡王勒尔锦率大队渡江，驻守太平街、虎渡口的吴军不战而溃，清军进踞常德。安亲王岳乐也从水陆两面夹攻长沙，吴应麒、胡国柱等焚毁船舰后弃城潜逃，接着，康熙命简亲王喇布、贝勒察尼前往长沙，归岳乐调遣。在岳乐的指挥下，清军水陆并进，猛攻衡州，衡州内的吴国贵、马宝、夏国相弃城遁逃，衡州连同湘阴、湘潭等城都先后被清军收入囊中。

吴应麒、胡国柱等从长沙出逃后，在辰州集结溃军达一万三千人，他们用木石堵塞辰龙关等隘道，以对追击而来的清军进行阻截。辰龙关为辰州门户，又是“通云贵的孔道”，清军势所必争，但这一带山势险峻、林木茂密，在特别狭窄的地方，只能容一匹马通过。勒尔锦、察尼先后奉命攻取辰龙关，然而看到地形如此不利，都不敢骤行攻击。

除了辰龙关，当时由湖南入黔还有一条险道，这就是武岗的风木岭。在辰龙关暂时难以攻取的情况下，康熙预计如果能够拿下武岗、风木岭，就可以截断辰州、辰龙关的后路，令吴军无法踞守，因此决定派岳乐、喇布会攻武岗、风木岭。

在风木岭，清吴两军爆发激战，结果一战定乾坤，吴军大败，吴国贵中炮阵亡。正如康熙所料，清军只要拿下武岗、风木岭，辰州、辰龙关便不足虑——察尼率军从小路抄袭，一举攻破辰龙关，辰州吴军情知抵抗无益，立刻选择了献城归降。

令人哭笑不得的是，到了这种时候，有人居然还在梦中。吴应麒退至沅州，稍稍缓了口气，就准备营造他的楚王宫（吴应麒被吴三桂封为楚王），手下官兵愤懑不已，说：“刀都架在脖子上了，还造什么大殿？”说完一哄而散。未几，征南将军穆占进兵沅州，吴应麒、胡国柱仓皇出奔贵州，湖南全境宣告克复。

与此同时，广西平叛战争也接近尾声。广西巡抚傅弘烈、镇南将军莽依图在多次受挫后，越挫越勇，终于得以大败吴军，吴军统帅吴世琮负重伤逃亡，广西随之平定。

眼看南方形势渐定，康熙陆续将安亲王岳乐、顺承郡王勒尔锦、贝勒察尼、康亲王杰书等人的大将军、将军职务予以解除，命他们解印归京，并对其功过分别给予奖惩。

这批皇族贵胄久劳于外，按说没有功劳也有苦劳，但康熙在战争中遵循的原则却是“罚先行于亲贵”，也就是要处罚首先处罚诸王贝勒。据此，勒尔锦、察尼以屡误军机罪，被分别削去郡王、贝勒及其余一切职务，前者遭到羁禁，后者即没家产后降为闲散宗室。贝勒尚善“屯兵岳州城下，八年不战”，虽已病死于军中，但仍被革去贝勒。

相比其他高级武职官员，康熙当然更信任自己的皇族，但唯其如此，他才更要近乎严苛地对皇族进行要求。岳乐在平叛战争中战功最为卓著，然而他所能得到的奖励，不过是传谕盛赞，说上几句好话而已，甚至康熙吸取鳌拜事件的教训，为了防止亲王坐大，进而对皇权造成威胁，后来还以类似于“鸡蛋里挑骨头”的方式，削去了岳乐、杰书的军功，并各罚俸一年。

入川

康熙决计进取的下一个目标是四川，该省通联云南、西藏，且吴世璠已有与西藏方面暗通款曲的迹象，所以势在必夺。此时陕西的汉中、兴安尚未收复，1679年5月，宁夏提督赵良栋上疏主张：“今湖南既定，宜取汉中、兴安，以图四川。”他还毛遂自荐，主动请战。

赵良栋原任天津总兵官，平叛战争开始后经甘肃提督张勇推荐，出任宁夏提督。因赵良栋曾为吴三桂部属，人皆言不可重用，赵良栋便请以家眷留京为质，只身赴任，此次为了向朝廷显示自己的忠心，更是欲以平川“竭尽自效”。康熙看完奏疏后深为嘉许，即命抚远大将军图海统率满汉大军进取汉中、兴安。

图海在平定布尔尼、王辅臣之役中曾屡建奇功，是康熙心目中入川清军统帅的第一人选，但这次受命出兵时却颇为犹豫踌躇。原因是安西将军赫业曾率八旗军进兵四川，一度打到保宁，可是一直没能打下保宁，后来还又因被吴军抄后路、断饷道，导致所带去的八旗精锐部队伤亡殆尽。图海等人对此心有余悸，于是在再次入川上的积极性上便远不如赵良栋等汉将。

康熙未尝没有与图海等人相似的担心和忧虑。不管他在战争中如何重用绿营，但八旗军始终都是他和王室所必须依赖的核心力量，而满洲人口又较少，能征集到的适龄兵卒数量非常有限，可以说八旗军在平叛战争中每出现一次大的伤亡，都足以让康熙心跳不已。

相对于严苛地对待参战皇族，康熙为普通八旗官兵（也包括绿营）制定了较为优厚的恩赏和抚恤制度，从赐恤致祭到为之代偿债务，都有明文规定。他还要求将领们在攻城野战时，只要条件许可，就必须收取官兵骸骨，如果做不到，将官将降二级调用，领战大臣也要罚俸一年，岳乐后来被罚俸一年，罪名就是在长沙会战时没有能够及时收取阵亡官兵的骸骨。

康熙曾经神情怅然地说："我花二十年时间，才能培养一个能够征战的满洲士兵，如今效死疆场，怎么能不厚恤呢？"虽然爱惜满洲士卒，但他更希望及早取得战争的胜利，图海的态度让他很不高兴，斥责道："懦怯易退，何时乃得破贼？"

图海等人激情不够，同时又考虑到四川山陵起伏，沟谷纵横，满洲骑兵的威势确实容易受到限制，康熙决定像平定王辅臣战役中那样，倚任汉兵汉将完成平川任务，为此他下令将来自北方和东北地区的大部分八旗兵陆续从前线撤回，并指示议政王大臣："进取四川，以满洲大兵为后，应最为紧要。"

1679 年 11 月，康熙派使前往陕西，传谕赵良栋及位列"河西四汉将"的张勇、王进宝、孙思克，让他们就入川事宜进行共同商讨。在进兵四川问题上，汉将的意见其实也并不一致。王进宝、赵良栋非常踊跃，主张迅速发兵入川，且都争着承担军事任务，而张勇、孙思克却与图海等满将的想法接近，认为入川的时机未到，对康熙的部署表现得不以为然。张勇奏称，眼下即将进入寒冬时节，坚冰截路，运饷困难，不如等明年春天再出兵。孙思克顾虑更多，说吴军多步行，逾岭登山，如履平地，对一些小路曲径也非常熟悉，如果清军大举入川，就怕他们由小路曲径包抄后路，断绝饷道，"为害滋甚"。

康熙之所以要倚重绿营，不是认为八旗不如绿营，而是觉得绿营的作战特点更适合西南山地，他因此指责说，陕西绿营兵很多，其中步兵不少，且在各省绿营中，陕西绿营的精锐程度向来称第一，吴军固然能够跋涉山岭，但你们陕西绿营也以步战和山地战见长，又受朝廷恩养多年，怎么就做不到呢？

在既往的西北平叛战争中，绿营虽自成一军，有时还独立作战，然而整个战场上都还有数量不在少数的八旗军。这次却是例外，在决定倚重绿营后，首先入川的将会是几乎清一色的汉兵汉将，康熙知道张勇等人对此难免有所疑虑，因此特谕张勇，说自古汉人造反，朝廷也都是以汉兵予以剿平，那个时候满人还没有入关呢，又到哪里找满兵助战？

眼看康熙的决心难以改变，图海不得已，只好表示："如有进取之机，酌量分道而行。"当月，他便与王进宝、赵良栋、孙思克等人分四路出发，向汉中挺进。

你们为什么不朝我射

四路入川兵马中，时任奋威将军兼平凉提督的王进宝率先传出捷报，他在收复汉中后，直抵位于川陕边界的青石关，迫使吴军大将王屏藩退守保宁。赵良栋继之而起，击败了另一名吴军将领吴之茂，乘胜克复进川要道阳平关。

康熙闻讯大喜，立即部署配合王、赵入川事宜。当初清军在保宁战役中虎头蛇尾，功亏一篑，主要原因还是粮饷不继，康熙吸取教训，分析认为如今吴军人心涣散，从军事上予以削平应该不难，难的是如何确保粮饷不会断绝，"唯蜀路运粮最为重要"。于是他将二线部队一分为二，其中的一半由图海统率，驻屯于凤翔，以防守陕西通省，另一半由建威将军吴丹统率，继王进宝、赵良栋之后，与陕西总督哈占一起负责协饷，以确保"转饷源源不断，相随而进"。

1679年12月，王进宝与赵良栋会师，疏请进兵，这时两人在究竟合路进还是分路进上又发生了分歧，王进宝主张合路同进，赵良栋主张分川西川东两路。康熙支持了赵良栋的意见，决定分两路进兵，即由赵良栋取成都，由王进宝取保宁，理由是取成都和取保宁缺一不可：若不拿下成都，就不容易克复保宁；若不拿下保宁，即便已取成都，也难以固守，势必还要重蹈保宁战役时的覆辙，仍旧会被敌军逼出四川。

除批准王进宝、赵良栋分兵两路入川外，康熙还下达谕令，授王进宝为奋武将军，赵良栋为勇略将军，并规定只要王、赵需要，图海必须尽速调兵至指定地点，不得有误。

勇略将军的封号要高于奋武将军，取成都的战功也实际大于取保宁，显见得康熙对赵良栋更为倚重一些，这是因为他认为赵良栋有勇有谋，“虽系武员，通晓文义”，而王进宝勇敢有余，策略较差。

王进宝对这样的安排自然很不高兴，也因此与赵良栋产生了嫌隙，两人都想通过建立战功来压倒对方一头。1680 年 1 月 27 日，王、赵在遵旨各凑足万余人后，连年也顾不上过，就分头向四川挺进。首先出拳的仍是王进宝，他通过击败朝天关守敌，迅速占领了广元，接着便兵分三路急趋保宁。保宁与汉中连境，为川陕间之要冲，如同第一次保宁战役一样，王屏藩仍以重兵扼守，两军随即展开激战，吴军大败，被逼退至城外翠屏山。

王进宝及其子王用予继续率部猛冲，连破四座敌营，并夺取了保宁城的浮桥。当他们攻至城下时，守兵欲张弓搭箭，王进宝忽然敞开衣襟朝城上大喊：“你们为什么不朝我射？”

吴军见过胆大勇猛的敌将，却还没见过如此不要命的，一时惊愕不已，全都愣在当场。王用予趁机砍开城门，指挥官兵冲入城内。王屏藩本是吴三桂帐下数一数二的骁将，但他自王辅臣兵败降清后就已对前途失去信心，见保宁城陷，遂与另一名吴将陈君极一同自缢而死，剩下的吴之茂等十七员战将束手就擒。

王进宝勇悍过人，即便在满将中，也只有穆占可与之相比，其余皆莫能及。不过这名勇将并不野蛮嗜血，占领保宁后，他一再命令诸军不得惊扰乡里，被百姓称为“仁义将军”。

赵良栋同样一往无前，所部昼夜兼行，很快兵抵位于川江上游的白水坝。白水坝号称“铁门坎”，吴军在此扣留舟船，夹江而阵，设炮以待，防御十分严密，缺乏舟船的清军只能望江兴叹。

赵良栋见状大怒，喝令道：“元旦（古代指正月初一）渡江，大吉大利，到时看我的马鞭指向哪里，你们就要冲向哪里，敢退者斩！”次日黎明，赵良栋身先士卒，亲自带着五十名官兵下江试水，结果发现江水很浅，于是便指挥官兵涉水冲锋。

跑动中，赵良栋所骑战马突然失足，他离鞍落马，跌进湍急的江水中，但在被亲兵扶起后，又立即跨上战马，继续向对岸冲去。将士们看到主帅在前面舍生忘死，谁也不敢怠慢，纷纷策马抢渡，江面上出现了呼声震天、万马奔腾的壮阔景象。

对岸吴军连连发炮，清军死伤数十人，但无一人敢回顾迟延。吴军大惊失色，说："这位老将军军令如山，没法抵抗。"当下无人再敢恋战，纷纷抱头鼠窜，恰巧这时又刮起了大风，吹马如吹船，清军转眼之间便冲上对岸，占领了白水坝。

2 月 10 日，赵良栋所指挥的陕甘绿营攻至成都近郊，吴军献城归降。成都乃四川省会，一经攻克，全川倾服，这使得清军仅用三个月时间就收复了四川的绝大部分地区。

大决战

在成都、保宁克复之前，紫禁城太和殿发生了一场火灾。当时每当中国发生重大事件，康熙都要遣使向朝鲜进行通报，这场火灾也不例外。值得注意的是，火灾还被与前线尚处于胶着的战况联系起来，康熙在相关诏文中称："太和殿灾，朕心惶惧，也弄不清究竟是什么原因导致了火灾，是朕德行不够，还是用人不当？"

继永兴之战后，康熙的情绪再次出现了大的波动。这个时候前线的捷报比什么灵丹妙药都强，平川战役的成功令他大喜过望，也不再纠结于火灾的来头，当即给予赵良栋重赏，同时破格特授其为云贵总督（仍领将军衔）。

1680 年 3 月 1 日，康熙认为"速定云贵"的时机已到，遂命满将吴丹、鄂克济哈从勒尔锦军中挑选精锐兵马，按照以往满汉联合作战的方法，与赵良栋等组成西路四川大军，一同出兵云贵。

除了四川大军，康熙还以彰泰、穆占领衔组成中路湖广大军，以喇布、莽依图领衔组成东路广西大军，让他们结束休整，"分道进取云贵"。

平叛战争终于进入了最后的战略大决战阶段，正如赵良栋在密奏中所言："吴三桂、吴国贵已死，所余之吴应麒、吴世璠、胡国柱、马宝等皆已成惊弓之鸟，系无能鼠辈！当此已取四川之际，倘分兵进取云贵，则一举可定。"

当年吴三桂用"神龟"预卜吉凶，那神奇的小白龟总是在地图上绕那么一圈，即从长沙、岳州、常德爬回云南。那时吴三桂还以为这是预示自己可以割据江南了，如今真相大白，原来是吴军终究要被赶回云南，等着人家来征剿的征兆！

在清军入川后，贵州垂危，郭壮图忙携吴世璠东行贵阳，以图重振，吴应麒、胡国柱、夏国相、马宝、王绪等也都退至贵阳，奉命侍卫，然而仍是各怀异志，也均有惶惶不可终日之感。吴应麒在上朝时大骂方光琛，认为吴三桂若不是听了他的话，也不至于铤而走险，沦落到如今这个地步。看到吴应麒一副把肠子都悔青的样子，夏国相等人被触动心思，当场大哭起来。吴世璠没有参与云南起兵，只能一言不发地任由文臣武将在朝上骂的骂，哭的哭，乱成一团。

世上终究没有后悔药可买，吴世璠等人闹腾过一番后，还是选择继续垂死挣扎。就在清军兵分三路，部署就绪之际，经吴世璠唆使，本已投诚的马承荫突然在柳州复叛。广西巡抚傅弘烈猝不及防，被解往贵州遇害，吴世璠则乘机派吴军从云南分路进攻广西，广西大军受到牵制，镇南将军莽依图等人不得不以全力应付这一突发事件。

6 月 9 日，马承荫的叛军与云南吴军迫近清军阵营，在五里之外占山为营，莽依图命八旗军与绿营共守营墙，官兵着甲坚守。仅隔两天，双方便在陶登展开大战。是时吴军排列鹿角、藤牌、火绳枪、大象四队，对清军进行轮番冲击。莽依图则按照满汉联合作战时的通用战术，置绿营兵于前，八旗殿后，并将第一队列于战场右翼，第二队列于战场正面。

战斗打响后，吴军方面的枪声如同爆豆一般，绿营兵虽亦以鹿角居前，以避敌排枪，但仍力不能支。由于绿营兵被火器压制，致使背后的正黄、正红二旗间隔率先出现缺口，吴军乘机蜂拥突进，加上象阵的冲锋，清军在右翼的第一队为之动摇，官兵纷纷后退，两面大旗也被吴军所夺。

象阵冲击第一队成功后，又转向正面的第二队，这时八旗军显示出了他们在箭术上的优势，一时箭如雨下，把战象们射得好像刺猬一般。大象固然皮糙肉厚，但也经不住被人这样射，于是纷纷向山上逃去。吴军势头大挫，其官兵依靠鹿角桩掩护，忙由平地战场撤出，分散缩回山上密林之中。

当天白天的作战最为关键，看似打了个平手，实际吴军已在心理上完全落败。入夜后，莽依图亲率两百精兵向吴军实施突袭，吴军被打得溃不成军，一败涂地。

陶登一战基本解除了广西危机，马承荫日暮途穷，不得不再次请降，后俘送京师，被康熙以“背恩复叛，致误征讨大事”论斩。

作为重新勘定广西的功臣，莽依图就在这时因病去世。莽依图不仅勇敢善战，而且坚持战时不杀降、不掠民，与王进宝一样被称为“仁义将军”。他死后，无论八旗还是绿营抑或是当地平民，均哀痛不已，在他出殡时，人如云集，自愿前来的老百姓为之焚烧纸钱，道士、和尚也都哭泣不止，念经祈祷。

莽依图曾于行军之际斩杀过一条大蟒，有人说：“蟒者莽也，杀之于将军不利。”他认为莽依图生病致死就是错杀了那条大蟒，其实莽依图就和攻打岳州的尚善一样，是积劳成疾所致。

在平叛战争中，相同的例子还有不少，从韶州保卫战起就随莽依图征战的巴尔堪就是如此。巴尔堪死前拒绝别人将他以阵亡上报，说：“我身为宗室，不得身死阵前，不幸卧床而死，岂敢再以阵亡冒功？我也绝不希望我的家人因为这个原因得到朝廷的特别照顾。”

若以宗室地位而论，尚善居上，莽依图居中，巴尔堪居于底层，足以代表参战的新一代皇族。他们生于安乐，却死于忧患，其军事生涯充满了各种幸运、坎坷、成功、失败，但最终又都为自己及其家族赢得了尊重和荣誉，没有他们的助力，很难想象康熙能够最终完成平定三藩之乱的漫长征程。

那就跳过去

1680 年 8 月 22 日，北京发生地震，“摇撼京城”。与年初的太和殿火灾一样，面对突如其来的自然灾害，人们又都惶恐起来，不知道老天究竟要降下什么样的不祥预示。

在前线，这样的预示似乎已经成为现实，因为马承荫复叛、粮草转输困难等原因，前线三路清军的行动均较为迟缓，原定四月份就要进兵云贵，结果到了八月份还没有任何进展。康熙为此心情不佳，身体抱恙，直至无法进食，太皇太后孝庄非常着急，便催促着皇帝暂时移出紫禁城，到南苑休养。

康熙本来是对所谓灾异最不感冒的皇帝，但处于特殊时期，你纵不迷信，也不能不在命运即将给出的裁决面前感到惶恐。大臣们更是如此，御史魏象枢自称有密本上奏，康熙单独召见后，他说此次地震乃非常事变，只能重处索额图、明珠，才能有消弭此灾。

魏象枢所奏并非个人的异想天开，按古史所载，汉朝有灾异发生，即重处一宰相。这时的索额图任内大臣，明珠任大学士，朝中分别尊称他们索相、明相，均为宰相级重臣。

康熙熟读古史，也经常从古史中汲取治国理政的经验，但他认为汉朝的这种做法乃是大错特错。因为宰相只是帮助国君办事的助手，别说灾异并不一定意味着朝政出现失误，即有失误，也应君臣共同负责，如果把责任都推给宰相，是非常不合情理的一件事。

听了魏象枢的密奏，康熙直截了当地对他说："倘若地震是对政事失误的惩罚，那也是朕本身的过错，与他们（指索额图、明珠）有何相干？朕断不将自己的错误推给他人！"

康熙将"倘有失误，君臣共之"的理念贯彻于平叛战争的始终，哪怕前方战况再不好，个人心情再郁闷，他也不随意迁怒于大臣。这使得大臣们都能放下包袱，积极参与筹谋，索额图最初极力反对裁撤三藩，吴三桂起兵反叛后又建议将主撤藩者斩首，但一俟朝廷平叛大计已定，他就立即成为朝中运筹军事的骨干，"料理军书，调度将帅，皆中肯要"，因此还招来吴三桂的妒恨，不惜派刺客潜入京城，要对他进行暗杀。

就在康熙君臣为如何推动前线进展殚精竭虑的时候，吴世璠出于牵制清军进兵云贵的用意，又派胡国柱、夏国相、马宝等人率吴军主力，向清军实力较弱的四川发起进攻。

西路大军组成后，吴丹实际成为主帅，赵良栋退居第二，王进宝以生病为由请辞，经康熙批准回西北治疗，其标下官兵由王进宝之子王用予暂行统领，驻扎于保宁。

吴丹、鄂克济哈虽直接统率原勒尔锦部的八旗精锐，但两人在军事指挥上均非胡国柱、夏国相等人的对手，后者大打突袭战，忽然绕至清军身后，先进占泸州，接着又攻陷了永州、叙州诸处，归降清军不久的谭弘父子也随之据万县复叛。

康熙闻报，急忙对四川人事做出调整，将指挥不得力的吴丹、鄂克济哈予以撤换，代之以佛尼勒、觉罗纪哈里二将，让他们与赵良栋“会商剿贼”。王进宝也被重新起用，康熙命令他“驰赴保宁，兼守汉中”，以对付谭弘父子的骚扰。

四川战场出现反复，本来对清军而言是件雪上加霜的坏事，迷信者甚至可以把它当成对地震预警的又一个响应，但作为善用兵者，康熙却立即从中看到了战机：吴军分兵重新进犯四川，必然要削弱其在云贵的防守力量，这个时候正好组织东路、中路大军进击云贵。

东路大军主帅是扬威大将军、简亲王喇布，他可以称得上是新一代年轻皇族在军中实现蜕变的一个典型，尽管他曾在吉安螺子山打过败仗，但在后来攻占衡州等地以及进定广西的过程中，都没有出现过明显失误，其军事指挥已明显由青涩走向成熟。不过康熙对喇布的看法，与他对尚善等人的评价相似，就是觉得作战不够大胆，“历战皆逡巡不前”。他担心即便自己给喇布下命令，指挥风格已基本固定的喇布在推进速度上也达不到自己的要求。

必须重换一个主帅，康熙经过一番物色，看中了都统赖塔。赖塔虽非宗室子弟，但与莽依图一样“上过茅麓山”，平叛战争中又随康亲王杰书在福建、广东征战，“劳绩素著”。

康熙授赖塔为征南大将军，让他“调遣满汉大兵由南宁直进，速定云南”。赖塔充分领会了皇帝的意图，在到达南宁后，立即召集众将，对他们说：“有谁愿意为国家奋勇效力，站出来！”将领们热血沸腾，全都跃跃欲试，当又被问到一旦遇到城池和鹿角挡路，该怎么办时，他们异口同声地答道：“那就跳过去！”

惊天动地

1680 年 12 月，赖塔率东路广西大军自南宁启行，向西北进发。沿途路狭谷窄，道路泥泞，雨雹交加，行军非常艰难，连当地土著都说“此处自古即非行军之路”，但大军没有退路，只能咬牙挺进。

次年 2 月，清军抵达云南边境的安笼所。安笼所前有险关石门坎，此处羊肠石径，易守难攻，吴将何继祖早已凭险据守隘口。赖塔没有一味猛打猛冲，而是令前队官兵沿大道前进，先向关前发动进攻，自己则与两广总督金光祖兵分两路，自关后履险而上，乘敌不备，从后面突击，一举夺取关隘并乘胜收复了安笼所。

何继祖溃败后，与吴将詹养等会合，重又聚兵两万，退守黄草坝。赖塔率大军向黄草坝列阵推进，兵卒漫山遍野，给人一副要依靠人多势众，对吴军实施强攻的架势，其实这不过是赖塔为踏勘敌营，进行阵前侦察所故意制造出来的假象。

根据侦察得到的情况，赖塔判断吴军阵地地势险要，依旧不能从正面强攻，而只能抄袭其后路。发起攻击的当天，他将守营的一千四百名满汉兵布阵于正面，用以诱敌，主力分成翼队、第一队、第二队，这三队均由绿营兵在前，满洲兵在后，列四层队列，执盾持枪，直取敌军的后山小路。

抄袭后路的清军走着走着，突然大雾迷漫，咫尺之间无法辨别方向，得亏吴军在山口处并未严加警备，清军才得以进入山口。到这时，吴军也发现了清军，遂设立鹿角，排列大角、盾牌、炮铳、鸟枪四阵，与突前的绿营兵接战，一时间枪炮声如炒豆，惊天动地。

绿营兵只是起一个开路先锋的作用，真正重磅的还是后面赶来的满洲兵。他们呐喊冲锋，其势如同山崩地裂，连用于防护自己的盾牌都被扔在了路旁，有人中途负伤倒地，但又马上挣扎着爬起来继续前进。吴军终于被这种一往无前的气势所压倒，防守力量土崩瓦解，突袭战从凌晨五六点开始打响，至下午两三点结束，清军连续摧毁敌营二十三座，俘敌将詹养以下千余人。

黄草坝之战打开了广西大军的进滇门户，使他们“独先诸路”，成为第一支深入云南的清军。历史总是特别具有讽刺性，这条从广西出发经黄草坝的进滇路线，其实也正是当年吴三桂追歼南明永历帝所走过的道路。对于赖塔谨奉谕旨的神速行动，康熙表示十分满意，后来特别加以赞扬说：“平定云南，赖塔之功最大。”

就在赖塔挂帅出征的前两天，身为中路湖广大军主帅的贝子彰泰也接到指示：“于文到日，速进取贵阳，以图遵义。”这时湖广大军早已进入贵州，康熙传来的旨意只是加快了他们的推进速度。

吴军自溃退贵州后，便粮饷皆无，在镇远府，只能每人发五两盐作为唯一给养，士兵不得不像土匪一样抢粮充饥，谓之“打粮”。据镇远的老百姓说，镇远的吴军不仅每天都有士兵出去“打粮”，而且对每人须完成的打粮定额还有规定。

吴军的皮盔棉甲在战争中丢的丢，坏的坏，后来又得不到补充，仍有盔甲者已不过十之二三，以至于几乎个个衣衫破烂，赤足无履者也相当普遍。鸟铳攻击本是吴军的一个优势，但十个人里面也只有四五杆火绳枪，其余人身上都仅佩一把腰刀，换句话说，他们不光要饿着肚子从军，往往甚至还要赤手搏战。这样的装备和状态别说迎战清军了，仅仅打粮都要付出沉重代价，有一次吴军到九古地方打粮，苗民予以反击，吴军作为正规军都打不过对方，一下子就被杀死了四五百人。

吴军颓丧已极，在吴世璠调兵遣将时，许多士兵一听要调往贵州，都口出怨言，说："若是调回云南就去，若还调往别处，我们各人取方便吧。"有的将领也公然违抗命令，不肯随马宝去遵义。

自吴三桂起兵以来，这种将不听命、兵不从调的局面还从来没有发生过，士兵们都知道吴家政权已走到末路，私下纷纷议论："等下回清朝兵马来，我们大家散去。"

还在清军到达镇远的前一天晚上，吴军将领就悄悄逃走了，清军轻易便占领了镇远府城，之后直逼省城贵阳。吴世璠闻讯，除将胡国柱、马宝继续留在四川作战外，急召夏国相等从四川还军，用以救援贵阳。可是没等这些援兵到达，清军已进抵贵阳郊区，吴世璠慌忙偕同吴应麒等乘夜逃奔昆明，其文武百官两百余人归降，清军顺利进据贵阳。

乘吴军"百官星散"，陷入极度慌乱之中，彰泰乘机挥师奋进，连下遵义、平远等诸城。然而清军克复贵州的过程也并非一帆风顺，仍在贵州顽抗的夏国相等重新攻占平远城，屯兵两万余盘踞于平远西南山上，又分兵万余据守于江西坡。前者还没费太大事，征南将军穆占与提督赵赖率满汉兵发起进攻后，很快就大败吴军，收复了平远城，相比之下，打得最艰苦的是江西坡，在那里，清军经历了一场类似于"茅麓山"的恶战。

第六章
最合适的时机

江西坡山势险峻，道路就像螺纹一样，曲折盘旋，绕山而上。吴军借助有利地形，以三四十头战象为前驱，突然向山下的清军发起如同暴风骤雨一般的冲击。清军无论人马都被吓得惊惧战栗，湖广总督、绥远将军蔡毓荣急忙派正红旗兵上前督战，企图控制住部队的溃乱状态，可是他们拦得住人，却挡不住狂奔中的战象，于是也只好跟着纷乱躲避。

战争是残酷的，其基本法则就是杀人与被杀。江西坡初战持续了两天两夜，战场上清军死尸山积，其中真正战死的只有约十分之二三，被战象踩死、争着逃命互相践踏而死者倒占到十之六七。清军对收敛战死者尸骨有严格要求，但江西坡战役是个例外，因为死的人太多了，环境又过于杂乱，所以很多并未能够得到及时收敛，直至康熙末年，农民在坡下锄犁，尚见白骨成堆。

清军只能不断向江西坡注入后续援兵，眼见兵力越来越悬殊，吴军实在无法坚守，这才弃险西走，湖广大军也才得以解除后顾之忧，而在此之前，彰泰已率大军主力由贵州进入云南，1681 年 4 月初，他们与广西大军在云南曲靖会师，之后合兵西进，直抵省城昆明。

包围圈

彰泰、赖塔抵达昆明后，驻军于昆明城东十余里的归化寺。4 月 9 日，吴世璠听从郭壮图的意见，“悉选精甲”马步兵两万余人，由吴将李设牙、胡国炳等率领，出城过河，列象阵向清军挑战。清军立即分队迎击，彰泰军在左，赖塔军在右，对吴军进行左右夹攻。这场战斗一开始就分外激烈，清军固然进击“甚锐”，但吴军也很顽强，五退五进，殊死力战。

赖塔军在列阵时仍旧分为翼队、第一队、第二队，赖塔观看战况后，除安排翼队殿后，作为后备生力军外，将第一、第二队全部投入一线作战，其中第一队从吴军侧翼攻击，第二队随后跟上，出击方向为吴军正面。

以绿营兵居前，满洲兵利用骑射的优势从侧后掩杀，也依然是清军的保留打法，其间枪炮声不断，震耳欲聋。第一队扑上去后，截断了吴军尾队，并伺机攻城，吴军见状，有一半人已出现动摇，但仍有数队不动，依托桥寨拼命死战。第二队抓住机会沿正面进攻，对已经动摇之敌予以打击，另组织镶红旗等两旗的满洲兵，向尚未动摇的那数队吴军发起冲锋。

能始终死战的敌军通常都是最难啃的硬骨头，在炮铳、火箭、排枪的拦击下，呐喊冲锋的满洲兵抵挡不住，只得在断垣残壁中寻找隐蔽掩护之所，两旗也自然而然地混合为一。正当指挥官传令，要求两旗官兵再次进行冲锋时，吴军后方突然变得混乱起来。原来受清军冲击，吴军整体退至城下的金汁河，此时象阵蓦地大乱，反过来向吴军猛冲，吴军猝不及防，不是被战象践踏而死，就是失足跌入河中。

抓住吴军后方溃乱之机，清军左右劲骑全部猛冲过去，一直追到了城门下。吴军大败，胡国炳等将领被斩于阵前，自相践踏而死者更是不计其数，郭壮图匆忙下令收兵，并将城门紧闭。

自 1681 年 4 月 20 日起，清军开始掘壕筑墙，对昆明城形成了东西达四十余里的包围圈。吴世璠将家小移至五华山宫城，命官兵分门死守，同时召胡国柱等将领从四川率师回援，又遣密使前往西藏，割地乞师，向达赖喇嘛求救。

得知吴世璠欲调进犯四川的兵力回援昆明，康熙急令佛尼勒、赵良栋："于文到之日，即各统官兵，速行蹑击，勿令（吴军）得援云南。"除此之外，他还下令加强对云南各府州县的招抚，以切断昆明外援。这一措施收效显著，吴军各路将领相继投诚，还有人揭发了吴世璠派使西藏一事，导致吴世璠所派密使及其信件全部被清军截获。

四川方面，康熙虽然任命了佛尼勒等满将，但赵良栋已实际跃升为主帅，他奉命追剿四川吴军，经四个月苦战，陆续收复泸州、叙州、永州、建昌诸处。待四川后方形势巩固之后，他又挥军前进，渡过金沙江，继续对犯川吴军将领实施追击。胡国柱、马宝等在逃入云南时，已经"部卒溃散不成军"，将领们或自杀，或乞降，力量很快被消灭一空。

在援兵无望的情况下，昆明益显孤立，但昆明城池坚固，三面都挖有壕沟，北面不仅挖了插有梅花桩的壕沟，而且还有湖水灌入，难以速下。贝子彰泰、湖广总督蔡毓荣等人均认为，吴军将帅的家小俱在城内，必定要婴城死守，所以滇城不可强攻，只宜围困，以待敌自毙。

此后其他将领数次建议攻城，但都没有得到彰泰的同意。彰泰执意要待敌自行解体，他说满洲官兵冒矢石，犯锋刃，血战万里，才终于到达昆明，他不忍心看着他们在即将胜利归乡之际，却又葬身于坚城之下，更何况残敌已是奄奄一息，只要向城内军民申明大义，迟早会有人在城内应变，到时就算进攻也可避免较大伤亡。

彰泰系岳乐的侄子，阿巴泰系皇族贵胄，身份和地位比同为大将军的赖塔还高，他坚持不攻城，两路大军也就都停下手来，眼巴巴地等着彰泰所预计的那些情况发生。

令人失望的是，一转眼，已经五个月过去了，滇城吴军毫无自毙或应变的迹象。康熙非常焦急，他不认为对昆明长围久困就有用，道理很简单，滇城吴军固然会坐吃山空，但城外的清军也在大量消耗粮食，况且其中的满洲兵都是背井离乡，自北方而来，他们对西南的气候饮食并不适应，很容易染上疾病。如果不急速攻取昆明，一再迁移时日，说不定到城内断粮的那一天，清军的粮食也吃光了，官兵又苦于疾病，最后就只能撤围，以致功败垂成。

康熙面谕议政王大臣，让他们移檄彰泰、赖塔，说如若生力军实在不够用，就把受过处分戴罪立功的八旗兵和投诚的绿旗兵组织起来，先行强攻昆明。

檄文发至前线，未被彰泰接受，清军依旧按兵不动。

漏洞

1681 年 10 月，赵良栋率四川大军赶到昆明，与彰泰、赖塔两路大军会师。四川大军以西北绿营兵为主体，多数步行，到昆明时，几乎人人脸色憔悴，问他们这一路上的情况如何，回答说：“没有吃的，又中了瘴气，人马病、死者甚多。”

尽管极为疲惫困乏，但赵良栋斗志不减，他一到昆明，就发现先到的两位大将军在布阵上有问题，主要是清军驻营地都离昆明城较远，包围很不严密，而且昆明城倚山临湖，清军却没有首先设兵断其水路。

与岳州一样，除去城内原有的储藏粮食外，水路运输是昆明获得补给的唯一来源。尤其昆明池（即滇池），南北相距百里，湖面广阔，四周的安宁、晋宁、昆阳、呈贡四县仍由吴三桂旧部防守，他们虽不是叛军，但不少亲属、朋友都在昆明城内，只要不被撤换，他们就不可能坐视昆明城被困死，因此吴军舟楫可以任意来往，无人查问。

虽被长期围困，然而依赖于水上转运，仍可确保给养不绝，这正是滇城吴军能够继续与清军对抗的秘密所在。与此同时，正如康熙所忧虑的，加上四川大军，昆明城外的清军已超过十万，粮饷供应相当困难，负责军需供应的云南巡抚和布政使即便借银买粮，仍无法满足所需，而染病和病重的官兵数量也在不断增加。

三路大军中，彰泰掌握着最高指挥权和兵权，赵良栋遂当着他的面提出，清军应该“就近速战”，速战速决：“我们的大军连营四布，若不就近速战，时间长了，米粮接济不上，满兵还无妨，绿旗兵怎么办？”

赵良栋的意思是，满洲兵军纪严，相比绿旗兵也更具征战的荣誉感，倘若米粮不足，或许还能坚持一段时间，绿旗兵可不一样，大家都是吃粮拿饷的职业兵，没有饿着肚子替朝廷拼命的道理。

彰泰听了却不以为然，他说：“满兵系皇上所豢养，岂可轻进，让他们白白牺牲？况且你的兵远道而来，也应该休息一阵，怎么可以再出现大的损失？”

见彰泰不想打硬仗，赵良栋又从布阵角度考虑，针对包围中出现的漏洞，他建议部队扎营应挨近城下，包围面不能离城太远，对于围困敌城所建起的壕墙须严密防范，不应该让人有机会寻柴割草，同时在昆明池上要派舰船巡弋，断其粮草，吴军困必出降。

自古兵不厌诈，赵良栋提出进围于城下是一种策略，反其道而行之同样是一种策略，他提醒彰泰还可以干脆令各路大军全部远撤，吴军见了必定要出城活动，到时便能相机消灭敌人于城外。

甚至于生力军不足的问题，赵良栋也想到了，他的办法是“降者宜分别收养，不宜尽发满洲为奴”。

莽依图在率部行军时，部队陷入粮荒，一个八旗兵跟役分得了别人所杀的百姓的牛肉，被莽依图的亲兵抓了现行，结果这名跟役被杖一百，其他有关的人包括他的上司也都得到了不同等级的处罚。八旗军军纪之严明可见一斑，这也是他们在战场为何始终具有强大战斗力的一个重要保证，但是另一方面，八旗军又有在战后分配敌人的战利品，掠卖其人口的习惯。赖塔算是八旗统帅中比较好的，但他也常把俘虏及其家眷折价卖给受伤兵士。赵良栋认为这是一种陋习，特别是投降的吴军官兵，应收编补充进队伍，而不应该赏给满洲兵为奴。

赵良栋的这些意见都不失为真知灼见，可是彰泰横竖听不进去，赵良栋收编降卒的建议更是令他不快，于是当下便以满语反驳。赵良栋不懂满语，被弄得张口结舌，不知所措。

虽然在彰泰这里碰了钉子，但赵良栋还有另外一个反映意见的渠道，那就是直接上奏康熙。康熙看完赵良栋的奏疏后，对他表示完全支持，随后立即通过议政王大臣移檄彰泰、赖塔等人，要求“速行攻取云南省城”。

这回不是商量，是命令，彰泰能够不理会赵良栋，却不敢跟皇上唱对台戏。他赶紧下令各路兵马进抵城下，对昆明形成数重围困，又接受赵良栋的建议，于昆明池内横列巨筏，巨筏上构筑了用以侦察、防御和攻城的高台，同时湖上还有水军往来巡逻，以防止城内吴军潜出城外。

一脉三断节

昆明与外界的水陆通道遭到严密封锁，城内的粮饷来源也被完全切断。自1681 年 11 月起，昆明城内粮食便已基本断绝，一酒杯米价高达一两白银，平民饿死了很多人，已经开始人吃人。军民一片慌乱，纷纷借机逃出城外，向清军投降。彰泰等人乘势督率各路大军从四面向昆明城发起猛攻，其中赵良栋军一军就将从南坝到城下的吴军堡垒、桥梁全部扫清，大军直逼近城。

彰泰担心赵良栋独擅其功，不仅不派兵助战，还强令赵良栋退军，对他说：“你的兵进攻之后已经很劳累了，应该暂时退下，我会令总督蔡毓荣代你守住阵地。”

赵良栋不是不知道彰泰的用意，但他有着西北人的率直，他所真心佩服的满将只有赖塔、穆占，如果要他撤退的命令来自那两名满将，他或许还会给对方面子。彰泰，从拒绝他的提议起，就被他看扁了，你算哪根葱，为什么我要听你的？

赵良栋愤愤地对彰泰说："我的兵通过死战才夺取的阵地，为什么我要让其他人来守？"见赵良栋不肯退让，彰泰只得指挥服从其调遣的其他将领，一齐从原驻防地抢进，把赵军压挤于一隅，以免赵良栋获得全功。

赵良栋对此不屑一顾，他决定再次夜攻昆明。当天晚上，他亲率勇士，冒死攻占玉皇阁，指挥全队进逼至新桥，而吴军亦拼死顽抗，致使赵军受阻于桥外。为此，赵良栋连夜重新制订了作战方案，他亲持大刀督阵，将骑兵埋伏于南坝两岸，步兵则分成三队，在敌壕墙外悄悄集结，于晚上二更时分，一起向新桥发起总攻。吴军在大将郭北图的指挥下也誓死搏战，赵军三次攻进壕墙，但三次都被打了回来。

根据战场形势的即时变化随时调整部署，是善战者的本能。在总攻失利的情况下，赵良栋再次巧布迷阵，命官兵高举火把，放炮攻城，在成功吸引敌方注意力的同时，他另派一支小队乘船从护城河接近吴军，一举攻夺新桥。

吴军一退再退，人心动摇，这时彰泰令诸军齐进，又再次大败吴军。在此期间，彰泰命人向城内连续射出一封封劝降书，并密派吴三桂旧部持敕潜入城内招抚，也加速了吴军的瓦解。1681 年 12 月 7 日夜，吴军诸将线域等人聚在一起密谋，意欲擒吴世璠、郭壮图以献。吴世璠闻变，穿着龙袍戴着冕冠走进大殿，然后举刀自刎，因为用力不足，没能马上死去，他又拿刀割自己的喉管，这才得以气绝。

线域等人见吴世璠已死，便拥兵至郭壮图府第，郭壮图知道难逃一死，亦与其子一同自杀。次日，线域等率众出城投降，清军进入昆明，云南随之荡平。

清军进入昆明后，到处搜寻挖掘吴三桂的坟墓尸骨，有时甚至一天内挖得十三具尸骨，都说是吴三桂的，于是全被下令焚烧成灰，但其实都跟吴三桂无关。当时只有吴世璠、郭壮图等极少数人知道吴三桂的葬身之处，而吴、郭已死，这个秘密也就被他们带走了。后来还是吴三桂的一个侄儿出来自首，供认说吴三桂的尸骨已经焚化，骨灰盒藏在一座石桥水底。清军用戽汲水，果然找到一盒灰匣，于是彰泰等人便将吴世璠的首级和灰匣一并送往京师。

清廷通过议政大臣会议做出决定，将吴世璠首级交刑部悬挂于城门示众，吴三桂的骨灰分发各省，传示天下。

当年不遗余力地追杀南明永历帝时，吴三桂一定不会想到自己的下场比永历还要不堪，永历尚能留下全尸并供人凭吊，他却连化成灰后都还要被拿去示众，更惨的是，子孙也都遭到了灭顶之灾——据说风水师在为吴家选择家族坟地时，曾经预言："此处在地理上贵不可言，所惜者一脉三断节。"吴三桂自父亲吴襄以下，除吴三桂病死外，其余全都死于非命，而且血脉也至此中断，有人认为这正是应了"一脉三断节"之说。

平叛战争因撤藩而起，撤除三藩乃是康熙的决心和目标，随着吴三桂家族及其部将的覆亡，吴藩不复存在，剩下来的便是尚、耿二藩。早在清军相继平定四川、湖广、广西，即将进兵云贵时，康熙便趁吴藩局促云贵，无力外顾之机，开始着手撤除尚藩。

如果尚之信乖觉一点，看在其父尚可喜始终忠君的分儿上，康熙或许可能网开一面，但尚之信偏偏认不清时势。他在归顺朝廷后，仍然心怀叵测，不听康熙的指挥，而且酗酒嗜杀，恶习不改。康熙在进行周密部署后，下令将尚之信押解来京，以不忠不孝之名赐死，随后顺势撤销了尚藩建制。

同样搞不清状况的还有耿精忠，不过康熙对他的处理更为小心慎重，也更为老到。

康熙自己总结个人在战争前后的变化时说，之前由于经验不足，把凡事都看得很容易，之后才知道其实要做好每件事都很难，所以不考虑成熟就决不妄动。在耿精忠投诚的次年，就有多名部下派人赴京，告发他企图蓄谋反叛，康熙选择了留疏不发。及至吴三桂病死，康亲王杰书也疏请诛杀耿精忠，康熙担心这样做会导致耿的死党起而闹事，还是嘱咐杰书"不可轻举"。

耿藩非撤不可，但必须选择最合适的时机和方式。康熙最后决定采取调虎离山之计解决耿精忠，遂谕令杰书设法劝耿自动要求赴京。杰书遵旨开导，耿精忠不知是计，果然上疏自请陛见，进京后立即被控制并交法司勘问。不过这个时候康熙仍没有按部议马上处死耿精忠处死，一直到平叛战争取得彻底胜利，才以逆党之罪将其正法。

摧山

至此，三藩尽平，清廷自入关以来已有三十余年历史的藩兵制度宣告终结，军队编制由此划一，以后的地方官员均为文武殊职，成互相牵制之势，很难再对中央形成威胁。清史学家萧一山评论道："玄烨当基业未固，六省陷落之时，成此大业，实为清朝最大幸运。"还有人认为，清代两百多年的历史，康熙朝平定三藩之乱乃是一个重要转折点，标志着清王朝由乱到治的开始。

在赖塔率广西大军进兵云南的一个晚上，有人看到西方星空有白气飘浮，其形状似一把腰刀，根部还呈现出淡红色。当时官兵们窃窃私语，都认为这种诡异的白气恐怕不吉利，但到攻克昆明，大家回头一看，又推翻了原来的想法，觉得白气"实则定云南之兆也"。

克复昆明的捷报送达京城时，已经是半夜。看到捷报，康熙那种激动不已，如释重负的心情跟前线官兵相比，并无太大不同，他当即挥笔赋《滇平》一诗，诗中写道："天末远收金马隘，军中新解铁衣寒，回思几载焦劳意，此日方同万国欢。"

后来乾隆为夸耀其祖父勘定三藩之乱的功绩，曾说："是役也，用兵甫八年，而三逆悉已扫荡。集勋之速，实史册所罕觏。"其实取得平藩战争的胜利绝没有这么轻而易举，康熙自己就深有感触："若以为摧枯拉朽，容易成功，则辞过其实。"史家魏源更将此次平叛战争比喻为"摧山"。

为了"摧山"，清廷总耗帑银约在一亿至一亿五千万两之巨，仅在湖北战场，四年里就拨军费达一百四十六余万两。孝庄令"发宫中金帛加犒"出征官兵，固然是老太太体贴皇孙，心忧家国的表现，但同时也是当时政府处于财政拮据困境的一个真实写照。

缓解困境的办法只能是广开财源，所谓"捐粟纳官"即为其中的应急措施之一。即便这样，仍不敷所需，康熙急于取胜，催着将领们进攻进攻再进攻，就是因为只有前线形势好转，他才可能尽量少征集兵马，甚而让部分官兵复员，以减轻财政压力。

相比于财力物力，人力也几乎被用尽了。据估算，三藩之乱前，中央政府总共掌握八旗二十二万，绿营六十余万，共计八十余万，"自康熙征三藩时，用旗、绿兵至四十万"，也就是动用了占全国二分之一的兵力。最紧张时，守卫京城和宫禁的禁旅八旗全部被调南征，北京"宿卫尽空"，所以当爆发布尔尼叛乱时，才不得不派八旗家奴上阵。

平叛战争期间，清军将士转战南北，其行军和作战条件都极其艰苦复杂，南下的八旗官兵更是普遍经历了一次肉体和灵魂的双重苦旅，正如康熙在平乱的善后诏谕中所言：“满洲、蒙古、汉军兵丁，处处征战劳苦。”

满洲下级军官曾寿从随康亲王杰书征战起，从始至终都参加了平定三藩的军事行动，到最后几年，因为思乡，晚上每每蒙被痛哭。直到战争胜利返回家园，他一路“哭入家门”，兄弟亲戚相见，都已不敢相认，恍惚间，就好像做了场梦一样。

曾寿还是幸运的，毕竟完好地回家了，更多人已与家园亲人永别。因为被康熙临时撤换，简亲王喇布没能参加昆明会战，但也没能顺利地回到京城，而是病死在了回乡的路上。喇布二十一岁从征，死时年仅二十八岁，可以说他把自己的青春、热血乃至生命全部付予了疆场。包括曾寿在内，赖塔军将士多数曾受喇布统辖，众人也都是在班师回乡的路上才得到这个噩耗，当下全军便按满洲习俗，取下帽缨，志哀三日，每天到了夜半时分，大家都仍沉浸在对这位年轻统帅的追思和缅怀之中。

康熙深知官兵长年征讨之苦，说自己每念及此，都感到非常内疚，为此除对死伤官兵加以抚恤外，又额外替所有出征将士代偿债务，为此户部所拨白银达五百六十余万两。

战争结束后，除了封赏立功将士，清廷还对三藩之乱期间死难的大臣范承谟、马雄镇等人予以褒奖。

范承谟在三藩之乱时任福建总督，耿精忠叛乱后，派兵将他包围起来，用刀逼着他附叛，范承谟毫不畏惧，挺身大骂。耿精忠只得将他逮捕并投入监狱，但不久又派已经附叛的福建巡抚刘秉政前来游说，范承谟一脚将刘秉政踢翻在地，大骂道：“逆贼（指耿精忠）注定将死无葬身之地，现在先让我夺其魂魄！”

耿精忠仍不死心，他听说范承谟曾与杭州一位叫水月的和尚交往，水月曾为范承谟写下数语，似乎预言了范的结局，于是就派人问范承谟，说那和尚究竟跟你讲了些什么。

范承谟当即对来人说：“我家世受孔孟之学，恪守忠孝大节，岂生死二字所能夺？即便是个和尚，只要他稍有见识，也一定会以忠孝劝人，怎么肯随便乱说别人的祸福？回去告诉你的主子，还是好好地替自己打算一下吧，不要临了落得个身死族灭的下场！”

模范忠臣

范承谟是被称为清朝开国首席文臣的范文程之子。范氏家族乃辽阳大族，范文程早年因不受明朝重用而选择投效努尔哈赤，隶汉军镶黄旗，他虽然为清朝开创江山立下了不朽之功，但也有人指责他背叛了明朝和明朝君主，大节有亏。范承谟和他的父亲不同，他一生下来就是清朝人，把他从一介书生提拔至封疆大吏的人，也是作为清朝皇帝的顺治和康熙两父子。所谓食君之禄忠君之事，自被捕的那一刻起，范承谟就决心以身殉国，做清朝的模范忠臣。

中国古代有田横守义不辱和苏武牧羊的故事，范承谟就用木炭在监狱的墙壁上大书田横和苏武之名，还反复诵读屈原的《离骚》。每月的初一、十五，他都要恭恭敬敬地戴上皇帝赐予的官帽，穿上他最后一次见到母亲时所穿的长袍，以示对君主的忠和对父母的孝。他在墙上这样写道："既委身事主，父母之身，即君之身，古云：'君忧臣辱，君辱臣死'"。

及至康亲王杰书南下攻克衢州，耿精忠意识到万不得已只能投降，但他害怕因为范承谟做证而加重他的罪行，为了杀人灭口，决定派人逼范承谟自缢。得知最后时刻终于到来，范承谟便把那身神圣的衣冠都穿戴起来，不料一名刽子手却轻蔑地从他头上摘下了御赐官帽，本来神情平和安详的范承谟勃然大怒，立刻举起尚戴着枷锁的双手，牢牢掐住了对方的咽喉，若不是卫兵及时阻止，那名刽子手差点被掐死。

刽子手们想不到一个看似羸弱多病的犯人竟如此凛然不可侵犯，全都被镇住了。范承谟旁若无人地重新戴好帽子，整理一下衣服，然后不慌不忙地朝北面叩了九个头，又大声颂扬了自己的母亲及远在京城的皇帝，接着才挺身受死。

与范承谟一同被害的还有他的幕客、从弟和隶卒等五十三人，他们被全部焚尸荒野。看守狱卒徐鼎因历来感佩范承谟，便乘着夜深人静之时，来到荒野，设法从火堆中捡得范承谟一些未被烧尽的剩骨，暗地收藏起来，后来他又潜行万里，带着范承谟的遗骨奔赴京师。康熙获悉，深为震悼，当即用隆重的礼仪祭葬，并亲赐范承谟谥号“忠贞”，加赠其为太子太保、兵部尚书。

范承谟死时，吴三桂也还活着，平叛战争究竟鹿死谁手，尚难预料，范承谟英勇就义的事迹对公众舆论产生了极大影响。范承谟的挚友、著名戏剧家李渔虽对清朝有所不满，但对范承谟的做法却推崇备至，在为范承谟撰写的悼词中，他称赞老友是一个可与文天祥齐名的忠臣，还说在范承谟的灵柩下应放置两个而不是一个人的牌位，其中一个是范本人，另外一个就是文天祥，“盖先生之臣节，求之千古上下，惟文祥一人，足以媲美”。

与范承谟一样，马雄镇也是汉军世家，他的父亲马鸣佩在清初时归降了皇太极，官至兵部尚书兼江南、江西总督。马雄镇以世家子被选用，起家工部，三藩之乱时已出任广西巡抚。孙延龄反叛后，马雄镇拒绝附叛，“全家被囚者历四载”。

到吴世琮诱杀孙延龄，接管广西，又逼迫马雄镇投降，遭到马雄镇的怒骂，吴世琮于气急败坏之下，命人将马雄镇和他的两个幼子以及九个仆人一同押至铁匠作坊。在那里，刽子手把刀架在两个孩子的脖子上，威胁马雄镇说，你如果还是不投降，就杀了他们。马雄镇拒绝屈服，但又不忍心目睹自己的儿子惨遭杀戮，便把身体转向一边。不一会儿，刽子手便残忍地动了手，并把两颗血淋淋的头颅扔在马雄镇脚下，马雄镇浑身颤抖，他用双手抓住两颗人头，突然向刽子手们冲去，也被当即刺倒在地。马雄镇被害后，九个仆人又被挨个询问是否愿意投降，得到的回答无一例外都是蔑视，于是他们也全部被杀。

马家殉难的还不光是这十二个人，仍被关在狱中的马雄镇之妻李夫人等二十五名女眷闻讯后都一个接一个地自杀了。马家惨剧令康熙为之动容，他不仅赐马雄镇谥号“文毅”，加赠其为太子太傅、兵部尚书，还以“深报朝恩”特赐李夫人为诰命夫人。

范承谟、马雄镇两家前仆后继的殉国举动并非偶然。作为汉人，如果说他们的父辈效力于清廷，或多或少仍受到民间非议，但当他们这一代去做清朝忠臣时，得到的已是清一色的赞扬与褒奖，正如一部描写马家殉难事迹的戏剧中所言：“古史忠良有万千，国史忠良后媲前。”这也同时表明天命开始真正地从一个王朝转向另一个王朝——清朝不仅依靠军事征服取代了明朝，而且在臣民的政治归属感上也逐渐摆脱过去“伪定”的阴影，变得越来越与其中原帝国的身份相匹配了。

上尊号

平定三藩之后，京城一片欢腾，文武百官齐集乾清门举行庆贺典礼，康熙本人也到孝陵致告，接着又告祭天地、太庙、社稷，并东巡盛京，拜谒祖陵。

等这些礼仪都做完了，群臣纷纷上疏，认为所有平叛的功劳都应归功于皇帝，“天下荡平，皆赖皇上一人功德所致”，他们建议给康熙加至高无上的封号，即上尊号，同时为宣扬康熙的孝顺，也给太皇太后、太后加上相应徽号。

康熙同意给两宫加徽号，但不接受给自己上尊号，“你们说天下荡平，都是朕一个人的功劳，令朕坐卧不安，此奏无益”。

见康熙推辞不受，大臣们又补充说，我们绝不是故意要拍皇上您的马屁，吴三桂反叛以来，一切军事指挥确实都不是臣下意见所能左右的，而都是听您皇上的意见办的。

康熙依然不同意。平叛战争胜利的这一年，他也只有二丨八岁，但这场关系清王朝生死存亡的大规模战争，已经把他锻炼得足够成熟和稳重。

回首三藩之乱，最让康熙无法释怀的，莫过于人心向背的问题。照理说，吴三桂的形象并不好，历史上叛明降清，对南明永历帝赶尽杀绝，临到头来却又再次投机反清，若称他是朝秦暮楚，反复无常的小人亦不为过。纵观过去的八年里，大多数汉人都没有理会吴三桂的一套，就连不少明遗民都对他嗤之以鼻，如大儒顾炎武就说吴三桂的反叛是“蠕动尔外，岂有它哉”，而以范承谟、马雄镇为代表的一批汉臣更是坚定地站在朝廷一边，至死不悔。

然而一个不能否认的客观事实是，在吴三桂初叛，“散布伪札，煽惑人心”之际，仍然有为数不少的人追随吴三桂，乃至“伪檄一传，四方响应”“天下骚动”。这大大出乎了康熙的意料，令他极为震惊。事后，他没有意气用事，而是静下心来，对此进行了理智分析，最后得出的结论是清军虽然入关已久，但既往的不少政策还很落后，吏治不彰，老百姓得不到实惠，总之一句话就是王朝的统治尚未深入人心。

基于这些认识，康熙对大臣们说：这几年水旱频仍，灾荒迭见，军队疲于征调，民间敝于转运，每当想起这些，我都感到非常遗憾。况且，现在国家面临的形势是，官吏中很少有奉公廉洁、办事认真的人，老百姓生活也尚未达到康乐的程度，我们君臣可以说全无功绩可记。在这种情况下，如果还要给我上尊号，给你们加官晋爵升级，就更加徒有其名，问心有愧了，还谈得上什么尊荣？所以“上朕尊号之事，断不可行。这是朕的真心实意，并不是粉饰之词”。

尽管康熙坚决不同意，但几天之后，为满足群臣的意愿，孝庄仍以太皇太后的身份亲自出面，对康熙说自吴三桂叛乱以来，至今八年，“皇帝焦心劳思，运奇制胜，故得大盗削平，海内安宁”，她劝康熙“应受尊号，以答臣民之望”。

康熙素来对孝庄百依百顺，然而这次却破例予以婉拒，并且回奏道：“臣虽无尊号，传示中外，也一样有荣光。”他进一步解释说，虽然军事行动已经停止，疆宇初步安定，然而将士疲劳，生民困苦，战争的创伤还未得到恢复，这个时候正应集中精力进行整顿，已培植地方元气。“臣何敢安然自处，以为太平无事，受纳尊号。”

在康熙的坚持下，孝庄只好说：“皇帝既然惓惓恳请，至于再三，我们也不能固执，可照礼仪行。”结果孝庄加上了徽号，而康熙没有上尊号。

仁政

康熙言出必行，平藩后即推行仁政和廉吏政治，以期“制治于未乱，保邦于未危”。

康熙是清代帝王中系统学习儒家经典的开创者，同时也是儒家学说的信奉者，甚至由于他崇尚理学，还有“理学皇帝”之称。儒家学说能够自西汉起就被历代中原王朝确立为官方学说，自有它的不凡之处，其中一些积极的治世方案，如“轻徭薄赋”“使民以时”的仁政思想等尤为可贵。不过在具体的政治实践中，除个别君主在大乱后将这些方案作为临时措施予以实行外，多数君主都只是摘其枝叶，其基本内容和精神反而遭到忽略，与他们不同，康熙真正把儒术与施政结合起来，并形成了带有他个人思想烙印的仁政理念。

满人原有的社会形态较为落后，活人殉葬、蓄奴等现象大量存在。直至顺治朝，殉葬之风仍很盛行，连八旗官员都要家奴陪葬，皇帝王爷更不待言，顺治下葬时，就由受他生前宠幸的一等阿达哈哈番（即轻车都尉）、侍卫官傅达理陪葬。与这一灭绝人性的残忍制度相应，八旗虐待奴仆的情况也非常严重，而且忍受不下去的奴仆还无处可逃——清初所行的逃人法极为严酷，一旦查出有人窝藏八旗奴仆，无论官民，一律罪当论死。开国藩王耿仲明当年就是因为部属藏藏匿逃亡的满洲鞍匠，遭到顺治的严责，结果在惊恐不安中自缢而死。

“主仆之分，满洲尤严”，导致的结果就是在康熙初年，每年都有总数不下两千的八旗奴仆饮恨自尽。康熙认为这些都必须予以纠正，就在吴三桂发动叛乱前，他连发两道命令，先是禁止八旗佐领下的奴仆随主人殉葬，继而禁止主人逼死奴婢。对于后者，他特别强调说，人的本性都是乐死恶生的，旗下奴婢如果受到好的对待，人家怎么愿意轻生呢？他要求把命令下达到每个八旗家庭，让他们对奴婢一定要注意爱护，以后不允许再出现因逼迫责骂而导致身亡的事情。

除了这两道禁令外，康熙还发布了第三道禁令，即禁止遗弃婴儿。这时因为当时有大臣上疏，报告京城内外，不时有人遗弃婴儿。康熙在下令制止的同时，指示户部，凡民间因贫穷而被遗弃的孩子，政府应当全部抱养，使其健康成长。

仁者爱人，三道命令其实都是一个宗旨，即人命关系重大，应当受到充分保障。此后爆发的三藩之乱让康熙进一步认识到民生多艰，尤其当他了解到殉葬之风虽被遏制，但奴仆自杀和婴儿被遗弃却屡禁不止时，更是感慨万端。战争一结束，他就在平藩善后诏谕中宣布放宽逃人法，将“逃人事概准赦免”，稍后又对时任大学士的明珠说：“近见打死奴仆者甚多，如此随便杀害人命，难道不是残害生灵吗？这都是因为处分奴主的条例定得太轻所致，让刑部再定条例。”

奴仆自杀问题或许可以靠加重对奴主的处罚来逐步解决，但遗弃婴儿就不一样了，它的背后其实是破败不堪的社会现状，是“民困未苏，疮痍未起”。试想一下，若不是被逼得实在没活路，又有多少人家愿意抛弃自己的亲生儿女呢？

康熙经常为此忧虑、叹息，在和身边大臣反复研究磋商后，实行了一系列改善民生的措施，其中之一就是奖励垦荒。

清初有许多原明朝藩王宗室的土地，在藩王宗室或死或逃后，土地已另有人耕种。自顺治朝起，朝廷几次下诏，先将这些土地收归国有，再卖给耕种者。康熙做出了一个令手下官吏们都瞠目结舌的决定，他明令停止出卖，将土地无偿送给原耕种者，并归他们名下所有，称为“更名田”。

更名田多属肥沃好地，可想而知这对原耕种者的激励有多大。据不完全统计，仅各省开垦的更名田就达到十六万六千八百多顷，超过了过去八旗圈占北京周围土地的面积（康熙在清除鳌拜集团后，已下诏停止圈地）。

除授更名田外，康熙还以授官职的方式对招民垦田进行奖励，如垦田二十顷以上，通晓文义者可授之以县丞，即便不通文义者也可授以百总，而垦田一百顷以上，通晓文义者就可以授以知县，不通文义者则授以守备。过去顺治虽然也奖励垦荒，但被开垦的土地往往尚未达到规定年限，就被勒令起科纳赋。康熙通情达理地将待开垦土地分成三等，即新荒、积荒、极荒，并规定新荒者三年起科，积荒者五年起科，极荒者永不起科，这样便解决了科差太急的弊病。

清官政治

康熙朝是清代招民垦荒的全盛时期，出现了“湖广民人往四川开垦”“山东民人到口外种地”等各方面踊跃垦荒的景象。康熙在谕旨里说：“今河南、山东、直隶之民往边外开垦者多，大都京城之米自口外来者甚多。……京城亦常赖之。”统计数据也表明此时垦地增长很快：1661 年，即顺治去世的那一年，全国耕地面积为五百多万顷，到 1685 年，虽然其间发生了长达八年的战争，但耕地面积仍增加至六百多万顷。

田地开垦得再多再快，若遇到大的自然灾患亦可能前功尽弃。特别是自明末以来，由于战乱频繁，多年失修，至康熙初年，黄河已经泛滥成灾，十几年间，仅大的决口就达到六十多次。周围大量耕田遭到淹没，黄河南面“淮阳七州县田地一片汪洋”，大臣靳辅为此忧心忡忡地说，若听任其这样的情况继续下去，黄河大堤必将崩溃，而河南、山东两省也终将成为泽国。

河患还严重影响到漕运。当时每年有四百万石漕粮须经运河运至京师，以供官俸和士兵军饷，漕运一旦受阻，京师便“危急异常”，所以有人说：“国家之大事在漕，漕运之务在河。”康熙对此极其关注，自言十四岁时就开始关注治河技术，亲政后即把河务与三藩、漕运并列，作为必须解决的三大要务，日夜思考治理的办法。

1677 年，就在平叛战争尚处于紧张时刻之际，康熙经过再三考察，下决心将不称职的原河道总督予以撤换，提升靳辅担任此职。靳辅做事勤奋负责，而且肯下功夫对治河工程进行钻研，同时他的幕僚陈潢也是一名治河能手，两人配合起来相得益彰。他们继承了明代河道总督、水利专家潘季训的办法，“以堤束水，借水攻沙”，再加上一些辅助性工程，如开中河、修坦坡等，仅用一年时间，就做到了运道无阻，海口开辟，淮阳七州县被淹民田“皆出水可耕”。

奖励垦荒、治理河患等措施不但改善了民生，也推动了整个社会经济的全面复苏。当时有人说：“自康熙二十年（1681）以后，海内始有起色。”意思就是从这个时候起，农业生产才显示出恢复迹象并向前发展。

吏治与民生紧密相连，吴三桂发动叛乱，多省从叛，乃至在全国范围内卷起一股反叛风潮，究其实，与吏治不清关系甚大。康熙深受震动，在平叛战争结束后，对吏治极为关注，并大力提倡廉吏政治。

廉吏即俗称的清官，所以康熙的廉吏政治也可以被称为清官政治。1681 年，康熙曾写下三个字，作为当官之法赐予京城内外各个衙门，这三个字为“清、慎、勤”，其中“清”被列于首位。

康熙在选任和表彰清官时，对督抚人选尤其注意，这是因为督抚乃各省的最高长官，“统率群僚”，其操守品行如何，直接关系到一省或二三省的吏治。

两江总督于成龙清廉自守，生活艰苦朴素，几乎相当于一个清教徒或苦行僧，像他这样的封疆大吏，又任职于江南繁华之地，每顿菜竟然只吃一碗青菜，“终年不知肉味”，遂有“于青菜”之名。康熙对于成龙最为称道，于成龙入觐时，他亲召其至懋勤殿，当面称赞于成龙：“尔为今时清官第一”，并鼓励他继续努力，“人贵始终一节”。后来他又对大学士明珠说：“居官清廉如于成龙者甚少，世间全才未易得。”

站在清官能臣对立面的，自然是贪官酷吏。清沿明制，每三年要对京官和外官考核一次，分别称为京察和大计。三藩之乱期间，由于战争频仍，无论京察还是大计，都往往流于形式，平藩以后，康熙加强了考核：1683 年大计，共有一百零四名贪酷者被革职拿问；1683 年再行大计，又有七十九人因贪酷而革。

除了京察、大计，康熙平时对贪酷者也会予以打击，“此类贪官，不加诛戮，众不知警”。传教士白晋曾就此记述道：“不管是什么人，只要因贪污而被告，皇帝就对此毫不留情。皇帝通过刑部对这些人审讯以后，不仅罢了他们的官，而且还予以极其严厉的惩处。”湖广总督蔡毓荣就因侵吞吴三桂家财人口，且收受吴党残余人员重贿，遭到了革职解任，籍没家产，与其子一同发配黑龙江的严厉处分。

醉翁之意不在酒

清王朝以少数民族入主中原，很早就有招徕汉人和以汉治汉的意识，但在很长一段时间内，从清廷到各级八旗（也包括汉军八旗）出身的官吏，与汉族士大夫阶层之间尚存在着严重隔膜，朱国治在江苏借故兴起大狱，杀害苏州才子金圣叹，便是其中一个典型例子。另一方面，汉族士大夫出于华夷之辨的传统观念，也多以前朝遗民自居，不愿与清王朝合作，甚至不少已经仕清者都怀抱着“忍死偷生，罪孽难除”的负疚感。

在古代中国，士被奉为四民之首（“士农工商”），有人更认为“得士心则得民心，得民心则得天下”。对于后者，康熙也许一开始领会并不深刻，但到了三藩之乱，在经历“各省兵民相率背叛”的可怕现实后，犹如被醍醐灌顶，让他一下子认识到了争取汉族士大夫归心有多么重要。

1678 年 2 月，刚刚从平叛战争的危急局面中暂时挣脱出来，康熙就下令在正常的科举制度之外，特开“博学鸿词”科。按照康熙的诏谕，他将亲自担任该科目的主考官，“朕亲试录用”，而入试者必须由各级官员举荐，被举荐人不管已仕未仕，是官是民，只要“学行兼优，文章卓越”就行。

经过层层推荐，一大批“名儒硕彦”入选，其中未仕者多于已仕者，未仕者又多为遗民，所谓“与其选者，山林隐逸之数，多于缙绅”。不过事情并没有所想象的那么顺利，“明末三大儒”中的顾炎武、黄宗羲以及同为当时学术界领军人物的李颙、傅山均在被举之列，但他们全都坚辞不出，顾炎武、黄宗羲是宁死都不肯出山，李颙、傅山亦借病推辞，官府只好令役夫将李、傅连人带床一并抬往京师，结果李颙中途绝食，“水浆不入口”，傅山虽到京城，却又不肯执笔。

康熙深知顾炎武等人的分量，内心不可能一点都不失望，但并未发怒，也没有对顾炎武等人表现出任何嗔怪之意，甚至对于一个字都没写但总算来京的傅山，还以其年高为由，直接绕过考试，授之以中书舍人的官职。

康熙之所以如此，是因为他开博学鸿词特科本来就是醉翁之意不在酒，最重要的不是在正常科举制度之外选拔人才，而是要通过这种方式网罗山林遗贤，以期“消海内漠视新朝之意”。换句话说，开特科其实是一种政治姿态，是“定天下之大计”，在这种情况下，顾炎武等人能来京应试固然再好不过，即便不来，也要一概包容，这样才能最大限度地减少遗民的对抗情绪。

抛去不愿参加以及愿意参加但因亲丧等事来不了的，实际到京参加特科考试的共有一百四十三人，考试后录取了五十人。康熙在阅卷过程中对遗民特别宽松，试题要求写一诗一赋，有的遗民仅作一诗，卷都没能答完，但仍被录取，还有的诗写得只是一般，就是康熙说了句“斯人固老名士，姑略之”，最后也得以通过。

康熙分别将被录取者授以翰林、编修、检讨等职，分派给他们的活儿是纂修《明史》，此举再次显示出康熙在运用政策方面的高明——被录取者尤其遗民对当清朝职官或许只是时势所迫，但对前朝大多充满感情，让他们修史，既可迎合其孤臣孽子之心，又能人尽其才，确保《明史》的编修质量。

到修《明史》的时候，康熙对“遗贤”们又进行了一轮争取，顾炎武、黄宗羲以熟知明朝史事及掌故双双被推荐进入明史馆。不过顾、黄态度如故，一个重申“若必相逼，则以身殉之”，在谢绝聘请后即离开京城，迁居他乡，另一个也以母病和年老为由加以婉拒。尽管未能如愿，但康熙依旧未大动肝火或加以治罪，他改换了一种方式，谕令：“凡黄宗羲有所论著及所见闻，有资明史者，着该地方官抄录来京，宣付史馆。”

在古代，皇帝言行乃是最生动最有效的教育示范。在康熙的身体力行下，包括遗民在内的汉族名士身价倍增，满朝官员特别是满洲大员都以尊崇名士为荣。傅山到京后借病躲在京郊，“八旗自王公侯以下及汉大臣在野者，履满其门”，江宁巡抚汤斌屡屡访贤和推荐遗民士子入仕，为造访一名节高望重的遗民，甚至步行两诣山中。

随着康熙开特科和修《明史》，汉族士大夫、山林遗隐对清王朝慢慢由敌视转为亲附，即便是顾炎武、黄宗羲，虽然他们死活都不愿入仕清王朝，但其实对这个王朝的态度也已悄然发生改变。顾炎武为了“庙堂之上”能为“万世开太平”，主动向当地官府献上了自己的意见书，黄宗羲则不仅同意清廷取走并抄录他的明史著述，而且还派儿子和门人同到北京参与修史，之后凡有所见，也必定要移书史馆，有人因此戏说他是以在野明朝遗老的身份遥控史局。

豪侠本色

在康熙整修内政期间，局部地区的战争仍在持续，其中郑氏抗清力量更被清廷视为东南沿海的最大隐患。

郑成功早在康熙元年即1662年就已病死，其子郑经继承了他在郑氏集团中的地位。自三藩战乱开始，郑经便出兵福建，郑军与清军的角斗也几乎贯穿了平叛战争的始终。

在耿精忠、尚之信先后降清后，郑经成为清军在东南地区的主攻对象，被迫退遁金门、厦门，但郑经不甘失败，旋即又派大将刘国轩统兵数万，向防守海澄的清军实施反攻。海澄为漳州、泉州之门户，附近清军包括满洲骑兵都竞相前往增援，由此爆发了海澄战役。

八旗骑射技术精湛，如果打陆战，郑军占不了多大便宜，但海澄三面临海，只有一端陆路通往漳州，所以海澄战役主要是海战。海战一向都是八旗军的软肋，却是郑军的强项，在郑氏集团中，刘国轩尤为顶尖的海战名将，他挑选精锐兵勇，驾驶着快船，利用潮水涨落的规律声东击西，首先把清军弄得疲于奔命，接着抓住战机，出其不意地截断了海澄通往漳州的陆路，将其重重围困。

在被围困八十三天后，海澄城池陷落，满汉官兵一万两千余人全军覆灭。这一战令“闽省震恐”，一时间清军人人惊惧，“山寇”们则纷纷与之呼应，郑军趁势攻占数城，并进围泉州。

对于八旗军在内陆各战场的进展，康熙曾屡次表示过不满，但从他的角度出发，实际是一种高标准、严要求，就内心来讲，他从不怀疑八旗军的陆战能力。海战则不同，从康熙自己到满洲官兵，都不熟悉海疆作战的技战术，海澄战役的失利又增强了这种不自信，以至于在海澄被围期间，康熙一度表现得束手无策。在给福建统帅、康亲王杰书的谕旨中，他竟然把希望寄托在满汉军营中的闲散或打杂人员身上，许诺说这些人只要有胆量冲进海澄城，救出被困官兵，一律按收复上等府城的条件予以奖励。

康熙当然不是一个轻易会被困难和失败所击倒的人，他很快就意识到，要在短时间内让满洲兵胜任海战是件不现实的事，况且东南沿海不比其他地方，满洲兵去了以后确实人地生疏，难以应付。相比之下，郑军多系沿海土著，熟悉地理人情，也更容易获得当地人的援助，比如与郑军呼应的所谓“山寇”其实就是地方武装。

要想平定海疆，乃至最后收服台湾，看来只有一种办法，那就是重用汉人，特别是重用闽浙人。康熙一面紧急从江浙绿营中抽调兵力增援福建，一面对福建官员进行调整，这其中最为引人注目的就是将福建总督郎廷相予以撤换，由原福建布政司姚启圣擢升此任。

在三藩彻底平定之前，康熙实际抽不出太多精力来对付郑氏集团，这方面的战事多数情况下都须由福建总督直接办理。作为康熙对郑策略和战略的具体执行者，总督的角色至关重要，新任总督姚启圣也因此受到朝野高度关注。

姚启圣是浙江绍兴人，年少时便长得英武挺拔，据说有一年他到松江的赵知府家做客，中午睡觉的时候鼾声大作，知府府中的仆人偷眼观瞧，都以为他像一头下山的猛虎，其身材之壮硕可见一斑。

姚启圣不但体壮如虎，而且性格“豪荡不羁，喜任侠”。顺治初年，他以书生的身份游历通州，遭当地土豪侮辱，姚启圣愤慨之下遂投效清军。那时候清军南下不久，急需汉族文人帮助他们治理地方，于是姚启圣很容易就得到了一个通州知府的职位。利用这个职位，他把土豪抓起来并予以杖毙，之后便潇洒地挥挥手，辞官离开了通州。

这并不是姚启圣第一次快意恩仇。有一年他郊游萧山，遇到两个士兵强抢民女，民女的老父跟在后面痛哭不止，姚启圣见状大怒，当下夺过士兵的佩刀，杀掉这两个士兵，解救了民女。

因为犯下人命案，姚启圣只得投奔族人，被列籍于镶红旗。在八旗乡试（专为八旗子弟所举办的科举考试）中，他考了第一名，因而被选授为广东香山知县。

不管到哪里，担任什么职务，姚启圣的豪侠本色依旧。别人做官都是把银子带回家，他却是从家里往外拿银子——前任香山知县亏空（指公共财政负债，并不一定是贪污）了数万银两，被关在大牢之中，姚启圣很同情他，为了把他放出来，就“悉为代偿”，自掏腰包弥补了亏空。

姚启圣在香山当了六年知县，六年后因违反海禁之令被撤职罢官，而且“永不叙用”。由于仕途无望，加上他从小生活在浙江海滨，在广东任职期间又熟悉了海上贸易，所以就自然而然地走上了经商之路。

姚启圣很有经商头脑，从他后来捐资的数目来看，其经营获利颇丰，如果继续下去，做一个广东大富豪没有任何问题，但这终究不是他的理想。他的理想还是入仕，他虽不是官迷，可是从小到大，都“颇有图王定霸之想”，那种“学成文武艺，货与帝王家”的抱负也从未能够离他远去。

终于，时局的急剧变化，给怀大志者提供了重返仕途的机会。吴三桂起兵反叛的消息传出后，正在广东经商的姚启圣闻讯急忙赶回浙江，与其子姚仪捐资招募数百勇士，一起到康亲王杰书帐下效力。朝廷正在用人之时，自然不会将一个熟悉东南情形的革职知县拒之门外，姚启圣遂得以权署诸暨县事。

此时的姚启圣长髯飘飘，目光如炬，虽已弃官经商多年，但智勇不减当初。他统领着子弟兵，于战场之上所向披靡，三年之内，便因屡建奇功而连升两级，成了福建布政使，如果算上这次升为福建总督，已经是第三次超升了。

希望你能做个好官

临危受命的姚启圣第一次给康熙呈递奏折，谈及治闽方略，就让康熙眼前为之一亮。康熙很少夸人，但他对姚启圣却不吝赞扬：“闽督今得人矣，贼定可平！”

在福建沿海，百姓多有子弟参加郑军，他们对于郑氏的同情往往要超过对清廷的好感，原总督因此不仅对福建人疑神疑鬼，普遍不予信任，而且还时有挟怨陷害行为，使得福建军民整日提心吊胆，非常缺乏安全感。

与前任相比，姚启圣对东南地区特殊民情的理解更为深刻，他上任后即发布了“禁讼安民”的告示，不许好讼之徒诬陷良民，强调只要本人没有接济和私通郑军的行为，即便有子弟在郑军中也不会加以追究，非但如此，任何人如果能够招得自己的子弟和亲属投诚，还可以得到赏银，甚至“题授职衔”。

稳定民众情绪固然重要，但治本之策，莫过于改善民生，减轻老百姓的经济负担。由于郑清两军在福建长期对峙，福建人“一苦于贼（指郑军），二苦于兵（指清军），三苦于贪官污吏”，其中最让民众苦不堪言的，则是“民丁尽占民房、米谷发县采卖、夫徭繁重难当”。

姚启圣对症下药，多次上疏请求将满洲兵撤回及限定在闽官兵的住房数目，实在兵房不够用，宁可自己捐钱盖房，以便将官兵占住的房屋清出来还给居民。对于出征夫额，他加以严格规定，把不得已必须使用的夫额尽量压到最少，同时严厉惩处扰民者，涉及绿营直接予以处罚，涉及八旗也通过与亲王、将军、都统交涉，务使其有所收敛。

姚启圣当官不为钱，他除了自己做表率，不收礼、不要钱外，还三令五申，“苦劝文武百官，万万不可再害极苦百姓”。有一次他邀请一个姓马的藩司到府上做客，马藩司一来，他就命其入座，而且让两名力士一左一右夹着对方，不让他动弹。

马藩司尚在惊疑之中，姚启圣已经下堂朝他拜了八拜。马藩司一时窘迫万状，待两名力士松手后，就赶紧向姚启圣连连叩头，并问总督大人何故要给自己行此大礼。姚启圣神色自若，娓娓道来：“没什么别的原因，就是希望你能做个好官，帮我而已。今后凡是我想做的事，贵司一定要帮我坚决执行下去，尽心尽力，不许有丝毫欺瞒。”

原来马藩司平时也没少干侵害百姓利益的事，姚启圣对此完全掌握，但他采用的是先礼后兵的手法，即先行大礼苦劝，如若发现没有效果，马藩司仍“骗害百姓”，那对不起，下一步就是让你“自取杀身亡家恶报”了。马藩司深受触动，又羞又愧，回去后就马上行动起来，将“搜剔害民之事”都尽行除去。

姚启圣接任署事时，福建形势已经极为严峻，将领们人心惶惶，然而姚启圣不但不以为意，反而还很高兴地说：“贼失策了！”问其缘故，他告诉众人，郑军统帅刘国轩在拿下海澄后，不攻漳州而攻泉州，是因为他认为漳州的清军多，泉州的清军少，但泉州距离海澄比漳州更远，势必拉长郑军的补给线，而且泉州的城防也不差，不是郑军说攻就能攻下来的。

姚启圣认为郑军舍近取远，舍瑕攻坚，很难取胜。他又进一步分析，古代兵法有云“兵多贵分，兵少贵合”，郑军总兵力不过三万，“聚而势雄”，可是他们自拿下海澄后又攻取数城，这些城池都要分兵把守，分则势弱，势弱则易破。

正如姚启圣所预计的，郑军围泉州久攻不下，在军需屡屡告急的情况下，只得对民间征发重税。与此同时，他们在兵力上也开始捉襟见肘，刘国轩采取的办法是强拉当地乡勇充伍，为了防止充伍乡勇逃跑，又将乡勇家属强制遣送到台湾当作人质，结果弄得安土重迁的当地百姓怨声四起。

这边郑军惹起民怨，那边姚启圣安定民心的各项措施也已奏效，这使得闽人对郑军不再予以支持。郑军在占领区内根本站不住脚，清军一反攻，泉州附近各城就尽被清军所收复。刘国轩眼看形势不妙，急令全师从泉州城外撤出，于是泉州危机得以解除。

倾家荡产干事业

刘国轩攻泉州不成，又转而打起了攻漳州的主意。1678 年 10 月，郑军卷土重来，进兵漳州，其时泉州聚集着两万余绿营兵，但当姚启圣屡发调令，请他们赴漳会剿时，却无一响应。打仗最怕的就是调动不了部队，姚启圣就此向康熙提出：“若军队调动，必俟大将、王令，不免坐失时机。”康熙立即批示回复，允许总督以后可以一面调遣绿营，一面通知各王、将军，以免迁移误事。

姚启圣虽然得到了康熙的支持，但战机稍纵即逝，坐等泉州援兵已经来不及了，他当机立断，调漳州城内的靖南王耿精忠、将军赖塔等率满汉官兵出漳州城决战。次日黎明，姚启圣与耿、赖等亲自督战，分兵七股向郑军发起冲击，郑军则以木马、铳炮、火箭、喷筒迎战，双方从凌晨一直打到中午，喊杀声震天动地。

海澄战役，郑军巧妙地利用了他们在海战中的长处和优势，漳州战役却是硬碰硬的陆战。打陆战，吴三桂的百战之师尚不是八旗军的对手，郑军就更不用说了，最后清军冲破了用以阻挡骑兵的木马，砍开战阵，连破十六座郑营。

郑军溃败遁逃，可当逃到河边时又无舟可渡，结果当场溺死万余人，旗帜、盔甲、布幔、辎重弃满山野，“是役也，乃‘海贼’（指郑军）二月登犯以来，从未有此大败”。

漳州战役后，清军乘胜而进，陆续收复了漳、泉所属诸县，但石码、海澄尚在郑军手中，刘国轩在这一带深沟固垒，建立了首尾相环的坚固阵地，清军一时很难攻破。

郑军虽然在沿海还能勉强维持，然而其高层已经动摇，特别是郑经不像乃父郑成功那样刚毅果决，整日萎靡不振，导致大权旁落，众心涣散。康熙在军事相持不下的情况下，便指示姚启圣沿着对方的这一缺口集中力量发动进攻，具体措施即进行招抚，用姚启圣的话来说，就是：“固闽人之心，而后贼（指郑军）可退，又必出奇计，使台人反为吾用，而后贼可亡。”

姚启圣乃招抚高手，在未做总督之前，不少三藩骁将都是经他劝说附清的，对于扭转战局曾起到重大作用，这也是他能够受到康熙赏识的一个重要原因。不过姚启圣对于郑经的招抚并不顺利，郑经希望清廷能够仿朝鲜例，将台湾作为大陆的附属国，具体来说就是“不削发、不登岸、不称臣、不纳贡，约为兄弟之国”，康熙坚决不同意：“台湾皆闽人，不得与琉球、高丽（即朝鲜）相比。”朝野多数有见识的大臣如学士李光地等人，也都认为“岂有国家如此盛大，肯与为兄弟之理”。由于双方的想法和价码实在相去太远，姚启圣两次派人前往厦门招抚劝谕，但两次都失败了。

除了企图遣使说服郑经外，姚启圣还尽量拓宽联系面，扩大招抚郑军将士，以“高官厚禄，买散人心”。他采纳海上投诚人员黄性震的建议，在漳州特设“修来馆”，规定凡是从郑军那边来投的文官武将，不问职位大小均一视同仁，且厚礼款待，授予官职。

除了当官的，兵民归降也予以积极收纳，愿意入伍参加清军者，立拨在营，给以军饷，愿意回家务农者，立送回籍，令府县予以妥善良安置，不许豪强欺凌和仇家报复。得知投诚官兵大多不愿到外省屯垦，姚启圣又奏请康熙，将界外无主田地给予投诚官兵屯种。

应该指出的是，招抚郑经固然系康熙所授权，但公开招抚却并非康熙公开指示要做的，而是姚启圣以地方官资格，自行筹划经费从事的活动。

经过连年战争，清廷在财力、物力方面都已相当困难，别说拨付招抚费用，就是地方上组织军需供应都难以完全满足需要。为了减轻国家负担，姚启圣便把自已通过经商赚得的钱都拿出来，不断地捐资捐膳，据不完全统计，他一生共捐资四十七万五千余两。按照当时的捐纳制度，捐银五百两便可加官一级，至1680年，即三藩平定时，姚启圣已通过捐纳累计加级四百余级，当然这对他的升赏已无任何实际作用。

用倾家荡产干事业一语来形容姚启圣毫不为过，他真的是把家里的每一个铜板都捐了出去，以致后来死的时候已经家徒四壁，“肃然无储蓄，诸子卖田以葬，贫如故”。即便这样，招抚资金还是有缺口，使得姚启圣不得不挪用司库银，京城官员不明了内幕，一名都御史听到姚启圣挪用官款的传言，便提出弹劾，说姚启圣“借司库银十二万，经营取息，侵占民利”。康熙那时对贪污亏空追查很严，然而在看到这一奏折后却只佯示追查，敷衍而过，直到姚启圣死后，已确证“亏帑金以百万计”，康熙仍“概予放免”。究其原因，就是姚启圣这样做或许不合规范，但基本符合康熙的意旨。

由于姚启圣在扩大招抚的过程中言而有信，对其政策能够完全兑现，因此对郑军官兵产生了很大的吸引力，一时“至者如归”。年底还没到，郑氏的五镇（镇为当时的军队建制，相当于军）大将均率所部投诚，之后也陆续有其他郑军官兵来投。这些武装都是久经战阵的海上部队，此前一直在沿海顽强抗清，他们的归附，不仅削弱了郑军部署在海疆地区的武装力量，使得海疆逐渐趋于平静，而且为姚启圣初步改造军队创造了条件。

清军在福建的主力仍为八旗，相比于八旗，福建本地和从江浙地区抽调的绿营本来应该更适应海战，但绿营积弊太深，腐化现象极其严重，其将官“以食饷兵丁充伴当、书记、军牢等役”，关键时候不听将令，最典型的就是到漳州战役时，姚启圣以总督之尊都调动不了他们。姚启圣痛定思痛，一边对归附郑军加以整编，一边整顿绿营，经过重定军制，严格训练，终于使福建清军也拥有了一批能够胜任海战任务的水兵。

水师提督

清军在海澄战役中的惨败教训表明，要想战胜“以水为家，以船为命”的郑氏集团，就必须建立一支训练有素、攻守兼备的独立水师，而要做到这一点，又必须专设水师提督，以便对水兵进行集中操练和指挥。康熙初年，施琅曾专任福建水师提督，并厚集舟师，攻占过厦门、金门，但在由他担任主帅的征台战役失败后，他即被调往京师任内大臣，水师提督也随之撤销。

尽管福建水师提督的位置空了很长时间，但在康熙的心目中，其实早就有了一个合适人选，此人即岳州水师总兵官万正色。万正色系福建泉州人，此人善使大刀，平叛战争中经常持大刀带头冲杀，人称“黄大刀”（万正色在投清后已改姓黄），不过他最具价值之处还是指挥水战的能力不俗，在湖南前线，正是万正色率水师大破吴三桂水军，才使清军最终得以攻克岳州。

除了“剿寇洞庭，著有劳绩”外，万正色关于福建沿海水陆攻守的方略也深得康熙嘉许。在清军攻取岳州、长沙诸处后，内陆水师可以腾出来用于沿海，康熙遂调任万正色为福建水师总兵官，率所部赴闽参战，不久又正式将其擢升为福建水师提督，统辖全闽水师。

万正色莅任水师提督时，郑军在沿海的处境已经极为困难，他们虽然有水陆数万人，但都局促于狭窄地方，因为军饷不继，只能强征于民，老百姓不堪重负，反过来又对他们表示不满，“道路侧目”。在这种情况下，康熙决意收复厦金，以图澎湖、台湾，他批复将姚启圣精选的一万四千名海战水兵拨给万正色统领，又从山东、河南等省征调大批善用火绳枪的鸟枪手，并集中和添造了许多战船。

即将到来的厦金战役不是陆战，是海战，虽然福建水师的阵容已经焕然一新，但能否通过这次海战的考验仍是一个悬而未决的问题。不少前线将帅对此疑虑重重，觉得仅仅依靠自身新近建立起来的水师难以建功，他们认为必须按照多年前出征厦金成功的经验，向荷兰借船。

在整个 17 世纪，荷兰都是名副其实的海洋霸主，向有“海上马车夫”之称。荷兰海军使用一种名为加利恩帆船的巨型战舰，因其至少由两层甲板所构成，所以中国人称之为夹板船，这种战舰不仅体积巨大，而且因其舰载炮为红夷大炮，威力极强。在第一次厦金战役中，清军一共向荷兰借了十七舰夹板船，当时确实对攻取厦金起到了举足轻重的作用。

康熙征求大臣们的意见后，便亲自写下借船敕谕，内容是请荷兰国王派出二十艘夹板船，与清军协力攻取厦金二岛。康亲王杰书奉命派信使带着敕谕前往荷兰，不料信使在出海途中遇到了海盗，没能到达荷兰就又返回了中国。

连音信都不能通，还能指望荷兰海军如期而至吗？康熙指挥调度了整个平叛战争，深知兵贵神速的道理，他指示福建方面："速靖海氛，不必专候荷兰舟师。"

这时候对于究竟还要不要借助外力，前线将帅也产生了分歧。习惯于陆战的杰书、姚启圣等都主张继续向荷兰借船，荷兰船队什么时候到达，什么时候再向厦金进兵，如若荷兰船队延期，暂时便只能"内迁边海人民，坚壁清野，以待其困"。福建巡抚吴兴祚、万正色则力主即时进兵，他们的依据是福建水师已有新旧大小战舰两百四十艘（还有大小船只五十艘即将加入），郑军虽有船三百多艘，看起来比清军稍多一些，但清军新造鸟船大而坚固，驾驶便利，为郑军所不及，换句话说，福建水师即便不借荷兰船，也一样可以稳操胜券。吴兴祚特地告诉康熙，福建水兵已有两万八千余人，且士气高昂，他到定海水师驻地检阅，亲眼见到提督万正色以下官兵人人踊跃求战，剿"贼"立功心切。

为什么一定要即时进兵，吴、万都提到，海上作战利用风汛极为重要，若坐等荷兰船队，最早也要到农历五六月份，那时风汛转南，郑军处于顺风，清军逆风，势难取胜，甚至如果郑军知道清军不能逆风作战，还会先发制人，对定海水师驻地进行袭击，迫使清军水师撤回内港，从而加剧沿海的紧张局势。

看完吴、万的奏章后，康熙心里有了底，他当即做出裁断，命令福建方面即刻向厦金进兵。

进军令

1680 年 3 月 4 日，万正色统率水师由定海出发，不过第一站不是厦金，而是海坛。这是因为此时郑军在沿海的水师都集中于海坛，若先行击破海坛，可令郑军军心先行崩溃。

两天后，水师到达海坛。万正色将前锋分六队实施冲锋，自己亲率舟舰继后，同时出动全部轻舟，从左右两面并力夹攻。福建水师在自己的处女战中展现了训练成效，他们炮火齐发，共击沉郑船十六艘，海坛手到擒来。

万正色攻下海坛后，与吴兴祚的陆师协同南下，又在崇武海面与郑军展开激战。郑军在失去海坛后，果然军心动摇，虽然郑将朱天贵等人率三百余艘舰船倾巢而出，但仍不占上风，被清军击沉舰船二十余艘，只得仓皇遁逃。

在第二次厦金战役中，清军采取了多路出击，水陆夹攻的战术，杰书、姚启圣等人各率水陆官兵向郑军发起攻击，打得郑军首尾难顾，狼狈不堪。刘国轩本来向石码、海澄方向奔逃，无奈清军水师在后面紧紧尾追，甩都甩不掉，逼得他只好转往厦门。眼见连这位郑军统帅都被追得跑来跑去，海澄守将更加无心恋战，随即便献城归降，使得清军一举收复石码、海澄。

对于郑军一方而言，海澄乃厦门、金门之门户。海澄一失，厦金二岛均失去屏依，留守岛上的郑军已成风声鹤唳、土崩瓦解之势，在刘国轩奉命返台后，他们纷纷降清，清军没花太大的力气，便先后攻占了厦金。

福建沿海最后一支与清军对抗的郑军武装，是铜山岛的朱天贵部，但在清军攻占厦金后不久，朱天贵也接受了姚启圣的招抚。这样算起来，前后接受招抚的郑氏集团及与其有联系的官兵总计已达十三万人以上（被瓦解的尚不计在内），其中的许多人都具备海战经验和能力，并且选择加入了清军水师，清郑两军的力量由此发生了此消彼长的根本转变。

在康熙的计划中，收复厦金是第一步，进兵澎湖、台湾是第二步，但在清军克服厦金，澄清沿海之后，兵部所得到的谕令却是："台湾、澎湖，暂停进兵。"

并不是康熙改变了主意，而是要慎重行事。澎台毕竟不比厦金，那是越洋海战，先不说登岛作战后如何，就是要越过整整一座海峡也极其不易，其间危险的大海，狂暴的台风，随时都可能摧毁清军水师，况且郑军失去厦金，只是失去在大陆的根据地和跳板，澎台是他们的老巢，你要攻澎台，他们还不得跟你死磕到底?

经过三藩之乱和平叛战争的锤炼，康熙已经变得相当成熟老练，他一方面下令裁减在福建的满汉驻军两万六千人，以减轻当地民众的负担和军需压力，另一方面又留下话来，说"如有进取机宜，仍令明晰具奏"，也即收复澎台的目标不变，但眼下最重要的还是观察情况，等待时机。

1681 年初，清郑双方都发生了历史性的转折事件。在清军一方，三藩之乱被完全彻底地予以平底，这使得康熙能够把更多的精力转移到对付郑氏集团上来，他公开表示：“云南、贵州的叛乱已经平定，要削平造反的逆贼，只有台湾一地。”在郑军一方，郑经病故，长子继位后随即被绞杀，年仅十二岁的次子郑克塽继位，内部越发混乱不安。

当年五月，姚启圣接连收到台湾方面内线的密报，称郑氏集团“主幼国虚”，他据此上疏请求：“会合水陆官兵，审机乘便，直捣巢穴。”康熙接读姚启圣的奏疏后，让大臣们讨论，学士李光地赞成征台，发表意见说：“郑经已死，他的儿子郑克塽年幼，部下争权夺利，军民离心离德。这个时候如果出动大军征伐，一定能够成功，机不可失！”康熙听后当即表示：“你说得很对，朕正打算这么做。”

1681 年 6 月 21 日，在确认征台的时机和条件都已成熟后，康熙发布了相当于进军令的谕旨，宣布：“宜乘机规定澎湖、台湾。”

进军令既下，首先需要解决的就是主帅人选。作为克复厦金，扫清海疆的最大功臣，福建水师提督万正色原本是康熙考虑的第一人选，但万正色自克复厦金后就竭力主张防守海疆，反对出兵台湾。他向康熙上《三难六不可疏》，强调刘国轩“颇能用兵”“智勇不可当”，得出的结论是“台湾断不可取”，其保守畏难的态度，与其刚入闽时毅然与郑军决战时的英姿豪气已判若两人。这让康熙颇为失望和不满，说：“我仗他（指万正色）有本事，委之重任，而他却畏服贼将，不成说话。”

康熙当然可以硬性命令万正色率部出征，但强扭的瓜不甜，如果让一个带有负面情绪的将领去指挥并决胜这样一场艰巨的海战，是很难济事的。

显然，主帅的问题一天不解决，征台之事就不可能有所进展，所以当务之急，是必须找到新的合适人选。只是这个人并不好找，他不但要谙熟军事，而且还要善于海战，敢当重任。在福建前线的军政大员，万正色是个少见的海战高手，但却没胆量征台，姚启圣军政全优，才略优长，且不缺勇气不缺担当，惜乎并非指挥海战的将才……

智勇万人敌

自出任福建总督起，姚启圣便以收复台湾为已任，不过他也明白自己的软肋在哪里，而且正如康熙曾看中万正色一样，他也有一个心仪的海战将领，此人就是万正色的前任施琅。

施琅与万正色同为福建泉州人，他是个天生的大力士，据说后来投军时，募兵的将军在院子里放了一个铁鼎，几千个新兵试过去，没有谁能举起来，施琅看了看说：“没什么难的。”随即卷起袖子，一下子就举起了铁鼎，而且他还举着走了十几步，再将铁鼎放置原处时，连脸色都未变。

将军的帐下也有力士，平时没人能碰他一根毫毛，但这名力士与施琅较量了一下，竟然也完全不是对手，将军大为惊异，称赞施琅：“神力也！”

施琅就是一个天生的军人坯子，而时代也为他提供了从戎创立功业的大好机遇。少年时的施琅正值明末动荡时期，他和弟弟施显一同就塾读经，有一天课余两人看三国史，看完之后施显大发感慨地对他说：“大丈夫应当磊磊落落，著勋名于千古。当今四方骚动，正是英雄建功立业、光宗耀祖之时，我们兄弟俩膂力不输于古人，还用得着埋首在这里读经吗？”

施琅对弟弟的这番言辞深表认同，他父亲施大宣希望施琅长大后能当上公侯将相，所以对兄弟俩弃文习武的志向也表示赞成。在父亲的支持下，施琅很早就拜师学艺，从剑术到阵法无不精通，加上天生神力，使得他从军后迅速脱颖而出，年纪轻轻便“智勇万人敌”。

施琅原来是郑成功的部下，而且在郑成功的所有部下中，以年龄最小、最为知兵善战著称。他担任郑军前锋大将，“百战居先”，因战功赫赫而深得郑成功的器重，凡军机大事，郑成功必定要先与之磋商。

随着施琅在郑军中的声誉和影响力越来越大，他的形象逐渐被神化。有人说他打仗迷了路，是一群老虎为他引路，把他带出了迷径。还有人说，某次部队打了败仗，大家都找不到北了，这时山岭里有一位老人为施琅指明了道路方向，施琅欲以物相谢，老人笑而不受，但等施琅走出几步，再回头看时，老人突然又不见了。

到后来，施琅的部队已被民间视为“岳家军”。他本人少年得志，读的书不多，性格上也有骄横好胜的一面，平时不知收敛，得意起来竟会对人狂言：“大将军（郑成功）能有今天这块基地安身，全仗我施琅一人，不然大将军岂有今天的声势。”

自古一山不容二虎，郑成功靠威信统领郑氏集团及军队，处事极为严刻独断，听到这些话自然不会高兴，而且他还接到密告，称施琅自言做梦时梦见自己是北斗七星中的第七星！

郑施之间的嫌隙由此而生，他们的最终决裂则来自一个偶然事件。有一个亲兵犯法应当被判死刑，但找到郑成功并求得了他的庇护。施琅知道后，直接跑到郑成功住所，把亲兵又给抓了起来。郑成功下令不要杀，施琅不听，指责郑成功“自徇其法”，仍然立即处死了亲兵。郑成功视为抗命，盛怒之下将施琅及其父施大宣、其弟施显予以逮捕，而且准备全部杀掉。

在一些亲信部将和当地居民的帮助下，施琅用计逃出了郑成功当时所控制的厦门，其间他就像春秋时的伍子胥一样，为了避开搜捕，历经艰险，曾经饿着肚子在石洞中躲了两天两夜。成功脱逃后，施琅请人出面周旋，期望能够恢复与郑成功的旧有关系，但郑成功拒绝和解，先派人刺杀施琅，刺杀不成，便杀害了施大宣、施显。

施琅走投无路，只得降清。起初他在清军中并不受重用，“郁郁不得志”，直到顺治末年，郑成功声势逼人，清廷发现施琅熟悉海上情形，才把他当作前锋派上去与郑军作战。施琅抱着为亲人报仇的强烈愿望拼死作战，一战就攻破了郑军营垒，因功先后被授副将、总兵。至此，郑成功才后悔起来，说：“楚国之祸，其在于胥矣。”——楚王杀害伍子胥的父亲和兄长，伍子胥从楚国逃到吴国，成为吴国重臣，最后协同孙武带兵攻入楚都，差点令楚国亡国！

郑成功去世后，施琅被擢升为福建水师提督，第一次厦金战役正是由他发起和指挥。彼时万正色尚未显山露手，论海上作战的经验和指挥能力，清军中没有谁能超过施琅。后来清廷发动第一次征台战役，封施琅为靖海将军，授其以专征之权，但施琅两次出征，两次都遇到飓风，不得不中途返航。由于出征失利，导致清廷内部主张招抚郑氏的意见占了上风，施琅遂被卸任召回北京，否则的话，福建水师提督的位置未必能够轮到万正色。

第七章
奇迹般的幸运

当姚启圣还在福建布政使任上时，就以郑军“异常猖獗”，亟须恢复水师提督一职为由，向康亲王杰书专门举荐了施琅。可是杰书并不了解施琅，对此采取了慎重态度，接着康熙又调杨捷出任水陆提督，这就使得施琅再出任水师提督的可能性变得不大了。

康熙欲以杨捷兼管水陆两师，但杨捷到任后便叫苦连天，自己提出“福建水陆进兵，势不能兼顾”，康熙遂下旨命姚启圣等人保荐专任水师提督的合适人选。姚启圣喜出望外，他正打算借此机会保荐施琅，不料施琅之子施世泽在海澄战役中突然被俘，由于情形不明，他到头来还是没敢明着保举施琅，只是在奏疏中含糊其词地暗示了一下。

康熙让你们保举人才，也没有让你们给他打哑谜，毫不意外，姚启圣的这封奏疏如同泥牛入海，再也没了音信。姚启圣越想越后悔，当上福建总督后不久，又鼓起勇气，再次上疏明确请求起用施琅，为了替施琅撇清可能通敌的嫌疑，他还在奏疏中特地指出：“施琅即有一子在海，尚有六子在京。”意思是说就算施世泽叛变投敌，施琅也断不会为了这一个儿子而舍弃其他六个儿子。

令姚启圣颇为沮丧的是，这时康熙已经选中万正色，福建水师提督一职轮不到施琅了。尽管他而后又第三次推荐施琅，并建议让施琅以将军的身份（施琅曾被授以靖海将军）与提督万正色共同统辖水师，或干脆将万正色移调广东，但依旧未能得到朝廷的同意。

催化剂

所谓山重水复疑无路，柳暗花明又一村，万正色在征台前夕的知难而退，重新为施琅出山带来了希望。另外一件对施琅复出极其有利的情况是，施世泽虽被迫在郑军中担任了官职，但他暗通姚启圣，谋擒郑经献厦门，旋因事情败露而被杀，此事自然有助于解除朝廷在这方面对施琅的疑虑。

借此良机，姚启圣第四次保荐施琅，果然功夫不负有心人，这次康熙终于开始考虑施琅了。

此时施琅居京已达十三年之久，而且一直在康熙身边做内大臣，“朝夕侍御”，又“参预商酌军机事宜”，可是在此之前，康熙却从未想过要起用他，哪怕是像万正色那样，先让他担任内陆水师统领。为什么？

原因很复杂。尽管施琅与郑氏父子仇深似海，但朝中仍有一些大臣怀疑施琅与郑氏集团藕断丝连，甚至认为施琅两次出征台湾受挫，不过是以飓风为借口，实际并不想真正收复台湾，后来施世泽的被俘和被迫加入郑军无疑又强化了这一印象。再退一步说，即便大家对施琅的忠诚没有疑问，但他两度征台又两度遇风而返，也会引起人们的看法，进而对其在超大规模海战中的指挥能力提出疑问，康熙可能或多或少都受到了这方面的影响，导致其无法对施琅予以完全信任。

除此以外，施琅的性格也给他自己加了不少负分。施琅效力郑军时就有恃才傲物，难以与人合作的问题，他与郑成功发生冲突，固然可以归咎为郑成功忌才刻薄，“以淫刑失国士”，但也暴露了他作风粗暴，得理不让人的一面。降清及至入京后，施琅在为人处世上并未有太多改变，李光地在未与他深交之前，“素闻其骄傲”，另一名大臣席柱则说施琅“行事颇觉好胜”。康熙深受儒家思想影响，素来主张一个人即便有十分才能，也应该谦让收敛五分，施琅为人处世的风格无疑让他很不舒服，为此，他曾当着大臣们的面，指出施琅“粗鲁武夫，未尝学问，度量偏浅，恃功骄纵”。

与施琅可做一对比的是赵良栋。赵良栋也非常高傲自负，向来凌驾于众将，满汉同僚之中，他所佩服的只有赖塔、穆占，其余从王进宝等西北汉将，再到出征的皇族诸王、贝勒、贝子，没有一个被他放在眼里。康熙批评说：“赵良栋是一个骄纵狂妄的人，自许历练老成，凡事都不肯让人，以为别人都不及他……像他这样目中无人，还得了？”

为了让赵良栋得到一点教训，康熙在平叛战争结束后将其降职，让他进京任銮仪使。从赵良栋这件事上不难看出，康熙把施琅长时间放在身边，却不轻易使用，应该也有着打磨其性情的用意和良苦用心。

姚启圣四荐施琅，起的是催化剂作用，借助于万正色缺席，征台急需用将这样一个有利条件，它把康熙对施琅的考察推进到了一个新的阶段，即可以起用的阶段。当然这并不表明康熙心中已经完全没有疑虑，比如郑经为什么要授施世泽以官职，会不会与施氏父子还有什么不为人知的默契，又比如施琅的能力究竟能不能胜任征台战役，经过这么多年的磨炼和沉淀，能否改变骄傲自负的性格，以减少在战役中出错的概率。

康熙需要找一个人来解惑，并通过他来验证自己的判断，而这个人就是内阁学士李光地。

李光地是福建安溪人，三藩之乱期间，他任翰林院编修，请假回乡省亲，正好碰上郑经派兵进入福建，李光地立即招募乡间勇士，协助清军主力击退了进犯泉州的郑军。当时一位同乡翰林前来相见，让李光地劝康熙派兵渡海，彻底歼除郑氏集团，以确保地方安宁。李光地对海战讳莫如深，只能回答说，郑军败退台湾后，与大陆远隔重洋，不是想杀回来就能马上杀回来的，再者如果要派水师远征台湾，等于是把惯于陆战的官兵驱入大海，不但成败难以预料，而且也不知道可能要伤亡多少人，对于这种人命关大的大事，他实在不敢随随便便向皇上开口。

李光地回京后，康熙予以嘉奖，补授其为内阁学士，从这个时候起，他才与施琅有了交往。一开始李光地对施琅的印象并不好，因为施琅当着面就夸说自己的本事如何如何，只要让他再次挂帅征台，保证“海上可平”云云。李光地的第一感觉是此人乃骄狂之辈，嘴上夸夸其谈，却未必能够成事，所以并没有太在意。后来有一天，两人在礼部侍郎富鸿基家见面，在谈到顺治朝郑成功围攻南京之役时，施琅就郑军的长短处做了分析，李光地蓦然惊觉其见解深刻独到，顿生钦佩之情，对这位老乡的印象也完全改观。

众里寻他千百度

经过一次次的促膝深谈，李光地发现，原来施琅并不是一个能言善道的人，口辞也完全称不上伶俐，但是“辛辛苦苦说出一句，便有一句用处”，平时话不多，然而一口唾沫一颗钉，“言必有中”，绝不会无的放矢。

无论是出于乡梓情怀，还是着眼于国家大计，李光地都不会认为收复台湾可有可无，他不敢跟康熙提及此事，只是一时找不到一个有能力指挥征台战役，又有把握打赢海战的能人而已。施琅的出现，让他喜出望外，颇有“众里寻他千百度，蓦然回首，那人却在灯火阑珊处”之感。

李光地对施琅极为推崇，评价极高，认定施琅“必非平常”且“大服其智略”。他还说自己多次与施琅交谈，每次都觉得施琅就好像是初次与光武帝刘秀见面的邓禹（东汉开国第一功臣），或者是刚刚见到刘备的诸葛亮，假使能够让施琅挂帅征台，必能取得像岳飞“剿灭”杨幺那样的功绩（杨幺起义军是水军，故李光地有此比方）。

后来有人将施琅与赵良栋并称，李光地却认为连赵良栋都比不上施琅：“赵良栋御下有方，临事机智，但要承揽天下大事，确保其克期成功，未必如施。”自此，他一改以往的审慎态度，积极主张征台，并抓住一切机会在康熙面前为施琅说话。

李光地态度的改变与康熙对施琅的疑虑之处恰好碰到了一起。当康熙召见李光地，问施世泽被郑经所杀，是不是真的是因为暗中归附朝廷。李光地不仅做了肯定的回答，而且告诉康熙，郑经害怕清廷重用施琅，所以委其子以官职并把风声放出来，为的是想让清廷对施琅生疑，后来知道施世泽和其父亲一样心向朝廷，才把他给杀了。

康熙接着又问李光地：“施琅果真有什么本事？”李光地说：“施琅自幼从军，经历得多，对海上路径及其情况都非常熟悉，海贼（指郑军）很怕他。”康熙听后点了点头，表示同意李光地的看法。

1681年8月，康熙专门留李光地商议平台之事。李光地奏请尽速出兵收复台湾，同时针对朝野一些官员反对平台的言论，痛斥他们“大都是畏难有六分，而养寇以自重亦有四分”。

除了要不要出兵，康熙最关心的当然还是怎么出兵。李光地分析说，满洲兵惯于陆战，但不能适应水战，上了船别说打仗，光坐上面都晕，所以去不得，而“南兵”（即南方的汉兵）对船只熟悉，了解水战的打法，完全可以使用他们。

既然说到要使用南兵，则必然得物色统率南兵的南将，这实际上是李光地在有意把话题引到起用施琅上来。不出所料，康熙听后问李光地："在你心目中，有认识的人可为将吗？"

李光地号称"理学名臣"，极懂侍君之道，虽然他心中认可的人选只有施琅，但为了表明自己的慎重，同时避免受人之托的嫌疑，他并没有马上说出施琅，而是先故意加以推托："命将大事，皇上圣明神武，臣怎么敢参与？"之后经康熙"敦问再三"，他才奏道："此非小事，容臣考虑几天，斟酌妥当后再复旨。"

过了几天，康熙派大学士明珠前去催问，李光地见时机已到，便让明珠转告康熙："计量起来，还是施琅。"他归纳的理由一共有四条：施琅全家被郑氏所杀，与其是世仇，其心可保；施琅熟悉郑氏集团情形，无人能出其右；施琅有谋略，非一勇之夫；郑氏所害怕的，唯施琅一人，若用施琅，首先在气势上就胜了一筹。

听了明珠的回奏后，康熙又特地召问李光地："你能保施琅没有其他问题吗？"显然，经过李光地的推荐，康熙对施琅的才干已经深信不疑，也确信若发动征台战役，没有人能够替代施琅，然而对于施琅的忠诚，他似乎还有些担心。

决定施琅命运的关键时候到了，只要李光地出现一丝动摇，都可能让事情发生变化，此时李光地表现出了一个朝廷重臣的担当，他果断而又颇有分寸地答道："倘若说到才略，实在无人能与施琅相提并论，当然功成之后，还是要靠皇上妥善处置。"

李光地对施琅的力保，意味着他必须为此承担极大的责任，而这也打消了康熙心中所存的最后一丝疑虑。1681 年 9 月 10 日，他下决心对姚启圣、李光地的建议予以采纳，遂任命施琅为福建水师提督，加太子少保，任务是相机攻取澎湖、台湾，原福建水师提督万正色则改任陆路提督，配合其行动。

战则必胜

施琅进京时五十岁尚不到，等他重返福建，已经成了一个花甲老人。在过去的十三岁光阴里，他没有一天不盼着能披上战甲，重新跨海出征，当然也会时时进行复盘，想一想自己当年究竟错在了哪里，以及怎样进行修正。

飓风无疑是造成两次征台均无功而返的最直接原因。水师出发不久，海上便朔风呼啸，浪翻潮涌，一连很多天都是这样，施琅在无奈之下，只得率船队返回金门，以暂避风浪。待到天晴后，水师再度出发，不料船队驶入澎湖口不久，又骤遇狂风大作，一时间，暴雨倾盆，波涛汹涌，白雾茫茫中，根本就看不清登陆点在哪里——澎湖虽有山峦，但都很矮小，很难辨认，更不用说在能见度这么低的情况下了。

第二次征台比第一次更惨，由于来不及撤回，有两艘船只当场被打翻，“悲号之声，犹如从水中发出”，其余船只也被吹散各处，就连施琅自己所乘战船都漂流到了南边的潮州地界。

施琅从小生长在海边，军旅生涯也多是与大海打交道，所谓“生长滨海，总角从戎，风波险阻，素所履历”，连敌人的面都没有见到便铩羽而归，这种尴尬结果是很多人都料想不到的。究其原因，是施琅在那次征台之前，从未到达澎湖、台湾，他所接触的海只是东南尤其福建沿海，熟悉的风汛仅限于沿海一带，加上由于朝廷限期出征，使得他当时也没有充裕的时间去等候适当风汛。

征台失利后，施琅进行了自我反思，承认：“台湾乃远洋绝岛，狂风恶浪，四时无常，水性难测，比之沿海，颇为殊异。”他开始着手进行深入细致的调查研究，每次澎台有郑军投诚而来，或者捉到相关的俘虏，他都要详细询问，向对方了解和熟悉相关情形。以后虽然离闽赴京，但他仍一边认真总结两次征台未果的教训，“日夜磨心熟筹”，一边密切注意福建沿海动向，悉心研究包括风潮信候在内的海洋气象。

经过长时间的苦心钻研，施琅对再次征台变得越来越有把握，三藩之乱结束后，他曾上疏康熙，在用阴阳五行的一套来论证台湾郑氏气数已尽的同时，自告奋勇挂帅征台，说在他看来，即便是像刘国轩那样表面桀骜的所谓郑军“巨帅”，也不过都是“狐鼠”之辈，绝非他的对手。

施琅当然不会真的认为刘国轩只是“狐鼠”，事实上，他私下一直评价刘国轩为“佳士”“好汉”，无论智谋还是武功都与自己相当，乃战场上不可小觑的劲敌。他这么说，固然是因为急于进征台湾，但同时也是一种战则必胜的信心显示。

还在授命之际，施琅胸中就已经有了一个成熟可行的征台计划，他也明白这是自己的最后一次机会，必须牢牢抓住，重蹈覆辙的事别说发生，连可能性也不允许有。当他重返福建时，已是秋冬时节，西北风多，他判断这种风向对征台不利，而且经过查验，征台战役所能使用的水兵只有一万一千余人，战船也未齐备，于是经奏请朝廷批准，他决定延期征台，以便一面等候风汛，一面造船练兵。

在督造适用海船的同时，施琅将选练兵将作为头等要务，而姚启圣等人前期所招抚的大量郑军降兵，也为他“以郑治郑”，放手选人创造了条件。按照“兵在精不在多”的原则，施琅亲自挑选并为官兵们安排岗位，其中惯于驾驶海船的做水手，惯于海上作战的当水兵，为的是让他们能够各逞其能，尽施所长。

兵精尚需将锐。施琅对将领的要求是历经海战，有战绩在身，而且能够在战时身先士卒，“冲风破浪，勇敢克敌”，只要符合要求，不管是郑军降将还是下级官兵，都可入选。除此之外，施氏家族成员也是将领中的一个重要组成部分。施家本身就是一个武人大家族，从施琅的四个儿子再到他的侄子、侄孙、堂弟、堂侄等，总计超过三十多人，皆勇敢善战，此次也全部随施琅出征。施琅把他们分拨到各个战船上，有的直接用于冲锋陷阵，有的作为监军，对各自船上的官兵进行调度和激励。

至 1682 年 5 月，宁海将军喇哈达、侍郎吴努春专程到厦门阅兵，见福建水师已拥有大小海战三百艘，精锐水兵两万余，且“船坚兵练，事事全备……将士摩拳擦掌，人人感奋”，不由得交口称赞，认为施琅的选练卓有成效。

眼看万事俱备，然而在此期间，施琅却与姚启圣发生了激烈冲突。

针尖对麦芒

康熙在启用施琅的谕旨中，曾向施琅指出，如果他要进剿台湾，必须与福建总督姚启圣、巡抚吴兴祚、陆路提督万正色，再加上宁海将军喇哈达、侍郎吴努春，共同进行商议。施琅离京之际，他在召见并赐宴瀛台时，又特地进行嘱咐：“你到地方后，应与文武百官同心协力，以靖海疆。”

显然，康熙的意思是要求六人同征，但他并没有确定谁是主帅。六人小组的成员若论官阶和职位，有的在施琅之上，有的与施琅平级，商讨时意见很难统一，一旦出现这种情况，六人便各自向皇帝反映，请求定夺。如以进兵时间为例，施琅奏请延期征台，姚启圣、吴兴祚则进兵心切，又如在风向和主攻方向上，施琅与姚启圣的观点也是南辕北辙，施琅主张利用南风，集中船队力量先打澎湖，“扼其咽喉”，姚启圣却认为应利用北风，分船攻击，同时进兵台澎两地。

施琅深感自己受到了掣肘，难以放开手脚备战，他到福建后不久，便上疏康熙，要求督、抚“居中节制”，征台的军事指挥也由六人商讨改为他一人独自决策。

接到施琅移送的疏稿后，姚启圣大惊失色，“心中如焚如溺，而不能自已”。他当初不惜顶着天大的干系，推荐比自己还大三岁的施琅复出，其最初用意无非是要为自己收复台湾增加一个有力的帮手，怎么可能想到施琅会“忘恩负义”，竟然要甩开自己单干呢？他当即上疏，表示反对施琅专征，坚持至少督、抚、提同征。

对于来自施、姚两方面的意见，康熙进行了平衡，他同意吴兴祚因为刑名、钱粮诸务，“不必进剿”，其余除姚启圣外的四人亦不再参加征台决策，不过仍保留姚启圣，强调对于征台战役，“总督姚启圣应一同前往”。

六人小组被改为了两人搭档，但这样一来矛盾不仅没有得到根本解决，还呈现出继续激化的趋势。本来姚启圣为了不与施琅闹翻，已经打算在风向和出兵日期上做出让步，全都按照施琅的方案执行，孰料康熙的圣旨一到，他的腰杆变硬，马上又反悔了。

福州水师上有施琅，下有五镇总兵官，他们均为经姚启圣招降过来的原郑军将领，当姚启圣奉旨体察军情，与其会商时，他们都异口同声地说北风进兵好。不管这些将领是屈于压力，还是真实本意，但他们的支持无疑令姚启圣大受鼓舞：你施琅可以说我在海战方面是个外行，可五镇总兵官没有一个不熟悉风汛水性，他们都认同我，难道他们也是外行？

姚启圣更加坚持自己的观点，甚至还每天派五镇总兵官去对施琅进行劝说，让他同意乘北风进兵。

两人搭档俨然已成为两个对等的权力中心，而且彼此意见针尖对麦芒，这种发生在领导层面的混乱，让底下的将领无所适从，不知道究竟应该听谁的指挥，备战因而大受影响——施琅作为水师提督，竟然连手下将领都与其意见不合，又如何进行部署？

这时候征台战役尚未正式打响，成败祸福均不可知，所以作为施、姚来说，他们并不如有些人所揣度和想象的那样，是在不顾大局的争功，而是确实认为自己的提议更有利于收复台湾。由于分歧难以弥合，两人只能通过上疏皇帝来解决，问题是那个时代通信很不发达，康熙也不可能每次都像平叛战争时那样，投入极大成本去专门构建一个战时通信网络。施、姚的奏疏从福建发往北京，再从北京反馈福建，一来一去要浪费很多时间，战场情况瞬息万变，如此屡屡错过战机便在所难免，两人的关系也急剧恶化，关于他们不和的传闻不但三军皆知，连福建普通官民都有所耳闻。

1682 年 4 月，施琅向康熙发去密疏，指出姚启圣“生长北方（姚是南方人，此处所说北方系指他非闽人），虽有经纬全才，汪洋巨浪之中恐非所长”，希望能够把姚启圣留在厦门，“居中节制”，确保后勤，由他带兵专征台湾。

施琅的密疏不用直接向姚启圣移送，但姚启圣仍然在宁海将军喇哈达处看到了密疏的内容。他不看则已，看后“不禁惊异欲死”，遂忙上疏为自己辩解，说我虽然生长在北方，可是也已经出海数月，在海上安然无恙，不呕不吐，他施琅凭什么说我在海上毫无长才？

按照姚启圣的说法，通过这段时间的出海操练，他非但不晕船，而且对于指挥海战也有了进步，完全可以随船出海指挥作战，如果实在不行，他宁愿与施琅各带人马出征。至于后勤，他筹备已非一日，所需早就齐全，根本不用再留在厦门。

姚启圣最后表示，他“宁愿死于海，而断不肯回厦门偷生”，为此，他甚至可以在风向上依从施琅，条件是进兵的时间绝不能再拖了。

轩然大波

围绕施、姚的争议，康熙命令议政王大臣进行合议，商量的结果是施、姚不宜分开，出兵日期也不能一拖再拖。

康熙本身是个有自知之明的人，因为知道海战较于陆战更为复杂，自己也不像陆战那样熟悉海战，所以在施琅几度上疏奏请延期征台的情况下，他一直都采取十分谨慎的态度，并不促令其进兵，但这并不表明其内心对征台的进展感到满意。他据此接受议政王大臣会议的结果，驳回了施琅专征的请求，而要两人和衷共济，同时对屡次延期出兵多少也有些责难的意思。

接到康熙的旨意，施琅压力倍增，而姚启圣虽然是这一回合较量的得胜者，但对前景却也不敢感到乐观。两人又争论了十多天，在大将军赖塔介入并支持施琅的情况下，姚启圣终于勉强同意按施琅的意见进兵。

1682 年 5 月 28 日，施琅、姚启圣率大军开拔，直指澎湖。在清军出发前，台湾郑氏集团已经预先获悉了此次行动，刘国轩奉命率郑军主力驻扎于澎湖的各处军事要地，就准备等清军过后，从背后进行抄袭。

除了敌人已有准备，难以达成突袭效果外，海面风急浪大的状况也对清军船队造成了困扰，在这种情况下，施琅认为攻下澎湖没有把握，经征得姚启圣同意，断然下令回师返闽。

从结果上来看，这次军事行动更类似于演习，而且清军也未有什么损失，但却在朝廷里引起了轩然大波。有人借机攻击施琅，说武力攻击台湾本身就是一个错误，施琅不顾条件是否许可就一意征台，只是要公报私仇。更有甚者，还居心叵测地说施琅虽归顺清廷多年，但依然心怀二志，朝廷不应再委以大任。

舆论的变化让朝中的主抚派再次找到了依据，大臣梁清标、徐元文等均向康熙进言：“如今天下太平，凡事不宜挑起争端，应当以和平清静为主，请皇上暂时停止进兵台湾。”康熙在起用施琅前已对他进行过长时间的考察，他固然不相信施琅公报私仇和心怀二志的说法，但对于施琅是否有能力完成征台任务，以及征台战役要不要继续进行，也开始踌躇起来。当另一位大臣孙蕙奏称进取台湾宜缓时，他便“以其言为当”，也就是认为孙蕙说得对。

在孙蕙启奏的次日，康熙召见已获准送母亲返还原籍的李光地，颇有些忧虑地对他说：“朕对于陆地用兵，向来可以筹算周详，但现在是海战，海上情形难于遥制。”接着便问李光地有没有看过孙蕙的条奏，李光地说我已经看了，孙蕙所言不失慎重，如今郑氏内乱，我朝方盛，实乃天亡郑氏的好时机，不过就算天时、地利都好，也必须整合人事和进行努力啊，绝没有不费一草一木，敌将就会自动归降的道理。

在这里，李光地实际上是用婉转的方式对孙蕙及主抚派进行了批评。康熙当然听得出来，他对李光地说：“朕别的倒不特别担心，就怕像孙蕙说的，海风将出征船队吹入外洋，贼军（郑军）乘势攻击，使水师蒙受重大损失。”康熙还说不是孙蕙一个人这么讲，姚启圣等人也有奏本持相同看法。

李光地告诉康熙，施琅在京时，他也曾问对方类似的问题，施琅当时的反应是大笑，说：“讲这话的人，都没有亲身经历过海战。”

照施琅看来，海洋本来就是一个异常复杂和艰险的战场，别说吹入外洋，就是在飓风面前，百万战舰亦不过粃糠而已，然而大家所处条件都一样，清军水师顶不住飓风大洋，难道郑军水师就能顶得住？打个比方，如果清军水师偶然漂至外洋的某处地方，即便与郑军水师仅相距一丈，双方的船要碰在一起都是件很难做到的事，到那时候，大家都得求妈祖她老人家多多保佑，谁也不可能多占得一点便宜。

施琅让李光地放心，说我当年在福建做靖海将军时，其实曾经遇到过你所说的那种情况，三百艘战船都进入了外洋，海上狂风暴雨持续三天三夜，但我们的战船无一损伤（应是指第一次征台），所以今后遇到这种事根本不要怕，就算无功，也不致蒙受大的损失。

李光地所讲述的他与施琅的这段对话，既帮助康熙释疑解惑，也基本消除了他的顾虑。李光地又进一步宽慰道：“海上唯凭风信，可进则进，可止则止，施琅谙熟水师，想来一定不会有什么问题。”

康熙后来提道：“台湾之役，众人都说不可取，只有李光地以为必可取，这是他值得称赞的地方。”他当即传旨福建，对施琅表示支持：“如今既已进兵，应于金门、厦门等要害之处添兵防御，以壮声威。”

如此大的转折

尽管施琅安然度过了来自京城的这场危机，但他并没有停止对于专征权的争取。1682 年 8 月 15 日，他上“决计进剿疏”，再次要求由他一人独征，让总督姚启圣、巡抚吴兴祚留在后方接应粮饷，并立下军令状，称只要自己能够得到专征权，“必破台湾”，如若不成，“治臣之罪”。

康熙想不到在已被自己屡次明确回绝的情况下，施琅仍会一而再，再而三地索要专征权，最初很是生气，认为施琅作为人臣不应该有这样的“妄奏”。可是两个多月过去了，他却并没有对施琅直接进行批驳，而是让议政王大臣们就此事再进行讨论，更加出人意料的是，多数大臣居然都建议答应施琅的要求，将专征权授予他。

康熙又转向大学士们，问："你们的意见如何？" 武英殿大学士明珠奏道："如果让一个人领兵进剿，可以更好地让他达成目标，如果两人同行，则未免彼此掣肘，不便于其行事。照议政王所请，不必令姚启圣同往，着施琅一人进兵似乎可行。"康熙表示同意，说："对。"当下便发布敕谕，批准施琅专征："施琅相机自行进剿，极为合宜。"按照旨意，姚启圣从此只负责办理后勤供应，军事指挥上不得对施琅进行干预。

事情出现如此大的转折，就不能不说到李光地。李光地虽然只是一个内阁学士，但已深得康熙的信任和重用，据李光地自己说，康熙平时很少跟身边的学士交谈，唯独对他是一个例外，"我为学士二年，蒙顾问者百余次"。本来康熙为了便于向李光地咨询征台问题，不希望他这个时候回乡，只是有人说李光地回福建后也可以有益于进取台湾，他才同意给李光地放假，所以李光地虽然不在京城，但仍肩负着为施琅出兵进行谋划的责任，同时康熙也通过他了解福建方面的真实情况。

不光康熙看重李光地，当时同柄朝政的两位宰相级重臣，即明珠和议政王大臣索额图，也都很看重李光地，特别是明珠，李光地许多关于进取台湾的意见，都得到了他的支持，甚至当康熙问明珠，关于征台的某事应该如何处理时，他总是回答"顷问学士李光地"或者李光地如何说等。

可以想见，在施琅上疏后，康熙必定已向李光地征求了意见，而李光地来自福建的报告也必定起到了作用，否则很难解释，为什么康熙等人会在这两个月中突然改变态度。

施琅终于如愿以偿地得到了专征权，这让他大受鼓舞。实事求是地说，他之所以一再提出专征，也是不得已而为之。因为跨海进剿，不仅需要捕捉战机，而且必须当机立断，稍有犹豫或扯皮就会与大好机会擦肩而过，甚至导致征台失败。此前正是由于他和姚启圣等人在征期、用兵、分工配合上存在着诸多分歧，才使得在他复任福建水师提督的一年有余的时间里，已接连错失两次征台机会，而督提之争也搅得军心动摇，将士们莫知所从。

接到专征之旨时已是秋冬季节，其时施琅正在平海卫指挥海上操练，同时声称要利用北风进剿台湾，以便混淆视听，迷惑郑军。过了一些天后，他又改口称"北风太硬"，未便进剿，令各路兵马返回军营，自己也回到了厦门。

北风进兵不是施琅的真实选择，那是姚启圣的思路，只是他已没有机会参加征台了，只好将建功的希望和重心重新放在招抚上。第二年，姚启圣再次派人赴台招抚，然而仍遭拒绝。

眼看“仅抚不剿”的做法已经走进了死胡同，康熙催促施琅“速进兵”，早已做好准备物施琅一接到进军命令，马上将大队舟师齐集铜山岛，誓师出征。

大受其益

时值夏季，与施琅的想法不同，他的很多部将都认为既然以前也曾一再延期，这次不如继续拖到冬季，假戏真做，把去年秋冬的海上操练变成实战。他们的理由是炎热的天气会让士兵疲劳，而且夏季和台风季节重叠在一起，台风也会造成渡海困难。

这次施琅却无论如何不肯再延期了。尽管他对闽台比大部分清将都更熟悉，居住京城期间也从没有放弃老本行，然而毕竟十几年过去了，现实状况总会有所改变，为此，他在重返福建后，便立即派专人查阅有关的气候资料，并进行了实地海情和风的观测，从而基本熟悉和掌握了台湾海峡最新的气象情况。

气象资料表明，虽然夏季台湾地区高湿高温多雨，但能见度较好，特别是在偏南风时，风速和缓顺畅，有利于水师横渡海峡。同样，夏季台风的发生率的确很高，不过并不是天天都刮狂风，只要能够避开台风的袭击，就可以挑选出一段好天气顺利出航。

施琅以此为基础，进一步分析说，在澎湖海上作战，很难一战即胜，到时就需要临时停泊，可是冬季北风强劲，不利于船队的航行和停泊。夏季出兵除了有利横渡外，其炎热多台风的特点，让一般人都以为不宜渡海作战，郑军的防务才可能出现松懈，对他们的攻击也可以做到出其不意，攻其不备，从而避免去年征台时无功而返的遗憾结局。

1683 年 7 月 8 日，施琅率官兵两万一千余人，配置两百多艘战船，从铜山岛出发，浩浩荡荡进军澎湖。施琅把澎湖作为主攻方向，而不直接进攻台湾本岛，是因为考虑澎湖是台湾的门户，如果不预先攻破这个屏障，台湾就不可能攻下来，或即使侥幸攻下来，清军也会有后顾之忧，极易为郑军内外夹攻。他对先取澎湖的计划并不隐瞒，为的是吸引刘国轩守澎湖：刘国轩是郑军中现存最有威望也最能打仗的大将，如郑氏集团派其他人守澎湖，其主力也仍在台湾，则郑军在澎湖战场“虽败未必灭”，但如刘国轩亲守，他除了自己外，一定还会把主力都带来，可望聚而歼之。

不出所料，郑氏集团在侦悉清军动向后，便决定由刘国轩亲率所有精锐坚守澎湖，而且从去年施琅一攻台湾起，一直都没有改变。征台战役也因此变得相对简单，即只要拿下澎湖，歼灭刘国轩及其郑军主力，台湾守军便将望风而溃，“立见荡平”。

清军内部原先激烈争执的另一个焦点问题是风向。姚启圣与一些将领都以北风进兵为佳，只有施琅坚决选择了南风。他的依据是北风虽然风力大，但其规律是一会儿刮一会儿停，常常不准，难以预料，相比之下，南风风力固然较小，然而海面波涛平静，将士没有晕船的担忧，同时清军处于上风上流，一旦借助风力进攻，必能势如破竹。

以往人们从大陆到澎、台，都是从金、厦出航，施琅一反惯例，把出发点选在靠南的铜山岛，原因其实也与南风有关——从铜山出航，可利用西南风，直取澎湖以南郑军未设防的诸岛屿，以作为清军先锋的前进基地和后续部队的落脚点，之后向北转入澎湖海峡，仍能让己方处于顺风顺流的有利阵位。

在帆船时代，对风向风势的把握和利用，是决定海战胜败的关键性因素。施琅因选择南风而大受其益，他率船队自铜山岛出发后，次日下午便抵达澎湖海面，整个行程耗时不到三十四个小时，其间未遇任何波折。清军船队拥有如此多的大小船只，还能以如此快的速度抵达目的地，足见这次出海之顺利。

澎湖列岛周围小岛环伺，计有猫屿、花屿、八罩、水垵墺等，负责侦察的快哨向施琅报告：“各岛（指澎湖本岛）均有船只把守，炮台相望，唯猫屿、花屿、八罩、水垵墺的贼船不多。”施琅在出发前原计划先攻取花屿并临时进行停泊，但总兵吴英建议不如以八罩或水垵墺代替花屿，其依据是从海图上看，花屿位于澎湖西南，能供船只停泊的地方太少，又离澎湖较远，而八罩、水垵墺位于澎湖正南，不仅可停船的地方多，离澎湖相对近，而且处于上风位置，对于白天的作战有利。

施琅知人善任，周围着实聚集了一批出类拔萃的谋士和武将（从前也多为郑氏集团将领），在这其中，吴英以智勇双全、精通海战，更被施琅倚为副手。听了吴英的建议后，施琅深以为然，在水师到达澎湖海面后，即下令大部队向八罩以西的水垵澳进发，同时派官员乘着小哨船，到周围没有郑军据守的小岛上去安抚百姓。

倒吸了一口凉气

清军水师的动向被十余艘负责守汛的郑军哨船看在眼里，他们急忙驶回澎湖报告。

接到哨船的报告，刘国轩大吃一惊。正如施琅的一些部将所认为的那样，之前刘国轩也判断清军当下不宜从海上发起进攻，他每次与诸将商讨时都说："六月（指农历六月，阳历为七月）风波难测，施琅对海务非常熟悉，他怎么会在选择在这个季节率部贸然出击呢？"

刘国轩甚至将十几年前施琅征台的失败，解读成施琅是在虚张声势，目的只是哄骗朝廷，"请旨宽限做官"。他断定这次也一样，甭管施某折腾出多大的动静，都是要么连沿海都不敢出，要么是和去年征台那样虚晃一枪，无功而返。

错误估计形势，连战前动员都没有好好地去做，这是刘国轩的第一个决策失误，紧接着，他又出现了第二个失误，即明明知道施琅正率军接近，但仍下令严防死守，禁止各部主动出击。

部将邱辉按捺不住，请求乘清军远航疲惫，立足未稳之机，对其发动攻击，并预料必定能击溃清军。另一名将领黄良骥也表示赞同，认为邱辉的说法符合兵法中的"先发制人，半渡而击"。刘国轩却坚信自己铸造的防御阵势固若金汤，清军水师即便来了也无法泊船，他还迷信天气，期望飓风刮起后使得清军更加无处容身，从而"以逸待劳，不战而可收功"。

刘国轩一句"诸公不用过虑"甩过去，把邱辉等人都给打发了，他没有想到，正是他的一意孤行和自以为是帮了对手的忙——如果郑军能够发动进攻，清军先到水垵澳的部队尚喘息未定，后续部队又没法展开，到时将自相撞击，混乱不堪。

拜刘国轩所赐，清军船队趁郑军处于紧缩防守的当口，加速向水垵澳集结。郑军在水垵澳及猫屿等处虽然都有守兵，但是数量很少，要抵挡的话，连给清军塞牙缝都不够，他们只得弃岛逃离，驶船返回澎湖，向刘国轩报告消息。

水垵澳与澎湖已经很近，确证清军将驻泊此处，邱辉再次激动起来，他自告奋勇地请求在晚上潮落之后，率部乘夜袭击清军，以免让清军侦察到澎湖防御阵地的情形。

潮落？涨潮的时候他们就不知道在哪里了，如何还能对我们进行侦察甚至进攻？刘国轩笑了起来，他颇为自信地对邱辉说："公（指邱辉）竭力报国，堪称勇将，但我自有成算。施琅不过徒有虚名，在这种天天都报告有飓风的天气里，居然还敢率水师越海征战，怎么会不败呢？"

在拒绝邱辉的请求后，刘国轩发布命令，让各部官兵加强防备，同时准备给清军收尸："如夜半风起，恐怕他们一个活着的都不会剩下了！"

可惜老天不遂人愿，一向肆虐横行的大风并未如期露面，自然清军也毫发无损。至此，刘国轩接连犯了三个战略性错误，丧失了两次主动权，而施琅却把握时机，积极备战，当晚便召集军事会议商讨进攻方案。

会上，吴英主张先派二十艘快哨船潜入澎湖港口进行侦察，看看郑军的战船一共有多少，停泊在何处，陆地上是否有士兵把守，以及入港道路的宽狭窄深等情况，之后待快哨船返完，分析完他们的报告后再分兵而进。

与吴英的意见相左，多数将领都认为这样做太慢太费时间，而且也没必要分兵，要上就一起上，集中力量将郑军一举击溃。施琅本身亦有轻敌麻痹、急于求成的思想，又见士气可用，便决定采纳多数人的意见。当下他聚米做成澎湖地势图，给诸将布置了作战方案，对该如何进港，如何泊船，如何进攻，都一一做了布置。

1683 年 7 月 10 日，即清军泊舟水垵澳的次日清晨，施琅下令开船进兵。此时海面上正刮着柔和的偏南风，处于上风方向的将士们趁着风势扬起风帆，不一会儿就到达了澎湖港口，但到达之后，眼前的景象却让他们不由得都倒吸了一口凉气：两百余艘战船在港内扬帆排列，陆地炮台上的大小火炮更是密密麻麻，不计其数。

施琅为实施澎湖战役做过大量功课，备战期间还派人到澎湖侦察，并向前来投诚的郑军将士进行了查询，否则他在部署时不可能布置得那么精细。问题在于，澎湖的防御体系也在不断改进和调整之中，而由于清军未做进一步的战前侦察，结果导致他们对此缺乏应有的心理准备。

三板斧

郑军原先并没有这么多战船，刘国轩为了抵御清军，临时把台澎文官百官的私船、百姓的民船全部予以强行征集，改装成了以炮船、鸟船、赶缯船等为主的战船。陆地炮台也是如此，两军交战时，澎湖各岛所修筑的炮台已增至十四座，而且“凡沿海之处，小船可以登岸者，尽行筑造短墙，安置腰铳，环绕二十余里”，呈“星罗棋布，坚如铁桶”之势。

尽管战船数量不少，但刘国轩仍采取了外人看来相对保守型的打法，他将战船龟缩于港内，“倚险不肯出港”，避免与清军决战，只以十七艘炮船排列在港口前，与两岸陆军的炮台相配合，对清军施射。

自古守城不如守岸，守岸不如守海，当看到清军船队迫近港口时，岸上的郑军以逸待劳，远距离用大炮，近距离用腰铳，舰炮也一齐开火。刹那间，炮声如雷，弹若雨下，清军别说登岸，就是接近都变得极其困难，总兵朱天贵尽力靠近后，曾尝试先用铁钩钩住敌船，再用火器进行攻击，可惜未能成功。

出发前，施琅虽曾强调“不听命令者杀无赦”，但并未实施严格的赏罚条例，看到战场的严酷程度远超想象，多数将领都一改原先过于乐观的态度，变得犹豫彷徨起来，只有前锋蓝理等人驾驶着七艘鸟船冒险冲入了敌阵。

蓝理是福建漳浦人，漳浦系沿海地区，自明末开始这一带便倭乱频仍，蓝氏族人为了生存，普遍练就了一身海陆作战的本事，蓝理更是其中的佼佼者。施琅素闻蓝理勇敢善战之名，受命专征时特别奏命他为右营游击，领前队先锋。蓝理上阵之后也果然不负所望，即便在前后队已严重脱节的情况下，依然冲锋陷阵，毫无惧色，以他为核心的前队由此给郑军造成了很大威胁。

就在蓝理等人越战越勇之际，风向突变，原来的顺风变成了逆风，兼之潮落，七艘船为急流所分散，攻击力大为减弱。刘国轩趁机采用各个击破的战术，指挥郑军船队从两翼对之进行夹攻，清军前队伤亡剧增，蓝理等人见形势不利，只得组织所部后撤突围，但被郑军紧咬不放，一时难以脱身。

在这次战役中，施琅把舟师分成了以数船为一股的战斗小组，明确其负责人，并命令大小战船都要在风篷上书写负责人姓名，以便在风波摇撼中分辨战船进退，这使他在极度混乱中依旧能够掌握部队的状况——只要看到写有蓝理名字的风篷一直在郑军包围圈中兜兜转转，就知道光靠前队自己的力量无法顺利突围了。

前队撤不出，后队不敢上，怎么办？这位已六十三岁高龄的老将毅然决定亲自驾船予以增援，在施琅之后，吴英也“单船驾双橹”，奋不顾身地冲了上去。

施琅、吴英一入敌阵，就遭到郑将林陞所率大队人马的合攻，敌方炮弹如雨，己方亦矢石俱下，各自都陷入激战之中。施琅正站在座船的尾楼上督兵御敌，他的亲随冯苓发现敌船用鹿铳（火绳枪的一种）瞄准了他，连忙挺身掩护，同时疾呼提醒道：“大老爷！”施琅闻声回头看时，冯苓已被鹿铳击中，弹丸贯穿胸膛，当场气绝身亡。

施琅虽然侥幸躲过了一次致命的袭击，但之后其面部和右眼仍被火铳所伤并跌倒在地。一旁随其征战的子侄们见状无不大惊失色，为了不动摇军心，施琅安慰众人：“没什么关系，不过是沾了点火气而已。”在由众人搀扶起来后，又继续咬牙指挥作战。

主帅亲自坐船前来援救自己，却反而因之受困，此情此景令蓝理怒发冲冠，激情澎湃，他大吼一声：“将军勿忧，蓝理在此！”乘着自驾船劈波斩浪，向施船所在位置冲去。

施船附近围着不少敌船，蓝理先用斗头熕（一种安置在船头的火炮）射沉一艘，接着用船左的一门横炮进行射击，将另一艘敌船炸裂了半边，继而率官兵们以铁钩钩住对方船只，向船上投掷火罐，被其火罐击中的敌船燃起大火，郑军士兵不是被烧死烧伤就是落水身亡。

蓝理挥出的“三板斧”成功地劈开了他和施琅之间的通道，包围施船的敌船不得不向后稍稍退却，以避让蓝理的凶猛攻势。施琅趁机令水手们摇橹前进，可巧老天作美，这时海风也慢慢吹了起来，于是施船得以转帆借力，与蓝船合力协攻，又先后击伤了两艘敌船。

捡了便宜还卖乖

发现蓝理分外勇猛，郑军现场指挥官林陞督令诸船与蓝理死战，郑军将领曾遂应声出阵，与蓝理正面较量。蓝理杀得性起，不提防一颗弹片飞来，击穿了腹部的护身甲，顿时受伤倒地。曾遂看得真切，趁机叫道："蓝理死了"，企图以此鼓舞己方士气，动摇蓝军和其他清军将士的军心。

蓝理的亲属族人大多和蓝理在一条船上，他的二弟蓝瑶急忙从背后将他扶起。蓝理站起后握紧拳头大吼："蓝理在，曾遂死了！"他吩咐族子蓝法："拿刀来。"蓝法依言递过一把刀，蓝理持刀在手，连呼："杀贼！"

得知蓝理中弹受伤，其他部将要赶来看望，蓝理均摇手阻止，说："我的伤势不要紧。"他要求负责指挥的军官一律不得擅离岗位："督战速进，不要因为我一人而误大事。"

其实蓝理的伤势并不轻，腹部鲜血淋漓，连肠子都流了出来。一些亲属族人就近实施了救护，蓝法帮他将肠子捧放入腹，四弟蓝瑗为他取药敷腹，五弟蓝珠撕开战旗，给他进行了简单包扎。蓝理根本无暇顾及自己的伤势，继续向将士们奋力疾呼："大家今日不可怯战，一定要与敌人拼个你死我活！"听到他震雷一般的呐喊声，船上官兵士气大振，战斗时无不奋勇争先。

用铁钩钩住对方船只，以便相互投掷火箭、火龙、火罐，是海战时双方都会采用的一个基本策略。就在郑军船只与蓝船靠拢到一起的时候，郑军中一个绰号"飞天鼠"的高手像猿猴一样爬上桅杆，然后飞身跳到蓝船的风帆上，企图偷袭蓝理，谁知蓝氏子弟个个武艺高强，蓝瑶没有直接参与对蓝理的救护，就是防着这一手，他唰地蹿上风帆，瞬间便斩掉了"飞天鼠"。

在评书演义中，武将单挑是最常见的桥段，一旦有一方落马，另一方也就自然获胜。曾遂和蓝理，"飞天鼠"和蓝瑶，他们的捉对厮杀虽不会造成那样戏剧性的结果，但对双方的军心士气仍会起到影响，特别是见蓝理犹在，而想要袭击他的"飞天鼠"却已人头落地，郑军士气沮丧，均避之唯恐不及。

清军越战越勇，郑军伤亡扩大，连指挥官林陞都身中三箭，不过林陞却也不失为一员好汉，在这种情况下犹不肯放走猎物。关键时刻，南风再助清军一臂之力，总兵游观光乘风驾船赶到，一炮打过去，正中林陞战船，船上人员死伤惨重。林陞正欲回头对付游观光，不想左腿又被蓝船的火炮炸断，整个人都瘫倒在了甲板上。

林陞身负重伤，给郑军造成了更大的震撼，各船郑军连头都不敢抬，不得不暂时放弃对清军的紧逼围攻。从战斗的全过程来看，清军前队以寡敌众，先是遭到围攻，尔后虽靠挥师力战，初步扭转了局势，但一直都处于较为被动的地位，施琅自己也知道取胜已不可能，见天色将晚，便下令撤出战斗。

清军撤退时，邱辉、江胜等两名郑将挥船尾追，刘国轩怕遭到埋伏，连忙鸣金打旗把他们给叫了回去。据说施琅得知后颇感惋惜，说："刘国轩这家伙怎么如此狡猾？本来我还想诱他追击，趁机出奇兵从旁边冲入，直捣他的老巢呢，哪想到他会鸣金收兵！"

其实施琅在做出撤兵决定时并无诱敌追击的意图，更无重新冲入澎湖港口，直捣敌穴的部署，如果他真说了这话，只能证明他出于稳定军心等考虑，捡了便宜还卖乖——如果刘国轩真的统率海船乘势追击再战，以当天清军水师的整体状态而言，胜负之数将难于论定，即便不落败，也会多蒙受不少损失。

由于潮落流急，清军在撤出战场后，如何收拢部队仍是个问题。施琅向谋士陈昂问计，陈昂对风信海道非常熟悉，他回答道："等傍晚潮转，就可以了。"到了傍晚，潮向果然扭转，施琅遂发炮指挥全军撤往水垵澳东面的西屿头。

当晚施琅命水师抛泊西屿头海面，船只全部按战斗队形排列，将士不准卸甲，"弓上弦，炮入子"，实施高度戒备，同时他还命令游观光等将领率战船把守各个要口，以防郑军夜间偷袭。

本来郑军的确有可能实施夜袭，邱辉在追击未成，被召回后就向刘国轩建议说，清军白天战斗疲惫，晚上守备必然空虚，他和江胜愿意带上十艘战船，直抵猫屿、花屿、八罩攻打清军，若偷袭成功，清军必然丧魂落魄，最后只能狼狈逃回内陆。

可是邱辉的建议再次遭到了拒绝，刘国轩认为当天初战告捷，已经挫伤清军锐气，所谓穷寇莫追，只需"谨守门户，以逸待劳"。他依旧把最终获胜的希望寄托在天气之上，推断清军战船较多，而水垵澳（其时郑军尚不知道清军暂泊于西屿头）全都是"石浅礁线"，实在没有什么可以躲避风暴的地方，"早晚风起，定不战自溃"。

经过前一天晚上的失望，对于天气，邱辉已不像他的主帅这么有信心了。兵法上公认敌方有三种情况最适宜对其发起主动攻击，即“半渡可击，立营未定可击，乘虚可击”，邱辉争辩说：“现在敌人三者俱备，为什么不乘势赶杀？若早晚无风，敌人又合万人之心而死战，该怎么办？”

邱辉言辞恳切，然而刘国轩却认为多虑了，他对邱辉说：“今天是十六，明天是十七，十八、十九就是观音飓、洗蒸笼飓，哪里会没有暴风呢？我们暂且养精蓄锐，扼险守隘，以观成败。”说完，便拨船载林陞回台治伤，并报大捷。邱辉虽然沮丧不已，但也不敢违令，只得悻悻而退。

演一出戏

作为当时郑军最出色的大将，刘国轩自非浪得虚名，他之所以一再不听部下劝谏，实在是有其难言之苦衷。

澎湖战役前，台湾不仅灾害不断，经济萧条，而且人心浮动，还没正式开战，就有许多将领冒着风险越洋投清，没跑出去的也有不少心怀鬼胎，想等清军大兵压境时再趁乱倒戈。刘国轩虽然凑齐了两百余艘战船和两万余水军，使其水师在数量上勉强能与清军相抵，但其实力与郑成功生前的鼎盛时期相比已相去甚远：相比于清军又大又坚固的新造战船，郑军船只多为老船和改装船，无论大小、速度、坚固程度等各方面均不及对手；不少士兵系临时招募、缺乏训练；后勤保障困难，军营已经缺粮好几个月了。

邱辉等人关于追击和主动出击的方案，虽然有成功的可能，但失败的概率也很大。刘国轩深知自己的家底，他知道，他同清军作战只能胜或至少平，而绝不能败，因为一败，军心必然顷刻崩溃，甚至他都害怕士兵们因缺粮而乘此机会逃亡或归降清军，其直接结果以及将对其他同伴所带来的连锁效应，都是郑军所不能承受的。

概而言之，从战役一开始，刘国轩的战略思路就只有两个字：防守，防守，还是防守！

除了防守，刘国轩只能寄望于飓风帮忙。当然他的这种心理本身也有着充分和可靠的依据，根据过去的气象记载，农历六月的澎湖列岛一带，和风送爽的天气往往不超过五天，海面上就会骤然刮起台风、飓风，随即“怒涛山高，变幻莫测”。

当地谚语总结为“六月多台”，或“六月三十日有三十六飓”，意思是说六月里一共三十天，飓风倒有三十六场，十八、十九两天尤其是风暴多发日，这两天的飓风被人们分别称为“观音暴”和“澎婆暴”，也就是刘国轩所说的观音飓、洗蒸笼飓。

7 月 10 日为农历十六日，尽管晚上也有刮飓风的可能，但萦绕于施琅心头的，还不是这个，而是战事不利给他带来的困扰。

施琅在奏疏没有提及己方损失，只是说当天清军共击沉烧毁郑军各种船只十六艘，焚杀溺死郑军两千余众，相比之下，台湾英国商馆根据刘国轩的报捷书，则引述认为郑军仅损失了一千人，而且同样击沉烧毁了清军战船若干艘。固然施琅可能夸大战果，刘国轩也有可能少报损失，但既然连身为主帅的施琅自己都受了伤，战况又那么激烈，清军损失也应该不在少数。最重要的是，由于风潮不顺，多数战船徘徊不前，清军始终未能在战斗中占据主动地位，这才是真正让施琅感到沮丧和郁闷的地方。

当晚吴英坐小船来看望施琅，施琅在话语中已明显透露出不安的情绪：“今天我看到众心不齐，大家都不肯向前，这样一种状态，如何破贼？”

“国家数十年来为此海寇（指郑军）所扰，屡抚屡剿，所耗费的兵马钱粮、沿海数省被害百姓都超过千万数目。如今我们已扼住了海寇咽喉，若不破贼，日后还有谁敢再提及破台之事？”吴英慷慨陈词，坦率地提出了自己的看法，同时他结合白天杀入重围后的亲身经历，认为虽然郑军战船也不少，但能够出头作战且称得上勇猛的只有二三十艘，其余都不过是跟在后面混事的碌碌之辈，若清军众志成城，并不难一举攻破。

经历这么多年的艰难曲折，方得专征台湾的最后一次机会，施琅自然不会真的泄气或打退堂鼓，说到底，他不过是希望从吴英那里取得认同罢了。果然，吴英不仅和他一样主张坚决打下去，而且在如何调动和激励全军斗志方面也有了一套很好的想法。

1683 年 7 月 11 日清晨，施琅率舟师返回水垵澳。按照和吴英等人达成的共识，他开始着手对部队进行整顿，是日，将领们都被召至中军船议事，施琅首先厉声训斥詹六齐等将领，说：“贼船不多，你们却不齐心协力，冲锋向前，而是互相观望，导致潮落之后被敌人掌握了主动权……那天如果不是蓝理，本军门（指施琅自己）

岂不危险啦？”

他要求“严申军纪，查定功罪，赏罚官兵”，据此，作为初战的两大功臣，蓝理赏银两千两，游观光赏银一千两，其余也照有功、有伤情形，分别予以赏赐。赏完了就是罚，詹六齐等十几名战将被当场绳捆索绑，拟以临阵退缩之罪，推出斩首示众。

澎湖战役刚刚才开始不久，正在用人之时，连斩这么多战将虽能严明军纪，但也等于自断臂膀，所以此处还得演一出戏，至于戏的演法，施琅在和吴英计议的那天晚上就已经设计好了。

第一批出场的是吴启爵等七将，他们替詹六齐等人向施琅求情，说昨天的仗之所以打得不好，不全是因为违抗军令，也有船只混杂在一起，都想抢着向前，以致互相冲撞，反被郑军趁机用炮集中攻击的因素，“今在用人之际，求宽免其罪，让他们戴罪立功”。

施琅故意不肯手软，仍然板着一副面孔，说：“赏罚乃朝廷法令，本军门怎么能徇私？”

吴英赶紧出来说情：“赏罚固然出自朝廷，但在这里执行法律的还是我公（指施琅）。公若能予以宽赦，让他们戴罪立功，他们自然一定会振作精神，以一当百。”

施琅见时机已到，便顺势下令给詹六齐等松绑：“好吧，看在诸将的情面上，暂且给你们记过，但倘若下次战斗时，还像原先那样观望不前，就要两罪并罚，决不宽宥。”

要风得风，要雨得雨

得知清军又移师水垵澳，郑军军营里一片轻松的气氛。原来八罩、水垵澳均属北风澳（“澳”指海边弯曲可以停船的地方），可挡北风，不能挡南风，而且水流湍急，一旦遭遇大的风暴，潮乘风势，风推潮力，船只都将被拍到岸边。这些地方的岸边有许多形如铁树、锋利无比的大石头，即便再坚固的海船，被连拍着撞上三四次，也得散架。在此之前，郑军从来不把八罩、水垵澳作为主要泊船地，因为只要在那里停泊，船只“遇风立坏”，从无例外。

第一次泊船水垵澳没事，那是你们走了狗屎运，第二次以为你们停泊水垵澳，结果去了西屿头，第三次居然选择了重回水垵澳，真以为你们身上带着避风针，风暴躲着你们走？一些郑军将领听说后抚掌大笑，说："这下不用麻烦我们的士兵了，只要海潮一涨上来，他们的船自然会粉身碎骨。"刘国轩更是带着轻蔑的口气笑道："谁说施琅会打仗的？他连天时地利都不了解，不掌握，其他又何从谈起？诸君只需坐在家里饮酒，以坐观成败了。"

其实施琅研究了这么多年的澎台海事，岂能不了解个中利弊，只是无论八罩、水垵澳、西屿头或是别的海岛，不刮飓风便罢，若是刮飓风，对清军水师而言，效果都相差不远。换句话说，他此时并无更多更好的选择，只能一边将舟泊水垵澳作为权宜之计，一边惴惴不安地等待着，希望万一风暴降临，可以尽量减少损失。

说来也怪，当天的水垵澳依旧未刮飓风，就好像清军战船上真的藏着高人带来的避风针一样。不过随着十八、十九那两个恐怖日子的即将到来，施琅也不敢再同命运打赌，他无论如何都得重新给船队选个地方待了。

1683 年 7 月 12 日，清军水师直取郑军所据的虎井、桶盘屿。当天即农历十八，"观音暴"降临的可能性极大，而虎井在八罩、水垵澳之北，桶盘屿在其西，既为郑军所据，自然都能在一定程度上躲避风暴。对于虎井、桶盘屿，始终存在依赖风信、不战而胜心理的刘国轩又岂能拱手相让，于是马上"悉锐抗拒"，但在缺乏澎湖本岛炮台配合的情况下，郑军水师实在不是清军对手，很快便落败退却。

施琅率部追击逃敌，因为追得太猛，座驾船突然陷入泥沙之中，搁浅后动弹不得。郑军趁势回头群起围攻，施琅尽管神情镇定，指挥自如，然而始终无法突围，处境变得十分危急，不过幸好，他还有蓝理护驾。

本来蓝理因负伤并未参战，但他在得悉施琅被围的消息后，便立即驾船往救。其他船只的风篷上除了姓名还写官衔，蓝船只写长宽各两丈见方的"蓝理"二字，郑军官兵老远就能看见，他们在初战中就已经被蓝理吓破了胆，见蓝理再次披挂上阵，都仿佛见了鬼一样，一边惊叫着"蓝理来了"，一边不由自主地向后退却。

蓝理赶到战场后，浑然忘却了自己的伤势，只见他飞身跃上郑军中军船，竟挥刀连劈郑将十余人，接着才收刀跳回己船，而敌船上的官兵已被吓得纷纷跳水逃亡。

蓝理回船后又夺下一艘敌船，请施琅换乘。施琅握着他的手问起伤情："医生说你的伤至少得休养七天才能好，怎么三天还没到就出来啦？”蓝理笑道：“主帅被围，情况危急，我怎么能苟且偷生？只要能救主帅，哪怕疮口裂开而死，我也无怨无悔！”

清军水师将帅齐心，将郑军打得大败，施琅、蓝理等人穷追至西屿头方才罢手，至此郑军退守城垒，再不敢出来与清军较量了。

施琅在攻取虎井、桶盘屿时即顺势移师虎井，不过当天“观音暴”并没有到来，说明即使他们还是停留在水垵澳，也不会受到飓风的攻击。次日是农历十九，气候似乎终于出现变化，北面黑云滚滚而起，同时能感受到已经微微吹起的北风，浪声翻动的声音亦隐约传来。就在大家惊疑不定，担心“澎婆暴”会接踵而至时，没想到天空忽然打起了雷。众人顿时大喜过望，因为对海事风汛稍有了解的人都知道，“六月有雷则无台”，民谚更有“六月有雷止三台，七月一雷九台来”的说法。

刘国轩满心期待的飓风相助，就这样被雷声给彻底轰走了。实际上，自施琅进军澎湖的第一天开始，澎湖海面就一改往常变幻莫测的作风，一连十多天都风平浪静，“海不扬波”。

施琅大军渡海作战，飓风并不是威胁他们生存的唯一自然因素。澎湖列岛周围一片汪洋，海水无法直接饮用，陆地上并无河川，必须凿井取水，但在澎湖凿井却极其困难，有的地方硬石太多，根本凿不下去，有的地方井是凿成了，然而淡水碱苦不堪饮食，还有的下面压根就没有淡水，纵使花了很多工夫，最终亦只能作为废井予以放弃，徒耗人力而已。在澎湖，如果按照澳算的话，能够在一澳中成功凿得一井，已是幸运，能成功凿得二三井者，那更是幸中之幸。

在各岛中，清军一度驻扎的八罩、水垵澳，包括周边的猫屿等处尤其淡水稀少，平时不足十人饮用，他们登岛后立刻凿井，令人惊异的是，不仅很快就挖出了数口水量充沛的淡水井，而且岛上原有的老井也“兹忽泉涌”，不停地往外冒水，加上清军船上本身也有储备用的淡水，所以澎湖战役期间，征台大军一直“不乏水”，从未有过缺水之虞。

据记载，在施琅大军出发前，台澎地区连降八天大雨，雨停天晴时，“溪谷皆崩”，由此可知，当他们抵达澎湖时，各岛地表储水已经相当丰富，这正是他们能在岛上得到那么多淡水的原因所在。如此要风得风，要雨得雨，对于抱着“三军命悬，悉听于天”心情的施琅而言，不能不说是一种奇迹般的幸运，他后来在奏折中由衷地感叹道：“上天垂佑，皇上弥天之福。”

拼死一战

从八罩、水垵澳到虎井、桶盘屿，清军由外围岛屿逐步向澎湖本岛进逼，渐呈合围之势。1683 年 7 月 13 日，施琅率部分将领坐船出岛，对澎湖本岛地形和郑军的防御设施进行现场察看。郑将邱辉、江胜发现施琅的座驾船后，即启碇起帆，意欲追击。施琅已经得到了他想要的，见状立刻转舵放炮，收船回军。

接下来的两天，施琅又使出老弱骄兵之计，派少部分兵力和较小船只实施佯攻，在分散郑军力量的同时，使其误以为清军不足畏，从而陷入麻痹松懈之中。

经过连续三天的休整和准备，7 月 16 日，施琅再申军令，向郑军发起了决战式总攻。他除以八十艘战船继后，担任后续外，其余兵分三路，其中一路作为奇兵夹攻，一路作为疑兵牵制，他自率主力从中路直取郑军指挥中心——由刘国轩亲自镇守的娘妈宫。

澎湖外堑山顶的瞭望哨看到清军来势汹汹，急忙鸣炮报警。刘国轩听到炮声连发，知道对手来者不善，之前他一直坚持防守不出，但或许是因为再也指望不上飓风了，此番他却一反常态，决定与施琅一决雌雄。在他的督令下，郑军各船一齐发炮呐喊，从娘妈宫前驶出迎战。

郑军每艘炮船均安装一尊重达三四千斤的红夷大炮，船头两边又安装发熕二十余门，鹿铳一二百门，同时还能得到陆地炮城和炮台的掩护，因此火力并不弱。战斗从一开始就激烈异常，双方射出的炮火矢石交攻有如雷轰雨洒一般，海面上烟焰蔽空，枪炮声震天动地，不绝于耳。

战争是与死神打交道的事，外在赏罚对于士兵勇敢精神的激励作用毋庸置疑。施琅两次严申号令，官兵们都立下了军令状，这使得与初战相比，清军将士精神面貌大变，“萎缩”完全被“用命争先”所代替。

吸取初战中各部基本处于无序状态的教训，施琅在总攻中实施了新的战法，中路一共五十六艘大鸟船，他将这些战船分成八股，每股七艘船，成三叠队形前进，以确保各船都有自己明确的作战方向与任务，但同时又可以相互配合和接应救护。所谓“三叠”，有研究者认为应该是六船在后分成两排，每排三艘，再以一船突前。总兵朱天贵就居于这样突前的位置，他在投清前与郑将邱辉等人都是儿女亲家，遂不顾危险，站在战船尾楼上朝他们高喊：“亲家！你看我现任总兵，你们也可以像我一样弃邪归正！速来投诚。”

邱辉回应道：“老天岂能容得下你这等背义之人！”说罢，即令舵手转舵，炮手将左边熕装好后顺势施射，朱天贵猝不及防，被炮火击中，穿肠而死。

见朱天贵将亡船溃，居后的总兵林贤立即入援。刘国轩督各船合围林贤，火箭、火罐、矢石、炮火，犹如雨点一样落过来，林贤率部左抵右挡，鏖战中，他的左臂连中三箭，船上官兵死的死，伤的伤，而且无论死者伤者皆体无完肤。最后船上的矢石药炮都用光了，无奈之下，他们只好将吃饭用的铁锅打碎，填充到炮膛中射击，聊以御敌。

就在林贤及其部卒自认为陷入绝境，想要取火自焚的时候，中营游击许英等驾驶的六艘战船从外围杀入，这使林贤鼓起余勇，重新投入奋战。经过内外夹击，郑军船只一艘被击沉，另一艘被火罐掷中起火，原先围攻林船的诸船这才溃散，刘国轩亦往后退却。

重新占据上风的林贤等人仍对郑军紧追不舍。发现当天清军都很拼命，攻势逼人，刘国轩也不得不拼死一战，他命令大将刘明重新组织各镇战船一齐进行反击。总兵吴英正督领一股战船前进，见状立即令总领旗黄登、副领旗汤明在船头，自己到尾楼督战。不料汤明身中数箭，吴英自己的右耳也被鹿铳所伤，就在两人忍痛继续作战的时候，战船又因潮退搁浅，眼看敌船火力凶猛，副将詹六奇驾着小船准备把吴英接走，被吴英以“众军在船，义不独存”坚决加以拒绝。

船只搁浅在海战中是非常可怕的一件事，官兵们都很慌乱，黄登飞跃上前，喝道：“不要怕！”他亲自操篙，连撑数篙，船才乘着微风缓缓移动。

郑将邱辉、江胜等率诸船又发起了新一轮攻势，且锋芒甚锐，然而能够供他们施展的时间已经被用完了。施琅之所以没有像前两次作战那样一开始就全力以赴，是因为一直在等待风潮，此时正好南风大作，潮水上涨，见时机已至，他马上挥令左右各股战船一齐扬帆而进。

清军顺风顺水，郑军逆风逆水，尤其当双方压攻挤击时，更是优劣毕现。郑将江胜即被清军团团围住，部属死伤过半，与之前林贤在类似情形下亦得以脱险不同，他根本就没有突围或被同僚解救的可能，情急之下只得发炮自沉海中。

火攻是施琅在总攻中预定的另一种打法。利用在局部战场所形成的优势，施琅下令所部以五船合围一船，对郑军水师予以分割，之后再向被困敌船抛掷火罐、火桶、火箭。郑军一片慌乱，大多自顾不暇，只有邱辉还能冒死往来接应，挥炮乱击。只是这种孤军奋战毕竟不能持久，在两脚俱被炮火所伤，势穷力竭的情况下，邱辉也以自焚的方式结束了自己的生命。

破腹将军

郑军水师遭到死死压制，损伤达到七至八成，刘国轩目视四周，力图乘隙突围，但清军船只集结如叶，几乎塞满了各个海港，看上去已是插翅难飞。

经过观察，幸好还有一个吼门港无船堵截，刘国轩便急令残余战船都顺流撤向吼门。快要吼门时，他要舵手杨福继续往前直驶，杨福却不敢再开，说："吼门礁线甚多，从无船只敢过。"

前面固然是难关，但若不过的话，后面追上来的就是鬼门关，刘国轩脱下头盔，双膝跪地，向天祷告，祷告完了便喝令杨福必须从吼门通过。杨福见追兵将近，势在危急，只好依言一咬牙向吼门急驶。

说来也巧，这时潮水突然涌涨，风顺无碍，使得刘船及其随后的残兵败将有惊无险地通过了吼门。施琅望而称奇，令总兵陈蟒率快哨船追擒，但陈蟒港路不熟，追赶不上，只得回师。

澎湖决战从上午七点一直持续到下午五点，在这场规模空前的大海战中，郑军水师几乎全军覆灭，仅刘国轩率残部由吼门逃往台湾。刘国轩战前所布置的陆上防御体系，尽管号称"坚如铁桶"，但若无水师的配合和支持，其实亦不过是"纸老虎"一个，海上战败后，众将未做任何抵抗，便全部倒戈，清军完全占领了澎湖三十六岛。

对于施琅攻取台澎的军事行动，康熙采取了完全放手的态度，从不横加干涉。

坊间传闻，有一次福建省发来错误奏报，称清军打了败仗，当时康熙正在宫外练习射箭，接到奏报后只是谕令兵部知悉。未几，又一份奏报传来，把情况说得更加不堪，众人请旨指授机宜，康熙依旧一句话都没说。回宫后，他才对众人说："福建距京城数千里，台湾更是远隔重洋，朕平日里任用督抚提镇，就是为地方有事而设，相信他们自能就近办理。如果听到什么风声马上就降下谕旨，岂能全部符合海外的实际情况？若不符合实情，督抚不遵守是违旨，遵守则误事。"

康熙是个极聪明的人，他知道自己在海战方面并不内行，而内行的事就必须交给内行的人去办，这一明智决定让他获得了满意的报偿。1683 年 7 月 20 日，施琅上疏报捷，其时康熙正陪同孝庄在古北口外避暑，接到奏疏，他非常高兴，立即遍谕各大臣，接着又降旨嘉奖，命按进取云南例对有功人员"从优叙议"。

康熙虽未直接指挥澎湖战役，但他深知取胜不易，有人"视之为易"，他表示不同意："海战时要乘船作战已经很难了，有时还要登岸交锋，更难且险。"他平生最爱勇将，对澎湖战役中涌现出来的蓝理等英雄人物也极感兴趣。蓝理在战后经西医诊治得以痊愈，有一次奉召入京，到赵北口时巧遇康熙出水围（即在水上行围打猎），康熙问他是不是征澎湖时拖肠血战的蓝理，他答是，康熙立即把他叫到近前，仔细询问澎湖血战的经过，还让蓝理解开衣服，亲自察看和触摸伤疤，一边看一边感叹不已。之后每次南巡，在蓝理迎驾时，康熙总会当面向各位王公大臣介绍他拖肠血战澎湖的事迹，并将蓝理引见给太皇太后，说："这就是破腹将军。"蓝理"破腹将军"的称号因此不胫而走，名扬天下。

郑氏失掉澎湖，且损失惨重，已"闻风解体"，但施琅并没有马上对台湾发动进攻，而是对郑氏展开了招抚。有人督促他宜乘郑氏败残之余给予扑灭，"以血前恨"，他却表示为国为民，可以不计私怨，倘若郑氏能够接受招抚，"衔璧来归"，他还将亲自上疏，极力建议朝廷赦免其罪。

施、郑私仇极深，从施琅的父亲、弟弟再到子侄，近百口人都死于郑氏之手，若论报仇的愿望，没有人比施琅更深更强烈，甚至要是没有这一层关系，康熙都未必放心让他专征台湾。正如李光地在保举施琅时指出："他全家被海上杀，是世仇，其心可保也。"施琅自己也一再说过："臣鳃鳃必灭此朝食。"

一个对郑氏怀有刻骨仇恨的人，为什么会突然愿意以德报怨？史家对此有很多猜测，有的说施琅在京十三年，日夜研读历史，提高了政治水平和胸怀，有的说若施琅一心想着私怨，就有可能使已经归附的郑军“人心危疑”并复起干戈，还有的说姚启圣早已与施琅形成争功之势，他可借此获得攻击施琅的口实，到时施将难于自辩。

应该说，这些因素都不同程度地左右了施琅的想法，但最关键最根本的一条不能忘记，那就是施琅始终都脱离不了康熙对他的影响和制约。

奇功本伐谋

自施琅出师征台以来，康熙尽管不插手军事，然而并不表明他不关心战事进展，更从未放弃对政策面的把控。收复台湾后，在一次“经筵日讲”上，康熙命日讲官给他讲《易经》中的“旅”卦。“旅”卦的卦象是火在山上燃烧，若再引申开去，就是说这样的火势一定不能让它蔓延下去，必须想办法迅速地予以制止。康熙对此很有感触，他的理解是“明慎用刑”，即处理事务要像对待山中野火一样，既须明快，又须审慎，绝不能因图一时之快而导致功败垂成。

对康熙而言，攻澎是为了抚台，但不能为攻台而攻台，如果郑氏肯接受招抚，便是两全其美的好事，必须全力促成。在此前提下，他固然可以在人力、物力等方面源源不断地向前线提供需求，但也绝不容许前线将领因个人目的而让朝廷付出任何额外代价，说得更清楚一点，就是招降郑氏一直是朝廷的既定政策之一，若施琅不经尝试，只是一心想着要杀郑氏的头，结果导致郑氏及余党顽抗到底，影响收复台湾，那朝廷就可能会先杀他施琅的头！

施琅在京城待了十三年，他怎么可能连这么一点起码的政治常识都不领会和不记得？政治常识就是生存之道，施琅进京前，曾在福建招降郑将陈斌所部，但之后又将被招降者全部诛杀，但他在重新出山，专征台湾后，这种杀降行为便再也没有在他身上发生过，说明他很清楚哪些自己可以做主，哪些自己不能做主。

朝廷和施琅对郑氏的极力招抚，效果可谓立竿见影。作为澎湖惨败的亲历者和军中的关键人物，刘国轩首先劝郑克塽和实际当权的冯锡范降清。眼看军心民心已散，台湾实难死守，若弃台逃往海外，亦无生路，郑克塽流着眼泪表示同意，冯锡范虽然开始还有些犹豫，但最后也只好随从。

郑克塽随即派使至澎湖施琅军前请求招抚，恰于此时，康熙颁布了一道统一台湾的谕旨，表示希望郑氏政权审时度势，若能率众来归，他保证不仅将赦免郑氏抗清之罪，而且还要给予优厚待遇，“煌煌谕旨，炳如日星，朕不食言”。这就完全打消了郑氏集团头面人物心中仍可能存在的疑虑，他们立即表示欢迎清军“扬帆直进”。

1683 年 10 月 1 日，在招抚方案得到康熙批准的情况下，施琅率官兵自澎湖出发，前往台湾受降。他到达台湾后再三声明自己“断不报仇”“当年杀我父亲的人已死，与他人不相干，我不但不杀台湾人，即郑家人，既已归降，我也不杀。”他还主动告祭郑成功庙，提及自己虽然和郑成功反目成仇，但终究系郑氏一手提拔，两人也曾有过“鱼水之欢”，这些他始终都记在心中。

施琅的言行看似大气大度，然而很大程度上却是强装出来的。他后来对李光地坦陈自己曾仔细想过，就算不顾后果地进行报复，把郑克塽杀掉，将来历史书也必定会把他列为凶手，而把郑家称为明朝的忠臣孝子。他说与其这样得不偿失，倒不如迫使郑氏降清，使其全家“为奴囚妾妇于千秋”，这可要比单纯地予以诛杀畅快多了！

不难看出，施琅对郑氏仇视如故，他之所以不杀郑克塽，并非不愿，而是不敢或不能。在此过程中，其内心深处一定经历过痛苦的挣扎，之后为了求得心理平衡，便干脆换了一种思维模式，决定采取另一种方式为自己复仇。

无论如何，在台湾政权变换，人心浮动的敏感时刻，施琅入台后的一系列举动终究起到了稳定人心和社会秩序的作用，台湾英国商馆在报告书中说，台湾的受降和回归事宜有条不紊，“审慎而和善”。

施琅收复台湾的奏疏送至北京时，正值中秋佳节，康熙异常高兴，于是以“中秋夜日闻海上捷音”为题，欣然赋诗庆贺。他还将当天自己所穿锦袍脱下，派人驰赐施琅，并赐诗一首，将施琅比作东汉名将、安定东南海疆的马援：“上将能宣力，奇功本伐谋，伏波（马援的封号）名共美，南纪尽安流。”

台湾在当时只是所谓的“弹丸之地”，岛上的郑氏政权固然要清除，但对于台湾本身，不少官吏却并不在意，他们或以台湾海陆悬隔，财赋不多，或以其“孤悬海外，无关紧要”为由，主张“迁其人，弃其地”。这一派被称为弃台派，其舆论力量不容小觑，连积极支持收复台湾的李光地都位列其中，他是福建人，生怕戍守台湾会增加福建民众的负担，因此不仅主张弃台，还提出干脆把台湾交给“红毛人”（指荷兰），令其世代守卫、纳贡。

与弃台派针锋相对的是保台派。施琅与姚启圣虽然在征台过程中发生矛盾，一度剑拔弩张，水火不容，但都主张保留台湾。姚启圣死后，施琅继续据理力争，上疏指出台湾乃福建、浙江等省的屏藩，战略要地非常重要，倘若放弃，不但反政府势力可能死灰复燃，而且素对台湾有着贪念的荷兰人也必会乘隙以图，进而倚仗其“精壮坚大”的夹板船侵犯大陆沿海，总之，“（台湾）弃之必酿成大祸，留之诚永固边疆”。

施琅并非唯一的保台派，但他所阐述的理由最为充分，见解也最为精辟，对康熙下决心留台理台起到了关键作用。经过一番争论，康熙毅然决然地做出了必守台湾的决定，表示：“今日可守则守，若万世之后，我受命无疆惟休……”意思是说，台湾不但他在世时要守，纵使他以后去世，如果朝廷还有条件和力量继续守，也依旧不能放弃。

1684 年 5 月，清廷在台湾设一府三县，隶属福建，并派兵驻守，从而将台湾牢牢地归入中华版图。与此同时，康熙还接受施琅的建议，下令开禁、复界，也就是将自明朝以来的海禁以及清初的海疆封锁政策统统予以废除。自此，被禁锢达四十年的海疆得以开放，又重新恢复了昔日“航天万里，鲸鲵不波”的太平景象。

第八章

乘流直下蛟龙惊

历经多年的动荡和危险，大清政权终于稳固下来，到1683年收复台湾时，三十岁的康熙在政绩上已经硕果累累：经过长达八年的平叛，彻底铲除了吴三桂等藩王势力；从郑成功后人手中收回台湾，同时解除了郑氏集团这一肘腋之患；仁政和廉吏政治的实施，推动经济全面复苏；对明遗民招抚和示好，初步改善了政府与汉族士大夫阶层之间的关系。

康熙崇尚儒家学说，孔子说“三十而立”，他现在确实可以自立于世，夸耀于人了，但是作为一个志存高远的皇帝，这些还远远不够，1684年11月24日，在河道总督靳辅的陪同下，康熙自山东出发，沿运河南下，开始了为海内外所瞩目的南巡之旅。

趁热打铁

康熙南巡的主要任务和内容是视察河工，前后六次南巡，次次都是如此，正如康熙自己所说：“今天下无事，治河最要。”巡视期间，他不仅听取靳辅等人的汇报，而且常常亲临工地进行观察和测量。

在治河方面康熙确实下过功夫，只要宫中能找到的河务方面的书，他几乎都读过，与此同时他又从传教士那里学到了西洋科学，能使用仪器精确测量河岸距离、角度以及水位高低、流量。

南巡相当于康熙的治河实践，包括六次南巡在内，他参与治理黄河工程持续长达三十年之久，这是一个惊人的数字。此前，在历代皇帝中，只有汉武帝刘彻在史书中留下过率群臣到黄河边“负薪堵塞”的记录。长时间的钻研探索，使得康熙虽身为皇帝，但却在治河领域中拥有一个内行才具备的发言资格和指挥本领。

史家认为，清代善治河者，连靳辅都排不到前两名，第一应是靳辅的幕僚、得力助手陈潢，第二就是康熙。靳辅在主持治河方面成效非凡，不过他在康熙朝前期就去世了，后期的治河工程主要都由康熙亲自设计指点，通过他的苦心经营，“黄河顺轨，安澜十余年”。

康熙南巡的作用并不仅仅在于治河，南巡所必到的江南也是其关注的重点。江南一带在明末清初时抗清活动非常激烈，清廷为此找机会就进行压制，顺治末年，辅政大臣通过江苏巡抚朱国治等人连连在江南制造大案，不仅惨杀了苏州才子金圣叹，而且以“抗粮”为名，将江南一万多名文武绅衿予以降革，这就是轰动一时的“江南奏销案”。浙江人、探花叶方蔼只因欠银一厘，竟也被革编修，遂有“探花不值一文钱（清时银一厘值制钱一文）”的戏言。

江南民风看似柔弱，实则坚韧，王辅臣、朱国治等人的举措适得非反，使得江南士民与清廷的关系更趋恶化。康熙擒拿鳌拜后进行了改善，他先是推动南人入阁参政，后又开“博学鸿词科”，尤其是后者，与试并被录取的人员一共五十人，江苏、浙江两地就有三十六人，超过总数的三分之二。一些在奏销案中被降黜的士大夫，通过开科又得到重新起用甚至入阁参政。

康熙有意在南巡中趁热打铁，进一步拉近与江南士民的关系。他深知江南民众尤其遗民对前明的感情，南巡前即谕令小心防护明陵，首次南巡回銮途经江宁（今南京）时，他亲自登上钟山，谒祭明太祖孝陵，并下谕保护孝陵，严禁对山上的柴木进行采伐。之后五巡江浙，每次到江宁，他都必定要郑重其事地对孝陵进行谒祭。康熙此举对江南汉族官民影响极大，“父老从观者数万人皆感泣”，被外界誉为“古今未有之盛举”。

康熙对前明的尊重，既有示好于江南民众和遗民的成分，也包含了他个人对历史的严肃思考。从决定纂修《明史》起，他就意识到，过去的历史成见总是惯于讥贬前朝，元人讥宋，明复讥元，循环往复，一代讥一代，他认为这样随便讥刺亡国之朝的风气实在要不得，为此要求臣下不得使用“故明”“废藩”等轻蔑的称谓，文稿中已有的也要悉数除去。

由于与一些宫中的前明宦官私交甚好，加上对史料的客观分析，使康熙得以了解到很多真实的明朝历史细节，在他看来，有明一代两百多年，善政其实不胜枚举，像以往朝代中常见的女后干政、臣下驾驭臣上这样的事都没有发生过，所以就连清朝的现行制度，继承明朝的地方也很多。

康熙评价："洪武、永乐朝所行之事，远超前代。"又说："明太祖一代人杰，不可轻慢。"为此他手书"治隆唐宋"四个大字，刻石树碑，以示对明太祖朱元璋的赞许仰慕之情。即便对于向来被视为亡国之君的崇祯，康熙的认识也颇为中肯，他说崇祯并非昏君，在位期间很努力，只是当时明朝积重难返，崇祯已无力予以拯救。

首次南巡，在谒祭孝陵后，康熙又入城拜谒明故宫。此时江宁的明故宫早已不复昔日之繁华，触目所及皆为残垣断壁，荒沟废岸，当康熙的车驾行至宫墙附近时，便由路旁临时找来的老人为他一一介绍，哪些是建极殿遗址，哪些是乾清宫遗址。

其实就是没有人介绍，通过残留于地面的石础，康熙仍能想象得到明故宫尚未败落前的华丽景象。明故宫是朱元璋在江宁的宫殿，元末朱元璋以布衣身份起兵时，曾鏖战于淮河、泗水之间，康熙南巡经过时，看到那些地方在形貌上并无改变，反而是朱元璋苦战后建立的宏伟大厦早早就变成了废墟。

宫殿变成废墟，实质是一个朝代兴亡的命题。考察地利，江宁虽有长江天险作为屏障，但地势单弱，战略位置不佳，不过话又说回来，明朝在中后期后就已经迁都北京，为什么还是亡国了呢？在康熙看来，那是因为崇祯之前的几个皇帝都怠于政事，宦官朋党又互相攻击，从而导致赋敛日繁而民心涣散。

站在明故宫的遗址上，康熙伫立良久，心潮澎湃、思绪万千，当即挥笔写下《御制过金陵论》一篇，说出了自己的内心感受："治国者应知天心之可畏，地利之不足恃，兢兢业业，时刻警醒，那么天下就差不多能治好了！"

俄国人

西方的莎士比亚专门给中年人勾勒了一个"法官"的形象，并将其作为人生的第五个阶段，"胖胖圆圆的肚子里塞满了阉鸡，凛然的眼光，整洁的胡须，满嘴都是格言和老生常谈"。

"格言和老生常谈"是康熙在南巡的一部分。他身上有着一半的汉族血统，对汉族文人所熟悉的辞章、声韵、历算、律吕等又无所不究，尤其对儒家经典更是颇有心得，这让他即便与品位较高的士大夫、遗民进行沟通交流也毫无障碍，更不用说普通士民了。

康熙先后六次南巡，参加迎送的士绅人数一次比一次多，彼此感情也越来越深厚，在江南士绅眼里，他早已不是面目狰狞的异族统治者，而是一个知书达理、和蔼可亲，且能向百姓施以深仁厚泽的“天下明君”。

康熙是个文武兼备的皇帝，除了“文”的一面，他从来都没有与“武”相脱离，结束首次南巡的次年，他就在东北边境发起了一场对外国入侵者的反击战役。

东北虽是清王朝的发祥地，但康熙的祖父辈也经历了一个艰难的统一过程，到最后，仅剩黑龙江至乌苏里江流域的部分区域尚在其势力范围之外。康熙的祖父皇太极在世时，仍屡次向该地区发动远征，以便扩大人口以及增加与明朝作战的兵力，若非突如其来的入关，相信在短时间内即可予以完全掌控。

就在清王朝兴兵进关，逐鹿中原之际，俄国开始屡屡侵入黑龙江，并且不可避免地与中方发生了剧烈冲突。

清人重考据，他们引元史中所载“元太祖之长子分封绝城，来往数万里，即为俄罗斯之始祖”，怀疑俄国可能是元代蒙古人的后裔，但没能考证出相应世系。接着，通过接触，他们又发现俄国人长得根本不像东方蒙古人，而更像西方人，“衣服、食物、语言、文字皆近西洋，与蒙古部落习俗悬绝”。

实际上，俄国原先是一个彻头彻尾的欧洲国家，俄国人与蒙古人之间也并无血缘关系，只是在元代时，其前身莫斯科公国曾被蒙古所建立的金帐汗国攻入和控制，不过他们很快又击败了蒙古军队，摆脱了金帐汉国的控制，也就从那个时候起，这个国家开始展现出其强大的军事潜力。

在初次击败金帐汗国时，莫斯科公国的军队编成、武器装备还带着浓重的蒙古痕迹，他们和蒙古人一样依靠骑兵，使用的也全是长矛、短刀、弓箭等冷兵器，然而仅仅十几年过去，他们便首次在野战中使用炮兵，到火绳枪手也被投入战线时，金帐汉国已完全无法与之匹敌。

自 16 世纪起，俄国火器高速发展，逐渐达到了欧洲水准，凭借着这一优势，俄军开始横行于欧亚，即便强大如奥斯曼帝国亦非其对手。俄国原先与亚洲并不接壤，但它却依靠不断东侵，摇身一变成了横跨欧亚大陆的帝国，对外扩张也自此成了历代沙皇的传统政策。

俄国一向对东亚大陆特别是富庶的黑龙江、乌苏里江流域垂涎三尺。1643 年，即顺治迁都北京的前一年，俄国第一次组织远征军侵入了黑龙江流域，所到之处烧杀抢掠，甚至杀土人为食，仅当年冬天就吃掉了五十人，被称为“污秽的吃人生番”。清初东北边民称俄国为罗刹，罗刹在佛教中就是指吃人恶魔，足见俄军惨无人道的野蛮行径给人们留下的印象之深。

俄国远征军携带着火绳枪和轻型火炮，但他们人数不多，仅一百多名哥萨克兵（哥萨克兵为俄军主力）。达斡尔人等黑龙江的少数民族通过实施袭击，打死打伤了不少哥萨克兵，至 1645 年，远征军仅剩的五十多人被迫经黑龙江口，越海北逃。

几年后，俄军卷土重来，其远征军增加到两百多人，且当年即攻取了雅克萨。俄军以此为据点，四处抢劫和烧杀，当地居民则一边用简陋的武器进行顽强抵抗，一边向驻守宁古塔的清军报警。

1652 年春，宁古塔章京海色奉命率部出击，以突袭的方式破坏木城，将俄军包围在了乌扎拉村。海色一共带去了六百人，但披甲兵也即满洲精兵仅一半左右，而且火器太少，一共只带去六门炮和三十支枪，其中火炮是躲程有限的轻型火炮，火枪是落伍的三眼铳，火器操作者也并非技术熟练的汉军火器手，而是流放到宁古塔的汉人。

突袭时这些缺陷还看不出来，等到向敌营冲锋时就露馅了，偏偏海色还命令士兵不许杀死哥萨克兵，要捉活的，导致士兵们箭不敢射，枪炮不敢放，而俄军却依托寨墙，把大铜炮、铁炮和火绳枪集中起来，肆无忌惮地向冲入缺口的清军进行射击。

清军抵敌不住，纷纷溃退，俄军趁机反守为攻。清军由犯人组成的火器手技战术水准低下，炮手看到攻城步骑兵溃退，便贸然将火炮前推，被俄军缴个正着，枪手则连往哪个方向和位置逃都不知道，他们为躲避俄军追击纷纷钻入船下，结果成了俄军的活靶子，遭到一一射杀。

边疆危机

乌扎拉村之战是清俄正规军之间所爆发的首次武装冲突，以清军落败而告终，从中可以看出火器性能和火器手素质的差距对战斗走向所起到的关键性作用。不过清军在此战中落败，说到底还是吃了麻痹轻敌的亏，要是真把火器家底全部搬出来，也并不见得处于下风。

专家认为，自 15 世纪至 17 世纪，亚洲大陆一共崛起了四个帝国，清朝、奥斯曼都在其中，这四个帝国虽均由擅长骑射的游牧部落所建立，但在它们崛起的过程中，火器都发挥了重要作用，所以也都可称为“火药帝国”。这种看法确实很有见地，实际上，清军早在入关前就已利用归降的明军部队，建立了总兵力达四万人的八旗汉军，而八旗汉军主要就使用火器。

乌扎拉村之战后，越来越多的俄军开始涌向东北境内。此时清廷正发起统一之战，从八旗汉军到三藩军队都正奔命于关内战事，无法调至关外，为了对付这些“其猛如虎，善放鸟枪”的俄军，已经亲政的顺治皇帝下令从朝鲜抽调朝鲜铳手应急，同时派皇太极时期的老将、有远征黑龙江经验的沙尔虎达镇守宁古塔，沙尔虎达也因此成为第一任宁古塔将军。

1654 年，沙尔虎达率部乘船至松花江，与南下筹粮的俄军船队遭遇。铳手们先用火炮和火绳枪与俄军对射，接着又在沙尔虎达的指挥下，迅速登岸并占据有利地形，居高临下地向俄军进行射击。俄军死伤惨重，指挥官斯捷潘诺夫在事后的叙述中，多次提到清军当时已对他们形成压倒性射击，最终，俄军残部不得不撤出战斗，逃往黑龙江上游。

事隔四年，清军自己“带着大量火器装备、大炮和小型火器”，再度从江上对俄军船队发起大规模进攻。战斗中清军火力十分猛烈，有的俄军“在船上就被打死了”，俄军被迫弃船登岸逃遁，清军亦随之上岸追击，“终日交战，射炮俱发”。此战清军大获全胜，俄军十一艘战船有十艘被缴获，斯捷潘诺夫以下两百七十人被毙或俘，哥萨克们所掳掠的大部分物资与六门火炮尽为清军所缴。

斯捷潘诺夫之死，使得俄国在黑龙江流域猖獗一时的入侵行动受到遏制。1659 年，清军收复雅克萨，拆除了俄军所建堡垒。次年，又有一股俄军乘船侵入黑龙江下游，新任宁古塔将军、沙尔虎达的长子巴海设伏给予迎头痛击，俄军“淹死者甚众”。吃了这个亏后，一直到顺治去世，他们都未敢再涉足黑龙江。

清人笔记中对俄国有这样的记载：“俄罗斯国以顺治十七年遣使入贡。”顺治十七年，即1660年，顺治去世的前一年，这一年俄国首次派使节来到了北京。

由于观念使然和距离遥远，彼时的东西方都缺乏对于对方的充分了解和尊重，中国人认为凡是到北京来向朝廷致意的外国人，都应该接受和履行朝贡礼节。俄国派使来华，更被朝野人士解读为东北冲突失败后的“入贡”表示，但其实俄国只是根据西方政治习惯在施行正常的外交手段。于是俄使理所当然地对“入贡”环节提出异议，这让清廷很有些下不来台，为此接待官员既不让俄使游览京城，也不让他们与外界交往，在授予其国书和中国的土特产品后，就匆匆忙忙地把他们给打发了。

外交失败的责任当然也不全在中方，退一步说，即便顺治摈弃让俄使“入贡”等一厢情愿的做法，指派理藩院心平气和地和俄方坐下来进行谈判，也很难谈得拢——俄国使团及其政府不仅没有就黑龙江流域归属权提出任何有价值的方案，甚至企图使中国臣服于俄罗斯。

另外，清廷显然也没有真正感受到俄国的威胁，在冲突中暂时取胜后，并没有乘胜兴建堡垒，屯田戍守，在俄国使节出使北京时，也根本不把他们当回事，这使得边疆危机很快便得以重现并加剧。

1665年，俄军以黑龙江上游的尼布楚为基地，兵分两路，一路向南侵占由漠北蒙古管辖的楚库柏兴，一路向东再次窜犯雅克萨。与过去长距离流窜、骚扰不同，这次俄军变换了策略，他们一面在尼布楚和雅克萨分别筑塞堡、修工事，再以此为根据地，向黑龙江中下游扩张，一面对当地少数民族头领进行拉拢。清廷原将达斡尔人酋长根特木儿封为四品官，将他的部族三百人编为三佐领，令其参与抗俄之役，但根特木儿在俄国人的引诱下，反而逃往尼布楚，成了俄军的“依靠力量”。在此之后，又有一些土人陆续逃往尼布楚一带，中俄关系由此变得更加紧张。

不拿原则做交易

康熙对发生在东北的边疆危机非常关注，他后来说：“罗刹挠我黑龙江、松花江一带三十余年……朕亲政后即留意于此。”康熙的外交理念并没有完全脱离“外藩朝贡”的传统框范，但中国处理与“外藩”的关系，向来都有怀柔和战争两种手段，康熙从务实的角度出发，考虑到既要维护边境安全，又要节省国力，也希望能够通过和平谈判来解决与俄国的争端。

1669年，俄国商队来华，康熙亲自接见商队首领，赏赐礼品，并允许商队在中国进行正常的商业贸易。同年冬，他派使前往尼布楚，带着自己的正式咨文与俄国谈判停止边衅，按中国“逃人法”归还根特木儿等问题，并在咨文中表示：“倘贵国有言辞通知我国，可派使臣前来与朕面谈。”

次年，根据中方倡议，俄国派出一个十人使团，双方在北京进行会谈。康熙的态度非常明朗，仍以停止边衅、归还逃人，作为两国友好，发展贸易的前提，但俄使拖着不做答复。实际上，俄国使团此行还交给中方一封文件，文件传达沙皇谕旨，竟然要求中国皇帝向其称臣纳贡。因为当时清廷缺乏通晓俄文的译员，康熙并没有看到这一带有侮辱性的文件，但会谈可想而知不会有任何结果。

康熙并没有把解决东北危机的希望，完全寄托在和平谈判上。为了充实边防，经过细致的调查研究，他在东北采取了一系列措施，其中就包括编组“新满洲”和“布特哈八旗”。

“新满洲”是相对于“老满洲”而言，一般而言，“老满洲”指旧有的满洲八旗，“新满洲”指清军入关后东北的新编入旗者，主要由赫哲人和库雅拉人等少数民族所编成。在康熙亲政前，清廷即对“新满洲”的编组进行奖励，康熙亲政后又继续加以倡导，在整个康熙朝，编组的“新满洲”已达到一万丁以上，佐领有八十五个。

清代有一个索伦部，是分布于黑龙江中上游地区的鄂温克人、达斡尔人、鄂伦春人的统称。索伦人善于射猎打牲，满文称打牲为“布特哈”，故编制内的索伦人后来也称“布特哈八旗”。康熙给“新满洲”和“布特哈八旗”发放房屋、土地、耕牛、种子，令其屯田耕种，使得他们从渔猎转向农耕，既促进了东北经济的发展，也使东北边防力量得到充实和加强。

俄国资料显示，早在1670年，清廷便制订了攻占尼布楚和雅克萨二战的方案，传教士南怀仁也透露：“康熙决对俄作战……拟攻取阿尔巴津（即雅克萨）及尼布楚要塞，以先发制人。”

1671年，康熙首次东巡拜谒祖陵，特在盛京召见宁古塔将军巴海，对他说：“罗刹贼寇虽然说和好，但还应该加意防御，操练士马，装备器械，不要上当受骗。”

可见康熙密切关注着边防，只要时机一到，即可发起攻城战役。

然而三藩之乱的突然爆发，打乱了康熙的计划，此后长达八年的平叛战争更迫使他投入了政府所能动用的几乎所有资源，再无足够力量解决边疆危机。不过先前采取的措施依旧发挥着作用，由于编组“新满洲”和“布特哈八旗”，尽管为了应付三藩之乱，政府需要不断从东北调兵支援关内，但东北的军事力量反而大幅度增强，这显示着“新满洲”和“布特哈八旗”已逐渐替代“老满洲”，成为戍守东北的主力。

俄国知道清廷深陷平叛战争，认为可以有机可乘。1675 年恰逢西北王辅臣、漠南蒙古亲王布尔尼同时叛乱，正是平叛战争中最为艰难的一年，俄国向中国派出了百余人的庞大使团。次年，使团到达北京，康熙以礼相待，前后两次接见俄使，并召至御前赐茶赐酒。

可是俄方除要求通商和开辟中国市场外，对于最关键的退出侵占领土及归还逃人一事，却只字不提，逼迫中方予以事实承认的用意非常明显。此时康熙虽身处困境，手中拥有的机动兵力连守城都困难，但他决意不拿原则做交易，他让理藩院在谈判中明白无误地告知对方，中方的原有立场不变：“尔主（指沙皇）若要通好，应将根特木儿遣返，另派使臣接受中方所定规则，方许照常贸易。”

我来问俗非观兵

谈判再次无果而终。事实上，俄国此次派出使团，除了趁火打劫外，还有搜集情报，了解中国政府意向的目的。罗马尼亚人米列斯库是使团的使节之一，也得以觐见了康熙，他根据自已在中国搜集的情报认为，中国人天性不爱武事，不懂军事艺术：汉人“打起仗来胆小如鼠，遇见敌人就像羊群见到狼似的四处逃窜”，满人虽比汉人骁勇善战，但比起欧洲人还是逊色，不如欧洲人“强大、英勇”。

尽管俄军在黑龙江曾败过好几仗，但他们并不觉得那是各自真实实力的体现。参加过远征军的哥萨克兵出于某种原因，也往往都把中国军人的能力贬到一无是处，一些曾在黑龙江与清军交战的哥萨克兵就对米列斯库吹嘘说，他们一百人能顶住并战胜对方一千人。

米列斯库和俄国军方盛行的观点，基本也可以代表俄国政府的立场，抱着这样的看法，素来领土欲望极强的沙皇又岂肯对中国东北彻底断掉念头？

为了继续向中国施加压力，在沙皇的授意下，俄军除尼布楚、雅克萨、楚库柏兴这三个重要的大据点外，又在黑龙江中下游地区和额尔古纳河东岸建立了一些较小的据点，用以强行进行殖民屯垦，周围居民备受其害，“子女参貂，抢据殆尽”。康熙就此派人向俄方交涉，指出俄军的入侵行径可能引发新的边境战争，并警告对方：“尔等速撤回尔国人。”俄军不但置若罔闻，而且变本加厉，继续扩大其侵扰范围。

面对来自沙俄步步紧逼的威胁，清廷只剩下自卫反击一条道路可选。平叛战争期间，康熙尽管无法在东北组织战役，但他依托“新满洲”和“布特哈八旗”，每年都从宁古塔调兵，在黑龙江至松花江的汇合处戍守，以阻止俄军的深入。由于宁古塔离戍守处距离较远，康熙又亲自指令宁古塔将军移驻更北的乌喇。

三藩之乱一平定，康熙就腾出手加紧在东北进行备战。1682 年初，他二次东巡，至盛京（即今辽宁省沈阳市）告祭祖陵，其间以行围狩猎的名义北上对乌喇进行了巡视。5 月 4 日，一行人登舟泛游松花江，驶往大乌喇，在船上康熙即席御制船歌一首，称“我来问俗非观兵”。其实他这是反其意而用之，尽管此行“问俗”“观兵”兼而有之，但他的主要目的却还是“观兵”，即视察清军的备战情况。

乌喇是宁古塔将军移驻地，一直在修造新战船和训练水陆官兵，其假想敌就是“老羌”（军中对俄军的称呼）。大乌喇亦起着同样的作用，乌喇、大乌喇以及两城间沿松花江的七十里水域，全都是对俄作战的战备基地。在康熙泛游时，宁古塔将军巴海将大小数百只战船和官兵全部集中起来，排成阵式，供皇帝检阅，这使得康熙的船歌中不仅有“松花江，江水清，夜来雨过春涛生”的美妙动人，更有“乘流直下蛟龙惊”“旌旄映水翻朱缨”的雄伟壮观。

1682 年 9 月，康熙派副都统郎坦、彭春率兵数百人，以行猎为名潜入雅克萨地区进行侦察。雅克萨为女真语，意思是刷塌了的河湾子，在被俄军侵占前乃索伦部达斡尔人居住区，此处位于中俄边境，乃“水际扼要之区”，俄军无论是从贝加尔湖方向，还是从外兴安岭进入黑龙江，都必须经过雅克萨，因此要对俄军发动反击战，雅克萨城势所必夺。

雅克萨地处偏远，郎谈等从嫩江北行，穿过原始森林和茫茫雪原，经过艰难行军，才得以抵达目的地。经过实地勘察，他们发现进攻雅克萨的路线应是水陆并进：陆路自兴安至雅克萨城，行进速度较水路要快，但途中林木丛杂、冬雪坚冰、夏雨泥淖，只有轻装可行；水路沿黑龙江逆流行驶，大概要花三个月时间，比陆路慢得多，不过运送粮饷、军火、辎重比较方便。

对俄军修筑的雅克萨城，郎坦等人也进行了仔细观察。这是一座长方形城堡，四周以木栅构成坚固的木城结构，驻守城内的俄军虽然不多，但到清军在进攻城堡时，若被木城所阻，就会遭到猛烈射杀，乌扎拉村之战即为前车之鉴，所以郎坦判断要攻占城堡，须先用红夷大炮击破木城。

年底，侦察队返回北京。郎坦向康熙奏报了此行所获得的敌情，同时建议等来年春天冰雪消融，派三千官兵加上调用的二十具红夷大炮，水陆齐发，即可攻取雅克萨城。

康熙对郎坦等人的情报十分重视，也肯定了郎坦的部分看法和建议，但他表示攻城的时机尚不成熟，不同意立即进兵。

永戍方案

经过反复多次的实地勘察和研究，康熙对黑龙江的形势及其敌情，包括土地险易、山川形势、人物情性、道路远近等，都能做到了如指掌。综合敌我情势不难看出，为什么俄军可以在黑龙江“得以盘踞多年者”，就是因为他们依托于雅克萨、尼布楚两城以及其他十余处小据点，除抢掠外，还“筑室散居，耕种自给”，同时又用捕貂所获得的貂皮和蒙古人交换牲畜等物资，从而拥有了赖以存在的经济基础。相比之下，清军基地宁古塔远离雅克萨，反而只有在侦知俄军较大规模入侵黑龙江中下游地区时，才能派兵奔袭，予以痛击或歼灭，之后因军需供应接济不上，就只能立即撤兵。

早在顺治朝时，有一次清廷派大部队深入黑龙江，在呼玛尔寨包围了俄军，那次清军带来了“各种各样的火器、大炮、火绳枪”，在半个月内，日夜用大炮向呼玛尔寨进行轰击，可是由于受到恶劣的气候条件和森林制约，后勤运补很难满足大队人马的需要，军队战斗力也因此受到限制。清军最终被迫撤退，因后运困难，他们在撤退过程中甚至不得不抛弃火药和战死者的遗体。

过往战例给予了康熙极大触动，让他认识到在中俄边界冲突中，清军已沦为客兵，俄军反而成为主兵，主客易位，对清军相当不利。在这种情况下，清军就算能够顺利攻克雅克萨城，也不能长久占据，不用多长时间，此城就会得而复失，导致“我进则彼退，我退则彼进，用兵不已，边民不安”的历史重演。

怎么办？康熙认为关键是要“永戍”，即多贮粮食，长期戍守，从而使得“我兵得逸，而鄂罗斯（俄罗斯）兵为劳”，这样如果俄军派小部队入侵，就只有被消灭，欲派大部队，其粮饷更无法保障。

“不行永戍，自松花江、黑龙江外，所居民人，皆非吾有矣。”在推出永戍黑龙江的初步方案后，康熙传谕宁古塔将军巴海，鉴于黑龙江两岸没有清军驻防，距离黑龙江最近的驻防城宁古塔也在千里之外，让他在黑龙江另选军事基地。不料巴海对永戍方案不感兴趣，他没有照谕旨行事，而是上疏建议速战速决，乘俄军“积储未备”，至第二年农历七月初，也即先期所造战船完工的时候就发兵雅克萨，到时他本人将“亲统大兵，直薄城下，宣谕招抚”。

对照自顺治朝以来的失败教训，巴海所提出的显然是又一个轻敌冒进的作战计划，既没有充分考虑到后勤不继等各种可能遇到的困难，也没有为今后黑龙江的长治久安做打算，流露出的只是一个为将者不应有的畏难情绪和急躁思想。

朝中部分高级官员养尊处优，贪生怕死，他们以路程太远，输饷困难为由，也不赞同永戍方案，这使巴海的计划得到了议政王大臣等的赞赏。尽管如此，康熙仍坚持原有方案，降谕说巴海关于进征罗刹军务的建议，一点都不精细，因此不予采纳。

由于巴海反对永戍方案，康熙决定让他留守乌喇，另派萨布素领兵前往黑龙江。萨布素生于宁古塔将门府第，他的祖父、父亲追随努尔哈赤、皇太极征战，皆以尚勇著称。萨布素继承了家族中的军事天赋，自幼便以八旗养育兵的身份随伍，因屡立奇功，由普通士兵逐级升至副都统。

在了解到萨布素“为人沉勇好兵略，尤喜观山川形势”，具“文武干济之才”后，康熙即有了赋之以重任的打算。1683 年 12 月 13 日，清政府正式设黑龙江将军，康熙亲自提名萨布素为首任黑龙江将军。

萨布素受命到达黑龙江后，经过充分准备，在黑龙江东岸扩建了旧瑷珲城，但因该城规模甚小，于是又在黑龙江西岸另筑瑷珲新城（又称黑龙江城），作为黑龙江将军衙门所在地。

良将

萨布素赴任黑龙江时，先从乌喇、宁古塔带去了一千五百名官兵，之后又有乌喇、宁古塔官兵及增派的达斡尔官兵一千人抵达黑龙江。由于乌喇、宁古塔兵多为“新满洲”和“布特哈八旗”，担心他们没有打过什么仗，不熟悉军队纪律，康熙又增派京城八旗及军前获罪人员五百人到黑龙江驻守。有了这么多新老兵员，夹江而立的两城便都可以驻兵千人了，按照康熙“我兵一至，即行耕种”以及军民轮耕的指示，他们一到驻地即就地屯田，同时对当地不习农事的达斡尔人进行教导，以使其“课耕有法，禾稼大收”。

驻军屯田积谷尚不能完全满足需要。早在清朝建立以前，东北南部的辽河流域便是粮食生产基地，虽经战乱，但在顺治、康熙两朝大力招民开垦后，当地的粮食生产已恢复到明代水平，可以提供军粮，需要做的只是怎样保证把粮食运至黑龙江。

从辽河到黑龙江，若从陆路运输，行程有数千里之遥，成本太高。康熙经过与臣下反复商讨，决定依靠水路运输，具体方法是先从辽河将粮食运至松花江，再经松花江入黑龙江，然后从黑龙江逆流而上到达瑷珲老城和黑龙江城。这是一条纵贯东三省的运输大动脉，全长达四五千里，为此建造运粮船只两百八十艘，动员水手两千七百人，所需船只和水手均由东北三将军，即盛京将军、宁古塔将军（后改称吉林将军）、黑龙江将军自行解决。

除军粮供应外，康熙还设置驿站，以保障黑龙江将军与宁古塔将军之间的通信联系，并从内地选派特种部队和将火器调运至前线，甚至靠近黑龙江的漠南蒙古科尔沁十旗要进贡牛、羊诸物，康熙也下令不必再送北京，全部改送黑龙江前线。

清军进驻黑龙江时，俄军仍然在向黑龙江中下游不断进行入侵和渗透。萨布素派索伦总管博克率先头部队包围了一支顺流驶来的俄国船队，船上俄军仅部分逃脱，余下三十七人及六艘船只被迫投降，附近据点的俄军闻风亦狼狈撤离。至1684年初，整个黑龙江中下游及各条支流上的俄军据点均已被先后肃清，这表明收复雅克萨的时机业已经成熟，清军可以集中兵力攻打雅克萨城了。

康熙原定的出征主帅应是萨布素，然而萨布素虽戍守黑龙江有功，但在指挥兵团出击时显得不够积极果断。康熙命他派兵将雅克萨周围的庄稼予以收割，预先断绝俄军给养，以使其自困，他都未能执行，同时在事务管理上也一团糟，不是耕牛死掉，就是农器损坏。康熙对此感到忧虑，认为如果让萨布素真正指挥雅克萨战役，一定会贻误军机。

自古千军易得，一将难求，康熙对于良将一直有一种难以抑制的执念和渴慕，以至于第二次东巡，当他接见巴海及副都统萨布素时，忆及大清立国之艰，竟脱口而出地提到了鳌拜，说鳌拜“虽有忤逆，太皇太后常念其勇耳”。

鳌拜是大清最早享誉“巴图鲁”赐号的勋臣之一，尽管他晚年犯下大罪，但康熙从不抹杀其为祖宗勋业所立下的功业，特别是在吴三桂发动叛乱，平叛战争突然打响后，康熙检点麾下战将，才发现像鳌拜一样的良将原来有多么稀缺和重要。

在中俄雅克萨开战的前夜，发现和启用良将便又成了摆在康熙面前的一道难题。据萨布素后来回忆，康熙还说过这么一段话：“朕宠爱者，英雄也，为我大清社稷视死如归之人，皆朕最崇拜之巴图鲁。罗刹犯边嚣嚣，朕盼有霍去病驰骋疆场，亦常思有鳌拜挺身而出。朕至今系念耳！”

能够在雅克萨战役中挂帅出征并取胜的，就是新时代的霍去病、鳌拜，但究竟谁能够胜任角色和赢得这一无上荣誉，尚需依赖他们自己的能力以及表现。康熙先属意于巴海，可惜巴海不能领会永戍之意，后来居上的萨布素戍守有功，但统领三军出击又还差些火候，一旦率部出击，暂时只能为辅，不能为首。

主帅究竟该用谁呢？经过一番重新挑选，曾与郎坦一起成功领导雅克萨侦察行动的彭春被选中了。

外界对彭春并不是很熟悉。其实这个看似名不见经传的官员乃名门之后，其曾祖父、祖父均为开国功臣，他自己在平叛战争开始之初就应征上了前线，而且参战不久就被加封为太子太保、授正红旗蒙古副都统，但史籍上并未详细记载他的事迹，这倒也不难理解，因为当年参加平叛战争并立下战功的宗室子弟很多，有的都当到了将军，能放到战史上去讲的事迹也不过寥寥几笔。

康熙能够对彭春予以破格拔擢的最大原因，恐怕还是彭春通过亲身侦察，对雅克萨的情形已有了相当程度的熟悉和了解，当然拥有作战经验和具备良将潜质亦是不能被忽略的因素。

确定人选之后，康熙即在前线建立新的指挥机构，任命彭春为主帅（彭春在指挥侦察行动时为副都统，此前已由副都统升为都统），同时传令将黑龙江将军印移交彭春掌管使用。

好兆头

这时俄国已经在雅克萨城设立了军政长官署，用以辖领整个阿穆尔地区，雅克萨城因此获得了一个城徽，其图形为一只左爪执弓，右爪拿箭的展翅飞鹰。城内指挥官为托尔布津，他是沙皇的第一任雅克萨军政长官，手下接近九百人，其中包括能拿起武器作战的哥萨克士兵四百五十人，火器有三门大炮及三百支火绳枪。

对这些情况，清军事先都已有所掌握，特别是在正式进兵前，倍勒尔侦察队潜入雅克萨城北进行侦察，前后生擒了多名哥萨克士兵。俘虏除交代城内俄军在设防、装备、粮储上的一些详细情形外，还透露“雅克萨兵众不满千人”，后者是一个极其关键的情报，为康熙的用兵决策提供了重要参考。

1685 年 4 月，康熙做了最后一次外交努力，他致信沙皇，要求俄军撤出雅克萨，另以雅库等地为两国国界，否则便出兵征讨雅克萨。在俄方仍然不予答复的情况下，康熙遂以彭春为首，以前都统郎坦、副都统班达尔善、黑龙江将军萨布素为辅，率由各族官兵三千人组成的大军，自瑷珲出发，分水陆两路，进取雅克萨。

清军出征初期气候恶劣，雷雨大作，未几江水泛滥，狂风逆舟，致使船舰无法前进。不过至 5 月 29 日，忽然天晴水落，第二天早晨，江上也转为顺风，使得清军可以扬舟溯流直上，速度竟然比陆路更快，“三日之程，一朝而至，陆路之兵，虽疾行不及也”。

清军所携带的主要是军粮，没有什么肉食。也就在此期间，竟有数万头野鹿莫名其妙地从山上疾奔下来，官兵们见状欢声雷动，骑兵用弓箭施射，步兵拿着棒子敲击。群鹿乱作一团，慌不择路下，纷纷堕入河中，水军驾着船筏在江中捞都捞不过来，截获者达五千有余，军中肉食匮乏的问题顿时得以解决。

好兆头能偶然碰上一个，就已经是莫大的运气，更不用说成双了，出征清军无不为之心花怒放，精神抖擞。康熙闻讯也十分高兴，认为乃祥瑞的象征，是上天在默佑清军旗开得胜。

当年 7 月初，清军进抵雅克萨。沙皇事后得到报告："大量不友好的中国人，有的乘船自水路而来，有的骑马从山路而来，携带大炮及各种攻城火器，兵临阿尔巴津（俄国对雅克萨的称呼）城下。"

彭春在雅克萨对面的小岛上设立了前线指挥所，接着按照先礼后兵的原则，派被俘的哥萨克士兵进城送信，劝俄军撤回雅库，但托尔布津倚仗其城堡坚固，拒绝了这一要求，并且大言不惭地声称要抵抗到流尽最后一滴血为止。

彭春见俄军执迷不悟，下令对雅克萨城实施包围，清军立即分头行动，骑兵焚毁城池上游的田禾，捕掳俄国移民，水师则对上游水路进行阻断。

清军在雅克萨战役中的一大难点是压制俄军的火器，尤其是火绳枪。在火绳枪的数量、性能和操作熟练程度上，当时的俄军普遍要优于清军，清军习惯称俄军为"老羌"，"羌"同枪，就是指俄军善于使用火器。雅克萨战役前，康熙一直在对此加以琢磨，1684 年冬，他在景山召见福建籍水师将领林兴珠，两人就如何对付俄军的军事技术问题进行了长时间的讨论。

林兴珠原为郑成功的部将，后投吴三桂，降清后参与平叛战争并立下大功。当年郑成功收复台湾，大败在火器方面同样占有优势的荷兰军队，林兴珠亲身参与此役，自然很有心得。当康熙向他咨询抵御俄军火器的办法时，他立即答道："对付火器，当以滚被为第一。"康熙问何为"滚被"，他最初可能以为是什么独门兵器，谁知林兴珠的解释却是："滚被就是普通人家用的棉被。"

居然是寻常棉被？康熙不听则已，听了之后忍不住笑了起来："一床棉被，软软的，能有多大作用呢？"

林兴珠很认真地说："柔能制刚。"接着他便向康熙介绍了把棉被裹在身上，再根据地形特点进退滚闪，躲避火器攻击的要领。

康熙是打仗的行家里手，听后点头称是，认为用棉被防御火器确有其道理。接着他又问林兴珠："除了滚被，还有什么更好的克敌办法？" 林兴珠答道："有滚牌，臣家里就有，可以取来给皇上演练一番。"康熙很高兴，又问他家里还有没有会用滚牌的人。林兴珠说还有几个人，康熙便派人去取滚牌，并传旨将那几个会使滚牌的家人也一并招来。

等家人和滚牌都来到景山，林兴珠便带着家人在景山的演武场上摆开阵势，给康熙做了御前表演。表演时，家人们充当的滚牌手闪转腾挪自不必说，林兴珠虽已年过半百，但动作也一样敏捷，只见他举着滚牌，忽而跃前八尺，忽而后退一丈，凛凛然仍有万夫不当之勇。

表演完毕，康熙现场进行了射击试验。他命令几名训练有素的弓箭手用箭向滚牌手试射，结果射了数次都不能射中，往往是箭还没射出，对方就已滚到面前，快如飞鸟——滚牌手一手持滚牌，一手拿斒刀，随时能够挥刀而出，可以想见，若是在真实的战场上，弓箭手们早已人头落地！

藤牌军

作为早期火器，火绳枪的操作步骤至为烦琐。17 世纪初有个荷兰人撰写了一本火绳枪的技术手册，其中枪手从准备首次射击到第二次射击，竟需四十二个分解动作，日本的火器学家简化步骤，也需要二十五个分解动作。除了射速缓慢外，以单个枪手而论，其命中率并不见得比弓箭手更高，这样比较的话，滚牌手在以敏捷动作和手中滚牌保证自身安全的同时，也一样可以做到如风而至，将来不及完成所有动作的火绳枪手斩首当场。

早年的林兴珠和藤牌兵在实战中就这么干过。滚牌也称藤牌，源于台湾山区生长的一种山藤，采来后晾干，再用桐油油浸，便能编成藤牌。藤牌兵曾是极具福建地方特色的一个特殊兵种，藤牌本身坚韧轻便，实战时，火绳枪手若是离得远，其射出的弹丸往往射不穿藤牌，若是离得近，藤牌兵又可以依靠闪躲技能和勇敢精神避开弹丸，近身砍杀。

在郑成功收复台湾的战役中，藤牌兵曾经冲锋陷阵，杀得荷军面无人色。在荷军的相关记述中，对于藤牌兵的恐惧可谓跃然纸上："这些士兵低头弯腰，躲在盾牌后面，不顾死活地冲进敌阵，十分凶猛和大胆，仿佛每个人家里还另外存放着一个身体似的。”

康熙在召见林兴珠前，对福建藤牌兵其实已有所耳闻，但正所谓百闻不如一见，只有亲眼一观，才知藤牌兵果非浪得虚名，这让他惊喜不已。这时的问题是历经变迁，部队建制的藤牌兵早已解散，因此康熙忙向林兴珠打听：“能用滚牌之人，从哪里可以招募？需要多少人可以成为一旅？”林兴珠告诉他：“多则一千，少则五百，即可足用。不过只有在臣的家乡漳州、福州，擅长此术的才多，所以需于福建招募。”

福建距离内地较远，在当时的交通条件下，来回需数月之久，康熙认为雅克萨战役即将打响，其间还要进行短期训练，如此招募太费时间。他考虑：“现在直隶、山东、河南有很多来自台湾的投诚者，而且都是闽人，从他们中间招募，五百人可立得。”

原来经过明末清初的连年兵燹，中原地区人口锐减，昔日良田多已荒芜，于是被清廷作为了屯垦的首选地。在清郑战争的过程中，许多投诚的郑军老兵自愿务农，便被安排散居于北方各省垦种田地，称为闽营人。

林兴珠赞同康熙的办法，说：“诚如上谕。”于是康熙在备战过程中，不仅调用中原绿营，而且特别指令兵部派员到山东、河南、山西三省的闽营人中挑选兵员，用以组建藤牌军。

原计划招募五百人，出于“兵在精不在多”以及东北客观条件所限，康熙将其压缩到了四百人，统一交由林兴珠训练成军。这些闽营人早在康熙初年就已来到北方，他们在北方已生活了十余年，较之仍留在福建的同乡，不仅省却了由福建至中原的路途奔波，而且更易适应东北气候。他们都是复员老兵，其中相当一部分还是前藤牌兵，只需稍加训练和整合，即可恢复原有的军事技能和状态。

藤牌军是康熙一手策划建立的特种部队，他对这支技术兵种予以了极大关注，从装备、待遇到进一步的激励措施都一一过问。得知福建军火库中有现成的双层藤牌，他给福建水师提督施琅发去加急文书，让施琅从中挑选四百套，与揙刀一道火速送至京师。送到京城的藤牌共有双层藤牌三十套，单层藤牌三百七十套，检视之后，他觉得还是有些薄，就下令予以整修，双层的加一层旧棉，单层的加两层旧棉，直到真正坚固可用为止。

在兵员征集时，康熙指示地方大臣给应征士兵发放银两作为安家费，并为他们整装送行，入伍士兵的饷银也从优发放，按每月二两给予。清军制度，八旗的薪饷要比绿营高，但八旗兵每月也只有二两银子的军饷。

藤牌军训练完成后，康熙亲自观看操演，赐宴赏银，承诺胜利回师之日，士兵得赏，军官俱可按现任职务正式予以任命。因为林兴珠系归降汉将，为免他们被彭春等人另眼相看，康熙专门提醒彭春等人，说林兴珠曾效力于清军，是一个懂得打仗的老将，且系侯爵，包括彭春在内，一定要予以充分尊重，指挥作战时要多虚心听取其意见。他不忘叮嘱彭春，出兵虽值春夏之际，但边境的气候冷得早，林兴珠是南方人，年纪又这么大了，受不得寒冷，雅克萨城攻克后就要安排他先回关内。

直到藤牌军随大部队已经出征，康熙还派侍卫传旨重申他对官兵的承诺："回去俱有现官与你们做。"康熙的关注和激赏有加，使林兴珠以下官兵皆感奋不已，也才有了其后的不鸣则已，一鸣惊人。

红夷大炮

虽然雅克萨城上游已被清军水师所阻断，但俄军仍企图冲破封锁线，对遭到围困的城内援军予以援救。1685 年 6 月 25 日，一百多名俄军从尼布楚出发，乘木筏增援雅克萨。清军侦知后，林兴珠向彭春献计："该兵从水上来，若使之登陆，就不易歼灭。我以水军前往迎击，可以设法将他们全部歼灭在江中。大军继续围城，决不可撤！"

彭春按照康熙所嘱，非常尊重林兴珠的意见，遂表示同意。林兴珠即令四百名藤牌兵裸身跳入江中，他们将藤牌托在头上，手持搧刀，迎着木筏游去。俄军老远看见无数"满兵鞑子"（俄军以为清军全都由满人组成）戴着"大帽子"游来，顿时大为惊骇，直呼："大帽鞑子！"

尽管俄军一边惊叫，一边用火绳枪不断射击，但由于藤牌兵泅于水中，且有藤牌遮住头部，所以怎么都伤不到藤牌兵，这让木筏上的俄军更加惊慌。藤牌兵的行进速度很快，转眼间就已逼近木筏，他们一露出水面，便马上挥动搧刀猛砍，而且专砍敌人的腿脚。俄军腿脚被砍，在筏上站立不住，纷纷落入水中。

一片刀光过后，俄军被砍死三十多人，被俘十多人，其余哥萨克兵见势不妙，赶紧仓皇溃逃，而藤牌军无一伤亡。实际上，藤牌军在整个雅克萨战役中都没有战死一人，其损失皆为非战斗减员："在沈阳坠马而死者一人，病死于途者三五人。"

藤牌军的首战告捷并没有让萨布素等诸将感到轻松，就连初尝胜果的林兴珠都说："这一仗是侥幸打赢的，可我们如果不能赶快将雅克萨城攻下来，敌人增援大军一到，我们也可能被敌人杀得一个不剩！"

彭春深以为然，决定事不宜迟，立刻对雅克萨城发起强攻。当晚，他便从城南进兵，挖垄沟设挡牌以为掩护，用以部署弓箭手和火绳枪手，佯作射击之势，而暗中却将红夷大炮"神威无敌大将军"架设于城外东西两翼。

当初郎坦建议调二十门红夷大炮至黑龙江，因种种原因，真正运至黑龙江的只有八门，其余均为"得胜炮"和"子母炮"。后两种火炮属于轻型火炮，威力较小，在雅克萨战役中都没能派上太大的用处，"子母炮"因为本来就不是攻城装备，甚至在备战期间就已停止运送弹药。

红夷大炮亦称红衣大炮，在明末的明清战争中，明军在野战中不敌清军，被迫依靠红夷大炮守城。清军在大吃苦头之余，便将归降的明军改编成八旗汉军，也用缴获来的红夷大炮攻城，因此八旗汉军从创建之日起即以攻城为要务，并始终以红夷大炮为其建军核心和优势所在。

中国自行制造的火炮可分为两类途径，一类是由工匠凭传统冶铸经验仿造，这一类多为旧式土炮，另一类则由西方传教士主持制造，质量俱佳的红夷大炮主要来源于此。明朝时铸红夷炮最有名的是"通玄教师"汤若望，其后一直到三藩之乱爆发，前线对火炮的需求量激增，康熙于是下旨让南怀仁铸炮。由于南方道路崎岖，重炮运送不易，南怀仁所铸炮多为轻型山炮，但也铸造了不少重炮即红夷炮，"神威无敌大将军"是其早期代表作。

除调送火炮外，康熙还向黑龙江派出了火器手，此次随军人员中，即有自盛京、宁古塔调来的炮手、鸟枪手八十人，自京师调来的炮手四十人，外加火器整修工匠两人。1685 年 6 月 26 日，黎明时分，攻城战开始，炮手操作八门"神威无敌大将军"一齐向城内开火。

俄军前一天看到中国人又是挖堑沟，又是派弓箭手和鸟枪手，以为对方最多不过放放箭矢或弹丸，还没怎么太当回事，未曾想到城外突然飞来的却是如雨而至的炮弹，顿时就傻了眼，当天死于弹雨之下的守城俄军即达百余人之多。

红夷大炮的原型是欧洲的舰用加农炮，西方习惯以炮弹的磅数来划分火炮，红夷大炮相当于六磅炮。在当时西欧国家已能够制造三十二磅炮甚至六十八磅炮的情况下，红夷大炮称不上是理想的攻坚火炮，但雅克萨城系木城，用红夷大炮轰击绰绰有余，而且城内没有灭火设备，结果炮火所及，硝烟弥漫，烈焰熊熊，又加剧了城内的混乱状况。

在一昼夜炮击的基础上，彭春下令在城墙下三面堆积干柴，准备焚毁城堡。眼见大势已去，雅克萨军政长官托尔布津只好接受城内修道院俄国神父的劝说，向清军乞降，并向清军统帅立誓决不再来雅克萨。

依照康熙“勿杀一人，俾还故土”的旨意，彭春释放了全部战俘，另有四十五名俄军自愿留在中国，被安插于盛京。清军还从城内解救出一百六十余名中国人，多为达斡儿人和鄂温克人，他们被仍旧送回原居住地。为避免雅克萨城继续被俄军利用，彭春下令将木城予以焚毁，随后便率大军撤回黑龙江城休整。

去而复返

雅克萨此前已被俄军侵占达二十年之久，当正在古北口巡行的康熙收到有关克复雅克萨城的捷报时，表现得非常兴奋，他激动地对前来报捷的理藩院尚书阿喇尼说：“征剿罗刹，众人都因路远望而却步，朕乾纲独断，决定兴师征讨，今蒙老天护佑，果然顺利攻克，这让朕很是喜悦。”

不久，彭春等人所写奏报陆续到京，康熙看完后即让兵部对从征人员给予嘉奖。作为指挥雅克萨战役的主帅，彭春的功劳最大，兵部议定给以头等军功。应该说，这种奖赏已经很高了，但康熙还嫌低，批示说俄军乃“历年不能剿除之寇”，而彭春能够在短时间内告捷，实属难得，因此“议作头等尚轻，著为头等第一军功”。

其余随征将领，以林兴珠、萨布素最为出色。康熙指示吏部为二人议赏，并宽免萨布素“先前逗留不进兵之罪”以及其他过失。林兴珠回京后，立刻受到陛见，康熙称赞他：“林侯（指林兴珠，他的爵位是建义侯）之功，史册所未有也！”由于认为吏部所拟之赏与林兴珠所立功勋不符，他让吏部再议，同时践行承诺，谕令户部对全体藤牌兵也给予重赏。

“雅克萨城虽已克取，防御工作决不可疏。”从永戍黑龙江，巩固东北边防的目的出发，康熙让议政王大臣和大学士会商，看应该在哪里永久驻军。1685 年 10 月，他决定筑造墨尔根城，由萨布素率兵驻守，黑龙江城则由其他副都统驻守，各城之间设有驿站，如有紧急军情，可通过驿马飞驰入喜峰口，将奏报及时送往京城。

次年，萨布素派一支小部队去雅克萨侦探俄军动向，这支小部队在途中就听说俄军已经重回雅克萨，他们急忙返回向萨布素进行报告。萨布素又向朝廷奏报，康熙一开始还不太相信，要萨布素及理藩院实地查明情况。理藩院受命派人前往雅克萨侦察，侦察人员从俘获的一名俄军口中，证实萨布素所奏完全属实。

原来就在俄军由雅克萨撤回尼布楚时，六百名沙俄援军也赶到了尼布楚，这给败军之将托尔布津着实打了一针强心剂。与此同时，彭春犯了一个令他后来深为懊悔的战略错误，即撤兵前既没有在雅克萨设立哨所，也未将原雅克萨城四围的庄稼全部割去。托尔布津得悉这一情况后，马上撕毁誓言，率俄军分批重返雅克萨，一边收割田间的庄稼，一边全力构筑新的城堡工事，此时距其投降才不过两月余。

在俄军重新侵占雅克萨的消息得到确证后，康熙感到事态严重：“今罗刹复回雅克萨，筑城盘踞，若不速行扑剿，势必积粮坚守，到那时再想攻取就难了。”他立即调兵遣将，降谕部署第二次雅克萨战役。

根据康熙的谕令，参加此次战役的主要是黑龙江本地官兵，既然均为萨布素所部，经过上次战役的检验，萨布素又被证明才堪此大任，所以便由他统领三军。萨布素以下，郎坦、班达尔善参加了第一次战役，谙悉地形，遂奉命随军参赞，同时康熙又再次挑选藤牌兵四百人，由林兴珠率领一同出征。

首攻雅克萨，除了藤牌兵一鸣惊人，首战告捷大涨士气外，火炮实乃攻坚的第一功臣。有鉴于此，在原先拥有火炮的基础上，清廷陆续向黑龙江添发火炮、火药和火器手，光炮手就派了一百多人，当时南怀仁等人刚刚造了一种新炮，名为“龙炮”，京城也一口气向黑龙江发来了六门。

前有第一次战役取胜的成功先例，后有增添的这么多火炮，康熙认为再次克复雅克萨应当易如反掌，需要注意的方面只是吸取俄军去而复返的教训，勿再重蹈覆辙。在萨布素率部出兵前，他特地宣谕：“若得雅克萨，即往尼布楚。事毕返回驻兵于雅克萨，不要毁坏其城，也不要破坏庄稼，因为等庄稼成熟后，可以就近收割作为部队的军饷。”

1686 年 6 月，萨布素率所部两千人水陆并进，进抵雅克萨。在到达雅克萨后，萨布素致书托尔布津，警告俄军必须“速回本土”，否则将以武力消灭。托尔布津置之不理，于是萨布素下令攻城，其战术仍基本沿用彭春的打法套路：先用水师占据黑龙江上游，以阻遏尼布楚的沙俄援军，然后再对城池进行围攻。

艰苦卓绝的围城战

至第二次雅克萨战役开始时，城内俄军兵员已增加至六百七十人，加上猎手、耕农等其他人员，共有八百二十六人。他们拥有众多火器，最引人注目的就是火炮——三磅以上的火炮多达十二门，其威力均不在红夷大炮之下。

正是因为自恃有这些资本，当清军围城时，俄军已敢于在城壕边排列火炮和鸟枪手，与清军进行对射。关键时刻，清军的“龙炮”立下战功，这种新增加的火炮仅重百斤，根本无法与“神威无敌大将军”动辄重达两千斤至三千斤相比，所以是一种轻型炮。“龙炮”用于攻坚固然差强人意，但野战却是一把好手，在它的猛烈压制下，俄军终于被迫结束对射，退出城濠，向城内龟缩。

清军乘势通宵攻城，以包括“神威无敌大将军”在内的各类火炮对城池进行连续射击，可是持续一昼夜，仍无法击垮城墙，这让众人都很是吃惊。

其实没什么好奇怪的，在雅克萨，清军炮口需要对准的已不再是旧城，而是在旧城的废墟上建立起来的新城。托尔布津曾在波兰军队中服役，他的普鲁士工程师也受过军事训练，针对清军重炮在雅克萨战役中对城堡所造成的破坏，他们结合在欧洲战场上所取得的经验，曾用整整一个冬季的时间，对城堡进行精心构筑——与旧城全部为木结构不同，新城乃夯土结构，外包以木，再涂以湿泥，以此确保城墙的坚固和不易起火燃烧。这就无怪乎在第一次雅克萨战役中，清军仅一个昼夜就令俄军俯首称臣，但同样的打法却无法收到相同的效果。

萨布素召集郎坦、班达尔善等人商议，商议的结果是要进取边城要地，修筑城垒、炮台。1686 年 7 月 27 日夜，藤牌军首先奉命攻取城南土阜，在攻取过程中他们曾遭到俄军的伏击，但依旧大败对方。次日晚上，清军利用城南土阜这一制高点，以炮火做掩护，开始逼近城下筑垒。后者实际是一种围绕城墙的简易壁垒，壁垒用实以泥土的木桶、柳筐所构成，可为大炮和火绳枪抵近射击提供掩护。

城内俄军见此情景，意识到城垒一旦告竣，可能对他们造成重大威胁，遂赶紧组织反扑。7 月 29 日、30 日两天，俄军乘大雾连续对土阜发动进攻，但均被击退。萨布素再召诸将商讨，大家都认为如果任由俄军实施反击，长久下去包围圈很难不被其突破，因此，除了寄望于城下筑垒外，当务之急还得挖掘长堑，用以切断城内的水源。郎谈更提出，仅与俄军激战无益于根本，只有切断水道才能把其进一步逼向绝境，这样敌人若是出城突围，清军可以从城外予以合击，若是敌人不出城固守，也必将因为缺水而坐以待毙。

计议已定，各路清军立即加快往前推进，在推进过程中一边掘长堑，一边筑城垒。俄军在城头上瞧见，如坐针毡，他们更加频繁地从城内出击，以阻止清军逼近雅克萨。

第二次雅克萨战役是一场艰苦卓绝的围城战，远比第一次激烈残酷，掘长堑和筑城垒期间尤其如此，清军每向前推进一步，都会遭到俄军反扑，官兵们前仆后继，血染疆场，在事后的论功中，仅达斡尔兵就有十一人荣获头等功牌。

在激战中，托尔布津被击毙，只好由另一名俄军头目拜顿代理指挥，而这时清军已掘完长堑，筑成城垒，对俄军形成瓮中捉鳖之势。8 月 26 日，俄军出城争夺城北炮台，被清军击退，自此便一蹶不振，唯有困守于城内。尼布楚方面也曾派兵前来增援，但远远望见清军壁垒森严，知道无隙可乘，只得依旧潜返尼布楚。

随着战役的持续进行，康熙意识到速胜已不可能，眼看深秋已至，天时渐寒，河流即将封冻，他传旨萨布素做好封冻期的内外防御。萨布素遵旨停止强攻，转而对雅克萨实行长期围困，他除了在雅克萨三面继续掘濠筑垒，并用火炮对敌堡予以猛烈轰击外，还对城西临江一面进行封锁，以防敌人从江上逃逸以及堵遏其援军自上游增援。康熙怕他兵力不足，又命副都统博定率两百名生力军予以增援。

俄军修建雅克萨新城时，在城内修建有粮仓、火药库和军需仓库，储备了大量粮食、弹药和其他物资，为的就是能够长时间固守，但他们显然低估了中国人的决心。在被长期围困的情况下，城内粮食即便再多，若无补充，也有吃光的时候，而更要命的是水源也被切断了——正常的人饿两天或许可以，不喝水你试试看？

饥寒交迫又促发了坏血病的流行，俄国人死亡枕藉，加上战死者，至当年11月，原有的八百多人只剩下一百五十人，粮食弹药亦消耗殆尽，这意味着他们已完全失去了继续抵抗的能力。

一百五十多年后，清军在鸦片战争中败于英军，有人重新回味历史，认为雅克萨战役是“一场比战败还危险的胜利”，理由是康熙及其将领只关注胜负本身，却忽视了军备的改进，从而导致后来清军的武器远远落后于西方。

其实这种看法颇有些苛求于前人，因为军备的改进从来都不能与作战的实际需要以及效果相脱离，简单地说，就是必须以战学战。比如早期清军并没有火器，火器包括红夷大炮都掌握在明军手中，结果清军在大炮的攻击下连遭挫败，攻城攻不下，守城守不住，他们自己都叹息：“野地浪战，南朝万万不能；婴城死守，我国每每弗下。”可也正是在与明军的交战中，清军逐渐学会了铸造和使用火炮，直至到明清战争后期，无论是拥有火炮的数量还是炮兵的战斗能力，都全面超越了明军。

清军本来已积累了丰富的重炮运用经验，从入关前的大凌河、锦州战役，到入关后的江阴、广州等战役，在重炮攻坚方面均取得了成功。不过自三藩叛乱后，为适应南方地形，清军开始侧重于制造轻型野炮，重炮发展反而被忽略，这使得红夷大炮的威力及其炮手的水平都未得到长足进步，以致连一个小小的雅克萨城都奈何不得。

雅克萨战役尚未结束，清廷已经在研究和仿造俄军火炮。俄军火炮中，有一种“西瓜炮”，这是一种短身管榴弹炮，能发射爆炸弹，给清军留下了深刻印象。康熙命南怀仁监造类似火炮，据说南怀仁久制不成，后由火器制造家戴梓督铸，才终于试造出了“威远将军”。

“威远将军”也称“冲天炮”“子母炮”，此炮的欧洲印迹颇为浓重，每门炮上都配有全套观瞄仪器，炮后部亦铸有药室。为了适应攻城需要，它被附加了臼炮的一些特点，但仍属于榴弹炮，且用的是爆炸弹，发射时，“子在母腹，母送子出，从天而降，片片碎裂，锐不可当”。

“威远将军”是中国首批仿造出的榴弹炮之一，不但威力超过“神威无敌大将军”，而且射程更远，最远射程可达一点五公里。试造成功后，康熙亲自观看了试放，并且很快就将第一批“威远将军”运至黑龙江，随时准备用于雅克萨前沿。

其实即便不动用“威远将军”，清军要攻占雅克萨城也已是唾手可得，但康熙的目的不仅于此。他向来认为“兵非善事，不得已而用之”，如果可以通过谈判等非战争手段解决争端，就要尽量避免战争。他认为雅克萨战役胜利在望，乃是把俄国逼到谈判桌前，以争取今后中俄长久和平的大好时机，为此，他通过正在中国的荷兰使臣向沙皇转交咨文，表达了自己的和谈愿望。

此前康熙已多次发出和平倡议，沙皇均漠然置之，但当他得知雅克萨俄军又遭惨败，援军连包围圈都进不去时，顿时大吃一惊，不得不接受了康熙的提议。1686年10月，沙皇派信使持国书飞驰北京，通知清廷，表示俄国政府已正式指派大使前来与中方举行边界谈判，“乞撤雅克萨之围”。康熙接受了对方的要求，命萨布素解除对雅克萨的包围，主动撤往瑷珲、嫩江一带，至此，历时两年多的雅克萨战役始告结束。

第九章

筹边重此行

“天下治安，民生乐业，共享太平之福”，是康熙于即位之初就向祖母孝庄许下的目标，但就在他竭力巩固边疆，维护“天下治安”的时候，孝庄却突然一病不起，而且病情一天天加重，毫无痊愈的迹象。

作为康熙从小到大的抚养人和保护者，孝庄在康熙心目的地位无人可以替代，他曾饱含深情地说：“朕承祖母膝下三十余年……设无祖母太皇太后，断不能有今日成立，养育之恩，毕生难报。”

正是出于这样一份感情，康熙平时就格外孝敬祖母，凡出巡狩猎，一有新鲜果品或猎物，就让人稍加腌制，速送京城慈宁宫供孝庄品尝。孝庄有什么要求或嘱咐，只要让他知道，也无不遵循，孝庄想念嫁到蒙古的女儿淑慧公主，康熙就立即接回公主，为的就是让老太太高兴。常在康熙身边的法国传教士白晋忍不住发出感慨：“皇上对太皇太后唯唯诺诺，百依百顺，其顺从的程度令人难以置信。”

他打了败仗

孝庄信佛，康熙自己虽并不信佛，但对于孝庄要他代做的礼佛事宜，全都心甘情愿、真心实意地去做。有一次孝庄让康熙替他到白塔寺进香礼拜，将动身时，忽然下起大雨，近侍劝康熙等雨停了再去，但由于进香礼拜的时间是孝庄特地派人选的吉日，为了不错过时辰，康熙毅然冒雨前往。

孝庄身体尚可的时候，曾在康熙的陪伴下，亲自去五台山礼佛。五台山山路坎坷难行，乘车不稳，康熙命备八乘暖轿供其使用，孝庄考虑轿夫太辛苦，坚持还是乘车而不用轿。行至中途，见车子还是颠簸，康熙又请孝庄改用暖轿，孝庄自己也被颠得受不了，她为难地对康熙说：“已经换上车了，现在到哪里去弄轿子呢？”康熙立即答道：“轿子就在后面。”随即让人把轿子抬上前来。原来他瞒着孝庄，一直命轿随车而行。老太太当时非常感动，摸着皇孙的背夸个不停，说："坐车子坐轿子都是小事，且在路途之中，连一般人也不会这么细心，你的诚意真是无处不到，实在是大孝。"

祖母病重是康熙最害怕的一件事，他的身体一向很好，可是因为极度忧虑，那些天也开始不断地犯起了头晕病。为了挽救孝庄的生命，康熙想尽了一切办法，做了他能做的所有的事，非但请宫中最好的御医予以诊治，还通过查阅医药文献，亲自调药，可是均回天无术。

康熙笃信儒家学说，"天行健，君子以自强不息"是他的人生信条，对于祥瑞、灵异、天书垂诫圣意之类，他从不相信，也禁止宫中谈论，当然传统的参拜天地、祈雨等除外。有一回大旱，他在宫中设坛祈雨，长跪达三昼夜，第四天见仍不降雨，便步行至天坛祷告，忽然"油云忽作，大雨如注"。在无计可施的情况下，康熙想起了这件事，他认为既然可以祈雨，自然也可以祈福：说不定自己的"精诚"同样能感动苍天，让祖母延寿呢？

当下他便挑选良辰吉日，率诸王、贝勒、贝子、公及文武官员，从乾清宫出发，到天坛祈祷。祈祷的祝文为康熙亲自撰写，他在文中保佑祖母早日痊愈、健康长寿，并说如果祖母确实寿数已尽，他愿意减去自己的寿命，以让祖母延寿。在司仪人员宣读祝文时，康熙听着听着，忍不住泪流满面，在场的人也无不为之动容。

康熙的孝顺和虔诚，让重病中的孝庄得到了莫大安慰，因为心情愉悦，连胃口都好了些。御医前去诊视，给孝庄切脉，也说老太太的脉息比先前平和。可是精神作用毕竟只能缓于一时，仅仅过了一两天，孝庄的病情又出现反复，且再未能够好转。

康熙大失所望，深感"天道幽远，难可期必"，之后再遇到天旱求雨，便只在宫中斋戒，而不再亲自到天坛祈祷。最让他"抱痛于心"之处莫过于，即便情愿把自己的寿命分给祖母，苍天竟然也不能予以成全，此事对他打击很大，乃至三十年后旧事重提，仍为之流泪不止。

康熙自即位起就遭遇了各种困难，其中的鳌拜擅权、三藩之乱甚至一度将他逼至绝境，但他从未被困难所吓倒或击倒，依靠顽强的毅力和意志，最终都得以一一击败敌人，赢得了胜利。这是第一次，他打了败仗，而且败得如此让人痛心疾首而又垂头丧气。

接下来康熙能做的，便只有在病榻前尽孝，陪伴祖母走完她最后的人生里程了。在孝庄卧床不起的三十五个日日夜夜里，康熙都亲自护理，不离左右，孝庄睡着时，他就隔着幔帐席地危坐，孝庄一有动静声息，便马上赶到床前，把需要的东西亲手奉上。所有孝庄可能需要的饮食起居物品，他都事先一一备好，其中仅糜粥就准备了三十多种，为的就是做到一呼即至。孝庄不忍心皇孙过于操劳，屡次命康熙回宫休息，诸臣也一再奏请皇帝保重身体，但康熙都继续坚持，他对大学士等人说，太皇太后病笃，自己五内俱焚，哪里还顾得上休息，再者此时若不尽心竭力，老人家一旦有了意外，就算想“竭朕心力，岂易得耶”。

孝庄备受触动，摸着康熙的背，哭了。老人上一次哭，还是在顺治大丧的时候，一个皇儿，一个皇孙，都是她生命中最为牵挂的人，她的眼泪也只会为他们而流。

1688 年 1 月 27 日，孝庄病逝。弥留之际，她一再叮嘱康熙：“太宗文皇帝（即皇太极）梓宫安奉已久，不可为我轻动，况且我心中也舍不得你们父子，不忍远去，就将我葬在你皇父所在的孝陵附近吧，那样我也没什么感到遗憾了。”

康熙遵嘱没有将孝庄的灵柩运往盛京与皇太极合葬，而是葬在了孝陵前的昭西陵，并命将孝庄生前最喜欢的五间新建寝宫迁运至墓地，原样重建，称暂安奉殿。

皇太子

康熙对祖母的去世虽然已有心理准备，但当这一天真正到来时，仍让他有痛不欲生之感。直到孝庄死后三周，他仍一日三次在宫中灵宫哭拜梓宫，并坚持居住在乾清宫外一座简陋的帐篷中。时值寒冬，朔风凛冽，群臣劝皇上回宫，康熙坚持说：“身为天子，岂不自爱，但谁都有祖父母、父母，为人子孙都应当尽孝，又何分贵贱？朕以孝治天下，自然也要为臣民做出表率。”

显然，康熙在自己尽孝的同时，也有意识地在向身边的人们示范何为孝道，这其中就包括皇太子胤礽。

康熙的第一个皇后赫舍里氏因难产去世前曾生下一个男孩儿，康熙为其取乳名保成，胤礽就是那个男孩儿。皇后去世后，康熙把他对发妻的感情都转移到了胤礽身上。康熙的皇子很多，幼时大多被托付他人抚养，前三个皇子，长子胤禔系在内务府总管噶礼家长大，三子胤祉被养在皇宫侍卫大臣家里，只有身为次子的胤礽由康熙在东宫亲自抚养。康熙自己也证实他对胤礽的重视和爱惜确实超过其他皇子，“胤礽乃皇后所生，朕煦妪爱惜”。

等胤礽到了读书年龄，康熙便亲自教他读书，继而又让大学士张英、熊赐履当他的老师，对胤礽寄望之殷可想而知。1676年，在平叛战争进行到第三个年头的时候，年仅十八个月的胤礽被康熙正式册立为太子。那段时间，宫人们都知道，康熙日常谈论最多的就是“一件事两个人”，“一件事”当然是平定三藩之乱，“两个人”是祖母孝庄和太子胤礽。

平叛战争胜利后，康熙着眼于制订治国安邦的长期计划，教育皇太子被他视为其中极为重要的一环。检视太子的学业，作为父亲的康熙也完全有理由为之欣喜——还在九岁时，胤礽即在一次狩猎中射中了一只老虎，到康熙开始第一次南巡，年仅十岁的胤礽已读完四书，并能熟练使用满、汉、蒙三种官方语言。

太子学业虽佳，但随着年龄渐增，他的品格却日益受到质疑。康熙虽亲自抚育胤礽，然而在胤礽身边的时间毕竟不可能太多，真正影响胤礽的反倒是胤礽周围的其他成年人。与康熙幼时不同，这些成年人从包衣奴仆到卫士，大多品德不佳，胤礽的乳母及其丈夫、内务府总管凌普也不例外，由于乳母的娇宠，令胤礽养成了放纵、自私、肆无忌惮的乖戾性格，而凌普生性贪婪，“包衣下人，无不怨恨”，在他的影响下，成年后的胤礽对金钱同样贪得无厌。

在孝庄病逝的前一年，十二岁的胤礽的品格问题在朝中已尽人皆知，一些大臣援引明代教育太子的先例，主张让胤礽出阁读书，接受讲官的正规理学教育。康熙接受了这一建议，并颁诏遴选理学名臣、原江宁巡抚汤斌任太子的首席讲官。汤斌抵京后，在他的举荐下，康熙又批准颇负盛名的理学家耿介、满人学者达哈他共同担任太子的辅导老师。

这时的太子因缺乏管教已变得十分乖戾自负，偏偏汤斌及耿介、达哈他都是极端认真负责的老师，太子不太肯服从他们的管教。本来制定出阁读书的措施就是要拉住太子的缰绳，让他回到正轨上来，但康熙仅仅专注于太子学业是否有成，对如何纠正其品格的问题却重视不够，同时也认识不足，以至于一旦师生发生冲突，他总是本能地偏向于太子。

有一次，达哈他就因在辅导时对太子有“失礼”行为，被停发了六个月的俸禄。其实所谓“失礼”，无外乎几种原因，或者是老师批评了太子，太子不悦，或者是老师对太子在课堂上的心不在焉表示不满，或者是太子跟老师大发脾气并坚持惩处老师。可以说，不管是哪一种原因，都与太子表现不好有直接关系，康熙不借机使太子改过，却反过来惩罚老师，归根结底还是对太子太过溺爱所致。

康熙的这种偏袒态度和做法，在助长太子气焰的同时，也束缚了老师们的手脚，长此以往，教育自然难以取得实效。1687年，全国大旱无雨，康熙向官员们征求批评建议，一个职位不高的官员董汉臣鼓起勇气，大胆上书指斥时事，敦促皇帝“勤教太子”。

董汉臣的话说得含蓄隐晦，但意思已很明白，指的就是宫廷在教育太子方面不尽如人意。康熙心知肚明，他也觉得太子出阁读书后长进不大，可是又不舍得责备太子，结果太子的老师便成了替罪羊，他们或被降职处分，或自行告老还乡，移植明朝制度教育太子的努力也随之以完全失败而告终。

党争

经过一系列的风波，康熙对太子的品格问题自然不会全无察觉。就像祖母生病，他常常会自己看医书抓方子一样，他开始试图通过暗示和以身示范的方法，委婉地对太子进行劝导。比如，他在兴建畅春园时，明令正殿不得出现华丽图案和浮靡色彩，为的是让太子懂得节俭朴素的重要性。甚至他还派人在太子书房周围种上庄稼，以提醒太子关心民间疾苦，不要只知道敛财和享受。

孝道是康熙最为看重的品质。他命儒臣们博采众书，加以论断，纂修成了《孝经衍义》一书，专门用来作为教育太子的教材。孝庄去世的那段日子，康熙尽礼尽哀，在他看来，更是给太子提供了一个何者为孝道，应如何在长辈面前尽孝的生动范例。

康熙一方面想尽办法对太子进行启迪，另一方面，出于稳定太子地位和消除党争的双重目的，出手对明珠派进行了打击。

康熙爱研究明朝历史，有人将明朝亡国归咎于宦官弄权，康熙则认为宦官弄权固然对明朝政治的衰败负有责任，但导致明亡的最关键因素还是朋党之争。

明代朋党之争激烈，“在朝臣子，一心以门户胜负为念，置封疆社稷于度外”，哪怕负有盛名的东林党亦是如此，为了争夺话语权以及实际权力，他们彼此之间钩心斗角，完全无视国家的利益，直接把大明朝推向了覆亡。康熙以明史为鉴，训诫大臣们说：“明时臣工不能秉公办事，颠倒是非，挟仇弹劾，此风不可不戒。”他后来又将党争归结为汉人的弊病和陋习之一：“自古汉人结为朋党，各援引同党之人，以欺其上，习以为常。”

让康熙感到愤怒和不安的是，尽管他三令五申，但结党之风依旧蔓延到朝中，而且并不止于他所称的汉人汉臣，满人满臣在这方面也毫不逊色，“素来忠诚之满人，亦濡染恶习”，“太子党”和明珠派即为从中结出的两枚恶果。

“太子党”最早源于索额图。当初因协助康熙清除鳌拜集团之功，索额图被授大学士，入阁柄政，随着权势日渐显赫，其贪纵之心也日甚一日。与此同时，他因出身贵族名门，平时为人倨傲，对不顺从他的人当着面就加以排斥，“人多畏之”，久而久之，便和依附于他的人结成了一个党同伐异的政治派别。

早在平叛战争期间，康熙就注意到了索额图结党营私、贪纵日盛的种种劣迹，曾告诫他：“分立门户，私植党羽，始而蠹国害政，终必祸及家身。”又御书“节制谨度”赐予索额图，警示其不要过于贪纵。索额图受到压力，遂于 1680 年，即平叛战争结束的前一年，以病请解大学士任，康熙立即允准，实际上索额图是因贪纵结党遭到了革退。

尽管索额图被迫退出了内阁，但仍兼有议政大臣、内大臣、太子太傅等要职，而其骄纵之习也依旧不改。康熙无法容忍，谕议政王大臣：“索额图巨富，通国莫及。朕以其骄纵，时加戒饬，并不悔改。”下令将索额图的其他职务也一并罢免。

不过在索额图闲居两年半后，他又被康熙重新起用为领侍卫大臣，这表明康熙依然赏识他早年在鳌拜擅权时对自己的支持，同时也与太子有关——索额图是太子胤礽的叔外公，两人关系密切，康熙爱屋及乌，便对索额图重新生起了好感。

复出后的索额图与大学士明珠形成了针锋相对之势。与索额图嚣张于外不同，明珠表面谦和，轻财好施，暗地里索额图搞的那一套，他全搞，索额图贪污受贿，他也贪污受贿，索额图结党，他也结党。

索额图因太子而再次得势，他及其派别围绕在太子周围，外界称为“太子党”。明珠是皇长子胤禔的舅父，他及其党羽支持胤禔，于是被称为“明珠派”。两派互相倾轧，千方百计地找碴儿攻击对方，搞得朝中一片乌烟瘴气。

康熙既要消除党争，又要保护太子，便只能考虑先拿明珠派开刀。明珠一向富有谋略，从平定三藩之乱到收复台湾，都曾是康熙在朝中的得力助手，加上还要牵涉朝中的其他重臣，所以康熙不得不格外慎重，1688年春，他用《易经》对此进行了占卜。

《易经》虽来源于古代卜筮，但它把许多人生哲理和处事方法都融入了其中。康熙读《易》向来乐此不疲，“实觉义理悦心”，他告诉讲官：“《易》理精微，文字难尽畅其意。”也就是说，康熙很注重结合现实，从《易经》中汲取他所需要的营养。

占卜显示出的是六十四卦中的“夬”卦。“夬”卦大致是说一个人行事应该刚毅果决，如果遇到小人，就要像铲除杂草一样，干净利落地予以清除。如同现代社会中心理医生即时给出的答案，“夬”卦正好解决了康熙的困惑，促使他下定决心，以“背公结党，纳贿营私”，将明珠及其主要心腹全部予以罢免。随着明珠被剔出政坛中心，由“太子党”和“明珠派”共同掀起的党争亦告暂时平息。

冒险接纳

明珠倒霉，最大的得利者自然是索额图。雅克萨战役结束后，康熙任命索额图为钦差大臣，让他率政府使团与俄方进行边界谈判，就充分显示了对他的信任。

在东北边界谈判中，康熙交代给索额图等人的谈判条件原本是寸土不让，“一河一溪，皆我所属之地，不可少弃之于俄罗斯”，然而北方边疆形势的突变，最终迫使康熙不得不改变了主意。

在北方少数民族中，蒙人向来以人数众多且强悍善战而著称，汉人的南宋王朝、满人前身女真人所建立的金国，历史上皆为蒙军所灭。到明末时，蒙人分为了漠南蒙古、漠北喀尔喀蒙古、漠西厄鲁特蒙古三部分，漠南蒙古后称内蒙古，漠北蒙古后称外蒙古，漠西蒙古当时主要游牧于新疆的天山以北、阿尔泰山以南。满人在兴起的过程中便逐步对蒙古各部进行收服，至顺治末年，漠南蒙古已直属中央政府，漠西、漠北蒙古则分别与清王朝发展成了藩属国与宗主国的关系。

漠西蒙古又分四部，即准噶尔部、杜尔伯特部、土尔扈特部、和硕特部。准噶尔部强盛起来后，经常以强凌弱，侵占其他族的游牧之地。受其威逼，土尔扈特部流亡欧洲，和硕特部迁至青海，杜尔伯特部及其他各部未迁走人员均被准噶尔所收并。

康熙初年，准噶尔部首领巴图尔洪去世，其高层为争夺权力发生内部血拼，正在西藏做喇嘛的巴图尔洪之子噶尔丹闻讯赶回，在除掉所有政敌后，夺得了准噶尔部的统治权。

据传说记载，在噶尔丹出生之际，阿尔泰山顶出现了五色祥瑞之光，其状甚为奇特，巴图尔洪大喜过望，认为自己的儿子将来绝非等闲之辈。噶尔丹在长大尤其夺权继位后，同样自命不凡，他以女真人的金国曾被蒙古所灭为由头，号称要重写成吉思汗时代的辉煌：“我们会成为曾经由我们统率的那些人（指清朝）的奴隶吗？这个帝国是我们祖先留下来的遗产！”

噶尔丹欲与清王朝分庭抗礼，实现“圣上君南方，我长北方”的政治野心，他认为要达到这一目的，首先就得统一蒙古，而要统一蒙古，必须实施“东进政策”，即向东征服漠北蒙古，为此，他寄望于投靠沙俄，企图同俄国订立军事同盟和求得俄国给予军队枪炮的援助，正好沙俄也有利用准部配合其东侵的打算，双方一拍即合。1688 年初，噶尔丹率精兵三万，越过杭爱山，借端向漠北蒙古土谢图汗部发动了大举进攻。对这次进攻，俄国毫不掩饰地给予了支持，准军不但得以使用俄军提供的火器，而且还有大批俄军带着火器火炮直接协同作战。

此前漠北蒙古各部一直与清王朝保持着友好关系，而且同样对入侵的俄国持坚硬立场，其中以土谢图汗抗俄最为坚决。当噶尔丹从背后实施袭击时，土谢图汗正在围攻被俄军侵占的楚库柏兴，见状只得撤围回师迎战。

包括土谢图汗在内，喀尔喀三部会集全部兵力，与准军展开大会战，由于准备仓促，加上噶尔丹事先派遣了千余名喇嘛作为内应，喀尔喀军与准军激战三日，最终不敌，被打得全军崩溃。消息传出，震惊了整个漠北草原，喀尔喀三部数十万众被迫抛弃庐帐、器物甚至马驼牛羊，纷纷南逃。清廷派去东北进行边界谈判的使团正好途经此地，看到“喀尔喀溃卒布满山谷，行五昼夜不绝”，这让大家都不由得发出感慨：“北荒之国，胜负但决于一战。”

在喀尔喀人陷于绝境之际，俄军趁火打劫，一边扩大侵占地盘，一边对喀尔喀部众进行诱降。在此关键时刻，喀尔喀人请他们的活佛哲布尊丹巴进行决断，哲布尊丹巴发表意见说，俄罗斯向来不尊奉佛教，无论人情风俗还是语言服饰都与蒙古完全不同，跟俄罗斯人走绝非久安之计，他建议“全部内徙，投诚大皇帝”。

决议已定，土谢图汗与哲布尊丹巴分别率部南下，向清王朝请求保护。此时的漠北蒙古与清王朝还只是藩属关系，噶尔丹也早就给康熙打过招呼，声称如果哲布尊丹巴等人南下相投，清王朝应拒而不纳，或是直接把人抓了遣送给他。这使康熙面临着两难境地：若不接纳哲布尊丹巴等人及喀尔喀窘迫之众，他们必将沦入噶尔丹之手，不仅有违仁义，同时也无异于纵容噶尔丹侵掠暴行，助长其扩张野心；若予以接纳，以噶尔丹的嚣张劲头和野心，势必会以此为借口，对清王朝进行军事挑衅。

经过深思熟虑，康熙下决心冒险接纳喀尔喀。他首先派兵对哲布尊丹巴进行保护，同时将噶尔丹欲赶尽杀绝，擒捉哲布尊丹巴等人的话也据实相告。哲布尊丹巴等人非常感动，上奏说：“圣上向来都很体恤我，我亦仰仗天朝以自存。现在又蒙如此洪恩，无以酬报，唯有早晚颂祝而已。”

1688 年 10 月，以哲布尊丹巴为首的喀尔喀七旗会盟集议，决定归顺清王朝。康熙当即予以批准，并拨出大量米粮物资，对陆续南下的数十万喀尔喀部众进行从优安置和赈济。

喀尔喀宣布归顺中央政府后，噶尔丹不依不饶，坚持向康熙索要哲布尊丹巴和土谢图汗。康熙以保持北部边疆安定为出发点，仍希望化干戈为玉帛，他以理藩院尚书阿喇尼等人为使，前往噶尔丹主帐所在地科布多，调停噶尔丹与土谢图汗的纠纷，同时传达会盟友好的建议，但遭到了噶尔丹的拒绝。

康熙又把一名喇嘛派往拉萨，想请五世达赖喇嘛出面对噶尔丹进行劝导，但他不知道达赖几年前就已经圆寂，西藏第巴（即西藏首领）桑结嘉措是噶尔丹的支持者，经常用达赖的名义与外界进行交涉。更加让人想不到的是，派去的那名喇嘛使者居然也早就与桑结嘉措暗中勾结，他抵达拉萨后，反而被桑结嘉措派去协助噶尔丹下一步行动计划。桑结嘉措另外假借达赖喇嘛的名义向康熙传话，让康熙满足噶尔丹的要求，将哲布尊丹巴和土谢图汗擒送噶尔丹。

桑结嘉措的支持令噶尔丹更为得意，声言："我尽力征讨五六年，必灭喀尔喀，必擒哲布尊丹巴。"见噶尔丹执迷不悟，调解毫无成效，康熙也断然改变策略，开始做好迎战噶尔丹的准备。

狮子搏兔

这时的噶尔丹占领了西北、漠北，号称"控弦之众百余万，驼马牛羊遍山谷"，无论雄心还是实力，都堪与清王朝一战。不过外表的光鲜终究遮不住内部的缺陷，作为噶尔丹所依赖的基本力量，准噶尔部有着全民皆兵的习俗，这既是他们得以称霸蒙古的条件，也是导致其衰败的动因——由于连年征战，穷兵黩武，使得准噶尔的下层部众非常贫苦，乃至"有一马者，即称为富饶"，其高层内部也矛盾重重，权斗激烈。

康熙长期对准噶尔部进行观察和分析，断言准噶尔部"势必内生变乱"。至噶尔丹入侵漠北时为止，他的两个侄子策妄阿拉布坦、索诺木阿拉布坦均已成年，被噶尔丹视为准噶尔汗位的潜在争夺者，从准部后方到准军内部，也都流传着两人可能要图谋叛变的谣言。噶尔丹越想越怕，便与亲信合谋，毒杀了索诺木阿拉布坦，之后又想谋杀策妄阿拉布坦。

策妄阿拉布坦是准部的后起之秀，其才能和气魄并不在噶尔丹之下，他与噶尔丹本来就存在隔阂，发现噶尔丹对他动了杀心，就在其父留下的七位旧臣的帮助下，率五千骑兵离开科布多，逃往了新疆伊犁河谷。噶尔丹当即率兵追击，但他显然过高估计了自己的能力，居然随身只带了两千骑兵，结果一战下来，两千骑兵遭到了团灭的下场，逃归科布多的噶尔丹仅以身免。

噶尔丹原有三万精锐骑兵，策妄阿拉布坦带走五千，两千追兵被消灭，这使其有生力量一下子就锐减了四分之一。这还不是最糟糕的，最糟糕的是，伊犁河谷系噶尔丹的老巢，也是其主要的后方补充基地，自叔侄一战后，伊犁河谷便被策妄阿拉布坦牢牢占据，就连桑结嘉措在以达赖名义向康熙上疏时，也不得不承认："厄鲁特大半附策妄阿拉布坦。”

得知噶尔丹叔侄反目，成了不共戴天的仇敌，康熙马上派侍读学士达虎前往伊犁，向策妄阿拉布坦颁赐敕书及缎匹，“谕策妄阿拉布坦绝噶尔丹”。此后策妄阿拉布坦便靠近了清廷，“贡献方物，问安之使，不绝于道”。

在腹背受敌、四面楚歌的情况下，噶尔丹唯一可以期待的武装支持者只剩下俄国。康熙并不害怕俄国，尤其在雅克萨战役取胜的条件，更无畏惧的理由，但他深知如果清军在这个时候陷入两线作战的境地，实乃兵家之大忌，必须极力避免。

明智冷静的头脑，在“忍”与“不忍”之间迅速做出抉择的果断作风，都是一个成大业者身上所必备的条件。为了阻止俄方对噶尔丹的支援，避免今后出现被动局面，康熙审时度势，决定放弃原先对俄寸土不让的立场，在边界谈判中做出重大让步。他谕令索额图等人，说你们在谈判两国疆界时，一开始仍应以尼布楚为界，但俄国“若恳求尼布潮（即尼布楚），可即以额尔古纳为界”。

俄国在领土方面向来欲壑难填，他们最初定的谈判条件是占领整个黑龙江北岸。可是由于俄国的扩张重心已转向欧洲，俄军暂时还无法向远东大规模调兵，而与中国打交道尤其是两败雅克萨的经验告诉他们，在远离欧洲中心的大环境下与中国为敌，并不会得到什么好结果。之后在欧洲的俄土战争中，俄军远征克里米亚的行动又宣告彻底失败，这使他们考虑到，若过于强硬而导致谈判失败，俄国在远东已取得的其他地盘也可能鸡飞蛋打，于是只得降低胃口，提出可以放弃雅克萨，用来换取对尼布楚及其周围地区的占领。

在心理底线基本接近的情况下，这场长达三年的艰难谈判终于结束，1689 年 9 月 7 日，中俄在尼布楚达成协约，正式签订《尼布楚条约》。条约签订后，俄国撤除了在中国境内的所有据点，在此后一百多年的时间里再未入境骚扰，中俄边境如康熙所希望的那样进入了一个难得的和平期。

按照《尼布楚条约》，中俄以格尔必齐河、外兴安岭、额尔古纳河为两国分界线，原属中国的尼布楚以西至贝加尔湖的领土让给了俄国。这是康熙在不得已的情况下做出的让步，为的是接下来可以攥紧铁拳，以狮子搏兔之势倾力对付噶尔丹这个自诩的“新成吉思汗”。

冒天下之大不韪

1689年10月，趁噶尔丹东进喀尔喀之际，策妄阿拉布坦派兵潜入科布多，将其大本营的百姓、牲畜、物资全部掠走。噶尔丹闻讯急率主力返回科布多，但已无济于事。

噶尔丹虽然占领了漠北蒙古，但是随着喀尔喀人的全部南迁，当地给养匮乏，丧失伊犁河谷，又使噶尔丹军失去了战斗兵员、军备物资、生活必需品的稳定补充，这次损失则等于雪上加霜。理藩院尚书阿喇尼熟悉蒙古事务，他奉旨出使科布多，主要使命是进行调停，但也有观察噶军虚实的用意。他在科布多的噶军军营待了足足七十八天，返京后向康熙奏报："噶尔丹败于策妄阿拉布坦，下人散亡略尽，又极饥窘，至以人肉为食。"

与文武兼备、明智过人的康熙相比，噶尔丹为人勇悍、阴鸷有余但智谋不足。他原先的计划是统治喀尔喀三部，进而煽动漠南蒙古背叛清朝，没想到喀尔喀居住的地方是被他占领了，可是人畜却跑了个精光，反而弄得自己进退失据，衣食无着。在这种情况下，噶尔丹本应暂时收敛锋芒，改变策略，结果他没有，能够想到的仍然是一不做，二不休，以追索哲布尊丹巴和土谢图汗为借口，继续大举入侵漠南。

漠南与漠北不同，就在噶尔丹进攻漠北蒙古前，此处即为清朝疆域，噶尔丹南下无论用什么理由，都等于入侵清朝。更不用说喀尔喀已举部归顺清朝，在这种情况下噶尔丹仍追索不已，已摆明是对清朝的一种挑衅，也足以让双方为此发生直接的军事对抗。噶尔丹对此不清楚吗？他清楚得很，之所以还敢冒天下之大不韪，一个很重要的原因是认为可以继续得到俄国人的支持。

1689年底，噶尔丹派使"请兵两万于俄罗斯"，作为交换条件，他信口雌黄地说雅克萨地区原本归其统辖，倘若俄国能够提供军援，他就将雅克萨割让给俄国。鉴于俄国在《尼布楚条约》条约中已经获得了广大领土和许多商业利益，俄国政府已不像前一时期那样，急于与噶尔丹建立联盟，或者贸然向其提供大批武器和兵员，但鸡贼的他们又想坐看噶尔丹与康熙交战，以便继续从中渔利，于是便决定采取暗中助乱的办法。俄国公使戈洛文向噶尔丹保证说，一旦噶尔丹那边出兵，这边马上就可以派俄军参战，"沙皇陛下官兵永远不会停息干戈"。

除了俄国人的许诺外，西藏方面也给噶尔丹壮了胆。西藏第巴桑结嘉措袒护噶尔丹，“以残喀尔喀，复唆使准格尔以图中国”，他派到科布多的喇嘛言称“南征大吉”，竭力鼓动噶尔丹举兵南侵。

1690 年 6 月，噶尔丹率两万余骑兵侵入漠南蒙古，并扬言“借兵俄罗斯，会攻喀尔喀”。此前俄国为兑现他们在谈判中所获得的利益，专门向北京派出了约八九十人的使团和商队，他们除负责递交戈洛文关于如何切实履行《尼布楚条约》的信件外，还运去了准备用于在华销售的六十车皮毛。得知噶尔丹借俄罗斯兵南侵的消息，康熙一面调兵遣将，准备应战，一面紧急召见俄国使者，警告说：“噶尔丹扬言要同你们的士兵一道追击喀尔喀，喀尔喀现已归顺本朝，倘若你们误信噶尔丹之言，就是违约而先开战端！”

一看康熙发了火，已经或即将到手的利益有黄掉的危险，俄使们急忙言不由衷地解释说：“请则有之，允发则未也。”——噶尔丹的确曾向我们俄国请求军援，可我们并没答应他啊！

得到自己想要的答案后，康熙没有忘记提醒俄使：“既然如此，你们要赶紧派人向尼布楚头目伊凡说清楚，而且必须让俄罗斯的军民都知道这件事。”

俄国虽然先前答应噶尔丹出人出枪，但那得等待时机，只有在噶尔丹立于不败之地的情况下，他们为攫取更多利益，才有可能真的给人给枪。现在康熙把事情摆到了桌面上，俄国政府迫于压力，不得不转而对噶尔丹南侵采取口头上支持，行动上却敷衍搪塞的政策。

亲征

追索哲布尊丹巴和土谢图汗，是噶尔丹南侵的借口，也是他唯一可以寻找到的借口，但实际上，抢掠物资并用以解决自身面临的经济困境，才是其现实目的。

噶尔丹的南下路线恰如其分地体现了这一点，他没有紧随哲布尊丹巴和土谢图汗的南逃轨迹，向南进行直线追击，却舍近求远，实施大迂回，就是因为前者经过的沙漠，难以寻觅牛羊果腹充饥，而后者则可以抢到牲畜以资补给。

乌珠穆沁盆地是漠南草原最富饶的牧场之一，饲养着肥壮的驼马牛羊群。1690

年7月19日，当进至该盆地境内的乌尔会河附近时，噶军对当地部众大肆进行杀戮和抢掠，受害部众达四佐领之多。一名俄国军官当时从乌珠穆沁穿过，看到那一带草原上凡有牧民住所，都已被噶军洗劫一空，“那些屡遭洗劫的残余的蒙古人在山沟和草原上饥饿地流浪着，并且人相食”。

消息传至京城，康熙断然决定率师督战，御驾亲征，但亲征的决定刚刚下达，前线就出了问题。

按照康熙的原定计划，清军将从左右两翼对噶尔丹实施夹击。康熙传谕负责统率左路军的理藩院尚书阿喇尼、兵部尚书纪尔他布，让他们在右路军和科尔沁兵齐集之前，只能紧随噶尔丹，监视其军事行动，而不能单独冒进。孰料阿喇尼被噶军的掳掠行为所激怒，加上立功心切，遂不顾康熙的告诫，未待友军到来，就贸然实施了行动。

7月26日，阿喇尼在天亮之前挥师到达乌尔会河，准备偷袭噶尔丹的营地。噶尔丹是打仗的老手，在阿喇尼监视他的时候，他也获得了关于阿喇尼的军事情报，因此当清军出现时，噶军早已环形列营，组成了防御阵势。

阿喇尼左路军主要由蒙古各部的札萨克兵和喀尔喀兵组成，阿喇尼选派了两百名勇士从正面袭击敌前锋，继而令五百喀尔喀兵从后面攻击敌辎重部队。他原指望通过此举打乱噶军阵脚，谁知敌我尚未交锋，勇士队和喀尔喀队就争先恐后地跑去抢夺敌方的子女、牲畜，结果没搅乱对方，己方的阵脚反而大乱。噶军训练有素且久经战阵，见状迅速以作战队形分两翼发动攻击，清军第一梯队失利，阿喇尼连忙下令撤退。

接着，阿喇尼又派第二梯队继续向前进攻。清军没有配备火器，而噶军骑兵不但马快弓硬，还配有先前俄国提供的火绳枪，一阵猛射之后，札萨克兵、喀尔喀兵都伤亡了很多人，剩下的人马惊慌失措，节节败退。噶军主力趁势从山上绕出，从左右两翼对清军形成钳形包围。清军大败而归，死伤不计其数，损失相当惨重。

清军首战乌尔会河告负，举朝为之震惊。这使康熙意识到，噶尔丹用兵如此奸猾狡黠，噶军如此勇猛善战，设若令其为所欲为，必将后患无穷，他下决心再次出击，而且力争一战就将噶军的有力生量予以全部歼灭。

1690年8月6日，康熙发布亲征动员令。出征部队共分左中右三路，康熙任命皇兄——和硕裕亲王福全为抚远大将军，指挥作为主力的左翼军出古北口，任命皇弟——恭亲王常宁为安北大将军，指挥右翼军出喜峰口，他自己则统率中路军参与围歼。

此次亲征，诸王大臣、宗室成员几乎全部从征和参赞军务，康熙的两个兄弟以及膝下所有除皇太子外的适龄皇子，也尽皆与征：三皇子、四皇子、五皇子、七皇子各领八旗营在军前，皇长子胤禔更被任命为左翼军副将军，在福全身边参赞军务。

由于出征部队声势浩大，容易将对方吓跑，康熙决定等包围圈布置好后自己再率中路军亲临前线，在此之前，先由福全和胤禔出面，假意与噶尔丹谈判，趁机对其发动歼灭战。

自8月10日起，左右两路军陆续出发离京，康熙命令两军在巴林旗境内集结待命，不得再像阿喇尼那样违令擅进。在送别福全时，他特地赐诗一首，诗云："获丑宁遗类，筹边重此行。"毕其功于一役，全歼噶军的意图跃然纸上。

天事难知

乌尔会河一战后，噶尔丹知道清廷不会善罢甘休，一度显得小心谨慎，可是他又不舍得轻易离开乌珠穆沁盆地，为此一直游弋于盆地境内，继续进行劫掠，至于所谓追击土谢图汗本来就是个借口，也早就被他扔到了一边。

康熙用于歼灭噶尔丹的部队，除预定从京师出发的三路大军外，还有阿喇尼部等三支负责跟踪和监视的部队，其中沙津部主要用于断绝噶尔丹退回漠北的归路。就在康熙发布亲征动员令前，噶尔丹远远望见了沙津部的前哨，为了预防不测，他赶紧率部向北撤退了两日行程。

自决定出兵以来，康熙担心的不是打不赢，而是噶尔丹望风而逃，避开清军的围歼。出于麻痹和稳住噶尔丹的需要，乌尔会河战事一结束，他就曾遣使向其致歉："阿喇尼不请旨就朝你进攻，并不是本朝之意。"同时表示愿意在阵前和谈。

见噶尔丹又"似欲潜逃"，康熙分析不外乎是两个因素让噶尔丹产生了疑惧，首先是阿喇尼在乌尔会河的进攻，很有可能噶尔丹将此理解成了一次大规模歼灭战的前奏。据此，他通过噶尔丹的使节再次向噶尔丹传话："阿喇尼等人守卫边疆，他们认为你公然擅入军队驻防区，守边责重，不能容忍，才和你打起来，朕已经狠狠地责备了他们。”

其次，福全率大军驱驰塞北，噶尔丹自然更会生出疑心，亟须给出一个能够自圆其说的解释。康熙的解释是中俄进行边界谈判时，谈判大臣也带去了很多人马，现在不过仿照了这一带兵议和之例，意思是福全他们带兵出塞，绝不是为了打仗，而是要去和你议和的。

作为一个纵横大漠的老江湖，噶尔丹其实并不好骗，通过乌尔会河之战，他深知只要自己在漠南继续停留一天，清廷就绝不会无动于衷，也摸透了清廷假谈真打的用意。他将计就计，一再申述自己在漠南仅为寻仇喀尔喀，除此之外秋毫无犯，而且也愿意同清廷“讲信修好”，同时又继续强索哲布尊丹巴和土谢图汗，表示只要把人交给他，他就即刻撤往漠北。

康熙当然不可能满足噶尔丹的要求，不过这种讨价还价原本也仅仅只是一种手段，为的是不让噶尔丹溜掉，以便争取时间打围歼战。在福全等人出发几天后，他决定御驾亲征，启程前特地让大臣李光地用《易经》占了一卦。李光地占卜后所得为“复”卦中的“上六”。该卦的大致意思是说，军队出师后将因不熟悉地形而迷路，打仗也注定要失败。李光地看后脸色都变了，但康熙却笑了起来。

康熙是一个现实主义者，他尊奉儒家但不迷信儒家，对《易经》占卦乃至命运的态度也是如此。在他看来，“人之一生，虽云命定，然命由心造，福自己求”，他曾为此举例说，如果算命的告诉你今后必定能考取功名，你该用功读书还得用功读书，不能指望功名自天而降，说你能致富，也不意味着可以坐享其成，经营生意都不必费一点脑子。延伸开去，若说你一生平安，你要是真的大胆闯祸，有恃无恐，后果必定不堪设想，说你终身没病，你便整天泡在酒池肉林之中，又从不锻炼保养身体，这种情况下不得病才怪！

对康熙而言，《易经》占卦只是一种参考，而不是定论：得了吉卦，固然可以用来振奋士气，鼓舞人心，即便得了凶卦，也不能左右或改变已经决定的行动，因为“人事未尽，天事难知”。

康熙以尽量轻松的语气告诉李光地，对卦文的理解完全可以更灵活一些：“如今噶尔丹逆天叛乱、自蹈危机，你算的这一卦应该是要验证在他身上，跟我们没关系。”

话虽是这样说，康熙的征程也不可能因此而变更，但人的心理不可能完全不受影响。1690 年 8 月 18 日，康熙以“巡幸边塞”为名，启程北上，离开京师不久就梦见了去世的太皇太后孝庄，孝庄在梦中阻止他亲征，还警告说：“慎毋出兵，出恐无益。”

孝庄生前，康熙最听她的话，但军国大事非同儿戏，何况毕竟只是做了个梦，所以他还是选择了继续向塞外进发。

也没什么了不得

康熙时时担心放虎归山，但其实在他亲征出京前，噶尔丹就已经做出决定：不仅不退出漠南，还要继续深入！

噶尔丹的这一决定与俄国人脱不开干系。虽然俄国已向清廷做出不对噶尔丹提供军援的口头保证，然而俄政府与噶尔丹之间并没有中断联系。在噶尔丹南侵后，受俄国公使戈洛文的派遣，俄国使者吉比列夫秘密前往噶军军营进行活动，同时也顺便刺探中国边境的军事情势。

噶尔丹把吉比列夫尊为上宾，予以殷勤接待，吉比列夫抵噶尔丹牙帐的次日，正逢乌尔会河之战爆发，他便带上吉比列夫去“观战做证”。吉比列夫观战后，大肆吹捧噶尔丹的实力，说他“把中国兵杀得一个不剩”。噶尔丹得意忘形，当着俄国人的面就夸口说，只要给他两千至三千哥萨克精兵和一些大炮，他就能够破坏中国在长城外的全部边境。

实际上，噶尔丹和吉比列夫接下来的谈判很不投机。噶尔丹先前向戈洛文提出的军援交换条件是将雅克萨割让给俄国，这是戈洛文在同俄国政府内反军援派发生争议时的最大砝码，但很多俄国人都认为雅克萨非噶尔丹所有，噶尔丹慷他人之慨，把别人的东西拿出来做人情，其诚意值得怀疑。戈洛文派吉比列夫赴噶军军营，主要就是要解决这一问题。

吉比列夫故意说噶尔丹爱听的话，也无非是希望噶尔丹在心花怒放之余，对此加以确认甚至主动给予俄国更多更大的利益，可他没想到效果却是适得其反——乌尔会河一战获胜后，噶军士气大振，认为清军也没什么了不得，噶尔丹亦是如此，他起先的小心谨慎更多的是出于一种习惯性机警，而不是畏惧清军。吉比列夫的吹捧则让他在飘飘然的同时，又不由得生起疑惑：跟俄国人做的这单生意究竟划不划算？

雅克萨虽不在噶尔丹的控制范围内，但噶尔丹早就把它算成自己的了，他在决定南侵前对战胜清军没有把握，所以才“准备向俄国做出任何让步，甚至领土的让步”。可乌尔会河之战分明就是在未进一步得到俄国军援的情况下打赢的，这说明什么？说明俄国能借兵借枪最好，但如果不借，他也能打赢。再者，就算多一些枪炮又能怎样，俄军在雅克萨不是也两战两败，输了个灰头土脸吗？

吉比列夫在谈判中失望地发现，“陶醉在胜利中的噶尔丹”态度大变，“已经不再许愿把这片土地（指雅克萨）全部让给俄国了”。吉比列夫的败兴而归，使戈洛文在同僚面前连得到雅克萨这张牌都没法打了。在此期间，一些原来被迫屈服于俄国的蒙古王公见噶尔丹居然能战胜清军，也都表示愿意归顺噶尔丹，使俄国政府对噶尔丹更加戒备。

在俄政府内部，戈洛文算是噶尔丹的支持者，一贯主张“厚待这一强大的邻居（指噶尔丹）”，但不久他便被从西伯利亚调回了莫斯科，这意味着俄国已经基本关上了对噶尔丹施以军援的大门。不过彼时彼刻，噶尔丹对此已经不是很在意了，他觉得自己就能够独立对付清军，就算有意外发生，到时再给俄国人好处也不迟。

同为噶尔丹的支持者，桑结嘉措对噶尔丹的影响也不容低估，他派到噶尔丹身边的大喇嘛济隆名为和平使者，却一个劲地鼓动噶尔丹放开手脚，乃至不惜与清军再战。

不管是俄国人还是桑结嘉措，都不会再给噶尔丹一兵一卒、一枪一炮，但在他们有意无意地唆使煽动、推波助澜下，噶尔丹已经忘乎所以。1690 年 8 月 19 日，当他获悉清廷已经调动和集结大批军队时，不但没有感到丝毫不安，反而派人去见在福全帐下参赞军务的内大臣阿密达，毫不在乎地宣称：“就算是一只老鼠，你抓它的尾巴，它也会回过头来咬你的手。你们现在即便派来十万大军，又有什么可怕的呢？”当天，他便“引兵内进”，东进克什克腾旗。

得知噶尔丹不退反进，御驾亲征的康熙急忙加快行程，试图及早进至临近前线之处，对即将爆发的反击战起到实际的指挥与决策作用，然而事与愿违，一行人马刚出古北口，他就“圣躬违和”，患了重感冒。

演习

康熙带病前进，于8月24日到达了博洛河屯。博洛河屯距福全军仅三百里，到达博洛河屯后，康熙首先接见了被噶尔丹赶出家园的喀尔喀人，向哲布尊丹巴、土谢图汗等首领表示慰问，随即便下令整饬驿站，建立直达军前的通信系统，以便掌握军情，指挥前线战事。

鉴于噶尔丹已放出大话、狠话，且不肯停止入侵步伐，康熙决定举行一次军事大演习，以展示军事力量的手段来对其进行震慑，同时也向包括喀尔喀人在内的众多蒙古游牧部落表明，清军有足够能力保护他们的安全以及帮助他们夺回被侵占的家园。

跟随康熙出征的皇室顾问、法国传教士张诚现场观摩了演习，他看到所有参与演习者，从诸王将校到士兵，都在头盔后系着一条绶带，绶带垂至胸甲，上面写着各自姓名、职务和单位，并以不同颜色表示各自的归属部队，这说明当天参与演习的部队和人数非常之多。

实际上共有五万人参加了演习。随着康熙一声令下，军号响起，所有人都迅速向康熙所在的高地冲去，两翼骑兵摆出包抄假想敌的阵形，呈月牙形挺进，正面步兵则夹着大炮向前疾进，冲在最前面的士兵一手持出鞘军刀，一手以圆盾护身，而军阵中央的重骑兵一旦到达预想中的近敌战场，也都跳下马来做出攻击动作。

眼看已冲至接近康熙军帐的位置，步兵和下马的重骑兵首先奉命立定，接着枪炮连鸣三四次，负责包抄的骑兵停止前进。在对因推进过快而略有紊乱的队形进行整顿后，他们依令到军帐前停留了片刻，在演习的整个过程中，各部始终秩序井然，分工明确，显示出较强的技战术素养和高昂士气。

负责窥视清军动向的密探很快就向噶尔丹进行了报告。噶尔丹虽然嘴硬，但看到清军秣马厉兵，如在弦上，也不禁感到了心虚。这时清军主要集结于巴林旗，而且已提前占据要地，如果噶军继续向东前进，就势必与清军发生正面交锋，噶尔丹思来想去没有胜算，于是决定避开清军大部队，挥师南下。

发现噶军突然变换行军路线，向克什克腾旗南境进发，康熙立即改变让大军在巴林旗集结待命的谕令，通知诸军前往克什克腾旗境内，对噶军进行跟踪追击。

噶尔丹生性狡黠，又久习战阵，他不但善于声东击西，并且“见易则进，知难而退，往来飘忽，踪迹无常”，这正是他能够纵横塞外，令其他蒙古部落望而生畏的一个重要原因。在噶军南下时，其行踪看上去也同样极难捕捉，但作为比噶尔丹更为高明的战略家，康熙却知道去哪里才能找到他：“噶尔丹迫于内乱，食尽无归，内向行劫。”

一言以蔽之，哪个地方有牧场，便于抢掠，噶尔丹就会去哪里，比如沙漠地区他是绝不会光顾的，哪怕被他口口声声作为唯一目标的哲布尊丹巴、土谢图汗就住在沙漠里。根据噶尔丹的这一特点和规律，康熙早在一个月前就调兵保卫上都牧场（御马场），如今他指示福全、常宁两路主力军行进的目的地，也都是上都牧场和八旗牧场所在区域。

就在康熙运筹帷幄之际，1690年8月26日夜，因过度劳累，他的病情突然加重，“身热心烦，彻夜未眠”。诸大臣、侍卫惶惶不安，一再恳请他回京治疗休养。康熙自己也感到塞外昼夜温差大，不利于调养身体，于是不得不同意“暂且回銮”，随后便将指挥权全权委托给福全，令包括常宁军在内的诸军全部听从福全调遣。

自平叛战争以来，康熙终于第一次实现了亲征的愿望，可是却又只能因病折返京城，这对反击战而言并不是一个好兆头，似乎《易经》占卦的结果和梦中孝庄的话都并非毫无缘由。对于前者，康熙其实倒不是太在意，他真正在意的是后者，因为他知道，如果祖母还活着，十有八九也是要劝阻他亲征的，自己执意不从就是不孝，此后所得的病或许也正是冥冥中上天给予的惩罚吧。

随之而来的追悔和歉疚，让病中的康熙更加痛苦，他流着泪对扈从诸臣、侍卫说：“朕来此地，本来想一战剿灭噶尔丹，以廓清沙漠，可惜如今抱病在身，实难支撑，无法再亲手讨灭此贼，实在可恨！”

从前宫中让康熙最为牵挂的两个人，除了祖母就是太子，在回程中康熙特意宣诏太子，希望能够从中得到一些慰藉。8月28日，太子胤礽骑马到行宫向康熙请安，在康熙的想象中，太子看到皇父病成这样，应该非常伤心才是，可令他感到格外失望和震惊的是，太子脸上竟毫无忧戚之色，相反言辞神色中还流露出了一丝“窃喜”。

太子的“窃喜”究竟意味着什么？法国传教士白晋后来剖析说，太子以为康熙病情严重，即将不治，“他将很快继承君父的皇位”。当时当地，康熙或许还不敢想得这么深，他只有忍住满腹的伤心和郁闷，令太子先回京师，此后便转移视线，全力关注于反击战的进展。

火器营

1690 年 8 月 31 日，噶尔丹率部抵达克什克腾旗境南境的乌兰布通并就地驻扎。在蒙古语中，乌兰是红色，布通是坛子，乌兰布通的意思是坛形大红山，乌兰布通山距北京仅七百里路，京城局势因此骤然紧张，在宣布进入戒严状态后，城内外官署都关了门，大米的价格骤然暴涨至三两一石。

此前为了组织反击战，清廷把能调的兵都调了出去，“几于倾国”，噶尔丹占据乌兰布通，直接威胁兵力空虚的京城，似乎是又走了一步声东击西的妙棋，但实际上他并没有能够甩开清军主力。就在噶军到达乌兰布通的当天，尾随而来的清军前锋已到达土力埂河，土力埂河距乌兰布通不过才三十里，在这种情况下，若是噶尔丹沿乌兰布通继续南下，直逼京城，等于是自蹈危地。

缺乏给养是噶尔丹最大的软肋，观察他南下的决策和动向，万变不离其宗，都脱不开康熙所概括的“内向行劫”四个字。乌尔会河之战前后，噶尔丹虽然在乌珠穆沁盆地通过劫掠补充了一批物资，但仅此还不够，随着秋冬即将到来，他必须想办法再次劫掠，以便度过漫长的冬季。乌兰布通紧邻上都牧场及礼部、太仆寺、八旗牧场，“牲畜弥漫山谷间，历行八日，犹络绎不绝”，所以噶尔丹驻扎乌兰布通的真正用意应该是据险击退清军，然后兵锋西向，在劫掠上都牧场的马牛羊群后，立刻返回漠北过冬。

发现噶尔丹在乌兰布通扎营，身为清军主帅的福全下令掘壕驻垒，做好防御和进攻的准备。康熙打仗素来注重后勤保障，在福全下达命令后，其后方运输线立即从北京经古北口、博洛河屯延伸至土力埂河，在这条运输线上，驿站、补给站前后相望，传递军报的驿马来回奔驰，运送粮秣的驼队、车队首尾衔接，后续各部队不断向土力埂河兼程急进。

还在常宁军到达前，土力埂河的清军营盘已达四十座，连营六十余里，“首尾联络，屹如山立”，当三天后常宁军到达时，集结的部队更多。据传教士张诚估计，如果出征部队全部到齐的话，“皇上的军队多于敌人至少四五倍”，实际京师各兵种、各部札萨克兵及厮役加一起有约十万人，可直接用于作战的精兵达到八万之众。

1690 年 9 月 3 日，黎明前，福全指挥已集结的部队由南而北，向乌兰布通列队前进。在土力埂河至乌兰布通之间三十里的开阔原野上，火器营走在了队伍的最前面。

直到康熙朝前期，八旗汉军仍主要操作红夷大炮，对火绳枪的装备和训练相对较弱，在不少重要战役中，都由征发的朝鲜鸟铳手来充当此任。恰恰是噶尔丹的崛起和逐渐称霸塞外，让康熙意识到必须拥有能与其抗衡的鸟枪兵。七年前，即1683 年，康熙在限制准噶尔贡使人数，对其进行经济制衡的同时，正式组建了汉军火器营，火器营士兵均为从汉军中挑选出来的精兵，其制式武器便是火绳枪。

虽然康熙本人更擅长弓箭，但也很喜欢练习火绳枪。在一次野外训练射靶时，张诚就曾亲眼看到康熙自己装弹，朝远处一块只有手掌大的木板瞄准射击，其间包括跑动射击在内，共射击三十次，有多次都准确击中了靶心。

张诚等人知道康熙喜欢火绳枪，有时他们会偷偷地从欧洲带几支作为礼物送给他。发现欧洲枪支质量上乘，康熙问张诚能不能多运一些来中国，张诚遗憾地告诉他：“商人通常除了运输货物之外不运别的东西，至于我们宗教人员，我们的职业是不允许研究和携带武器的。”

由于进口枪支的途径并不通畅，所以康熙在内务府设立了专门的火绳枪制造处，统一为火器营提供枪支，这种自制的火绳枪也被称为“官鸟枪”。经过多年经营，至 17 世纪末，火器营已超过朝鲜鸟铳部队，发展成为东亚最强大的火器武装，但由于火器营始终将噶尔丹作为第一假想敌，因此直到雅克萨战役，康熙宁愿以藤牌军抵御俄军的火绳枪，也不肯轻易动用火器营。

此前火器营难得的一次公开露面，还是参加雅克萨战役期间举行的大阅兵。阅兵时火器营排枪齐发，“前后相继，声络绎不绝者久之”，而且全部都击中目标。值得玩味的是，噶尔丹的两名使者也被准许参加了观阅，很显然，康熙是要用这种方式传达警示：清军不仅在红夷大炮，而且在火绳枪方面也拥有优势，噶尔丹你切勿太过张狂！

警示并没有起到作用，噶尔丹恣意妄为，直至在乌尔会河之战中与清军兵戎相见。鉴于乌尔会河之战中噶军火器的杀伤力很大，康熙终于决定把撒手锏都拿出来，火器营几乎倾巢出动，加上使用火炮的汉军炮手，总数超过了五千人，可谓史无前例。

驼阵

在三藩之乱中，叛军经常采用鹿角木与火绳枪相结合的方式，用以抵御八旗劲旅的骑兵冲击。国舅、火器营左翼总管佟国纲受此启发，首创“连环本栅”的战术，之后“连环本栅”便成了火器营的主要演习阵法。

所谓“本栅”，是指鹿角木，“连环”是指进步连环放枪。演习和实战时，由抬鹿角兵和杂役将鹿角木排放在阵前，鸟枪兵站在鹿角木后一排排射击，首队齐射完毕即转到队尾清膛装药，次队跟进再射，大家按照每次前进十步的速度，循环往前推进。

1690 年 9 月 3 日中午，在火器营率先到达乌兰布通的山脚下后，他们即按早已演练纯熟的“连环本栅”布阵，“将鹿角木、鸟枪、火炮兵丁整齐排列，徐徐前进”。

下午一点，福全下令发起进攻，鸟枪兵一齐射击，临时配属于火器营的汉军炮手也装填炮弹，对噶军营地和阵地进行轰击。

第二次雅克萨战役后，重炮的价值得到重新评估，清廷开始恢复铸造重炮并仿造榴炮，所铸造的新型重炮，除运往黑龙江的“威远将军”外，最具代表性的尚有“武成永固大将军”。在中俄签订《尼布楚条约》的同一年，康熙命南仁怀一口气铸造了六十一门“武成永固大将军”，这些红夷大炮若按西方标准，最高为二十二磅炮，最低也为十一磅炮，威力均数倍于早期的“神威无敌大将军”。此次作战，清军把“武成永固大将军”“神威无敌大将军”等重炮都带了过来，在枪炮的掩护下，清军一拥而上，喊杀声直薄云天。

乌兰布通树林茂密，中间地势险要，东西两侧为较开阔的沼泽地，属于典型的依山阻水、易守难攻的地形。噶尔丹倚仗有利地形，反客为主，“觅山林深堑，倚险结营”，大喇嘛济隆也为之“祭旗诵经”，鼓舞士气。临战前，噶尔丹在布阵于山冈的同时，又把南下带来以及沿路抢掠所得的一万多匹骆驼集中起来，赶到河岸的树林边，然后捆绑骆驼的四肢，按卧于地，驼背上堆砌木箱，再将用水沾湿的毛毡蒙于木箱之上，以此做到“环列如栅”。

这是世界战争史上独一无二的防御阵地，称为“驼阵”或“驼城”，在清军进攻时，噶军依托于“驼阵”，透过骆驼和木箱间的“栅隙”向外鸣枪、射箭以及投掷长矛。

火器营虽竭力想压制噶军火力，但他们射出的弹丸大多打在了“驼阵”上，“武成永固大将军”“神威无敌大将军”等重炮尽管威力很强，可是一者移动不便，二者仰射时准头不够，一通轰击后却没有几发真正能够命中目标，自然也无法轰垮“驼阵”或给噶军造成大的伤亡。

所幸火器营除了配属重炮外，还带有行营信炮、子母炮、铁心铜炮等轻型炮，相比重炮，轻型炮移动灵活，也更容易调整角度和方位。经过反复调整，子母炮、铁心铜炮等炮越打越准，炮弹接二连三地落在“驼阵”上。“驼阵”毕竟是由动物所筑，被炸死的骆驼倒仍可被当作防御工事，关键是许多骆驼尚未被封塞耳朵，震天动地的爆炸声和到处乱蹦乱飞的碎片，令它们受到巨大惊吓，在挣扎站立后纷纷四处逃散。

“驼阵”瞬间轰然垮塌，一分为二，把原先躲在后面的噶军士兵全都暴露了出来。福全见状大喜，猛摇令旗，拼命击鼓，指挥清军发起冲锋。

噶军虽失去了“驼阵”，但毕竟居高临下，占有地形之利，他们拼死抵御，不停地往下射箭，俄式火绳枪更是砰砰直响，朝着队形过密的清军猛烈射击。清军不仅难以取得突破，还蒙受了惨重伤亡。

见正面进攻无果，清军转而从两翼进攻。可是两翼又有沼泽这一天然障碍，右翼清军几次推进，均陷于沼泽泥泞，不得不退回原处，只有火器营所在的左翼仍在顽强突进，在国舅佟国纲、佟国维的率领下，官兵们绕过湖泊，沿河畔发起冲锋。

眼看冲在最前面的清军骑兵离敌营越来越近，噶军将滑膛枪集中起来，对其进行了排枪射击。清军猝不及防，顿时死伤枕藉，剩下的人马纷纷溃退。骑在马上的佟国纲无法阻止，只得也随队后撤，但就在撤退过程中，他被弹丸击中，当场身亡。

脱身套路

由于不敌噶军的排枪射击，多数清军骑兵都退出了战线，只有前锋参领格斯泰等少数人仍在奋战。格斯泰战前选了一匹白鼻子的马作为自己的战马，有人用《三国演义》中劝刘备勿乘的卢马的口吻对他说，白鼻马妨主，还是不要骑这种马为好，格斯泰则慷慨答道："效命疆场，一直是我的夙愿，有什么可忌讳的？"

格斯泰骑着白鼻马，挥舞着战刀杀入敌营，之后又从敌阵中杀出，往复几次，无人敢当，宛如就是长坂坡上的赵子龙。与此同时，佟国维也表现得十分骁勇机智，他率部由山腰绕至敌后，斩杀了不少敌人。

佟国维的侧面横击，逼得噶军连连后退。格斯泰杀得性起，单枪匹马便进行追击，不幸白鼻马竟真的陷在了河岸的泥淖之中。噶军发现后去而复返，将他包围起来，格斯泰拼死力战，最终以身殉职。

战至掌灯时分，清军终于取得主动地位。蒙古军作战的特点，通常被认为能胜不能败，即虽然一开始极其骁勇，但在气势被遏制后，往往便只能狼狈奔逃，甚至首尾不顾，比如漠北喀尔喀人就是这样。漠西准噶尔蒙古则不同，眼看形势不利，噶军不仅没有溃逃，反而以夜色为掩护，迅速撤往山顶，在有计划地转移至新阵地及"遁入险恶处"后，继续用火绳枪向清军射击。

经过白天的苦战，清军伤亡惨重，除国舅佟国纲、骁将格斯泰先后阵亡外，前锋统领迈图也战死沙场，"大臣以下至军士，阵亡被创者甚众"。此情此景，对后继者以及随征大臣的心理造成了强烈冲击，现在见噶军又据险施放排枪，不少人都被吓尿了。正白旗副都统色格印竟以头晕为借口，从马上溜了下来。跟随的家人一边把他扶上马，一边劝他说："身为二品大臣，如此临阵退却，回去还有什么脸见人？"谁知色格印浑身筛糠，居然再次从马上溜下来，往草地上一躺，干脆装死耍赖。家人无奈，只好把他送回军营，回营后色格印仍战栗不已，甲胄也不脱，就往被子里一钻，连脸都不敢露出来。事情传出，连他自己营中的士兵都看不起自己的上司。

索额图、明珠此次双双随征，但他们也没了平时在朝中那种纵论滔滔、舍我其谁的气势，非但自己不敢上阵督战，还得数百名精锐士兵贴身防护。士兵们觉得他们被大材小用了，对此颇有怨言，说："把我们挑出来开赴战场，就是要用来击敌或者追敌的，哪里能想到只放在营中做护卫呢？"

索额图、明珠都是如此，其他大臣更不用说了。内大臣阿密达力主撤兵，鼓动福全说："皇上必不以撤兵故，遂杀我等。"福全后来被批评为"懈怠，不能慎于职守，唯知行猎听歌"，虽然不一定全都是事实，但他也确实缺乏与敌军一战到底的决心和胆魄，见众人都说应该撤，他也就顺势以天黑地险为由下令收兵回营。仓促撤退的清军秩序混乱，连号角都没有吹，也幸亏噶尔丹不明虚实，若是他这个时候杀一个回马枪，清军的损失将更为惨重。

首日之战，应该说双方的力量基本形成对峙，并未能分出胜负，只是这样的结果对噶尔丹而言更为不利，因为不单是他的损失也很大，更主要的是噶军孤军深入，没有后继补给和兵力补充，不可能长久作战。清军的优势却越来越明显，不仅已到达战场的部队是噶军的数倍，各路增调之师还在源源不断地开来，对噶军形成完全包围只是时间问题。

为了能够安全撤退，噶尔丹设计了一个脱身套路，1690 年 9 月 4 日，他派人下山会见福全，先坚持索要哲布尊丹巴、土谢图汗，在遭到拒绝后，又提出可以继续谈判，并说西藏大喇嘛济隆一两天内就会亲自下山，与清廷"讲礼修好"。

在清噶两军已经大打出手的情况下，清军是否要停止进攻，重新与噶尔丹议和，福全本来应等待皇帝指示，但他却当即答应下来，随后便放缓了对乌兰布通的围攻。

福全有自己的小算盘，首日战斗已令他生出了畏葸怯战之心，他认为只要噶尔丹"据险坚拒"，以清军的现有力量就难以强取，倒不如欲擒故纵，以和谈为名，尽力拖住噶尔丹，以便给即将赶到的盛京、乌喇、科尔沁联军争取时间。

9 月 6 日，济隆率弟子七十余人下山，在为其特设的幕帐中和福全会晤。按照事先与噶尔丹商量好的口径，济隆称噶尔丹其实并无与康熙作对之意，只是因急于捉拿哲布尊丹巴、土谢图汗，才与清军产生了误会，现在噶尔丹已降低谈判条件，放弃索要土谢图汗。他还说噶尔丹要撤出乌兰布通，"到有水草之地等待议和"。

福全故作应允，当面将一份命令出示给济隆看，内容是让清军各路统帅不要阻击噶尔丹。

福全以为自己哄住了噶尔丹，却不知道对方远比他想象得要滑头得多，在主动遣使讲和，用缓兵之计争取到三天时间的休整后，噶尔丹当天傍晚便率部迅速撤离了乌兰布通。反而福全的那份命令起到了相反效果，清军各部的士气都松弛下来，没有人认真加以戒备，致使噶尔丹轻松逃脱。

为防止清军追击，噶尔丹放火烧掉了所过之处的大片草地。这时盛京、乌喇、科尔沁联军已接近乌兰布通，联军营盘壁垒森严，如果他们不放行，噶尔丹在前有堵截，后有追兵，又无坚固险峻阵地作为依托的情况下，必然插翅难逃。可是福全糊涂到居然把“暂止勿击”的命令也发给了联军，联军依令放行，结果让噶尔丹又一次逃出生天。

得知噶尔丹逃走，福全才发现中计，在派轻骑兵追击的同时，又派使节偕济隆往谕噶尔丹，企图说服噶尔丹在近处停留，“以定礼好”。噶尔丹岂肯上当，一面表示“视水草善地无人之处驻扎，候旨”，一面继续狂奔，直到摆脱清军的追击为止。

我还有什么话可说呢

康熙还在亲征时，就决心彻底铲除噶尔丹势力，而后随着噶尔丹悍然进入乌兰布通，逼近京师，他的这种心情更加迫切。多年后，他回忆道：“庚午年，将噶尔丹诱至乌兰布通之地，距京师七百余里耳，此时当使一人一骑不返。”

回到京城休养一段时间后，康熙的病情逐渐趋于好转，福全的第一份奏报更是令他“焚香谢天，不谢喜悦”。在这份奏报中，福全报告了乌兰布通首战的情况，但基本是报喜不报忧，不仅隐瞒国舅佟国纲等人阵亡的细节，还夸大战果，使人以为清军已经大获全胜，山上只剩下少量噶军，甚至噶尔丹本人都可能已死于敌军之中。

康熙信以为真，在颁旨嘉奖的同时要求福全乘胜“穷其根株”，将噶军一举扫平。然而紧接着第二份奏报就传至京城，福全把他如何答应济隆调停，对噶尔丹进行“羁縻”，顺便拖延时间以待联军到来的做法，原原本本地报了上来。

康熙何等老辣，一眼就看出这是济隆和噶尔丹合谋，在行缓兵之计，他立即申斥福全，说噶尔丹孤军深入，清军在人数、装备等方面又都优于噶军，正是一举歼灭的大好时机，而且联军离乌兰布通已经很近，不日就能到达战场，哪里还用得着“羁縻”？“王与大臣此行何所事事”，你们到塞外的职责是消灭噶尔丹，不是做和平使者，你们连自己的职责都弄清搞混了！

京师距乌兰布通有七百余里，从奏报到上谕，一来一回，至少三天。等康熙这份充满愤怒和失望的上谕送到福全手里时，噶尔丹早就逃得没影了。

由于主帅指挥无方，部分大臣将领临阵退缩，使得康熙期望中的歼灭战打成了击溃战，给噶尔丹留下了重整旗鼓的余地。康熙对此震怒不已，下令严加追究。当福全率大军班师回京时，他们被勒令不许进城，在朝阳门外听候审查。

皇长子胤禔在皇子中以武功高强著称，因此康熙派他以副将军身份随福全参赞军务，但胤禔性格乖戾，他听信谗言，竟然与其上司、伯父福全发生了激烈争吵。康熙知道后怕他耽误大事，提前将他召回了京城。如今为了坐实福全之罪，胤禔又被叫出来出面做证，福全最初尚打算就胤禔的事向康熙告状，一看矛头对准的是自己，便没有再申辩，只是流着泪道：“事到如今，我还有什么话可说呢？”

议政王大臣会议随即做出决定，福全、常宁被处以革王爵、免议政权、罚俸三年的严厉处罚，福全还被撤去了三佐领。随福全、常宁出征的大臣将领，如佟国维、索额图、明珠、阿密达等人因没有及时谏止福全，也全部被革去职务。

康熙如此大面积处分出征将帅，除了乌兰布通战役未能达到预期的战略目的和效果外，还与清军损失惨重有关，尤其国舅佟国纲的阵亡更是令他悲恸不已。此时康熙的病情并不稳定，一直在间歇性发烧，必须用灼艾法进行治疗，但就在这种情况下，他仍准备亲自出城迎接被送回京的佟国纲灵柩，经众人再三劝阻，才让众皇子和百官出迎。接下来康熙又抱病参加了繁缛的葬礼仪式，在碑文已经几易其稿的情况下，因为读了觉得不满意，便干脆推翻原稿，亲自撰写了碑文。

太子胤礽在行宫向康熙请安时，其表现曾令康熙备感伤心郁闷，现在面对舅爷的故去，小家伙似乎仍显得无动于衷。康熙暗中察言观色，内心无疑很是失望，可是当他静下心来，由国舅佟国纲想到自己那早早去世的生母佟佳氏，再想到太子比自己更惨，从小连生母的面都没见过时，对于太子他就再也怨恨不起来了。

1690 年 11 月，康熙的病情终于痊愈，随即便准备举行多伦诺尔会盟，对太子的疑虑被暂时放到了一边。

在德不在险

意大利传教士马国贤在随康熙出塞时，多次经过长城。长城一路蜿蜒起伏，有时跌进深谷，有时攀上山峰，被马国贤称为“世界奇迹”。马国贤还异常吃惊地发现，长城虽然据说建造于一千八百年前（实际已有两千多年历史），但看起来就像建成于一个多世纪前一样。

事实上，作为抵御北方草原民族侵袭的国防工程，自秦代修筑以来，汉、唐、宋、明，历代都对长城加以修理，这是它一直保存完好的重要原因。只是到了清代，对长城的大规模整修才停顿下来，正如马国贤所注意到的，尽管长城的一些地方已经有所塌陷，但清廷既未急于派人修复，也没有派大量军队驻守长城，“他们只是守卫交通繁忙的城门”。

以前可能是政府财力不够，到了康熙朝，则是康熙不主张修。1691 年 5 月，古北口总兵官蔡元上奏，请求修筑古北口一带倾塌的长城边墙，被康熙一口否决：“帝王治天下，自有本原，不专恃险阻。”

康熙常年巡阅北方，对古北口、喜峰口一带边墙损坏的情况非常清楚，但他认为即便加以修理，也无法用以抵御外敌入侵——明灭清就是现成的例子，明代从未停止修筑长城，可是当皇太极率大军南下时，长城沿线的明军却“诸路瓦解，皆莫敢当”。

一方面，长城的实际军事防御作用存疑，另一方面，修长城本身须征发劳役，不能不累及百姓，而以长城之长，分兵驻守还需占用大量兵力资源。马国贤打听到，过去汉人政府统治中原时，用于守卫和保护长城的士兵竟达百万之多。

可是如果不靠长城所形成的险阻，又靠什么来加强防御呢？康熙给蔡元的答案是“修德安民”，即只要政府以德治国，民心顺服，就能起到众志成城的效果。他在南巡至南京时，特地以长城古北口为题，写下一首五言绝句：“形胜固难凭，在德不在险。”

自努尔哈赤起，清廷便以软硬两手对付北方蒙古，硬的一手是采用军事方式，对敢于向已叫板者见一个打一个，软的一手，则是以通婚联姻、宗教信仰、编组八旗等方式予以积极争取。康熙继承了父辈们的这些做法，在坚决遏制噶尔丹的同时，重视对蒙古各部进行感化，也就是他所说的施以“德”。

康熙有着自己独特的观察角度，在他看来，各个省籍的人似乎都有着某种共通的优缺点。比如福建人好勇斗狠，甚至连文人都能拿藤牌持揙刀，陕西人强悍不肯服输，常常互斗相杀，山东人偏执爱记仇，不把自己的性命当回事，历史上当响马做大盗的人不少。

相对闽、陕、鲁，山西人比较吝啬，不够豪爽，康熙听说，有的山西人即便家境殷实也不愿照料贫寒中的亲友，客人来了，饭都不留。除了山西，还有一省的人也让康熙很不以为然，那就是江苏人，给他的印象是“人心不古，乡绅不奉法者甚多”。不过晋苏两省的人又都很会过日子，有人告诉康熙，东南巨商大贾多数为山西人，他听了也一点都不觉得奇怪。

康熙的这种看法和印象都多少带有他个人的主观偏见，未必全是事实，但却也为他处理人事提供了某种参考。闽、陕、鲁的人适合于征兵打仗，康熙就用其所长，或者把以陕西人为主的绿营派到平叛战争中去充当主力，或者把福建人编成藤牌军，让他们到雅克萨战役中去建立奇功。晋、苏的人生活富裕，“懦弱者众”，当兵不行，然而亦可取其长处，康熙就通过科举和“博学鸿词”科，从两省选拔了不少文采斐然的文官。

已经归附清廷的漠北喀尔喀蒙古同样被康熙列入了观察名单。他认为喀尔喀的头领在性格上有些反复无常且不知足，你多馈赠一些礼物给他们，他们未必有多高兴，下次如果少了一些，反而会怨恨你，因此在馈赠礼物时务必酌量，不要大手大脚。

施“德”与此相仿，也必须起到恰到好处的效果。喀尔喀人与其他蒙古部落一样，均信奉藏传佛教的格鲁派。康熙本人受儒家思想熏陶，虽然对释道基本持否定态度，但唯独不排斥格鲁派，就是为了表现出对喀尔喀人的足够尊重，使其“诚心归附以障藩篱”。

如果说共奉格鲁派，是意识形态上的靠拢，编旗就是制度上的结合。喀尔喀蒙古原先由喀尔喀三汗分别统辖，与清朝只属于藩属关系，自愿归附后就正式变成了清帝国的臣民，其头领上疏康熙，请求改变仿内蒙四十九旗例，在喀尔喀实行盟旗制度。当时南迁的喀尔喀数十万部众尚处于散乱无序，互不统一的状态，目无法度、以强凌弱、自相劫夺的事时有发生，康熙也认为有必要进行有效管理，遂接受头领们的请求，派人到喀尔喀增设札萨克（即分编旗队），至乌兰布通战役前，共编成了十五旗。

本来初编旗队后，康熙就计划举行会盟，但因为乌兰布通战役的爆发，会盟被迫推迟。1691 年 5 月，康熙亲率上三旗官兵出张家口，与下五旗官兵会师于多伦诺尔，喀尔喀各部和内蒙古四十九旗的贵族也都应命而至，这就是历史上著名的多伦诺尔会盟，也称多伦会盟。

军事改革

当初噶尔丹出兵漠北蒙古，在占领扎萨克图汗部的同时，曾唆使扎萨克图汗进攻土谢图汗，土谢图汗气愤不过，贸然出兵杀死了扎萨克图汗沙喇等人，两部因此结下仇怨。会盟之初，康熙首先对此进行了调解，他先让土谢图汗“自行陈奏”，也就是做自我批评，可是土谢图汗在陈奏中回避了自己的责任，只一味强调扎萨克图汗背叛喀尔喀，俯附于噶尔丹，属于罪有应得。

兵部尚书马齐等扈从大臣见状，怕扎萨克图汗部不服，建议对土谢图汗进行处分。康熙考虑，土谢图汗虽应对喀尔喀内部的分裂负主要责任，但他主动率众归顺清廷，功能抵过，就不好再治罪了。当然也可以用物资罚没等方式予以惩戒，但土谢图汗部如今背井离乡，衣食全无，自己尚得靠朝廷救济，又怎么罚他们?

康熙决定在行宫召见土谢图汗和哲布尊丹巴，当面评定是非曲直，重点是让土谢图汗知道自己为什么错，以及错在哪里。之后他传谕与会的所有喀尔喀贵族，指明土谢图汗的过错，但不予治罪或处罚，同时又对被杀的沙喇等人予以肯定，并宣布由沙喇的弟弟承袭爵位，以示优恤。

在平息喀尔喀内部的纠纷后，编旗得以顺利进行，会盟期间编了十九旗，加上会盟前编的十五旗，共三十四旗。头领们对此心悦诚服，当会盟结束，康熙启程离京时，他们都夹道送行，很多人被康熙的个人魅力所震撼和感召，对其依恋不已，乃至于伏地流涕，情景至为感人。

多伦会盟被公认为康熙对漠北喀尔喀政策的重大成功，喀尔喀各旗由此成为保卫北方边疆的一支重要力量。康熙在归途中告诉他的扈从大臣："昔日秦朝修筑长城，大兴土木。我朝施恩于喀尔喀，使之在北方进行防御，这比长城更为坚固。"

用感化政策来代替浩大的长城工程，无疑是个出色的战略构想，但它不能少掉一个大前提，那就是中央政府本身不能㞞，且必须具备对强寇战而胜之的能力。

乌尔会河、乌兰布通两战前，清军内部尚有噶尔丹不堪一击的轻敌思想，经此两役，才发现噶尔丹军确实很能打，非普通蒙古军可比。与此同时，清军自身的弱点也都在实战中得以暴露，急需加以检讨和整顿。

过去满洲兵并不配备火器，很多人甚至认为，只有不精于骑马和射箭的汉人才使用火器。反观噶尔丹军的骑兵，他们的骑射技能并不比满洲骑兵逊色，但照样配备火绳枪，并且不管马上马下都射得很准，也就在他们的排枪齐射下，一向被认为战无而胜、攻无不克的满洲骑兵被打得人仰马翻，落荒而逃，连国舅佟国纲都惨死在了枪下。

康熙痛定思痛，深感要对付噶尔丹军，也必须在满蒙骑兵（包括内附清廷的蒙古骑兵）中配备火器。由于满蒙骑兵数量多，实际做不到人手一支火绳枪，而且当时的火绳枪存在很多缺陷，一个训练有素、技术精湛的弓箭手很可能比一群鸟枪兵都强，所以这种配备只能是对骑兵战术的有效补充，而不是完全取代。八旗满洲火器营由此应运而生，与汉军火器营均为步兵鸟枪手不同，满洲火器营全是马上鸟枪手，也就是配备了火绳枪的满蒙骑兵，康熙对此非常重视，指定公侯大臣专管营务和训练。与此同时，他要求无论是满洲火器营还是普通满蒙骑兵，都必须加强跑动中的施射训练，即学会在骑马飞驰或者勒马站停时用火绳枪、弓箭杀伤敌人。

除了骑兵的火器配备，在乌兰布通战役中，队伍排列太密，易被敌军乱枪击中，以及进退不鸣号角，秩序混乱等问题，也都一一遭到诟病。康熙为此制订了有针对性的军事训练计划，按照计划，每年的春秋两季都要将八旗官兵集中起来，于空旷平原地区"排列阵势，鸣锣进退，以熟操练"。

军事技战术的运用常常离不开战场的实际需要。平叛战争让清军注重轻型炮，结果在雅克萨战役中，清军发现轻型炮无法攻破坚固堡垒，便转而发展红夷大炮，可是风水轮流转，到了乌兰布通战役，笨重的红夷大炮又被便于驮载的轻型炮给比了下去。自然而然，清廷再次把造炮的重点偏向于轻型炮，而且根据战争中所取得的经验，这些火炮又被直接配属于汉军火器营和满洲火器营，后者每旗都拥有五门子母炮。

多伦会盟时，尚未有满洲火器营，但军事改革的成果已得到初步展示。在会盟期间的阅兵仪式上，八旗满洲兵、汉军火器营以及古北口总兵官蔡元标下官兵各自列阵，队列中还有七十门铜炮，气势十分雄壮。康熙身穿甲胄，骑马遍阅各部，然后返回起始点，下马扬弓射箭，成绩是十发九中。这时鸣角鸟枪齐发，官兵大呼前进，声动山谷，观看阅兵的喀尔喀人无不骇然，同时又异常振奋，都认为以清军如此强盛的军力，从此再也不用惧怕噶尔丹和沙俄了。

如意算盘

乌兰布通战役后，仓皇出逃的噶尔丹曾许诺“自此不敢犯喀尔喀”，然而话犹在耳，他在经过克什克腾旗时，却又对境内的三佐领大肆劫掠，光牛马羊就抢走了两万多头。

尽管抢掠到了大量物资，但归途中的噶军却遭遇了瘟疫，队伍大量减员，加上南侵时蒙受的死伤，当他们回到科布多大营时，两万余人仅剩数千，可谓是偷鸡不着蚀把米，赔了夫人又折兵。为生存计，噶尔丹不得不向清廷“乞赐白银”，理藩院和议政王大臣等都主张予以回绝，唯康熙决定答应噶尔丹的要求，批复赠予白银千两，以解其燃眉之急。

康熙出手相助而不是冷眼旁观，是寄望于噶尔丹能够悬崖勒马，同时也为今后双方继续谈判留下回旋的余地。然而“子系中山狼，得志便猖狂”，在持续近一年时间的瘟疫结束后，曾经可怜兮兮的噶尔丹又故态复萌，变得不安分起来，他一边回兵侵袭喀尔喀牧场，一边接连派人去俄国活动，以图得到“兵员、火药、弹铅和大炮”等军事支援。

1692 年，噶尔丹属下杀害了康熙派往策妄阿拉布坦处的使臣，“尽劫马驼行李而去”。接着，噶尔丹本人又公开背弃誓约，上疏向清廷索要土谢图汗、哲布尊丹巴以及其他南迁的喀尔喀部众，即所谓“发回七旗于故土”。

康熙对乌兰布通战役进行反思，噶尔丹也总结了得失。他很懊悔当初孤军深入乌兰布通并贸然同清军开战，于是便和部下们制定了新的策略：用语言和计谋煽惑喀尔喀及内蒙古，使清廷首尾不能相顾；如果清军出塞进攻，来的军队少就与之作战，来的部队多就主动撤退让出地盘，等清军撤退时，再蹑踪而上，袭击其后。

按照噶尔丹的如意算盘，只要他反复使用这几手绝招，过不了几年，清朝就会因为财赋耗尽而衰败，到时内外蒙古自然落其囊中。

在内外蒙古各部中，科尔沁地位显赫，军力也最强，若是科尔沁有所异动，则势必动摇蒙古全局。于是噶尔丹便首先写信给科尔沁亲王沙津，说他保证调六万俄罗斯鸟枪兵支援沙津，希望沙津与之里应外合，闪击京城，然后与沙津平分天下。

因噶尔丹接连遣使送信与沙津，外界人言汹汹，“众皆疑科尔沁已附噶尔丹”，就连黑龙江将军萨布素“亦疑科尔沁，密奏其有疑心”。康熙则断定必无此事，他认为科尔沁早在努尔哈赤、皇太极时代就已归附清廷，并与清皇室联姻（孝庄和顺治的两任皇后都来自科尔沁），因此不仅对沙津全然不疑，还密召其来京，以密商应对噶尔丹之策。

沙津来京后，向康熙和盘吐露了噶尔丹信中内容。康熙听后断言：“朕由此深知此人（指噶尔丹）力强志大，必将窥伺中原，而且不死不休。对于此人，岂容漠视，置之度外？”

康熙原打算将计就计，诱噶尔丹于近地歼之，然而实际上噶尔丹策反沙津的真正用意，只是要施离间之计，他并不敢再轻易南下，所说的“调六万俄罗斯鸟枪兵”也根本是子虚乌有——俄国政府虽仍与噶尔丹保持着接触，但拒绝再给予军援，至1693年，俄国各关卡监督都接到了政府发出的训令，要求严禁向噶尔丹军队输出军火。

不久，噶尔丹便转向西北，“有来哈密之信”。此时原驻归化城的安北将军郎谈正巡行甘肃诸边，康熙即授郎谈为昭武将军，“督大军往甘肃驻防”，以备噶尔丹，同时另外任命侍卫大臣费扬古为安北将军，代郎谈驻防归化。

噶尔丹见甘肃沿边已经有备，他便放弃西向，转旗向东。通过多伦会盟，康熙在蒙古各部中的威望和影响力如日中天，他并不担心噶尔丹使离间计，倒是噶尔丹的这套流寇式打法确实令人头疼。通过亲征和围猎，康熙对塞外情形的熟悉和了解并不亚于蒙古人，乌兰布通战役发生于漠南，尚且需兴师动众，一旦战场移至漠北，用兵和输送补给的难度将更大，所要消耗的资源也将更为惊人，倘若清军再被噶尔丹牵着鼻子走，像乌兰布通战役那样拳拳打空，“恐日后各省脂膏，尽糜费于边塞”。

由于认识到“（噶尔丹）诚非可一朝系颈制命之寇”，在对手还没有露出明显破绽的前提下，康熙暂时选择了以静制动。从 1693 年起，他立足于防御，以西部防线为重点，先后往东西两线调兵，以此构成了一个由西到东的完整防御体系，同时注意掌握噶尔丹的情况与动向，随时准备以变应变。

第十章
非凡的胜利

除了在塞外防噶尔丹，这时候的康熙在朝中也防着一个人，此人就是索额图。自明珠派被打压后，身为“太子党”首领的索相便成了朝中最有权势的实力派大佬，他自己也明白，皇上抬举他，众人畏惧他，都与太子有着不可分割的联系，简而言之，太子上，他就上，太子下，他就下。

恐怕没有谁比索额图更希望太子及早登上大宝了，他的这些心思也都有意无意地投射到太子身上。当时太子的一切应用礼仪都要由索额图负责敲定，日后康熙查旧账，曾愤愤地提到，索额图为太子准备的服饰仪仗等物品，“逾越礼制，竟与朕所用相等”。

奉先殿是明清皇室用以祭祀祖先的家庙，通常只有皇帝才有权进入殿内祭祖，他的拜褥也就可以置于殿内，而包括太子在内的其他诸臣的拜褥都只能放置于槛外。1694 年，太子年满二十，在古代，这代表着他已经成人，如《礼记》所言“男子二十冠而字”，索额图便以此为由，授意礼部，疏请将太子的拜褥置于殿内。

高宗模式

礼部上疏后，被康熙驳回。礼部尚书沙穆哈等人为了向索额图交代，便奏请将康熙的驳回决定记入起居注。康熙对此怒不可遏，下令将礼部的这些官员全部交吏部“严加议处”。吏部的建议是将沙穆哈革职并交刑部审讯，其他人一律革职。吏部建议呈送康熙，康熙却没有照此行事，而是开恩减轻处分：沙穆哈革职，但免交刑部审讯；其他官员从宽免革职。

康熙的最终处理结果让不少大臣感到了失望。索额图掀起“拜褥事件”毫无疑问是想加强太子的地位，甚至有迫使康熙尽早让位给太子的用意，以康熙之精明，自然马上就揣度到了，不然不会大发雷霆，可是他最终大事化小、小事化了的做法，又摆明是要避免与幕后的索额图和太子发生直接对抗。

“太子党”在朝中气焰熏天，令人侧目，朝臣们都希望老皇帝能出来说话，没想到康熙却选择了息事宁人、姑息容忍的态度，这让大家左右为难，都不知道一旦再发生类似事件，自己究竟应该站在哪一边为好。

康熙当然不惧索额图，要说姑息容忍，也主要是怕太子受到伤害。他经历过与鳌拜斗法等各种宫廷斗争，在如何施展权术，驾驭群臣方面早就炉火纯青，见群臣出现了畏惧索额图及太子党的趋向，他立刻重新扶植明珠派残余势力。

“拜褥事件”发生后不久，明珠原来的亲信佛伦便被任命为礼部尚书兼川陕总督。明珠的侄子、两江总督傅拉塔已经去世三个月，康熙仍公开赞扬他“和而不流”“不畏权势”，基于明珠派与“太子党”过往的矛盾和党争，何谓“不畏权势”，大臣们一听就能明白。

康熙一方面希望对索额图和“太子党”有所抑制，另一方面，为了防止太子多心，他又在 1695 年为太子正式册妃，表示他对太子是完全信得过的，未来继承大宝者非太子莫属。

康熙是这么做，也确实是这么想的，不管太子有过什么缺点和过错，在他心目中，仍是自己的唯一继承人，问题只是怎样继承以及何时继承。带着这一问题，他尝试着到史书中寻找答案，宋高宗赵构父子的一段往事引起了他的兴趣和关注。

一直以来，赵构因为听信谗言，杀害忠臣岳飞而受到人们的口诛笔伐，不过官方史书对他的评价倒很高，认为他维护和稳固了南宋疆土，加强了南宋与金朝对抗的地位，是宋朝当之无愧的“中兴之主”。赵构也确实是一位很有些主见的天子，岳飞生前上疏请立太子，被他认为干预皇室事务，对之极为不满，可到晚年时，他却出人意料地提前传位给太子，自称太上皇。

赵构退位后，继位的宋孝宗赵昚对他非常孝顺，这使太上皇的日子过得十分舒心愉悦，直至八十一岁才驾崩。赵昚本人也励精图治，除在赵构的默许下，为岳飞平反外，又整顿吏治，淘汰冗官，轻徭薄赋，其成就超越了父亲，被后世誉为南宋最有作为的皇帝。

毫无疑问，“高宗模式”是一个双赢的结果，也可以说是皇位传承的最好选择。

康熙以此作为可资效法的模板，有一天他甚至直接对太子说："朕经常羡慕宋孝宗对高宗的孝敬和赡养，将来朕也会把国家政事全部交给你，到那时朕会去找一处有山有水的风景佳处，一边可以怡然自得地安享晚年，一边还能时不时听到人们对你善理国政的称颂之词。"

为了与"高宗模式"相衔接，康熙需要给太子找到一个锻炼和检验其治国能力的机会，而这就是远征漠北时期的代理国务。

一个非常好的兆头

在漠北，经过数年经营，特别是在西藏桑结嘉措和青海诸王公的暗中援助下，科布多地区逐渐呈现出"食渐丰足，牲畜繁滋"的景象，噶尔丹所部的经济状况也开始恢复至乌兰布通战役前的水平，这使野心勃勃的噶尔丹越来越难耐寂寞。

1695 年春，桑结嘉措派使者到达科布多，以达赖的名义怂恿噶尔丹："南征大吉也（当时南亦指东）。"噶尔丹一听正中下怀，遂重新组织人马，开始所谓的"东征"，即向喀尔喀人居住的克鲁伦河流域深入，他在到处窜扰、抢掠的同时，也搜罗和拉拢一些尚未内附清廷的喀尔喀部落，借以壮大自身力量。

其时康熙正率皇子巡视塞外，闻讯忙命黑龙江将军萨布素于克鲁伦河下游布防，并调预备部队北上集结，随时准备抓住战机给予噶尔丹以致命打击。正好噶尔丹又致书引诱科尔沁亲王沙津，康熙知道后便密授沙津，让他派属下佐领鄂齐尔前去欺骗噶尔丹，就说："我科尔沁十旗都已归附你了，你可以直接来我科尔沁，我等当在科尔沁接应你。"

按照康熙的设想，只要噶尔丹中计到达近地，他便将亲统大军，以风驰电掣的速度将其一举全歼，但噶尔丹正如康熙所说，"为人极其狡猾"，还没等鄂齐尔到达噶军大营，他就率部扭头去了克鲁伦河的源头巴颜乌兰。

噶尔丹忽东忽西地进兵和驻营，乃是其对付清军的新策略，至于驻扎巴颜乌兰则是受到了桑结嘉措的蛊惑。此前他曾遣使西藏，询问"东征"之后，"在克鲁伦和土拉二者中，进驻哪一个更为合适"，西藏方面回答说："为了吉利起见，驻二者之间为宜。"巴颜乌兰位于克鲁伦河和土拉河之间，噶尔丹选定此处作为过冬营地，将所部在巴颜乌兰环列扎营，同时对外派出三路远哨，显见对清军非常警惕。

在前后两次设计诱歼噶尔丹的计划双双落空的情况下，如何对付这个大敌才能更有利？康熙采取了广开言路、集思广益的办法，先谕八旗武官集议，结果他发现多数人对于远涉大漠作战都存有畏难情绪，只是强调“待噶尔丹前来，可与之一战”，仅喀尔喀郡王善巴主张主动出击，认为“噶尔丹不可使久据克鲁伦地方，应速征剿”。

接着，康熙又命议政王大臣集议。让他感到失望的是，对于远征漠北依旧“举朝皆以为难”，赞同者不过安北将军费扬古等三四人而已，其余人虽然嘴上说着“噶尔丹不过小丑，何足道哉”之类的话，但明显可以看出心里都怕得很。

康熙对此甚为愤懑，立即严词驳回了“近地以战”的建议：两次命沙津诱敌均告失败，说明噶尔丹已经吸取了在乌兰布通受到重创的教训，“创痛之余，不复再至”，想让他自己送上门来是再也不可能了。

康熙强调，虽然噶尔丹暂时不敢深入漠南，但他从未中止对喀尔喀进行劫掠。在多数喀尔喀部落都已内附清廷的情况下，清廷自有保护之责，可要是在收到警报后再派大军出征，势必迟缓，无法做到朝发夕至，相反，噶尔丹却可以“我进彼退，我还彼来”，如此再三反复，则蒙古诸部都将“大遭其蹂躏”。

康熙的态度非常明确，对于噶尔丹，只能远征，也必须远征，从地理位置上看，科布多距北京三千多里，克鲁伦距北京已不足两千里，所以眼下就是出征漠北的最佳时机，一旦错过，悔之莫及。在他的坚持下，经过再次商议，议政王大臣会议终于同意出兵，“赴巴颜乌兰进剿”。

史载，汉武帝时期一共对匈奴发起过十四次大规模进攻，其出击时间大多在春季，这是因为此时刚刚经历过严冬，草原部落的马匹相对疲瘦，不便于远遁。1695年12月，安北将军费扬古建议，由其率部于来年春寒料峭，青草萌发时，对巴颜乌兰实施突袭。

康熙经过反复思量，认为此举事关重大，仅以一旅孤军进剿，难以置敌于死命。他的意见是只有实施大范围的战略包围，方能使飘忽不定的噶尔丹无法逃逸。

康熙酷爱行围狩猎，他有一次在辽东行围，所猎获鹿的数量之多令当地佐领那柳看得目瞪口呆，直呼“真神奇也”，康熙则不为然，说：“从来哨鹿行围，都能打到这么多鹿，何神奇之有？”康熙并不是在说大话，就在决定远征噶尔丹的当年，他在鄂尔多斯行围，一天就猎获了野兔一百多只。

康熙骑射技能高超、经验丰富，围场野生动物丰裕，都是康熙能打到这么多猎物的必要因素，但最重要之处还在于，行围乃是由各方人员共同配合的一种集体狩猎方式，其猎物数量自然非一般的田猎所能比拟。反之，如果让康熙孤身去荒野狩猎，要想一天就轻而易举地猎获一百多只野兔，可能就比较困难了。一个明显的例子是，在鄂尔多斯的那次行围中，不光康熙收获惊人，就连八皇子胤禩都猎获了五十二只野兔，而胤禩当年不过才十五岁。

对于清皇室而言，行围绝不是单纯的娱乐，更是一种大型的军事训练活动，也因此，康熙每次行围，八旗劲旅都要参加，其围场也随着中央政府用兵重心的转移而不断发生变化——早期主要在南苑，至 1681 年，即平叛战争行将结束时，开辟了著名的木兰围场，实际就是为了适应塞外征战的环境而备。

用行围的方式对敌人进行战略大合围，乃是康熙最容易想到，也最为擅长的战略战术。“我军进剿噶尔丹，宜分为三路”，他决定组成东西中三路大军出征：东路军由黑龙江将军萨布素率领，由东向西，“沿克鲁伦河进剿”；费扬古被任命为抚远大将军，率西路军“由归化城进剿”；中路军直接奔袭克鲁伦河。

西、中路军同为此次出征的主力，但中路军一直未任命统帅，群臣猜测皇帝有意亲征，自任中路军主帅，遂纷纷上疏劝阻。

康熙也确有此意，多年前的乌兰布通战役功败垂成，令他最感遗憾和痛心疾首之处，便是未能亲自统兵，结果导致福全等诸将发生“不行追杀，纵敌远遁”的错误，以致把噶尔丹这个祸患留存至今。

对于再次亲征，康熙也有过犹豫，倒不是怕别的，而是他在第一次亲征时，曾梦见祖母孝庄阻其亲征，当时就以为只是一个梦，没有听从，但是随后便生了病，出征也不顺利。这次为了得到祖母在天之灵的眷佑和支持，从 1694 年起，他便数度拜谒孝庄的陵墓，之后果然又梦见了孝庄，孝庄对他说，此番出兵，一定可以大获全胜。康熙认为这是一个非常好的兆头，遂不顾众人劝阻，毅然决意亲率中路军出征漠北。

行军

1696年3月，科尔沁亲王沙津传来密报，告知噶尔丹仍在巴颜乌兰。机不可失，时不再来，康熙当即传令启程出发，同时命太子留守北京，听理国政。此前不论康熙身在何处，南巡也好，出塞也罢，所有奏章都必须送交他本人处理，在确定太子听理国政后，来自京城的奏章便全部交由太子审批，其余奏章虽由康熙审批，但也需抄送太子一份。

4月1日，中路军分两支离京北上，除绿旗营由领侍卫大臣福善率领，出古北口外，康熙自领主力由独石口出关，其部以营为单位间隔行军，每营相距一两天的路程，御营居中，“不得分散错乱”。

出征时虽已届初春，然而塞外春寒尤甚，大风时作，雨雪载途，行军非常艰苦。少数人原先在京城中养尊处优，一时无法忍受和接受这种生活，随康熙出征的法国传教士张诚就亲眼见到，一名侍卫因畏难不前而选择了自杀。这名侍卫做过康熙的牧马官，没想到如此经不得风雨，康熙非常生气，当即下令将此人的财产充公，所有行李、马匹、骆驼及家奴都分配给其他牧马者，而尸体则抛弃于露天，“以儆效尤”。

康熙自己虽然贵为大国之君，且早已过不惑之年，但仍像他的祖辈努尔哈赤、皇太极那样，有着与士卒同甘共苦的精神和品质。每天天还没亮，有些官兵还在帐中贪睡，他就已经起床，凌晨即撤营就道，日中便在新的宿营地扎营。遇上雨雪交加的天气，如果官兵尚未扎营，康熙一定不先进入为他准备好的帐篷，他会穿上雨衣，与皇子、大臣们一起站立于雨雪之中，直到官兵的帐篷全部扎起为止。其间若有侍臣以天寒雨雪太大，请他到帐篷中暂避，康熙的回答总是：“军士们还没有全部安排好，朕怎么忍心一个人独自到帐中享受安逸呢？”

远征漠北对后勤输送提出了极高的要求，出征官兵每人都要自带八十天的口粮。为了节省军粮，康熙规定每日一餐，他自己身体力行，每天只吃一顿饭，而且要等到官兵们都开始吃饭，才会进膳。

皇帝和三军主帅是两个不同的角色，康熙自觉地扮演起了后者，他命令免去常规礼节，但凡他在野地里休息闲坐，所有从他面前经过的军士都无须下马行礼，有时看到运粮车在沙漠中前行困难，他还会主动上阵，与皇子大臣们共同推车——皇帝亲自推车，这在中国古代历史上恐怕还是前所未有的事！

康熙深谙治军之道，曾对已故的国舅佟国纲说过："行军以得人心为要。"如何得人心，就是要知道体恤和爱护士卒。行军途中，康熙"常以休息士马为念"，他早上看到军营炊烟缭绕，官兵们已在进食，而向导和负责运送行李的骆驼队却还在拖拖拉拉，迟迟未能运载起行，于是立即命负责官员查明原因并予以整改。自此以后，他每天五更即起，亲自督促骆驼队及早启行，使行李先至营地，从而保证了"士马大得休息"。

康熙是个极为认真细致的人，对于行军中的交通和供给等细节都亲自过问，具体指示。出征塞外必须经过戈壁滩，戈壁滩上渺无人烟，一望无垠，而且通常都见不到河流，但有着塞外巡视和行围经验的康熙知道，只要能够成功掘井，则人马依旧可以在戈壁上生存和进行长途行军。

户部侍郎思格色奉命在戈壁滩掘井，事毕来向康熙奏报，康熙当面问他："一口井可供多少人马饮水？"思格色张口结舌，答不上来，康熙知道他在敷衍塞责，当即痛斥思格色："为人昏聩，官做得也不正派。"随后他将思格色予以撤职，下放至基层部队服役。

康熙转遣副都统阿迪勘察，阿迪据实回奏："冰雪凝冻，未能掘井。"如果无法掘井，只能依靠后勤辎重部队送饮用水上来，或者临时修改路线，但这势必拖延行军速度。"用兵之道，以速为贵，大兵行期，断不可缓"，康熙判断，时当春季，地脉将融，就算有冰封，一旦设法凿开，下面也一定会冒出水来，因此又派副都统阿毓玺领着士兵去进行试掘。

阿毓玺依法先掘水井，再凿冰冻层，之后果然清泉涌出，全军顿时欢声雷动。掘井成功并不意味着就不需要再为之操心了，按照康熙的要求，军队全部以水井为中心扎营，且扎营时互为犄角，这样可以方便官兵从不同方向取水，以避免取水时的拥挤和争吵。他还指示对每口井都要悉心看护，前队营在拔营走人前，必须将对井的看护任务交由后队兵接替，严防水井遭到破坏和污染。

由于中路军准备充足，康熙事必躬亲，加上天气也很帮忙，"遇无水之地而得水，无草之地而草生，寒暑俱调"，因此他们这一路的行军极其顺利，几乎未遭损失。

1696年4月19日，康熙一行到达察哈内境内的揆宿布喇克，并与出古北口的绿旗营会合。

惊人的消息

揆宿布喇克水草丰美，沙中多有树木，而且遍布湖泊，可提供丰富的饮用水、饲草和燃料。康熙将揆宿布喇克作为他们在关外的第一个兵站，下令将部分军粮存放于此处，作为回程时食用。次日，他接到费扬古的奏报，得知西路军已越过汛界（即清军驻防地界），预定将于5月24日至土拉河，27日至巴颜乌兰。根据这一时间表，他决定继续出发，同时掌握行军速度，以便与西路军约期合击噶尔丹。

行军中的艰苦虽然不会让康熙皱眉，但他和普通士卒一样，每当夜深人静时也会思念家中的亲人。再次出发前夕，他给太子写了一封信，通过太子向太后请安，信中说："恭请皇太后万安。朕躬甚安，诸皇子诸王以至臣工军士皆好。皇太子佳否？"

这里所提到的太后是指孝惠章皇太后。孝惠是顺治的第二任皇后，为人温厚纯良，她兼有孝庄侄孙女和儿媳妇的双重身份，对孝庄非常孝顺，在孝庄的葬礼上，其哀痛之状不亚于康熙。孝庄生前，康熙与这位嫡母仅保持着官方关系，但也就是从此开始，母子二人加深了感情，以后康熙只要出京，都会通过各种方式向孝惠请安。

除了孝惠，康熙最牵挂的自然还是太子，他写信除了问候太后外，最主要的还是想念太子，与太子的书信往来，也成了他解除征途疲惫的一剂良药。

5月6日，中路军抵达位于内外蒙古交界处的格德尔库。早在三路大军出师前，康熙曾先后派侍卫克什图、主事保住出使噶尔丹大营，除希望设法羁其远遁外，主要是想侦察噶军实力及活动范围。不料两人一到噶尔丹大营，就遭到软禁，后虽被释放，但坐骑已被没收，两人只得步行而返。尽管如此，他们还是带来了一个重要的情报，即噶尔丹已移驻土拉河。

通过使者坐骑被扣留这一细节，康熙分析噶尔丹尚不知清军到来，故而不会暂时从新驻地远遁。按照计划，中路军的目的地为克鲁伦河，如果噶尔丹尚在土拉河的话，正好可以遏制其东窜之路。此时萨布素的东路军正在赶往克鲁伦河的途中，康熙认为他们已来不及参加战斗，为免兵马徒然劳顿，遂下令东路军停止前进，“于喀尔喀河相近、好水草处喂养马匹”。

在克什图、保住被噶尔丹软禁后，科尔沁亲王沙津奉康熙旨令，也派属下佐领鄂齐尔以“投顺”为名，前往噶尔丹大营，希图扰乱噶尔丹的行动计划，然而噶尔丹早已洞察了康熙的用意，鄂齐尔很快就被他打发回来了。

5 月 10 日，中路军抵达科图，此时鄂齐尔正好返回。他给中路军带来了一个十分惊人的消息，听完之后，包括内大臣索额图、大学士伊桑阿在内的随征臣僚无不为之色变。

据鄂齐尔奏报，噶尔丹当面对他说，之前向俄罗斯借的六万鸟枪兵已经到了，除此之外，他又向俄罗斯借了六万鸟枪兵，只要这批部队一到，他就会顺克鲁伦河而下，直抵科尔沁，因此希望沙津等人作为内应，与之紧密配合。

中路军内有噶军的投诚者，他佐证说噶尔丹先前确曾向俄国请求援兵，上个月就有二十多个俄国使者来访，随后俄国便将一千名俄罗斯鸟枪兵和一批车装大炮发至克鲁伦河界，用以援助噶尔丹。

中路军统帅部一片哗乱。如果鄂齐尔的情报属实，清军所面对的就不再只是噶军，而是噶俄联军了，噶尔丹军本身号称两万，再加上助阵的十二万俄罗斯鸟枪兵，将达到十四万人。虽然清军的三路大军合计有十五万人左右，但必须去掉相当一部分运粮驮运人员、厮役，而且火器方面的优势也已荡然无存。无怪乎鄂齐尔透露说，噶尔丹已经露出了一副稳操胜券的样子，甚至扬言可与沙津平分天下：“若我们能打败满洲人，我们将直接进军北京，若我们征服了皇朝，我们将瓜分地盘。”

亲贵、枢臣们个个心怀疑惧，认定此去凶多吉少。他们以索额图、伊桑阿为首，入奏康熙，谎称“噶尔丹去之已远”，请圣驾回銮，只令西路军进剿。

康熙大为震怒，说：“真不知道索额图、伊桑阿等把朕看成什么人了！朕太祖高皇帝（努尔哈赤）、太宗文皇帝（皇太极）都亲自仗剑上阵厮杀，这才建立了大清基业，朕可以不效法祖辈们的行事吗？”

康熙也不能确定噶尔丹的话到底是真是假，他只知道，就算噶尔丹真的借到了那么多俄罗斯鸟枪兵，清军可能力不能及，也决不能“做妇人怯懦退缩”。因为在中西两路军已经约期夹击噶尔丹的情况下，一旦中路军半途撤还，不仅意味着放弃了擒灭噶尔丹的大好机会，而且也等于将偏师受敌的西路军推上绝路。

“(若圣驾回銮)，朕将如何回京城？如何昭告天地宗庙社稷？”康熙言辞慷慨，越说越激动，以至于泪下。他严厉警告众臣：“你们这些大臣都是自愿从军效力的，既至此地，谁敢不奋勇争先，逡巡退后，朕必诛之！”

见康熙如此激愤，诸臣连忙免冠叩首，恳请皇帝息怒：“臣等确实是因怯懦而妄奏，该死！该死！”

不久，派出去刺探噶尔丹行踪的人回来报告，证实噶尔丹并未远遁，只是已撤离土拉河，转营至克鲁伦河驻扎。既然噶尔丹还在，打退堂鼓的理由就更不能成立了，大臣们只得再次向康熙认错，表示钦佩皇帝的高见。

坏运气

一场进退之争得以平息，康熙统一了全军意志，下令继续北行。1696年5月13日，中路军越过汛界，进入漠北喀尔喀地区。考虑到噶尔丹行踪不定，仍有可能逃逸，康熙派人向费扬古传令，要求他在继续按原计划向噶尔丹靠近的同时，抽调部分兵力对其可能逃逸的方向和道路进行堵截。

次日，中路军从“擒胡山”前经过。“擒胡山”是一座由明成祖朱棣命名的山，当年朱棣五次亲征大漠，第一次便到达克鲁伦河并大败蒙古鞑靼部首领阿鲁台，至今山顶仍有朱棣的御笔石刻。近三百年后，康熙作为清朝的皇帝亲征蒙古，其进军的季节、路线与朱棣几乎如出一辙，这不只是巧合，说明向来注重研究明史的康熙显然是借鉴了朱棣的经验。

5月21日，中路军到达西巴尔台，距离土拉河已仅三日行程，但就在这时，康熙突然收到费扬古的急报：西路军为风雪所阻，已无法按照预期与中路军会师于土拉河！

西路军分为两支，一支是由费扬古亲率的归化城军，另一支是由甘肃提督孙思克率领的宁夏军。两军都比中路军出发得早，一个早十二天，一个早八天，但是他们的路程比中路军要远，自然条件也更为恶劣，沿途尽为荒漠沙碛，加上遭遇暴风雪，不仅行程缓慢，而且牲口倒毙、粮饷不继。

无奈之下，费扬古被迫裁减兵员，归化城军原有人马估计在三万以上，被精简了三分之二，费扬古率剩下的一万余人继续北上。宁夏军更惨，该军尚未休整便上路，既影响行军速度，又考验体能，结果刚从宁夏出平罗口，就出现了饿毙者，直至次年康熙再次经过宁夏军的行军路线时，仍可以收敛到当时未及整理的士兵遗体。

后来坏运气又接连光顾了宁夏军，他们先被狂风刮了两个昼夜，继而又淋了一昼夜的大雨。“寒威凛冽，俨若隆冬”之下，马匹大量冻馁而死，没死的不少也疲弱不堪，只能沿途丢弃，以致“一兵不足一马，且仅存皮骨”。西路军原定在翁金河会师，然而当归化城军到达翁金河时，宁夏军距翁金河尚有十日路程，费扬古见状只得率归化城军先单独前进。

宁夏军距翁金河尚远，而且因为延误了日期，所携军粮也仅够一个月食用。孙思克忧心如焚，立即召集众将商议，提出汰弱留强，集中粮、马，选锐北上。孙思克并非西路军主帅，独自做这样的决策需承担很大的政治风险，诸将都不同意，但孙思克坚持己见，他颇为动情地对大家说：“如果朝廷要因此加罪于我，我自承当。再者，与其让我饿死在异域，还不如以我的一死来换取数千子弟的生还！”

孙思克下令从宁夏军的两万余人马中挑选出两千精壮者，其余兵卒由在军中素有威望的将佐率领，一律带回宁夏。孙思克年近七旬，右臂早已伤残及骨，但仍决定继续率兵北上，被遣回的将士厮役全都感佩痛哭，跪请同往，称即使到不了前线，在途中冻饿而死也心甘情愿。老将军含泪劝慰道：“你们都是我平日训练出来的子弟兵，皆忠勇可嘉，只是现在条件所限，不能不令你们回去。”

孙思克率五百精兵先行，剩下的一千五百人加速跟进，最后他们终于追上了归化城军。

西路军会合后依旧麻烦不断。噶尔丹在从土拉河拔营转移前，为预防清军，下令将周围方圆数百里的草原全部予以焚毁。当西路军推进至这片区域时，看到的已经是一片灰烬。由于战马不得饱食，部队只能绕道而行，另觅水草地，费扬古遂急报康熙，除告知无法如期到达土拉河的原因外，还请求将西路军的到达时间推迟十天。

西路军突然改期，使中路军可能先期与噶尔丹相遇，这令康熙颇有措手不及之感，遂连忙召集前后各营诸王、皇子、副都统以上人员至御营，以举行大型战前会议的方式，讨论在这种情况下，究竟是缓行以待，还是主动出击。

会上众人意见不一，有主张急进者，有主张暂停者，有主张徐行者。康熙原来拟订的作战方案为：孙思克指向西北，以截断噶尔丹退路，萨布素遏敌沿克鲁伦河东进，费扬古从背后压向敌人，与突袭克鲁伦河的中路军实施夹击，最终歼灭噶尔丹。该方案的要点是中路军兵贵神速，在保守康熙亲征秘密的情况下，首先对噶尔丹发起攻击，同时以西路军配合截击，三皇子胤祉、领侍卫内大臣福善等人基于此，建议一面移文催促西路军，一面趁噶尔丹不备，仍趁机会主动出击。与之相反，另外一些诸王皇子大臣则主张“缓行以待，两路夹攻”。

仅仅是移文催促，改变不了西路军已经延期的事实，如果中路军单兵突进，西路军必定来不及截击。可要是暂停的话，倘若噶尔丹在此期间顺克鲁伦河而下，则中路军又要扑空。康熙经过深思熟虑，决定既不急进，也不暂停，而是采纳第三种意见，“稍微缓进，以观局势”。后来的事实证明，这一改变进军速度但不改变约期合击的决策是完全正确的。

一言以定策

“四月天山路，今朝瀚海行，积沙流绝寒，落日度连营。”漫漫征途中，康熙写下了一首《瀚海》。1696 年 5 月 24 日，中路军到达察罕布喇克，在这里他们停止了前进，原因是士兵们自带的八十天口粮大部分已经吃光，连御营都面临着绝粮的危险。此时幸亏副都统吴留村熟悉塞外地形，命其负责押运的粮队走捷径先到军中，这才得以缓解危机，康熙喜出望外，在信中以庆幸的口吻告诉太子：“我父子有救了！”

在中路军越过汛界前，康熙曾给太子写过信，自此之后，他一直企盼着能尽快收到太子的复函，但是别说复函，竟连一封简短的问候书信都未能收到。

失望之余，康熙大概也只能自己给自己找理由，认为太子可能是理政太忙，所以才忘记问候父皇了。在 5 月 27 日致太子的信中，他先描述了一下军事形势，随后便忍不住流露出了自己的这种情绪："这几天一直没看到你的奏章，也不知道你有没有代朕向皇太后请安，朕很是想念你们……皇太子佳否？"

战事容不得康熙有太多的儿女情长。就在他给太子写信的前一天，中路军统帅部再次举行会议，讨论作战方案。此时大家都已经知道了归化城军、宁夏军双双被迫裁兵的消息，联系到之前噶尔丹已向俄罗斯借到六万鸟枪兵，还有六万鸟枪兵正在赶来的情报，前后营大臣、将军均面有忧色。

临敌在即，信心不足乃是兵家之大忌。康熙指出，西路军虽然人困马乏，兵力削弱，但中路军未受损失，"不劳而至，人逸马肥"，别说噶尔丹吹嘘已借到了六万俄军，就算再有十万俄军，他也将运用计谋，亲统大军击败敌人。

康熙的动员重新点燃了众人的激情，大臣将帅们纷纷表态："但愿敌人还未及遁逃，让我们能够亲手杀死噶尔丹，以报我皇上之恩。"

早在二十年前，康熙就开始对噶尔丹进行秘密调查，用他自己的话来说，"朕熟计噶尔丹情形久矣"。经过调查和研究，他发现噶尔丹一方面为人狡诈，善于指东打西，但另一方面又过于自负，素无远见，因此判断噶尔丹既不会料到清军远征漠北，也估计不到康熙会御驾亲征："按照噶尔丹的性格，他必以为初春时节，正马匹羸瘦之际，塞外既无水草，沙碛瀚海又殊为难行，我大军势不能到。至于朕躬亲来，他更是万难料及。"

会上除肯定噶尔丹依旧蒙在鼓里外，焦点主要集中于下一步该怎么办。康熙一言以定策："等中路军与噶尔丹靠近，遣使前去通知噶尔丹，就说朕亲自前来，想和他订立盟约，令其前来与我军会议。"

次日，费扬古送来奏报，称西路军已加快行军速度，预计 6 月 2 日到土拉河，6 月 5 日即可至巴颜乌兰。于是康熙第三次召集战前会议，决定根据西路军所定新的日期，调整行程速度，继续缓慢前进，同时为了不使噶尔丹过早发现大军到来，取消了原有的哨探活动。

1696 年 5 月 31 日，中路军离开察罕布喇克，到达拖陵布喇克。这里距离克鲁伦河仅二百三十里，而且地形开阔，水草丰美，遂被康熙作为最后的根据地，用以存放粮草。

由于已逼近噶尔丹，部队驻地的气氛开始变得紧张起来，御营内都增设了宿卫，建立了环营，以防噶尔丹偷袭。康熙谕令兵部："如果遇敌交战，副将以下至普通士兵，有退怯违令者，该部总兵有权直接正法！"又命八旗军按所属旗摆开迎敌阵势。

按第二次军前会议所定，到达拖陵后，就要向噶尔丹派出使者，但遣使的时机很重要，不能早也不能晚。康熙尽量拖延，一直拖到6月3日，估计西路军已到土拉河，才派以公主长史多禅、中书阿必达为首的使团前往噶尔丹军营。

康熙决定"主动泄密"，告知噶尔丹自己已亲征漠北，以及遣使以往，实际含有两方面的考虑，一方面是"攻心为上，不战而屈人之兵"，通过震慑加劝解的方式，迫使对方求和甚至归降；另一方面则是羁縻噶尔丹，避免其向西逃逸，为西路军的前来赢得时间。为此，他特地让使团带去了一封给噶尔丹的敕书，敕书指责噶尔丹背弃誓言，用所谓"东征"掠夺喀尔喀人，并明确告知："朕大军已与你逼近，西路军已到土拉，东路军已溯克鲁伦河而来。"同时强调，因不忍生灵涂炭，才派使团前来联系，为的是订立盟约，"指示地界"，以后只要噶尔丹不超出双方约定的地界，他和喀尔喀边民都可以安生，但若"妄动而去，则虚朕美意，而生灵有不利"——我来都来了，如果你抢了东西就跑，便是辜负了我的一片好意，那我就要不客气了！

跑得比兔子还快

噶尔丹对清军的到来和康熙的亲征仍然毫不知情。6月5日黎明，当多禅一行到达克鲁伦河畔时，被噶尔丹的侄子丹济拉发现，丹济拉带着千余人要掠取他们的马，使团成员、侍读学士殷扎纳立即迎上前去叱责道："你等怎敢如此无礼！圣上已经率大军亲自来了，费扬古的西路大军也将从土拉赶来！"使团还带来了拟加以释放的四名噶军俘虏，其中一名叫俄齐尔的俘虏告诉丹济拉："圣上确实亲自来了。"

接着使团便将俘虏及康熙给噶尔丹的敕书、礼物交给丹济拉。听说康熙来了，丹济拉顿时惊骇失色，他转了转眼珠，赶紧谎称噶尔丹正在土拉，自己与之取得联系尚需几天时间，所以请求清军缓进，勿过克鲁伦河，又色厉内荏地说如果清军"必欲穷追，则我亦能抗拒"，随后便匆匆收兵，飞跑回去向噶尔丹报告。

在送走使团的当天，由于降雨，中路军未能如期前进。次日，康熙下令向克鲁伦河挺进，经过一天的行军，把与克鲁伦河的距离缩短到了一百七十里。

6 月 6 日，康熙亲率前锋军走在最前列，其他各军依次而上，“兵威之盛，弥山遍野，不见涯际，整齐严密，肃然无声”。当大军进至距克鲁伦河约四十里处时，出使噶尔丹的阿必达返回，向康熙报告了遇见丹济拉的情形。

丹济拉所说的“勿过克鲁伦河”“我亦能抗拒”，无异于发出战争威胁。康熙登上山顶，举着望远镜观察，发现在三十至四十里外，有两支敌军在活动，气氛一下子变得分外紧张。直到入夜后，清军哨兵与噶尔丹哨兵已经“相对面驻”，清军各营均得到命令，要求不得安营，同时马不卸鞍，在各处设下埋伏，防止敌人偷营劫寨。御营也一样，没有官兵敢休息，连康熙都身披甲胄，随时准备指挥大军与敌人交战。

大战在即，康熙的心境很不平静。虽然他做好了一往无前、绝不退缩的准备，但在传言噶尔丹得到大量俄国军援的情况下，对于迅速取胜他已没有绝对把握，更为严重的是，由左都御史于成龙督运的大批粮草迟迟未能到达拖陵，如果接下来与噶尔丹相持时间过长，极可能会导致粮饷告罄，其后果不堪设想。

康熙内心焦虑不安，但表面上还得故作镇定从容，在给太子写的家书中，他透露道：“朕之心思，不能和在京城时相比，毕竟事关重大，容不得半点侥幸。这个时候，朕除了尽全部心力之外，就只有暗自祈祷，请苍天保佑了。”

次日清晨，清军直指克鲁伦河。康熙派沙津等人率蒙古兵佯装从西面山麓高处经过，用以引诱噶尔丹，自己亲率主力部队“争先据河”，准备大战。为了侦察敌方动静，他率数人登高远望，但令他深感诧异的是，在望远镜的可视范围内，河上却看不到一个敌兵，“见河不见人形”。

战场一片寂静，寂静得甚至有些可怕。康熙唯恐其中有诈，不敢轻进，他一面派出人员进行侦察，一面制订了各种应急方案，以备不时之需。

午后，狂风大作，下起一阵雨雪，等到雨雪停歇，天空仍然阴云密布。康熙的心情也像糟糕的天气一样，郁闷压抑，但又无可奈何。正当他坐立不安的时候，派出去侦察的阿必达急驰而归，奏称克鲁伦河空无一人，从地上留下的马粪看，噶尔丹已离开足足两天。

正好有一个噶尔丹“帐下名门之子”前来投降，据他说，噶尔丹几天前还在克鲁伦河扎营，“但他听说皇帝亲自率领军队前来时，他就急忙后退，恐怕此时相距已不止二三百里”。

得知噶尔丹已经逃遁，颇出康熙意料之外。他估计噶尔丹在知道他亲征后，可能会有几种反应，即归降、求和，弃克鲁伦河而逃，正是为了防止噶尔丹过早逃遁，才遣使噶尔丹，并在给噶尔丹的敕书中，着意强调了双方应反复遣使进行沟通的必要性。

总以为噶尔丹就算是要逃，也得顾及脸面，在逃之前向这边派个使者，根本没想到他会连招呼都不打一声就溜，简直比兔子跑得还快！

投降者同时证实，噶尔丹所说的“俄兵援助”全都是谎言，这倒使康熙心中的一块石头落了地，三军士气亦为之大振，遂立刻蹑敌踪展开追击。

大梦初醒

原来在乌兰布通战役后，噶尔丹虽百般设法，实际再没有能够从俄国得到过任何军援。他久据土拉和克鲁伦河之间，同时不断策反喀尔喀及内蒙古，其真正目的并不是要再次南下，而是为了引诱清军出兵，然后进退周旋，使之凋敝。他相信这是拖垮清朝的有效办法，“自言有成”，认为一俟时机成熟，便“可图大事”。

清军深入大漠，对于噶尔丹来说倒是正中下怀，但康熙的决心之大，深入漠北的清军之多，战略战术之周密，却都是他事先没有想到的。在丹济拉回报后，即使看了敕书，他也不相信康熙真的已经亲临漠北，还以为清廷是在拉虎皮做大衣地吓唬他：“康熙皇帝不在中国安居享乐，怎么可能跑到这样的无水瀚海中来？难道他能飞渡不成？”

直到仔细询问了被释的俘虏，噶尔丹才感到事情有些不妙，他急忙亲自登上北方的孟纳尔山遥望，结果一眼就瞥见了御营，只见御营中挂着龙旗，放着皇帝乘坐的车子。御城周围有帷幕围起来的皇城，皇城之外又有网城，军容山立，其行列规模都“不似乌兰布通时”。

噶尔丹如同大梦初醒，不禁失声惊呼：“这些兵都是从天而降的吗？”他急忙传令乘夜撤退，因为撤得仓促，情形相当狼狈。1696年6月9日，当清军追至克鲁伦河时，已不见噶尔丹人马踪影，次日，大军进入噶尔丹原驻营地，只见沿途的账房和锅碗瓢盆、甲胄、鞍辔、衣服、食物扔得到处都是，甚至锅里煮的汤都还未动过，“溃遁之状实不堪观”。

自6月7日至11日，康熙以“疾驰莫惮追奔力，须使穷禽入网罗”的决心，身先士卒，疾追五日，一直追至战略要地拖讷山，从一位准噶尔老妇人的口中，他们得知，噶尔丹早在四天前就离开了拖讷山。

此时于成龙押运的粮草依旧未到，如果大军继续前进则距粮队将更远，到时必致窘迫，康熙不得已，只得像西路军曾做过的那样，集中粮马，裁军以行——从前锋兵、满洲火器营兵及亲随护军中，选出两千名精悍兵卒，每人凑足二十日口粮，由临时任命的平北大将军、领侍卫内大臣马思喀率领，继续穷追噶尔丹，其余部队则全部返回迎接粮队。

在追击和返回的途中，康熙嘲笑噶尔丹，说：“观其不据克鲁伦河拒战，则其怯懦显然。”又说克鲁伦河乃兵家必争之地，可是噶尔丹却弃克鲁伦河逃窜，自己把门户让给清军，显见得此人于用兵之道一无所知。他还断言，舍克鲁伦河外，周围再没有其他地方能供噶尔丹拒守，所以噶尔丹剩下来没有别的招，除了逃还是逃。

不知内情者会以为康熙已经稳操胜券，孰不知他这么做，一半是在激励士气，一半却不过是在自我安慰。事实上，对噶尔丹知之甚深的康熙并不真的认为对方是个窝囊废，也很清楚噶尔丹并未走上绝境：噶尔丹自克鲁伦河逃窜后“绝不会停止”，再加上四日行程的差距，马思喀要追上噶尔丹的希望非常渺茫，就算追上，仅仅两千人的小部队别说重创敌军，能不被对方吃掉就算是万幸了！西路军虽是歼灭噶尔丹的希望所系，“倘费扬古兵至，噶尔丹即亡矣”，但西路军现在究竟到了哪里，能否切断噶尔丹的退路，这还都是未知数。

6月12日，费扬古密奏到达，报告因粮饷告罄和兵力不足，原计划中由孙思克指向西北，以截断噶尔丹退路的方案未能实施。这使康熙更加忧虑，自出师以来，他和士兵们在茫茫大漠中同甘共苦、历尽艰辛，难道到头来就只能达到一个把噶尔丹吓跑的目的？当天，在给太子写信时，他毫不掩饰地透露了自己内心的这些烦恼，当然为了让太子放心，他也不忘添上一句：“万一噶尔丹乘机逃脱，那他也没有重振的可能了，总之是完结了。”

人在沮丧和受挫之际，总是特别思念亲人，也分外渴望来自亲人的慰藉，康熙也一样。他在信中满怀深情地说：“朕思念太子，难以释怀。现在天气热了，将你所穿棉衣、纱衣、棉葛布袍等四件，褂子四件，一并捎来。务必拣选你穿过的，以便皇父想你时穿上。”

聪明反被聪明误

噶尔丹何以不经一战就放弃克鲁伦河？的确，他没有料到康熙亲征漠北，清军出兵的规模也超出了他的预计，在战略决策上都出现了严重失误。可是不要忘了，噶尔丹也是一个有经验有胆略的军事家，如准噶尔人所言，他们的这位大汗“向来有才，亦得人心”，在大漠草原中曾四出征伐，所向无敌，绝不是一个听到谁的大名，就会吓得屁滚尿流的庸碌胆小之辈，哪怕那个人是康熙。噶军号称两万，除去随军妇孺，实际战斗人员估计接近一万人，虽然比乌兰布通战役时少了接近一半，但这万人皆为百战之精兵，又不像清军那样经过长途奔波，在以逸待劳的情况下，他们的战斗力不容低估。

康熙曾在南苑等地进行过类似的夺河演习，但他发现克鲁伦河与内地的河流不同，此处河面狭窄、两岸皆山，且山势险峻，显然更有利于据河防守，而不利于进攻一方。“我兵夺河交战，犹稍费力”，这成为康熙一度判断噶尔丹不可能马上就弃河而走的重要理由，也就是说，噶尔丹其实完全有条件也敢于据克鲁伦河而战，他之所以要放弃克鲁伦河乃是另有缘由。

由于俄国拒绝继续给予军援，噶尔丹不但得不到助阵的俄罗斯兵，火器也无法进行补充，此行噶军所携火绳枪不足两千，反观康熙的中路军，则有汉军火器营、满洲火器营、鸟枪营、鸟枪护军营、鸟枪骁骑营等，配备杀伤力巨大的各种火炮枪支，更不用说中路军有兵员三万多人，数量上也大大超过噶军。如果噶尔丹据河以战，受地形等限制，清军在抢渡过河时固然有些费力，但噶军要想立即取胜，却也绝无可能。

康熙担心战局僵持不下，会导致粮饷不继，噶尔丹最怕的则是其他方面的清军从背后压来，到时噶军将因腹背受敌而陷入绝境，为此他才决定弃河而走。不过他的弃河而走，不是光逃窜这么简单，其实内里暗藏杀机，包括他一开始把匆忙和狼狈之象就做得特别夸张，并暗示自己的撤逃路线，就是为了更好地麻痹和引诱清军，以便出其不意地进行伏击。

据在克鲁伦河前线投降的噶尔丹亲信丹巴哈什合供认，噶尔丹的第一个计划是在拖讷山设伏，选择有利地形打清军一个措手不及，只是他聪明反被聪明误，没有考虑到本部的具体实情和民意，才导致最后想设伏未能成功。

乌兰布通一战，虽然清军并没有能够取得完全胜利，但噶军损失极其惨重，最终生还科布多的仅数千人。此事曾引起噶尔丹后方军民的极大惊恐和不安，厄鲁特部为此人心厌战，士气沮丧，情绪普遍低下。即便在部落状况好转之后，这种心理也没有得到根本改变，噶尔丹举行“东征”也就成了他一意孤行的结果，正如丹巴哈什合在回答康熙询问时所说：“我等会于乌兰布通时，即已畏慑。今来此克鲁伦、土拉，我厄鲁特倾‘国’之人皆豫知灭亡，惟噶尔丹一人以为不然，犹妄言有成。”

当得知康熙亲征漠北，并亲眼看到清军阵容极盛时，虽然部众“莫不丧胆”，但若在克鲁伦河据河抵抗，他们还是能打的，偏偏噶尔丹下令不战而遁，这让士兵们既迷惑不解又深为不满，忍不住私下抱怨：“始因何而来？今因何而遁？”

噶尔丹弃河而走，使其军队的士气重又回到出征时的低谷，以至于一经退却，便不可收拾。在被清军追击的途中，各部“彼此交怨，沿途自相战斗”，秩序非常混乱，而这种狼狈都已经不是噶尔丹故意装出来的了。由于几乎所有人都在狂奔不止，噶尔丹根本收拢不住部队，上山设伏更是难以做到。

等到勉强把部队控制住，噶尔丹又准备进入厄赫木布尔哈苏台的柳林，对乌兰布通战役中的“驼阵”进行复制，设伏邀击清军，但这时接获的一份探报，迫使他改变了主意。

关键决策

根据探报，一股清军正从土拉河而来，已对噶军形成夹击之势。噶尔丹经过分析，判断康熙所在的中路军较为强大，而自土拉而来的这股清军也就是西路军则相对疲困，遂决定舍中路，击西路，通过打垮和“俘掠”西路军，冲出各路清军所形成的包围圈。

噶军于是向土拉出击。为了甩掉中路军，专心对付西路军，噶尔丹下令继续抛弃各种物品，甚至残酷地杀掉士卒的妻女、稚子和病残人员，以此急速行军，竟一下子把中路军甩开了四日行程。

此时的西路军共有一万四千人，他们在戈壁荒漠、牧草烧荒之地艰难跋涉，人人饥疲交困、面有菜色。好在这些官兵实际都是从原西路军中挑选出来的精悍之士，所以还能凭借意志进行支撑，尤其是在得知康熙御驾已到克鲁伦河后，大家更是备受激励，都说皇上出自深宫，尚且不畏艰险，先至敌境，我们这些大兵还敢不冒死前进吗?

1696 年 6 月 12 日，即康熙收到费扬古密奏的同一天，西路军临近昭莫多，其前哨进入距昭莫多三十里外的特勒尔济口，突然在那里发现了噶军的踪迹。清军立即下令严阵以待，但是直至过了很长时间，噶军的大队人马仍没有出现，这说明噶军可能还没有发现他们。费扬古当机立断，下令所部按战斗队形向昭莫多急进。

昭莫多也称昭木多，位于土拉河上游，因树木茂盛，故而得名。此地北有大山，山下一马平川，因地形险要，素来为漠北兵家必争之地，明成祖朱棣击破阿鲁台即在此处。

西路军到达昭莫多时已是午后。由于马匹死亡过多，多数官兵都只能徒步，无法再靠马力驰击，费扬古选择了“以逸待劳，饵敌来攻，反客为主，后发制人”之策，命前锋统领硕代领兵四百对噶军做试探性进攻，“如厄鲁特力寡即行剿灭，多则徐诱之来”。

硕代等人进入特勒尔济口后，发现噶军大部队果然人多势众，便依计一边朝其射箭，一边向昭莫多退却。

噶尔丹在向土拉出击的过程中，虽然依靠残杀妇孺病残的暴行，减轻了部队前进的负担，但也使得部下对他更加离心离德，厌战情绪与日俱增，士卒们都私相悲叹说：“我等似此生活，什么时候才是个尽头呢！”噶尔丹能明显感受到来自内部的这股怨气和颓丧，他知道这个时候说什么都是白搭，只有歼灭清朝的西路军，取得大胜，才能挽回士气，重振雄风。见硕代等人刚一交手即“溃不成军”，他赶紧抓住机会，亲自率部向昭莫多追来。

昭莫多的南面有一座高十余丈的小山，原本费扬古没有考虑在小山上布兵，眼看噶军潮涌而至，宁夏总兵殷化行建议还是应先敌占领小山。费扬古则说天色已经不早，真要大打恐怕也要等到明天了，噶军又离得这么近，恐怕晚上守不住小山。殷化行力争道："就算是明天打，也应占领此山，如果任由敌人占领，我们的兵营就在山下，非常危险。如果觉得晚上守不住，为什么不把大军移到山上，列阵以守呢？"

殷化行是孙思克的属下，孙思克支持他的意见，强调"宜据此山"。费扬古谨慎持重，认为全军移营上山必乱，反正清军占有火力优势，即使此山被敌人占领，第二天也照样可以凭借火器予以围歼。

殷化行依旧坚持："从来用兵，高处不宜让敌。"费扬古认真考虑后，决定采纳其部分建议："既然如此，那你先移兵占领此山。"

殷化行急令所部登山。事实证明，这是一个关系到西路军生死存亡的关键决策，因为殷部刚刚登至山顶，噶军也从另一侧登至半山，若是再早上几步，很可能抢在殷部前面，可见噶尔丹也深知小山的重要性。

西路军设有汉军火器营，乌兰布通战役后，清军实行军事改革，改变了原先枪炮分别列阵的传统，鸟枪手和炮手已整合为一阵，所以火器营除统一装备的火绳枪外，还携有子母炮、金龙炮、冲天炮、神威炮、新造炮（也称"制胜将军"）等各种类型的火炮。当下已在山顶建立阵地的火器营便居高临下，用火炮和火绳枪击敌，噶军死伤一片，幸存者赶紧以山石为蔽，用枪还击，两军在山上展开了激烈的争夺。

费扬古看到小山确实势在必争，忙率大军上山布阵，按其部署，孙思克与殷化行会合，率河西绿营居中，满洲兵分布左右，蒙古兵又分列于满洲兵左右。

小山居马鞍形，中部较低，噶尔丹将中部作为主要攻击点，集中兵力予以冲击。在他发出号令后，舍马步战的噶军蜂拥着冲向小山，且"人人如猛虎，前仆后继"。

噶尔丹以为自己攥起拳头，这一下就能砸开缺口，他没有想到的是，居中防守的河西绿营早在平定三藩之乱时就已声名鹊起，这支涌现过"河西四汉将"的劲旅乃关内最能打仗的汉人军队之一，也是西路军步战力量最为雄厚的一环，号为"中坚军"，这使得噶军虽然倾力而至，但不仅久攻不克、伤亡甚重，而且还牵制了其主力的行动自由，削弱了其他环节上军力的防御和增援力量，为之后的覆亡埋下了伏笔。

最大软肋

噶尔丹及其部下当然也不是吃干饭的，经过反复几轮猛攻恶斗，他们已开始逼近山顶。费扬古在战斗开始时曾调一千多宁夏骑兵居于山左，紧急关头，殷化行命这部分骑兵全部下马，一个骑兵牵五匹马，多出来的人上山步战，以增援中坚军。中坚军在得到增援后，又把缺口给堵了个严严实实。

康熙经过长期研究，认为噶尔丹的性格中有着莽撞却又优柔寡断的一面。在昭莫多战役打响前，噶尔丹就像一个输红眼的赌徒一样，急于翻本，他的性格缺陷也因而在很大程度上被放大了。当然，噶尔丹骨子里的那种狡黠以及战争直觉并没有随之消失，如果清军早已占据小山，他发现无法占据有利地势，就很可能会舍昭莫多而去，倒是清军缓登小山这一巧合，像鱼饵一样把他给牢牢钓住了。

到了这个时候，噶尔丹已陷入了进退两难的境地，再想撤退就得背后受敌，他只能继续挥师猛攻山顶。噶尔丹本人打仗很猛，他的妻子阿奴也是一员骁勇女将，夫妇二人双双舍骑仰攻，冒着清军的枪炮拼死冲杀，在他们的带动下，噶军其锋甚锐。此时清军已有人动摇，请求撤退明日再战，遭到孙思克的怒斥："有退缩者，法无赦！"将领们带头搏杀，肃州总兵潘育龙右腮中弹，鲜血淋漓，但仍坚持在一线作战。

双方从太阳偏西直杀到薄暮，始终处于胶着状态。殷化行站在山顶观敌瞭阵，发现噶尔丹由于把进攻重点倾注于中坚军，导致兵力配备上已出现问题，突出表现为其左翼比较薄弱，此外噶军阵后有许多人马，但却不敢前来助战，可以断定是其后方辎重队。

这是噶尔丹在不经意间所暴露出来的两个最大的软肋，殷化行立即派人向费扬古报告，并提出具体建议：命左侧军以柳林为掩护，拦腰横冲噶军左翼，如此强攻之敌必乱；再派一支精兵从南面绕出，沿右侧奇袭敌后方辎重队，如此强攻之敌必反顾，山上大军乘机发起冲锋，方可一举破敌。

费扬古再次采纳了他的建议，命左侧军上马鸣角，迅速出击，又派一支精锐骑兵径取噶军阵地后方。两支部队的突击都取得了成功，效果极为明显，尤其厄鲁特全民皆兵，除了粮食外，军士的妻儿老小等全都留在辎重队，辎重队一遭到攻击，使得正在酣战的噶军主力人心惶恐，士气动摇，阵脚亦因而大乱。

山上山下的清军趁此机会齐行夹攻。“连环本栅”原为汉军火器营的自创战术，乌兰布通战役后，经过检讨，康熙钦定了该战术的每个环节，使之成为汉军、满洲火器营的通行定例，其中的一个重要变革，是把火器威力与其他兵种的作战紧密衔接起来，例如鸟枪手在完成连环射击后，会开鹿角木为门，由骑兵发动冲击。

由于马匹乏力，无法用骑兵与噶军对攻，西路军用防守的藤牌兵代替了进攻的骑兵，每次攻击，先将鹿角木排放于阵前，用于阻止噶军骑兵，继而藤牌兵“蔽身直前”，用藤牌和揙刀为鸟枪手、弓箭手提供掩护，后者“据险俯击，弩铳迭发”。

很多噶军士兵都没有参加过乌兰布通战役，不认识鹿角木，也不知道那种“圆且红之物”是什么（其实是藤牌），只知道随着它们的推进，“既到十步之内，矢下如雨”。

溃败的噩运不可避免地降临到了噶军身上，所有人都开始拼命奔逃，噶尔丹率数十骑率先突围，接着逃出的是他手下的大将丹济拉等，防护辎重队的大将阿喇布坦苦战不退，身受重伤，但最后也得以冲出。其他人就没有这么幸运了，噶尔丹的妻子阿奴中炮阵亡，军士死尸把河沟都填满了，所弃武器多如蓬麻。

清军在月光下猛追三十余里，至特勒尔济口，费扬古才传令收兵，其时已是次日凌晨。检点战果，共歼灭噶军两千余（也有说是三千余），俘虏军士及家属三千余，获马驼、牛羊、庐帐、器械不计其数。

清军此次征讨噶尔丹，粮食供应是个难题，由于粮食匮乏，实际参与昭莫多战役的官兵仅一万四千人，且又饥又疲，这也使得昭莫多战役赢得相当惊险，“胜负之机在呼吸之间”，倘若不是殷化行多谋善断，晓畅戎机，又加上巧合，结果很难预料。

归途中的康熙正日夜等待前线消息，最初他得到的是平北大将军马思喀的奏报，称西路军在特勒尔济口一带击败了噶尔丹，但这毕竟还不是确信。1696 年 6 月 17 日，当他驻跸拖陵布喇克时，终于收到了费扬古的奏折。这让他的情绪为之一变，心中的所有苦闷和忧虑顿时烟消云散，不由得脱口而出：“如愿歼灭，体面而还。”之前康熙曾默祷苍天保佑，欣喜之中，他认为“上天眷佑，应行叩谢”，设下香案，率皇子与诸王群臣行大礼还愿。

这确实是一次非凡的胜利，从京城到克鲁伦河，康熙和他的将士往返九十九天，行程五千余里，其间经历了各种难以想象的艰难困苦，若当事人没有超人的勇气和毅力，早已多次选择放弃。在班师回朝前，康熙亲自撰文并命人勒石立于昭莫多，碑文曰：“一鼓而歼，漠庭遂空，磨崖刻石，丕振武功。”

当康熙一行返回至独石口时，皇太子前来迎驾，与自己朝思暮想的爱子久别重逢，让康熙格外欣慰。及至驾归京城，得知太子在代理国务时兢兢业业，“举朝皆称皇太子之善”，康熙更加高兴，因为这意味着他们父子向“高宗模式”又成功地迈进了一步。

孙思克以七十高龄参加昭莫多战役，劳苦功高，9 月 12 日，他奉诏进京朝觐，康熙亲自召见并给予了大量赏赐。皇帝召见功臣本不足为奇，引起外界瞩目之处在于，孙思克在离京前特地到太子宫拜访了太子——此前官员仅需向皇帝请安或辞行，但现在却要向太子履行同样的礼数，而这显然受到了康熙本人的示意和允许，人们理所当然地将此迹象解读为太子随时可能继承皇位。

重重喜报

在昭莫多战役中，噶尔丹虽然一败涂地，但费扬古的西路军等部由于粮食匮乏，战后很快就退入了内蒙古，导致未能及时收容更多的噶军溃散兵卒，就连有些降者也让他们逃走了，噶尔丹因此得以趁机收集到五千残兵，并以之作为卷土重来的本钱。

噶尔丹不灭，终将是西北边疆的一大隐患。10 月 14 日，康熙仍命太子代理国务，自己再次率部出京，亲征噶尔丹。此时的噶尔丹精锐尽失，其军事力量不足为虑，所以已不用征集和调动大批军队，随康熙出京的八旗前锋、护军等仅两千余人，再加上增调的宣化府骑兵和张家口步兵，其数量和规模也远远不能与首次亲征时的中路军相比。

康熙二次亲征的主要目的不是打仗，而是以军事为后盾，收抚其降众，遏绝其外援，同时迫使噶尔丹归降。至康熙班师回京前，目标基本达成，噶尔丹的残余部众纷纷南下投清，噶尔丹在孤立无援的情况下，亦遣师表示愿降，康熙定以七十天为期，声明如果噶尔丹在这七十天内不投降，即于来年春季坚决剿除。

噶尔丹实际毫无降意。次年 2 月，七十天期限已过，见噶尔丹没有动静，康熙断然决定第三次出塞亲征，并发布谕旨："噶尔丹穷凶极恶，不可留于人世也，一刻尚存，即为生民之不利，务必剿除。"

对于康熙屡次亲征，朝中颇有不以为然者，山西道御史周士皇上疏劝阻，说"小丑噶尔丹"已经是穷途末路，不久就要灭亡，御驾不必再亲临沙漠。康熙认为周士皇只知其一，不知其二，以前吴三桂反叛，最初朝廷对他重视不够，未能立即派出足够数量的大军前去征讨，以致"吴三桂煽惑人心，遂至滋蔓"，后来"朕日夜绸缪，调遣大兵，几费心力，方得扑灭"。噶尔丹也一样，若不乘其穷困之机将其扑灭，待其煽惑、滋蔓，死灰复燃，朝廷要再想剿灭，必费更大周折。他强调，自己作为皇帝亲临塞外，酌量调度指挥，乃是此番得以彻底歼灭噶尔丹的一个重要保证。

第二天，即 1697 年 2 月 26 日，康熙启程离开京城，前往宁夏进行军事部署。与以往亲征一样，还是由太子代理国务，康熙对此已经很放心了，另外在他出京之前，皇子们有生病染疾的也都相继痊愈，"宫中自然清吉"，这"重重喜报"让康熙在出发时就心情极佳，觉得连此行的驼马都"甚肥可爱，走路亦好"。

吉祥的征兆自此几乎延续了康熙的整个亲征之旅。李家沟是亲征必经之途，此处常年缺水，只有一口井，地方官为此提前预备了三百缸水，以备出征的人马使用。3 月 18 日，康熙驻跸李家沟，却惊异地看到河渠里的水都是满满的，足够人马用水，问当地老乡，回复说三天前水流突然从山沟中涌出，不久便高至两三尺深而成河。

次日，驻跸犖鄢村。据奏报，犖鄢村的水源也特少，居民为缺水而发愁，结果康熙一到，南山之下，立见水痕。众人纷纷前往围观，但见地上到处涌出泉水，顷刻之间，已流溢而出。乡人欢呼雀跃，都认为出现如此神异，乃是上天要保佑圣主。康熙素来对祥瑞吉兆不感冒，说不过偶然如此，不足为奇，但心里无疑还是非常高兴的。

4 月 17 日，康熙抵达宁夏。宁夏总兵殷化行迎驾，奏请皇上行围于甘肃境内的花马池，以观军容。康熙没有同意，认为现在最重要也最紧急的大事是擒获噶尔丹，若是组织行围，参与行围的宁夏兵一来一回就需七八天时间，马匹必然疲乏，从而将影响前线战事。他语气豪迈地对殷化行说："让我们取消打猎，休养马匹，然后去围猎噶尔丹，如何？"

康熙抵达宁夏时，去年冬天派往塞外的使者陆续返回，他们报告噶尔丹仍无降意，但已众叛亲离，噶尔丹的属下及其大臣，包括他最亲信的重臣丹济拉等人在内，都十分动摇。康熙亲自接见过的来使格垒古英在发现噶尔丹无降意后，不仅自己毅然率妻子驼马降清，而且对他的至亲丹济拉进行动员，促使丹济拉也倾心于清廷。

康熙此次亲征，除了剿灭噶尔丹外，还负有招徕青海等地"西陲厄鲁特"的使命。在前几次清军对噶尔丹作战时，青海蒙古一直采取暗中骑墙观望的态度，在噶尔丹败逃后，还暗中予以援助。康熙为此做了两手准备，即一旦招徕失败，就不得已而用兵。不料招徕异常顺利，青海蒙古的王公们见噶尔丹败亡之势已不可逆转，清军声势赫赫，都赶紧掉转船头，向清朝使节表示："咸勇服从圣化，请于四月来朝。"

"一卒不发，收十万之众"，康熙喜出望外，传旨青海王公可于冬天赴京朝觐。当年年底，以扎什巴图尔为首的青海诸王公果然来京朝见，康熙分别授之以亲王、贝勒、贝子等爵位，至此，青海也与漠北蒙古一样，被正式划入了大清帝国的版图。此前，康熙已在套西、哈密分编旗队，如今对青海的有效控制，更使得清帝国的影响力迅速向天山南北和西藏等广大地区渗透。

移动长城

康熙原定两路出兵征剿噶尔丹，每路三千，在确证噶尔丹穷迫已极的情况下，又重新调整兵力，将每路的三千减为两千。1697 年 5 月 1 日，他对两路出兵事宜进行部署，命一路出嘉峪关，一路出宁夏，对噶尔丹进行搜剿，之后北行至狼居胥山，亲自为出征将士送行。

首次亲征时，康熙自己指挥的中路军因在各个驿站都提前备粮而"人不致饥"，但西路军却因粮饷不继而饿死了不少兵卒，有鉴于此，康熙下令在狼居胥山附近各驿贮备粮食，同时将大量马匹留于此地，牧放肥壮，以待大军回师时予以补给。

等到一切就绪，他才登舟回銮，沿黄河顺流东下，并在给太子的信中预计：“唯旦夕之间，将噶尔丹或戮而送至，或擒而送至，朕坐以待之耳。”

如果让准噶尔人来讲述历史，那么噶尔丹无疑是个英雄，在他身上，智谋、勇猛、顽强、毅力、胆略、军事才华，可谓一样也不缺，也因此，他才能在短短几年时间内就吞并各部蒙古的大片领地，从而叱咤漠北、威震中亚。可惜的是，他碰到了康熙，那是一个更加全能型的英雄，而且还有他所不具备的政治眼光和智慧，这使他的失败变得无可避免，正如法国传教士张诚所言：“或者，他（指噶尔丹）遇到的是一位不像康熙皇帝那么智勇双全的君主，说不定他的企图就会得逞。”

噶尔丹个性强硬，康熙屡下敕谕，劝他归降，他的属下及大臣也加以规劝，噶尔丹始终没有答应，但身上所要承受的压力已让他难堪重负。就在康熙第三次亲征的前一年，有人曾见过噶尔丹，据他描述，噶尔丹约五十岁的样子，身材高大，脸很瘦，看起来身体状况并不是很好。

在康熙发起亲征时，噶尔丹已因忧闷成疾而身患重病，且日渐恶化。5 月 3 日上午，噶尔丹进入弥离之际，医生力治不愈，召喇嘛前来念经亦无效，终至一命呜呼（也有史料认为是喝毒药自尽），距离清廷的两路出兵，不过仅仅才两天而已。

康熙接到奏报后大喜过望。这么多年来，他数出沙漠，栉风沐雨，走过许多“不毛无水之地，黄沙无人之境”，可谓“苦而不言苦，人皆避而朕不避”，为的就是能够等到这一天。在给敬事房总管顾问行的信函中，他的这种欢快心情更是跃然纸上：“今噶尔丹已死，其下人等俱来归顺，朕之大事毕矣……千辛万苦之中，立此大功，若非噶尔丹，有一日，朕再不言也……朕之一生可谓乐矣，可谓至矣，可谓尽矣！”

噶尔丹死后，丹济拉火化了他的遗体，原准备携其骨灰来清营投降，但途中策妄阿拉布坦的下属夺走了骨灰。这样一来丹济拉不敢直接归降，只得赴哈密，请维吾尔首领出面帮他引见，后者派人将他送到了康熙的驻跸地。

起初见到康熙时，丹济拉颇有些胆战心惊，康熙看出他心怀疑惧，马上屏退左右，独留丹济拉在帐内，丹济拉这才松了口气。经过简短交谈，康熙决定将归降的噶尔丹旧属全部编入内蒙古，安插在张家口外，并当场授丹济拉为散秩大臣，授其子为一等侍卫，“其手下人，酌可用者披甲，给以钱粮”。

丹济拉喜出望外，离开行幄时便对诸大臣说：“我是叛逆罪人，日暮途穷才来投诚，没想到皇上对我毫不疑虑，尽屏左右召我入见，又蒙恩授我显爵。圣主至勇至仁如此，令我诚心感戴，以后永远不敢再有异心！”

噶尔丹作乱期间，多数喀尔喀都被迫迁入内蒙古，各部在寄居漠南期间，接受和实行了清朝的盟旗、封爵、法律制度，在清军与噶尔丹的历次战争中，也都有大批喀尔喀骑兵参与。噶尔丹败亡后，喀尔喀人得以重返故土，并由多伦会盟时的三十四旗增至五十三旗（康熙末年至六十九旗），他们以“塞上雄藩”的姿态，执干戈以卫社稷，成为中国在北方的“移动长城”，北方边防格局也因此被重新刷新，康熙一言以蔽之：“本朝不设边防，以蒙古部落为之屏藩耳。”

第三次亲征是康熙一生中较为畅怀和难忘的一个片段，随他出征者人人无恙，甚至“四阿哥（四皇子胤禛）竟胖了”，康熙自言：“朕出外最多，未似这一次心宽意足。”可是就在胜利回京的途中，康熙这种无比愉悦的心情却被一份关于太子的报告给搅乱了。

第十一章

潘多拉魔盒

作为一个极有主见和决断的君主，康熙任何时候都不能允许自己闭目塞听，但在前两次亲征离京期间，他察觉到官场风气正日渐变坏，言官们往往因“畏怯贵要”而缄口不语，而根据他的观察，所谓“贵要”就是太子党的首领索额图。

为此，在第三次亲征离京前，康熙特地对不负责任的言官加以严饬，同时又重新起用了一些原先因直言不讳而被革职的人，并要求他们拿出直言不讳的精神，从皇子诸王到内外大臣官员，不管谁做了贪虐不法之事，都要加以“据实指参”，甚至就算发现他这个皇帝有了过失，也要不顾情面地进言。

在康熙的鼓励下，相关官吏终于不再对皇帝隐瞒，他们将一个很多人都知道的事实告诉了康熙：“皇太子听信‘匪人’（行为不端的人）的话，品行变了！”

所谓“品行变了”，主要指太子在“匪人”的帮助下，发生了寻找“外间妇女”等不良行为，而这几个所谓的“匪人”具体为内务府膳房人花喇、额楚、哈哈珠子德住以及茶房人雅头，他们私自在太子宫行走，同时涉嫌为太子做淫媒。

谁还可以做太子

康熙接到报告后如同被迎头浇了一盆冷水，顿时又气又急，他立即以“悖乱”之罪着将花喇、德住、雅头处死，将额楚交与其父圈禁家中。这是康熙首次对与太子有关的人事进行处罚，它成为一个转折点，从此以后，人们减少了忌讳，私下开始敢于议论太子的“不孝”“所行不善”。

无论“不孝”还是“所行不善”，都令康熙难以接受。很显然，被处理的“匪人”都只是太子的替罪羊，对于太子“暗中搜集外间妇女”的劣迹，康熙深感难以启齿，失望之情也溢于言表：“朕从不令外间妇女出入宫掖，亦从不令姣好少年随侍左右，守身至洁，毫无瑕玷。……今皇太子所行若此。”

康熙对太子的感情不可避免地产生了变化，“自此朕眷爱稍衰”。在此之前，他曾考虑过让位的可能性，“高宗模式”就是他认为可能成功的一种让位模式，但其先决条件是太子能够胜任新君之位以及孝敬自己，既然太子连这一先决条件都通不过，“高宗模式”自然就只能暂时搁置了。

与此同时，在太子几次代理国务后，集结于他身边的人越来越多，也让康熙初步感受到了来自太子党的咄咄逼人之势。1698年，康熙分别对成年诸皇子加以册封，授皇长子胤禔为多罗直郡王，三皇子胤祉为多罗诚郡王，四皇子胤禛、五皇子胤祺、七皇子胤祐、八皇子胤禩俱为多罗贝勒（六皇子胤祚早夭）。

康熙分封皇子的本意是分太子之权，并促使太子反省和改过自新，但他没有想到，此举却相当于打开了潘多拉魔盒——受封诸子参与国家政务，各有分拨佐领和下属之人，在自身突然拥有权势的情况下，见太子在皇父面前失欢，便不同程度地产生了“彼可取而代之”式的念头，表面波澜不惊然而却暗流汹涌的争储大战也由此打响。

如果老二胤礽不是太子，谁还可以做太子？这是皇子和大臣们私下里共同关心的话题。首先被兄弟们从出线名单中剔出的是老三胤祉，胤祉与太子胤礽的个人关系较好，康熙首度亲征塞外，因生病召太子到行宫请安时，他曾和太子同往。那时康熙尚未分封诸子，胤祉自然就依附于太子，或许是急于看到太子继位，见皇父病重，胤祉居然也和太子一样露出了“窃喜”的表情。1699年，十三皇子胤祥之母、皇贵妃敏妃去世，按规定所有皇子百日内不准剃头，胤祉却未等百日到期即行剃头。这两件事都被康熙认为是特别不孝的无礼行为（敏妃虽非胤祉生母，但名义上也是胤祉的母亲），遂下旨革去胤祉的郡王爵，降为贝勒。

老大胤禔是长子，武艺不错，康熙出征、巡行都随其左右，特别是在胤祉罹罪降职后，更使他成了太子以下爵位最高的皇子。不过胤禔生性暴戾，非但康熙所属不少侍卫、执事人等都曾被他擅自责打过，就连康熙的兄弟和亲信重臣也会被其羞辱，最典型的那次便是胤禔随伯父福全出征塞外，与福全发生激烈争吵，还有一次，他甚至扬言要把传教士南怀仁的胡子剪下来，南怀仁只好开玩笑说，如果胤禔真要这么做，他不会介意。康熙认为胤禔“难以管教”，经常做些让自己觉得尴尬的事，因此并不喜欢他。

胤禔、胤祉以下，从四皇子胤禛到七皇子胤祐，在当时的人们眼中都觉得较为平庸，难以和八皇子胤禩相比。老八胤禩待人谦和有礼，不像他的几个兄长那样骄纵，同时聪明能干，即便他的政敌和竞争者也不得不承认，“（胤禩）论其才具操守，诸大臣无出其右者”。在受封皇子中，胤禩与他上面的胤禛等三个兄长一同受封为贝勒，其时年仅十七岁，乃受封皇子中年龄最幼者。此后在康熙出塞时，他又多次受康熙指派，与三皇子胤祉一同办理政务，这些都足以说明康熙对他的认可。

然而康熙对胤禩的喜爱和欣赏又是有限度的，原因与胤禩本人倒没有太大关系，而主要缘于其家人。胤禩的母亲良妃乃辛者库出身，辛者库是满语，意为“管领下食口粮人”，即内务府管辖下的奴仆，这是一种罪籍，它意味着良妃的先人一定曾获罪于朝廷，所以才会被世代编入辛者库。

据学者考证，良妃不仅是康熙朝，也是清代各朝所有受封嫔妃中，母家地位最为卑下者。皇子之中，子以母贵，胤礽能够一岁多就当太子，主要靠的是他母亲赫舍里氏，反之，良妃的低贱出身也阻碍着胤禩的个人发展。

本来胤禩有条件对此进行弥补。他的嫡福晋郭络罗氏（《清史稿》中作乌雅氏）是安亲王岳乐的外孙女，岳乐家族乃朝中显贵，胤禩与岳家联姻，无形中拔高了其身价，减少了因母家地位卑微而对他产生的不利影响，同时也为他在宗室中打下了人缘基础。可是正所谓有一得必有一失，郭络罗氏就像是《红楼梦》里的王熙凤，自小备受外祖父岳乐宠爱，以致养成了泼辣善妒的性格，兼之娘家显赫，因此在与胤禩成婚后，便对丈夫形成了碾压之势。这位“胤禩府内的当家人”“令胤禩畏惧的专横女人”，自己没有生育能力，却又不准胤禩纳妾，结果弄得胤禩一直无儿无女。

胤禩受封贝勒时，岳乐已经去世，其爵位由其长子玛尔浑继承了下来，玛尔浑和他的两个弟弟景熙、吴尔占在朝中个个地位显要，也均支持胤禩夺储，可是膝下单薄、子嗣不丰仍然对胤禩争储造成了致命伤——若选择胤禩做皇储，到他的第二代就没有人可以再继承下去了，别说康熙，任何一个在世的老皇帝在选择皇储时，恐怕都不会不对此加以考虑。

密告

胤禔、胤祉不行，就连胤禩被立为皇储的可能性看起来也不大，但这只是周围人们的推测，就当事人来说，却没有一个想要放弃。他们也很清楚，胤礽不倒台，皇储之位谁都得不到，于是乎，太子胤礽便成了被群而攻之的目标，他的几乎所有烂事都被翻了出来。这些事情有些可能是真的，但还有不少其实是造谣诽谤，康熙听得多了，也不知道哪些是真，哪些是假，不过对太子的总体印象确实是越来越差。1700 年 10 月，他向太子宫派去总首领太监、首领太监、普通太监五人，用于加强对太子手下人的监督、管辖，其对太子的反感和防范之心可见一斑。

康熙认为，太子品质之所以变坏，除了受手下那些“匪人”的影响外，索额图的教唆起到了最主要的作用，“（太子）骄纵之渐，实由于此，索额图诚本朝第一罪人也”。这让他对这个早年曾助自己清除鳌拜集团的老臣痛恨不已，恰在此时，据称来自索额图府“家人”的密告进一步证实了他的看法。

据密告者说，索额图野心勃勃，为了让太子能够早日登基，不仅“谎称”康熙将很快让位于太子，还使用恐吓伎俩，威胁要杀掉所有不肯跟他合作的人！

密告者所说的“谎称”，无疑指的是康熙曾向太子当面表露过的“高宗模式”，那本是康熙父子自己的秘密，索额图能够得知，显见是通过太子之口。对此康熙既无法否认，也不能肯定，只能笼统地指斥索额图“背后怨尤，议论国事”。

有一段时间，康熙试图通过起用明珠派残余势力的方式，来对索额图及“太子党”进行牵制，如今看来还不够，“太子党”在朝中仍有不小的势力，康熙遂决定引入来自皇族的其他支系与之抗衡，最明显的便是对国舅佟家势力的倚重：佟国纲长子鄂伦岱任领侍卫内大臣、议政大臣、都统，一人同时兼有三个要职，佟国维的三子隆科多被擢升为副都统。

与大力提拔佟家子嗣相应，在“匪人事件”发生后的三年内，康熙频繁调换军事将领，将驻京八旗的控制权牢牢地握于手中，做好了随时应对京城中各种突发事件的准备。

面对康熙在不动声色中展开的逼围，索额图坐卧难安，不得不于 1701 年告老乞休。康熙念旧，对乞休的老臣一般都会予以挽留，唯索额图的请求例外，他立即予以了批准。

索额图离朝，自然可以减少对太子的影响。康熙对太子并没有放弃希望，自1700年后，他每次出巡都命太子随行，为的就是让太子在多了解民情的基础上，能够增强身为皇储的责任感，自觉地改掉身上的一些毛病。

1702年冬，康熙第四次南巡，太子及四皇子胤禛、十三皇子胤祥均随驾而行。当行至德州时，太子突患重感冒，因为生了病，原本就性情暴烈的太子脾气变得更坏，经常鞭打侍从和卫兵。康熙知道太子与索额图素来亲密，索额图又是太子的叔外公，遂召索额图来德州行宫，对太子进行照顾。

康熙虽已避免直接管束太子，但仍密切关注着太子的一举一动，他接到报告称，索额图应招来德州，乘马至太子住所的中门后方才下马。康熙对此非常在意，认为索额图此举不仅逾越了君臣之礼，而且表明和太子的关系极不正常。在此期间，他又接到密折，称有人假冒“御前之人”，在他刚刚巡视过的山东和直隶“生事”，也就是进行敲诈勒索或寻找“外间妇女”等恶劣行径，而其间居然无人敢于阻拦。

虽然康熙事后未点明假冒者都是些什么人，但外界推测不外乎还是太子的手下。发现太子痼疾未除，康熙在深感痛心之余，对太子、索额图也更加反感，他授权地方官，如以后再遇到这样的假冒者，不用顾虑，“即行拿解”。

由于大运河即刻结冰，康熙下令回銮，将太子留在德州继续养病。返京后，他得到禀报，索额图和他的弟弟心裕毒打家奴，致死三十多人，按清初法律，“故杀家人者，降一级留任”，但康熙没有放过这一削弱索额图家族势力的机会，下令从严惩治，索额图无职在身，就先拿他弟弟开刀，心裕被革去了领侍卫内大臣等一切职务以及一等伯的爵位。

先发制人

自三年前康熙接到索额图府“家人”的密告起，他便暗中对索额图及其“太子党”进行了调查，根据秘密调查以及索额图在公开场合的言行，康熙将索额图的劣行大致总结为“议论国事，结党妄行”。所谓“议论国事”，大致是指索额图在背后对皇帝进行议论，包括抱怨康熙明明向太子表露了让位打算，却又无限期延长让位时间。“结党妄行”，当然又跟“太子党”有关，作为佐证，康熙把索额图在德州时因自恃“太子党”首脑，乃至不惜逾越皇家礼法的举动也搬了出来，斥责索额图：“尔自视为何等人？”

康熙一直掌握着对索额图的告发材料和调查证据，但却始终忍而不发，据他自己说，目的是要看索额图有无退悔之意。

1703 年春，太子身体痊愈，康熙继续南巡，仍由太子、胤禛、胤祥随驾。这次南巡很快结束，回京后他发现索额图不仅不思悔改，而且居然在策划以非常手段为太子强行夺取皇位，也就是发动宫廷政变，正如后来他在传谕索额图时所说：“朕现在只需将你做过的那些事指出一件，就足以在此将你正法！”

发现索额图有政变图谋后，康熙告诉身边的侍卫和内大臣，他无法预计这场政变即“杀人”开始的时间及其后果，不过就算索额图以“杀人”来威吓众人，亦未必能达其目的：“索额图口口声声要杀人，但到时究竟是他杀了别人，还是别人杀了他，谁能预料呢？”

此时康熙面临着两个选择，一是坐等索额图动手，之后再加以弹压；二是先发制人，在索额图发动政变前就擒贼先擒王，将他逮捕法办。

当年 8 月，裕亲王福全病故。尽管福全在乌兰布通战役中指挥失误并受到了重罚，但康熙对他这位兄长素来抱有深厚的感情和敬意，曾命画工创作了一幅他和福全并坐于桐树下的画，以示兄弟相携，共度晚年之意。在福全病故前，他曾多次从繁重的政务中抽出时间，亲往裕亲王府进行探视。

福全一辈子对朝廷权争敬而远之，到了临终之时，出于一片忠心，终于鼓起勇气，当着康熙的面，揭发了内务府特别是广善库（属内务府，有向盐商、铜币商发放特许证的权力）的一些不法行为。这些是满洲王公们平常心知肚明，但却不敢跟康熙讲的，因为它们多多少少都与太子有些关系。

探视完福全后不久，康熙便命宗人府将索额图予以拘禁，看来福全的话对他产生了很大影响，最终促使他不顾太子的感受，先发制人地对索额图予以制裁。

索额图案牵连较广，涉及不少朝廷要员，康熙说：“朕若尽指出，俱至灭族。”仅汉官江潢的家中就被抄出大量与索额图的来往书信，由于参与索案的证据确凿，江潢本人和索额图皆无可自辩，江潢遭到逮捕并被刑部处以死刑。康熙本欲一鼓作气，搜查索府，但考虑到如果这么做，“连累之人甚多，举国俱不得安”，因而又放弃了这个念头。

康熙为避免引起政局动荡，采取了宽大为怀、不多株连的处理方式，仅以党附索额图之罪，锁拿和拘禁了大臣麻尔图等少数“断不可宽恕者”，并将索额图之子交给索额图弟弟心裕、法保拘禁，以防其“别生事端”。

毫无疑问，太子在索额图案中遭到了沉重一击，与此同时，他在兄弟中的竞争者却越来越多，也越来越具威胁。

在太子的一众竞争者中，以八皇子胤禩最不容小觑。在诸般才艺中，写字本是胤禩的弱项，康熙因不满他的书法，遂令位列康熙朝“帖学四大家”的何焯给他做侍读，并要他每天呈十幅字呈览。谁知胤禩根本没有这个耐心坐在家里苦练书法，他选择了叫其他人代写，用以欺诳康熙。

胤禩虽无心跟何焯学书法和打磨学问，但却在另外一个方面把何焯的作用发挥到了最大化——何焯籍贯苏州，许多南方名士与之来往密切，胤禩通过何焯，和潘耒等南方著名学者建立了友好关系，他还不惜代价，派何焯的弟弟到南方收买稀世古籍。

胤禩的做法成功地赢得了南方文人学士的好感，被称赞为“极是好学，极是个好皇子”，胤禩“贤王”的名声亦不胫而走，被民间称为“八贤王”。众所周知，康熙极为重视儒学，对南方名士也很尊重，胤禩为自己精心打造的这一社会形象，自然有助于提升他在皇父心目中的地位。

除此之外，胤禩还善于结交宗室中有影响的人物和朝中大臣，并获得他们的支持。福全生前对太子胤礽、皇长子胤禔等皇子都很反感，但最喜欢胤禩，他晚年赋闲在家，经常在自家花园内招待著名的文人学士和大臣，其间也会为胤禩说好话。康熙后来追忆：“诸臣奏称其（胤禩）贤。”这些称胤禩“贤”的大臣有一些就是福全家的常客，继“太子党”以及早已解体的明珠派之后，所谓胤禩党也即“八爷党”就此形成雏形。

八爷党

在康熙册封皇子时，以受封的八皇子胤禩划界，胤禩十八岁，下面的皇子都尚年幼，连最大的九皇子胤禟也只有十六岁，但随着皇子们渐渐成年，他们也开始对储位产生了觊觎之心。

至索案爆发的这一年，胤禟已年满二十。他在公开场合最为津津乐道的，便是其出生时，“妃娘娘（胤禟母亲宜妃）曾梦日入怀，又梦见北斗神降”。

就像胤禩一样，胤禟也发挥其无锡籍老师秦道然的作用，竭力争取和结识南方的文人学士，秦道然不仅出面为胤禟进行社交，还经常说胤禟“有帝王相”。不过秦道然在南方名士中的人脉和影响力都远不如何焯，更重要的是，胤禟自身的条件太差，按照四皇子胤禛及胤禟亲信何图的描述，胤禟肥胖而笨拙，“好酒色，图受用”。康熙明显看不上这个从外貌形象到素质能力都非常一般的儿子，胤禟知道皇父不喜欢他，私下里也承认自己不太可能被立为太子，因此他采取了较为实际的做法，即支持与其私交甚好的胤禩夺储。

同样觉得自己条件不够，决定为胤禩夺储出力的，还有时年十五岁的十四皇子胤禵，三人以胤禩为核心，成为八爷党最早的骨干力量：胤禩足智多谋，他和胤禟的府第仅一墙之隔，两人经常会面进行策划；胤禟才能平庸，但生财有道，在康熙的所有皇子中最为富有，八爷党的活动经费主要依赖于他；胤禵虽然年纪还小，但颇得康熙喜爱，很多事可由他出头。

福全在与康熙的临终谈话中，特别夸赞了胤禩，说八皇子不仅性情好，而且做事实在，不浮夸。据秦道然后来供认，这实际上就出自胤禩、胤禟、胤禵的预先策划，他们三人“同心合谋，有倾陷东宫，希图储位之意，因竭力趋奉老裕亲王（福全），要他在圣祖（康熙）前赞扬，所以裕亲王病时，力荐胤禩有才有德”。

福全的鼎力推荐显然给康熙留下了深刻印象，在处理索案时，他特命胤禩与胤祉一起密审索额图，这对胤禩及其八爷党无疑都是一个不小的激励。此后八爷党借着这一势头，力量不断增强，逐渐发展成为可与“太子党”比肩的朝中朋党。

与“太子党”相比，八爷党更为隐秘，但凝聚力和向心力更强，而且重量级人物较多，无论是前期的胤禩、胤禟、胤禵，还是后期加入的十皇子胤䄉，大学士马齐，均拥有相应的权势和地位。

满人爱读《三国演义》《水浒传》，这两本小说早在他们入主中原前就被译成了满文，在满洲几乎达到了老少皆知的地步。皇太极时期，皇太极学习运用《三国演义》中的反间计，诛杀了明朝大将袁崇焕，而后直到康熙朝平叛战争结束，八旗官兵在从四川撤退时，沿路只要看到有与“刘关张”“诸葛武侯”相关的古迹，都会停下来进行瞻仰和祭拜。《三国演义》《水浒传》里不但有各种巧计，还有江湖义气、替天行道等与主流不一致的民间思想，八爷党从中汲取了精神资源：即便皇子们之间，把他们结合在一起的纽带，也不是手足之情，而是“义气”二字；儒家和主流价值观强调父父、臣臣、子子，若按照这一套来框范，八爷党从皇子到大臣，都应绝对忠于康熙和太子，“替天行道”帮助他们突破了这一束缚，太子被他们视为肆恶虐众的元凶，他们自己则成了惩恶除奸的英雄。

因为讲义气，所以八爷党不会像过去的明珠派那样，朋党首脑有个风吹草动，便立刻呈“树倒猢狲散”之势，又因为追求替天行道，他们的攻击力乃至危险性还要超出一般朋党。当然了，八爷党“倾陷东宫”，主要还是追逐和争夺权力，其所自诩的替天行道、主持正义之类，只是为了让自己在精神和舆论上能够立于不败之地而已，除此之外，双方的私怨也掺杂其中——胤禩听信乳母丈夫雅齐布的挑唆，擅自斥责御史雍泰，太子向康熙告发，导致胤禩被康熙批评，雅齐布也被充军发配，“自此胤禩与皇太子遂成仇隙”。

暗中想除掉太子的当然不光胤禩及其朋党，皇长子胤禔亦早有此心。顺承郡王布穆巴的管家阿禄向主人引荐了一个名叫张明德的相士，布穆巴又将张明德推荐给胤禔，张明德察言观色，看出胤禔的心思，为了骗取钱财，便信口胡吹：“皇太子罪戾，若遇我，当刺杀之！”同时又扯谎说他拥有“异能者十六人”，靠其中的两三人就有能力刺杀太子，如果胤禔需要，可以招来一见。

胤禔府中其实自有刺杀高手，用不着张明德，所以胤禔对其提议未置可否。此后，在“太子党”成员普奇的介绍下，张明德又去给胤禩看相，出于同样的观察和动机，他当场给出了“丰神清逸，仁谊敦厚，福寿绵长，诚贵相也”的评语，暗示胤禩将“位达至尊”，也就是可以当皇帝。其时新满洲以骁勇善战著称，康熙曾从新满洲挑选几百人担任皇宫侍卫，作为“位达至尊”的必要条件，张明德建议胤禩不妨到新满洲招募力量，认为“得新满洲一半，方可行事”。

胤禩听后果然蠢蠢欲动，还找胤禟、胤禵进行商量，但因为胤禟、胤禵觉得张明德的计划过于冒险，遂不了了之。自然，他们谁都不会把这件事奏陈皇父，更想不到此事会给他们造成严重后果。

假象

在“太子党”暴露之前，康熙对诸子争储一直都还蒙在鼓里，他与太子的关系似乎也并没因为索案而受到太大影响。就在处理索案的当年，康熙西巡太原、西安，两年后即 1705 年又进行了第五次南巡，无论西巡还是南巡，太子都随行在侧。在巡视过程中，当康熙接见地方官员时，太子就坐在皇父身旁接受朝贺，他除了一一询问官员姓名外，有时还与康熙所宠幸的地方贵要攀谈上几句，或写上几张诗词条幅，赠送他们作为留念。

在第五次南巡中，名将张勇之子、江南提督张云翼最得康熙宠遇。得知张云翼经常生病，康熙主动提出要赐药给他，为此嘱咐太子说：“你记着，回去就赐。”太子回到行宫后，马上派太监将当时较为珍稀的西洋药奎宁送到张云翼府上，随药附送的礼品还有一方砚台，以及康熙用过的衣帽、骑过的马匹。稍后，太子又特意致书张云翼，说明那方砚台的价值和康熙对他的器重：“赐提督的砚台是我亲身看着，做成后进献给万岁爷的。我刚刚才听皇上说要将砚台也赐给提督，我心里很高兴。提督是精细的人，必然知道这方砚台有多贵重，若赐别人，我也是不肯的。”

康熙同样很照顾太子的感受。南巡时地方官员和绅商会给皇帝送很多礼品，康熙的习惯做法是收下一些书籍、笔筒之类的书写用具，将其他礼品一律退回，但如果官员送礼时说明是同时赠送皇帝与太子，便不会照此办理。比如扬州盐商送上一百件古董，其中六十件送给皇帝，四十件送给太子，最后这些礼品都被如数收下了。康熙本身并不贪利，他这么做其实是为了迁就太子，因为他知道太子喜欢礼品，自己一旦退回，太子势必也不能收了。

在不晓内情的人眼里，康熙父子和谐一致，然而这只是假象，或者说是他们父子表面上硬装出来的。事实是，处理索额图案后，康熙父子的感情不但没有得到弥合，反而隔阂日深，私下里，两人的关系也越来越紧张。

康熙方面，时刻害怕太子出现新的毛病和问题，他让太子随驾更多地已经不是信任和思念，而是为了方便监视，免得太子脱离自己的视线范围。太子方面，既对康熙处分索额图不满，又害怕康熙沿着索案追查到自己，只能在公开场合虚与委蛇，与此同时，他原有的坏毛病非但丝毫未改，甚至还借着随皇父出巡之机更加肆无忌惮。

康熙西巡时，山西巡抚噶礼给随康熙出巡的吏部尚书李光地等人列了一笔账目，这是他为迎驾已花费和将要花费的钱财："行宫已费十八万，今一切供馈还得十五万。"李光地很是惊讶，因为康熙出巡，向来声称"沿途一切供御，皆内廷储备"，不需地方再行花费，还曾严厉警告地方督抚，要求不准为了迎驾或者给随驾人员送礼而搜刮民财，否则一经查出，绝不宽贷。

噶礼为迎驾出的钱，当然不是像扬州盐商那样取自自己的腰包，那么他这一行为简直就是在公开抗旨了。不过令李光地不解之处在于，噶礼并没有因此受到任何处罚，康熙出人意料地选择了忽视，仿佛这位精明的帝王根本没有注意到上述细节。

李光地敏感地意识到，噶礼敢于如此无视圣谕，同时又连康熙都不对他严查，说明他一定有一个势力不小的后台。事实也确如其所料，噶礼属于"太子党"，他的后台不是别人，正是太子。

太子视噶礼为心腹，暗中派他到南方挑选少男少女，又聘用戏班名师教这些少男少女唱戏，当太子随康熙至西安时，噶礼便巧作安排，"每一站皆作行宫，顽童妓女皆隔岁聘南方名师教习，班列其中"。因为有太子在康熙面前为噶礼说话，即便噶礼没有遵旨迎驾，又屡次被御史弹劾"贪婪无厌，虐吏害民"，他的官位仍旧坐得稳稳当当。

南巡期间，太子更是如同进入花花世界，个人行为已经到了恣意放纵的地步。康熙后来承认，太子在巡幸中经常擅离行宫和御舟，"朕巡幸陕西、江南、浙江等处，或驻庐舍，或御舟航，未尝跬步妄出，未尝一事扰民。乃胤礽同伊属下人等，恣行乖戾，无所不至"。

当时南方的一些寺庙，已成藏污纳垢之所，除此之外，江南还有所谓"花船"，船上有妓女相陪，是夜间寻欢的另一个去处，据推测，太子"跬步妄出"，都是去了这些地方。太子也并不是只在随父出巡时才寻花问柳，他的这一行径可以一直追溯到"匪人事件"，在此之后也没有得到根本收敛，康熙得到报告称，"太子不改沉溺于酒色之旧习，他私派心腹到十三个富庶的省份勒索财富，强夺美女”。

进退维谷

在第五次南巡时，康熙之所以把太子带在身边，一方面是已不放心把他单独留在京城，另一方面则是像之前出巡一样，旨在使太子“谙习地方风俗，民间疾苦”，并促其洗心革面，这实际也是他为唤醒太子所做出的最后努力。可惜的是，太子始终无法体会皇父的一片苦心孤诣，种种劣迹令康熙尴尬至极，也失望至极。

康熙在处理索额图的过程中，没有对“太子党”穷根究底，这使太子在中央和地方仍旧拥有不少羽翼。两江总督阿山与山西巡抚噶礼一样，都属于太子心腹，为取悦于太子，他准备在自己所辖地区增税，用于为巡幸铺陈排场。江宁知府陈鹏年认为康熙已对此明令禁止，予以坚决反对，阿山只得收回成命，但对陈鹏年忌恨在心，便与太子串通，伺机进行报复，太子也由此被证实不仅私德败坏，而且扶植党羽，干涉政务。

龙潭离江宁不远，乃南巡的必经之途，太子、阿山胆大妄为，竟然派人将蚯蚓和污物放在龙潭行宫的御床上，康熙发现后自然怒不可遏，太子便乘机把责罪推到陈鹏年身上，同时敦促康熙处死陈鹏年。

康熙向大学士张英征询意见，张英表示他了解陈鹏年的为人，担保陈鹏年断不至做出这样的事。康熙也觉得事情蹊跷，可是太子仍在旁边一再撺掇，坚持要将陈鹏年定为死罪，康熙只得把陈鹏年及一些大臣都叫来，当面予以责问。

眼看陈鹏年罪责难逃，与他私交不错的两淮巡盐御史曹寅立即出面为其求情，“叩头捣地”，直至“额血被面”，康熙这才顺势宽恕了陈鹏年。

“太子党”并不甘心，一年后又由阿山出面，弹劾陈鹏年“不将圣训供设吉地”，要求将其立斩。康熙已认定陈鹏年是个好官，为了对他进行保护，遂采取妥协折中的办法，革除陈鹏年的职务，将他调京城修书处效力。

太子对政务的干涉并不仅止于地方。吏部郎中陈汝弼是康熙朝有名的“铁面包公”，他在吏部负责管理地方官的调动、升迁，由于拒绝按太子党成员的要求给予官职，因此遭到忌恨，反以受赃枉法而遭弹劾，随即交刑部审讯，刑部审讯的结果是：按照陈汝弼收受赃物的数量和性质，应处绞刑！

康熙不相信陈汝弼会贪污受贿，令三法司堂重新会审。三法司堂即都察院左都御史、刑部尚书及大理寺卿，但这三个位置上的官员都是太子的人，他们在没有获得口供的情况下，即维持原判，认定刑部初审无误。所幸康熙的亲信、工部尚书王鸿绪也参加了会审，并从中了解到主审官员们进行逼供、制造伪证以及收买会审官等细节，康熙通过他知晓了事情真相，随即示意李光地予以力保，将陈汝弼免除死刑，以革职遣送家乡论处。

陈汝弼真正得以昭雪，还是后来的事，在康熙的亲自过问下，诬陷陈汝弼的官员被集体问责，遭责问、处分者达四十余人之多，成为京城一大案。问题在于，康熙明知内情，为什么不当时就还陈汝弼以一个清白呢？还是因为太子！

虽然康熙从未点明太子干预了陈汝弼案，但明眼人一看就知道，皇帝一人之下，当朝除了太子，没有谁能够驱使和调动这么多老资格的大员来制造陈汝弼案，甚至为此颠倒黑白。既然太子已卷入其中，康熙就不得不选择时机，予以慎重处置。

太子旧习不改，说明他不成器，不孝和涉入政务则意味着，朝中已呈现两大权力中心分立之势，这让康熙进退维谷——针锋相对吧，父子感情不存，太子地位不保，但若继续包容，他自己又可能大权旁落，甚至落得悲惨下场。

1706 年初，京城久未降雨，康熙的心境也如同天气一样，“朕心时刻未安”，但对于“太子党”，他仍竭力避免与之正面交锋，“凡京中浑账人等指视等事，一概不听才好”。

过去碰到棘手难题，康熙往往都会与孝庄商议，虽然祖母已经不在，但他仍期望她老人家的在天之灵能够给予自己启迪，或者直接唤醒太子。当年，他带太子巡幸京畿，盛夏又同至避暑山庄，返京后即同谒孝陵、昭西陵，奠酒举哀、默默祈祷。

康熙忧心忡忡、苦恼不已，而太子想的却是另外一桩事，那就是让皇父下旨继续南巡。经过几次南巡，康熙已认识到它会给沿途官民增加一定负担，因此当两江总督阿山提出请他阅视防汛工程时，他以不必亲往阅视为由加以拒绝。此后诸大臣又一再叩请他接受阿山的建议，康熙就此事奏闻孝惠太后，孝惠建议接受大臣们的恳请：“皇帝躬临指授，于地方民生甚有裨益。”

1707 年 1 月，康熙颁旨，宣布接受太后的建议，开始第六次也是康熙一生中的最后一次南巡。此时由于运河结冰，南巡必须靠人工凿冰开道，康熙一行花了一个月时间才到达了阿山所说的防汛工程的工地。到了那里一看，发现工程根本不可行，倘若强行施工，不但要破坏民田房舍，还要毁民坟冢乃至凿山穿岭，但当初阿山提议时所呈交的图纸显示并没有这些问题。后来康熙才知道，此工程本来就存在争议，河道总督张鹏翮等人认为不可以开，“而阿山独强以为可开”，而且递交了与实际施工方案完全不同的图纸。

原来这是“太子党”为了促成南巡而伪造的一个假河工计划，但既然已经出京，阅视河工后，康熙自然只能按计划继续南巡。有了上次南巡的经历，他格外留心太子不在自己身边时的行踪，果不其然，一路上，他不断接到关于太子胡作非为，疯狂搜寻美女和姣好少年的报告，至此，太子突然热衷于南巡的原因也就不言自明了。

秘密调查

早在第五次南巡的那一年，康熙就听说苏州存在非法买卖少年男女的勾当，联想到太子先后暴露出的各种荒唐行径，让他常有心惊肉跳之感。两年后再次南巡，他做出了一个决定，就在抵达苏州的第二天，他派心腹太监李玉送信给其亲信、工部尚书王鸿绪，令王鸿绪对非法买卖少年男女一事进行秘密调查，并特地嘱咐说：“亲手秘密写来奏闻，不可令人知道，如果让人知道，对你不利。”

在王鸿绪接到密旨四个星期后，康熙从杭州返回苏州，当他途经石门时，王鸿绪混在一群地方官中间，借迎接圣驾之机，将密折交给了李玉。在这份密折的开头，他没有忘记申明：“自蒙圣主密委，凡有奏折皆臣亲自书写，并无旁人得以窥见。”

王鸿绪报告说，经过他的调查，不单是苏州，江南很多地方都存在非法买卖少年男女的现象，而且市场相当火爆，当用于“货源”的良家子弟不够时，人贩子甚至还会把妓女、娈童拿去充数。

交易市场流转的途径也各不相同，有的是直接卖给当地官员商贾，有的是先用船运到京城，再由各处的中间人进行转卖。买主“或自买，或买来交结要紧人员”，但在交易时几乎无一例外使用的都是假名字，所以即便少年男女的父母到人贩子家当面收受银两，他们也不知道自己的儿女究竟卖给了谁。不过王鸿绪还是想方设法查到了一些买主的名字，其中有几个居然是宫廷侍卫以及内务府人员：“侍卫五哥”以七十两至四百五十两不等的价格，购买了三名女孩儿；“侍卫迈子”正在各处买人；“广善库郎中德成格”买有女孩，“闻现在船上”。

五哥、德成格与其人名、职务都能对上号，尤其五哥是乾清宫侍卫，经常受康熙的指派执行使命。只有迈子，康熙看后想不出他是谁，批注了“无此名人”，据估计或是某侍卫的化名，或是被别人冒名顶替。

宫廷侍卫和内务府人员从黑市上购买女孩儿，固然有损皇室形象，让康熙脸上无光，但他们都是自买自用，与“匪人事件”中被处罚的那些人有所不同，真正引起康熙重视的，还是密折中所提到的一个名叫范溥的人贩子。

范溥系徽州府人，曾在地方上任知州，后靠捐献军马获候补佥事道一职。此人俨然是人口黑市中的“红顶商人”，不仅自身有虚衔在身，而且在官场拥有非常复杂的关系网，他常常以受到“御前人员”授权为借口，强买平民子女，如果对方父母不肯，就通过苏州督粮同知姜弘绪出票，将男孩儿称为“小手”，女孩儿称为“玉蛹”，硬逼对方父母为之签卖身契。王鸿绪举例说，范溥有一次在常熟见平民赵良玉的儿子长得俊秀，欲以五百两银子的价格强买，赵家不肯，姜弘绪便出票，让范溥将“小手”强行抓走了。

“官商勾结，坑害良民”在非法交易中也许并不算什么稀罕事，值得关注之处是范溥为何如此大胆，在从事非法交易时竟敢自称受“御前人员”所授？这个“御前人员”是伪托还是真有其人？

据王鸿绪透露，就在前天，因为在参与迎驾活动时向康熙进花，范溥被赐予了御箭，他当即便手持御箭，带着娼妓招摇过市，而全然不顾皇帝仍在附近巡视。联系地方官员对其非法交易的公开协助，让人不得不认为，范溥的举止不像是虚张声势，似乎他真的有通天的背景和后台。

王鸿绪的密折令人震惊，在密折的结尾处，他请康熙在仔细审阅后，赐“御批密发”，把密折还给他，以确保不会泄密。康熙批道“知道了”，在回京途中派太监李玉将密折还给了王鸿绪。

1707 年 7 月 15 日，正在热河行宫避暑的康熙收到了王鸿绪呈上的第二道密折。

王鸿绪在密折中再次提及了范溥，他查出范溥在人口非法交易中的活动异常猖獗，曾一次性买下八个十三四岁的女孩儿，还强买娈童、妓女，而且从来都没有人知道其下家是谁。

范溥自称御前人员，又敢手持御箭招摇，显见其背景很硬。这一点在王鸿绪的进一步调查中再次得到了验证：常熟赵良玉的妻子事后向苏州官府要求申冤，知府贾朴却反判她诬告，将之下狱圈禁，赵家的诉状和冤情也从此石沉大海。

甚至连身为调查人的王鸿绪都已经有了不安全感。此事还得从他向康熙呈送第一道密折后讲起，当时康熙离开石门，在苏州停留了两天便要离开，范溥原本又要夹到送驾队伍里去，但这时他忽然改变了主意，对他的一个程姓亲戚说："有汉大臣说我不好，我不去送驾吧。"程某问："是太监给你送的信吗？"范溥得意地回答说不是，是"'御前第一等人'给我送的信"。

王鸿绪从程某嘴里打听到的这段细节，足以令人毛骨悚然。因为它意味着康熙君臣尽管做足了保密工作，但王鸿绪的秘密使命仍然在最短时间内被范溥知晓了，而泄密的人就是范溥的后台，也就是那个神秘的"御前第一等人"。

御前第一等人

康熙调查苏州案（非法买卖人口案）的目的，最初可能只是想弄清是否与太子有关，如果有，便使用类似"匪人事件"的办法进行处置，对相关人等包括人贩子，一律不予放过。他在看了王鸿绪第一次呈送的密折后，对于范溥口中的"御前人员"谓谁，已经有了一种不祥的预感，其后的"御前第一等人"便等于自动揭晓了答案——朝中除了太子，还有谁是"御前第一等人"呢？这从平时接见朝臣时的规矩就可以看得出来，只有太子能够坐在康熙右边，其他皇子和大臣全都在御座下面。

只是事情到了这一步，早已超出了原先预计的范围。康熙在收到王鸿绪的第一道密折后，从未对任何人提及密折的内容，但也没有把密折立即还给王鸿绪，而是在案头保存了十天，那么一定是有人在那十天里偷偷地看过密折，而谁又有这个能力接近皇帝并偷看密折？

康熙突然发现，不但他在调查和监视太子，太子其实也一直在暗中监视他。王鸿绪对此自然清楚，在不方便直接提及太子名字的情况下，他不忘提醒康熙："皇上行事向来至慎至密，人莫能测，真千古帝王所不及。不过臣就怕近年形势不同，有窥探至尊（指康熙）动静的人，请皇上秘密提防，万勿轻露……"

康熙还能说什么呢，他在密折上批了一个字"是"，又在"御前第一等人"下朱批："此第一等人是谁？"

康熙装聋作哑，其实是知道调查已经进行不下去了，王鸿绪却来了劲头，他就像个侦探一样，觉得光是猜测还不够，非要将皇帝的问题坐实，才能真正结案。他托人再访那个范溥的亲戚程某，问程某"第一等人"究竟指的是皇帝旁边的亲近侍卫，还是更上层的人，但程某畏惧异常，始终不敢说出其人名。王鸿绪不甘心，第二次又派人诱使程某开口，程某还是说："这个我万万不敢说的。"

王鸿绪暂时撬不开程某的嘴，只得先写成密折向康熙报告。康熙示意不要再沿着范溥的线索进行追查，同时继续装糊涂："朕不知第一等人是谁，但可确定绝非侍卫马武。"

1707年底，康熙下达敕令，声称将对敢于拐卖人口者严惩不贷，但除此之外，密查一事再无下文，既不见康熙立案，也不见谁受到处分，就连范溥都安然无恙。

自从确信身边一直都有一双眼睛在紧紧盯着自己的时候，康熙就陷入了一种巨大的焦虑和疑惧之中，这让他再也顾不得什么改掉太子的恶习，以及对勾引太子作恶的人员加以惩罚之类了，他所面临的艰难抉择，也由是否要对太子出手变成了该何时出手。

1707年11月，康熙在热河避暑山庄告诉太子，他有预感，"有一事将发"。未几，在江南起兵反清的一念和尚、隐匿于山东的明朝后裔朱三太子（真正的朱三太子，而非打着其旗号的各地义军）相继被捕并遇害，这等于消除了威胁清廷统治的两大隐患。此时，太子想起了康熙在热河说的话，便半带恭维地对康熙说："皇父之言验矣。"康熙的回答意味深长："恐怕还不止于此吧。"

这对各怀心思的父子延续着他们对彼此的猜忌和监视，直至次年一同在木兰围场行围。这是一次规模较大的行围，随驾人员达三万之多，除太子外，随驾的大小皇子共七人，最大的是皇长子胤禔，最小的是十八皇子胤祄，当年仅七岁。

或许是受屡次南巡的影响，中年以后的康熙就像他父亲生前一样，越来越倾心于汉族嫔妃，由汉族嫔妃所生的子女自然越来越多。胤祄的母亲密妃在诸汉族嫔妃中最受康熙宠爱，以至于康熙曾破例让宫廷的欧洲画家为她画像，由于密妃的缘故，康熙也非常喜爱胤祄，所以常常把他带在身边。

1708年9月2日，康熙一行离开热河避暑山庄，前往木兰围场。26日，在猎场之一的永安拜昂阿，胤祄突然患病，康熙只得将他留在行宫调养，率其他人继续行程。此后，他收到消息，胤祄虽经百般疗治，但病情并无好转，康熙遂放弃狩猎，率皇子和其他随从人员匆匆返回行宫进行探视。就在回銮的路上，他意外得知，皇子们在行围过程中责打侮辱兵丁、官员乃至亲王、贝勒，平郡王纳尔素、贝勒海善、公普奇都遭到了殴打。

清朝自努尔哈赤、皇太极起就留有训旨，要求不得随意凌虐无大错的臣仆，康熙本人更是注重君臣关系的和谐，对大臣官员"从无横加谬辱之事"，退一步说，就算臣仆有错，皇子也无权责打，而应奏闻皇帝依法处置。康熙对此恼怒不已，当即做出承诺："被打之人可以当面责问皇子为何动手，稍有冤屈，即赴朕前叩告。"

在皇子们恣意妄行时，太子不但不能起到表率作用，对兄弟们的不当举动加以劝阻，还参与其中，且性质最为恶劣——其他皇子再猖狂，尚不敢挞辱亲王，而太子就敢，凡遭其凌辱的大臣官员不得不忍气吞声，倘有人敢于揭发他的暴戾行为，一旦被他获悉，"即仇视其人，横加鞭笞"。

对于太子以外的其他皇子，康熙虽认为他们的行为"有伤国家大体""此风不可长"，但仅止于一般性谴责。太子所为在康熙眼中就不一样了，他在宣谕里特地加了一句话，"是欲分朕威柄，以恣其行事也"，其实针对的就是太子——他看出太子之所以要挞辱那些亲王大臣，乃是因为后者不肯依附于太子党。

潜入者

康熙的亲临探视并未起到任何实际助益。10月11日，胤祄的病情更加恶化，这让康熙忧心如焚，焦急万分。随从官员怕老皇帝的精神和身体受不了，无不跟着发愁，皇子们或因兄弟之情，或碍于皇父，大多也都表现得神情忧闷，唯有太子无动于衷，甚而喜形于色。

当年顺治因宠爱董鄂妃，曾欲立董鄂妃所生的四皇子为太子。太子与康熙暗中关系紧张，太子受此影响，显然是担心康熙像顺治一样，将自己的皇储之位转给胤祄。在他眼中，病榻上的那个小孩子的角色早已由家族成员变成了极其危险的皇位竞争者，让一个竞争者自动退出，难道不是一件好事？

康熙看在眼里，痛在心头，十几年前的那幕情景突然闪电般的重新浮现于眼前：同样是在塞外行宫中，当年躺在病榻上的不是胤祄，而是康熙自己，病榻前的太子就像现在这样，不仅一点都不难过，而且窃喜，窃喜，窃喜！

康熙以为他已经忘记了这一幕，但实际上并没有，他只是暂时、刻意地将这段记忆封存在了脑海之中，一旦时机契合，记忆便会自动打开大门走出来，向主人坦露那些他所不愿意承认的血淋淋的事实。

康熙痛心疾首，忍不住训斥太子作为兄长，对弟弟“毫无友爱之意”，仿佛恨不得其他兄弟都死得一个不剩才好。太子被触动心思，“愤然发怒”，竟当众与康熙发生了激烈争吵。

康熙一直担心的“有一事将发”终于发生了，这场激烈争吵使康熙父子原先竭力维持的表面和谐不攻自破，双方也都不再掩饰对彼此的不满和戒备。当天，康熙传谕诸大臣：“你们必须据实奏报所见所闻。试想一下，如果你们隐而不奏，结果导致有人被杀，你们还敢这么做吗？”

大臣的隐而不奏被直接定性为犯罪，康熙还对负责传谕的侍卫吴什、畅寿以及太监存柱强调：“如果你们三个人隐瞒了谕旨中的任何一个字，或者没有传达清楚，未能使所有人听明白，朕即将你们予以正法！”

康熙此举实际是加强了对太子的全方位监控和情报搜集，行宫中的空气霎时变得十分紧张。僵持四天后，即 1708 年 10 月 15 日，见胤祄仍无好转迹象，经过一番剧烈思想斗争的康熙决定继续被中断的木兰行围。毕竟木兰行围不是一个单纯的狩猎或娱乐活动，它同时还含有练兵以及团结蒙古各部等作用。作为以明君自诩的康熙，不希望让外界产生一个印象，即皇帝因为舍不得幼子，可以把国家大事都扔在一边。

大队人马于是离开永安拜昂阿，向其他猎场进发，当天扎营于永安拜昂阿北面的布尔哈苏台。

皇宫行围的营帐布局由外到内，最外面称为“网城”，由八旗军驻扎，“网城”里面是行营，供随从官员和部分护军居住，行营再往里，就是作为核心的御营。御营一般都位于地势高敞处，可作为行围的瞭望点，故称“看城”，又因设有黄色帐幕，也称“黄幕”。皇室成员均居住于“黄幕”内，扎营次日，康熙便获悉，太子不仅白天监视自己的一举一动，晚上还逼近自己的营帐，并透过营帐缝隙向内窥视。康熙顿时警觉起来，为了以防不测，他把武艺高强的皇长子胤禔叫到身边，贴身进行护卫。

晚上到了后半夜，胤禔已经离开，睡梦中的康熙突然觉得黑暗中有人向自己摸来。这一惊非同小可，他当即一跃而起，来人见康熙惊醒，迅速逃出了营帐。得知皇帝遇袭，卫士、侍臣乃至外围的骑兵急忙赶来护驾，御营内外警声四起，一片杂乱，而潜入者及其同伙却乘乱逃之夭夭。

御营戒备森严，就像紫禁城一样，外人根本不可能潜入，更重要的是，康熙虽然没能看清潜入者的面目，但已经通过极短的瞬间捕捉到了对方的形态动作，还听到潜入者的同伙呼唤他的名字。综合判断，他确认这个潜入者就是太子胤礽。

康熙认定太子袭击他，除了想要篡夺皇权外，另外一个重要原因是对他处分索额图不满并欲替索复仇（索额图于被拘禁的当年死于禁所）。自此，康熙深感人身安全受到严重威胁，“难测今日被鸩，明日遇害”，就在他心神不定的时候，10 月 17 日，又一个噩耗传来，胤祄病死于永安拜昂阿，这个不幸的消息在把康熙推入痛苦深渊的同时，也促使他下定决心：该出手了！

谁都想不到的结局

诸王大臣、文武官员、侍卫都被紧急召至行宫前，康熙令太子跪在地上，之后便把郁结于心的对太子的不满全部倾泻了出来。

从二十年前，康熙让太子出阁读书，并遴选理学名臣对其进行教育，结果却以失败告终讲起，这被康熙视为他包容太子的起点。这二十年里，他无时无刻不指望着太子能够悔过自新，但事与愿违，太子依旧故我，而且表现越来越坏，直至走到了蓄谋侵篡皇权的一步。

康熙历数太子的罪状，主要包括穷奢极欲、肆恶虐众、觊觎皇位三个方面。他承认，自己为了尽力满足太子的物质要求，特命太子乳母之夫凌普为内务府总管，以便一应所需，可以随便取用。谁知太子欲壑难填，仍然向督抚大吏强行索取财贿，甚而遣使邀截喀尔喀蒙古入贡的使节，将进贡给朝廷的御马也任意地占有，以致蒙古各部俱不心服，对中央与地方的关系造成了严重影响。

说到觊觎皇位，康熙重提索额图案，对此案做了明确定性："从前索额图助你胤礽潜谋大事，朕完全清楚内情，才将索额图处死。"他还指出索案被处理后，太子又与索额图之子格尔芬、陈尔吉善等结成党羽，时时寻机为索额图复仇，弄得他昼夜不宁，寝食难安。说到此处，过于激愤的康熙甚至脱口而出："胤礽生而克母，古称不孝之徒！"

宣布完太子的罪状，康熙做了总结："朕即位以来，诸事节俭，铺的是破坏褥子，盖的是旧被，穿的是布袜子。胤礽所用的一切，远远超过朕，他还感到不满足，又盗窃国库，干预政事，非彻底败坏国家，残害万民而不能止。这样不仁不孝的人，若是让他做了国君，祖宗留下的江山会被折腾成什么样子呢？"

一想到自己即位后南征北战、苦心经营，只为不辜负祖辈传下的这片江山，可是膝下却有一个如此不争气的太子时，康熙伤心难过到了极点，宣谕完毕即仆倒在地，痛哭流涕。早已目瞪口呆的诸大臣见状，连忙纷纷上前，将康熙从地上搀扶起来。

康熙起身后，泪水未干，便接着说："太祖、太宗、世祖（努尔哈赤、皇太极、顺治）艰苦创业，与朕守成的太平天下，断不可交给此人，等回京后昭告于天地宗庙，将胤礽废斥。"作为防范措施，他又就此向诸王大臣、文武官员等征询意见："皇太子所行之事，究竟是虚是实，可以各自秉公陈奏。"

事已至此，众人谁敢置喙，无一例外全都叩首流泪奏道："皇上所见至圣至明，谕旨所言皇太子诸事一一皆确实，臣等实无异辞可以陈奏。"

遵照康熙的旨意，太子被当场予以锁拿监禁，法国传教士殷宏绪随康熙行围，目睹了这一令人震惊的场面，他在一封信中写道："一个刚刚还几乎与皇帝平起平坐，像皇帝一样昂首阔步的人，转眼间就披枷戴锁，真令人惨不忍睹。他的孩子和下属都因他而蒙羞受辱。"

为了打击“太子党”，康熙同一天还下令将索额图之子格尔芬、陈尔吉善等六人“立行正法”，另有四名官员被充发盛京。做出这些决定后，他按照以往处理类似要案的一贯原则，命侍卫吴什等人传谕诸臣、侍卫及官兵：“此事已经了结，其他人不必害怕畏惧。此后即便有人再举报揭发，朕亦不再追究，辗转搜求，旁及众人。”

行围就这样以一个谁都想不到的结局收了尾，康熙宣布班师回京，同时命皇长子胤禔沿途押送太子。

太子胤礽下台，使他的竞争者们遂了心愿。胤禔因为被康熙安排做贴身护卫，以为自己已被选中接替胤礽，即所谓“立嫡不成，势必立长”，更是表现得跃跃欲试，急不可耐。不料他那种急着想上位的神情正好被康熙看在眼里，康熙又生气又厌恶，认为胤禔“虽知君臣大义，护卫朕”，但却不适合成为皇储，他在斥责太子时就特别指出：“朕前者命直郡王胤禔，善护朕躬，并无欲立胤禔为皇太子之意。”

1708 年 10 月 20 日，拘拿太子的第四天，康熙令留京的八皇子胤禩署理内务府总管。这是一个非常重要的任命，尤其在当时晦暗不明、满朝震动的情况下，更是体现出康熙对胤禩非同一般的信任和器重。

眼看皇储的曙光已出现在胤禩眼前，但转瞬之间它就被一个人给驱散了，此人就是胤禔。

疯病

得悉胤禩受到皇父器重，胤禔突然像吃错药一样进奏康熙：“胤礽所行卑污，大失人心。相面人张明德曾为胤禩相面，预言他后必大贵。今欲诛胤礽，不必出自皇父之手！”他还说若立胤禩为皇太子，他愿意从旁辅佐。

张明德为胤禩相面所得出的结论，本来应该是胤禩、胤禟、胤禵三个人的秘密，何况胤禔并非“太子党”成员，而只是与胤禩等人走得相对近一些而已。他之所以能够得知，很可能是“太子党”出于加强胤禩地位和影响力的目的，私底下放出风声，才传到了他的耳朵里。

问题倒不在于胤禔知道此事，而是他为什么要当着康熙的面提及？谁都知道这是敏感话题，只能私下谈论，是绝对见不得光的。有人推测胤禔在自己立储无望的情况下，想转而依附胤禩，不料在推荐胤禩时失言，但也有人联系其时诸子争储异常激烈的背景，分析胤禔表面看似帮助胤禩，其实是故意加以陷害，因为这样一则可以显得自己光明磊落，遇事不向皇父隐瞒，让皇父更加信任自己，二则可以继太子落马之后，把人气极旺的胤禩也除掉，以增加自己出线的概率。

不管胤禔出于何种动机，效果都与他的想象大相径庭。康熙在大为震惊的同时，马上判断胤禔、胤禩结党谋储，竟欲为此杀害太子，而这是他当时当地最不能接受的。要知道，他决意废黜太子的动因之一，就是太子不念兄弟情义，对身患重病的小弟弟不仅漠不关心，还幸灾乐祸，现在太子已成阶下囚，胤禔、胤禩纵使不难过不伤感，又何至于为了争储，而迫不及待地要取其性命？这跟太子相比，又有何区别？

胤禩在康熙心目的地位至此一落千丈，当然自作聪明的胤禔也没能讨得好，康熙当场训斥其所言为乱臣贼子之语，让他无旨不得妄动，随后虽仍令胤禔看管太子，但私下里却加派侍卫暗中对太子进行保护，以防太子被害。

由于受到严密保护，即便有人想暗害太子也无从下手，但太子自己却出现了一系列反常举动。他白天大部分时间都在沉睡，等到半夜里才醒过来吃东西，而且酒量奇大，饮酒数十巨觥也毫无醉意，尤为怪异的是，每逢雷雨交加的夜晚，他就变得惊恐万状，到处躲藏，却又不知道究竟该躲到何处为好，平时也行为古怪，言辞荒诞。

“近观胤礽行事，与人大有不同”，尽管康熙能够下决心废掉太子，然而与胤礽的感情却并非能够如此轻易地被割断，他们之间除了父子情外，实际更多地还承载着康熙对故去的发妻、祖母的思念，也因此，太子的精神状况令康熙愈加伤心不已，每每跟诸臣谈起，便老泪纵横，涕泣不已。

康熙怎么都想不通的是，他从小到大，对太子的教育那么重视，生活上又悉心呵护，太子自己也熟读四书五经，可谓通达义理，怎么就会有这么多恶行，这么多“悖理妄行之举”呢？

愤恨、失望、忧伤、惋惜、怜爱，各种复杂情绪都一齐涌上来并交织在一起，使康熙一连六天都处于失眠状态，没有一个晚上能睡好觉。到了第七天，他突然像开了窍一样，晓谕群臣，说太子种种举动，“竟类狂易之疾，似有鬼物凭之者”，意思是太子言行失常，极可能是鬼魅作祟。

康熙向来不信鬼魅，但这种解释让他得到了某种解脱，因为从这一天起他就再未失眠。在抵达京城的前一天，他又有了新的解释，他对朝臣们说，太子的宫人们都住在撷芳殿，撷芳殿阴暗不洁，许多住在里面的人都得病死了，太子时常出入撷芳殿，说不定哪一次被邪物缠身了连他自己也不知道，“以此观之，种种举动皆有鬼物使然，大是异事”。

1708 年 10 月 29 日，康熙回到京城，在内务府养马的上驷院旁用毡帷搭成了特别牢房，将太子暂时关押其间，与此同时，他还派四皇子胤禛、心腹及侍卫协助胤禔看守太子，实际仍是为了防止胤禔借机对太子不利。

当天，康熙在午门内召见文武百官，宣谕拘留太子一事，两天后他告祭天地、宗庙、社稷，宣布废黜太子，一周后此事被正式颁诏天下。

废黜太子的告祭文告系由康熙亲自撰写，写好后，他曾让诸皇子将文告送给太子阅读。太子当时没好气地回答道：“我的皇太子是皇父给的，皇父要废就废，免了告天吧。”康熙闻言很是恼火，对诸皇子说：“他的话都不成话！做皇帝的受天之命，岂有这样大事可以不告天的吗？”说罢板着脸宣布，“以后他的话你们不必来奏。”

得知康熙发火，拒绝再与他保持沟通，太子有些慌了，忙对前来传达旨意的胤禔等人说：“我别样的不是事事都有，只有弑逆的事我实无此心，须代我奏明。”胤禔立即加以拒绝：“旨意不叫奏，谁敢再奏！”一同来传旨的九皇子胤禟对四皇子胤禛说：“此事关系得大，似乎该奏。”胤禛表示同意，胤禔听后依然态度冷淡，无动于衷，直到胤禛声言自己将独自上奏，他怕在康熙面前吃亏，才不得已将此言奏上。

太子精神错乱虽不至于动摇康熙予以废黜的决定，但确实已使他心软了不少。胤禔将太子所言上奏后，他既没有责怪皇子们违背自己的交代，替太子代奏，也没有因太子所奏继续对其予以斥责，而是让诸皇子转告太子：“你得了疯病，所以锁你。”随即下旨将太子的“项上锁开了，别的留着”。

不问苍天问鬼神

告祭仪式结束后，废太子胤礽即被转入紫禁城内咸安宫予以长期幽禁，他的反常举止不仅未有改善，而且变得更为严重：忽起忽坐，言行失常，经常说他看到了鬼魂并夜不能寐，为此只能不断地给他更换住所；参加祭天时，会突然显得惶恐不安，以致无法顺利完成仪式；进食的时候吃七八碗饭都不知饱，饮酒二三十觥亦不见醉……

康熙非常关注胤礽在幽禁中的状况，在听取汇报时对每个细节都询问得非常仔细。他早就怀疑胤礽被鬼魅所侵而迷失了本性，如今变本加厉的“种种骇异之事”更是让他既吃惊又难过。为了排遣心中的郁闷，他忍不住把大学士李光地召入，询问李光地对于此事的看法。

在废黜太子之前，康熙主要依靠一些超脱党争或对“太子党”表示反感的汉臣对太子进行调查，这样做的一个好处是，如同以前鳌拜一样，即便太子知道他们的政治态度和做法，但囿于他们是汉臣而非满臣，也很难对其直接进行惩罚。例如受命调查苏州案的王鸿绪就是如此，相比王鸿绪而言，李光地更受康熙的器重和信任，他也因此一步步进入了朝廷的重臣行列。

李光地是儒学名臣，自然对鬼魅之说不以为然，他小心地问康熙，“帐殿之警”即布尔哈苏台受袭的那天晚上，是不是能百分之百地确认为首的潜入者就是废太子。康熙听后却默然不答，事实是，当时正是他亲自指认了胤礽，只是他现在既已倾向于认为胤礽是受到了鬼魅驱使，也就不太愿意正视这件事了。

沉默了好一会儿，康熙才怅然发话：“这是他（胤礽）被鬼物戏弄了，朕就不明白，为什么他在被鬼物所迷后会变得那样丧心病狂呢？”

“可怜夜半虚前席，不问苍天问鬼神”，一个皇帝，一个大臣，都号称笃信儒学，没想到有一天却居然面对面，正襟危坐地谈论起了鬼神。李光地啼笑皆非，他依旧不相信胤礽是中了邪：“臣有幸享爵禄，鬼物尚不敢侵犯，何况天潢之胄？”

李光地说，胤礽现在的这种情形并非鬼魅所迷，也不一定全是他装出来的，而是人性原本如此，“尊荣就会骄狂，安适就会放纵”。按照他的分析，一个人如果过于骄狂放纵，便会日渐昏昧，丧失理智，开始时不过贪图眼前安逸，继而就会是非颠倒，甚至以恶为善，以善为恶，发展到极端，就好像有鬼物之类附在身上一般了。

李光地以理学为据，分析得入木三分，康熙不得不承认言之有理：“回想胤礽生平，诚如卿言，但他这毛病有没有治愈的希望呢？”

李光地回答说，“养心莫过于寡欲”，胤礽落到如此地步，就是因为欲望太盛，要使他回头，最好的办法是摒弃声色对他的引诱，使之凝志宁静、涤神清虚，久而久之，人就会变得平和，也就能慢慢恢复理智了。

康熙深受理学思想浸润，对于李光地说的这一套，不存在任何理解和沟通上的障碍，因此一边听一边不时点头，表示完全赞同李光地的观点。

可是人的情感往往并不受理智束缚，与李光地的交谈只是暂时让康熙觉得心里好受，那些天，他尽管没有失眠，但时常会做噩梦。有一天他梦见祖母孝庄在远处默默地看着他，而且脸色非常难看，与生前迥然不同。后来又梦到了胤礽的母亲赫舍里氏，康熙想和她说话，然而却发不出一点声音，赫舍里氏则一直垂泪不语。

除了屡做噩梦，康熙还回想起两个令他记忆深刻的现象，一是太子被囚当天天色忽然变暗；二是回京的前一天，大风旋绕于驾前。在他看来，这些都证明太子确系被鬼魅所附身，也可以说是蒙冤被废，而祖母、发妻的在天之灵以及神明则在用不同方式对他表示不满。

康熙不但放弃了李光地的那套理性分析，而且对废黜太子也明显有些后悔，只是在这样举足轻重的军国大事上，作为一国之君，不可能马上朝令夕改。与此同时，他决定将废立太子大权继续牢牢掌握在自己手中，并对图谋争储的皇子予以抵制和严惩。

早在回京的次日，康熙就对诸皇子、领侍卫内大臣、满洲大学士等说：“今胤礽事已完结，诸阿哥中倘有借此邀结人心，树党相倾者，朕断不姑容。”虽然没有公开点名，但显然已意有所指。接着，他在亲撰的告天祭文中又说：“臣虽有众子，远不及臣。如大清历数绵长，延臣寿命，臣当益加勤勉，谨保终始。”并降旨申明：“诸阿哥中，如有钻营谋为皇太子者，即国之贼，法断不容。”

很快，“国之贼”就被康熙亲自揪了出来，此人赫然正是胤禔口中“后必大贵”的八皇子胤禩。

杯弓蛇影

胤禩自奉命署理内务府总管后，即负责调查前任总管、废太子胤礽乳母之夫凌普，然而当胤禩等人就调查结果向康熙进行回奏时，却遭到康熙的当众斥责，理由是胤禩装滥好人，没有将凌普的家产全部查清，而只图草草结案。

回京后，康熙暗地里对皇子和王公、文武官员做了一番调查，不查不知道，一查才发现，胤禩在朝中的同情者、依附者竟是如此之多，再联系相面人关于胤禩“后必大贵”这句话，顿时令他有了悚然心惊之感。康熙斥责胤禩，表面说的是凌普案，实质表达的却是对他结党争储，甚至超越太子，危及皇权的不满：“八阿哥到处妄博虚名，凡朕所宽宥及所施恩泽的地方，他都归功于己，人们也都只称道他，那还要朕干什么？这是又出了一个皇太子吗？”

讲到激愤处，康熙的话语中已经是凛凛杀气，不仅表示包括胤禩在内，谁要再在凌普案中留一手，“朕必斩尔等之首”，而且还要求众人与胤禩保持距离，“如有一人称道汝（指胤禩）好，朕即斩之”。

知情人都能看出，真正让胤禩倒霉的显然不是一个简单的凌普案，而是相面人秘密的被暴露，后者决定了胤禩所要蒙受的严重后果，换句话说，即便胤禩对凌普案予以严查，康熙也依旧可以找出其他借口予以打击，而且非打不可。

次日，康熙在乾清宫召见诸皇子，直指胤禩就是窥伺大宝的“国之贼”，并以柔奸性成、妄蓄大志、要结党羽、谋害胤礽等罪名，下令将胤禩锁拿，交与议政处审理。

在康熙召见前，胤禟、胤禵预感不妙，就随身带了毒药，准备对皇父死谏。现在眼看胤禩果然要遭殃，胤禟忙对胤禵说：“你我这时还不说话，还等什么呢？”胤禵随即上奏：“八阿哥无此心，臣等愿保之。”康熙通过调查，已经知道胤禟、胤禵与胤禩关系极为密切，皆为其朋党核心，一听他们还要保胤禩，马上来了火，怒斥道：“你们两个要指望他（胤禩）做了皇太子，日后登极，封你们两个亲王吗？你们的意思说，你们有义气，都是好汉子，我看都是梁山泊的义气！”

胤禵不肯退缩，依旧当面发毒誓说胤禩没有谋反之心，言语举动对康熙都不免有些冲撞。康熙勃然大怒，一边说着“你要死，如今就死”，一边真的从身上拔出佩刀，砍向胤禵。千钧一发之际，幸亏五皇子胤祺反应及时，上前一把抱住康熙的大腿，跪求皇父息怒，其他皇子也纷纷叩头恳求。康熙才怒气稍解，收起了佩刀，但又拿着板子朝胤禵横打下去，胤禟跪上前抱住，被康熙劈面连打两个巴掌，脸都打得红肿起来。胤禵也照旧没有能够逃脱责罚，被打了二十大板，康熙将他与胤禟一起逐出了大殿。

胤禵为保胤禩，不惜在朝堂之上与自己公开争吵的情景，对康熙造成了极大刺激。自此以后，在一股无名之火的支配下，康熙几乎到了杯弓蛇影的地步，谁替胤禩讲情，在他眼中谁就是罪人，而且不管是哪个皇子，一旦被他发现可能有觊觎太子之位的野心，便立刻加以冷落和打压。

除太子外，皇子之中，原先受康熙宠爱的还有十三皇子胤祥。小时候的胤祥长得虎头虎脑，从模样到处事都极为呆萌可爱，有一次康熙与诸皇子在宫内游玩，他没跟得上，一个人被落在了后面，这时候他突然趴到地上，学着宠物狗“寻履迹伏地嗅之”，想借此找到皇父的踪迹……

康熙认为胤祥“生秉粹质，至性过人”，无论出京到哪里，都尽可能把他带在身边，康熙一生六次南巡，其中的四次都由胤祥陪同。学者杨国维颇受康熙垂青，康熙认为杨国维的诗文无人能出其右，便特地让他做胤祥的侍读。这些都被大家看在眼里，连胤禩的侍读何焯也说，“十三殿下乃康熙帝所钟爱也”，并断定胤祥“将来遭遇不可知也”。

随着胤禩被拘禁，朝中官员都推测胤祥将成为皇储的最佳候选人，谁料康熙以此断定胤祥亦有争储的心机，遂马上转变了对他的态度，认为胤祥是“不大勤学忠孝之人”，并提醒其他皇子“尔等若放任之，必在一处遇到他，不可不防”。胤祥犹如被打入了冷宫，不仅再也得不到与皇父出行的机会，而且皇子分封、赏赐也没他的份，有一次康熙遍赐银两，连御前侍卫都得到了封赏，胤祥却连一两银子都未拿到。

不光是胤祥，在此前后，三皇子胤祉、四皇子胤禛、五皇子胤祺等年长皇子都受到了审查甚至拘禁，而原因只是康熙认为他们存在结党和谋储的可能。

第十二章

最后的战斗

清廷原先并没有预先立储这一说，连康熙本人也是在顺治临终前指定的，如今，面对诸子围绕储位相争的纷乱局面，康熙发生剧烈动摇，顺治等祖辈临终立储的做法又重新在他心中占据上风。1708 年 11 月 12 日，他对诸皇子、大臣宣布：“今立皇太子之事，朕心已有成算，但不告知诸大臣，亦不让你们众人知，到朕告知时，你们只需遵朕旨执行就好。”

在公开自己新的建储想法时，康熙没有忘记继续清算带头结党和争储者：“八阿哥胤禩向来奸诈，你们如果由于八阿哥系朕之子的缘故，就对他徇情出脱，以致把旁人推出来顶罪，朕决不允许！”

胤禩落马，相面人张明德案乃主要诱因，康熙回京后一直在派人对张案进行侦查。该案于第二天审结，康熙亲自主审，在将胤禩、胤禟、胤禵与张明德的口供进行互相对照后，确认胤禩曾找张明德为其相面，张明德亦夸他有“非常之福”。

康熙问胤禩为什么要相面，胤禩奏称：“我因不曾有子，所以相面。”想到胤禩可能真的是因为无子相面，才惹出后面的许多是非，康熙恼怒不已，说都是岳乐从小娇生惯养，使得胤禩之妻郭络罗氏养成“恶行”，又指责胤禩过于惧内，“素受制于其妻……任其嫉妒行恶，是以胤禩迄今未生子”。

树欲静而风不止

审讯结果中另外一个对胤禩不利的地方，是张明德曾对胤禩说：“皇太子行事凶恶已极，我有好汉，可谋行刺。”而胤禩不但未向康熙奏报，还将这些话转告了胤禟、胤禵。康熙对此紧盯不放：“胤禩知而不奏，为臣子者可以这样吗？”他命令胤禟、胤禵也必须老实交代当时的经过情形。

胤禟、胤禵供称，他们听胤禩转述张明德的话后，便立即对胤禩说：“此事关系重大，你是什么人，这种事也敢到处乱说，你难道有疯病吗？你这样是万万不行的。”随后两人就将胤禩给轰出了府。

胤禟、胤禵与胤禩同为一体，又奉胤禩为核心，即便他们因觉得张明德的计划过于冒险而表示不同意，也不至于如此对待胤禩，但胤禩却从旁予以了证实。可以想象得到，在胤禩被拘禁前，八爷党高层一定预备了多条应急方案，其中一条就是如果实在保不住胤禩，便竭力避免把胤禟、胤禵牵扯进来，他们事先也有针对性地进行过串供。

尽管康熙明知胤禟、胤禵与胤禩的真实关系，但两人的供述仍让他松了口气，他决定宽宥胤禟、胤禵，只以“闻张明德如许妄言，竟不奏闻”为由，对胤禩进行处置，将其革去贝勒爵位，降为闲散宗室。

张案审讯官员将该案主犯张明德定为斩立决，康熙改为凌迟处死，又要求牵涉此案的人员全部到行刑现场观看，意在震慑众人。与此同时，他却又亲书谕旨给诸皇子和大臣，语气形同告饶：“今朕年已老，愈加畏惧……得终天年，于愿足矣。”

隔一天后，当康熙再次向皇子们发表讲话时，终于直接道出了他心中的“畏惧”：“众阿哥，你们都必须清楚，朕是你们的君父，朕如何降旨，你们就如何遵行，这才是做臣子的正理。如果你们记不住这一点，那么将来朕躬考终（即去世），你们必定会将朕扔在乾清宫内，然后再为争夺皇位而束甲相争。”

康熙从来以硬汉形象示人，无论三藩之乱还是三征噶尔丹，都没让他皱过眉头，但发生在宫廷内部的这场战争才刚刚开始没多久，就已经让他有了力不从心之感——过去与他厮杀的是外姓敌人，输了可以再来，赢一场则意味着离胜利的终点更近一步，但如今向他冲来或倒在他面前的，却是一个个皇子，与彼作战，无论输赢都仿佛在一点点地吞噬他自己的血肉，而胜利也逐渐变得遥不可及。

素来是树欲静而风不止，康熙越惧战，硝烟反而越无消散之迹象。1708 年 11 月 26 日，康熙从三皇子胤祉口中意外得知，他的牧马场有一个蒙古马夫，还是个喇嘛，名叫巴汉格隆，此人自幼学医并懂得巫蛊之术。据胤祉说，皇长子胤禔曾把巴汉格隆和另外两名喇嘛召去，用于镇魇废太子胤礽。

康熙拍案而起，立即下令锁拿胤禔的护卫啬楞、雅突，并派人对胤禔镇魇一事进行审查，审查结果表明胤祉所奏属实。28 日，办案人员进入胤禔府搜查，在中庭园内的共十处地点，掘出了喇嘛所用的大量镇魇物。接着，胤禔在看守胤礽期间迫害其从人的罪行也被牵出：胤礽所属的所有匠人被胤禔尽行收去，又加以苦刑，匠人们忍受不了，有的逃亡，有的被逼上吊自杀。

镇魇案以及张明德案，两案一前一后，揭示出了许多足以令康熙心惊肉跳的内幕。他这才知道，原来皇子们为争储早已形成各个敌对派别，他们相互之间也都准备了暗杀和反暗杀计划。胤禔对此最为热衷，除随从外，他专门招募了一批职业暗杀高手，可以随时用于暗杀敌对派，他自己为防刺客，晚上都紧锁房门，还让护卫用木板将其卧室的窗子全都堵住。可以想见，胤禔当初没有立即接受张明德的刺杀建议，不是对之不感兴趣，而是他本身就有这方面的计划及其资源。

明珠派瓦解后，胤禔自成一党，不仅获得了朝中一些大臣、侍卫、太监的支持，而且八旗军中也有佐领和官兵效忠于他，按照康熙的了解，是全国“各处俱有”他的人。胤禔党不仅仅与胤礽及其他反对派作对，也严重威胁着皇权——在胤禔的唆使下，一直都有三四名太监或一两名侍卫，在偷偷地监视康熙，甚至还有一种说法，在胤礽被拘禁后，胤禔曾擅自将天津镇的部队调至古北口外，其意莫测。

康熙自与鳌拜集团角斗起，便对监视他本人以及朝中兵权分外敏感，胤禔所为正好触及了这一敏感点，他对此心有余悸，想到若未加提防，胤禔会不会趁自己出京之际，假冒孝惠太后的旨意或自己的密旨发动政变，“肆行杀人，猖狂妄动”？同时他也庆幸及早看穿了胤禔的真面目，使其上位的阴谋未能得逞：“胤禔秉性急躁、愚顽，岂可立为皇太子！”

对于应如何处理胤禔，胤禔的母亲惠妃奏称儿子不孝，请予正法，康熙嘴里喊打喊杀，但毕竟是亲生儿子，哪里下得去手，他下令暂时将胤禔严格看管，略有举动，即行奏闻，稍后又宣布革其王爵，终身幽禁，所属包衣佐领一律收回，另赐别人。

对症下药

康熙原先就怀疑废太子胤礽为鬼魅所附身，镇魇案如其所愿地坐实了这一猜测。胤礽的侍从人员向他奏报，镇魇物被搜出的当天，胤礽突作疯癫状，样子十分可怕，几乎要自杀。众人拼命将他按住，片刻后他才清醒过来，清醒后，他自己也极为懵懂，问周围的人：“我刚刚究竟做了什么？”

胤礽的举动很可以被解释成有意为之，因为胤禔被查后，废太子及其侍从人员与外界的信息已经没有太多障碍，一旦知道胤禔曾经镇魇自己，胤礽最好的自保之法，无疑就是继续强化其被害者的角色。果然，康熙闻讯甚为动容，他说他读过一些关于巫术的书，总以为这些东西不可全信，但经历此事，才知道巫术确实可以影响人的神志，也才明白胤礽从前所为恶行均系被“魇魅”的结果。

自胤礽被废以来，康熙终日心情低落，在认为胤礽受胤禔所害，“蒙冤”致疯后，更是万分后悔，以致吃不下饭，睡不着觉，“日日不能释然于怀”，且“无日不流涕”。1708 年 11 月 30 日，他去南苑行围，与以往胤礽及诸皇子随行，队伍热闹融洽的情景相比，此行孤孤单单、冷冷清清。康熙倍感伤心，不久就病倒了，回宫后，他马上召见胤禩、胤礽，并分别与之进行了简短谈话。

胤禩系因嫌疑结党争储而被拘押，此次受到召见，说明由于胤禔被定为谋害胤礽的首恶和主谋，康熙已决定对他以及其他皇子宽大为怀。当然，康熙最想见的还是胤礽，由于想念对方，他连续两次召见胤礽，过后自称每见一次，“胸中疏快一次”。

处于这种情境之下，胤礽迅速捕捉到了皇父所需以及自己该如何应对，他除了把他的诸多错误归结成“为鬼魅所凭蔽”外，又顺着康熙的意思，把索额图父子拖过来顶罪，说那时的悖乱行事，都是索额图父子背着他所为。他还向康熙发誓，从此以后将“不违皇父之令，不报旧仇，尽去奢侈、虐众等种种坏毛病，改恶从善”。康熙听了大为高兴，对胤礽说“自此以后，不复再提往事”，过去那些不开心的事情，我们谁也不要再提了。

假如往事真的可以成为云烟散去无踪，皇子之中康熙最爱的无疑还是胤礽，他的建储思想也因此再一次发生转变，即由临终立储又回到了复立胤礽为太子。12 月 14 日，他发表讲话，将他和胤礽见面谈话的部分内容，也即胤礽受胤禔“魇魅”、索额图父子所害，以及胤礽的承诺予以对外公开。

大臣中不乏聪明人，马上听出康熙是在为复立胤礽制造舆论。次日，左副御史劳之辨即上疏请“早正东宫”，复立胤礽为太子。令人意想不到的是，康熙接疏后却斥责劳之辨“行事甚为奸诡”，下令革职，交刑部打四十大板后逐回原籍。

劳之辨旧属“太子党”，过去一贯支持胤礽，这是包括康熙在内的很多人都知道的。胤礽既为康熙亲手所废，出于维护自己面子和权威，以及防止朝中结党之风再起的需要，他在重立太子的问题上更愿意摆出一副公平、公正、公开的态度，劳之辨操之过急的做法，反弄得康熙有些尴尬，所以才不得不给劳之辨以颜色。

康熙行军打仗，一向都是兵马未动、粮草先行，不屯积足够的军需，绝不随意出击。他的这一军事风格，也被延伸到对政事的处理和权术运用上，他在与臣下的交谈中，一面继续流露出欲复立胤礽之意，一面却又欲盖弥彰地警示群臣，说他虽然多次提及有关胤礽的往事，但这不代表他已完全宽宥胤礽。因为在他看来，胤礽的神志是否真正清醒还是一件悬而未决的事，“其语仍略带疯狂”，总之一句话，“其附废皇太子之人，不必喜；其不附废皇太子之人，亦不必忧”。

过了几天，估摸着满朝文武已对自己的意图了然于心，康熙开始主动进行试探。法国传教士殷宏绪在一封信中写道，“皇帝（康熙）多次询问帝国显要，既然太子的无辜已经众所周知，难道他无权令其自由吗？多数显要漠然答道，皇帝是主子，有权决定做使他高兴的事”。

据分析，殷宏绪这里所说的“帝国显要”，应该是指国舅佟国维等皇亲国戚，特别是佟国维，他不仅是康熙的舅舅，而且还是康熙的岳父（孝懿仁皇后、悫惠皇贵妃均为佟国维的女儿）。或许正是在他们的支持也可以说是“诱使”下，康熙破天荒地决定搞一次大民主，让朝臣推荐太子。

在确定满臣肯定会按自己心愿行事的前提下，康熙想到还得给汉臣们打个预防针。他把大学士李光地找来，询问对胤礽的病，“如何医治，方可痊好”，实际是要启发李光地：胤礽的病既由废太子引起，对症下药的唯一办法自然只有复立。

李光地立刻揣摩出了他的意思，便没再套用“养心莫过于寡欲”之类的话，而是答道：“徐徐调治，天下之福。”君臣彼此心领神会，由此达成了默契。

落空

1708 年 12 月 20 日，康熙召满汉文武大臣齐集畅春园，开门见山地提出重新立嗣：“朕躬近来虽照常安适，但渐觉虚弱，人生难料，托付无人。”他命自己的女婿、科尔沁亲王班第进行主持，组织大臣们对新太子人选进行讨论，并且指示说，皇长子胤禔行为恶劣，虐戾不堪，不在考虑范围之内，“除他之外，你们看朕的哪位皇子合适，朕一定听从你们的建议”。

康熙说的当然不是真心话，只是为了显示自己不偏不倚而已。他一心想的都是复立胤礽，考虑到胤禩在被拘押前曾是储位的最有力争夺者，加之又与胤礽同蒙召见，他还怕群臣产生错觉，把胤禩给推荐上来，为此又特地叮嘱，要求不能让与胤禩较为接近的满洲大学士马齐参与讨论。

做过这样自以为周密的安排后，康熙满以为已稳操胜券，但他没有想到，之后事态的发展却完全超出了他的预想。

当天，在班第的主持下，满汉文武大臣分班列坐，一开始，多数大臣都露出为难的表情，说：“此事关系甚大，非人臣所能言，我等如何可以推举？”这时领侍卫内大臣阿灵阿、散佚大臣鄂伦岱、侍郎揆叙、户部尚书王鸿绪等人经过讨议，发表意见：“刚刚我们大家都当着皇上的面接了谕旨，皇上要求务必举出新太子人选，我们可不能轻慢了圣旨！”

发表意见者都是大有来头和背景之人，阿灵阿是前辅政大臣遏必隆之子，鄂伦岱是佟国纲之子，揆叙是明珠之子，王鸿绪是康熙的亲信，前面三个可以代表满臣和满洲王公，后面一个也足以令其他汉臣服气。四人主张推举胤禩，经他们提议，群臣很快便就此达成共识，众人将“八阿哥”三个字书于纸上，交内侍梁九功、李玉转奏康熙。

康熙所预设的两条线至此双双落空，即满臣中没有人推举胤礽，而汉臣中李光地也未吭声。李光地自有苦衷，他虽然猜透了皇帝的心思，但他是个超党派者，无论“太子党”还是八爷党都不喜欢他，为少惹是非，在那次康熙找他谈话后，他没有和任何人提起复立太子的事，如今又见诸大臣都一致推举胤禩，他也不好表示反对，只能终席保持沉默。

当看到内侍送来的纸条时，康熙顿时大吃一惊，不由又悔又恼。无奈之下，他只得以胤禩缺乏治国理政的经验，刚刚犯下罪行以及母亲出身低贱等为由，对胤禩加以否决，传谕令大臣们重新进行酝酿。

见皇帝出尔反尔，诸臣面面相觑，都不敢再议了，尽管康熙让梁九功、李玉再次传旨“尔等不必疑惧”，依然没人站出来推举胤礽复立。

梁、李两位内侍在寝宫与会议厅之间来回地跑来跑去，弄得康熙自己都觉得狼狈不堪，只好临时想办法，提出可以安排大臣们直接和自己见面，并让每个人在纸条上写下自己心仪的人选，再把纸条交给他看。与此同时，他又传谕李光地，半责怪半提醒地说："上次召你入内，你曾有陈奏，怎么今天一句话都不讲？"

直到传谕李光地，诸臣才恍然大悟，但到了这个地步，康熙已经感觉很丢脸了，加上时已黄昏，亦不可能再一一召见群臣，他只得令诸臣退下，明天拂晓再议。

这个晚上对康熙君臣来说都注定是个不眠之夜。康熙只需静下心来一想就会明白，所谓让每个大臣写纸条也并不牢靠，谁能保证他们中的绝大多数不会在纸上写"八阿哥"呢？到时他固然可以睁着眼睛说瞎话，假称众人推举的都是胤礽，但那样的话，他还是那个张口闭口"仁义礼智信"的贤明君主吗？

既然已经打脸那就索性打到底吧，次日，康熙再不提民主推举，直接就表达了要复立胤礽的意思，而其依据居然是他的那些梦境：孝庄和赫舍里氏因胤礽"蒙冤"而入其梦中，且二人显然都不同意他废黜太子。

康熙也知道群臣有想法，因此说："朕并不急于立胤礽为皇太子，但希望你们大臣能理解朕。"鉴于有人担心自己没有提名胤礽，或与胤礽有隙，废太子复立后会不会受到报复，他又再次保证胤礽即便复位也不会进行报复，"朕可以力保之也"。

仅隔一天，康熙把胤礽、诸皇子及诸王大臣都召集到一起，除继续为胤礽澄清"冤枉"外，又当众将胤礽予以释放，并让胤礽当众表态。到了这个时候，胤礽哪还会不乖觉，他不但承认从前所做的事都是自己不对，以及保证绝不会向任何人进行报复，还主动撇清自己绝无复立之念："你们大家如果还希望我继续做皇太子，那是断断不可以的。"

康熙颇为满意，在讲话结束时对诸王大臣说："今日朕终于解开了心结，料想从明天起，朕的身体就要痊愈了。"

杀鸡儆猴

康熙自幼养成了良好的生活习惯，饮食有节，亦不贪恋女色，平时很少生病，就在废黜太子的当年，他开始出现阵发性眩晕，至南苑行围时发病，此后病情拖了很长时间，据精通药理的西方传教士罗德先诊治，确认是心悸症。

康熙自己也知道，他生病是因废黜太子而起，“朕深怀愧愤，日渐郁结，以致心神耗损，形容憔悴”。释放胤礽让他放下了一件心事，虽然不能像对大臣们所说的那样，第二天身体就好，但肯定有助于恢复健康，加上罗德先的辅助治疗，到次年春天，康熙终于痊愈。

在去冬的“民主推举”失败后，靠着硬生生地拨转车头，康熙为复立胤礽放出了空气，与此同时，为了平衡其他年长或被认为有能力的皇子的心理，使他们在胤礽复立后能够自觉自愿地予以辅佐，康熙又特地逐一予以夸赞，尤其对于仍在拘禁中的胤禩，还通过引用诸臣奏称以及裕亲王福全的临终遗言，对其为人重新予以了肯定。

可是康熙内心的阴影始终挥之不去，一场看上去必胜的战役为什么最后会几乎失去控制？他怀疑背后一定存在猫腻，一俟病情好转，便决定进行追查。

1708 年 3 月 2 日，康熙突然召集满汉文武大臣，查问去冬是何人倡言要保举胤禩为太子。经过一整天的排查，结果发现阿灵阿等人虽在会议厅首先联名保举胤禩，但首倡者并非他们，而是满洲大学士马齐、国舅兼岳父佟国维。

按照康熙的要求，马齐没有获准参加讨论，然而据大学士张玉书揭发说，当天诸臣群集，他问马齐会推举谁，马齐回答：“大家都准备推举胤禩。”让马齐出来对质，马齐很生气地驳斥了张玉书的说法，他说他那天的确切回答应是：“这事还未决定，我听说众人中有准备推举胤禩的。”

康熙认定，马齐和张玉书的问答尽管存在出入，不过马齐暗中喻众，互相传递消息的事实也已被证实。他指责马齐：“你们谋立胤禩，难道不是想结恩于胤禩，以便日后可以恣肆专行吗？”马齐被康熙的话给激怒了，当庭顶撞康熙，之后便愤然拂袖而去。

康熙自然不能就这样放过马齐，他命和硕康亲王椿泰继续对马齐及其同党循踪追查，由此牵连出了马齐的三弟马武、四弟李荣保以及户部尚书王鸿绪、礼部尚书李振裕等人。后者被认为追随马齐，拥戴胤禩，其中王鸿绪先在苏州调查案中，向康熙密奏过许多关于废太子胤礽的劣行，后又伙同阿灵阿等人“与诸大臣暗通消息”，策划推举胤禩为太子。

马齐在现有满汉大臣中资历最深，“举朝大臣，未有及者”，其满洲大学士的地位也高于所有同僚，有一次甚至当着康熙的面，斥骂颇受康熙信任的汉臣张鹏翮为“杀材”，而康熙也莫之奈何，他和他的追随者实际代表了八爷党在大学士和内阁中的势力。康熙抓住机会对马齐一派予以重击：马齐被革除一切职务，交胤禩府严行拘禁，这一惩办措施对胤禩和其家人无疑也是一种严重警告，因为胤禩本人也正身陷囹圄；马武、李荣保被一并送交宗人府监禁；王鸿绪、李振裕以“声名俱劣”而被罢官。

康熙早知马齐的政治倾向，对其言行倒也不觉得奇怪，最令他感到失望的还是所谓的“帝国显要”，也就是以佟国维为首的一群皇亲国戚，他们表面说紧跟皇帝意志，背地里却跟马齐派一样，为推举胤禩推波助澜。

经调查，诸臣讨论推选新太子前，佟国维曾一再向大学士们说明：“众意欲立胤禩为储。”他还暗示，原先皇帝也倾向于立胤禩为太子，而他已敦请皇帝“履行原定主意”。康熙对此大为恼火，当众怒斥佟国维“肆出大言”，佟国维身为康熙的舅舅兼岳丈，感觉面子上下不来，遂以请求康熙处死自己为辞，跟康熙顶起牛来。

康熙素来重视亲戚关系，别说处死佟国维，就算给予普通处罚也怕被外界议论，因此只好一边不了了之，一边把老爷子的当庭抗辩算成年老糊涂的一种，甚至对佟国维说：“你现在这样不明事理，是不是也被镇魇啦？”

佟家成员在朝中势力雄厚，除佟国维外，他的儿子隆科多、侄子鄂伦岱、孙子顺安颜均担任要职。在太子未被废黜前，为了牵制“太子党”，康熙曾有意对他们进行提拔和倚重，佟派原本支持的也是皇长子胤禔，属胤禔党，只是在胤禔被囚彻底失去争储的资格后，他们才转而支持胤禩，成了八爷党。康熙斥责他们说：“鄂伦岱、隆科多、顺安颜与大阿哥彼此交好，这是大家都知道的。你们如今又想立八阿哥为皇太子，欲置朕躬及诸阿哥于何地？”

顺安颜是额附，也就是康熙的女婿，康熙下令革去其额附身份，交与其祖父佟国维监管，用以杀鸡儆猴，作为对佟家的惩罚和警告。

悲喜剧

康熙对朝臣们开火，有很大一部分动因是为了给太子复立扫清道路，另一方面，他又竭力缓和与皇子们的关系，连胤禩也被恢复了多罗贝勒的头衔，尽管在此期间，胤禩依旧是个缧绁之人，大部分时间都被拘禁在京城的一幢房子里。

1709年2月，康熙外出巡游，废太子胤礽等皇子随行，胤禩和同样遭到冷落嫌弃的十三皇子胤祥也均随驾侍行。在此过程中，天降大雪，“透地四五寸不等，于田禾大有裨益”，康熙认为是个好兆头，复立太子的时机已到，遂加紧为之筹备。

4月18日，胤礽终于被复立为皇太子，康熙遣官告祭天地、宗庙、社稷，祭文中有说“臣诸子中，胤礽居贵”之言，并说相信胤礽今后一定能够敬慎修身，循规蹈矩，胜任皇太子这一角色。次日，在大学士温达、李光地的主持下，胤礽接过册宝，得以正式复位。

除了被认为彻底不可救药的胤禔，康熙力图使自己相信，太子胤礽以及其他皇子的本质都是好的，也能够和谐相处，他们之间出现的事端，全都是希图从中谋利的朝臣们所制造出来的，换句话说，“外来匪类”乃是所有事端的根源。基于促进太子与诸皇子以及诸子之间团结的目的，他在胤礽正式复位的当天，第二次对成年皇子予以了加封。

相比于首次加封，这次加封的范围更广，给予的爵位更高：三皇子胤祉原为郡王（后获罪降为贝勒），四皇子胤禛、五皇子胤祺原为贝勒，此次全部被晋为亲王；原为贝勒的七皇子胤祐被封为郡王（六皇子胤祚早夭）；九皇子胤禟、十皇子胤䄉，十二皇子胤祹、十四皇子胤禵上次在年龄上尚未达到册封条件，此次分别得到册封，其中胤䄉被封为郡王，余下三人均被封为贝子（八皇子胤禩已被复封为贝勒，十一皇子胤禌早夭，只有十三皇子胤祥未能得封）。

“人们显得兴高采烈，欢快的气氛随处可见”，法国传教士殷宏绪对此印象深刻，他还注意到，京城的戏班子新编演了一部戏，取材于中国古时某一朝代，讲的也是皇子被复立为太子，普天同庆的事，该戏被推上舞台后深受官民欢迎，长演不衰。

按照西方对悲喜剧的分类法，京城新戏应属于喜剧，作为这一喜剧的总导演，康熙大有将喜庆氛围长久延续下去之势。太子复立后，他宣布将全国各省钱粮分三年轮免一周，并宣布“滋生人丁，永不加赋”，也就是丁银税额从此固定，不再对新生人丁征收钱粮。

然而，从太子复位的那一天起，悲剧的种子就已在宫廷内生根发芽。因“保举胤禩案”被罢官的王鸿绪回家后，仍不改其爱四处打探消息的兴趣习惯，每月都派家人进京“探听宫禁之声”，他时常得到的密信是：“东宫目下虽然复立，圣心犹在未定。”

王鸿绪探听到的消息并非空穴来风。康熙第二次分封诸子，实指望促进他们与太子的关系，谁知效果适得其反，随着诸子势力加强，他们与太子对峙之势较早先更加明显。太子本人虽在废黜中得到了教训，但他的毛病也没有全部改掉，日常的饮食、服饰、陈设等物仍然超过康熙，就这样还不满足，看到兄弟们可以在宫外任意享受安逸，而自己的行动却受到皇父严格限制，他对此很是不满。

太子宣泄不满情绪的方式，是不断向周围人找碴儿，他的侍卫受尽其虐待，即便酷暑天气，也不得不流汗执役，有的大臣仅仅因为不肯附从他，他就向康熙告状，要求予以处罚或罢免。康熙和太子被废前一样，基本采取隐忍迁就甚至纵容姑息的态度，凡“（太子）所奏欲责之人，朕无不责；欲处之人，朕无不处；欲逐之人，朕无不逐；惟所奏欲杀之人，朕不曾诛”。内阁学士蔡昇元被以“轻浮无实”罢官，后来康熙亲口承认，其实原因只是太子不喜欢他。

康熙父子之间，如果说其他矛盾尚可调和，唯有一样是没办法解决的，那就是继承问题。“高宗模式”既已被康熙放弃，他就只能无限期地留坐于宝座之上，直至自然死亡，而太子在复位的当年就已经三十五岁，看到皇父虽老但身体依旧康健，他根本就不知道哪一天自己能够坐上那个位置，以至于牢骚满腹：“自古至今，有过立太子四十年而不使其继位的事吗？”

太子越是迫不及待要继位，康熙越不可能让他得逞，双方的关系重新趋于紧张。太子复立后，一部分把赌注投在他身上的官员迅速向其聚拢，形成了以步军统领托和齐为首的“新太子党”。剩下的大臣则被弄得无所适从，不知道究竟该站队哪一方才能保住富贵和身家性命。康熙曾派大臣、侍卫等在太子门前蹲守，然而他们根本不敢向康熙报告实情，“俱似无目者然”，人明明站在那里，却都好像没长眼睛一样。

忍无可忍

康熙对太子忍无可忍，是在接到一份重要奏章之后。这份奏章系由安亲王冯尔浑的弟弟景熙所写，其中对托和齐结党会饮，策划“保奏”太子的事进行了揭发。

按照康熙的理解，所谓“保奏”太子，其实就是强迫他让位给太子，这是他绝对不能容忍的，而结党会饮又无疑与惑众谋反同义。参与结党会饮的其他人且不说，仅托和齐一人，就掌握着京城卫戍大权，其直接统辖下的八旗兵有两万多人，绿营兵四千多人，如果要发动政变，是完全具备条件的。

1711 年 11 月 29 日，康熙以托和齐有病为由，率先解除其步军统领一职，之后将这一职务移交给隆科多，后者已洗清八爷党嫌疑且取得了康熙的信任。

托和齐被解职七天后，康熙在畅春园召见满汉文武大臣，直截了当地申斥诸王大臣中“有为皇太子而援结朋党者”，并怒不可遏地说：“诸大臣都是朕擢用之人，受皇恩五十年。你们这些依附于皇太子的人，究竟想干什么？”经逐个审问，他当场下令将太子党的几个首要分子，包括刑部满尚书齐世武、兵部满尚书耿鄂、镶白旗汉军都统鄂缮等人予以锁拿。

康熙下决心对“太子党”施以重拳，在将托和齐也解职拘禁于宗人府后，他又赋予所有朝臣以上密折之权。此前只有各省督抚大员才有这一权力，其矛头显然直指“太子党”及太子本人，康熙在谕旨中也说，朝廷虽设有言官，但大多犹豫缄默，所以才使得托和齐等人“常昂然张胆，拘集党羽”。

经过半年时间的审讯调查，证实托和齐等人还犯有恃权不法，贪赃受贿的罪行，康熙接受以大学士为首的九卿所奏，判托和齐、齐世武、耿鄂秋后处决，其余涉案人员一律革退。

康熙将结党会饮案定性为一场尚未公然发难即被消弭的政变，对该案的处理自始至终都牵涉到太子。康熙在看过宗人府等衙门的审讯口供后，自太子复立起第一次斥责他“不仁不孝”，并且说结党会饮案就是因太子胤礽而起，“胤礽行事，天下之人，无分贵贱，莫不尽知”，意指托和齐等太子的心腹党羽正是受太子指使，才阴谋用“保奏”的办法发动政变。

一发而不可收的皇储之战，终于把康熙逼到了悬崖边上，毫不犹豫地格杀对方成了他能够使用的最后手段。1712 年 10 月 29 日，康熙巡视塞外回京，当随行的意大利传教士马国贤等人走进畅春园时，他们惊恐地发现，有八到十个官员和两个太监被摘帽反绑，正跪在正大光明殿前的花园里。在离此不远的地方，皇子们站成一排，也是被摘了帽，光着头，双手则被缚在胸前。

虽然诸皇子均被绑罚站，但实际只有太子才是要被处罚的对象，其他人都不过是陪绑。不久，康熙坐着敞篷轿从居室中出来，一来到诸皇子受罚的地方，便对太子进行了责骂，马国贤形容为“暴怒如老虎般发作”。

当天，太子及部分家人、宫人（即被摘帽反绑的官员和太监）被拘禁于自己的宫中。次日，康熙以朱笔写谕旨，以太子胤礽狂疾未除，大失人心，宣布再次予以废黜。

几年前第一次废黜太子时，康熙曾当众痛哭流涕，这次总体则表现出一种可怕的冷静，康熙自己形容为“毫不介意，谈笑处之”。你可以说康熙的心态好了，但也可以说他变了。在太子问题爆发前，康熙称得上是一个深具悲悯情怀和自省意识的君父，无论对皇子还是对大臣，都有着足够的温情，之后他突然发现，皇子大臣们回报他的却并非同样的情感，即便在他被父子反目、朝中党争和君臣博弈折磨到日渐消瘦的时候，周围这些人也没有一个真正关心他的健康和感受，“众皆缄默，无一人劝解”。

康熙选择不再把这种情感当一回事。他对诸王大臣说，我既然已经下定了废黜太子的决心，那么你们这次也就不要再多说什么了，而且就算是安慰我也没什么用。他还警告说，此后若有奏请释放胤礽者，“朕即诛之”。

没人知道康熙在说这些话时的真实想法，更没人知道，在那里面又浸透着多少难以对人言说的绝望和悲凉。

老猎犬

1713 年 4 月 11 日，为康熙的六十寿辰，宫中称为六旬万寿。康熙离开畅春园回京，以往这个时候，其所过之处，都要进行清道，沿途所有门户均会被勒令关上，每个巷口除禁止通行外，还要用厚布遮上，以免泄露皇帝的行踪。这一天则破了例，不但房屋和商铺可以敞开，巷口可以通行，而且允许百姓围观，于是大街小巷内立刻挤满了人，谁都希望能够通过这一机会一睹皇帝的圣容。

为了庆祝自己的大寿，康熙下恩诏，向全国七十以上至百岁的老人赏赐布绢、银两和粮米等物，惠及老民老妇一百多万人。最轰动的还是组织千叟团，第一支千叟团由各省在京的六十五岁以上汉族官民组成，共四千多人，他们举着代表各自省籍的横幅，对称地分列于道路两侧，以等待皇帝的接见。康熙到场后对此情景感到非常高兴，他和蔼可亲地向很多老人询问了年龄，接着便邀请全体老人参加他在御前举行的宴会。宴席间，他命皇子皇孙给老人们斟酒，并下令赏赐每人十二两银子以及一件用御用黄色制成的丝绸长袍，千叟团中年龄最大者，据说已有一百多岁，康熙特赐他一整套官服，外加拐杖、砚台以及其他一些礼品。

过了三天，由两千多八旗官民组成的第二支千叟团得到赐宴，康熙传谕："这次朕派皇子皇孙代表朕给大家斟酒和分发食品，你们这些老人在入宴时不用起立，以示朕优待老人的一片诚意。"之后，康熙意犹未尽，也为了让孝惠太后高兴，又在畅春园孝惠太后的宫门前举行宴会，专门对八旗年老妇人赐宴。

一个无可回避的事实是，和千叟团的老人一样，康熙也老了，如同莎士比亚在喜剧《皆大欢喜》中所言，他步入了人生的第六阶段："精瘦的趿着拖鞋的龙钟老叟……他那朗朗的男子口音又变成孩子似的尖叫，像是吹着风笛和哨子。"

康熙说他少年时听老者说过一句话，"人至高年，则不能耐暑"，他当时还不能理解，结果过了五十岁后，天气稍微炎热一些，就感觉心情烦闷，不能忍受，也因此他到了晚年，大部分时间都住在京外的畅春园内，为的就是乘凉躲避酷暑。除了怕热，其他方面也处处验证着"年岁不饶人"的老话，比如他的牙齿已不断脱落，看到心仪的食物，无法大嚼，只能让人烹烂或捣成酱，以利下饭。

康熙壮年时，不但体魄强健，而且拥有超强的记忆力。在法国传教士白晋的印象里，这位中国皇帝对于他见过一面的人的名字，似乎永远都不会忘记，凡是由其亲自处理过的事务，哪怕数量再多，内容再细，时间再长，一旦需要，都能娓娓道来，如数家珍。另一位传教士南怀仁有一次陪康熙巡游，康熙看到一只鸟，问南怀仁用他们国家的话，这种鸟该叫什么名字，南怀仁就跟他讲了一下。好几年后，康熙又与他说起这种鸟，当时南怀仁随着居华日久，本国语言已经忘掉好多，加上此鸟名字颇为奇特，所以他已经完全想不起鸟的名字了，但是康熙却脱口而出，这令南怀仁惊讶不已。

康熙曾对大学士马齐说："朕一生所赖，唯在记性。"可是随着年岁日增，他的记忆力也在急剧衰退，凡事易忘，从前看过的书很多都不记得了，即便是随手看过的书，隔了几天，也仅记得一些片段内容，而不能如年轻时那样几乎过目不忘。

表面上康熙并不讳言老。他在五十七岁的时候，开始有了些许白胡子，有人进贡了一种可以染黑胡子的药水，被他笑着拒绝了，他说："古来白须皇帝能有几个呢？朕若须鬓皓然，岂不也是件可传诸万世的美谈？"

在睿智明君这一人设的背后，康熙对于年老以及随之而来的死亡，其实同样怀有畏惧心理，对别人的看法也非常在意。清代笔记中记载，康熙经常率嫔妃钓鱼取乐，有一次他偶然钓到一只甲鱼，但这只甲鱼又马上脱钩逃走了。北京话将逃走叫作"挠"，有个嫔妃喊："亡八挠了！"皇后在旁边说："（甲鱼）大概是没有门牙了，所以衔不住钩子。"那个嫔妃一听此话，便斜视着康熙笑个不停。康熙大怒，但他不怪皇后，认为皇后只是言者无意，但嫔妃却是笑者有心，因此终身不再宠幸该嫔妃。

如何抗衡肉体之躯的渐渐衰竭和灭亡？康熙从不相信什么丹药、辟谷、纳气、按摩、推拿之术，甚至连人参等补药都拒绝服用，真正对其精神起到支撑作用的，是他现有的政治地位以及生前身后名。如果说办千叟团和千叟宴属于后者，前者就是在其生前紧抓权柄不放，他在初步尝试"高宗模式"失败后便再未对此涉足，既有废太子胤礽屡教不改，让他失望透顶的原因，也与年龄有着相当大的关系——他并不十分看重皇权，甚至想通过"高宗模式"退位时，尚年富力强，等到年纪越大，他对皇权谁属便表现得愈加敏感和在意，直至后来老态龙钟亦容不得别人稍有染指。

"旧日讲筵剩几人，徒伤老朽并君臣"，就这样，康熙一边感伤着自己连老臣都不如，老臣们尚能以年老糊涂为由推诿职责，而自己则不能因此卸下重担，一边却像一条老猎犬一样，一刻不停地瞪视着周围任何可能侵入其领地的入侵者。

难道他不是一个大奸大恶之人吗

胤礽二次被废后，"太子党"残余力量及支持者仍锲而不舍，希望通过敦请康熙建储，让胤礽东山再起，他们被称为复辟派。1713 年初，汉左都御史赵申乔首先奏请册立皇太子，虽然康熙也可以在胤礽之外再选其他皇子，但他认为此事不可为，发还了赵申乔的奏折。就其顾虑，应该是担心众皇子年龄大了，且已经分封，如果再设立皇太子，其地位、待遇必然高于诸王，近于皇帝，到时就会像之前，一来容易使诸子结党，二来储权也必然侵犯皇权，导致无法控制，用他自己的话来说，“即使立之，能保将来无事乎？”

事实上，康熙不但不想再预立皇储，而且还意欲削减诸子权势，以防他们对自己的皇权产生威胁，而偏偏诸子及希图攀龙附凤者面对空缺的储位又心痒难耐，仍然如同飞蛾扑火一般的争着往上涌。

在这些皇子之中，康熙最为忌惮的莫过于八皇子胤禩。通过“保举胤禩案”，八爷党展现出了超越包括“太子党”在内的所有诸子朋党的惊人力量，其成员除马齐、佟家两派外，重臣还有不少，如六名领侍卫大臣里面，就有包括阿灵阿、鄂伦岱在内的四人是胤禩的支持者，仅两人与李光地一样，在皇储问题上持明显的中立态度。另外，与阿灵阿等人共同提名胤禩的侍郎揆叙也是一个不容小觑的人物，他在翰林院任掌院学士达十四年之久，当时的汉族学子大多需要通过翰林院才能获得显职，他因此在汉官中人脉甚广。

八爷党声势浩大，即便康熙本人亦不能不惧。他自认在复立太子的问题上棋错一着，为了掩饰自己的错误，甚至推托说就是因为诸臣串联保举胤禩的呼声太大，他没有办法，才用嫡长子一途予以抵制，“诸大臣保举八阿哥，朕甚无奈，将不可册立之胤礽放出”。

如果康熙要对所有胤禩的支持者逐一处罚或免职，朝中局势必然要发生动荡，康熙到了晚年，求稳之心甚于发展之意，他当然不愿意看到这种情况的出现，因此只能重新对朝臣进行争取和分化，而这又几乎等同于在和儿子争抢政治资源，其内心之郁闷和愤慨可想而知。胤禩只被恢复贝勒爵位，没有能够按其资历和声望晋升为郡王乃至亲王，同时又没有被彻底解除拘禁，实际就代表了康熙对他的看法：“唯八阿哥乃获大罪身撄缧绁之人，留其贝勒足矣。”

随着对“保举胤禩案”的处理，八爷党中的一部分人包括隆科多在内，都已远离朋党，但阿灵阿、鄂伦岱等人依旧留于八爷党内，阿灵阿甚至曾因胤礽被复立为太子，“有不愿存活之意，叹息不已”。胤礽再度被废后，八爷党人表现活跃，此前胤禩的嫡福晋郭络罗氏迫于时势，已允许丈夫纳了两个婢女作为小妾，胤禩也因此终于有了一儿一女。这些都可能影响到胤禩，使他以为新皇储人选非己莫属，一时难以自持，得意之情溢于言表，也因此令康熙对他很是不满。

胤禩为人固然聪明，然而心思远不够细腻缜密，他对自己的真实处境以及皇父的心理都体察不够，在他的所有言行和心理活动都难逃康熙掌握的情况下，他既不懂得康熙对他的争储欲望有多么厌恶和痛恨，也不知道该如何收敛锋芒、韬光养晦。有一天他不知道搭错了哪根筋，居然跑去对康熙说："我今如何行走，情愿卧病不起。"——我现在该怎么做事，要不要装病卧床，以免大家不好对待我？

康熙一听话头不对，马上斥责道："你不过是一个贝勒而已，怎么敢用这种超出本分的话来试探朕？"自此他对胤禩的印象更差了，他后来对大臣们说："胤禩不过贝勒身份，却心存如此超出本分之想，欲试探朕躬，妄行陈奏，难道他不是一个大奸大恶之人吗？"

胤禩及其朋党经常做这样一些自以为耍了小聪明，其实耽误大计的事。康熙去热河巡游，会带胤禩同去，这对胤禩而言，本来是一个接近皇父，增进彼此感情的良机，但八爷党内部却认为会妨碍胤禩的自由行动，竭力避免随驾，有一次胤禩还为此装病，惹得康熙十分生气。1714 年底，康熙再次巡幸热河，计划带上胤禩，胤禩又没去，当然这次恰逢其母去世两周年，他称自己要去祭奠，理由本身无可指摘。问题是事毕后他就应该即赴热河，可他未经请旨，便擅自决定不去，于是康熙很自然地便认为是胤禩藐视他，故意找机会要远离自己。

这些都还不算是最糟的。1714 年 12 月 29 日，前往热河途中的康熙一行驻跸于京城北面的遥亭，胤禩遣太监、随从各一员向康熙请安，以便转告康熙，说他将在汤泉等候皇父一同回京，此二人还受命带了两只鹰作为礼物进呈康熙，结果康熙不看鹰便罢，一看气得差点心脏病发作死过去，因为他看出那是两只将死之鹰！

雷声大雨点小

康熙出巡必定要狩猎，狩猎就要带上鹰犬，作为皇子和臣下，也经常会购买和调教鹰犬进呈。当然舍得买何等规格的鹰犬，以及愿意把调教到什么程度的鹰犬进呈康熙，全看个人意愿，能够几乎把康熙给气坏，应该是这两只鹰确实很差劲，不然众目睽睽之下，他绝不会睁着眼睛说瞎话，自己打自己嘴巴。

胤禩虽然不是皇子中最有钱的，但买几只上等鹰犬总还开销得起，何况八爷党中大的活动经费也从来不需他破费，九皇子胤禟自会承担。至于他为什么要这么做，众说纷纭，有人说是他试探康熙却遭其斥责，心情不快所导致的意气用事，也有人猜测他是被其他皇子及朋党陷害，甚至有可能是康熙借此机会做文章，以期对他进行整肃。总之，当时当地的康熙对此事愤怒不已，认为胤禩之所以要进呈两只奄奄待毙的鹰，是在暗喻他已经老朽不堪。

在痛斥胤禩"不孝不义"后，康熙下令将胤禩所遣太监和随从押至御幄前逐一审讯，并令随行大臣和诸皇子环视。正是通过这次审讯，康熙了解到阿灵阿、鄂伦岱等人仍是八爷党的主要成员，而且还在为胤禩积极奔走，这令他更加怒不可遏。

1715 年 1 月 1 日，康熙在汤泉召见随驾皇子，对胤禩进行数落，由于气愤至极，他一时找不到合适的语言，堂堂大国之君，出语竟如同骂街的泼妇："胤禩系辛者库贱妇所生，自幼心高阴险！"

按照康熙的论断，胤禩在太子第一次废立前，曾听信相面人张明德之言，欲找人谋杀太子，此后依旧"与乱臣贼子等结成党羽，密行险奸"。他分析，胤禩敢于这么做，乃至用将死之鹰来诅咒和侮辱他，就是料定他这个皇父"年已老迈，岁月无多"，而朝中又拥有众多支持者，因而才有恃无恐。

"胤禩因不得立为皇太子，恨朕切骨，他的党羽亦皆如此。"康熙把胤禩和废太子胤礽做对比，说就连这个让他伤透心的废太子都比胤禩好上百倍不止，因为废太子起码没有胤禩这么阴险狡诈，"二阿哥悖逆屡失人心，胤禩则屡结人心，此人之险，实百倍于二阿哥也"。

你无情就休怪我无义，康熙最后宣布断绝和胤禩的父子关系："自此朕与胤禩之恩绝矣！"他还假设了一种情景："朕恐怕日后必有行同猪狗的阿哥，受了胤禩的恩惠，会兴兵作难，逼朕逊位而立胤禩。"到那时候该怎么办呢？康熙倒似乎挺想得开："若果如此，朕唯有含笑而殁！"话一出口，任谁都听出了其中的讥讽之意。

第二天，惊慌失措的胤禩即上奏喊冤。康熙不屑一顾，他特地提到，先前胤禩受其乳母丈夫雅齐布的挑唆，擅自斥责御史雍泰，于是他决定将祸首雅齐布发配边疆，但雅齐布却违旨潜回京城，结果被予以正法。事后胤禩竟上奏为雅齐布喊冤，如今他又为自己喊冤，康熙认为两人根本无冤可申，他冷冷地说："试问胤禩所谓的冤枉究竟冤枉在哪里？"又下结论："此人党羽甚恶，阴险已极，即朕亦畏之，将来必为雅齐布报仇也。"

经过这样一番劈头盖脸，不留任何情面的整肃，胤禩大受打击，自此到处潜行，不愿见人，直至次年病倒。实际上，相对于以前的处置，此次康熙对胤禩和八爷党人所做出的处罚尚属于雷声大雨点小，只是停发了胤禩作为贝勒及属官的俸银俸米，外出随驾也暂时停止。除此之外，他并没有革除胤禩的爵位，就连最让他感到愤懑的八爷党重要成员阿灵阿、鄂伦岱，也没有得到严厉惩治，这说明康熙虽有借题发挥，对胤禩和八党爷进行抑制，以维护自身皇权的考虑，但显然并不愿意在父子关系上真正赶尽杀绝以及影响自身政权的稳定。

1716 年 10 月 25 日，康熙通过三皇子胤祉所上奏折得知，胤禩于月初染患伤寒，且病势日益加重，但他仅在奏折上批了"勉力医治"四字。后御医奏报胤禩病情，他在相应奏折上朱批道："本人有生以来好信医巫，被无赖小人哄骗，吃药太多，积毒太甚，这次一并发作。若幸得痊愈，那是有造化，倘若在毒气没有清除干净的情况下又用补剂，便似乎难以调治了。"众所周知，康熙从来不信医巫，也不吃补药，他这么说无疑就是用话讥刺胤禩。

胤禩生病时仍处于拘禁之中，其被拘禁处位于畅春园路旁的自家别墅内，恰好是康熙回銮时的必经之途。康熙觉得胤禩的病会妨碍到自己，便授意诸皇子将胤禩由别墅移至城内家中，九皇子胤禟对这种不近人情的做法表示坚决反对，说："八阿哥现在的病情如此沉重，若移往家，万一不测，谁承担责任？"康熙闻讯后却让人传话："八阿哥病重，不省人事，如果你们要将他移回家中，绝不能推诿说是朕令其回家的！"

打雷听声，听话听音，见康熙已把话说到这个份儿上，众人只得将胤禩移回城内。所幸一个月后，胤禩终于得以痊愈，自此起，他开始学得知情识趣，至少在康熙的视线范围内，不敢再有任何非分言行，并通过一位资深太监魏珠在康熙面前为他说好话。

虽然康熙严禁太监干政，但作为皇帝身边的人，只要善于抓住机会，其实同样能起到一定的影响和作用。魏珠老练机敏，在康熙幼时便侍奉于其左右，康熙登基后又是他长期负责康熙与外界的联系，正是他使康熙对胤禩的看法有所改观，加上康熙几次刁难胤禩，胸中一口恶气也已出了大半，遂决定正式解除对胤禩的拘禁，同时恢复停发的俸米俸银，外出巡幸时也允许胤禩一起随驾侍行。胤禩闻讯如释重负，特地向魏珠行跪拜礼以示感谢。

追忆似水年华

这边胤禩总算死了心，那边胤礽和复辟派却还在希图东山再起，当然即便康熙不出手干预，那些与之有竞争关系的皇子及其朋党也不会让他们这么轻易得逞。在八爷党成员苏努的竭力劝说下，他的侄子、辅国公阿布兰向康熙检举了一条线索，即被拘禁于家中的胤礽以给福晋看病为名，买通医生贺孟頫，通过贺孟頫向正红旗都统普奇传递密信。

经查，胤礽写密信给普奇，是想要普奇保举他为大将军，再循此途径慢慢夺回失去的储位。这种密信系用不显痕迹的矾水写成，故此案被称为“矾书案”，案发后，康熙对胤礽本人未加以太多责难，但对其他涉案人员予以了严处，普奇、贺孟頫均被判秋后处斩。

1717年底，孝惠章皇太后因病去世，康熙在皇室中的最后一个长辈也离他而去，这令他悲不自胜，哀叹从此“止有孝敬朕之人，并无爱恤朕之人”，在康熙亲自为孝惠太后致祭时，还未开始读祭文，他就已痛哭失声，读完后仍抽泣不止。

康熙在首废太子时得病，其后虽然病愈，但已元气大伤，身体状况每况愈下，变得羸瘦多病，而且经常神情恍惚。太后病重期间，他又患上了足疾，脚背浮肿，周身沉重，想活动时，若无人搀扶，都难以走动，在实在无法支持的情况下，被迫卧床休养近两个月之久。

得知皇帝生病卧床，诸王大臣群集请安，但他们往往都只说些不着边际的空话，或连用称颂套语，康熙深感“于朕躬并不裨益”，因此“恶之殊切，厌于听闻”。可是若大臣们要跟他说些实际的，他又不高兴。年初，大学士王掞曾密奏敦促册立太子，被康熙指责举措失当，其奏折也被搁置于宫中，到康熙病重时，陈嘉猷等八位御史联合条奏，恳请建储“以分圣忧”，康熙仍然置之不理：“天下之事，岂可分理乎？”

不久，和硕桓亲王、五皇子胤祺又奏请“一应事务，臣可代理”，胤祺素以善良淳厚著称，但他的一片好意和孝心也遭遇了冷屁股，康熙毫不客气地给他吃了一闷棍：“我在，你怎么可以代理呢？”

当然，康熙也知道这些皇子大臣奏请立储分理，未必一定就是怀有异心，主要还是怕他因病突然驾崩并导致一系列后果，他觉得有一个办法可以解决，那就是提前写遗诏！

康熙曾查阅过前朝皇帝所留下的遗诏，发现都有一个特点，即用的都不是皇帝本人的口气，也根本不是他们实际想说的话。由此可知这些皇帝生前多忌讳谈论死亡，直到油尽灯枯的最后一刻，才会找一些文臣来匆匆忙忙地写下遗诏，甚至于有很多压根儿就是在皇帝死后由人所代写。由于临时找来的执笔者不知皇帝本人真实想法，或不敢秉笔直书以及维护国家形象等原因，所谓遗诏完全成了可有可无的官样文章。

康熙和他们都不一样，只要朝中大权和天下仍旧掌握在自己手中，他就不怕死，也不忌讳任何关于死亡的话题，“死生常理，朕所不讳”，太后的病故更让他触景生情，体会到了自然规律之严酷和不可抗拒——“人之有生必有死”，所有生于这个世界的人最终都是要死的。

想到自己的生命力正在一天天耗去，精力也在不断衰竭，康熙就有了他有朝一日突然病倒不起，以致一句话都不能说的担心，到那时，他会不会像那些前代皇帝一样，纵有万千衷肠也倾吐不出呢？早在十年前，康熙就决定趁神志清醒的时候自己作个交代，以免留下遗憾，如今也正好针对群臣们的疑惑，给出一个明确答复。

1717 年 12 月 23 日，康熙亲自草拟并发布了一篇长篇谕旨。在谕旨中，他首先用“追忆似水年华”式的方式，对自己的人生进行了回顾，他很诚恳地说道，他出生时其实并无任何祥瑞出现，及其长大，也没有任何异乎寻常的事情发生，在位二十年时，他没想到还能再延续至三十年，三十年时又没想到能延续至四十年，如此一年一年下来，竟已在位五十七年了。

对于这五十七年的治国政绩，康熙自己是满意的，“天下粗安，四海承平”，除了归功于天地祖宗的默佑外，他也坦陈自己为此付出了极大的努力，几十年如一日，勤勤恳恳，殚精竭虑，从不敢有丝毫懈怠松弛，“此岂仅劳苦二字所能概括耶！”

由国事讲到家事，康熙当年六十四岁，“人生七十古来稀”，这个岁数在古代已经算是高寿了，康熙相信，如果他能有时间颐养身体，恢复健康，说不定还能像宋高宗赵构那样长寿（赵构活到了八十岁）。与此同时，他的皇子、皇孙、皇曾孙加起来达一百五十余人，可谓子孙满堂，人丁兴旺。

儒家经典《尚书》中论述人生有五种幸福的境界，谓之五福，即“寿、富、康宁、好德、考终命（善终）”。康熙希望自己五福齐全，但能否“考终命”已经对他形成了严峻考验。“遗诏”的汉文内容多达三千字，是康熙时期最长的谕旨，这其中相当大的篇幅都是康熙在阐述为君之难，也就是他对此所产生的隐忧、痛苦和思考。

头一回见

康熙可以从前朝皇帝中找出很多“考终命”不果的例子。梁武帝萧衍是一个，他开创了梁朝基业，晚年却为大臣侯景所逼，被囚死于台城。隋文帝杨坚是另一个，同为开国皇帝，但他因看不穿其子杨广的丑恶为人，最后也未得善终。其他还有很多，有服毒自杀的，有被毒杀的，更有类似宋太祖赵匡胤烛光斧影之类，永远都查不清的千古疑案。

按照康熙的看法，之所以会发生这些事件，主要源于皇帝本身不能分辨好坏以及大权旁落之故。他以此进一步解释了为什么自两废太子后，一直不同意马上立储和让人分理政务：立储乃国家大事，“天下神器至重”，一旦选错人，各种事情都会滑向邪路，自己前五十七年的辛劳将尽付东流；皇帝既举大纲也要兼细务，若有一事处理不当，就将招致天下大祸，而一念不慎，亦可能殃及后代子孙。

依据历史经验，康熙也反对外戚和大臣继续跟立储一事有所牵连。他说汉高祖刘邦死时让吕后辅佐儿子登基，结果大权落到了吕后手中，唐太宗李世民听信大臣长孙无忌的话，立软弱无主见的李治为太子，导致武则天专权。“朕每览此，深以为耻”，这意味着他决不会重蹈刘邦、李世民的覆辙，他警示诸王大臣，立谁为储，取自皇帝一个人的专断，任何人不得干预和推荐，如果有谁想利用他生病之机，“拥戴一人以期后福”，则他决不会放过这些人，“朕一息尚存，岂肯容此辈乎？”

莎士比亚在剧作中将人生分成七个阶段，他说最后一个阶段是一个人“孩提时代的再现，全然的遗忘，没有牙齿，没有眼睛，没有口味，没有一切”。这是一种哲学化的描述，大致相当于孔子的“七十而从心所欲，不逾矩”，康熙在写长篇谕旨时无论年龄还是思想境界，都与此相接近。他对自己的这篇谕旨也非常珍视，告诉群臣，他在写谕旨时“披肝露胆，罄尽五内”，完全展示了他真实的内心世界，其间没有故意隐瞒任何东西，自此也再没有任何多余的话需要补充了，他还嘱咐说，以后如果真的需要发布遗诏，就用这个内容，无须任何增删。

康熙无疑将谕旨作为了他的内心独白和政治交代，他希望人们能够充分理解和尊重他的想法，可是朝中因争储而重新燃起的战火却并未能够因此平息。1718 年 2 月 19 日，翰林院检讨朱天保不顾谕旨中所发出的明确警示，奏请复立胤礽为太子，他在奏折中说胤礽“仁孝，圣而益圣，贤而益贤”，并指责康熙，认为他拒绝与胤礽见面，堪与汉武帝逼太子刘据自杀相提并论。

刘据系汉武帝皇后卫子夫之子，很早就被汉武帝立为储君。奸臣江充与刘据结仇，怕刘据将来继位后会诛杀他，便制造“巫蛊之乱”陷害太子。汉武帝不明真相，派兵围捕刘据，刘据及其母卫子夫均被逼自杀，史称“巫蛊之祸”。事后汉武帝才察觉到刘据系为奸人所害，为此后悔莫及，乃建“思子宫”，以志歉疚和思念。

康熙废黜胤礽与汉武帝逼刘据自杀当然不是一码事，但朱天保就硬把二者给联系上了：胤礽就是那个可怜而无辜的刘据；康熙是昏头昏脑的汉武帝；将军费扬古被朱天保认为是“当代的奸臣江充”，他说费扬古有故意陷害胤礽的意图。

要求复立胤礽的奏折不是没有，然而敢如此胆大妄为，竟将康熙“比附于胤礽之乖戾”的奏折，还是头一回见，康熙对此事极为重视，他不顾自己仍在病中，亲自在汤泉行宫对朱天保进行了讯问。朱天保交代是其父、原兵部侍郎朱都纳与女婿戴保商议，让他上奏的，目的是希望通过复立太子而得到“富贵”。康熙命锁拿朱都纳、戴保，将二人连同朱天保一齐交与诸皇子、大臣严审，于是又有副都统常赉、原任内阁学士金宝等人被卷入此案。

康熙认为朱氏父子罪无可赦，起初他打算以毒攻毒，做得狠一些，让朱都纳亲眼看着朱天保被处斩后，再将朱都纳本人凌迟处死。后来他心又软了，转判朱天保

"不忠不孝"，立予正法，朱都纳及其他一些人"从宽免死"，交与步军统领"永远枷示"。

就在康熙审讯朱天保的第二天，大学士会同九卿等以"皇太子系天下根本"为由，就立储一事具奏。大臣们很聪明，不但觑准"法不责众"这一空隙，来了个集体上奏，而且还把康熙在"遗诏"中的"建储大事，朕岂忘之"一句摘出来，表示众人的请求完全是为了替病中的皇帝分忧："可命皇太子在皇上左右，秉承皇上指示赞襄办理，俟圣躬大安，再亲机务。"另外，他们没有具体说立哪位皇子为储，自然也不在"遗诏"所警示的范围之内，更不能说是在搞朋党。

康熙不但不能发怒，还得召见和安抚诸臣，以示自己身体已康复，让诸臣不必多虑："朕自幼颇能耐病，是以起居照常，仍办理机务。今至汤泉，颜色稍复，精神亦增，特谕尔等知之。"他也同意为立皇太子做准备，只是鉴于原来的太子礼仪由索额图所定，"服用仪仗等物，逾越礼制，竟与朕所用相等"，要求重新制定新的礼仪。2 月 28 日，大学士、九卿等在遵旨查核汉、唐、宋直至明代的典礼后，报上新的礼仪方案，康熙认为"所议甚善"。

实际上，康熙所谓的准备立储只是虚晃一枪，应付舆论而已。他固然一直在暗中酝酿皇位继承人，但却早已通过"遗诏"表明，生前绝不会再预立皇储以分皇权，甚至在他召见诸臣时也重申了不预立太子的意向："天无二日，民无二王，名不正则言不顺。"

打哑谜

重制太子礼仪，让志在夺储的皇子都激动起来，尤其三皇子胤祉更是现出按捺不住之状，据说他在那段时间内"居然以储君自命"，而在大学士、九卿等参考前朝规矩，对原有太子仪仗、冠服以及应行礼仪予以裁减时，胤祉就好像是裁减了他的东西，还忍不住咒骂了这些大臣。

胤祉的心情并不难理解。若比年纪和地位，随着胤禔、胤礽先后被淘汰，剩下的皇子之中，他是当仁不让的老大，若是比才华和能力，虽然综合起来不及也已被淘汰的胤禩，但他的文化修养较高，善于领导汉人学者，尤其是南方文人学士创办文化事业，这可是康熙一向看重的地方。

不过胤祉的自我期许看起来多少有些一厢情愿。在两废胤礽后，康熙已不可能完全按照嫡长子的方式挑选继承人，创办文化事业固然让康熙高兴，但它本身只是成为储君的一种参考因素，而且还不是关键因素。按照康熙对胤禔、胤礽、胤禩的处理以及他讲话中所透露出的信息，其继承人首先要有孝行。胤祉在康熙病重时，和胤礽一起为之窃喜，敏妃去世，服丧未满百日便剃头，在康熙看来，哪有一点孝的气味？胤祉也因此曾被由郡王降为贝勒，直到后来才被晋升为亲王，仅此一点，便可知胤祉实在与储君无缘。

在当时朝臣的心目中，最有希望夺储的已不是胤祉，而是十四皇子胤禵。噶尔丹败亡后，其侄策妄阿拉布坦代之而起，开始吞并周围各部并染指西藏，自此与中央政府处于交战状态。1718 年底，清军出兵西藏，"驱准保藏"，结果被打得大败，几乎全军覆灭。康熙闻讯又急又气，他本拟像三征噶尔丹那样亲自挂帅出征，但时年已经六十五岁的老皇帝早已不复当年之勇，虽然已经病愈，但大腿和膝盖时常会感到疼痛，稍受风寒，即不停咳嗽，乃至咳到声音嘶哑，他自己也叹息："如当朕少壮之时，早已成功矣。"

就在这种情况下，康熙决定任命年富力强且深具武略的胤禵为抚远大将军，派他率部西征。在胤禵离京时，康熙向其亲授大将军敕印，又命诸皇子和满朝文武大臣相送，胤禵也由此被猜测为皇储的热门人选。

胤禵系八爷党骨干成员，胤禩此时仍为八爷党领袖，在被抛出局后便退居幕后指挥胤禵参与竞争，而胤禟则充当了胤禩在京城的主要联络人并公开帮助他争储。

八爷党对胤禵出线的信心很足，胤禟对其心腹、葡萄牙籍传教士穆景远说："十四爷现令出兵，皇上看得也很重，将来这皇太子一定是他。"太监魏珠因在胤禩得到康熙宽大处理的过程中显示出了作用，让诸皇子对他都不敢有所忽视，明里暗里地纷纷对他进行拉拢，胤禟因有财力基础更是当仁不让，为了能够与魏珠拉近关系，他甚至让自己的儿子认魏珠为"伯叔"也就是干爸爸。除此以外，他还厚结太监陈福、李坤，让二人随时伺察康熙的喜怒动静，所有这些都为了让胤禵能够得以尽快上位。

胤禵自己也在为早日得到储位奔忙，"保举胤禩案"后，康熙对满洲王公大臣的信任度骤降，身为汉臣的大学士李光地却越来越受到宠幸，经常被康熙单独召见讨论问题。胤禵邀请李光地的弟子程万策当他的文学幕宾，还尊称程万策为“先生”，其意图显然是想以程为媒介，与李光地建立交情。

胤禵出师告捷，西藏战役大获全胜，但就在八爷党弹冠相庆，认为皇储之位已非胤禵莫属的时候，康熙却突然把胤禵召回京城“磋商军机”，而且这一“磋商”就“磋商”了六个月。八爷党对此大感不妙，因为如果真的需要磋商紧急军务，一般来说，绝不可能拖六个月之久。

六个月后，康熙又把胤禵重新派回前线，从始至终都未提及立胤禵为太子的事。这使得八爷党更加不安，胤禟抱怨说：“皇父明是不要十四阿哥成功，恐怕成功之后，难于安顿。”

有人猜测胤禵虽有战功，但他先前和胤禟一起为胤禩争储，康熙对此是清楚的，他曾经斥责说凡支持胤禩的皇子“行同猪狗”，并担心这些皇子可能兴兵作难，逼他逊位于胤禩，因而他绝无可能册立胤禵为太子。

又一个本以为确凿无疑的答案暂时被排除了。大家就像打哑谜一样在进行竞猜，可是不管怎么猜来猜去，始终都猜不透老皇帝究竟会立谁为太子。一时间谣言纷飞，各种各样的名单和说法都相继出笼，其中最离谱的一种是这样：康熙既不欲册立一位皇子，也不想选择一位汉裔，他认为这两类人性格都偏软弱，没有能力治理帝国，因此倾向于从千名元代皇室后裔中挑选一位作为太子。

这种传言的荒诞不经之处自然不言而喻，连一名在华的外国传教士在听到后也表示怀疑：“汉人喜欢这样的选择吗？诸皇子会心甘情愿地放弃与生俱来的继承权吗？”

随着时光的飞速流逝，正确的答案很快就将揭晓，它虽然不如选蒙古人后裔为太子那样有爆炸效应，却也足以令几乎所有入局者和观察者目瞪口呆。

怎么可能

只要健康稍一恢复，康熙就会利用余暇出京狩猎，这是彰显其个人生命力以及满人尚武传统的一种特有方式。1722 年 11 月 29 日，康熙前往南苑行围，由于身体状况大不如前，他早在多年前就已不能骑马，只能盘膝坐在一顶四人抬的敞篷轿上，不过他照样还是一个技术精湛、弹无虚发的老猎手——他的面前总是摆着一支火绳枪、一张阔边弓和一束利箭，其中弓箭用来射杀野兔、野鹿，唯有遇到野猪、老虎一类最危险的猛兽时，他才会选择使用火绳枪。

转眼两周时间过去了，12 月 14 日，康熙突感身体不适，急忙让随从将他送回畅春园，当天即卧床不起。皇宫档案中没有记载康熙究竟得的是什么病，懂得医术的传教士也意见不一，有的认为康熙是因“寒战”而病倒，病因系血液凝结，意大利传教士马国贤则说康熙的病状是“发高烧”，他结合当时北京“天气在逐渐变冷”的情况，判断康熙的病由天气突变而引发，可能是重感冒及其并发症。

随着病情的恶化，康熙已经连着卧床七天，由于他之前也有过卧床近两个月，随后又康复的经历，所以很少有人能想到那其实是他生命中最后的七天。12 月 20 日，康熙的病情忽然急剧恶化，大约在凌晨四时，他将等候在寝宫外的胤祉、胤祐、胤禩、胤禟、胤䄉、胤祹、胤祥等七位在京的年长皇子以及步军统领隆科多召至御榻前，下达简要谕旨：“皇四子人品贵重，深肖朕躬，必能克承大统。著继朕登基，即皇帝位。”

此即史学家所称的“末命”。相信在场的多数皇子都会深感震惊和失落，因为这不是他们有所预料或期待已久的答案，皇位继承人居然是四皇子胤禛，怎么可能？

但事实就是事实，康熙选中的正是胤禛。胤禛的优势在于他有很强的自控能力，康熙曾评价胤禛“幼年时，微觉喜怒不定”，胤禛记在心里，不断加以改正，使得此后十余年康熙再未提及此事，反观康熙要胤禩练书法，胤禩却连一天都不能坚持。

当然最重要的还是胤禛更有心计。他的生母德妃年轻时深受康熙宠爱，子凭母贵，在大部分皇子都被令人视养的情况下，只有胤禛和废太子胤礽一样，小时候是由康熙亲自抚育长大的。相较于其他皇子，从小在康熙身边长大的胤禛显然更知道皇父喜欢什么，讨厌什么，同时他又不像胤礽，后者很早就被封为太子，以至于什么东西都觉得能够轻而易举得到，自然也想不到要刻意迎合皇父，胤禛没有嫡长子的优势，他明白自己要想获得更好的境遇，唯一的办法就是讨皇父欢心。

胤禛的三个哥哥，无论胤禔、胤礽还是胤祉，都有惹恼康熙之处，唯有胤禛与康熙之间从未发生过任何裂痕。康熙对此非常满意，称赞胤禛："至其能体朕意，爱朕之心殷勤恳切，可谓诚孝。"诸皇子之中，也只有胤禛得到过康熙这种"能体朕意"的赞语。康熙在处理索额图案之前，为了在诸皇子中给太子胤礽树立一个好的榜样，特命胤禛筹备孝惠太后六十大寿的庆祝活动。这是康熙一向最为重视的尽孝活动，他选胤禛而不是他的三个哥哥作为筹备人，已足见胤禛在其心目中的地位。

此后胤禛仍然时时处处把对皇父尽孝放在第一位。康熙得病时，诸子多不靠前，是胤禛流着眼泪提议选医调药治疗，并和胤祉等人一道日夜加以照料，让康熙深为感动。到了康熙晚年，还是胤禛首先在热河行宫恭请康熙到他的圆明园进宴，后来胤祉等其他皇子看到了，才亦步亦趋地加以效仿，竞相恭请康熙到自己园中进宴。

可以说，在康熙两废太子后，胤禛与康熙的父子关系是最好最稳定的，与此同时，他还是宗室中的一个团结因素，起码在表面上，他与包括废太子在内的所有兄弟都能做到和睦相处，其他皇子也经常受其邀请到圆明园聚会。

在康熙第二次分封诸子时，胤禛就已被封为亲王，父子和兄弟关系又处理得这么好，为何在人们猜测的皇储候选人名单中，从无其身影，他也不在公开的立储话题中被提及呢？

康熙说过："前拘禁胤礽时，并无一人为之陈奏，唯四阿哥性量过人，深知大义，屡在朕前为胤礽保奏。似此居心行事，洵是伟人。"这是指太子胤礽首次被废后，康熙派胤禛协助看守胤礽，先前曾受胤礽慢待的胤禛，对胤礽既往不咎、宽宏大量，不仅积极替他传话还为其争取应有待遇。

然而胤禛也恰恰因此吃了苦头，康熙刚刚表扬完，随即却又怀疑胤禛为胤礽陈奏，可能属于"太子党"，遂一度下令将他和胤礽等其他兄弟一道锁拿，直到嫌疑解除才予以释放。胤禛对此记忆深刻，自此以后，便谨奉皇父旨意，"弟兄之内，亦并无私相往来之处"，他邀请兄弟聚会全都是放在明面上，置于康熙看得见而且感到满意之处，以此迎合康熙既要皇子们顾念骨肉之情，但又不希望他们走得太近甚而结党的想法。

胤禛不仅私下里较少与兄弟们来往，也从不公开交结大臣。要知道，胤祉被认为难以成为储君的原因之一，就是他在皇子中基本属于"单枪匹马派"，在朝中又没有什么权力基础。其实胤禛亦如是——众兄弟虽然都尊重胤禛，但仅仅就是把他当成如五皇子胤祺那样，一个老实憨厚、毫无野心的大哥而已，而因官员中追随胤禛的人寥寥无几（至少表面上是这样），自然也没有人在立储时主动为他提名。

问题在于，让谁当太子，不是由朝官和皇子们共同推荐决定的，他们忽视的人，反而可能是最为康熙所器重的人，这样一想，胤禛能够出线也就一点都不奇怪了。

倒计时

康熙以守成而兼开创，励精图治、局度宏远，是清代长治久安局面的主要缔造者。西方观察家认为，正是在康熙的统治下，中国比当时世界上其他国家都更快地摆脱了 17 世纪蔓延于全球的经济危机，在中国历史上，它被称为“康乾盛世”的起点。

这是康熙自己也深以为傲的一面，但他的另一面则是过于好名，受“仁政”光环的束缚太多。以整饬吏治而论，康熙虽然也很注意，但在多数情况下都仅以表彰清官，也就是提倡廉吏政治为主，对证据确凿的贪官及其贪纵行为往往下不了狠手，甚至网开一面，加以庇护。别的不说，就说“苏州案”，那个康熙因追踪废太子胤礽而让人秘密调查的案件，所有参与非法买卖人口的贪官污吏事实俱在，可是均未受到处理，康熙仅仅下达了一个今后再敢拐卖人口者将严惩不贷的公文，就算是结案了。

至康熙晚年，受两废太子和诸子夺储的困扰，加上身体日渐虚弱，康熙无法集中精力于政务，致使政务废弛和吏治败坏的现象更加严重，也由此造成了各省钱粮普遍亏空，国库极为空虚的问题。康熙对此是清楚的，临终前一个月，他做了两次重要讲话，一次是满朝文武欲为他筹备七十大寿庆典，康熙说我看过你们群臣的奏章，上面对我的颂扬都太言过其实，我个人修养不够，治国也就只能治到这种程度了，再者，如今西北边疆正在用兵，物价飞涨，所以庆典无须再议，不准行。

在另一次讲话中，康熙谈为政用人之难，直接举各省钱粮皆有亏空，陕西尤甚为例。他分析说，之所以造成亏空，一是官员们不认真负责，挪用国库银两后当年不能清，甚至几十年都不能清；二是地方上的州县官往往借端开销，从中贪污受贿。

可见康熙完全知道问题所在，但他已无精力也无时间进行整治，只能把这一艰巨的任务交给自己选定的接班人，后者不一定需要再像他这样追求做一个“宽仁皇帝”，但却必须具有解决难题的足够胆魄和能力。1722 年 11 月，康熙认为通仓、京仓在仓米发放的过程中弊病严重，命胤禛主持勘查，胤禛等人经过盘查，建议严格仓粮存储出纳、仓上监督人员奖惩等制度。事后来看，康熙既是让胤禛协助处理棘手政务，同时也是在对他进行考察和培养。

仅仅一个月后，康熙即病重不治，进入了生命的倒计时，他生病卧床的那七天也就成了最为关键的七天。在此期间，一度被外界认为是储臣最热门人选的十四皇子胤禵尚在西北前线，五皇子胤祺一个月前被派往孝陵祭奠孝惠章皇后，二人均未被康熙召回。

12 月 16 日，即康熙卧床两天后，他命胤禛前往南郊代他祭天。由祭天也可以看出胤禛在康熙心目中的地位：一年一度的冬至祭天，向为康熙所重视，过去除偶尔由废太子胤礽代行外，一般都是他亲力亲为，后来因为老病虚弱，无法再行三跪九叩大礼，才转由领侍卫大臣马尔赛代行，不过自 1721 年起，这一神圣使命便移交到了胤禛手中。

按照祭天程度，正式祭天前，必须做一周的斋戒和祷告。次日，抵达南郊斋所的胤禛三次派遣护卫、太监等至畅春园恭请圣安，康熙让他们带话给胤禛：“朕体稍愈”。以后两天，胤禛一再请安，得到的都是同样答复。

12 月 20 日，康熙在病情急剧恶化，自知已难以转圜的情况下，谕令胤禛速至畅春园。大约上午八点，胤禛赶回畅春园，十点左右进入寝宫，康熙此时尚神志清醒，还能说话，他向胤禛陈述了自己的病情，“告以病势日臻之故”，但没有向胤禛传达刚刚宣布不久的“末命”，也未让儿子知道他已是储君。

经过简短谈话，胤禛先退至寝宫外恭候，而后又曾三次进入寝宫向康熙问安，然而其间康熙都没有一言提及“末命”。直至当天晚上八点左右，康熙驾崩，隆科多才当着诸皇子的面正式宣布“末命”，告诉胤禛，他已经成为大清帝国的新一任皇帝。

这一幕情景康熙已经再也看不到了，但却完全在他的预想之中。从幼时与疾病抗争，登基之初与权臣搏杀，到平定三藩之乱，亲征噶尔丹，这个人几乎战斗了一辈子，到临终前都未停止战斗。关于继承人的战斗，乃是他一生中发起的最后的战斗，亦可以说是他所经历的最艰难战斗之一，其胜负的关键在于，他能否把储君的秘密守护到生命的终点，并且“仓促之间一言而定大计”，事实证明，他做到了。

附录一：康熙生平大事简明年表

顺治十一年三月十八日（1654 年 5 月 4 日），出生于北京紫禁城景仁宫，姓爱新觉罗，名玄烨。

顺治十二年（1655 年），因“避痘”迁出紫禁城，居住于北京西郊。

顺治十五年（1658 年），五岁，入书房读书。

顺治十八年（1661 年），八岁，顺治驾崩，玄烨即位，改年号为康熙，鳌拜等四大臣辅政。

康熙二年（1663 年），十岁，生母佟佳氏去世。

康熙四年（1665 年），十二岁，以太皇太后懿旨，聘辅臣索尼孙女、内大臣葛布喇之女赫舍里氏为皇后。

康熙六年（1667 年），十四岁，亲政，实行御门听政。

康熙八年（1669 年），十六岁，智擒鳌拜，下诏永停圈地，当年已圈者给还。

康熙九年（1670 年），十七岁，颁布“圣谕十六条”，改内三院为内阁，复设中和殿、保和殿、文华殿大学士。谕礼部举行经筵。

康熙十二年（1673 年），二十岁，吴三桂在云南举兵反叛，“三藩之乱”爆发。

康熙十八年（1679 年），二十六岁，清军攻克岳州，平叛战争取得决定性胜利。

康熙二十年（1681 年），二十八岁，清军进军云南，“三藩之乱”完全平定。

康熙二十二年（1683 年），三十岁，收复台湾。

康熙二十三年（1684 年），三十一岁，初次南巡。

康熙二十四年（1685 年），三十二岁，第一次雅克萨之战。

康熙二十六年（1687 年），三十四岁，孝庄太皇太后病逝，享年七十五岁。

康熙二十八年（1689 年），三十六岁，签订中俄《尼布楚条约》，确定中俄东段边界。

康熙二十九年（1690年），三十七岁，清军在乌兰布通击败噶尔丹。

康熙三十年（1691年），三十八岁，多伦会盟，在蒙古实行盟旗制。

康熙三十五年（1696年），四十三岁，亲征噶尔丹，指挥昭莫多之战。

康熙四十二年（1703年），五十岁，宣布内大臣索额图为“天下第一罪人”，拘禁于宗人府。

康熙四十七年（1708年），五十五岁，废皇太子胤礽，颁示天下。

康熙五十一年（1712年），五十九岁，宣布“滋生人丁，永不加赋”。

康熙五十六年（1717年），六十四岁，发布诏书，回顾一生，阐述为君之难。

康熙五十七年（1718年），六十五岁，命皇十四子胤禵为抚远大将军，进军青海。

康熙五十九年（1720年），六十七岁，册封六世达赖喇嘛，结束自五世达赖喇嘛之后西藏宗教领袖不定的局面。

康熙六十一年十一月十三日（1722年12月20日），病逝于畅春园寝宫，享年六十九岁。

（注：此表按年号纪年排定，括号中为公元纪年）

附录二：参考文献

［1］蒋兆成，王日根．康熙传［M］．北京：人民出版社，1998.

［2］孟昭信．康熙传［M］．长春：吉林文史出版社，2004.

［3］孟昭信．中国思想家评传丛书：康熙评传［M］．南京：南京大学出版社，1998.

［4］高阳．世界名人名家名传：康熙传［M］．北京：中共中央党校出版社，2000.

［5］史景迁．中国皇帝：康熙自画像［M］．吴根友，译．上海：上海远东出版社，2001.

［6］史景迁．康熙：重构一位皇帝的内心世界［M］．温洽溢，译．桂林：广西师范大学出版社，2011.

［7］史景迁．曹寅与康熙：一个皇帝宠臣的生涯揭秘［M］．陈引驰，郭茜，赵颖之，丁旻．译．上海：上海远东出版社，2005.

［8］史景迁．中国纵横：一个汉学家的学术探索之旅［M］．夏俊霞，等，译．上海：上海远东出版社，2005.

［9］史景迁．追寻现代中国：1600—1912 年的中国历史［M］．黄纯艳，译．上海：上海远东出版社，2005.

［10］吴秀良．康熙朝储位斗争记实［M］．张震久，吴伯娅，译．北京：中国社会科学出版社，1988.

［11］魏斐德，洪业：清朝开国史［M］．陈苏镇，薄小莹，等，译．南京：江苏人民出版社，2003.

［12］白晋．一个老外眼中的康熙皇帝［J］．传奇故事：百家讲坛下旬，2009.

［13］国家清史编纂委员会编译组．清史译丛：第二辑［M］．北京：中国人民

大学出版社，2005.

［14］李春光．清代名人轶事辑览［M］．北京：中国社会科学出版社，2004.

［15］商鸿逵．明清史论著合集［M］．北京：北京大学出版社，1988.

［16］商鸿逵．商鸿逵教授逝世十周年纪念文集［M］．北京：北京大学出版社，1995.

［17］王思治．中国人民大学名家文丛：王思治自选集［M］．北京：中国人民大学出版社，2007.

［18］戴逸．中国人民大学名家文丛：戴逸自选集［M］．北京：中国人民大学出版社，2007.

［19］孟森．孟森：在北大讲清史［M］．杨佩昌，朱云凤，整理．北京：中国画报出版社，2010.

［20］萧一山．清代通史：第一卷［M］．上海：华东师范大学出版社，2005.

［21］王钟翰．大家说历史：王钟翰说清朝［M］．上海：上海科学技术文献出版社，2009.

［22］白新良．清史考辨：第一卷［M］．北京：人民出版社，2006.

［23］中国社会科学院历史研究所清史研究室．清史资料：第五辑［M］．北京：中华书局，1984.

［24］中国人民大学清史研究所．清史研究集：第二辑［M］．成都：四川人民出版社，1982.

［25］中国人民大学清史研究所．清史研究集：第三辑［M］．成都：四川人民出版社，1984.

［26］中国人民大学清史研究所．清史研究集：第四辑［M］．成都：四川人民出版社，1986.

［27］沙舟．故宫三百年内幕［M］．济南：山东人民出版社，2007.

［28］单士元．故宫史话［M］．北京：新世界出版社，2004.

［29］谢正光．新君旧主与遗臣——读木陈道忞《北游集》［J］．中国社会科学，2009（3）：186~203.

［30］李兰琴．汤若望传［M］．北京：东方出版社，1995.

［31］胡奕军．不朽的汤若望［J］．炎黄世界，2013（1）：50~53.

［32］焦国标．汤若望的“玄”［J］．世界宗教文化，2004（3）．

［33］王渝生．“通玄教师”汤若望［J］．自然辩证法通讯，1993，15（2）．

［34］徐海松．清初汤若望的“通天”角色与西学东渐［J］．杭州师范学院学报，1998（1）．

［35］黄一农．耶稣会士汤若望在华恩荣考［J］．中国文化，1992.

［36］盛德本．清初名将鳌拜［J］．军事历史，1994（1）．

［37］佚名．满洲第一勇士鳌拜之死［J］．各界，2009.

［38］富育光．满族说部的传承与采录——《鳌拜巴图鲁》《傅恒大学士与窦尔敦》《扎呼泰妈妈》［J］．学问，2013（2）：36−41.

［39］商鸿逵．关于康熙捉鳌拜［J］．历史教学（下半月刊），1979.

［40］马伟华．鳌拜被擒与康熙历狱的彻底翻案［J］．科学与管理，2015，35（4）：63~66.

［41］邓中绵．论康熙捉鳌拜的历史作用［J］．北方论丛，1982.

［42］杨珍．辅政大臣遏必隆、鳌拜满文奏疏研究［J］．满语研究，2016（1）：117~122.

［43］童鹏．“康熙擒鳌拜”与清初皇权专制制度的确立［J］．卷宗，2013（11）：422~423.

［44］吴昊．燕青打擂和智擒鳌拜：历史与传说里的中国跤［J］．东方养生，2012（4）：116~119.

［45］杨珍．鳌拜罪案史料辩证——兼论清史研究中满汉史料的运用［J］．故宫博物院院刊，2015（6）：116~123.

［46］刘凤云．清代三藩研究［M］．北京：中国人民大学出版社，1994.

［47］吴绮，罗天尺，李调元等．清代广东笔记五种［M］．林子雄，点校．广州：广东人民出版社，2006.

［48］罗进．“三藩之乱”新论［J］．遵义师范学院学报，2007（3）．

［49］王光宇．论康熙时期的三藩之乱［J］．安徽师范大学学报（哲学社会科学版），1980（1）．

[50] 李生占. 刍议“三藩之乱”[J]. 华夏纵横，2015（2）：42~44.

[51] 赵梓淞. 三藩之乱中尚之信立场研究[D]. 中央民族大学，2009.

[52] 魏舶.“三藩之乱”期间朝鲜遣清使研究——以朝鲜使者归国汇报的偏见为中心[D]. 吉林大学，2008.

[53] 王桂东，达力扎布. 清“三藩之乱”期间朝鲜对清朝情报的搜集[J]. 北华大学学报（社会科学版），2013（4）.

[54] 胡福文. 清康熙帝的军事思想[J]. 军事历史研究，1989（2）：139~147.

[55] 李苑苑. 清朝皇室与三藩之乱[D]. 华中师范大学，2014.

[56] 雷炳炎. 清代八旗贵族世家与三藩之乱的平定[J]. 南通大学学报（社会科学版），2015（1）.

[57] 陆保生. 清兵战时生活状况研究——以“三藩之乱”与嘉庆白莲教起义为个案[D]. 武汉大学，2004.

[58] 雷炳炎. 三藩之乱时西线清军作战的再思考[J]. 北华大学学报（社会科学版），2015，16（2）.

[59] 曾寿. 随军纪行译注[M]. 季永海，译注. 北京：中央民族学院出版社，1987.

[60] 吴忠礼. 朔方集[M]. 银川：宁夏人民出版社，2011.

[61] 李鸿彬. 郑经与三藩之乱[J]. 台湾研究集刊，1984（4）.

[62] 施伟青. 台湾民族研究文集[M]. 北京：中央民族大学出版社，2006.

[63] 施伟青. 施琅评传[M]. 厦门：厦门大学出版社，1987.

[64] 施伟青. 再论施琅的几个问题——与王铎全同志商榷[J]. 台湾研究集刊，1984（4）：34~42.

[65] 施伟青. 关于施琅复出前夕的若干问题[J]. 台湾研究集刊，1997（3）：79~82.

[66] 张家瑜. 对施琅的几点看法[J]. 泉州师范学院学报，1983（1）：82~87.

[67] 黄伟民. 施琅研究的理性思考[J]. 泉州师范学院学报，2005（2005）：34~37.

[68] 邓孔昭. 施琅其人二三事[J]. 台湾历史研究（第一辑），2013.

［69］施伟青，叶昌澄，等．施琅研究［M］．厦门：厦门大学出版社，2000.

［70］胡沧泽．施琅与清政府统一台湾的决策［J］．福建师范大学学报（哲学社会科学版），1998（4）.

［71］苏双碧．康熙和施琅［J］．中共福建省委党校学报，2003（10）.

［72］王政尧．康熙帝与施琅［J］．北京文史，2010（2）.

［73］施能忠．李光地与施琅［J］．泉州师范学院学报，1992（3）：40~41.

［74］李宇思，施宣圆．李光地与施琅——兼论李光地在统一台湾中的贡献［J］．安徽史学，1998（1）：27~29.

［75］孙炜，朱晓博．姚启圣、施琅关系考辨——兼论二人在台湾统一中的作用［J］．信阳师范学院学报（哲学社会科学版），2017（4）.

［76］朱晓博．姚启圣与施琅的恩恩怨怨［J］．华夏文化，2017（4）：49~50.

［77］施伟青．康熙帝对施琅的评价探源［J］．台湾研究集刊，2000（1）：73~77.

［78］俞风流．康熙任用施琅的前前后后［J］．台声，2011（4）.

［79］饶国斌，于斌，赵长河．康熙筹谋二十二年，施琅八日收复台湾［J］．沧桑，2000（4）.

［80］邓孔昭．李光地、施琅、姚启圣与清初统一台湾［J］．台湾研究集刊，1993（1）.

［81］张铁牛，高晓星．中国古代海军史［M］．北京：八一出版社，1993.

［82］路亮．清郑澎湖海战研究［D］．厦门大学，2009.

［83］颜家蔚．施琅征战台湾气象条件考［J］．气象知识，2006（4）：56~58.

［84］施伟青．施琅进军澎湖几个问题的考订［J］．历史研究，1997（6）.

［85］陈思．从军事角度比较郑成功与施琅的两次征台之役［J］．台湾研究集刊，2014（5）：48~57.

［86］曾舒怡．《清威略将军吴英事略》版本考［J］．福建图书馆理论与实践，2013（3）：53~55.

［87］陈在正．施琅以战逼和统一台湾的决策［J］．台湾研究集刊，1996（4）：60~66.

[88] 杨彦杰 . 从外国资料看施琅统一台湾 [J] . 清史研究，1997 (4) .

[89] 潘文贵，聂德宁 . 施琅"挈棺入京，行献俘礼"质疑——郑成功墓真伪附考 [J] . 台湾研究集刊，1999 (1) .

[90] 张海瀛 . 论清代前期的奖励垦荒与蠲免田赋 [J] . 晋阳学刊，1980 (1): 51~62.

[91] 李燕光 . 清初的垦荒问题 [J] . 社会科学辑刊，1985 (1) .

[92] 方裕谨 . 康熙初年有关屯垦荒地御史奏章 [J] . 历史档案，1990 (1): 11~15.

[93] 尼古拉·阿多拉茨基 . 东正教在华两百年史 [M] . 阎国栋，肖玉秋，译 . 陈开科，审校 . 广州: 广东人民出版社，2003.

[94] 尼古拉·斯帕塔鲁·米列斯库 . 中国漫记 [M] . 蒋本良，柳凤运，译 . 北京: 中华书局，1990.

[95] 马国贤 . 清廷十三年——马国贤在华回忆录 [M] . 李天纲，译 . 上海: 上海古籍出版社，2004.

[96] 王士禛 . 清代史料笔记丛刊: 池北偶谈 [M] . 靳斯仁，点校 . 北京: 中华书局，1982.

[97] 张丹卉 . 清初雅克萨战役之始末 [J] . 文化学刊，2008 (1) .

[98] 马富英 . 雅克萨战争及清代东北边疆防务 [J] . 西南民族大学学报 (人文社会科学版)，2012 (7): 204~207.

[99] 黄锦明 . 雅克萨之战历史回顾及启示 [J] . 军事历史，2014 (8): 41~46.

[100] 黄一农 . 红夷大炮与皇太极创立的八旗汉军 [J] . 历史研究，2004 (4) .

[101] 李泳炎 . 中俄雅克萨战争双方兵力考 [J] . 北方论丛，1984 (3): 89~91.

[102] 秦汉 . 一场比战败还危险的胜利——中俄雅克萨之战 [J] .《大科技 (百科新说)》，2012 (7) .

[103] 杨子忱 . 关东奇人 [M] . 长春: 长春出版社，1990.

[104] 傅英仁 . 萨布素将军传 [M] . 长春: 吉林人民出版社，1990.

[105] 富育光，于敏 . 萨大人传 [M] . 长春: 吉林人民出版社，2007.

[106] 何溥滢 . 满族爱国将领彭春 [J] . 满族研究，1985 (2): 60~64.

［107］关大虹．“雅克萨之战”中的抗俄将领郎坦［J］．东北师大学报（哲学社会科学版），1994（1）：22~24.

［108］张富春．河南闽营人与雅克萨之战［J］．中州学刊，2014（5）：133~137.

［109］金鑫．雅克萨之战前后的达斡尔五百官兵［J］．中国边疆史地研究，2011（2）：44~55.

［110］金鑫．索伦、达斡尔人在雅克萨之战中的活动探微［J］．东北史地，2016（2）：67~71.

［111］周喜峰．清初黑龙江各族与雅克萨保卫战［J］．明清论丛，2012（12）247~254.

［112］潘君祥．雅克萨之战与福建台湾的藤牌兵［J］．社会科学，1984（6）：65~67.

［113］李硕．南北战争三百年：中国4—6世纪的军事与政权［M］．上海：上海人民出版社，2018.

［114］勒内·格鲁塞．汉译世界学术名著丛书：草原帝国［M］．蓝琪．译．项英杰．校．北京：商务印书馆，1999.

［115］内蒙古社科院历史所《蒙古族通史》编写组．蒙古族通史（中卷）［M］．北京：民族出版社，2001.

［116］王文剑．弓与犁：草原与中原的和与战［M］．济南：山东画报出版社，2018.

［117］周喜峰．论清入关前对科尔沁蒙古的统一与管理［J］．哈尔滨工业大学学报（社会科学版），2010（5）.

［118］孙祁祥．跬步集［M］．北京：北京大学出版社，2011.

［119］李秀梅．清朝统一准噶尔史实研究——以高层决策为中心［M］．北京：民族出版社，2007.

［120］张建．火器与清朝内陆亚洲边疆之形成［D］．南开大学，2012.

［121］袁森坡．乌兰布通之战考察［J］．历史研究，1983（4）：136~150.

［122］唐博．乌兰布通之战考释——关于《中国近事报道》的讨论［J］．兰州学刊，2008（9）.

［123］黑龙．乌兰布通之战再考［J］．中央民族大学学报，2006（4）．

［124］李象斌．乌兰布通古战场游记［J］．统一论坛，1997（5）．

［125］洪用斌．试论乌兰布通战争的结局［J］．内蒙古社会科学，1984（6）．

［126］纪欣．乌兰布通之战的启示［J］．承德民族师专学报，2003（3）．

［127］橘玄雅．康熙帝与兔子［J］．紫禁城，2014（1）：14~15.

［128］阎崇年．康熙皇帝与木兰围场［J］．故宫博物院院刊，1994（2）：14~15.

［129］冯尔康．清人生活漫步［M］．北京：中国社会出版社，1999.

［130］袁自强．康熙三征噶尔丹［J］．档案时空，2011（1）：4~7.

［131］袁森坡．康熙与昭莫多之战［J］．历史研究，1990（1）：41~49.

［132］王思治．康熙的决策与昭莫多之战［J］．史学月刊，1991（1）：56~64.

［133］黑龙．康熙帝首次亲征噶尔丹与昭莫多之战［J］．满语研究，2009（2）：129~136.

［134］洪用斌．昭莫多之战［J］．内蒙古社会科学，1980（2）．

［135］范军．康熙：光荣与惆怅［J］．传奇故事：百家讲坛下旬，2009.

［136］杜赫德．耶稣会士中国书简集——中国回忆录［M］．郑德弟，朱静，译．郑州：大象出版社，2001.

图书在版编目（CIP）数据

康熙大帝 / 关河五十州著 . -- 北京 ：现代出版社，
2019.5

ISBN 978-7-5143-7732-3

Ⅰ. ①康⋯ Ⅱ. ①关⋯ Ⅲ. ①康熙帝（1654-1722）—传记
Ⅳ. ① K827=49

中国版本图书馆 CIP 数据核字（2019）第 057607 号

康熙大帝

作　　者：关河五十州
责任编辑：张　霆　哈　曼
出版发行：现代出版社
通信地址：北京市安定门外安华里 504 号
邮政编码：100011
电　　话：010-64267325　64245264（兼传真）
网　　址：www.1980xd.com
电子邮箱：xiandai@vip.sina.com
印　　刷：三河市宏盛印务有限公司

开　　本：710mm×1000mm　1/16
印　　张：26　　字　　数：415 千
版　　次：2019 年 5 月第 1 版　　印　　次：2019 年 5 月第 1 次印刷
书　　号：ISBN 978-7-5143-7732-3
定　　价：65.00 元